U0098542

專利法

修訂五版

LAW

理論與應用

楊崇森　著

Patent Law: Theories & Practice

PATENT

三民書局

修訂五版序

本書自民國一〇三年修正四版以來又歷六年，其間專利法於民國一〇八年大幅修正，增列或修正不少條文，且國際間專利學說與實務又有不少變革。為期與時俱進，此次本書除就上述法令修正部分詳加補充析述外，另就國內外專利統計、美國、德國、法國、日本、中共及巴西專利法之新貌，人工智慧、大學教員之發明、發明之新穎性、營業秘密、專利代理人、申請之分割、共同發明、新型專利（尤其申請之更正）、設計專利、強制授權、專利權之侵害與救濟、智財法院之檢討與舉發、生物多樣性公約、實體專利法條約、日本與我國對發明之獎掖等部分，參考國內外新資料詳加介紹或補充，俾讀者對世界整體專利現勢增加了解。此外內容與文字整補簡化之處極多，歷時數月，內容煥然一新，使本書更富於可讀性與啟發性。惟因本書所涉至廣，尤其國際公約內容變動頻仍，雖盡力查考，但限於體力資料時間，舛誤疏漏之處在所難免，尚望讀者不吝指正。本書修訂，承司法院蔡烱燉副院長、日月光集團汪渡村行政長、最高法院鄧振球法官等學棣，智慧財產局李淑美主秘、六合法律事務所黃婉柔小姐、三民書局編輯之鼓勵協助，在此謹申謝忱。

楊崇森　識於臺北

民國一〇九年十二月五日

修訂四版序

本書自二〇一三年修正三版問世以來，匆匆已一年有半，在此期間各國專利制度尤其國際公約與專利法之理論與實務又有不少變化與進展，況我國專利法又於民國一〇二年與一〇三年兩度修正，增列第32條、41條、97條、102條、116條與第97條之1至97條之4。三民書局為提供讀者最新資訊，促余再度將本書配合修正，爰除就上述專利法修正部分詳加補充析述外，另就近年各國與我國專利制度之新發展，諸如實質專利條約、獨立國協專利法新發展、波斯灣六國專利聯盟，歐洲單一專利與聯合專利法院，專利法和諧化與實體專利法條約、WIPO 仲裁及調解中心、補足保護證（supplementary protection certificate，簡稱 SPC）……等亦詳加介紹，俾讀者對世界專利現勢有進一步了解。

此外，三版未充分論列之部分，如專利權之共有、補償金請求權、早期公開制度、生物多樣性公約、專利管理、專利年費減免辦法……等均設法參考外國新資料加以補充。此外各處修改訂正之處亦復不少，在此不一一具述，目的在與時俱進，求新求變，使讀者汲取比較完整之資訊，惟因時間有限，舛誤疏漏之處在所難免，尚望讀者不吝指正。本書此次修訂，承智慧財產局李鎂副局長與顏明峯科長協助，在此謹申謝忱。

楊崇森　識於臺北

民國一〇三年七月卅一日

修訂三版序

本書自九十七年修正二版以來，為時不過四年，但不少專利理論與實務已有改變，包括九十七年施行專利師法，成立智慧財產法院，實施智慧財產案件審理法等。尤其一百年新專利法頒佈，主管機關智財局就專利法內容，作空前大幅研修，甚至更動條文次序與用語，重新排列組合，條文修正多達108條，新增亦不少，自138條增至159條，牽動條次幾達五分之四，雖云面目一新，但也近於面目全非，致本書不得不配合時勢與法令變動，蒐集條約、相關法令及中外專利實務與學說之新發展，將內容大幅調整更新增刪，工程極其浩大繁瑣。且因本書內容豐富，引述各種條約與各國法制極多，而各國智財法制變動不居，致又須對其現狀一一查考，實為對體力與耐力之一大考驗。經埋頭工作，夙夜匪懈，歷時數月，艱辛備嘗。又為等待新修正專利法施行細則出爐，擱筆半載，現本書終告殺青，內容煥然一新，資料更見新穎充實。惟為節省篇幅，本版不得不偏重現行法之析述，不少資料，尤其各種專利制度之發展變遷部分，多加刪削，讀者如有興趣，尚須稽考以前各版。作者因本書之修正，雖已元氣大傷，但疏漏謬誤之處，仍恐在所難免，尚祈海內外專家不吝教正。本修訂版承智財局朱副局長興華、顏明峯委員、汪渡村教授、李佩昌律師等協助蒐集資料，黃婉柔小姐協助打字，許多親友鼓勵，三民書局支持，在此並誌謝忱！

楊崇森　識於臺北

民國一〇二年三月二十日

修訂二版序

本書自九十二年發行以來，為時不過三年，但專利法理論與實務方面又有不少發展與變化，不但國際上有若干公約出現，且專利法若干條文又有修正草案出現（包括⑴新藥在申請查驗登記前為研究或實驗、實施其發明，不為專利效力之所及，以及⑵愛滋病等傳染病強制授權)，附屬法令更有許多更張。且九十三年為配合專利法之修正，專利法施行細則又大幅修正。故著者不得不配合時勢與法令變遷，蒐集條約、相關法令及實務學說最新發展，將本書內容大幅擴充更新，尤其第十二章、第十三章、第十六章、第二十章、第二十三章、第二十四章、第二十六章等章修正擴充尤多，牽動篇幅幾達原書二十分之一，內容比初版更見充實。雖花費極多時力，但錯誤疏漏之處仍在所難免，尚望海內外專家不吝指正。

本修正版承銘傳大學法律系主任汪渡村博士、智財局顏明峯委員協助、世新大學法律系助理教授王偉霖博士費神校對，臺北大學碩士班高鳳英同學協助打字校正，在此並誌謝忱！

楊崇森　識於臺北

民國九十五年十月十日

自　序

專利制度與一國產業發展暨科技進步關係至為密切，一國自然資源無論如何豐富，終有枯竭之日，如能鼓勵創新發明，則可取之不盡，用之不竭。近世各國為發展科技，無不重視專利制度，多方獎掖。我中華民族富於創造力，古代科技原甚發達，無奈因欠缺專利制度，研發成果無法獲得法律保障，致人人將發明以祖傳祕方加以保存，祕而不宣，以致日久湮滅不彰，至為可惜。

我國導入專利法，較諸外國，起步甚晚，民國三十八年始實施專利法，且專利行政過去始終依附中央標準局，直至近年始成立智慧財產局，專利制度與專利法之研究亦遠較外國落後甚多，專利法兼跨法律與技術分野，非兼具法律與技術背景，不易理解。作者過去三十餘年來倡導國人重視智慧財產權法，除撰文寫作、在大學暨司法官訓練所講授智慧財產法或經濟法課程外，於多次赴美日留學、研修或訪問期間，亦對專利法潛心研究考察，尤其參觀其專利商標局，目睹他人重視專利制度，感慨良多，深知欲建立科技大國，建立完善專利制度與加強專利法之研究乃當務之急，故曾不斷在報刊提出建言，呼籲國人重視專利制度，設立專利局。

民國八十一年接掌中標局，由於接觸實際業務，並有機會訪問英、德、法、加拿大、荷、比、瑞士、愛爾蘭各國專利局，對各國專利法與專利制度趨勢有更深切認識，深感我專利有關法制極為簡陋，有待大刀闊斧改進，並曾向上級建議成立「專利制度與專利行政改進委員會」加速推動，惜人微言輕，未被採納。推原其故，殆因國人對專利制度欠缺了解所致。當時為了進行各種改革，並出席立法院審議專利法修正草案，避免國家被列入美國超級三〇一名單，亟需閱讀專利法專書以為參考，無奈坊間專利法文獻類皆零星片斷，苦無完整之專書可供參考，對從事實務工作或理論研究，皆成為重大瓶頸，影響專利法制之現代化至深且鉅。近年來風氣漸開，坊間新書雖增加不少，但無可諱言，欲求全盤深入探討相關問題，且有可讀性者，仍不多覯。為了嘉惠學子，遂勉應三民書局之邀，決定排除萬難，撰寫專利法。民國八十三年因某立委關說不成，捏造是非，恣意羞辱，憤而辭職。於執行律師業務之餘，利用餘暇埋首鑽研，不斷加強蒐求各國專利文獻，加以有系統整理。寫作期間遭遇問題極多，有肇因法律規定粗疏矛盾者，有肇因資料欠缺者，有肇因對技術實務不甚了解者，總之種種困難與挑戰至為繁多。其間並乘赴美、英、日各國考察之便，撥空赴書肆或大學圖書館研讀影印資料。因身兼律師、教學及其他雜務，未能專心，時作時輟，加以事務所助理未必看懂作者行書，打字校正亦煞費苦心，寫作過程備極艱辛，箇中滋味實非局外人所能了解。甚至為了撰寫效率，有時對賴以維生之律師業務亦不得不暫置一旁。其間又因專利法不斷修改，或電腦檔被竊，致須一再重新撰修舊稿，增加工作負荷、稽延工作進度甚鉅。歷經數年努力，終於於近日初稿殺青。

本書都五十萬言，舉凡專利原理與專利法重要問題，無不詳加探討，其內容與寫法尤注重下列各點：

一、不偏於學術上理論，尤其不囿於現行法之規定，對制度之實務面與動態面亦加留意，理論與實務兼顧並重，並儘量徵引有趣例子，作深入之分析與說明，且不時提出批判性之意見。

二、不限於本國法之探究，往往亦自比較法觀點，探討有關問題，俾讀者拓寬視野，且對有關問題之解決，有深一層之認識。

三、專利法法理與規定與民法或商標法及著作權法有互通之處，亦有差異之處，不能孤立研究，以免效果不彰。故本書在可能範圍，對所涉相關民法、商標法、著作權法等亦略加以比較，使讀者對相關法律間之關係或異同，有較清晰之了解。

四、專利法乃國際條約最多法律領域之一，我國因未參加有關工業財產權巴黎公約及其他國際公約，致一般讀者對此等公約較為陌生，本書亦不厭其煩，儘量蒐求有關國際公約加以介紹，俾讀者能培養國際觀，擴展視野。

五、本書除文字敘述外，並在相關部分附上圖解，且附錄除附各有關附屬法規外，並附可供參考之資料，包括若干國外珍貴之新式樣圖樣、專利權證書、專利申請書、專利審查過程，甚至專利申請案中外比較表……等，以增進讀者對實際運作之理解，相信大有助於研習之興趣與效果。

惟作者因俗務紛繁，且本書所涉甚廣，法條又經常不斷修改，謬誤疏漏之處在所難免，尚祈海內方家不吝指正。

本書之撰寫，諸承摯友丘宏達博士、謝元元博士夫婦長期鼓勵、司法院前大法官陳瑞堂學長熱心提供行政法院判解、中華民國著作權協會前秘書長符兆祥先生與中華民國仲裁協會王志興秘書長之鼓勵，又承銘傳法律系主任汪渡村博士、臺灣高等法院法官鄧振球及夫人陳良良女士、李佩昌律師等高足暨家姐楊詠熙律師等不少親友之協助與支持，臺北大學法律研究所博士班黃于玉同學協助校對、六合法律事務所吳明華小姐擔任繕打之勞、內子潘毓瑩分擔家務，厥功至偉，在此併致誠摯謝忱。

＊　＊　＊　＊　＊　＊　＊　＊　＊　＊

本書原於九十一年二月即已完稿，正待付梓，因側聞智慧財產局為因應加入 WTO 之需要，又有修正專利法送立法院審議之聲，三民書局與作者為確保本書內容以最新穎之面目呈現予讀者研讀，遂將原稿暫予擱置。本年二月立法院通過專利法修正案，修改幅度極大，且條次變動程度，亦屬空前。為了使本書內容符合最新要求，不得不於公餘，窮兩個月之心力，針對新專利法規定，大幅予以翻新補充，不但增加字數達數萬字之多，且配合相關新修法規，將所引條文逐一核對更改，工作至為艱辛繁瑣。故本書出書過程之曲折，不但為出版界所罕見，對作者個人言，亦係毅力與耐力之莫大試練。現總算付梓，殊有解脫之感。又本修訂版承學隸陳怡勝律師等人協助校對，在此特申謝忱。

楊崇森　識於臺北

民國九十二年六月十五日

凡　例

一、凡引用現行專利法（100年新修正）之條文時，原則上在括弧內以（專§22I③）之類表示現行專利法第22條第1項第3款。

二、引用100年修正前專利法之條文時，原則上以（舊專§22）之類方式表示。

三、由於專利法修改極為頻繁，更早之專利法有時不得不在括弧內表示，例如（83年專§22）即表示所引用之條文乃83年專利法第22條。

四、（專施§22）表示101年最新專利法施行細則第22條。

五、（舊專施§22）表示101年修正前之舊施行細則第22條。（83年專施§22）則表示民國83年有效之專利法施行細則第22條，其餘類推。

六、引用外國法條文，有必要時，在文字之後用括弧表示。

如……（日特§22），係表示日本特許法第22條，但若上文已經說明日本特許法規定時，有時括弧內只寫條項，不再一一加註日特字樣，以免徒增不必要困擾，其他國家之法條亦同。

專利法理論與應用

目 次

附 錄

第一章　專利制度概述

第一節　專利制度之意義與功用

一、專利制度之意義

專利制度係國家對於發明人以在一定時間賦予獨占之製造販賣使用其發明之權利為條件，要求發明人透露公開其發明內容之制度。人類自茹毛飲血之洪荒時代，發展至今日改造動物基因時代，其間科技發展所以能一日千里，主要由於吾人可在前人之基礎上不斷改良創新之結果，即由於發明有以致之。但往昔專利制度尚未問世之前，一方由於發明在法律上欠缺保障，不免使發明人將其發明作為獨家秘方，加以防護，不願透露，於是不但使公眾無法知悉他人之發明，不免重複投資研發，造成資源浪費，他方由於發明欠缺一套完善之公開與維護之制度，不免因天災人禍或時間之經過而湮滅不彰，造成社會乃至全人類無謂之損失。而專利制度之產生，即在於鼓勵發明人以透露其發明為條件，而賦予該人於一定期間內獨占排他之製造銷售利用其發明之權利，他人在權利存續期間不得就同一發明生產銷售。

專利與商標（含服務標章）合稱為工業財產權（industrial property，日人譯為工業所有權），而與包含專利、商標及著作權之智能財產權（intellectual property，日人譯為知的所有權，中國大陸譯為知識產權）有別，範圍之大小亦有差異。惟「工業財產權」一語，嚴格言之，並不盡合邏輯，因其中只有專利與工業有關，至商標、服務標章主要用途係在商業上應用，並不以工業為限之故。

二、專利制度之功用

採用專利制度有何功用？此問題值得研討，玆分述於次：

㈠鼓勵發明創新

中華民國專利證書

新型第　　　號

新型名稱：

專利權人：

創作人：

專利權期間：自中華民國八十二年　六月二十一日
至九十二年　六月二十　日止

上開新型業經專利權人依專利法之規定取得專利權

經濟部中央標準局
局　　長 楊崇森

中華民國　　　月 二十一 日

圖 1–1　我國專利證書樣本

發明如不予保障或歸國家所有，人人都可無償使用或仿製而不取締，則無法激發研發之動力，而專利制度不但可使發明人就其發明取得姓名表示權，獲得業界、廣大社會甚至國際上之名譽與尊崇，且可在權利存續期間取得獨占產銷使用其發明之權利。而可能具有莫大之潛在市場價值（例如微軟之比爾蓋茲成為全球首富）。此種精神上與經濟上之雙重報償，可驅使人們積極運用其潛力，樂於從事發明創新，而促進農業、工業、國防各方科技之現代化。美國林肯總統嘗謂：「專利制度在天才之火上，添加利益之油料」(The patent system added the fuel of interest to the fire of genius.)，亦

即將專利制度賦予之利益比做油，人的創造力比做火，專利制度有似火上添油，鼓勵發明創新❶。

The United States of America

The Director of the United States Patent and Trademark Office

Has received an application for a patent for a new and useful invention. The title and description of the invention are enclosed. The requirements of law have been complied with, and it has been determined that a patent on the invention shall be granted under the law.

Therefore, this

United States Patent

Grants to the person(s) having title to this patent the right to exclude others from making, using, offering for sale, or selling the invention throughout the United States of America or importing the invention into the United States of America for the term set forth below, subject to the payment of maintenance fees as provided by law.

If this application was filed prior to June 8, 1995, the term of this patent is the longer of seventeen years from the date of grant of this patent or twenty years from the earliest effective U.S. filing date of the application, subject to any statutory extension.

If this application was filed on or after June 8, 1995, the term of this patent is twenty years from the U.S. filing date, subject to any statutory extension. If the application contains a specific reference to an earlier filed application or applications under 35 U.S.C. 120, 121 or 365(c), the term of the patent is twenty years from the date on which the earliest application was filed, subject to any statutory extensions.

Director of the United States Patent and Trademark Office

Attest

圖 1–2　美國專利證書樣本

㈡促進經濟與科技發展

一國天然資源無論如何豐富，終有枯竭的一天，而專利可鼓勵人們善用創意，無中生有，取得專利權，創造財富，且此種無形財產往往價值龐大，取之不盡，用之不竭，可促進經濟發展，提升物質生活，造福人群。

❶ 林肯此句名言刻在美國舊專利局玄關之石上，發人深省。該句名言之上下文經著者探尋結果為："The patent system...secured to the inventor for a limited time exclusive use of his inventions, and thereby added the fuel of interest to the fire of genius in the discovery and production of new and useful things." 按林肯於 1849 年 40 歲時取得美國 6469 號專利，其發明是使船在淺灘能浮起之器械。又德國發明家與企業家西門子，於 1876 年亦向當時該國宰相俾斯麥呈送陳情書，呼籲制定統一專利法之必要（參照吉藤幸朔著，《特許法概說》，13 版，頁 4）。

一百多年來世界科技的驚人發展主要是拜科學技術不斷創新之賜。以德日兩國為例，二次大戰後雖經濟凋敝，但能在短短幾十年內一躍而為世界工業強國，尤以日本成為發明大國，不能不歸功於重視專利，養成國民之發明風氣之結果。尤以發展中國家欲期國家富強，民生樂利，更須重視專利，培養國民發明風氣❷。

❷ 1900年有一位日本局長（似係高橋是清，他是日本有名財政家與政治家，曾留美，擔任過日本首任專利局長，赴美國與歐洲各國出差，歷任財政大臣、首相，肖像曾一度上日本五十圓紙幣。）被派到華盛頓研究美國富強之道，他向上級報告稱：「我們已向海外考察那些國家最為強大，可使我們像他們一樣，……美國何以變成如此強國？我們調查結果，發現那就是由於專利所致，所以我們要建立專利制度。」（參照 U.S. Government Printing Office, The Story of the American Patent System (1953)，引自 Arnold, "An Historical Perspective for the Occasion of the Bicentennial of U.S. Patent Law", *Bicentennial Proceedings, Events, Addresses* (1970), p. 327）又世界智慧財產權組織 (WIPO) 在日內瓦總部大廈正門屋頂以拉丁文刻有下列句子，英譯為 "Human genius is the source of all works of art and invention. These works are the guarantee of a life worthy of men. It is the duty of the state to ensure with diligence the protection of the arts and inventions."（中文似可譯為「人的天才乃所有藝術品與發明品之源泉，此等物品乃人過著有價值生活之保證，國家有義務努力保證藝術與發明獲得保護」）。根據歐洲專利局的統計，目前全球有400萬件以上有效專利，每年約有80多萬件專利申請案。日本受理之專利申請案件數多年來穩居世界第一。但美國自2001年起已超越日本，成為全球專利核准件數最多的國家。根據2019年世界智慧財產權組織統計與世界智慧財產權指標 (WIPI) 報告，在2010年專利申請案件數，中國次於美國居世界第二位，強於日本。新型則中國第一，德國第二。在2018年全世界有大約14百萬件有效專利。以美國為首，3.1百萬件，中國2.4百萬件，日本2.1百萬件。2018年全世界3.3百萬件專利申請案中，五大專利局受領占85.3%。中國占46.4%，其次依次為美國、日本、南韓及歐洲專利局。南韓繼續為GDP單位申請案最高國家，中國次之，日本又次之。華為公司在2018年為歐洲專利局PCT申請案最多之公司。新型申請案，中國專利局受領約2.1百萬件，德國次之，獨立國協又次之。2018年中國大陸在全世界發明專利（1,460,244件）、設計專利（597,241件）申請件數，均居各申請國之首。2018年全世界核准共1,422,800件發明專利（年增1.8%），812,800 件設計專利 （年增 14.3%）。該年中國大陸在全世界發明專利核准件數

㈢使新技術早日公開，避免重複研發浪費

專利申請書或說明書含有最新最進步知識，專利對發明人賦予專利權保護之一前提條件是發明人將其發明向大眾公開，即在專利說明書對發明的新技術充分加以透露，使該領域的一般技術人員可按說明書掌握該技術，加以實施，而不像過去無專利時代，各種發明多長期秘而不宣，或因對熱門對象一窩蜂下手，造成人們重複研發投資，人力物力浪費之結果。而且由於今日絕大多數國家對專利都採先申請主義，更可加速新技術之公開，因發明所蘊含之構想往往可刺激人們產生新的創意，加以改良，或以不同之技術解決方案滿足市場之需求，如是可激發進一步靈感、催化新發明之產生，從而不斷推陳出新，加速科技之進步。

㈣提供研發在經濟上有效之誘因

專利提供經濟上有效研發之誘因，使發明創新的投資易於回收。每年由 IPTS 所作調查顯示全球二百大公司在 2008 年投下超過 430 兆歐元在研發部門。如無專利保護，研發支出必定大為減少或停頓，限制了技術進步或突破之可能性❸。因任何發明創新都需投入人力物力，尤以高科技更

（377,305 件）亦排名世界第一，其次為美國、日本、南韓。2019 年國內專利新申請 74,652 件，本國人最多，日本次之，大陸、南韓又次之。本國法人中以台積電最高，其次依次為宏碁、友達、工研院、聯發科。外國法人阿里巴巴居第一，依次為應用材料公司，高通。專利發證，友達第一，依次為台積電，工研院，宏碁，聯發科與鴻海（參照智財局 2019 年報）。2019 年國人向美國、日本、歐洲專利局申請及獲准發明專利件數如下：

專利局	專利種類	申請件數	獲准件數
美國專利商標局	發明專利	19,599	11,489
	設計專利	1,121	947
日本特許廳	發明專利	1,548	1,008
	新型專利	770	732
	設計專利	231	224
歐洲專利局	發明專利	1,576	1,014
	設計專利	522	529

需動用龐大資源，且常冒試驗失敗的風險。一種發明完成後，如無專利保障，則一經公開，任何人都可無償利用，則發明人從事研發活動所投下之資源可能血本無歸，遑論回收❹，試問何人還敢從事發明創新？而專利可賦予發明人實施專利的排他權利，從而獲得獨占技術的利潤或使用費，使所投下之資源易於回收，使人人樂於從事發明創新❺。例如愛迪生一生有 1,000 多件專利，這些專利為他提供資金，作出 1,300 多種發明，如他不申

❸ http://en_wikipedia.org/wiki/patent#history

❹ 為了解專利之重要，有介紹 Samuel Crompton 故事的必要。Crompton 是澳洲最早移民時期英國的紡織匠，當時所有紡織都依賴手工。Crompton 家貧，自幼學習紡織。當他用織布機織布時，每幾分鐘就被迫停頓，因為紗線極易斷掉。他就想如能研發織出粗線的方法該多好。經過五年的秘密實驗，他終於製造出一部可織出粗細不同棉線或棉紗的機械。他將新的紗織成有史以來最好的棉布，別的紡織匠也想使用好的棉紗，紛紛向他購買，使他終日埋頭紡織，不久別人的棉紗便沒有銷路。Crompton 擔心別人製造同樣的機器，因此不讓別人看到他的機器，以免無法經營棉紗業務，因為他認為長年累月的工作值得回報。但別的紡織業者擔心無法生存，聲稱要破門而入，毀掉他的機器。當時英國雖已有專利制度，但不是貧苦的發明人所能問津，而且當時製造商不履行給 Crompton 約定報酬的諾言，所以他只賺到有限的金錢。不久他的發明傳遍全英國，廣泛被人使用。英國政府鑒於他沒有獲得合理報酬，頒給他五千英鎊。如 Crompton 有專利，則他不必擔心人家看到他的機器，因為別人必須支付代價，才能使用他的發明。（參照 *World Golden Book Encyclopedia*, vol. 15, p. 899）

❺ 專利期間所保障發明之獨占實施未必即能回收投資與獲得利潤，因發明收益之有無與多寡為市場所決定，市場有需要之發明，透過實施固然可能獲得許多收益，但不合市場需要之發明則不但難於獲利，甚至可能連所投下之資金亦不能回收。對某些人發明是帶來無窮喜樂與財務收穫的創造性工作，但對另一些人則是苦痛的奮鬥與只帶來失望的終生對創新的奉獻。亦即發明人實際投資能否回收並不確定，惟專利制度至少保障發明人在一定期間內獨占實施之機會，從而可刺激人們對發明之投資意願，則不可否認，而且專利制度不但對模仿專利發明之人，即對於基於獨立研發活動，作出與專利發明同一發明之人，亦予以排除，故專利制度更加強化對發明人投資意願之激勵。參照涉谷達紀，〈特許制度の經濟的機能〉，載《商事法の諸問題》（石井照久先生追悼論文集），頁 202 以下。

請專利，不會有那麼多資金，能否有那麼多發明，不無疑問。又如居里夫人發現了鐳，但堅持不申請專利，要獻給人類，後來她在實驗中需要鐳，卻苦於無錢購買，幸賴一個美國記者發動募捐，送了一克鐳給她。這兩個例子說明專利對研發資金回收與促進發明之作用❻。

㈤易於吸收外國投資或技術移轉

如一國欠缺專利制度，則外國投資人不敢安心來投資設廠，更不敢將技術移轉與本國人，因技術不受法律保護，被人侵害之風險太大。反之，如有良好專利制度、適於技術移轉之環境，有可信賴之法院與穩定之法律，不致朝令夕改，影響專利權人之既得權益，則可使專利權人樂於將技術移轉，不致躊躇不前，且要求之代價亦將隨之較低❼。

㈥促進技術資訊之交流

由於專利權之取得須公開發明資訊，可使產業與研發機構較易取得外國最新與最重要發明之資訊。且資訊對本國多數人較易了解與消化，因外國人之專利申請須以本國文字提出，不須由本國人辛辛苦苦花錢費力將有關資訊譯成本國文字。尤其隨著專利文獻之利用愈益便利，各國間技術資訊更可交流互通，從而有助於提升各國之技術水準❽。

㈦有助於開發替代性技術

專利權排除與專利發明同一發明之實施，須俟專利期間屆滿，發明才被解放，才准許他人模仿，於是競爭人為了避免與專利發明牴觸，縮小與

---

❻ 段瑞林著，《中華人民共和國專利法商標法概論》，頁 53 以下。

❼ 各國為了發展本國技術與經濟，都引進外國的技術，以日本為例，自 1950 年至 1976 年之間自外國引進了 28,000 件專利，共用了 70 多億美元，但國外對這 2 萬多項技術的發展，自研製至使用所花之資金高達 2,100 億美元。日本在引進技術中既節省了研製的資金與時間，又在消化引進技術的基礎上累積了大量現代化技術的訣竅，發展了本國技術，而且反過來又向外國輸出技術（參照蔡茂略、湯展球、蔡禮義編，《專利基礎知識》，頁 111）。

❽ 專利制度在已開發國家與發展中國家之功能或作用差異表現在發展中國家 80% 專利為外國人所擁有，主要是美、英、德、法、瑞士的跨國公司擁有，且其中 95% 的專利從未在那些國家實施過（參照蔡茂略等，前揭書，頁 4）。

先進企業間之差別起見，作迴避設計（design around 或 invent around），或在專利發明周邊之領域從事改良發明或代替發明。於是專利制度由於產生代替發明之壓力，可促進其他發明之出現，導致技術逐漸改良，有助於提升國民經濟與生活水準。雖然有人以為此種壓力之結果，如屬單純代替發明活動，仍不免耗費資源，可能導致浪費，但畢竟專利制度為人們創造革新之機會，則不容否認[9]。

三、專利發明事業發達之條件

欲期一國專利發明事業發達，須有良好專利環境，而此環境似需下列各種條件：

1. 完善前瞻之專利法制（含專利審查基準）。
2. 組織完善之獨立專利機構。
3. 訓練有素之專業審查人員。
4. 完善之行政爭訟制度，並有專業人員處理有關專利行政爭訟。
5. 有熟諳專利之專業法院，處理專利侵害之民刑訴訟。
6. 有熱心完善之民間發明團體，協助政府推動發明風氣。
7. 完善之專利律師與專利代理人制度。
8. 產業界重視研發。

深度探討～歷史上若干有名專利的介紹

林林總總的專利，反映出發明人的動機與人性。在美國幾百萬種專利中，發明之主要動機當然是賺錢，但也有出於其他動機，例如為了求名、顯示創意、為了貢獻社會，或只是為了打倒競爭者。在所有獲得專利之發明中，約有一半在專利滿期前某段時間被用過。發明常常顯示對人類或動物過得舒適的極端關心，例如有人發明供犬貓甚至兔子的特別馬桶座位(toilet seat)。有些專利，不問其動機如何嚴肅，卻令人覺得有趣，例如某口

[9] 參照涉谷達紀，前揭書，頁 207 以下。

香糖製造廠商的一名化學師發明不黏口香糖之假牙，獲得二個專利，當然有些專利隨著時間的經過而變得古怪或古老。發明人中亦有不少其他行業的名人，如 1849 年林肯總統當時尚在國會當議員，因發明船在淺灘浮起的裝置 (a device for buoying vessels over shoals) 而取得美國 6469 號專利，大文豪馬克吐溫 (Samuel L. Clemens) 於 1871 年取得專利 (an improvement in adjustable & detachable straps for garments)，在 1970 年有數個非發明人姓名也偶然出現在名單上，即一位華盛頓的女雕塑家與其兒子對於華萊士 (George C. Wallace)、尼克森及愛德華甘迺迪 (Ed Kennedy) 之小人像 (statuettes) 取得新式樣（設計）專利。娛樂界亦有許多男女，包括女電影明星、作曲家取得新式樣專利。總之發明除了不基於實際需要外，許多取得專利之物品與方法 (process) 基本上都大大幫助了科技與生活水準的提升。

在 1961 年，當美國現代專利制度剛滿 125 年時，紐約時報雜誌上刊登了一個非正式的塑造世界的十大專利 (Ten Patents That Shaped The World)，其所列發明人、發明、專利號數及年號如下：

1. Alexander Graham Bell（貝爾）：Telephone（電話），No. 174465 (1876)。

2. Thomas Alva Edison（愛迪生）：Incandescent Electric Lamp（白熱燈），No. 223898 (1880)。

3. Orville and Wilbur Wright（萊特兄弟）：Flying Machine（飛機），No. 821393 (1906)。

4. Lee De Forest（佛羅斯特）：First three-Electrode Vacuum Tube（電真空管），No. 841387 (1907)。

5. Leo H. Baekeland（貝克蘭）：Moldable Plastics (Bakelite)（可塑性塑膠），No. 942809 (1909)。

6. William M. Burton：Oil Cracking（分解石油），No. 1049667 (1913)。

7. Robert H. Goddard：Rocket（火箭），No. 1102653 (1914)。

8. Wallace H. Carothers：Nylon（尼龍），No. 2071250 (1937)。

9. Selman A. Waksman and Albert Schatz：Streptomycin（鏈黴素（治結

核病等之特效藥)),No. 2449866 (1948)。

10. Enrico Fermi and Leo Szilard:Atomic Reactor(原子反應爐)(invented 1942),No. 2708656 (1955)。

當然此名單會隨時間之經過而不斷變遷,例如後來的電晶體與鐳射是。

以下將有名發明中,選其與發明人姓名最常一起提及者,作成有名發明家與其發明一覽表:

發明人 (invento)	發明與專利號數 (invention and patent number)	日期 (date)
惠特尼 Eli Whitney	軋棉機 Cotton Gin (unnumbered)	Mar. 14, 1794
麥柯米克 Cyrus Hall McCormick	收割機 Reaper (unnumbered)	June 21, 1834
摩斯 Samuel F. B. Morse	電報 Telegraph (No. 1647)	June 20, 1840
固特異 Charles Goodyear	加硫橡膠 Preparing Fabrics of India Rubber (vulcanized rubber) (No. 3633)	
何埃 Elias Howe, Jr.	縫衣機 Sewing Machines (No. 4750)	Sep. 10, 1846
林肯 Abraham Lincoln (但其專利從未實施)	船在淺灘浮起裝置 A Device [bellows] for Buoying Vessels over Shoals (No. 6469)	May 22, 1849
柯特 Samuel Colt	左輪 Revolver (No. 20144)	May 4, 1858
格特林 Richard J. Gatling	連發槍 Revolving Battery Gun (No. 36836)	Nov. 4, 1862
西屋 George Westinghouse, Jr.	蒸汽剎車系統 Steam-Power Brake Device (No. 88929)	Apr. 13, 1869
古力登 Joseph F. Glidden	鐵絲網 Barbed Wire (No. 157124)	Nov. 24, 1874
貝爾 Alexander Graham Bell	電話 Telephone (No. 174465)	Mar. 7, 1876

愛迪生 Thomas Alva Edison (who was granted 1,093 patents)	留聲機 Phonograph (No. 200521)	Feb. 19, 1878
	白熱燈 Incandescent Lamp (No. 223898)	Jan. 27, 1880
湯姆生 Elihu Thomson	電動焊接機 Apparatus for Electrical Welding (No. 347140)	Aug. 10, 1886
特士拉 Nikola Tesla	電動馬達 Electrical Transmission of Power (Electric Motor) (No. 382280)	May 1, 1888
赫爾 Charles M. Hall	鋁之製造 Manufacture of Aluminum (No. 400665)	Apr. 2, 1889
摩根梭勒 Ottmar Mergenthaler	鑄造排字機 Linotype (No. 436532)	Sep. 16, 1890
馬可尼 Guglielmo Marconi (Italian Citizen)	無線電報 Wireless Telegraphy (No. 586193)	July 13, 1897
笛塞爾 Rudolph Diesel (of Berlin, Germany)	汽化器（內燃機中的） Internal-Combustion Engine (No. 608845)	Aug. 9, 1898
福特 Henry Ford	汽車 Carburetor (No. 610040) Motor Carriage (No. 686046)	Aug. 30, 1898 Nov. 5, 1901
齊柏林 Ferdinand Zeppelin (of Stuttgart, Germany)	飛行汽球 Navigable Balloons (No. 621195)	Mar. 14, 1899
歐文 Michael J. Owens	玻璃瓶等成型機 Glass Shaping Machine for Bottles Jars, etc. (No. 766768)	Aug. 2, 1904
貝克蘭 Leo H. Baekeland	上述濃縮製品與方法（導致合成樹脂與塑膠） Condensation Products and Method of Making Same (Led to Bakelite and Plastics) (No. 942809)	Dec. 7, 1909

⑩

第二節　承認專利制度之理論根據

關於肯定專利制度之排他獨占權之根據，從來有四種學說。即自然法的財產權說、自然法的受益權說、獎勵發明說、公開發明說。前二者係基於以個人的正義為基調之自然法思想，後二者係基於以社會的正義為基調之產業政策。以下扼要解說此等學說，並檢討其是否允當⓫。

一、自然法的財產權說

此說係基於自然法思想，以神聖不可侵犯之財產權理論肯定專利制度。此種思想表現可以法國大革命後不久，1791 年法國專利法之前文為代表，而謂「所有新思想，其發表或實施對社會有用者，原始的歸屬於創作之人。產業上之發明，如不認為其創作人之所有物，乃對人權本質之侵害」。此說與同法所規定之輸入專利，即對引進外國發明之人，與發明人賦予同樣權利之規定矛盾，暫置勿論，在肯定專利權之排他的獨占性一點，簡便易懂，乍觀之下，亦有說服力。但專利權如認為天賦人權之財產權，則無論本國與外國均應予以保護，何以今日專利制度下，專利權係由一國賦予，其效力僅限於其領土之內，受到屬地主義之支配？又數人獨立有同一內容之發明時，專利制度只由最先申請人或最先發明人取得財產權；又雖有發明，但不申請專利權之人，法律即完全不賦予其專利權等，此說如何加以說明？不無問題。

總之，此說不過是對發明品之所有權式之支配權，予以肯定而已，並不肯定專利權之排他的獨占性，於是對發明品所有權的支配權與對發明專利權須嚴格加以區別。因發明品之所有權式之支配權與著作物之著作權同

⓾ 幾千年來中外發明家或科學家的奮鬥探索的艱辛過程，可參照梁衡著，《數理化通俗演義（上）（下）》（新竹理藝出版社，1995）。該書有非常生動精彩的描述，毫不枯燥難懂，富於啟發性與趣味性。

⓫ 紋谷暢男著，《特許法五十講》，頁 7 以下。

樣，對同一內容之創作或發明亦可能有數個同時並存。但專利權乃絕對的獨占權，故專利權人對同一內容之發明被認為單一，即使非冒認、盜用等場合，亦可排除其他相同內容發明之所有人，此點與對發明品所有權式之支配權大異其趣，專利權對發明並非只承認所有權式之支配權。

又專利權除了上述支配型態之外，其客體乃是技術。如不配合技術水準之飛躍進展，與時俱進，就會停滯在該水準而埋沒，故與所有權不同，設有存續期間。又專利權與所有權不同，其客體乃觀念上之存在，對權利不能為事實上之占有。從而一旦放手，則事實上回復已屬不可能。又因此故，他人競合的利用、冒認均有可能。於是專利權上排他的獨占權，與以有體物為客體之權利不同，並非基於其本質使然，可謂出於人工的安排。

由上觀之，排他的獨占性之專利權，不能以與天賦人權之所有權類似之財產權理論予以說明。畢竟該說不過是在否定一切特權之法國大革命下，為了把專利權之排他的獨占性予以正當化下之政治上之虛構而已。

二、自然法的受益權說

此說亦係基於自然法思想，且以法國大革命時之社會契約說為基礎，以為：人按其對社會有益貢獻之程度，本來有自社會接受報償之權利，社會亦有予以報償之道德義務。但此說在將專利權之排他的獨占性，認為係自然權之點，與前說同樣，難於說明專利制度屬地主義之原則、先申請主義及先發明主義。又吾人雖不能否定發明人應受報償之思想，但僅以此理由，尚無法說明專利權之排他的獨占性。加之賦予發明人專利權，期待基於實施專利權所得之收入，乃基於專利權之實施，按發明貢獻程度之價值，決定所應受之報酬。但此完全無視該發明實施時，技術之狀況、原料獲得之難易、設施等之差異，及消費者之嗜好、販賣型態，甚至關稅等要素。又其報酬多寡，與發明人為了發明活動及其實施所投下之資本與辛勞等完全無關。故若依此說，則專利制度之排他的獨占性，難免被批判為虛假的形式的報償。

以上二基本權說，可謂為立足於個人的正義，為 18、19 世紀最有力之學說，但由上分析，此二說亦無法圓滿說明專利權之排他的獨占性，在理論上有缺陷，倡導之人逐漸減少，今日毋寧以下列之產業政策說較為有力，但即使產業政策說，支持之柱石可謂在基本權說，故其影響力仍不可忽視。

三、獎勵發明說

此說係基於發展產業技術之產業政策思想，以為專利制度係作為發明之誘因，對發明人賦予排他的獨占權。此思想在林肯之名言中表現出來，即「專利制度在天才之火上，添加利益之油料」。而此說認為賦予排他獨占權之專利權，乃引誘發明最簡單低廉之有效手段。

四、公開發明說

此說與獎勵發明說乃基於同樣的產業政策思想，即將專利制度說明為保護發明人免於被他人仿冒，防止將發明加以保密之誘因。即此說以為作為獎勵透露發明之誘因，賦予發明人排他獨占權之專利權，透過其技術之透露，有效散布技術資訊，以此為基礎，促進產業技術之進一步發展。

但各國專利法未必於與發明人透露發明之同時，賦予發明人排他的獨占權，又現代發明即使在無被他人模仿冒認之危險，及他人開發同一發明之危險性不大之情形，發明人仍有不透露發明，而將發明作為營業秘密之傾向。又完全透露發明，還意味著下一階段發明被他人捷足先得之危險，故發明人在專利說明書上透露發明，在實務上仍不免有不充分之傾向，於是專利制度相反地導致使人將開發中之發明予以保密之結果。基於以上理由，發明公開雖係賦予排他獨占權之專利權之一種代價與專利制度之基礎，但在今日專利權究在何種程度上，成為發明公開之誘因，仍不無疑問。

第三節　專利制度之功過

一、對於專利制度之批判

專利制度並非都為人完全支持，歷來有人主張廢止，亦有加以批判之理論，不一而足，茲將此等不同意見綜合說明如下：

1. 專利過分保護先申請人

論者有謂在技術競爭激烈之今日，同一發明多由前後不同之人行之，專利制度以複數發明人中之一人（我國為先申請人）取得專利權，其他之人即申請在後之人，不但不予任何保護，反受先申請人專利權之禁止，無法實施其發明，故二者間有失均衡，殊欠合理。

按專利制度只對唯一之優勝者予以獎勵（保護），乃因技術急速進步，為期國內產業發達及國際競爭力強化起見，不得已之舉，且由於先申請發明人之出現，後申請發明人之一切努力，並非盡付東流，可將前此累積之能力與技術加以改良擴張，而超越先申請之發明人。在此意義上，可謂發明未完成，同時對發明之競爭可謂乃無止境之馬拉松競賽。

又在一發明問世前，普通就以與該發明不同的各種手段來探究檢討，故對某一發明成為後申請之發明人，亦有可能以不同手段變成先申請之發明人，故專利制度難謂為對競爭人過酷不公，尚無推翻專利制度根本之必要⓬。

今日主張廢止專利制度之說雖少，但過去曾相當激烈，在19世紀中葉，歐洲各國曾發生，此固主要基於當時盛行之自由貿易說，但因得到部分商業有力人士在政治上之支持，以致帶來專利制度之危機。

此運動殆受到1873年不景氣與19世紀末在大多數國家抬頭之國家主義與保護貿易主義之影響。日本專利制度創設後不久，亦有若干廢止之論調，又第二次大戰中一部分人士亦有此議論。惟隨大戰結束而平息。

⓬ 吉藤幸朔，前揭書，10版，頁22。

2. 專利偏重先進國之利益

此乃發展中國家較為盛唱之學說，近年來特別激烈，以為專利制度對發展中國家不利，不過主要被先進國利用而已，故專利制度，尤其國際專利制度上各原則應加修正⑬。

3. 專利制度鼓勵透露發明，但不能保證一定透露。如可有效保密，則發明人可能捨專利制度，而喜以營業秘密方式加以保護。

4. 又在一些發明領域，諸如複雜之化學程序 (process)，即使忠實按照最嚴格透露專利之規定，仍只能取得使該程序有效操作所需要之營業秘密或技術 (know-how) 之一部而已⑭。

5. 專利權人取得專利有時只是防禦性，即目的不在積極實施。取得與保有專利，主要係為了防禦之目的。尤其美國專利法與其他許多國家不同，並不要求專利權之強制授權。故在美國，許多公司取得專利加以保持，只是為了將來可能使用發明及作為對付競爭人可能取得同樣發明之防禦方法，此種防禦性保有專利，使專利權人在計畫將來時，有較大行動自由，且為他提供了與同業折衝之籌碼。對許多公司而言，此種防禦性使用乃擁有專利權之主要價值，此種作法雖不無受到質疑，但他們以為此種作法對任何人並無損害，且由於加速透露新發明（於期間屆滿後變為大眾所有），對公眾並無不利也⑮。

6. 專利制度導致專利流氓的出現

美國近年來出現了所謂專利流氓 (patent trolls) 或專利蟑螂的現象，即

⑬ 吉藤幸朔，前揭書，10 版，頁 12。又我國前經濟部次長汪彝定氏亦曾為文懷疑專利制度之價值，包括落後國家應否重視專利制度及專利權是否會造成壟斷等。詳見氏著〈過來人談專利與商標〉一文，載於民國 70 年 2 月 23 日與 24 日《中國時報》第二版。對汪氏文章，國人有為文加以批判，見黃學忠著，《多餘的話》，頁 149 以下。

⑭ "Economic Council of Canada," *Report on Intellectual & Industrial Property* (1971), p. 39.

⑮ Buckles, op. cit., p. 151.

個人或小公司，主要收集專利的授權或購買專利，再去法院控告他人侵害專利權，請求損害賠償或進行強迫授權。或並非計畫去實施，而僅為阻礙其他公司之發展。由於專利流氓對疑似侵權公司動輒提起訴訟或臨時禁制令，致真正從事技術研發之企業，需負擔過多之訴訟成本，難於正常營運⑯。使專利從鼓勵創新的制度流為勒索牟取私利的手段，導致有人不願創新和研發，甚至退出市場，有些好產品無法為人群利用。不過也有人以為專利流氓對專利沒有壞處，反而是增加市場參與人之誘因，使專利更有流動性，使專利市場淨化。

7. 專利阻礙醫療資源之取得

由於實施專利制度，導致藥價昂貴，影響發展中國家尤深，因它們國民亟需必要藥品，卻無力購買，以致妨害貧窮國民利用醫療資源之機會。

8. 專利叢林 (patent thickets) 加重了專利制度之動態成本

由於專利權外延界定困難，致權利內涵相似之專利權形成專利叢林 (patent thickets)，亦即同一技術領域發明創作層出不窮，專利權相互重疊，使得試圖將新技術商品化的人，必須獲得許多專利權人的授權才能達成。許多人為了避免不慎侵害他人專利權，不得不勉力徵得許多專利權人之授權，於是增加了創新之成本⑰。

9. 德國有一度支持反專利觀點，後來由於該國贊成專利團體之壓力愈益增加而改變立場。在荷蘭，事實上於 1869 年廢止 1817 年採用之專利法，放棄專利制度，過了四十餘年空白期間，直至 1912 年才恢復。瑞士專利法

⑯ 參照汪渡村，《專利迴避與專利侵權——以主觀構成要件為中心》（銘傳大學法學研討會論文，2012 年 3 月 16 日）。又根據哈佛大學去年度的研究，從 2001 年到 2011 年的十年之內，在美國內被專利蟑螂提告的企業從 11 家激增到 336 家，但同一時間內被專利實施者控告的企業數量卻始終維持在 150 家上下，顯見專利蟑螂興訟的能力，已經超越真正從事研發創新以及需要專利保護的科技業者（蔣士棋，〈為什麼治不了專利蟑螂〉，《北美智權報》）。

⑰ 參照陳豐年，〈專利權之歷史溯源與利弊初探〉，《智慧財產權月刊》，第 156 期（100 年 12 月），頁 82–85。

多次被公民投票否決，直至 19 世紀末才通過[18]。

10.瑞士專利法在 19 世紀亦曾一度廢止，而後重新施行。在英國專利制度曾被報紙預言會滅亡，包括《泰晤士報》與《經濟學人》主張廢除專利之理由係圍繞在專利對競爭與自由貿易之弊害。有人認為專利已實現其目的，在已開發工業社會已不再需要。有人以為專利有隱疾，且一定有害。在 1851 年《經濟學人》表示賦予專利，會「在發明人間激起貪婪、鼓動詐欺……製造爭端與口角，導致無窮之訴訟，使人為了獲得專利特權而傾家蕩產，而專利事實上只導致貪慾之破滅」[19]。

有人以為專利制度須支出太多社會成本，不但導致較高物價與使用費支出，且由於對新技術之使用限制，以及經由國際專利卡特爾，獨占價格，擴大力量之結果，導致世界資源分配之失衡[20]。

二、結　論

雖然對專利有贊否意見，但今日廢止之主張乃不可想像，經過了二百餘年，專利制度已在全世界幾乎所有工業國家確立，對發明都有某種形式專利保護，一些工業諸如醫藥與電子，如無專利保護，會因缺乏投資而停滯不前。在 Chiron Corporation v. Organon Teknika Ltd. (No. 10) ([1995] FSR 325) 一案，Aldous 法官以非常實際的用語，道破專利制度之存在理由，他說幾乎每個國家採用專利制度，係因「……大家已公認在發明獲得獨占權利之機會，至少以四種方式刺激技術進步。第一、它鼓勵研究與發明。第二、引導發明人透露其發現而不用保密。第三、為國家發展發明之費用提供了商業上實際之報償。第四、在新生產線，如許多相競爭之生產者，同時投資，可能無利可圖時，提供使人投下資本之誘因。任何專利制度本質上會使專利權人取得限制競爭，並使他提高或至少維持價格之利益，這當然影響大眾，且與公益不符，但這是公認為獲得上述優點所必需支付之代價。」即鼓勵、引導、

[18] Id. at 50.

[19] Bainbridge, op. cit., p. 272.

[20] E. T. Penrose, *The Economics of the International Patent System* (1951), p. 233.

報償是專利制度之主要因素，公益雖顯然由於賦予獨占而受到威脅，但也由於產業活動之增加，新技術之發展，以及新穎與公用發明之透露而獲得保護。況專利法有不少防衛規定，諸如強制授權與國家徵用，可抑制專利獨占之濫用㉑。

又如學者 Aubry 所謂專利制度與其他人為制度一樣並不完美，雖經過三百五十年之改良與調整，但其結果可被批評為耗費與延滯。不過已說過不止一次，儘管專利制度有缺點，但至今尚無人設計出更佳制度，而別的代替方法至今似乎尚未能獲致專利制度預期達成之目標，此乃專利制度被世界產業界廣泛利用之原因㉒。

㉑ Baimbridge, op. cit., p. 273.

㉒ 引自 Leith, *Harmonization of Intellectual Property in Europe: A Case Study of Patent Procedure*, p. 20 et. seq.

第二章　專利法之性質

一、專利法為國內法

各國專利法受到各國主權之限制，只能在本國領域內生效，不能在領域以外發生效力，稱為屬地主義。發明人如欲在他國享有專利保護，須分別按各國專利法之規定，向各國主管官署申請。雖然保護專利之國際公約近年來不斷增加，且對國內法不斷予以影響（巴黎公約與GATT/TRIPS即其著例），尤以專利法之和諧化後，專利法與相關國際公約關係更為密切，內容亦更為接近，惟在現階段言，專利法仍屬國內法，應無容疑。

二、專利法為特別法

所謂特別法乃只適用於特定事項、人、行為或地區之法律，而普通法則無此限制，廣泛適用於一般人、事或地區。專利法只規範專利權此種財產權之得喪變更，而非規範一般財產權，故對於規範一般財產權得喪變更之私法，尤其民法言乃屬於一種特別法。又因專利法中之罰則只適用於侵害專利權之特殊行為，故對於規範一般犯罪及其制裁之刑法乃立於特別法之地位。故如專利法無特別規定時，視其情形，可適用普通法之民法或刑法之相關規定。

三、專利法為實體法兼程序法

所謂實體法乃規定權利與義務之內容，即權利義務之發生變更與消滅之條件之法律。各國專利法乃規定發明之要件，專利權之主體、客體，專利權之發生、變更、消滅，侵害之救濟等之條件與專利權人應盡之義務，故專利法為實體法。所謂程序法乃規定具體實現權利義務之方法或手續之法律，各國專利法乃規定有關專利權之申請（含更正、分割、合併、追加等)、國際與國內優先權、審查、公告、異議、核發、改請、對國家機關處分不服之行政救濟、登記、舉發，以及有關專利代理、授權、設質及登記等之手續。尤其為了專利審查之公平與正確起見，其程序異常繁複，不但非一般財產權所能望其項背，即與商標和著作權相較，亦特別繁複。因此在專利法，程序規定占相當高比例，故專利法亦係程序法。

惟專利法除了富於行政法色彩之程序規定外，又因對專利權侵害之救濟設有許多程序上特別規定，故對於規律一般民刑訴訟程序之民事與刑事訴訟法又立於特別法之地位。

四、專利法含有經濟法之性質

專利制度之良窳，關係一國科技與經濟發展至鉅，且與一國經濟秩序攸關，故專利法通常被認為經濟法規之一環，例如授權不得從事不公平競爭，即其一例。在此意義上，專利法與商標法性質相近，而與智能財產權中之著作權法含有高度文化法規之色彩有異。

五、專利法之內容

專利法除母法本身外，尚包括施行細則、各種附屬法規，以及各種專利審查基準。除施行細則、各種附屬法規在本書相關各章視需要酌加敘述外，由於專利審查基準為專利方面特殊需求之產物，有時在本書提到，因此在此須略加說明。

原來專利涉及眾多科技部門，為期無數申請專利案件之審查與准駁有客觀統一尺度起見，先進國家之專利主管機關皆訂頒各種詳盡而複雜之專利審查基準 (例如美國的 Manual of Patent Examining Procedure ，簡稱 MPEP；日本的「審查基準」)。我國在此方面起步較晚，但亦不例外。其性質與內容為專利法及其施行細則具體的細部規範，屬於智慧財產局內部的行政規則，係審查人員客觀公正審查專利案件之裁量基準，亦可供申請人為有關專利之申請共同遵守之原則。現行專利審查基準首次於 83 年 11 月公告何謂發明（新型、新式樣）、專利要件及說明書（圖說）之記載等章，嗣後陸續公告其他章節，至109年8月底止總計完成五篇五十二章基準。鑒於審查基準在實務上之重要性，為使其在法令適用上有明確地位起見，似宜在專利法對其略加規定。

第三章　專利法與相關法律之關係

一、憲　法

憲法為國家之根本大法，我憲法於基本國策一章，明定對發明加以獎掖，即第 166 條規定：「國家應獎勵科學之發明與創造，並保護有關歷史、文化、藝術之古蹟古物」。第 167 條規定：「國家對於左列事業或個人予以獎勵或補助：……三、於學術或技術有發明者……」，而專利法即係落實憲法獎勵發明創造基本國策之重要法律也。

二、民　法

專利法為保護無體財產權之法律，與作為財產法之基本法之民法關係特別密切。尤其專利權與物權頗為近似，惟因係無體財產，與有體物不同，專利權被他人侵害時，權利人對侵害人雖有妨害排除請求權與妨害防止請求權，但並無返還請求權。又專利權權利之發生、存續、消滅及權利之內容範圍亦與所有權迥異，尤其權利之範圍不明確，亦與所有權不同。又民法物權編有關準占有之規定於無體財產權似亦有適用，惟物權編共有部分於專利權有不少例外規定。

三、著作權法

專利法與著作權法均為無體財產法之一環，發明與著作均為無中生有。比起商標法，兩種法律之間的關係更為微妙密切，雖有各自特性，但有不少共通特色，例如社會性、強制授權、共有、姓名表示權、耗盡理論 (doctrine of exhaustion) 等，亦有若干交錯地帶，例如設計專利與美術著作物之著作權之關係是。

四、營業秘密法

發明往往同時具有營業秘密之性質，故亦可受營業秘密法之保護，即發明人究竟欲申請專利，抑或單純將其發明作為營業秘密保護，可由當事人審酌利弊，自行選擇。

五、刑　法

專利法過去對於專利權之侵害行為定有罰則，此部分有刑法一般原理原則之適用，尤以刑法第 11 條：「本法總則於其他法律有刑罰、保安處分或沒收之規定者，亦適用之。但其他法律有特別規定者，不在此限」之規定為然。但自 92 年專利法修改，專利犯罪全面除罪化後，二者之關係已今非昔比。

六、民刑事訴訟法

專利權之侵害訴訟乃民事訴訟之一種，適用民事訴訟法。在刑事訴訟方面，專利權侵害之刑事告訴、自訴、審判、上訴、再審、非常上訴等訴訟程序亦適用刑事訴訟法。但因專利訴訟富於技術性，且特色頗多，尤以鑑定問題最為複雜，與一般民刑訴訟不同，故以設立專業法庭審理為宜。又專利權侵害之損害賠償不易證明，且假處分特別重要。此外銷燬侵害品及強制執行問題亦有其特殊之處。自近來智慧財產法院成立後，智慧財產法院組織法及智慧財產案件審理法之重要性更突顯出來。

七、行政法

專利權之發生、變更、消滅，由國家官署（智財局等）以行政處分介入，與一般財產權不同。專利機關內之審查、再審查之手續，固係一種行政處分，而訴願、行政訴訟等行政爭訟，適用或參考行政法之原理之處不少。行政程序法施行後，智財局之專利相關作業又受其影響。尤以我國制度不似外國，對專利權之核發、撤銷，不設專業化之專利法院，亦非由普

通法院審判，而以行政救濟方式為之，問題殊多。自智慧財產案件審理法實施與智慧財產法院成立後，雖情事有所改變，但專利法所含行政法之色彩極強，仍無法否認。

八、公平交易法

專利法乃承認獨占發明之實施與使用之制度，而公平交易法乃禁止私人獨占之制度。乍觀之下，兩種制度似不無對立之勢，實則相輔相成，並行不悖，因專利法之目的在「鼓勵、保護、利用發明、新型及設計之創作，以促進產業發展」（專 §1），而公平交易法之目的在「維護交易秩序與消費者利益，確保自由與公平競爭，促進經濟之安定與繁榮」（公 §1）。且專利法與公平交易法之關係甚為密切，公平交易法對專利權具有抑制之作用。除公平交易法第 45 條規定：「依照著作權法、商標法、專利法或其他智慧財產法規行使權利之正當行為，不適用本法之規定」外，專利權人亦不得從事公平交易法所定妨害或限制公平競爭之不正當行為（公 §20）。即專利權之行使與公平交易法之規制關係甚為密切，公平交易法也是對專利權人不當要求加以防禦反擊之有力武器，例如權利人如在專利之授權契約加上不當限制條款時，可能由於違反公平交易法，被授權人可反駁此種強制而不予接受。事實上在美國，提起專利侵害等訴訟時，被告必定會提起原告違反反托拉斯法訴訟。可見專利法與公平交易法有互為表裡之關係。又如不久前美國司法部調查 Microsoft 公司之 license 政策，並加以訴追一案，亦係顯示公平交易法對專利權過度保護加以抑制之適例。

九、積體電路電路布局保護法

半導體晶片 (semiconductor chip) 乃科技發展之基礎，對產業發展有重大關係，惟積體電路布局之設計開發，需要極高技術與成本，而其拷貝又相當容易。

晶片在傳統法律上能受到的保護殊為有限，因專利法雖可保障新微處理機等基本電路，但對於將此等電路改裝，用在特定工業目的所做的設計，無法加以保護。大多數晶片與衣服式樣 (dress design) 性質上屬於同一範疇，幾乎只是單一構想之變化，此種創造性不能達到或滿足專利法所要求之新穎性或進步性，因此不能取得專利。在另一方面，晶片亦難獲得著作權之保障，因電路設計 (mask work) 乃純粹實用性質 (utilitarian)，非文學藝術作品可比，不在著作權保護之列。

美國為了保護其資訊工業之發展，於 1984 年通過了半導體晶片保護法 (Semiconductor Chip Protection Act)。對於半導體設計畀以與著作權類似之保護，同時又含有若干專利色彩，成為一項特殊保護智能財產權之立法。該法創造了一種新的特殊智能財產權型態，即保護固定在半導體晶片上的「光罩」(mask work)，其實即「布局」(layout) 或印刷式樣 (typography)。換言之，對複雜的電路 (circuit) 設計，亦即對燒鑄在矽片上的線路與「開關」(switch) 的模型 (pattern) 予以保護。又因只針對電路設計的形象 (image) 或表現形式 (form of expression) 而非機能 (functionality) 部分加以保護，而不及於設計所蘊含的構想、觀念、程序、系統或操作方法，故此種權利性質上近似於著作權，而與專利權有別。

我國亦參考上開美國等立法例，於民國 84 年公布「積體電路電路布局保護法」，於民國 85 年施行。

十、勞工法

專利法在從業員之發明專利權之歸屬與利益之分配方面，與勞工法關係頗為密切。法律固需保護從事研發活動之從業員，他方亦須促進新技術開發之投資，提供雇主投資之鼓勵。二者之間利益如何調和，值得重視。

十一、其　他

此外專利法與科學技術基本法、信託法、強制執行法、智慧財產及商業法院組織法、智慧財產案件審理法、貿易法、稅法、專利師法、律師法、仲裁法等亦有關連。

第四章　專利制度之起源與外國專利法

第一節　威尼斯

頒給個別專利之歷史，雖可追溯至13與14世紀許多歐陸國家之檔案，但1474年由威尼斯共和國所通過之法律，乃世界公認最早之專利法，該法之序言與頭幾句有如下文字：

「在吾輩有天才之人之間，易於發明與發現有創意之器械。鑒於本城邦之宏偉與美德，每日自各地來邦之此種人與日俱增，如對此種人士所發現之工作與器械加以規定，使別人看到後，不致自行製作並掠取發明人之美，則可使更多之人樂於應用其天才，來發現並建造大大有用之器具，以裨益於本邦。爰基於議會之職權頒定：如有人建造本邦前未曾有之任何新穎與有創意之器械，於達到完美而可供使用操作時，應通知大眾福利局。於十年期間內……，非經創作者之同意與授權，禁止他人在本邦領域內任何地區，製作與其相同或類似之器械。」❶此外該法又規定違反上述規定者，發明人可向政府申訴，責令侵權人向發明人賠償100杜卡托（ducat，威尼斯古貨幣名），並立即銷毀其仿造品。政府可依需要任意使用上開發明或器具，但除發明人本人外，任何他人無此權利❷。

據稱在不同技術領域，包含磨坊、掘土、燒磚、鋸木、吹玻璃、在玻璃上鐫刻等，威尼斯共和國已依該法頒給大約一百件專利❸，並曾於1954

---

❶ *Journal of the Patent Office Society* (Washington, D.C., US) (1919 onwards) (now J.P.T.O.S.), Vol. XXX (1948) at 176. (cited from Reid, *A Practical Guide to Patent Law,* p. 1, et. seq.)

❷ 文希凱、陳仲華著，《專利法》，頁14。

年授予義大利著名物理學家與天文學家伽利略揚水灌溉機械專利權。

值得注意的是在技術史如此早期，該法已宣示要求新發明須具有新穎性與非顯著性 (...new and ingenious device...not previously made.)，且須具有實用性 (...reduced to perfection...)，禁止侵害，惟權利人可授權予他人 (It being forbidden...without the consent and license of the author...)❹，這些現代專利制度之基本要求都為該法所承認，且明白加以揭櫫，雖然該法後來未能繼續實施，但以今日眼光觀之，當時觀念如此先進，實令人欽佩與鼓舞。

第二節　英　國

從歷史上觀之，公元 1474 年之威尼斯法律雖為世界最早之專利法，惟早已煙消雲散，在今日各國施行之專利法中，最古老者首推英國法，專利對工業革命影響甚大。按英國產業在中世紀工業革命前，比歐洲大陸落後，國王為了引進新產業，獎勵歐陸技術者人境起見，遂對歐陸來之優秀技術者賦予某種特權。由於當時英國產業受到基爾特同業公會之支配，人民非加入基爾特，不能從事或參與產業活動，於是當初國王賦予之特權，係針對特定業者，准其免受基爾特之限制，而享有從事營業之自由。此種營業許可係以在國王「公開文書」(特許狀) (literae patentes, letter patent) 上蓋國王大印之方式❺行之，大多賦予外國之紡織商或手工藝人，而以 1331 年愛德華三世賦予在英國經商之 Flesmith 織工 John Kempe 為最早，以致此用

❸ Reid, op. cit., p. 2.

❹ Ibid.

❺ 按即發給蓋有國王印璽之開封特許狀，並非針對特定個人，而是以所有之人為受文者，欲所有之人能閱讀其內容之意，故用 open (patent) letter 字樣（參照吉藤幸朔著，《特許法概說》，13 版，頁 14）。最初之例，據云為 1331 年愛德華三世（在位 1327～1377）賦予荷蘭織物家 John Kempe。此後以此種形式對私人賦予獨占經營某事業之特權。此乃所謂 monopoly patent，與今日專利具有相同性質，時至今日，英國專利仍採國王恩惠之主義（參照豐崎光衛著，《工業所有權法》，頁 18）。

語成為今日專利 (patent, Patent) 一字之語源。

早期賦予此種特權，不需對方發明了何物，而多為了便於對方經商，基於國王之恩惠而頒發，不過仍有若干係針對發明而發給，例如在 1449 年因製造彩色玻璃新方法，發給 Utyman 之 John 是❻。後來演變為國王亦賦予人們從事一定領域產業之獨占權，而接近於現代之專利制度。尤其在伊莉莎白一世（在位 1558 ～ 1603）時代，由於濫發此種特權，引起物價騰貴與經濟混亂，招致普通法法院與議會之反感，於是在有名的 Darcy v. Allein（1602 年）一案判決❼，確立了除興辦國內新興事業外，賦予此種專利係屬無效之原則。議會更於 1624 年制定專賣條例或獨占條例 (Statute of Monopolies)，由國王詹姆士一世（在位 1603 ～ 1625）發布，此專賣條例以後被稱為專利法之大憲章，成為現代專利法之起源。

其實此專賣條例並非以設立專利制度為直接目的，而是以立法確認過去由法院判例所建立之原則，即國王賦予既存產業一部之特權乃屬無效，其例外為對真實且最初之發明人 (true and first inventor) 所賦予十四年（因學徒期間七年，於第一個七年結束時，主人可收另一學徒，教他如何使用發明）之獨占權為有效（同條例 §6）❽。此條例乃國王與議會衝突之結果，由議會對國王賦予特權所加之重大限制，而非規定賦予專利權之手續，又雖禁止國王賦予一定範圍內之獨占權，但並不禁止其對新穎發明賦予獨占權，國王亦不負賦予獨占權之義務。由於賦予獨占權出於國王之恩惠之點

---

❻ Bainbridge, *Intellectual Property* (3 ed.), p. 268.

❼ 該案原告 Darcy 為伊莉莎白女王之侍臣，自女王取得製造販賣撲克牌之特許狀，被告 Allein 為倫敦市雜貨商，亦製售撲克牌，故被原告告訴侵害專利權。被告對法院辯稱：「倫敦市雜貨商會會員，有在英國國內自由製造販賣撲克牌之習慣，被告乃其一員，故享有此種自由。而原告之特許狀因剝奪既得職業，故係無效。在英國承認此種專業特許之場合如次，即任何人以自費與勤勉，或基於自己之知識，因發明在國內興辦新事業，或以從來未使用之手法，發展事業，以之貢獻國家時，國王可考慮其貢獻，對該人於一般國民熟悉前之適當期間，賦予特許狀，但在以外場合不可賦予。」法院採納其主張，而宣判 Darcy 之特許為無效。

❽ 豐崎光衛，前揭書，頁 18。

與過去無異，故尚難謂為近代專利制度，但此制度為英國專利法之先驅，對現代專利法予以極大影響。

其後由國王賦予普通法上違法獨占權之事例，雖亦有之，但此種獨占權逐漸消失，只殘留對新穎發明所賦予之十四年期間之獨占權。惟當初英國專利權之賦予乃為振興落後之產業，與法國大革命後專利制度認為發明人天賦之權利不同。

在早期英國申請人為了取得專利，需耗費龐大費用與時間，在許多官廳（當時無專利局）間奔走，瓦特即對該制度表示不滿，且於 1790 年提出改革建議。大小說家迪更斯 (Charles Dickens) 在其小說 *A Poor Man's Tale of a Patent* 裡，即以幽默語句，鮮活描繪發明人之苦楚❾。該制度後來由 1852 年修正專利法予以翻修，於是英國出現了專利局，簡化取得專利之手續，創設在賦予專利前公告發明內容，有異議之人可於一定期間內聲明異議之制度，且開始了專利局圖書館與專利分類制度，又最早課申請人提出說明書之義務，奠定了現代專利法之雛形。其後為使保護範圍明確起見，又課申請人記載專利請求範圍 (claim) 之義務❿，1902 年開始新穎性調查。此等制度對各國現行專利制度予以決定性之影響，尤其成為大英國協各國——澳洲、愛爾蘭、印度、斯里蘭卡、紐西蘭等國專利法之母法。

英國專利法其後於 1949 年修正，保護對象只限於發明專利，對外觀設計則由「註冊外觀設計法」(Registered Design Act) 與「外觀設計著作權法」(Design Copyright Act) 加以保護⓫。1977 年修正專利法，目的在加入歐洲專利公約，廢止專利異議申請制度與追加專利制度，不再發專利證書，而發給 certificate，並將專利最長期間自十六年延長為二十年。英國設有專利法庭，隸屬高等法院大法官法庭，專門審理與專利事務有關之訴訟。專利申請人對專利局裁定不服者，可向專利法庭上訴。英國在 2005 年修正專利法，使其與世界智慧財產組織 (WIPO) 於 2000 年在日內瓦簽訂之專利法條

❾ 吉藤幸朔，前揭書，13 版，頁 15。

❿ 中山信弘著，《工業所有權法》（上），頁 42。

⓫ 陳美章主編，《知識產權教程》，頁 186；豐崎光衛，前揭書，頁 23。

約及 2000 年修正之歐洲專利公約接軌，並使英國專利制度對申請人更加有利，准許以前喪失權利之若干情形得到保全。

依新專利法，申請人得分別請求初步審查及申請進行檢索，並分別繳交所需規費。又針對英國專利或指定英國之歐洲專利，任何人（包括專利代理人）得向專利局請求出具專利有效性意見書，或針對特定行為是否侵害該專利出具侵權意見書。惟此種意見書不具拘束力，亦不得作為禁反言之依據⓬。

為了保護公眾免於專利權人商標權人無根據侵權訴訟之威脅，智慧財產(不當威脅)法 (The Intellectual Property (Unjustified Threats) Act) 於 2017 年生效。該法試著平衡智財權利人在實施其權利時之利益與可能受到不當威脅之那些人之利益。明揭權利人對所稱之侵害人可表述什麼，及對次要侵害人（例如經售商）那些威脅是正當的⓭。

第三節　美　國

美國在獨立前，若干州以英國法為其基礎，賦予發明人專利，例如麻州於 1641 年建立美國最早專利制度，對製鹽方法賦予專利，但此專利與英國不同，並非國王之恩典而是州法所賦予。惟因專利制度之效力限於一州之內，獨立戰爭後為確保經濟之一體性，有制定統一專利法之必要。故 1776 年獨立後，在制定憲法時 (1787 年)，特別在憲法中明定「聯邦議會……為促進科學及有關技藝之發展……對著作人與發明人……有賦予在一定期間對其著作與發明獨占權利之權限」(第一條第八節第八項)。

嗣依據此憲法規定，制定了 1790 年美國最早之專利法，亦係世界最早對發明人賦予固有權利之立法⓮。該專利法規定本身大體與英國法類似，

⓬ http://www.jenkins.eu/pi-autumn-2004/changes-to-uk-patent-law-.asp

⓭ https://www.withersrogers.com/news/ip-case-law/intellectual-property-unjustified-threats-act-2017/

⓮ 中山信弘，前揭書，頁 45。

亦採用對真正之最初發明人賦予專利權之原則，其結果即使時至今日，仍不承認專利申請權讓與制度，凡欲讓與申請權時，須先由發明人申請，然後再將申請中之權利或專利權讓與⓯。初期對專利機構頗為重視，委由國務卿、國防部長、法務部長三名高官組成之委員會審查決定是否賦予專利，且專利要件亦甚嚴格⓰。

其後按運用之經驗，時加修正，其中值得注意者，為早在 1793 年，專利法曾一度捨審查主義，改採無審查主義，嗣因發生對公知之發明與已獲專利之發明予以專利之弊，於是在 1836 年，該法又恢復採用審查主義，成為世界上最早採用該主義之國家。由於審查主義可提高專利權之信用，增進其財產價值，許多國家相繼加以引進，成為世界之主流，而該 1836 年之專利法大體成為美國現行專利法之骨幹。當時又規定設置審查專利之獨立官署，即專利局 (Patent Office)，從而奠定了今日美國專利制度之基礎。該法後來經數度修改，成為 1952 年之專利法，其後又經 1975、1980、1984、1988、1994 年等多次修正。美國自 1930 年以來，承認植物專利。

1982 年 10 月 1 日起裁撤了專利上訴巡迴法院 (CCPA)，而新設聯邦巡迴上訴法院（the U.S. Court of Appeals for the Federal Circuit，簡稱 CAFC）。CAFC 對下列案件有專屬管轄權：⑴專利商標局之抗告審判之裁判之上訴，⑵對國際貿易委員會 (ITC) 決定之上訴，⑶對賠償法院 (Claim Court) 判決之上訴，⑷對全國聯邦地方法院專利案件之判決之上訴。上述第⑴至第⑶乃承繼專利上訴巡迴法院之業務，而第⑷乃 CAFC 之新業務，值得注意。因過去對聯邦地方法院（第一審）有關專利案件判決之上訴，全國八個巡迴上訴法院都有管轄權，致發生同一案件判決結論不同，且對專利權人出現有利結論較多之法院與相反情形之法院之現象，致當事

⓯ 中山信弘教授謂英國過去亦不承認專利申請權之讓與，致交易上頗為不便，實務上受讓人只好以自己之計算，以讓與人之名義，申請專利，然後再受讓申請中之權利或專利權，變成被迫辦理上述麻煩手續，直至 1949 年法律修正後始行承認。見⓮。

⓰ 該委員會由當時國務卿傑佛遜，國防部長 Henry Knox 與司法部長 Edmund Randolph 三人組成。對於委員會之決定不能上訴，執行專利法工作係由國務院負責。

人從事所謂「尋覓有利法院」(forum shopping) 之活動，於設置 CAFC 後，此弊已告消除。

按美國傳統專利法之特色如下：

一、對專利權之賦予採先發明主義

即同一發明，有數人同時申請專利時，對最先發明之人賦予專利之主義。故有必要認定何人為先發明人，於是在 1793 年設立所謂牴觸審查 (interference) 之複雜手續⑰。但此主義缺點甚多，故有依從其他多數國家改採先申請主義之動向。

二、核發專利前，不採公開發明或異議之制度

美國與許多國家不同，不採申請公告制度或申請公開制度，故亦無異議制度。致發明之公開，只能於核發專利權之後，以發行專利說明書之方式為之。

三、不承認專利申請權讓與

詳如後述。

四、不承認強制授權制度，只有若干特別法如清淨空氣法 (Clean Air Act) 等，才例外承認強制授權制度

⑰ 在採用先發明主義之美國，於非牴觸審查手續之前提下，決定發明（完成）之時點，不但斟酌發明構想 (conception) 產生日期之先後，尚且考慮發明實施化 (reduction to practice) 日期之前後以及發明人在此段期間對實施化熱心程度 (reasonable diligence) 之情形（§102 (g) 2 參照）。其結果決定發明之先後如下列所示：

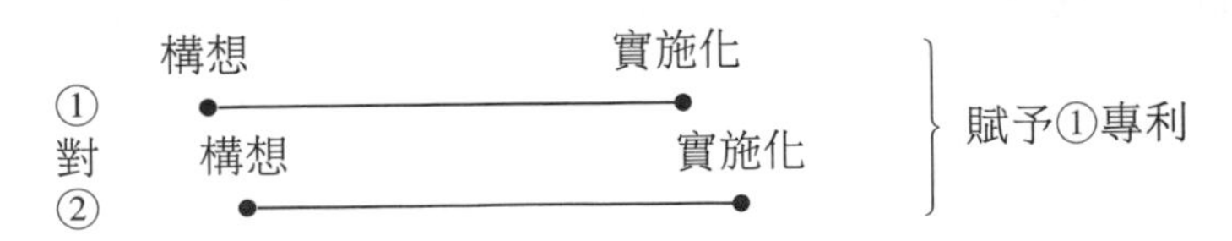

五、對美國申請人較有利

美國專利法採行先發明主義，在同樣發明內容的美國與外國專利申請牴觸的情形下，對美國申請人有利。因依該法規定，在確定何人為最先發明人時，可追溯至幾年，甚至更長時間以前的發明構思的完成日，但外國申請人，不能主張實際發明完成日，優先權日為原申請國之申請日，不主張優先權時，以在美國之申請日為完成發明之日期，即最多只能享受十二個月的優先權日，故美國申請人易於被視為最先發明人而獲得專利權⓲。美國專利制度與外國比較，獨特之處不一而足，包括：1.在申請期間，可以對後續改良發明申請追加。2.經營方法、生物專利、金融派生商品和風險管理等基本上可申請專利。3.設有特別行政機關——國際貿易委員會(ITC)，阻止有專利侵權的產品進口。4.在侵權訴訟，損害賠償金額之計算常考量其他競爭者的市場佔有率、專利技術對產品的貢獻度等因素。但時至今日，為了符合專利法國際調和之趨勢，實有調整之必要。

於是在 1999 年制定美國發明人保護法 (American Inventors Protection Act)，而美國最新的專利法（美國發明法 Leahy-Smith America Invents Act, AIA）則於 2011 年 9 月生效，其變革幅度為自 1952 年起，六十年來最大。其修正重點包括：

1.將專利申請從傳統先發明主義 (first-to-invent) 改為首位發明人先申請主義 (first-inventor-to-file) ⓳，廢除牴觸審查程序 (interference

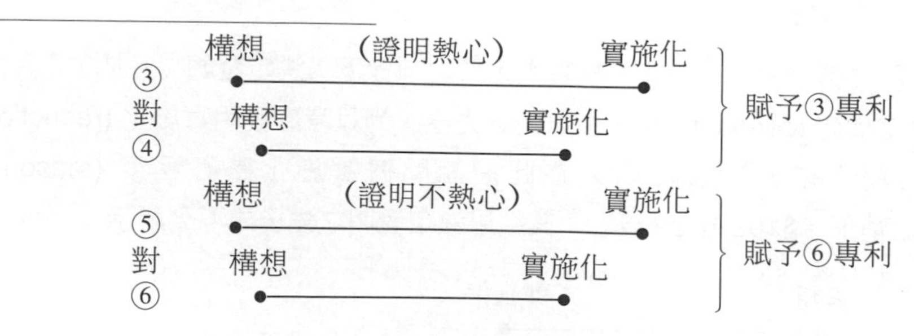

（參照吉藤幸朔，前揭書，13 版，頁 192）

⓲ 陳美章，前揭書，頁 190。

proceeding)，改採「衍生調查程序 (derivation proceedings)」(不發現首先發明人，而只注意先申請人是否為真正發明人) 使專利法與全球大多數國家專利法接軌。以後申請專利，不再以將構想具體化 (reduce to practice) 的時間，而以向專利商標局提出申請之日作為專利期間的始點。

2. 申請人可先提出臨時申請案，儘早取得有效申請日，並於提出後一年內提出正式申請案。

3. 專利制度由「相對新穎性」修正為「絕對新穎性」。

4. 修改與擴張異議程序，採用核准後異議制度 (post-grant opposition)。淘汰不好的專利，協助專利商標局處理積案，降低成為訴訟之可能性。任何人在發明人取得專利後九個月內，可向該局提出異議，挑戰專利的有效性。超過九個月後，只能以專利性或先前技術 (prior art) 來挑戰。核准後異議制度之目的是儘量將專利是否有效的問題在審查階段確定，以減少訴訟。

5. 受讓專利權之人，可直接提出專利申請，而不須由發明人自己申請。

6. 消除專利虛偽標示訴訟，即除政府或能證明受到競爭上損害之競爭者可提起訴訟外，專利權人怠於將產品上專利已過期之標示撤除，並不成立違法行為[20]。

7. 雖然發明人仍須透露實現發明的最佳模式 (best mode)，沒有留一手。但未透露最佳模式，並不使已發給之專利歸於無效。

---

[19] 此主義固然與美國原採之先發明主義不同，也與世界上其他國家之先申請主義有異。因仍保留優惠期間，即在申請日前一年限制若干先前技術 (prior art) 之主張。此外並修改再審查程序，透露資訊之保障，費用誘因，訴訟防禦及申請要件等。其修正可能仿加拿大 1989 年專利法自先發明主義改為先申請主義。參照 Josh Lerner et. al., The Leahy-Smith America Invents Act: A Preliminary Examination of Its Impact on Small Businesses (https://www.sba.gov/sites/default/files/advocacy/rs429tot_AIA_Impact_on_SB.pdf)

[20] 專利人應將專利產品標示，以便他人了解有專利權，便於檢索，且易於迴避。但如專利期間屆滿後，怠於將標示撤除時，易使人誤會產品仍有專利。過去法律，在此場合除美國政府之外，任何人都可控告專利權人，且可分享所處罰金，致有些專利蟑螂乘機尋覓告發疏忽之廠商。

8. 增加了個人主張專利的先使用權的抗辯 (prior user rights defense)。即先發明人未申請專利，如使用發明超過一年後，由他人取得相同或類似發明之專利權時。過去只有企業才可主張享有先使用權，而不成立專利權之侵害。新法則擴大先使用權之範圍，個人亦可提出此種抗辯[21]。

9. 新設「補充審查 (Supplemental Examination)」程序：專利權人可於領證後向專利局申請考慮、重新考慮或更正專利人認為與專利有關之任何問題之資訊，俾審查人員考慮有效性問題，而不致日後被潛在侵權人攻擊以及修補否則會被認為違反衡平行為之事由。

10. 導入微實體 (micro entities) 資格，凡符合小實體資格及其他收入較低之發明人可減免規費 75%。

11. 被控侵權者若未自其律師取得專業意見、或未於訴訟中提出證據時，無法主張非故意侵權或非意圖教唆侵權。

12. 針對專利有效性爭議之無效程序有三：

(1) 新設權利取得後審查 (Post Grant Review)：第三人可基於任何法定可專利事由，提出專利有效性之質疑。

(2) 當事人間審查 (Inter Partes Review)：取代先前的當事人間再審查 (Inter Partes Reexamination) 程序。

(3) 單方再審查 (Ex Parte Reexamination)：基本上為現有單方再審查 (Ex Parte Reexamination) 程序。

美國專利局也有專利加速審查制度，主要在幫助企業以及減少專利申請案的積壓。目前施行的制度包括：「加速審查」(Accelerated Examination, AE)、「優先審查」(Prioritized Examination, PE) 及「專利審查高速公路」(Patent Prosecution Highway prioritized examination, PPH)[22]。

據統計，至 2012 年美國已核發第 800 萬件專利。

---

[21] 參照 http://en.wikipedia.org/wiki/Leahy-Smith_America_Invents_Act; http://www.dajiyuan.com; http://www.uspto.gov/patents/init_events/aia_implementation.jsp

[22] 參照《北美智權報》，郭史蒂夫，2014.7.31。http://www.naipo.com/Portals/1/web_tw/Knowledge_Center/Laws/US-96.htm。

第四節 德 國

近世初期德國乃歐洲之後進地區，因受三十年戰爭影響，國土荒廢，及終戰條約之威斯特發尼亞條約中分裂為許多小國（邦），專利制度亦就各邦成立，妨礙了德意志之經濟發展。1833年，以普魯士為中心，締結德意志關稅同盟，其中亦締結有關專利之協定，但基本上各邦專利權獨立，各自為政。因此當時德國優秀的發明技術都到外國去申請專利，例如老西門子就將自己的專利留在英國。

德意志統一後，與歐洲別處相同，由於自由通商派與保護貿易派之對立，致使專利法之制定受到遲延，終於在1877年制定了帝國專利法，後於1891年修正，採審查主義，且為提高專利之信用，採用了世界上最早之審查公告主義。即審查結果，如未發現拒絕理由時，不立即賦予專利，而將申請公告，賦予公眾提出異議之機會。同時在柏林設置帝國專利局(Patentamt)，而專利效力之爭議，由專利局以無效審判手續行之為其特色，與在英美法制下，專利效力之爭訟歸普通法院管轄不同，建設了大工業國法律基礎之一環。

該專利法含有產業政策之目的，保護發明人個人之要素很淡薄，為了使發明人早日提出專利申請，提高社會技術水準之目的，故原則上採先申請主義(Anmelderprinzip)。德國專利法為挪威、瑞典、芬蘭、丹麥等北歐國家及荷蘭、奧地利等專利法之母法。日本與我國現行專利法在許多方面，亦與德國法一致。德國於1891年為了保護小發明，作為其專利制度之一環，在世界上最早制定了新型法，引起各國注意，該制度其後為義大利、西班牙、葡萄牙、日本、中國等許多國家所採用㉓。

其後納粹時代，於1936年制定新專利法，立法上轉變為重視發明人，條文上採用發明人主義(Erfinderprinzip)，規定發明人之人格權與取回權，此種見解至今仍行持續。惟從業員發明制度係規定於特別法，在專利

㉓ 吉藤幸朔，前揭書，13版，頁20。

法中不作規定。

第二次世界大戰後，於 1949 年在慕尼黑設「德國專利局」(Das Deutsche Patentamt)[24]，專利法於 1953 年修正。其後西德於 1961 年廢止專利審判制度，將訴願與無效之救濟程序由專利局分離出來，由新創設之專利法院 (Bundespatentgericht) 管轄。該法院設技術系統法官，使專利法院之審理事實上成為終審，避免過去漫長專利訴訟之弊，以謀迅速化、合理化。其後又於 1967 年，仿 1963 年之荷蘭專利法，採用申請公開（早期公開）制度與審查請求（緩期審查）兩種新制度。即專利局於收到專利申請案後，不立即主動依職權就發明之技術為完整之審查，而由申請人於申請後七年內提出審查之申請並付費後，始進行審查。如申請人未於七年內請求審查，則專利之申請於七年後即失其效力。又因過去新發明於審查後始行公開，公眾往往須經長久時日，才能知悉發明，為使公眾早日得知新發明，故改為所有專利申請，於申請後經十八個月即應公開，而不問是否已提出審查之申請。此外，並開放長久以來爭論頗久之醫藥與化學品專利[25]。

1976 年為了配合歐洲專利公約與實施專利合作條約，制定了國際專利法公約法，對專利之實質要件，無效及異議之事由等重新加以規定，於 1978 年施行。1979 年又制定共同專利法，對授與專利之程序作了修改[26]，廢止申請公告制度，對於審查結果，認為具備專利要件之發明，立即賦予專利，他人於授與專利後始得提出異議（即廢止原專利賦予公告三個月以內，任何人可提出異議申請之審查公告制度），對聯邦專利法院專利無效宣告之請求，非於上開異議申請期間經過後（有異議申請時，於其決定後），不得為之[27]。

東西德統一（1990 年 10 月 3 日）後，修改數次，於 1998 年將專利局改稱專利商標局（在慕尼黑、耶拿及柏林三地辦公）。總之德國建立了獨特

---

[24] 謝銘洋著，《智慧財產權之制度與實務》，頁 82。

[25] 豐崎光衛，前揭書，頁 22、23。

[26] 謝銘洋，前揭書，頁 83。

[27] 吉藤幸朔，前揭書，13 版，頁 20。

專利法體系，對以日本為首之世界專利制度予以巨大影響，惟在歐洲之統合或世界專利制度和諧化之潮流中，今後德國制度亦不能不受到變革[28]。

德國專利准許追加專利（需在母案申請日（或優先日）起十八個月內提出申請)。發明專利申請日起第三年開始每年繳交年費。新型專利採登記制度，只進行形式審查，通過後即予以核准並領證。只有在第三人提出異議，或領證後，申請人或第三人提出實體審查請求時，才進行實體審查。新式樣也有聯合新式樣專利。

2009 年 10 月德國之「專利法現代化法」生效，除強化與加速專利無效之訴之程序外，修正「受僱人發明法」(Gesetz über Arbeitnehmererfindungen, 1957) 受雇人發明之規定，提供雇主事實上自動取得受雇人發明之專利權。規定雇主於受雇人告知有發明後，於四個月內如未表示反對成為其專利權之所有人時，推定雇主為專屬權之所有人。故新法被認為可加強中小公司之法律地位[29]。

德國專利法 2014 年又修正，過去核准公告後三個月內若無人提出異議，則確定取得專利權。新法將此三個月異議之期限延長為九個月，且規定異議程序中的言詞審理，必須對外公開。同時將「外觀設計」自 2014 年元旦起，改稱為「註冊設計」，申請日起每五年延長一次，最多延四次，共二十五年。如設計案已有前案申請，過去需向地方法院請求宣告該設計之註冊無效，新法簡化程序，改為向專利局申請即可。此外新法還簡化申請註冊設計之程序，准許不同種類商品之設計可在同一案以多項方式申請（舊法規定須是同類商品設計才可同案申請）[30]。

---

[28] 中山信弘，《工業所有權法》（上），頁 48、49。

[29] http://www.bakermdenize.com/files/Uploads/Documents/Germany/Newsroom/NL_modernization%20of%20German%20Patent%20Law.pdf

[30] http://www.tsailee.com/about_periodical_show.aspx?p=2&cid=178

第五節　法　國

在法國大革命前，法國與其他歐洲國家同，由國王賦予獨占權。法國大革命後，國民議會應發明人之熱烈要求，於 1791 年制定專利法，此為法國最早之專利法，將發明人對自己完成之發明有所有權之思想予以立法化，即將發明之無體財產與有體財產同視，現在支持之學說雖已不多見，但在歷史上有甚大意義。

法國專利法之最大特色為行政機關對發明之專利要件只作形式審查，至發明是否值得專利，並不予審查，即採用所謂無審查主義。實施結果，欠缺專利要件之專利登記案件頗多，發生紛爭時，由法院以裁判予以解決。法國專利法為西班牙、葡萄牙、比利時、盧森堡等國專利法之母法，又對希臘、土耳其、拉丁美洲各國及自殖民地獨立之開發中國家之專利法予以強大影響。法國專利法後來於 1844 年全面修正，歷經約一百二十年至 1968 年尚無重大修正[31]。

惟近來由於技術之激烈競爭，無審查主義之弊害愈益顯著，不但對產業界不利，且在與歐洲專利條約之契合或國際調和上亦有問題。故 1968 年將專利法大加修正，採用審查主義式之手續，即舉行新穎性調查意見後，賦予專利[32]，此調查意見對申請人可作為日後續行手續之參考[33]，且於紛

[31] 豐崎光衛，前揭書，頁 22。

[32] 法國發明專利審查制度頗為特殊，係採半審查制，介於實審與註冊制之間；特點在於工業所有權廳對於新穎性及實用性做出結論性意見（即檢索報告，在 2007 年，該廳與 EPO 協議，一般申請案的檢索報告改由檢索能力較佳的歐洲專利局 (EPO) 製作，由該廳核發）。申請人所收該廳檢索報告，即使包含不具可專利性之核駁意見，但在整個發明專利審查過程，只有檢索報告階段涉及實質上的審查。申請人只要確實針對該不具可專利性之核駁意見加以回覆，或限縮、修正申請專利範圍，除非申請人之回覆仍無法克服明顯的新穎性缺陷，否則不論能否克服核駁意見，原則上就如同註冊制般，可順利獲准專利，並收到一份包含檢索報告（含引證前案檢索意見）及申請人之回覆（含修正）之最終檢索報告。因此法國專利是不穩固的專利權。至新型申請案不發檢

爭發生時，對裁判亦有助益㉞，自 1969 年 1 月 1 日起施行。該法與從來專利法完全相同，亦採不經審查主義式之手續，而賦予權利之實用證 (certificats d'utilité) 制度，即有似我國與中共之新型或澳洲之小專利 (petty patent)，實質上保護小發明之制度，惟與通常新型制度不同，製造方法等亦作為保護對象，此點亦值得注意㉟。又該法最近亦採納荷蘭、德國、北歐四國所採之申請公開制。1978 年更進而將該法作一部修正，以配合歐洲專利條約，謀求實質上審查主義手續之擴大與效率化，將工業所有權廳之權限擴大，在調查意見書顯然欠缺新穎性時，可駁回專利之申請，但對進步性並不審查，而與歐美日本許多國家不同㊱。

過去法國專利法定有發明專利 (patent) 與新型專利 (utility certificate)，發明專利保護期間自申請日起二十年，新型專利自申請日起六年。外觀設計法對外觀設計保護五年，可延展四次，每次五年，最長二十五年㊲。2019

索報告，但進入法院訴訟前，應向該廳提出檢索報告的申請。自 2007 年 3 月 1 日起，申請案所涉先前技藝資料，在完成初步檢索報告前，法國專利局可要求申請人在一定期限內（二個月）提供各國相應申請案在審查過程引用之相關先前技藝資料參考。參照 http：//www.bdl-ip.com/upload/Etudes/uk/bdl_thefrenchpatentsystem.pdf; http://enpan.blogspot.com/2010/06/blogpost_29.html; http://www.finetpat.com.tw/chinese/Default.aspID=114; http://www.taie.com.tw/tc/p4publicationsdetail.asparticle_code=03&article_classify_sn=64&sn=266; http://oulan.net/info_b.php; http://www.cnpat.com/law3.htm; http://www.lawbank.com.tw/treatise/pl_article.aspx?AID=P000173026

㉝ 由於檢索報告內容包含 EPO 審查委員的檢索意見，故可助申請人得知其發明之可專利性，進而判斷是否要在可主張國際優先權的期限內再向其他國家提出專利申請。參照林景郁，〈淺談法國發明專利審查制度〉(2010/05)，https://www.taie.com.tw/tc/p4-publications-detail.asp?article_code=03&article_classify_sn=64&sn=266

㉞ 中山信弘，前揭書，頁 48。

㉟ 吉藤幸朔，前揭書，13 版，頁 16、17、572。

㊱ 同㉞。

㊲ 王春輝，〈英法專利制度與專利文獻〉，http://www.sipo.gov.cn/docs/pub/old/wxfw/zlwxxxggfw/gyjz/gyjzkj/201406/P020140624547349886607.pdf

年5月法國頒佈PACTE法案，於2020年生效，主要變革如下：

1. 加強審查程序：過去法國專利局只能拒絕「明顯」缺乏新穎性及排除在可專利性發明領域外的專利申請。依新法該局將進行更徹底的審查，且可拒絕不具備創造性的專利申請。

2. 引進異議程序：從2020年4月起，自授予日期起九個月，可對已頒發的專利提出異議。過去專利的無效只能由法院判決。現改為可在專利局對專利修正或撤銷，比過去更簡單，快速，成本更低。又無需律師，可由專利代理人 (Conseil enpropriété industrielle) 處理。

3. 實用證書：實用新型在法國稱為「實用證書」(Certificat d'Utilité)。過去效期為六年。採取與發明專利相同標準，惟沒有檢索報告也沒有審查。新法將效期延長為十年。又過去專利申請可轉換為實用證書。新法准許實用證書申請人在申請日期／優先權日起十八個月內將其轉換為專利申請[38]。

第六節　日　本

日本原無專利制度，專利制度乃明治維新時代，從西方引進，至今已有一百餘年歷史，遠較我國為早，對日本經濟科技發展貢獻甚大。最早介紹西洋專利制度之人乃福澤諭吉。明治4年(1871)布告「專賣略規則」，目的在富國強兵，殖產興業，為日本最早專利法之雛形。

日本將發明、新型與新式樣三種專利分開立法，不似我國合併在單一之專利法內。明治18年，即1885年，日本制定專賣特許條例，採用先發明主義與審查主義。專利期間定為五年、十年或十五年，可由專利權人選擇，後來將該條例公布之日（4月18日）定為日本之發明節[39]。明治21年制定「特許條例」，以美國法為藍本，採先發明主義，並採用德國之無效審判制度。又制定該國最早之「意匠條例」，採先申請主義與審查主義。明治32年修正以上條例，改稱特許法與意匠法，同年日本加入巴黎公約。

---

[38] 林達劉，〈法國專利法變化啦！〉，https://zhuanlan.zhihu.com/p/120768608

[39] 王家福、夏叔華著，《專利法基礎》，頁22。

明治 38 年 (1905)，以德國法為範本，制定實用新案（相當於我國之新型）法，以保護在發明與意匠（相當於我國之新式樣）間事實上難於受到保護之實用性之小發明。其保護對象仿德國定為物品之「形狀、構造或組合有實用之新穎考案」，故方法不列為保護對象，惟此實用新案法採審查主義，故實際上與專利頗為相近，且因以德國法為範本，故與當時採用先發明主義之日本特許法不同，係採先申請主義。日俄戰爭結束後，為充實工業發展基礎，於明治 42 年全面修正特許法、意匠法與實用新案法。戰後昭和 23 年修正特許法，廢止秘密特許制度。大正 10 年放棄先發明主義，改採先申請主義，仿英國法導入申請公告與異議聲明制度，又採用強制授權制度。

第二次世界大戰後，隨著新憲法之頒布，於昭和 23 年修正特許法有關訴訟部分，將所謂審決取消訴訟，改由東京高等裁判所專屬管轄。昭和 34 年為配合高度經濟成長，將工業所有權四種法律全面修正。

其後為配合日本經濟發展，有關法律歷經多次修正。主要為昭和 45 年引進審查請求制度、早期公開制度與審查前置制度。昭和 50 年引進物質特許與多項制。昭和 53 年制定基於特許協力條約之國際申請等法律。昭和 60 年採用國內優先權制度，廢止追加特許。昭和 62 年採用特許存續期間之延長制度及貫徹多項制。平成 2 年制定「關於工業所有權手續等特例之法律」，採用電子申請。平成 5 年又修正特許法，將可補正範圍比從前更加嚴格限制，以謀國際之調和，又審判制度亦加簡化，同時修正實用新案法，引進無審查主義，權利之行使須提示實用新案技術評價書。

平成 6 年隨著 TRIPS 協定之成立與日美包括經濟協議知的所有權 working group 之合意，修改法律，採用外國語書面申請、權利賦予後「專利異議申請」制度等，同時自平成 8 年起廢止申請公告與權利賦予前聲明異議制度[40][41]。

---

[40] 仙元隆一郎著，《特許法講義》，頁 25。

[41] EPO 認為日本專利制度有 3 項特質不甚理想：

1. 延遲實質審查 (deferred substantive examination) 達三年之久。

日本專利制度實施一百多年來，推動了該國的經濟發展，使日本成為世界上經濟大國。從 1958 年起，日本專利申請案數量一直在世界上高居首位㊷，但近年已被中國超過。

日本嗣於 1999 年廢除與聯合新式樣性質相仿之類似意匠專利。2002 年頒布「智慧財產基本法」，於翌年實施。2003 年設置以首相為本部長之「智慧財產戰略本部」，作為政策指導機關，使日本以「智慧財產」立國。又於 2011 年公布新專利法，自 2012 年 4 月施行，修正重點包括：

1. 放寬喪失新穎性之例外規定，只排除與發明、實用新型、外觀設計、商標有關的專利公報之公開。凡在刊物發表、因實驗而公開、在網路／學術會議／展覽中發表，甚至以銷售方式公開、在記者會中發布等，只要不屬於國內外專利文獻之公開，均有不喪失新穎性之寬限期㊸。

2. 修改撤銷訴訟程序中之更正制度。

3. 廢除非專屬授權登記制度，非專屬授權人即使未登記，亦可對抗事後取得該專利權之人。

4. 非專利申請權人，及違反共同申請義務之人取得專利權時，真正權

---

2. 以無效程序，而非異議作為挑戰專利的手段。

3. 經常使用國內優先權 (domestic priority)。

在日本常有提出申請案後，在公開之前撤回，利用國內優先權取得較早優先權日 (early priority date)。參照《智慧財產權月刊》，第 160 期，頁 105-106。

㊷ 美國有不少跨國公司抱怨日本利用其專利制度對涉及商業上重要領域，對外國申請人核發專利較慢，作為保護本國企業之方法。日本公司又被指責「專利泛濫」(patent flooding)，即許多申請只是對現存專利要求次要的技術改良，此策略可對現有專利權人施加壓力，來授權予日本廠商。又某受訪律師稱如你只有二個專利，即使你二個專利權較為優良，常常看到一家日本公司在一個小領域擁有四十個專利，使你心理上難於適應云云，不過此種指控難予證明。（見 Leith, Harmonization of Intellectual Property in Europe: A Case Study of Patent Procedure, p. 13）

㊸ 製造商往往到銷售階段才發現產品中某項技術需要專利保護，過去這種情形只有美國准予提出申請（寬限期一年），在新法下此種因銷售而公開的情形在公開日後六個月內也可以補救。

利人可對其請求讓與專利權，再依勝訴判決辦理讓與專利權登記。

5.僅當事人及參加人不能再以相同事實或證據提出舉發，不限制其他第三人。

6.有正當理由，遲誤提出日文譯本，與遲誤專利年費繳費及加倍繳納滯納金期限者，可補提及補繳。

7.調降專利年費、申請費。撤回專利申請，可退還部分實審費用。

8.任何人可於取得專利後六個月內提起異議。審理採特許廳和專利權人對立方式。異議不成立，不能上訴。

9.任何人可提起舉發，且無時間限制，審理採舉發人和專利權人對立方式，可對舉發決定上訴。

10.放寬單一性規定，可併於同一申請案提出申請[44]。

日本於2015年恢復異議制度，又在平成31年（2019年）將特許法修正，重點在充實專利訴訟制度，包括：

1.在侵權訴訟，增設查證制度以協助證據蒐集。即在有特許權侵害可能的情況下，由中立的技術專家到侵權嫌疑人的工廠等現場進行侵害舉證所必須的調查，再向法院提出報告書。

2.在確認有侵權時，增加損害額度的計算範圍。依舊法，當特許權人生產販賣能力少於侵權行為人之侵權物販賣數量時，特許權人僅能取得相當於其生產販賣能力的賠償，至於侵權人販賣數量超出特許權人的生產販賣能力的部分，無法請求賠償。修法後，對於此超出特許權人生產能力部分，視為特許權人授權給侵權人製造販賣，可用相當於授權金的金額估算。

第七節　蘇俄及獨立國協

帝俄之專利制度亦起源於國王之酬庸，與歐洲其他國家相同。正式專利法於1896年頒布，大致與當時德國專利法相仿[45]。共產革命成功後，廢

[44] 參照《理律雙月刊》92年11月號。

[45] 秦宏濟著，《專利制度概論》，頁11。

除私有財產，於1919年制定新專利法，一切發明歸屬於國家，與法國專利法揭櫫之人權主義相反。1924年為配合新經濟政策，修改專利法，酷似德國專利法。嗣因與現實經濟條件不合，且為貫徹共產主義思想，制定了1931年4月9日之專利法（正式名稱為「關於發明及技術完成之規則」），確立了獨特之發明人證書制度，與普通專利制度雙軌制併存。該法其後於1941年、1959年、1973年及1978年數度修正。

蘇聯專利法最大特色為除普通專利制度外，又設有發明人證書(inventor's certificates)之制度。所謂發明人證書制度，與通常專利制度不同，並不賦予獨占權予發明人，而由國家受讓發明人本來所有權利，而獨享獨占實施發明之權利，對發明人則賦予受領法定報償金之權利，及取得一定之榮典作為代價。國家享有實施發明人證書對象之發明之權利，同時應適當（完全且適時）實施其發明。發明人可就專利與發明人證書選擇其一。又有效之專利，可依發明人之申請或發明人與專利權人之共同申請，變更為發明人證書。惟兩制度雖併存，但實際上對蘇聯國民言，發明人證書制度較為重要，普通專利制度不過扮演次要角色而已，外國人則幾乎利用專利，因專利制度係為吸收外國技術，對外國人開放門戶而設。惟蘇聯重要之工業均屬國有，工商活動均須特許，故政府實際上成為唯一實施專利之人，而政府依法復有強制授權及自己實施之權，故自外國人觀之，在蘇聯取得專利所得至為微薄[46]。

值得注意者，蘇聯除發明人證書之外，又設有發現人證書及合理化提案人證書制度。此二者皆為了保護獎勵科學技術之發現及提案，故與發明人證書設類似規定。所謂發現乃對認識之水準帶來根本性變革，於物質界已存在但不為人所知之客觀上重要法則、特性或現象之確認，但應將地理學、考古學或古生物學上之發現、有用埋藏物層之發現或社會科學領域之發現除外。對發現人於交付發現人證書外，另給付5,000盧布以下作為報償。所謂合理化提案，乃指各工場上創意工夫之改善，即提案對被提出之企業組織新穎且有用，以對產品之構造、生產、應用技術之變更或材料構

[46] 秦宏濟，前揭書，頁14。

成之變更為內容，技術上之解決方案，對合理化提案人亦賦予報償金。實際上該國合理化提案之數量壓倒性超過發明人證書。

蘇聯之發明人證書制度其後為舊捷克、波蘭、羅馬尼亞、匈牙利、舊南斯拉夫、保加利亞、舊東德及中共等國所採用。但以後匈牙利、舊南斯拉夫、中共不但廢止發明人證書，且自蘇聯發表廢止該制度意向之修正草案（1988 年 12 月）以來，其他國家亦加廢止㊼。惟又有學者以為現在世界上只有少數國家如捷克、斯洛伐克、古巴及蒙古等國實行蘇聯這種發明人證書與專利兩種並存的制度㊽。

蘇聯發明發現國家委員會於 1990 年 4 月發表大幅修正專利制度之法案，並於 1991 年 5 月 31 日制定發明法（1991 年 7 月 1 日施行）。該法之特色如下：⑴廢止發明人證書制度，只保留專利制度。⑵化學物質、醫藥本身可為專利對象。⑶專利期間為自申請之日起二十年。⑷於申請十八個月後，公開申請內容。⑸採用審查請求制度。⑹採用賦予專利前之異議聲明制度等。其內容在上開各點，比美國法更接近歐洲各國與日本之專利法，且在專利制度國際化、調和化方面有了顯著之進展㊾。

1991 年 12 月，蘇聯（包含俄國與十四個其他蘇維埃社會主義共和國）解體，由獨立國協（Commonwealth of Independent States，簡稱 CIS）取代。依最近情報，⑴俄羅斯聯邦最高會議 1992 年 2 月 12 日承認專利法，該法採取審查主義。⑵創設俄國聯邦專利法院，成為對抗告部決定不服案件之上訴審與最終審。⑶設置專利局（俄國聯邦科學技術政策部專利商標委員會，簡稱 Rospatent），解散原蘇聯專利局。

又俄國聯邦照樣擁有過去蘇聯所加入之巴黎公約、PCT、關於國際專利分類之斯特拉斯堡條約及布達佩斯條約等所有一切權利義務。現以舊蘇聯各國為中心所簽訂之歐亞專利公約，已於 1995 年 8 月 12 日生效，為巴黎公約第 19 條之特別協定，最初雖旨在成立獨立國協各國之條約，後來成

㊼ 吉藤幸朔，前揭書，13 版，頁 22。

㊽ 陳美章，前揭書，頁 198。

㊾ 吉藤幸朔，前揭書，13 版，頁 22。

為對巴黎公約及 PCT 締約國亦開放之條約。自 1996 年元旦起開始受理歐亞專利申請[50]。

解體後各國不得不成立自己之專利法與專利局。專利申請人原則須向各國依其法律所定程序分別申請。因此若有人擬在前蘇聯之一個、數個或全部國家保護智慧財產權時，需耗費用與時間頗多，因此早已有成立政府間機構之需求，以保護所有新國家之工業財產權。於是乃有歐亞專利公約（Eurasian Patent Convention，簡稱 EPC）之出現，於 1994 年簽署，1995 年生效，主要目的在設立一個超國家保護發明之區域組織，稱為「歐亞專利組織」(Eurasian Patent Organization，簡稱 EAPO)，可基於一個歐亞專利之申請，在該公約所有締約國有效，而使發明取得龐大區域之法律保護。

「歐亞專利組織」之執行機關是歐亞專利局 (Eurasian Patent Office)，設在莫斯科。目前會員國有八個，即土庫曼、白俄羅斯、俄國、亞塞拜然、達吉克、吉爾吉斯及亞美尼亞。喬治亞、烏克蘭與烏茲別克雖為歐亞專利公約之簽署國，但尚未批准。發明人為了減少逐一向各國申請之財務支出、可利用在此八國有效之歐亞專利制度，申請專利係用俄文，如此可避免用不同成員國語文起草文件，節省翻譯費等支出，且用單一簡便審查程序。專利權自申請日起保護二十年，但期限有可能申請延長[51]。即使申請案被拒絕，申請人仍可在六個月內向該局指定他要按內國程序提出專利申請之締約國（即可轉換為內國申請）。向歐亞專利局提出之申請案，在各締約國被視為向內國專利局在相同申請日與優先權日製作之內國申請案。

第八節　中國大陸

中國大陸於 1950 年頒布「保障發明權與專利權暫行條例」，原則上發明人依自願可申請發明權或專利權，經中央主管機關審定合格後，發給發明證書或專利證書，但對職工的職務發明、有關國防的發明、醫藥品及農

[50] 吉藤幸朔，前揭書，13 版，頁 22、40。

[51] http://www.msp.ua/Eurasian_patent_procedure.htm

牧業品種等發明，僅發給發明證書而不發給專利證書。獲得發明證書者給予獎金、獎章與獎狀等。獲得專利證書者，享有利用其發明之專有權。發明權與專利權期限為三年至十五年。但50年代中期，私營企業消失後，該條例實際已停止施行，至1963年正式廢止，由「發明獎勵條例」取代。

依發明獎勵條例，發明人申請發明，經國家科學技術委員會審定後，發給發明證書、獎金與獎章。惟獲獎之發明屬於國家所有，全國各單位都可無償利用所需之發明。

嗣為適應現代化建設與改革開放政策之需要，自1978年起籌建專利制度，1979年3月著手起草專利法，1980年1月設立專利局（專利局與商標局分立）。後來並於國務院有關主管部門與各省、自治區、直轄市、沿海開放城市與經濟特區之人民政府內設專利管理機關。於1984年3月12日起通過並公布專利法，1985年4月1日起施行。專利分發明、實用新型及外觀設計三種，在社會主義下為了解決獨占與計畫間之矛盾，採計畫許可制度，即國家主管機關可根據計畫，無需經專利權人同意，通過計畫程序許可指定單位，實施發明專利或實用新型專利，惟應交付使用費。但為吸引外國人申請專利，計畫許可不適用於外國人的專利[52]。鑒於專利制度初建，專利司法力量尚不夠強大，為了加強保護專利權，對於專利之侵害行為，專利法規定權利人除向法院起訴外，亦可請求專利管理機關進行處理，包括責令侵權人停止侵權行為並賠償損失，如對其處理決定經三個月，未向法院起訴，則專利管理機關可請求法院強制執行。

近來為了貫徹改革，擴大開放，及爭取恢復關貿總協定締約國地位，人代常務委員會於1992年9月通過修改專利法，修改條文包括專利權人享有權利之增加、保護技術領域之擴大、專利權期限之延長、國內優先權之增訂、申請文件允許修改範圍之擴大、申請公告及授與專利前異議程序改為授權後撤銷程序、修訂強制授權規定等，自1993年1月1日起施行。

又中共已於1985年加入巴黎公約。於1993年加入專利合作公約，於1994年1月1日實施該條約，其專利局成為PCT指定局與選定局，國際檢

[52] 陳美章，前揭書，頁108。

索單位和國際初步審查單位，使中文成為國際公布語言與國際申請語言。據云透過 PCT 途徑，提出的國際申請案件不少，包括來自香港與臺灣的案件[53]。不久前又將專利局改組為「國家知識產權局」。又於 2000 年 8 月 25 日第二度修正通過專利法，自 2001 年 7 月 1 日起施行。嗣又於 2008 年第三次修正，於 2009 年 10 月 1 日起施行。修改重點包括：提高授予專利權的條件；增加有關遺傳資源保護的規定；改善外觀設計制度；改善向外申請專利的保密審查制度；取消對涉外專利代理機構的指定；賦予外觀設計專利權人許諾銷售權；增加訴前證據保全措施；將權利人的維權成本納入侵權賠償的範圍；增加侵權訴訟中現有技術抗辯的規定；准許平行進口；增加藥品和醫療器械的審批例外；改善強制許可制度等[54]。中共專利法下之新型稱為實用新型，設計稱為外觀設計，發明專利保護二十年，實用新型與外觀設計為十年。近幾年已成為世界第一專利申請國，在專利申請總數超過美國、日本[55]。自 2014 年起進行第四次修法，採入間接侵權制度，增列網路服務提供者法律責任，群體侵權及重複侵權行為之查處，加大假冒專利之處罰，強化行政查處手段，充實職務發明，外觀設計部分開放及保護期間自十年延長為十五年等。尚待全國人代常委會通過才能施行。

第九節　巴　西

僅說明已開發國家之專利制度，尚難掌握各國專利制度之全貌與精神，故亦須將發展中國家之專利制度加以說明，才不致失諸偏倚。按在發展中

[53] 中國專利局專利法研究所編，《專利法研究》（1994 年），頁 160。

[54] http://www.sipo.gov.cn/zcfg/zcjd/201007/t20100726_527502.html

[55] 依 WIPO 統計，近年來在中國申請專利，據說申請受理後可得到政府一筆資助，授權後又可得到一筆補貼，專利不只作為取得高薪技術企業資格，享受相關稅收優惠的必要條件，還作為大學教師、研究人員晉升職稱、獲得獎勵等方面的重要條件；犯人減刑的重要途徑；還有學生升學、畢業生取得城市戶口指標的專利加分政策等等。https://www.epochtimes.com/b5/18/10/26/n10811653.htm

國家中，巴西是最早建立專利制度的國家。早在1868年即設立專利機構，並在同年批准第一件專利。1945年制定第一部正式專利法。1971年5月成立工業產權局，同年12月頒布工業產權法。巴西為巴黎公約創始國之一，又是WIPO與PCT成員國。1995年加入世貿組織成為會員。採「先申請」主義，國家工業產權局（National Institute of Industrial Property，簡稱INPI）負責專利申請與審查。由於盜版聞名，在美國301條款報復壓力下，1996年修正專利法，開放醫藥品及其製法等[56]。

現巴西《工業產權法》：

1. 允許發明揭露後有十二個月的寬限期。

2. 巴西生物資源和生物多樣性非常豐富，在製藥、化妝品、化工等領域，依賴生物資源，因此在基於生物多樣性和傳統知識的發明，應披露研發過程中基因資源和傳統知識資源，提交保護生物多樣性和傳統以及土著文化遺產多樣性的證據。

3. 巴西的專利有大量申請積壓。但提供不少加速通道。申請的專利技術屬於綠色技術或為製藥產業；申請人年齡大於六十周歲；該專利是申請人獲得公共資助或補助；申請人是殘疾人或身患重病；該專利申請正處於被仿造狀態；與國家緊急事態或公共利益相關或獲得法院的職務執行令等，可優先審查。

4. 對醫藥化學和生物化學技術領域的專利申請有雙審查制度，由公共健康署作為巴西衛生部的代表機構，與巴西國家工業產權局一起審查。

5. 發明專利的期限自申請日起為二十年，自專利授予日起不得少於十年。實用新型專利的期限自申請日起為十五年，自專利授予日起不得少於七年。外觀設計不審查，自申請日起十年（可延長三次每次可延長五年），最長可延長至二十五年。

6. 自批准日起三年內專利權人沒有在巴西實施，或終止實施達一年以上，則可強制授權。除非證明有不可抗力，下列情形，依職權或利害關係人的請求，撤銷專利權：

[56] 陳文吟著，《專利法專論》，頁62。

⑴自批准專利之日起四年內，或在授予利用專利的許可證情形，在五年內沒有在巴西開始實施的；

⑵實施已經停止連續達二年以上的[57]。

57 〈未雨綢繆做好巴西智慧財產權佈局〉，2019/10/25，《中國智慧財產權報》，中國智慧財產權資訊網，http://iprchn.com/Index_NewsContent.aspx?NewsId=119133；http://www.harakenzo.com/cn/rising_nation/brazil.html；專利保護，http://ipr.mofcom.gov.cn/hwwq_2/zn/America/Bra/Patent.html

第五章　我國專利法之演進

一、民國以前

我國古代有火藥、指南針、印刷術、造紙四大發明，另有蠶絲、中國醫藥等重大發明，因無專利保護觀念，只好以祖傳秘方加以保密。

在我國文獻中，專利一詞出自《國語》一書的〈周語〉中「匹夫專利，猶謂之盜，已而行之，其舊鮮矣」一段話。按周厲王（公元前 857 年前後）執政時，某大臣獻策搞賺錢的事，被他採納。當時有兩大臣勸阻，說了上面那段話，意即：老百姓謀利賺錢，人家會說賺的是不義之財，一國之君要做這樣的事，擁護的人就更少了❶，當然此「專利」一詞之意義與現代大不相同。

我國近代史上第一個有關專利的法規是 1898 年清光緒帝所頒行的「振興工藝給獎章程」，該章程規定發明新法製造船械槍砲等產品，超出原有各種產品或用新方法興辦大工程，有利於國計民生者，可准許集資設立公司，批准專利五十年，其餘如製造新產品，其方法為舊時所無者，可批准專利三十年，即使仿造西方產品，亦可批准專利十年。

第一個將西方專利制度思想介紹到我國的是太平天國洪秀全的堂弟洪仁玕，他曾學習過近代科學知識，研究過西方的政治經濟與社會政策，受到西方文化的影響。1859 年他被洪秀全任命為總理，主持朝政，他提出了具有資本主義色彩的「資政新篇」，鼓勵發展私人近代企業。他主張「倘若能造如外邦火輪車，一日夜能行七、八千里者，准以自專其利，限滿准他人仿做」。他還認為鼓勵機器發明創造以「益民」為原則，凡是進行此類創造發明的，都應受到鼓勵，並給予保護，允許其「自創」或「自售」，他人

❶ 段瑞林著，《中華人民共和國專利法商標法概論》，頁 38。

不得仿造，仿製者將受到法律制裁。他還主張給予發明創造人一定保護期限，「器小者賞五年，大者賞十年，益民多者年數加多」。這些主張雖因太平天國失敗，未能實現，但與今日專利法基本精神相契合，乃我國最早專利法律思想❷。

二十年後鄭觀應❸也提出在科學技術領域保護專利的主張，且在 1881 年為上海機器織布局採用機器織布工藝向清廷申請專利保護，獲得李鴻章的稱許。李鴻章認為：「凡新創為本國未有者，例得畀以若干年限。」1882 年清政府批准上海機器織布局採用機器織布工藝，光緒帝批准在「十年以內，只准華商附設搭辦，不准另行設局」的獨占權。1895 年，實業家張謇在南通創辦大生紗廠時，取得了在通州、崇明、海門免稅經營的特權。光緒帝主張對各種有利於工藝發展的創新成果予以獎勵，甚至授予較長期限的專利權。並在光緒 24 年，即 1898 年，維新運動高潮時期，由總理各國事務衙門頒布了「振興工藝給獎章程」，計 12 條。第 1 條規定：「如有出自新法，製造船、械、槍、炮等器，能駕出各國舊時所用各械之上，如美人孚祿成輪船、美人佘林士奇海底輪船炸藥氣炮、德人克魯伯煉鋼炮、德人刷可甫魚雷、英人亨利馬蹄泥快槍之類，或出新法，興大工程，為國計民生所依賴，如法人利及鑿蘇伊士河、建紐約特線橋、英人奇路渾大西洋電線，美人遏疊燈德律及之類，應予破格優獎，俟臨時酌量情形，奏明該頒特賞，並許其集資設立公司開辦，專利五十年。」第 2 條規定：「如有能造新器切於人生日用之需，其法為西人舊時所無者，請給工部郎中實職，許其專利三十年。」第 3 條規定：「或西人舊有各器，而其製造之法尚未流傳中土，如有人能仿造其式，成就可用者，請給工部主事職銜，許其專利十年。」此章程在我國可說是首次在法令上宣示對創造發明的專利保護，規定發明要獲得專利，須具備新穎性，而且規定了國內外標準。世界新穎性標準，明確規定，要能「駕出各國舊時所用各械之上」或「為舊時所無」，而國內漏了新穎性標準是「尚未流傳中土」；其次，發明要有實用性，一定

❷ 陳美章主編，《知識產權教程》，頁 33、34。

❸ 鄭觀應為清末實業家、思想家與慈善家。

要為國防所需、國計民生所依賴、人民日用之需的發明創造，並規定較長保護期間，以吸引外國人來我國申請專利。章程明確規定要根據發明實際價值的大小分別授予五十年、三十年、十年的專利期間，而且除授予專利權外，還用封官的辦法予以獎勵。可惜章程頒布兩個月後，由於慈禧太后發動「戊戌政變」，維新運動宣告失敗，該章程也就煙消雲散。但無論如何，該章程的頒布是我國獎勵發明的一種法律嘗試。

我國在19世紀末20世紀初，在列強的壓力下，還和外國簽訂了保護外國人發明創造的條約，允許外國人在我國享有專利權。如1903年（光緒29年8月18日）簽訂的中美續議通商航行條約第10款規定：「美國政府允許中國人民將其創造之物在美註冊，發給創造執照，以保自執自用之權利，中國政府今亦允將來設立專管創制衙門，俟該專管創造衙門既設，並定有創造法律之後，凡在中國公開售賣之創制各物，已經美國給以執照者，若不犯中國人民所先出之創造，可由美國人在繳納規費後，即給以專照保護，並以所訂年數為限，與所給中國人民專照，一律無異。」該條約，乍看之下，似乎平等互惠，但實質上並非如此。因依其規定，美國政府只允許中國人在美國申請專利，而中國政府則須承擔對美國發明專利在取得規費後頒發專照，予以法律保護的義務，亦即否定了中國政府審批專利的主權，實際上承認美國專利在中國領土上的效力。況當時我國工業科技落後，談不上什麼發明，在此種情形下，到美國申請專利等於徒託空言。因此，這一條約不過是美國利用科技優勢，把專利的效力擴大到我國，以取得我國市場而已❹（按美國政府於1942年10月10日宣布放棄治外法權，取消了此條約，但又於1943年以中美新約取而代之）。

二、民國以後之變遷

到了民國，於元年12月工商部公布「獎勵工藝品暫行條例」，該條例計13條，獎勵對象為發明或改良之製造品，獎勵方法則就考驗合格之製造品，賦予五年內之專利權或名譽上之獎勵——褒獎。12年3月，農商部將

❹ 王家福、夏叔華著，《中國專利法》，頁49以下。

其修正為「暫行工藝品獎勵章程」。

17 年 6 月國民政府公布「獎勵工業品暫行條例」，對於工業上之物品及製造方法首先發明或特別改良者，經考驗合格，分別予以十五年、十年、五年或三年之專利權。惟前此有關法令規定有欠周詳，且當時工業亦正在萌芽滋長，故法令雖經公布，但成效尚屬有限。

21 年 9 月間，國民政府公布「獎勵工業技術暫行條例」，規模略備，對首先發明之工業上物品或方法，予以專利權十年或五年，並於實業部內設審查委員會為審查機構，應行獎勵案件於審查決定後公告六個月，期滿無人提出異議，審查始行確定，發給專利證書，對偽造仿造並有罰則。在此時期，呈請案件逐漸增多❺。

28 年 4 月加以修正，獎勵範圍於首先發明之物品或方法以外，兼及「新型」及「新式樣」兩者，30 年 2 月再加以修正。

31 年 7 月經濟部將所草擬之專利法草案，呈由行政院轉送立法院審議，33 年 5 月完成立法程序，為我國第一次之正式專利法，於同月 29 日由國民政府公布，全文 130 條，分為⑴發明，⑵新型，⑶新式樣，⑷附則四章。自 1911 年至 1944 年共批准專利不足七百件，褒獎不達二百件❻。36 年 9 月行政院公布專利法施行細則，計 51 條。但專利法延至民國 38 年 1 月 1 日始與施行細則同時實施，在世界各國專利法中可謂後進。

三、政府遷臺以後

政府遷臺之初，始終未設置獨立之專利局，專利業務由中央標準局兼辦（其中新型與新式樣自 49 年起短期由臺灣省建設廳專利審查小組處理）❼。最早中央標準局設在臺南，自民國 61 年底起陸續遷至臺北。專利法於 48、49、68 年分別修正。68 年重要修正為：⑴釐清專利權之效力範圍，

❺ 在政府遷臺以前，專利法制演進之詳情，可參考秦宏濟著，《專利制度概論》，頁 17 以下。

❻ 王家福、夏叔華著，《專利法基礎》，頁 32。

❼ 參照秦宏濟，前揭書，黃學忠重刊代序。

(2)增訂專利權人得選擇請求損害賠償的方法，(3)廢止最後核定程序。民國75年又修正專利法，其修正重點包括：(1)開放醫藥品與化學品專利，(2)建立專利代理人制度，其資格及管理另以法律定之，(3)增訂未經認許之外國法人團體亦有訴訟及當事人能力，(4)增訂方法專利侵害舉證責任之轉換規定，(5)增加法院得設立專利法庭之規定，(6)提高罰金數額，增訂賠償損害計算方法。

由於我國當時正努力申請加入GATT/WTO，而TRIPS透過WTO成為國際間保護智財權之共通標準，必須配合TRIPS之規定，同時基於中美貿易談判，在美方三〇一條款壓力下，於是不得不於82年底、83年初趕工，大幅修改包括專利法在內之有關智財權之法律。在專利法方面於83年元月修正施行，此次修正重點包括：(1)開放飲食品、嗜好品，微生物新品種及物品新用途之保護。(2)修正受雇人專利權歸屬規定。(3)專利權增加進口權，醫藥農藥專利權之保護期間可延長。(4)引進國際優先權制度。(5)在罰則部分，專利權之侵害不再分偽造或仿造，且廢除侵害發明專利權之自由刑部分，專利權人就專利侵害提出告訴，應檢附侵害鑑定報告與請求排除侵害之書面通知。(6)專利審定書應由審查委員簽名等。但因TRIPS之正式條文與當時專利法修改時所依據之最終協議草案之規定有所出入，因此又於86年再度修正專利法。現專利法規定已完全符合TRIPS及其所納入之巴黎公約有關規定，使我國目前對智財權之立法保護已經達到國際標準，但是否修改結果均符合我國利益，非無研酌餘地❽。

嗣政府又在民國90年修正專利法，重點在引進國內優先權，廢除追加專利，引進早期公開主義與延緩審查主義。該法甫完成立法程序，緊跟著因經濟發展諮詢委員會總結報告共同意見中，有「健全智財權審查機制」一項，要求加強智慧財產權保障，加速建立創新環境及健全智慧財產權之審查機制，行政院立即加以採納，擬具專利法修正案，送立法院審議。此次修正重點除廢除異議程序，對新型改採形式審查制度（含專利技術報告），

❽　關於我國專利法之變遷，可參照楊崇森，〈五十年來我國智慧財產法制的變遷〉，《法令月刊》，第51卷10期（民國89年10月）頁512以下。

全面廢止罰則外，另包括：⑴明確界定本法有關期間之計算；⑵修正專利新穎性、進步性及創作性之規定；⑶刪除繳納規費作為取得申請日之要件；⑷修正說明書記載、補充、修正、更正之規定；⑸明確列舉不予專利之法定事由；⑹刪除審定公告中之依職權審查之規定；⑺修正核發專利權之時點；⑻增訂「為販賣之要約」亦為專利權效力所及；⑼刪除核准專利權得分割之規定；⑽增訂舉發審查程序之規定；⑾刪除專利物品之標示及刑罰規定；⑿修正專利權人專利年費之減免規定；⒀增訂涉侵權訴訟之舉發專利專責機關得優先審查……等。變動至為巨大，自民國93年7月1日施行。

四、100年新專利法

92年專利法施行後，智財局於98年起為推動與生物技術、綠色能源及精緻農業攸關之產業發展，提升專利審查品質，並為了與世界貿易組織（簡稱WTO）相關規範接軌，全盤大幅修正，修正條文多達108條，條文亦自138條增至159條。於100年11月通過，自102年1月1日施行。其修正重點如下：

1. 改稱新式樣專利為設計專利❾，並開放部分設計、電腦圖像及使用者圖形介面設計、成組物品設計，新增衍生設計制度，廢止聯合新式樣制度。

2. 增訂並修正專利權效力不及之事項，非出於商業目的之未公開行為、以取得藥事法所定藥物查驗登記許可或國外藥物上市許可為目的而從事之研究、試驗及其他必要行為等，均為專利權效力所不及。且明確採國際耗盡原則。

---

❾ 100年新法將新式樣改稱設計（專§2）其理由為：現行「新式樣」之用語與國內相關設計產業界之通念不盡相符。美國、歐盟、澳洲等立法例均稱為設計 (Design)。「設計」用語較「工業設計」或「外觀設計」更具上位概念，較能符合未來設計多變化之展現媒體發展所需，符合產業界及國際間對於設計保護之通常概念及明確表徵設計保護之標的。

3.明確界定專屬授權規定。

4.修正得提起舉發之事由，廢除依職權審查。

5.增訂強制授權有關公共衛生議題之規定。

6.修正專利侵權相關規定，增訂得以合理權利金作為損害賠償計算方式，設法律上合理補償底限，適度免除舉證責任之負擔，刪除未附加標示不得請求損害賠償之規定。

7.修正新型專利制度，諸如分別提出發明及新型專利申請者，於發明核准審定前通知選擇其一。

8.對申請人或專利權人未於申請專利同時主張優先權或未依限繳納年費而喪失專利權者，放寬規定，增設申請回復權利機制。

五、民國 108 年修正專利法重點

1.擴大核准審定後分割之適用範圍及期限。

2.提升舉發審查效能。

3.修正新型得申請更正案之期間及審查方式。

4.設計專利權期限十二年延長為十五年。

5.修正專利檔案保存年限。

六、近年來其他專利制度之興革

其他近年來與專利制度有關之興革有：

1.智慧財產局於民國 88 年元月 26 日成立，管轄專利、商標及著作權等業務。

2.專利師法於 96 年 7 月 11 日公布，97 年 1 月 11 日起施行。

3.「智慧財產法院組織法」於 96 年 3 月 28 日公布。「智慧財產案件審理法」於 97 年 7 月 1 日施行。智慧財產法院亦於同日成立並運作，目前設在新北市板橋區。109 年 1 月 15 日修正該組織法，法院名稱改為「智慧財產及商業法院」，自 110 年 7 月 1 日施行。

4.為減少智財局專利積案，於民國 101 年 3 月成立外圍組織——財團

法人專利檢索中心（由政府出資），協助該局辦理專利申請案前案檢索及分類。

總之，近年來我國專利法修正頻率之高與幅度之廣，令人眼花撩亂，難於適從，雖云求新求變，但是否符合國情，能否推行盡利，尚待觀察。

第六章　發　明

第一節　發明之定義與要件

一、發明之定義

專利權之對象係發明，但何謂發明，向來眾說紛紜，而以德儒柯勒(Kohler) 之定義較為中肯，氏謂：「發明為征服自然，利用自然力，使達一定效果，據此利用為滿足人類需要之思想上創作之技術表現」❶。各國專利法對發明很少以明文下定義，美國專利法形式上雖有「發明係指發明與發現」(The term "invention means invention and discovery.") 之規定 (§35 US 100 (a))，但此文字對實質問題助益不大。英國 1949 年專利法原設有定義規定 (§101 (1))，但 1977 年專利法加以刪除。日本於第二次大戰之後修正專利法，鑒於戰後立法例設定義規定者頗多，且發明之定義至為重要，為明確起見，故於第 2 條第 1 項設定義規定，即「發明云者，利用自然法則之技術的思想之中，屬於高度者。」我國舊專利法第 19 條（專 §21）亦仿其例而規定：「稱發明者，謂利用自然法則之技術思想之高度創作。」此乃以德國學者 Kohler 所下定義為基礎。92 年修正之專利法將第 21 條修改為：「發明，指利用自然法則之技術思想之創作。」100 年專利法亦然。

按發明既為專利法之保護對象，則對發明予以定義規定，可使專利法

❶ 原文為 "Erfindung ist eine zum technischen Ausdruck gebrachte Ideenschoe-pfung des Menschen, die unter Ueberwindung der Natur durch Benutzung der Naturkraefte zu einem funktionellen Ergebnisse fuhrt und hierdurch tauglich ist, menschliche Anspruche zu erfuellen."

適用範圍臻於明確，非無意義。惟如發明概念一旦固定，難期隨科技發展與時代需要之變遷配合因應，尤以近年來技術革新激烈，發生從來無法想像之新技術（例如電腦軟體與生物有關之發明），許多無法以古典之發明概念相繩，為靈活因應此要求，仍以委諸學說與判例彈性處理為宜❷。

二、自然法則之利用

自然法則本身並非發明，已如上述。惟發明之成立須以利用自然法則為前提。所謂自然法則乃存在於自然界之原理原則，包含受此等原理原則支配之具體自然現象，從而利用自然法則與利用自然力之意義相同❸。例如利用水自高處往低處流或圓木在水上浮等自然法則作出水車，係利用自然法則，可成立發明❹。至於單純精神活動，例如記憶術、商品之陳列方法與販賣方法等，雖可能因此大大提高商品之銷路，但不過為單純利用人之心理狀態而已，雖可能受到營業秘密之保護，惟不能取得專利。

純粹學問上之法則，例如數學方法 (mathematical method)，諸如計算平方根或解決方程式之方法並非發明，最多只是一種有用構想 (idea) 之本身，不能被任何人加以獨占，不過為操作此種方法之器具可構成發明。又經濟學上之法則、法學上之法則等、人為的規則（例如運動與競技之規則、文字與數字組點之暗號作成方法等），因非利用自然法則，亦不能成立專利法上之發明❺。故我國舊專利法第 21 條規定「數學方法」、「遊戲及運動之規則或方法」、「其他必須藉助於人類推理力、記憶力始能執行之方法或計畫」不能取得專利（舊專 §21③④⑤）。不過只要是利用自然法則，則微生物、植物、動物亦非不可成為發明對象。惟我國舊專利法規定動植物新品種不予專利，但植物新品種育成方法不在此限（舊專 §21①）。92 年專利法第 24 條將該條文字稍改為「動、植物及生產動、植物之主要生物學方法」不予

❷ 中山信弘著，《工業所有權法》（上），弘文堂，頁 101。

❸ 中山信弘著，前揭書，頁 101。

❹ 吉藤幸朔著，《特許法概説》，13 版，頁 52。

❺ 中山信弘，前揭書，頁 105。

發明專利，「但微生物學之生產方法，不在此限。」100 年專利法亦同（專 §24①），至電腦程式如係利用自然法則，亦可成立發明，詳如後述。

由於發明須利用自然法則，故違反自然法則之事物不能認為發明，其代表性之例子厥為永久運動之機械裝置，被認為不成立發明。惟即使不認識自然法則之原理，只要是實際利用自然法則之結果，亦可成立發明。茲將發明須如何利用自然法則之要件，分述如次：

㈠全體的利用

自然法則之利用須係將其全體加以利用，如不利用自然法則部分，即使僅一部，亦不能成立發明。例如以自然現象之錯誤認識為前提，即使其他部分在理論上正確，亦非發明，因此種物品結果不能實施之故。發明須有實施可能性，因既係利用自然法則，則依自然科學上之因果律，常出現一定效果，即須可反覆實施，且常有一定確實性，而能反覆獲致同一結果，同時發明人以外之第三人亦能與發明人同樣實施該發明（再現）（發明之反覆可能性或再現可能性）。

㈡一定之確實性

發明須有一定程度之確實性，能反覆產生同一結果，但其確實性之比率並無永遠是百分之百之必要❻。尤以在開拓發明或基本發明 (pioneer or master invention) 之情形，確實性（成功率）往往偏低❼。又技術理論上雖可能實施，但在事實上不可能實施時，亦不能認為有實施可能性，例如為了防止皮膚癌，須將整個國家以紫外線不能通過之玻璃屋頂 (dome) 覆蓋之

❻ 例如日本御木本幸吉於明治 29 年，取得養殖珍珠之專利 2670 號時，成功率不過數個百分點而已（參照仙元隆一郎著，《特許法講義》，頁 50）。按御木本幸吉立志「培育珍珠」，在當時生物界是夢想。但他不斷做實驗，歷經多次毀滅性的失敗，公眾強烈的質疑，財政的困擾以及頻繁來襲的颱風、紅藻潮等自然災害，終於自培育的母貝中收穫了全球第一顆半球形的養殖天然珍珠，因此被稱為「珍珠之父」。按當蚌在海床張開貝殼進食中，偶爾會因沙粒，寄生蟲等異物進去，外套膜受到刺激，會分泌出珍珠質，把異物層層裹住，使其圓滑，逐漸形成光亮潤澤的外層而成為天然珍珠。人工養珠就是運用插核技術將圓形珠植入貝殼內，日後貝殼分泌的珍珠層包裹珍珠核而成。

❼ 吉藤幸朔，前揭書，頁 53。

發明是。又發明須技術領域內有通常知識之人行之，會產生同一效果，故即使可由修煉獲得，但知識難於傳達予第三人之獨特技能並非發明❽。

反覆可能性最有問題的是有關生物方面之發明，因生物與工業產品不同，由於環境等因素，可能出現個體差別，甚至有突然變異之情形產生，故亦有人以為欠缺反覆可能性者。按新生物本身受專利法之保護是否妥當，雖有研究餘地，但至少所謂無反覆可能性，故非發明之說法尚非適當。只是今日在生物遺傳因子之奧秘尚未充分揭開前，比起工業產品，專利能力被否定之情形較多而已❾。

㈢自然法則之認識

發明只要是利用自然法則之結果即足，至於發明人對一定法則是否有正確與完全之認識，並非必要；即使不認識自然法則之原理，只要其發明之結果是利用自然法則即可，甚至從經驗、偶然或錯誤中獲得，亦無礙於發明之成立❿。換言之，發明人即使欠缺須以何種理論產生效果之說明，或說明不充分或有所舛誤，亦屬無妨。甚至即使基於錯誤之自然法則之認識，只要能得到一定結果，亦不妨成立發明⓫。

---

❽ 仙元隆一郎，前揭書，頁 50。

❾ 中山信弘，前揭書，頁 104。

❿ 固特異 (Charles Goodyear) 氏對橡膠之改良發明，即其一例。按哥倫布自新大陸帶回土著以採自某種熱帶樹木之黏液製成的跳球。1770 年，英國化學家 Joseph Priestley 將其稱為橡膠 (rubber)，19 世紀初，用在靴子、雨衣之類產品，但天冷易碎斷裂，天熱又會變黏與發臭，須加特殊處理，才能變成可用之物。固特異 (Charles Goodyear) 一生不斷試驗與探索，過程中，至少試過兩種不同程序，無一完全成功。最先把細橡膠塊 (shredded) 與錳鹽混合，在靜靜的 (slacked) 石灰內加熱，雖較未處理過的堅挺，但遇酸即變黏，後來改用硫磺處理後，可免除易碎與黏性的缺點，但在一些情況，仍會變黏且髒，仍需進一步處理，才能大功完成。某日他意外掉了一點用硫磺處理後的橡膠在熊熊火爐上，他夢寐以求的高品質橡膠竟出現了，於是發明了以高溫及硫磺處理 (vulcanizing) 橡膠之方法成為汽車工業不可缺少之部件（美國專利 3633 號，1844 年）（參照 Amdur, *Patent Fundamentals* (1959), pp. 16–18）。

⓫ 中山信弘，前揭書，頁 103。

發明之完成，未完成，實施可能性、反覆可能性，依說明書之記載加以認定，有疑問時，由申請人負舉證責任⑫。

三、技術的思想

所謂技術乃為達成一定目的，或解決一定課題所用之具體手段。發明在發生解決課題之技術效果之點，與新式樣及著作物不同。技術思想不可只是抽象的，而須是解決課題之具體合理之手段，在知識上須有能傳達於他人之客觀性（客觀傳達可能性），從而如仰賴熟練人之技能那樣，客觀上無法傳達者，非此所謂技術⑬。

例如培養特定細菌，生產特定物質之方法，雖因細菌之發育狀況、培養基之組成、培養溫度、發酵槽大小等，致其產量有顯著差異，但仍可成立發明。惟不可因實施人之差異致結果不同。即為了獲得一定成果，受到人為要素影響之技術思想則不可⑭。使用於人體之發明中，有健康增進法之類，以人體為發明之適用對象，惟因無反覆可能性，故不能謂為技術的思想，而不成立發明，但健康增進法所使用之器具、裝置可成立發明⑮。至植物之發明，如欠缺反覆可能性，是否不能成立發明，仍有疑義。

又技術的思想須非提示單純構想或課題，尚須提供解決難題之具體方法，亦即自技術觀點，其可能解決難題，須達到某程度之確實性。故若僅提示課題之解決方向，而欠缺解決難題之具體方法，或其方法不能達成目的時，乃未完成之發明，因僅具有發明之外觀，有欠具體，此種未完成發明非專利法上之發明。尤其在我國採先申請主義之下，發明人為了捷足先登，早日取得專利，以未完成發明申請專利之可能性不小。此種未完成發明，不過單純之構想，第三人只閱讀說明書，無法實施，往往對社會一般技術水準之提升無何助益。惟事實上未完成發明之概念，在化學領域較為

⑫ 仙元隆一郎，前揭書，頁 50。

⑬ 吉藤幸朔，前揭書，頁 56；篠田四郎、岩月史郎著，《特許法の理論と實務》，頁 15。

⑭ 光石士郎著，《改訂特許法詳說》，頁 97。

⑮ 同⑭。

常用，因在化學領域，claim 之記載常常相當概括，而以實驗為基礎之說明書之實施例往往比 claim 為狹之故。

在化學以外領域，亦有少數未完成之發明，例如以安全性為必要之發明，如未採防止危險之方法，被認為未完成發明。又以該申請書所記載之技術手段無法達成目的者，亦認為未完成發明。

有關微生物發明，如該業者無法容易取得該微生物時，只要未將該微生物寄託於專利機關指定之機關，則其發明被當作未完成來處理。因說明書所記載之發明須當業者按說明書之記載，易於實施始可，但有關微生物之發明無論記載如何詳細，如未取得該微生物，則往往無法實施，此種事後補行試驗之困難，如單憑書面，會被認為未完成，故特別規定因該微生物之寄託認為發明已完成，是為書面主義之例外⑯。未完成發明既非發明，理論上可予駁回，但事實上發明是否完成，單憑申請文件無法判斷。

四、高度創作

發明須係技術思想之創作，既係創作，故須出於人為，在此意義上與認識天然物及自然法則本身之發現不同。創作性之有無，現實上須就專利要件之新穎性、進步性加以判斷。我國舊專利法在發明定義之中，加上「高度創作」字樣，此對發明定義並不重要，不過為了與新型便於區別起見而設⑰。惟發明要求技術思想之高度創作，即比新型在層次上較高之意，此所以新型亦有小發明之稱。如未達高度之創作，往往仍可受新型之保護。惟因發明是否具高度創作性，結果不外由審查官來判斷，故有時不免被人批判為有依賴恣意的價值判斷之嫌⑱。此所以 92 年專利法修正，將發明之定義，刪除「高度」字樣。至今不變。

---

⑯ 中山信弘，前揭書，頁 113。

⑰ 日本特許廳，《工業所有權法逐條解說》，頁 43；中山信弘，前揭書，頁 112。

⑱ 光石士郎，前揭書，頁 98。

第二節　與發明應區別之概念

第一目　發現非發明

發現或科學發現 (discovery) 與發明 (invention) 意義不同。學者有主張發明乃「利用自然法則之技術思想之創作」，而發現乃「自然法則」本身之出現。即發現之對象乃自然法則本身，而發明之對象乃利用自然法則之技術的思想。按「日內瓦國際科學發現條約」(The Geneva Treaty on the International Recording of Scientific Discoveries (1978)) 將科學發現一詞定義為「對於過去未被承認與證實之物質宇宙之現象與法則之性質之認識」(The recognition of phenomena, properties of laws of the material universe not hitherto recognized and capable of verification.) (Art. (1)(i))。發明與發現帶動產業之發達與文明之進步，均對人類裨益極大。有人主張發現本身乃有價值之貢獻，又需付出辛勤努力，故發現之人亦需取得獨占權，作為激勵他透露發現之原動力，因此主張將發現與發明相同，亦應在取得專利之列。但對發現予以專利，會導致人們占據自然界本身之結果，且此等自然產物原屬造物者對所有人類之恩賜，何以變成一人獨占，難以解釋。故各國對單純發現 (discover) 自然界已經存在之物質，不能成立發明，從而不能取得專利[19]。歐洲專利公約亦明定發現不認為發明 (§52 (2))。所謂自然界已經存在之物質，包括所有自然產物、化學家或物理學家發現之新元素，如鐳、鈾等。又發現既存物質之物理屬性 (physical property)，例如磁性、可溶性或有良好導熱之性質，亦不能成立發明。

惟應注意元素本身雖不能取得專利，但可對發現新元素或與其自然環境隔離之方法 (process) 取得專利。法律上之理由為：自然產物即使其存在為人類所不知，但早在不可考之古時期即已存在，因此當它們首先被人類發現時，事實上並非該人自己創造之新產品，因此不可取得專利。不過許

[19] 英國 1977 年 Patents Act Section 1 (2)。

多「新」元素之發現，已導致不少有價值之專利，這些專利是探測 (detect)、隔離 (isolate)、集中 (concentrate) 或合成 (synthesize) 一些元素，且生產出一種實用之型態或其過程或方法。

又維他命及其對人體飲食重要性之發現，也是一個不能取得專利發明之著例。美國法院認為維他命乃自然食物本身，並非可專利之產品，但對生產維他命之過程，包括自然來源抽取 (extraction) 及濃縮 (concentration) 或自其他元素合成，則已發給許多專利。

晚近有一個發明人想對經過去頭或內臟的加工蝦取得專利，但美國專利局只核准他對剝去蝦筋 (deveining) 過程之 claim，而不核准他對最後產品 (end product) 之 claim。理由是：蝦就是蝦，其本身明顯乃自然的產物，而不問在發明人操作後，各部分是否仍行殘留。

按在理論上發明與發現之區別雖似甚明確，但實際上兩者之界限仍極為曖昧。例如發現既存物質中之某種性質，因欠缺創作性，故非發明。但發現既知物質 DDT 之殺蟲性後，馬上與用它作為殺蟲劑之發明結合，此時可以發現既存化合物性質為專利之對象，在許多國家確立了用途發明之原則。又如在培養細菌之際，把被排泄之代謝產物用作抗生物質之發明，亦有類似情形。在此場合，只要在天然中找出排泄抗生物之細菌，以後再以公知方法培養，不問多少都可製造抗生物質。自盤尼西林以來，斯德勒普特邁新，奧勒奧邁新，卡納邁新等，許多抗生物質就是如此發展出來的。由此可知發現與發明有時乃一紙之隔[20]。

在已成立用途發明（例如降低血壓）專利之情形，如發現第二種性質（例如治療腦血行障礙效果）時，亦成立用途發明[21]。

---

[20] 光石士郎，前揭書，頁 99。青黴素（盤尼西林，人類使用的第一個抗生素）也是偶然發現，弗萊明 (Alexander Fleming) 在實驗室培養金黃色葡萄球菌，度假回來發現長滿細菌的培養皿角落長了一塊青黴菌，周圍卻沒有細菌滋長，他馬上意識到黴菌可能有殺菌作用，因此發現青黴素，後來這青黴素的發明由英國弗洛里與德國錢恩合作從青黴菌中提取青黴素才完成，挽救了數以百萬計的生命，弗萊明因此與錢恩與弗洛里獲得 1945 年諾貝爾醫學獎。

日本用人為方法分離之微生物、遺傳因子、細胞系（cell line，在體外連續使繼代培養成為可能之細胞）等非單純發現，而是發明㉒。

附帶一提奈米科技。奈米科技從 1990 年代才逐漸為人所知，在現階段，奈米技術雖尚未成熟，但因前途不可限量，先進的國家無不投入資金與人力大力發展，認為奈米科技對人類的影響，將遠超過半導體和資訊科技，是改變產業結構、生活方式的第四波工業革命。

所謂奈米是一種度量單位，一奈米是十億分之一米，或約三、四個原子串起來的長度。現在電子產品元件中電晶體之尺寸都已經縮小到 0.15 微米，若用電子或離子束微影術可縮小到 1 奈米。透過這些改變，電子與資訊工業可以發展出更省電、體積更小、更節約能源的材料與元件。

奈米科技最初的來臨是由物理、化學及生命科學共同促成。今日奈米科技已遍及各領域。例如奈米生物科技的主要方向係以生物分子為出發點，探討相關之奈米技術，包括核酸分子自體組合系統應用於多維的構造控制、分子光電元件、電子傳遞、電子通道。應用在生物醫學方面，未來可以研發奈米機器人，在體內治療血管、器官疾病，甚至於修正 DNA，也可以針對癌症細胞加以破壞……。奈米科技也是人群經濟新希望，如好好發展，可以帶來新的能源，達到有效應用地球有限資源的目的。在法律方面，奈米科技也為法律人提供新穎複雜的智慧財產權課題。奈米技術專利可能包括發明、新型及設計專利。自專利標的區分，有屬於物品專利，或方法專利，亦有物品兼方法專利。

第二目 構想 (idea)

構想不過是模糊抽象之思想，不問如何新穎與有用，構想本身不能取得專利，只有實現該構想之方法才可能取得專利。例如當 Jules Verne（19 世紀後期科幻小說家）想到並寫出乘火箭船 (rocket ship) 登上月球旅行，其構

㉑ 日本《物質特許に關する運用基準》（昭和 50 年）之〈第二醫藥發明に關する運用〉，頁 20、21。

㉒ 日本審查基準（平成 5 年）第二部第一章 1.1 ⑵。

想本身不可專利。但如他設計可實現該構想之火箭船，則可能對該火箭船取得專利，因火箭船乃具體應用該構想之解決方案之故。

第三目　科學原理或理論

科學原理或理論雖可解釋自然界存在已久的現象或奧秘，但不問人們發現之原理對科學界而言，係如何健全或被接受，許多國家專利法及歐洲專利公約 (§52 (2)) 仍以明文將其排除在發明之外，從而不能取得專利[23]。此即法諺所謂「你不能對原理取得專利」(You can not patent a principle.)[24]，故哥白尼之星座學說，雖奠定現代天文學之基礎，但不能取得專利。又牛頓之萬有引力定律、愛因斯坦之相對論 $E=MC^2$ 之數學公式皆不能取得專利[25]。又太空許多黑洞之不同解釋，亦不能成立發明。此種排除規定很合理，因科學原理或理論只是對物理現象如何發生之假設 (hypothesis) 或說明，且理論本身在產業上現實不能利用之故。但當此等抽象原理在具體形式上應用（應用於器械上致產生新機械、新物品或新結果）時，則在專利法意義上產生可專利之客體。例如瓦特首先發現在堅硬物質上蒸氣之擴張活動之抽象理論，雖不能取得專利保護，但如他將該抽象原理應用在具體形式而研發出蒸氣機時，則因將原理付諸實行，而產生新穎與有用結果，顯示抽象原理之具體應用，而成立可專利之發明[26]。

深度探討～科學的所有權 (scientific property) 理論

與發現有關之問題不可忽略者，為對科學上之發現，應否以法律另外予以特殊保障，包括於專利權之外，應否另行成立「科學的所有權」此種特殊權利之問題。易言之，科學原理原則之發現乃基本發明之基礎，對文

---

[23] 英國 1971 年 Patents Act Section 1 (2)。

[24] 清瀨一郎著，《特許法原理》，頁 89。

[25] Kintner & Lahr, *An Intellectual Property Law Primer*, p. 20.

[26] Goldsmith, *Copyright, Patent, Trademark and Related State Doctrines*, p. 57.

化提升、產業發達提供巨大貢獻，且係發現人不斷研究努力之成果。惟發現因非創造，在現行法制下不能與專利權同樣，屬於特定人之專有，發現人往往只獲得榮譽，故有人主張應對發現人賦與類似專利權保護之見解，亦即所謂科學的所有權問題。

世人於第一次世界大戰後，開始討論保障科學之所有權。當時歐陸智識分子，尤其法國、比利時推動立法保障運動，而建立了著作權法上之藝術家追及權制度，另一類人認為法律待遇不公，卻不能對於由其發現所導致產業進步中主張經濟利益；別人利用其創意產品，變成富裕，而他們貧窮依舊。他們以為從事此方面改革，保障科學的所有權，可鼓勵科學工作，誘導年輕人貢獻心力，從事科學研究㉗。在法國之運動，導致了 J. Barthelemy 教授向法國 Chamber of Deputies 提出建議，其目的一為承認與執行科學家在其發現上之權利，另一為修正 1844 年法國專利法，惟上述建議與當時科學原理不能取得專利之制度不合而未果。

當然亦有人主張講求法律上措施，使發現人有權自基於其發現發明成功之專利權人所收取利益中，分配一部分作為報酬。此見解固為一種解決問題之對策，但因係跨越多數國家間之問題，且實行上近乎不可能。但對科學上發現認為應予以某種法律上保護之意見，其後在科學家之間亦一再提出。最早將此意見採納者，為 1959 年蘇聯有關發明發現及合理化提案之規則，即對科學發現人，承認有交付發現者證書與一時的報償金之權利㉘。繼蘇聯之後，採用此法制者，其後有保加利亞與捷克兩國，惟後來由於東

㉗ Ladas, *Patents, Trademarks and Related Rights, National and International Protection*, Vol. III, p. 1850.

㉘ 蘇聯之「關於發現發明及合理化提案之規則」（1959 年 4 月 24 日）第 1 條規定「在蘇聯發現發明或合理化提案之創作，受法律之保護，且依所定手續，對發現交付發現人證書，對發明交付發明人證書或專利，對合理化提案交付合理化提案人證書證明之」。「發現云者，指確定存在於物質界之未知之法則、特性或現象之謂。對地理學、考古學或古生物學上之發現、有用埋藏物層之發現或社會科學上領域之發現，不交付發現人證書」（參照光石士郎，前揭書，頁 103）。

歐社會主義之崩潰，現在採用者只有保加利亞而已。

第二次大戰結束後，聯合國教科文組織 (UNESCO) 依世界人權宣言第27條規定，回應保障科學家權利之努力，但不久停止進行[29]。有關科學發現之權利，在 WIPO 設立之條約上，明揭為一種智慧財產權，故 (§2(iii)) 被認為有必要在國際層次上檢討科學發現之問題。於是在 1971 年巴黎同盟執行委員會上，蘇聯代表提案主張科學發現對前此科學技術之發達發揮甚大作用，今後亦要發揮此功能，及在國際層次登記科學上發現，俾更能促進科技之發達；建議自 1972 年以降，在 WIPO 活動計畫中，對科學上發現在國際上登記之可能性，加以檢討。巴黎同盟執行委員會對此問題檢討[30]後，要求 WIPO 國際事務局對科學上發現檢討在國際層次確認或記錄發現人為誰之可能性，同時調查此一領域各國國內法制，後因取得專家委員會之協助，遂檢討「科學發現之國際寄託制度」，其後各國間經多次會商，作成「科學發現國際登記之日內瓦條約案」，於 1978 年 3 月 3 日外交會議上通過。

該條約要求在 WIPO 國際局建立一個「科學發現國際登記簿」，對條約會員國之科學發現者、科學發現之內容等加以登記。凡「對物質世界的現象、物體或定律之發現」均可申請登記，並由國際局出版「科學發現公報」，公布登記之內容，惟申請登記之科學發現者以自然人為限。申請登記時間不得遲於科學發現完成後十年，國際局收到申請案後，只進行形式審查，然後予以登記，並頒發「科學發現證書」。在登記內容公布後，任何自然人或法人，均可向國際局提出不同意見；有關發現者亦可提出相反意見或答辯，再由國際局根據多種意見，公布登記之修正案[31]。該條約並非巴黎公

[29] Ladas, op. cit., p. 1873.

[30] 當時蘇聯、捷克、匈牙利、波蘭、南斯拉夫等國支持該研究案，而阿根廷、巴西、葡萄牙覺得自由利用科學知識，對發展中國家更為重要，任何法律保障科學上發現之制度，會妨礙科學知識之自由流通，與此等國家利益不符。德國尤其希望社會主義國家提出他們國內法賦予此種發現之權利之分析報告。

[31] 鄭成思著，《工業產權國際公約概論》，頁 69 以下。

約上之「特別協定」(§19)。簽署國有保加利亞、捷克、匈牙利、摩洛哥、蘇聯，惟因未滿生效要件（須十國批准或加入），故至1998年9月尚未生效。

此條約為在國際層次擴大保護智慧財產權範圍之一種表現，值得注意。對此制度之效果或必要，過去表明強烈疑問之先進國，並無加入此條約之意向㉜，故此條約未能生效，胎死腹中可能性甚大㉝。以後有關科學的所有權之保障，似未有突破性發展，惟吾人亦可發現，將智慧財產權分為工業財產權與著作權，有時會產生困難與不公平之結果㉞。

第四目　數學方法

數學方法，如三角形面積之計算方法，求取自然數n至n+k為止之和之計算方法等，係利用人類推理力、數學公式及人類精神活動（mental process或mental steps）所完成，並非利用自然法則之發明。Wertheimer教授在其《創造性思考》(*Productive Thinking*)一書內提到Karl F. Gauss（有名德國數學家，他的姓被全世界用來作為磁場浮動密度之單位名稱）不能獲得專利之發明的故事。

大約是當他六歲在一小鎮上小學，老師考班上學生一項心算問題，問那個人能首先算出1+2+3+4+5+6+7+8+9+10的總和。當別人還在忙於計算時，Gauss很快舉手說，他知道答案了。老師驚奇地問：你怎麼算得這麼快？Gauss回答說，若1加2等於3，然後再加4，算出和，再加上5，如此，一直加下去，耗時太久，如要答得快，又容易出錯；你看1加10等於11，2加9又等於11，諸如此類，即共有5對，所以5乘以11等於55。亦即這

㉜ 1975年第三次作業委員會，英國之見解可代表先進國，其要旨如次：⑴科學之發現，難於審查其新穎性。⑵此制度須設立適當之甄別機關，惟在甄別方面，不易適用國際上統一之基準。⑶應將公表科學發現之既存制度加以充實，並無另立新制度之必要。⑷科學新發現通常比技術進步更前瞻，故此制度對開發中國家取得必要技術情報，並無助益等（參照吉藤幸朔，前揭書，13版，頁49以下）。

㉝ 吉藤幸朔，前揭書，頁47以下。

㉞ 楊崇森著，《著作權法論叢》（華欣出版社），頁37。

小孩發現一個重要新原則的要領，無疑地他做出一種發明，但並不是能獲得專利之那種發明[35]。歐洲專利公約亦明定數學方法不成立發明。

有人以為此乃出於公共政策之考慮，當然如何執行在實際上有問題，亦一因素，即美國法尊重思想與表達之自由。如對任何人賦予思想或思考程序之獨占權，乃牴觸美國基本哲學，且此種獨占權除非設計出一套「思想監視」(thought policing) 之制度（此乃完全違反美國政策），無法執行[36]。

我國為杜爭議，故於舊專利法第 21 條第 1 項第 3 款中明定數學方法不予專利。92 年修正之專利法第 24 條雖將「教學方法」文字予以刪除，但解釋上並無不同。在方法發明中，如係經由數學操作所使用之記號，分別對應並表現出物理量、自然量，且該數學操作，被認為係規定物理化學作用之內容者，如能達成一定之技術課題時，因係利用自然法則，應屬於可申請專利之發明。

第五目　遊戲及運動之規則或方法

遊戲與運動之規則或方法，例如足球之比賽規則、板球之玩法、下棋方法等，由於係利用與自然法則無關之人為的規則或方法，即使具有新穎性，但必然須利用人類之推理、記憶之能力、技能、又含偶然與精神之因素，不能謂為利用自然法則之發明。且遊戲過程在商業或企業意義上，並無實際價值之效果，如遊戲需某種新穎物理器物來進行，則該器物可以專利。為杜爭議，故過去專利法第 21 條第 1 項第 4 款明定遊戲及運動之規則或方法不予專利。92 年修正之專利法雖將「遊戲及運動之規則或方法」文字刪除，但解釋上仍與舊專利法相同。

---

[35] 參照 Buckles, *Ideas, Inventions, Patents——How to Protect Them*, p. 30, et. seq.

[36] Buckles, op. cit., p. 30.

第六目　其他藉助人類推理力、記憶力始能執行之方法或計畫

其他必須藉助於人類推理力、記憶力始能執行之方法或計畫，例如旗語信號方法、車輛調度方法、馴獸方法、分類方法、速記方法、檢索資訊之方法、字典查尋方法等[37]，因必須借重人類之智力運動，即係運用思考、推理、記憶、分析、判斷之能力，始能執行之方法或計畫，即使是一種發明，但並非利用自然法則之發明，且不一定人人實施都有重現之結果。至於組織商業或進行會計活動之特定方法，乃心智活動，在商業意義上，可能產生有實際價值之效果，但在改變事物之物理（有形）狀態之意義上並無結果，雖然在觀念上帳簿所反映營業之狀態會有不同，但此乃單純觀念上之狀態[38]。歐洲專利公約明定踐履心智行為之方法、遊戲或經營商業，不認為發明 (§52 (2))。我國為杜爭議，過去專利法第 21 條第 5 款明定其他必須藉助於人類推理力、記憶力始能執行之方法或計畫不予專利[39]。雖 92 年修正之專利法將上述第 5 款規定刪除，但解釋上應屬不能專利。至於有關電腦軟體應用於硬體，參見下述「電腦軟體」相關之說明。

---

[37] 湯宗舜著，《中華人民共和國專利法條文釋義》，頁 91 以下。

[38] 參照 Pearson & Miller, *Commercial Exploitation of Intellectual Property*, p. 52.

[39] 過去美國商業方法不受專利保護，故美國軟體業者過去大多引用著作權作為保護其商業方法之智慧財產權之手段，但在 1998 年聯邦巡迴上訴法院 (U.S. Court of Appeals for the Federal Circuit) 審查 State Street Bank 一案，改變態度，將專利權保護範圍擴大至商業方法，嗣後從事電子商務業者開始大量以商業方法向美國專利商標局 (PTO) 申請專利保護，若干著名案件引起各界對 PTO 缺乏專業軟體人才及草率授與該種專利之疑慮。現 PTO 表示將修改該局對商業方法 (business methods) 專利申請案之審查方式。該局未來改進措施將包括：修改電腦有關發明之審核要點、增加一層審查程序、擴大先前技術 (prior art) 資料庫等。

第七目　電腦軟體

電腦可分為硬體與軟體兩大部分，所謂硬體係指處理資料之設備與機器，所謂軟體係指電腦之使用方法或計算方法，不僅程式，且包含系統設計書、流程圖、手冊等。電腦之投資泰半用於軟體，軟體之重要性非硬體可比，軟體開發需龐大之費用與時間，而模仿複製異常容易，費用又少，與一般工業品不同，故在法律上應如何保護，乃一重大課題。

電腦程式理論上可由著作權或專利或營業秘密加以保護，利弊互見。因著作權只保護程式外觀的表達，故程式即使有著作權，真正保護是針對直接抄襲程式之人，他人仍可單純透過不同電腦語言加以改寫而避免侵害責任。反之以專利保護發明，則不問電腦程式用何種語言。至於營業秘密只能保障秘密與非公知之資料，且不似專利，不能保障他人獨立發現之程序。

以專利保護之優點是：不但原始碼 (source code)，且構想 (idea) 或運算法則 (algorithm) 亦可能一併在保護之列，而且對即使獨立研發同樣 algorithm 之人亦可主張權利，要求使用費。又專利另一優點是為了獲得專利，有關發明之一切資訊須揭露，如此可提升技術水準，減少技術保密不公開之資源浪費。缺點是申請專利費用較為昂貴，又須查閱過去專利檔案，審查需時太久。在美國據云要三年之久，會妨礙軟體工業發展，又會助長大公司控制概念 (concepts)，使小公司無法動彈，最後造成產業寡占。且專利權會使 idea 或 algorithm 被封鎖起來。又專利申請須克服新穎性與進步性要求之問題，因專利須合乎新穎性與進步性之要件，會限制專利只保護少數增加 programming 之最先進之 programs。而使用已證明概念 (proven concept) 之應用程式似不能符合專利保護要件[40]。

---

[40] 故美國有人建議另創一種小專利 (junior patent system)，使費用、時間、保護要件都比現行專利制度為低，且保護範圍不及於抽象之 idea 或 algorithm 本身。IBM 公司建議採註冊制度，取代專利與著作權，即將 source code 與文獻 (documents) 連同 flow diagrams 呈送中央聯邦機構，該 flow diagrams 要仔細至可讓適任之 programmer 寫下一個 program，且可提供予任何提出請求之人，而 source code 須在一定年限內保

各國實務上電腦硬體發明可以申請專利，硬體與軟體結合若符合專利要件時亦可賦予專利，但單純軟體發明一般多認為不過為單純計算方法，並非利用自然法則，故欠缺專利能力，無法取得專利[41]。經濟部經 (71) 訴01212 號函指出「單純之電腦軟體或檢字法因係利用人之推理力、記憶力所生結果，非為利用自然法則所為技術思想上之創作，自應不予專利，惟利用該檢字方法創作鍵盤裝置，構成具有首創性之處理系統，且均無其他專利法上之消極要件時，可予專利」即表明斯旨。

事實上各國專利法對電腦軟體是否可取得專利多不予明定；有些國家甚至在專利法明定電腦程式不能取得專利，例如英國 (§1)、法國 (§7)、西德 (§1)、EPC (§57) 等。過去美國專利局係基於心智步驟或程序原則 (mental step or process doctrine) 之理由，駁回電腦有關發明，認為任何完全由可以心智運行之步驟構成之程序 (process)，並非可專利之客體。又依據新穎性標準駁回電腦軟體有關之發明，即認為電腦有關發明因以某種 algorithm 為 claim 之主要成分，如對 algorithm 本身可取得專利，則此種專利完全獨占公眾對數學公式 (formula) 之利用，違反專利法之精神云云。而且專利局因電腦軟體缺乏充分分類系統及此類申請案件負荷量極重，反對對電腦軟體賦予專利[42]。我國專利法雖對軟體未明定禁止專利，但亦不加明定。事實

密，期滿則自由散播。在限制期間權利人對使用真正 code 之人可提侵害之訴。至限制期間可有出入，不求強求一致。參照 Clauson et. al., "Concept Analysis: An Approach to the Computer Software Protection Controversy", *American Business Law Journal*, Vol. 17, p. 175, et. seq., 1979.

[41] 中山信弘氏以為過去認為專利不適於保護電腦軟體之見解，主要基於下列理由：
(1)軟體並非利用自然法則。
(2)專利審查需時過久，不合軟體之生存週期。
(3)軟體之模仿往往不易發現，專利之公開制度反而易於誘發侵害。
(4)專利制度在對付軟體頻繁發生之版本更新方面過於繁瑣。
(5)軟體有進步性者為數不多。
(6)對於大量申請案，專利局現在處理能力無法應付。
（見氏著，前揭書，頁 152）

上各國過去對電腦軟體大多只好以著作權或營業秘密方式加以保護。我國亦與各國相同，在著作權法規定軟體為著作物，惟著作權僅保護構想 (idea) 之表達形式，而不及於其構想本身或其功能，且無法如專利權排除他人從事同一內容之創作，保護功用有限。況近來科技進展異常神速，軟體工業蓬勃發達，各國均認為軟體由著作權保護有欠充分，而有以專利加以保障之必要。自 1980 年代開始，美國法院開始判認軟體發明可以專利。到了 1990 年代，軟體有關專利申請案激增，自 1980 年之 250 件到 1999 年之 21,000 件，准許數目亦增加了八或九倍。開放電腦有關商業方法專利更是一大突破，且申請電腦有關商業方法自 1997 年之 1,000 件左右，至 1999 年，增加到 2,500 件以上。各國有關電腦發明發給專利之案例迭有增加[43]，我國智財局為因應社會變遷，亦訂有「電腦軟體相關之發明」之專利審查基準，以因應科技之發展。

第八目　人工智慧與專利

所謂 AI（人工智慧）是指人類製造的機器所表現出來的智慧。WIPO 將

---

[42] Longhofer，"Patentability of Computer Programs", *Baylor L. Rev.* vol. 34, p. 125, 1982.

[43] 美國專利商標局對有關電腦軟體之發明，因未修改專利法，原來亦採否定的見解，但由於最高法院下了 Gottschalk v. Bensen (1972)、Parker v. Flook (1978)、In re Freeman (1978) 及 Diehr (Diamond v. Diehr, 450 U.S. 175, 101 S Ct. 1048, 67 L. Ed. 2d 155 (1981).) 等判例後，專利商標局對於軟體發明已改採較開放的態度，並在《專利審查手冊》(MPEP) 中訂有審查基準。詳言之，美國最高法院在 Diehr 一案以前，對電腦軟體相關發明，以此等專利乃數學 algorithm 或自然律為理由，駁回專利保護。到了 Diehr 一案，該法院對現行標的專利性之標準重加斟酌，明揭電腦軟體有關之發明可受專利保護。亦即如此等發明符合專利法其他要件，則潛在的可獲專利保護。發明涉及使用電腦程式申請專利時，專利局應如同其他申請案一樣加以審查，不能如過去單純以未敘述可專利標的加以核駁。關於近年之發展，可參照 Lessig, The Future of Ideas (Vintage, 2002), p. 207 et. seq., p. 259. 又 Merges, Menell & Lemley, *Intellectual Property in the New Technological Age* (Aspen Law & Business, 2000), p. 1007 et. seq.

AI 定義為「能顯示出人類智慧（如感知理解、學習、說明及解決問題）相關能力的電腦程式」。AI 技術人工智慧從誕生以來，理論和技術日益成熟，應用領域也不斷擴大，近年來發展更一日千里，可透過獨立學習執行任務，數學運算定理，參與藝術創作（例如詩歌音樂與繪畫）。AI 的興起對經濟、社會、政治各領域產生綜合性、劇烈性的變革，深刻改變人類生活。有人說這次的「機器取代人類」將遠超過過去的工業革命和資信革命。

今日許多 AI 系統會蒐集運作過程中各種資料，反饋修正電腦程式執行中之各項參數，甚至修改演算法本身而自主的發明創作，即所謂 AI 自主發明，不久可能會實現人類智慧無法完成的創新，甚至取代人類發明家成為大多數創新發明的創作者。除了對倫理管理與經濟產生衝擊外，對於專利制度也加以不少衝擊，包括發生發明人或專利權主體之資格（是否仍限於自然人，機器人可否作為發明人）、專利標的是否適格及專利審查（可能不具產業利用性）等問題㊹。

第三節　發明之分類

發明因標準之不同，可為數種不同之分類㊺：

一、物之發明與方法之發明

(一)意義與兩者之區別

發明按表現技術的思想之創作之對象為標準，可分為物之發明與方法之發明。物之發明係指技術的思想之創作，表現在一定之物上，機械等固為其典型例子，但化學物質亦包含在內，例如電視機、尼龍、發電機等是，

㊹ 王鵬瑜等，〈新興科技之專利實務——佈局、審查及評價〉，《智慧 20 再創價值（慶祝智慧局 20 週年特刊）》，2019 年，頁 36 以下。https://zh.wikipedia.org/wiki/人工智能（維基百科）。

㊺ 例如美國專利法將發明分為方法 (process)、機械 (machine)、製品 (manufacture)、合成物 (composition of matter) (§101)。此外學者尚有將發明分為大發明與小發明等。

不以占有一定型態為必要，但須係物理的存在[46]。而方法之發明係技術的思想之創作，表現於方法之上，又可分為狹義之方法發明與生產物方法之發明兩種。所謂狹義之方法發明，例如測定鐵之熔解溫度之方法、殺蟲方法等。生產物方法之發明，通常由所謂出發物質、處理方法、目的物質為構成要素而成，例如尼龍製造方法、機械器具之製法等。狹義之方法之發明乃其他方法之發明，即生產方法以外之方法，包含所謂作業方法在內，又測定方法亦屬之[47]。換言之，生產物方法之發明與狹義之方法之發明不同之處，乃前者使用該方法可獲得產物，而後者則否。

一種發明究竟是物之發明還是方法之發明，應按申請之發明實體加以判斷，其區別之重點在方法發明係為達到一定目的，由在系列上有關連的數個行為或現象所成立，必然的在其實體內包含時間經過之要素，但有些發明既可表現為物之發明，亦可表現為方法之發明，例如在用途發明，「以DDT為有效成分之殺蟲劑」，既可作為物之發明，申請專利，亦可書寫「把DDT撒在蟲上殺蟲之方法」而以方法發明申請專利。因此發明在專利請求範圍之表現上，雖有差異，但如發明思想實質上相同，而申請在時間上有先後時，可能被判斷為同一發明[48]。

表 6-1　物之發明與方法之發明

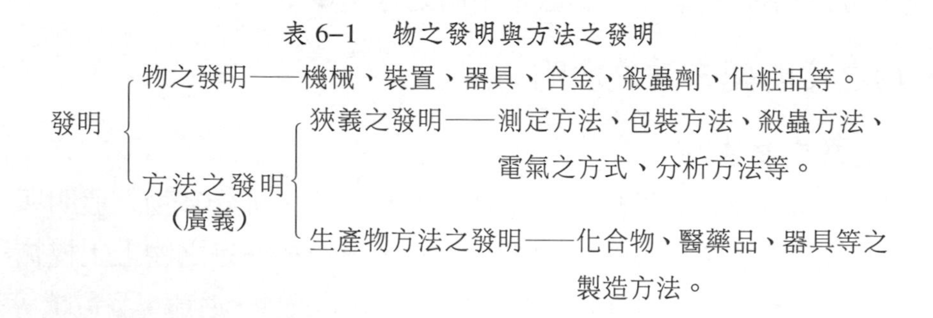

[46] 橋本良郎著，《特許法》（改訂版），頁 176。

[47] 同[46]。

[48] 紋谷暢男著，《特許法五十講》，頁 25。

㈡法律上區別之實益

在物之發明，專利權之效力及於物，從而不問製造方法如何，製造之國家何在，凡在我國內對同一物，專利權人均可主張專利權之效力，反之在方法發明，專利權效力只及於國內使用該方法。生產物方法之發明亦係方法發明之一種，基於上述原則，專利權效力原只及於方法之使用（美國專利法只承認此種效力），我國專利法初規定：「前項發明若為一種製造方法者，其專利權效力及於以此方法直接製成之物品」，83 年專利法雖僅規定：「方法專利權人，除本法另有規定者外，專有排除他人未經其同意而使用該方法及使用、販賣或為上述目的而進口該方法直接製成物品之權」，而將舊法上開文字刪除（92 年專 §56II 及 100 年專 §58 大致相同），但解釋上自應相同。換言之，即凡以該方法所生產之物，無論製造、使用、販賣、進口等行為，亦構成專利權之侵害㊾，又「製造方法專利權人依其製造方法製成之物品為他人專利者，未經該他人同意，不得實施其發明」，否則亦構成他人專利權之侵害，又此時尚可發生交互授權實施或強制授權問題（83 年專 §80，92 年專 §78，專 §87）。

㈢生產方法之推定

因專利權侵害，行使禁止請求權及損害賠償請求權時，侵害事實之證明，原則上須由請求人負舉證責任，但在生產物之方法之專利，舉證異常不易，故我國專利法亦採美國與日本之立法例，設有舉證責任轉換之規定，即在現行法第 99 條明定：「製造方法專利所製成之物在該製造方法申請專利前，為國內外未見者，他人製造相同之物，推定為以該專利方法所製造。前項推定得提出反證推翻之。被告證明其製造該相同物之方法與專利方法不同者，為已提出反證。被告舉證所揭示製造及營業秘密之合法權益，應予充分保障。」㊿其詳請參閱本書第二十章第一節第一目有關專利權侵害

㊾ 同㊽。又在巴黎公約，對物生產方法之專利權予以何種效力，委諸各同盟國之自由(§5–4)。

㊿ 專利法第 58 條所指「該方法直接製成之物」，似不限於該製法最後一步驟所製成之化合物，而宜適度包括直接製成之化合物及該化合物在不改變實質物、化特性下的相關

成立要件部分之說明。

二、單獨發明與共同發明

發明按完成發明之協力關係為標準，可分為單獨發明與共同發明：

㈠單獨發明

所謂單獨發明乃其完成未經第三人之協力，而由發明人自力完成之發明，又稱為自由發明。

㈡共同發明

乃二人以上共同協力完成之發明，此種發明之專利權屬於共同發明人之共有，專利法對共同發明有不少特別規定。在技術高度複雜化之日，發明由一人知識才智而成立者為數不多，多屬企業或研究機構共同研究之成果。

三、基本發明與改良發明

對某發明為某種附加或變更之發明時，前者稱為基本發明 (pioneer invention, basic invention, master invention)[51]，後者稱為改良發明。兩者之區別乃相對性，將改良發明甲更加改良而成立乙發明時，甲發明對乙發明乃基本發明[52]。對基本發明取得專利後，第三人如將基本發明改良另成立

衍生物。又製造之物品為國內外所未見，可包含由該方法直接製成之物品，及由其所製成具有經濟效益之產品。且所謂「國內外所未見」，似非如同專利審查絕對新穎性之要求，而係指於系爭專利申請日之前，國內外沒有類似的產品出現；而「他人製造相同之物品」的判斷，則以「進步性」的審查觀念判斷是否屬實質相同，較為適當。參照簡正芳，〈論醫藥發明製法專利之專利權保護範圍及其效力──由相關民事侵權事件談起〉，《智慧財產權月刊》，第126期（98年6月），頁80-81。

[51] 亦有謂開創性發明，係指從無到有，不同於現存的一切事物，如電視機、晶體管、激光器等發明，在不同時期開闢了一個全新的技術領域者。

[52] 中川善之助、兼子一監修，《特許・商標・著作權（實務法律大系10）》，頁36。
世界上大多數發明都是在既有技術的基礎上加以改進，解決人們希望解決但未成功的難題。例如愛迪生是白熾電燈的發明人，在他以前發明的白熾燈的碳絲直徑在1/32英寸以下，用的是低電壓、大電流、發光能力弱、壽命短，只能使用一小時左右。愛

發明，此時對該改良發明即使申請專利而取得專利權，但該第三人仍非經基本發明之專利權人授權，不得實施（92 年專 §78；現行法雖移定於 §87，但此點不見，致意旨有欠明確），此改良發明又稱為利用發明[53]。如為改良發明之人乃基本發明之專利權人時，除獨立申請外，亦可為追加專利之申請，但如基本發明與改良發明能同時申請時，亦可合併申請。有些開拓性之基本發明可能建立整個產業或導致社會變遷。有些只經較短期間，即有了不少改良發明出現，也有些發明與一種概念相差不遠，其意義要經相當長期間始被人注意，而引起廣泛之影響與發展。

四、用途發明與方式發明

所謂用途發明乃對特定單一化合物發現某特定用途 (new use) 時，以其作為專利之對象之謂（例如以 DDT 殺蟲方法之專利）。

迪生把它作了改進，將碳絲直徑縮到 1/64 英寸以下，所需電壓較高、電流較小、發光能力強、壽命長，可使用數百小時，故取得了專利（參照蔡茂略、湯展球、蔡禮義編，《專利基礎知識》，頁 55）。

[53] 就技術上言，幾乎所有發明皆是改良發明，即將其他先前之發明加以改良。在已開發領域（即有許多技術開發）對現存發明作了小改良，較易取得專利，反之在遺傳基因工程 (genetic engineering) 之類較新領域，小改良可能被認為太輕微或太明顯而不易取得專利。主要因為人們在發明之新領域比起改良現存技術之已開發領域，投下較多資源支持新開發之故。

對改良發明只涵蓋改良部分，須受到所涉其他技術現行專利權人專利權之限制，即為了在商業上利用改良發明，專利權人須取得授權才能使用原有發明，通常係利用二專利交互授權方法。在工業界交互授權非常普遍，例如某電腦製造商在現存有專利的資料巴士 (data bus)（在大多數微電腦都有的裝置，將資料自電腦的一部分，以有秩序之方法移至另一部分）， 做了一個意外與新穎的改良。此種改良的價值主要要視其與原始資料巴士專利之專利權人能達成何種程度之安排而定。由於原始專利權人可能也要在商業上利用改良專利，故可能不難。果如此，當事人可能也要簽訂交互契約，協議於約定報酬下，彼此使用對方之專利。如對原始資料巴士有兩個以上現存有效專利 (in-force patent) 時， 則改良專利之專利權人須與此等專利權人談妥如何利用該發明（Elias, pp. 231, 232）。

用途發明依其表現方法，表現為方法發明或物之發明[54]。物品新用途係指公知的物品之新穎用法而言，包含利用一般的技巧方法，以克服技術上未能解決的困難等。以藥品專利為最常見。最常見的例子是阿斯匹靈最開始是治療感冒，後來人們發現對心臟病也有好處，於是成為「一種採用阿斯匹靈治療心臟病的方法」。又如：目前每年為輝瑞藥廠帶來至少 17 億美元營收的威而剛也是用途發明的例子[55]。

所謂方式發明乃在電氣之領域以所謂「方式」表現之發明，例如電氣通訊關係之配線回路方式。方式發明依其內容，可解為物之發明或方法之發明其中之一種[56]。

美國專利法所謂方法係指方法 (process)、技術 (art) 或方法 (method)，包含既知之方法、機械、製品、合成物 (composition of matter) 或材料 (material) 之新用途 (new use) (§100II)，此種對新用途方式予以保護之立法例，可供我國參考。

---

[54] 橋本良郎，前揭書，頁 176。

[55] 我國雖早已開放用途發明，但僅允許以「物」或「方法」為申請標的，配合專利審查基準的全面修訂，自 2004 年 7 月 1 日起另接受以「用途」為申請標的，終於與國際審查趨於一致。美國專利法第 101 條規定發明之標的包括方法、機器、製品、組成物或其等之改良等。第 100 (b)條規定「方法」(process) 一詞包括已知之方法 (process)、機器、製品、組成物或材料的新用途 (use)，此乃國際上唯一以立法方式解決用途發明之定位問題。我國新修訂的專利審查基準則規定，申請專利範圍得區分為兩種範疇：物的請求項及方法請求項。物的請求項包括物質、物品、設備、裝置或系統等。方法請求項包括製造方法、處理方法、使用方法及物品用於特定用途的方法等。因此用途發明應屬於方法類型。用途發明，指發現產物的未知特性，利用該特性於特定用途之發明。無論是已知產物或新穎產物，其特性是產物所固有的，故用途發明的本質不在於產物本身，而在於產物特性的應用。用途發明經常涉及所採用之裝置、設備、工具、材類等，但其發明的實質重點不在於物之本身進行改造，而在於其操作或運行方式。參照張仁平，〈由我國開放用途申請標的論用途發明專利之保護與審查〉，《專利法制與實務論文集(一)》，頁 331–333。

[56] 同[54]。

五、主發明與依從發明

按二發明間技術之主從關係，可分為主發明與依從發明，如實施某發明，不能不實施先存在之其他發明時，先存在之發明稱為主發明，而下列三種情形則為依從發明：

1.將主發明構成上不可欠缺之事項之全部或主要部分，作為其構成上不可欠缺之主要部分，而達成與主發明同一之目的。

2.主發明為物之發明時，生產其物之方法或生產其物之機械、器具、裝置或其他之物。

3.主發明為方法發明時，在實施該方法所使用之機械、器具、裝置或其他之物。依從發明中，追加發明以外之發明，稱為利用發明。主發明與利用發明專利之申請須按通常專利申請，即獨立之專利申請；而追加發明，則申請人可選擇獨立之專利申請或追加專利申請。且在主發明申請前完成追加發明時，亦可將兩者作為一個獨立專利申請[57]。

表 6–2　主發明與依從發明

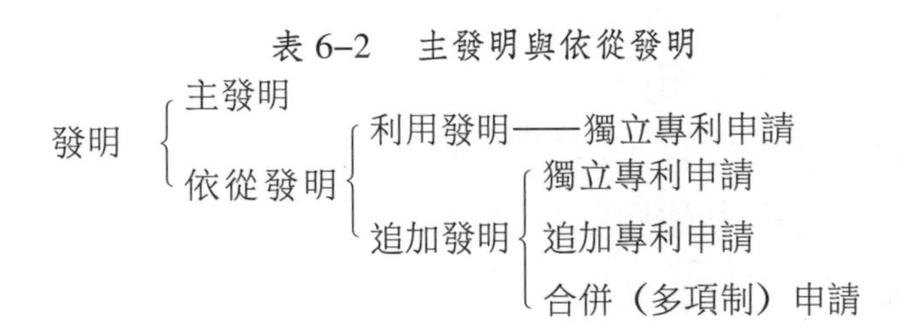

第四節　從業人員發明

一、從業人員發明之分類

獎勵從業人員發明，可增加其研發誘因與提升士氣。在企業、國家及地方自治團體服務之從業人員（包含法人之董監事等）所為之發明，即所

[57] 光石士郎，前揭書，頁 117 以下。

謂從業人員發明 (employee invention)，其專利權如何歸屬？按在處理此問題前，須先了解從業人員相關發明有下列不同型態。

㈠職務發明

例如在某塑膠公司研究所服務之研究人員，發明新的 PVC 製造方法時，此發明行為乃其職務上行為，且此發明屬於塑膠公司業務範圍以內，故此種發明各國通例認為歸屬於塑膠公司（即所謂職務發明 service invention, Dienst-erfindung）。

㈡自由發明

反之，例如塑膠公司之交通車司機，發明了汽車之零件，則因此發明行為並非其職務所應為，且汽車零件之製造銷售不屬於塑膠公司之業務範圍，故此發明歸發明人個人所有，即所謂自由發明 (free invention, freie Erfindung)。

㈢業務發明

業務上最常發生之問題係介於上述職務發明與自由發明之間的所謂業務發明（又稱為附隨發明，dependent invention）。即從業人員之發明行為雖與其職務無關，但其發明屬於企業之業務範圍，此時該發明究應歸屬於企業，還是歸發明人個人所有，還是由企業與發明人雙方共有。關於此點，不但學說分歧，且各國立法例對其處理之態度亦有甚大出入。

按今日各國之發明無論品質與數量，大部分係來自企業與研究機構內從業人員之發明[58]，且基本上係內部組織化研究所導致之成果。此種發明通常係在企業之企劃與指導監督下，由企業提供資金與累積之經驗，在人力與物資雙重支援下所產生[59]，專利制度既係獎勵發明之法律制度，則對

---

[58] 中山信弘，前揭書，頁 72，列有比較在日本之個人、法人與官廳專利申請案件數量之對照表。如我國此方面有統計數字，則對有關研究當有助益。

[59] 近年發明雖也會偶然遭遇，但很少發生，通常更是由有計畫研究產生。管理部門對許多研究人員小組定下目標，然後由實驗室助理人員與其他技術人員從事試驗並執行程序。例如據估計，在英國所有可專利發明中，有 80% 以上是由領薪水的員工所作成。且發明常用小組方式達成。在大多情形這些員工純為創造可專利的事項雇來，並用員

發明所生之權益，在勞資之間如何合理公平予以分配，使發明或發明之投資有激勵之動力 (incentive)，不但關係企業與從業人員之利害，且亦係國家整體發明與產業政策上之重要問題。惟從業人員發明制度並非單純專利法之問題，而係跨越專利法、勞工法與契約法交錯領域之問題，不可不察[60]。

自使用人之立場觀之，依民法上僱傭契約所定之原則，似可主張從業人員之發明皆係勞動之成果，應歸屬於使用人即企業所有[61]，而自從業人員之立場觀之，發明由於發明人之特別能力與努力始能產生，故似可主張一切有關發明之權利應歸屬於發明人。倘將從業人員之發明問題，放任勞資雙方自由約定，則會受到雙方實力關係之左右，難免因個別企業或時期不同，有時會偏重使用人之利益，有時會厚於從業人員之保護。因此對此問題似應基於衡平理念，講求適當之規範，以激發使用人與從業人員雙方之發明意願，期能保護從業人員，謀求勞資利益之調和[62]。

又從業人員發明制度不僅於發明場合會發生，而且在營業秘密，不能取得專利之改良提案與營業上之提案，以及電腦軟體之類著作權場合，亦可能發生，因此企業應依統一政策加以處理[63]。

二、外國法之態度

外國對此問題之態度與作法並不一致，惟可大致分為下列數種：

1. 在德國，取得專利之權利，原則上歸屬於發明人（德專 §6），從業人

工的資源達成發明的結果。(Phillips & Hoolahen, *Employees' Inventions in the United Kingdom: Law and Practice* (1982) p. 3.)；仙元隆一郎，前揭書，頁 74。

[60] 此問題在許多企業亦按勞動契約、團體協約與就業規則加以處理（參照中山信弘，前揭書，頁 73）。

[61] 我國民法第 482 條規定：「稱僱傭者，謂當事人約定，一方於一定或不定之期限內為他方服勞務，他方給付報酬之契約。」使用人依僱傭契約，不問從業人員勞務結果如何，有支付約定報酬義務，而從業人員勞務給付之結果，所生或取得之物，一切歸屬於使用人所有。

[62] 仙元隆一郎，前揭書，頁 74。

[63] 中山信弘，前揭書，頁 76。

員之發明受到 1957 年「有關從業員發明之法律」(Gesetz ueber Arbeitnehmererfindung) 之規範。依該法規定，在僱傭契約中所產生之一切發明，從業人員對使用人有報告之義務，使用人於報告後四個月內可以相當補償，就職務發明，請求從業員移轉取得專利之權利或非專屬實施權（同法 §5、§7）。所謂職務發明乃指由所課職務所生之發明，及顯然基於企業之經驗、作業之發明。此對象亦包含無專利能力之技術的改良提案。職務發明以外之自由發明中，屬於使用人業務範圍之發明，從業人員應表示相當補償額，向使用人為優先的非專屬利用權授權之要約，使用人如不於三個月以內承諾，則該發明成為完全之自由發明。倘補償額發生爭議時，由獨立之調整委員會，依勞動部長所定詳細之計算基準，予以和解（同法 §28～§36）。

2. 在美國，專利法對從業人員之發明雖無規定，但判例上認定發明應歸屬於從業人員；預先將在職中所為屬於使用人業務範圍內之發明，讓與使用人之契約係屬有效。在締結僱傭契約之際，通常雙方締結發明契約 (invention agreement)。讓與發明對價之有無，亦依契約之訂定。當事人間無契約，而由從業人員取得專利權時，判例承認使用人取得無償之非專屬之實施權（又稱為 shop right）[64]，此點與德國為有償取得實施權不同。

3. 在法國，除契約另有規定外，職務發明原始的歸屬於使用人，補償金之有無依勞動協約與勞動契約之訂定。此時無論如何仍以從業人員為發明人，而不認為法人發明。在職務發明以外，凡於職務遂行中所為，屬於使用人業務範圍內之發明，使用人有可以正當對價，請求移轉權利或實施權之權利（法國無體財產法 L. 611–7, L. 611–9）。雙方就對價發生爭議時，由調停委員會、最高法院決定之（同 L. 615–21）。

4. 英國亦大致與法國法相同（英專 §39～§43）。

---

[64] 所謂 shop right，係指受雇人在僱傭時間內，用雇用人之設備與材料研發生發明時，依衡平與公正原則，雇用人可免費使用受雇人有專利權之發明，而不負侵害之責任。有人以為受雇人默示賦予雇用人使用該發明之授權，參照 Adelman et. al., *Cases & Materials on Patent Law*, p. 1062 ff.

5.在日本，對於從業人員之職務發明，由該從業員或其繼承人取得專利權時，使用人當然取得無償之通常實施權（日特 §35），此點與德國法有償取得不同。此項使用人之實施權與專利之登錄同時發生。即使在從業者讓與該專利權及設定專用實施權時，亦可不經登錄，對抗新專利權人（日特 §99II），因該條固然主要在保護從業人員，但也同時意味著對使用人最低限度之保障。

由上所述，可知各國因歷史與國情不同，對此問題，異其處理態度。歐洲專利條約對此問題亦授權各加盟國自行處理。德國與美國取得專利之權利，雖原始的歸屬於發明人，而在使用人與從業人員利益之調整方面，德國法含有勞動法之色彩頗強，而美國法則較富於契約法之色彩。至於法國與英國則係將從來判例理論予以成文法化[65]。

三、我國法上對從業人員發明之規定

關於職務發明之歸屬問題，我國 83 年前舊專利法係以發明是否與職務有關為標準而異其處理，即⑴凡職務上之發明，其專利權屬於雇用人，但訂有契約者，從其契約 (§51)。⑵凡與職務有關之發明，其專利權為雇用人與受雇人雙方所共有 (§52)。⑶凡與職務無關之發明，其專利權屬於受雇人，但其發明係利用雇用人之資源或經驗者，雇用人得依契約於該事業實施其發明 (§53)。又受雇人與雇用人間所訂契約，使受雇人不得享受其發明之權益者，無效 (§54)。

民國 83 年專利法修正時，對此問題作了大幅度變更，即改為：⑴受雇人於職務上所完成之發明、新型或新式樣，其專利申請權及專利權屬於雇用人，惟雇用人應支付受雇人適當之報酬。但契約另有訂定者，從其約定[66]

[65] 仙元隆一郎，前揭書，頁 75。

[66] 我國常發生發明人帶著發明的構思另外成立公司，或離職到別家公司後再申請專利，而引發專利申請權歸屬之爭訟。實際上前一家公司主張其為在職時職務發明之成功機率不高，因基於先申請原則，多以專利申請日作為基準。因此若在發明人離職之後申請專利，則很難證明該發明為在職時之職務發明。參照劉國讚，〈論職務發明之相當對

（83 年專 §7I）。專利申請權及專利權歸屬於雇用人時，發明人或創作人仍享有姓名表示權[67]（83 年專 §7IV）。⑵非職務上所完成之發明，大體與以前舊法相同，即原則上其專利申請權及專利權屬於受雇人，但其發明、新型或新式樣係利用雇用人之資源或經驗者，雇用人得於支付合理報酬後，於其事業實施其發明、新型或新式樣（83 年專 §8I）。關於應付之報酬有爭議時，舊專利法原規定由專利專責機關協調之（83 年專 §8IV），但該項規定為 92 年專利法所刪除。

惟何謂職務上之發明？專利法明定所謂職務上之發明、新型或設計係指受雇人於僱傭關係中之工作所完成之發明、新型或設計（專 §7II）。惟所謂「僱傭關係中之工作」一詞，仍嫌粗疏籠統，產生問題殊多。按職務發明依日本專利法，係指「性質上屬於使用人之業務範圍之發明，且迄至為該發明之行為屬於從業者等在使用者之現在或過去之職務」（日特 §35 I），而業務範圍，係廣泛指使用人業務之目的範圍內之事務，此種解釋仍嫌籠統，並不精當。且學者以為在股份有限公司，不以章程所定「目的」範圍內之事務為限，因章程之目的在保護股東，限制公司之行為能力，與使用人和從業人員間利害之調整無關[68]。又英國 1977 年專利法對職務係定義為：①發明係在受雇人正常職務過程中，或雖係在其正常職務以外任務之過程，但特別指定予他，且任何一種，依其情況，可合理期待自其職務之履踐而產生發明者。或②發明係在受雇人職務過程中所為，且於作成發明時，由於其職務之性質及自其職務性質產生之特定任務，他有特別義務推動雇用人事業之利益者（英專 §39）。英國法規定似較為合理，可供解釋之參考。

83 年專利法為了針對上述非職務上發明權利之歸屬問題，另仿德國立法例，課受雇人通知義務 (Mitteilungspflicht)，並定出一套程序規定，此模式為 100 年新法所沿用。即「受雇人完成非職務上之發明、新型或設計，

價請求權——以日本訴訟實務為中心〉，《智慧財產權月刊》，第 117 期，頁 31。

[67] 關於姓名表示權之詳情，可參閱後述姓名表示權部分之說明。

[68] 中山信弘，前揭書，頁 77。

應即以書面通知雇用人，如有必要並應告知創作之過程。雇用人於前項書面通知到達後六個月內，未向受雇人為反對之表示者，不得主張該發明、新型或設計為職務上發明、新型或設計。」(專 §8II、III)

雇用人與受雇人間所訂契約，使受雇人不得享受其發明、新型或設計之權益者，無效 (專 §9)。此處所謂不得享受其發明之權益一語，語意過於簡略含混，易滋疑義。其意似指專利申請權與專利權之無償讓與或歸使用人取得之意，有償讓與似不在內。因受雇人此時可收取讓與專利申請權或專利權之對價之故。但預先將職務發明以外從業人員之發明讓與於使用者之契約，在日本特許法明定為無效，以保障從業人員之利益 (日特 §35II)。

在日本預先訂定移轉職務發明之權利之契約係屬有效。又不問職務發明與自由發明，於發明完成後，使用者與從業者間依自由契約讓與權利，設定實施權之契約乃屬有效。又預先約定包含移轉專利申請權之職務發明以外之發明之契約雖屬無效，但原則上並非該契約全體一律無效，僅有關自由發明部分無效，即一部無效[69]。如預先約定由使用人取得專利權之契約 (trailing clause) 乃屬無效[70]。但公司為保護自己利益，不妨與退職之從業員締結契約，支付相當對價，取得專利申請權，並課其保密義務與競業禁止義務等，此種契約並非無效。

雇用人或受雇人對第 7 條及第 8 條權利之歸屬有爭執而達成協議者，得附具證明文件，向專利專責機關申請變更權利人名義。專利專責機關認有必要時，得通知當事人附具依其他法令取得之調解、仲裁[71]或判決文件 (專 §10)。因雙方如因專利權或實施權之歸屬發生爭議後，無論自行和解成立，達成協議，或無法成立協議，經向法院依民事訴訟法提起訴訟，或

[69] 中山信弘，前揭書，頁 84。

[70] 仙元隆一郎，前揭書，頁 77。

[71] 仲裁 (arbitration) 亦稱公斷，係由爭議之當事人於爭議發生前或發生後，以合意將特定爭議交由第三人（仲裁人）加以判斷而受其拘束，以解決爭議之制度。詳見楊崇森著，《商務仲裁之理論與實際》，中央文物供應社出版，民國 73 年。又楊崇森等著，《仲裁法新論》，中華民國仲裁協會出版，民國 88 年。

依仲裁法聲請仲裁解決，若取得調解筆錄、仲裁判斷書或法院確定判決時，無論是否達成協議，爭端既告解決，當事人自得附具有關證明文件，向專利機關申請變更權利人名義。而專利機關為了解案情真相，必要時自亦得通知當事人附具依其他相關法令取得之調解筆錄、仲裁判斷書或法院判決（含判決確定證明書）等文件，以憑辦理而免發生錯誤。

惟我國專利法上開規定仍有不少疑義，值得進一步研討：

㈠專利法用「雇用人與受雇人」字樣是否妥當？其涵義與範圍宜如何認定？

1. 我國專利法關於從業人員發明，用雇用人與受雇人字樣，失之過狹。按日本特許法係用「使用者」與「從業者」字樣，範圍較為寬廣，且較為適當。故解釋上不能如第 7 條第 2 項以所謂「僱傭關係」為限，委任關係亦應包括在內。換言之，雇用人應廣義泛指雇用從業人員之自然人與法人；法人不問公司等私法人，即國家與地方公共團體等公法人，亦包括在內，而受雇人亦不限於勞工法上之從業人員，即法人之董監事、國家與地方公務員，亦包括在內。且從業人員不問專任與兼任，而其法律關係亦不限於僱傭契約，即委任契約（例如董事）亦包括在內。被外派之公司職員，如受被派遣公司指揮監督，且受報酬之支付時，亦可視為該公司之從業人員。

2. 所謂職務不僅指使用人具體指示之工作，且自發的尋找研究主題而發明之場合，亦可成為職務發明。至是否屬於職務，應綜合的就該從業人員之地位、待遇、職種、使用人在發明完成過程所作貢獻之程度等加以斟酌。一般而論，上級職或待遇高之人，應從寬認定其職務範圍[72]。職務上之行為不限於上班時間所為之行為。至從業人員退職後之發明，不含在職務發明內。

企業如對從業人員之自由發明，就所有發明課以報告義務或優先協議義務，例如從業人員就其自己所為發明之權利或專利權在讓與第三人或為第三人設定實施權前，須與使用人協議之義務，因此時僅課以協議之義務，並非強制其讓與使用人，似非違法[73]。

[72] 中山信弘，前揭書，頁 78 以下。

3.何謂「適當之報酬」？其認定有無參考標準或應斟酌之因素？按我國專利法與施行細則均無規定，在日本其專利法規定：其報酬數額可參酌使用人由該發明可受之利益、使用人對該發明貢獻之程度決之（日專 §35IV 參照），已較有基準[74]，而英國 1977 年專利法則更詳細規定（英專 §41）：

---

[73] 中山信弘，前揭書，頁 76 以下。

[74] 日本於數年前發生日亞化學與離職員工中村修二的藍光 LED 專利訴訟案，震驚社會。該案中村修二在日亞化學任職時，成功研發出藍光 LED 技術。日亞化學在 1990 年提出專利申請，1993 年推出產品，1997 年獲得專利，且因該專利獲利高達 1200 億日元（11.76 億美元），但對研發的中村修二並未予以充分的發明報酬，僅發放 2 萬日元發明獎金。一審法官認為中村修二在日亞化學如此貧瘠的研究環境中仍能發明出對社會有貢獻的產品，給予極高的評價。遂按日亞化學的專利權效力至 2010 年 10 月估算，因該專利賺取的利益約為 1,208 億日元，認定中村修二對專利權的貢獻度達 50 %，推算出的「發明對價」為 604 億日元（5.89 億美元）。而中村修二要求的金額為 200 億日元（1.96 億美元）。因此一審法官判日亞化學應按其請求全額支付，日亞化學不服上訴。2004 年 1 月該案庭外和解，和解金額降為 8.4 億日元（820 萬美元），和平落幕。和解金額雖大幅降低，但仍創歷史新高。為避免因訴訟帶來難以預估的損失，佳能、本田、武田藥品等日本廠商將取消發明獎金上限。業界多認為，企業此後應訂妥專利相關制度，專利法亦應跟上業界發展的腳步適時修正。亦有人呼籲勞資雙方應效法美國企業的做法，在事前簽訂契約，防範於未然，才是解決此類糾紛的最佳辦法。參照中國半導體照明網（王朝網路，wangchao.net.cn）
美國許多企業有所謂發明誘因計畫 (invention incentive programs)，目的在營造激勵員工增加創新的環境與氛圍。各公司計畫內容出入甚大。有較大研發部門的公司，有於聲請專利或取得專利時，自動以財政獎勵予發明人；或對公司有商業意義的發明，給予高額的裁量性獎賞。有些按發明結果達成的節省或利潤，發給一定百分比，至一最上限，且有最長年限。有些公司除金錢獎賞外，另獎賞早晚餐或旅遊。有些還在新聞快報上公布，發給獎牌或證書，或在公開場所公布。也有只要構想對公司現在或將來計畫有價值，不問是否成為專利申請之題目也給同樣獎勵。雖然將獎勵限於申請專利之人的措施，在管理上較易，但許多有價值貢獻，或無法申請專利或對公司最好作為營業秘密保持的情形，卻得不到獎勵。(Amernick, *Patent Law for the Nonlawyer: A Guide for the Engineer, Technologist and Manager* (Van Nostrand Reinhold Co., 1986), pp. 79–80.)

決定受雇人對原應屬於雇用人之專利之合理分配額 (share) 時，應考慮之因素，係包括下列各點：

⑴受雇人之職務性質，自其僱傭關係或依本法有關該發明所獲得或已獲得之報酬及其他利益。

⑵受雇人為從事發明所投下之努力與技巧。

⑶任何與有關受雇人共同致力於發明之產生之他人所付出之努力與技能、任何發明之共同發明人以外之其他受雇人所貢獻之意見與其他協助。

⑷雇用人由於提供勸告、設備與其他協助、提供機會及其管理與商業上之技巧與活動，對發明之產生、發展與實現所作之貢獻[75]。

兩相比較，似以英國法規定較為周密合理。又在德國依受雇人發明法第 11 條之規定，聯邦勞動部長公布有關補償之具體標準，規定極為詳盡[76]。

按英國法規定（英專 §41），如受雇人認為雇用人所付報酬不足（與雇用人自該專利所獲利益相較），或由於其他事實，雇用人應對契約所定報酬增加給付時，可申請法院或專利局長增加給付。

法院或專利局長可命一次給付，或分期給付或兩者。且法院拒絕此種裁定，不妨礙受雇人或其權利之承繼人再為申請。且法院為任何此種裁定後，可依雇用人或受雇人之申請，變更或免除或暫停此裁定之任何條款之執行，並恢復已暫停之任何條款之執行。

4.報酬之種類有無限制？是否須限於以金錢給付？如限於金錢，可否分期給付，抑須一次付清？倘雇用人拒絕支付報酬，或所支付數額顯不適當時，受雇人有何救濟？又在分期給付，而雇用人日後怠於履行或財務惡化時，如何處理？又支付報酬之時期並未規定，若雇用人怠於支付時，受雇人對於該報酬請求權之時效期間多長？有主張此請求權應獨立於各該薪資給付請求權之外，為保障受雇人計，應以最長十五年時效計算者，亦有以為參照民法第 126 條退職金規定，以五年計算，以免長久處於不確定狀

[75] Groves, *Intellectual Property Law* (Cavendish Publishing Ltd., 1997), p. 258 et. seq.

[76] 蔡明誠著，《發明專利法研究》，頁 122 以下。

態者(77)。

5.我國專利法一律規定職務發明之專利權歸雇用人。但依德國法，即使職務發明，如雇用人書面釋放該發明，或只為有限（無礙其使用權）請求或不在法定答覆期限請求，則職務發明變成自由發明（德專§8）。

㈡專利法第8條第2項規定：「受雇人完成非職務上之發明、新型或設計，應即以書面通知雇用人，如有必要並應告知創作之過程。」此乃仿自德國法之通知義務(Mitteilungspflicht)，目的在使雇用人能判斷該發明是否自由發明，並及時主張權利。惟該條文規定過於簡略，不似德國法有詳盡配套措施，致導致不少問題：

1.第2項對完成非職務上之發明，不問是否利用雇用人之資源或經驗，一律應即以書面通知雇用人，實際上恐不無窒礙。因非職務上發明尚包括職務外獨立研發之發明，即純出於自己之研發，與雇用人之資源或經驗無關，此乃一種自由發明，何以仍課通知雇用人之義務？關於此點，德國法則規定，自由發明如顯然於雇用人營業範圍不能應用時，則受雇人對雇用人不負通知自由發明之義務（德專§18）。

2.完成之發明如不適於申請專利或雖可申請專利，但欲當作營業秘密保護時，何以須通知雇用人，尤以法條規定「如有必要並應告知創作之過程」，萬一被雇用人或其他受雇人洩漏時，有何救濟？

3.該項所謂其專利係「利用雇用人資源或經驗」，須達何種要求？如何認定？尤以經驗最屬抽象，標準何在？

4.如受雇人欲保有營業秘密，而不欲申請專利權時，雇用人如何處理？對該營業秘密，是否仍可依該條享有實施權？

按現實上自發明完成至取得專利，其間須經漫長時間，即使在取得專利前，使用人亦有必要實施該發明。因此應解為在專利取得前，使用人亦可無償實施職務發明。同時由於企業並非將所有職務發明全數申請專利，亦有不少將其以營業秘密方式加以保密，故即使關於此種營業秘密，亦應解為使用人亦可無償加以實施(78)。

(77) 李旦，〈平議專利法報酬請求權〉，《工業雜誌》（83年7月），頁44以下。

㈢專利法第 8 條第 3 項規定：「雇用人於前項書面通知到達後六個月內，未向受雇人為反對之表示者，不得主張該發明、新型或設計為職務上發明、新型或設計。」問題是：

1. 如雇用人依該條規定於六個月內向受雇人為反對之表示者，可主張該發明為職務上發明。雙方如有爭執，則可透過訴訟或仲裁解決。又該條僅規定六個月內未向受雇人為反對之表示者，即使該發明並非如受雇人所主張之非職務上發明而係職務發明，雇用人亦不得主張該發明為職務上之發明。則依反面解釋，此時雇用人是否可退而求其次，主張該發明為非職務上之發明，但係利用雇用人資源或經驗，從而主張依第 8 條第 1 項規定，取得有償之實施權？此點乃照抄德國法規定未透徹之結果，但最好在文義訂定明白，以杜疑義。

2. 如受雇人完全未依該條通知雇用人，或雖經口頭通知，但未以書面通知，或雖有書面通知但隱匿部分事實，或對創作之過程或發明未為充分之揭露，致雇用人誤以為非職務上完成之發明時，雇用人是否仍受六個月之限制，日後不得主張為職務上發明？

3. 法文規定，六個月內須為反對之表示，此六個月似屬不變期間，又何謂「反對之表示」？是否須以書面提出？（按德國受雇人發明法規定須以書面提出）如雇用人否認為非職務上發明，及雖承認為非職務上發明，但主張係利用雇用人之資源或經驗者似亦包括在內。如雇用人因受雇人通知內容過於簡略，要求受雇人補提說明，而被受雇人置之不理或延宕時，是否可認為已為反對之表示？

4. 雇用人取得之實施權，是否非專屬實施權？又此項權利乃法定實施權，因專利權之設定登記而發生。鑒於此制度係為調整雙方利益而設，故似可認為在此以前不禁止使用人事實上實施[79]。

5. 如受雇人將專利申請權及專利權事先讓與而移轉予第三人時，此際雇用人是否對該受讓人仍可主張此種實施權？按依德國法，自由發明在受

[78] 中山信弘，前揭書，頁 82 以下。

[79] 橋本良郎，前揭書，頁 167。

雇人於僱傭關係存續中另外使用前，應先以適當條件向雇用人要約，予雇用人至少一個非專屬使用權，如於要約時，該發明係屬於雇用人現在或過去營業範圍時。如雇用人於三個月內不承認該要約，則喪失優先權。如雇用人於所定期限內，聲明要獲得所要約之權利，但主張要約之條件不適合時，由法院依雇用人或受雇人之請求，決定其條件（德專 §19）。

6. 又關於所謂「書面通知到達後」，若受雇人不諳專利法規定，或故意不告知雇用人或怠於告知時，經一段時間，為雇用人所查知，主動向受雇人調查，受雇人始被動以口頭報告，或雖提出書面報告，但語焉不詳，致雇用人無法確知其發明應歸屬於何人時，雇用人有何救濟？此時是否仍認為屬於該項所謂之通知，從而使雇用人須於六個月內表示異議？

7. 如雇用人主張受雇人之發明為職務上發明，欲取得專利申請權與專利權，而受雇人加以否認爭執，復未提出詳盡說明時，如何處理？

8. 雇用人主張受雇人之發明，係利用雇用人之資源或經驗而欲取得實施權，但受雇人予以否認，或雇用人支付之報酬，受雇人認為不合理，加以爭執時，應如何處理？按依上述德國法，雇用人與受雇人依該法所有爭議可訴諸仲裁所，尋求善意解決。仲裁所設在專利局（德專 §29），即與一般仲裁不同。我國專利法只擷取德國立法例若干斷片，而無整體配套，規定過於簡略，不能不謂為立法之疏失。

9. 上述第 8 條第 1 項但書規定：「但其發明、新型或設計係利用雇用人資源或經驗者，雇用人得於支付合理報酬後，於該事業實施其發明、新型或設計。」可見此實施權係依法律發生，且須於支付合理報酬後，始能取得加以實施，換言之，雇用人有先為給付之義務，雇用人如有違反，受雇人雖有不服，但不得拒絕提出雇用關係之勞務給付，因二者並非立於互為對待給付之關係，但此時雇用人如貿然加以實施，可能構成受雇人專利權之侵害。又條文用「於該事業實施其發明」，「事業」一詞是否妥適？其範圍如何認定？如該發明雇用人不於該事業實施或發明性質上不適於在該事業實施時，受雇人有何權利可以主張？又解釋上雇用人似不得再授權他人實施。

10.第 8 條所謂「合理報酬」，其報酬之訂定有無標準可循？我國專利法並無規定，但依專利法施行細則，有關第 8 條所定報酬金之估定，應注意下列事項：

⑴發明或新型之產業上利用價值。

⑵發明或新型之技術價值。

⑶發明、新型或新式樣（設計）之商業價值。

⑷發明、新型或新式樣（設計）之實際需要程度。

⑸專利權實施之年限及地域。

⑹專利權曾經授權買賣之價值。

⑺有無較優或價值相當可以代用之發明、新型或新式樣（設計）（83 年專施 §44）[80]。

但因專利法定為須支付合理報酬後取得實施權，而上開施行細則第 6 款「曾經授權買賣之價值」，於發明完成之初，實際上可能毫無適用餘地，而第 4 款「實際需要程度」於發明之初，亦可能難於預測。

反觀英國 1977 年專利法規定（英專 §41）於決定受雇人對原應屬於其專利之合理分配額 (share) 時，應考慮之因素，係包括下列各點：

⑴關於該發明或專利依本法或其他方式對雇用人授權之任何條件。

⑵該發明由該受雇人與任何他人共同作成之程度。

⑶雇用人由於提供勸告、設備與其他協助、提供機會及其管理與商業上之技巧與活動，對發明之作成、開發及實施所作之貢獻。

兩相比較，似以英國法規定較切實際，且較合理。

11.如有關應付報酬有爭議時，專利機關如何協調？關於此問題，似應仿德國立法例，在內部設有仲裁單位，以免當事人求助無門。

12.何以非職務上發明實施權之報酬有爭議時，由專利機關協調，而職務上發明雇用人應付之適當之報酬有爭議時，第 7 條卻無類似協調規定？

於茲有應注意者，92 年專利法刪除原第 8 條第 4 項「第一項報酬有爭議時，由專利權主管機關協調之」文字，其理由係「雇用人與受雇人之間

[80] 該條在 91 年專利法施行細則雖已不見，但仍有參考價值。

對於使用報酬之爭議係屬私權事由，可循民事救濟途徑解決，另我國又有仲裁機制，仲裁人之判斷與法院之確定判決有同一效力，可解決此類糾紛。而專利專責機關對報酬爭議所為之協調並無約束力，且報酬之多寡須衡酌市場價值判斷，並非專利專責機關專業範疇，本項規定應無必要」云云。惟民事訴訟與仲裁手續均甚冗長，且須繳納費用，一般受雇人未必有能力善加利用。徵諸上述德國與英國之立法例，專利機關對受雇人與雇用人間有關發明之爭議，似不能置身事外，92 年修法對原第 4 項不予充實或提供配套措施，竟予刪除，或係立法者對世界潮流未盡了解之故。

㈣出資聘人發明之專利權歸屬問題

出資聘請他人從事研究開發，所產生之發明，其專利申請權與專利權如何歸屬？關於此問題，我國舊專利法並未規定。民國 83 年專利法參考當時著作權法第 12 條有關出資聘人所完成之著作物著作權之歸屬原則，規定其專利申請權與專利權之歸屬。即原則上依雙方契約之約定，如依契約約定專利申請權及專利權歸屬於出資人者，發明人或創作人仍享有姓名表示權（83 年專 §7IV）。如契約未訂定者，則專利申請權及專利權屬於發明人或創作人，但出資人得實施其專利（83 年專 §7III）。100 年修法，此方面未變動。該條所謂出資聘請他人從事研究開發，主要係指委任及承攬關係，出資人主要指委任關係之委任人與承攬關係之定作人，而發明人或創作人乃主要指委任關係之受任人與承攬關係之承攬人而言。

由於出資聘人完成之著作，出資人與受聘人通常立於較平等之地位，與僱傭關係完成之發明不盡相同，故原則上所完成之發明專利權之歸屬，可由當事人雙方自行約定。惟當事人如未特別約定時，立法者殆以為此時與著作權出資人出資目的，通常僅欲利用受聘人完成之著作類似，故仿著作權法著作財產權應歸受聘人享有之例，規定此時專利申請權與專利權歸屬於受聘人。實則專利與著作權性質不同，且投資之多寡與將來專利權之商業價值大小，可能均非一般著作權所能比擬，如專利申請權與專利權此時一律歸受聘人所有，雖依該條第 3 項但書規定，出資人取得該專利之實施權，但對出資人言，有時可能並不公平，如此不免有違專利制度鼓勵研發之精神，故專利法上開規定仍有深入研酌餘地。又該條所謂出資人得實施其發明、新型或設計一語，乃無償實施該專利權之意，固不待言。

第五節　大學教員之發明

大學是基本創新與發明的源泉，在先進國家也是重要專利的誕生地，學術人員尤其科技系所人員在職務過程常研發出適於專利保護的發現。美國大學有專門技術管理單位 (TMO) 辦理獲得與管理專利，並提供技術予產業界。教授研究成果由該單位與專利律師、各種專家與企業界連繫賣到市場，將其所收價金作為專利收入；亦即大學於取得專利後，返還予社會，將其收入當作下次研究開發資金，如此循環不已。尤其在立法方面，美國 1980 年通過之「拜杜法」(Bayh-Dole Act of 1980) 最為有名。該法將智財權下放予大學與研究機構，准許大學可就聯邦資金所做研究成果獲得保護，取得商業上利潤，致各大學紛紛設立技術移轉單位，處理昂貴資助研究成果之保護、管理及商業上利用，從而增進大學專利案件之成長。以史丹佛大學為例，如教授等研究人員報告研究成果後，由該技術管理單位作初步評估後，作成技術移轉策略，其間自申請專利、成立專利、授權交涉締約、將其商品化、回收等事務，均由專利單位辦理，教授與研究人員可專心研究。

事實上史丹佛、柏克萊、麻省理工學院等有名大學，直接參與一些世界上有價值技術開發的管理與商品化。例如 Google 公司是由兩名史丹佛博士生所設立。由於有正確管理政策，這兩名學生在研習期中所研發的技術作為史丹佛大學的財產，該大學又將這些技術授權予這兩名學生所設立的 Google 公司。當 Google 在 2004 年上市時，史丹佛大學由於授權結果所持有股份價值超過兩億美元。事實上在 1991 年美國大學提出 1,500 件專利申請案，經十三年後提出 10,517 件申請案，且在這過程為大學贏得 13 億美元[81]。

[81] 參照 Madden & Rungpry, "Universities Need to Manage IPS"，載 6/2/06 *Bangkok*

在日本大學教員之發明，一般不認為職務發明，而認為自由發明，德國從業員發明法第42條亦採相同見解。但昭和53年3月25日日本文部省會計課長通知，各國立大學訂有「教員發明處理規定」，因此於下列兩種場合：即(1)以應用開發為目的之特定研究課題之下，接受特別研究經營所作研究結果而生之發明，(2)使用為了特別研究目的所設置之特殊研究設備，以應用開發為目的之研究結果所生之發明，其申請專利之權利讓與國家。此等研究例如利用自種子島宇宙中心發射衛星，使用了數十億研究費之所謂 peak science，而通常科學研究費則否，依各大學發明審議委員會審議歸屬國家之發明，如因其利用獲得利益時，發明人會獲得一定之金額[82]。後來為了希望日本大學技術移轉能如美國般活潑，日本亦仿美國制度，於1998年通過「大學等技術移轉促進法」。日本政府於1998年成立一法人機構，稱為 Technology License Organization (TLO)。協助日本國內大學等學術研究機構就研發之技術向特許廳申請專利，並於獲得專利後，授權予需要該專利之產業，收取使用費作為未來研發之用，達到產官學合作之目的。

依據TLO之統計，在1998年至2001年期間，該機構為日本大學向國內外共申請專利1,485件，授權予產業界者有223件專利。其中有155件收取使用費作為研究經費[83]。

反觀國內大學等學術機構側重論文的發表，對研究成果申請專利並不重視。此似係因政策與法令缺乏有效積極激勵辦法所致。

我國大學教員之發明如何歸屬，法律尚無明文，國有財產法亦無直接規定。故原則上其職務上之發明與自由發明似只能適用專利法之一般規定，不足以鼓勵大學教員從事研發。民國88年公布施行之科學技術基本法第6條規定：「政府補助、委辦或出資之科學技術研究發展，……其所獲得之智慧財產權與成果，得將全部或一部歸屬於研究機構或企業所有或授權使用，

Post, B3。

[82] 仙元隆一郎，前揭書，頁80。

[83] 參照蔡東廷，〈從比較法之觀點檢視我國對於專利之獎勵〉，《智慧財產權月刊》，第42期（91年6月）。

不受國有財產法之限制。前項智慧財產權與成果之歸屬與運用，依公平與效益原則，參酌資本與勞務之比例與貢獻、科學技術研究發展成果之性質、運用潛力、社會公益、國家安全及對市場之影響，就其要件、期限、範圍、比例、登記、管理、收益分配及程序等事項，由行政院統籌規劃，並由各主管機關訂定相關法令施行之」。但對其智慧財產權與成果之歸屬原則上無大更動，亦即僅規定得將智慧財產權與成果全部或一部歸屬於研究機構或企業所有或授權使用，尚未規定亦可部分歸屬於發明人，尤其如大學教員完成之研發成果可申請專利權時，該權利應歸學校所有，抑可與該教員共有，又企業界委託之研究計畫如獲有可申請專利權之成果時，其專利權如何歸屬，大學或國家應提供何種協助等問題，似付之闕如[84]。所幸行政院後來據該基本法訂頒了「政府科學技術研究發展成果歸屬及運用辦法」，其第 18 條規定：「研發成果由執行研究發展之單位負管理及運用之責者，其管理或運用所獲得之收入，應將一定比率分配研發成果創作人；由資助機關負管理及運用之責者，應將一定比率分配研發成果創作人及執行研究發展之單位。」總算對有關問題有了初步的解決。近幾年每年科技部核定之科技研究補助專案約有 1.4 萬件、金額約 160 億元，能轉化為專利的每年約 5000 餘件，科技研究成果雖豐碩，但在與產業連結及商品化上未臻理想。行政院爰於 2017 年推出「下世代科研人才創新生態環境建構推動案」，陸續將大學研發成果技術移轉之相關法規鬆綁，教育部自 2017 年設立「CIS 教育部大學智財服務平臺」（簡稱 CIS 平臺），提供各大學智財專業服務，協助學界智慧果實朝向智財優質化、商業化與國際化。

2018 年教育部亦啟動「建構大學衍生新創研發服務公司（Research Service Corporation，簡稱 RSC）孕育機制」，希望由法規鬆綁，加速活化校內研究成果，為企業注入生機[85]。

---

[84] 關於大學研究成果歸屬，現行法制尚待大力檢討充實，可參照曾百慶撰，《日本職務發明法理之展開——以私立大學內研究成果之歸屬為中心》，逢甲大學財經法研究所碩士論文（民國 99 年 7 月）。

[85] 〈大學衍生新創研發服務公司孕育機制探討〉，https://www.oipt.com.tw/news/13/62。

如今大學研究成果已取消全部歸屬國有，原則歸學校所有，大學可擁有專利權，並可運用專利授權及技術移轉收入延聘專業經理人，推動校內研究成果商品化，學校應分配研究成果收入予創作人與有功之技術移轉人員、教職員可至企業擔任相關領域之研發工作、董事或顧問，甚至在持股課稅上取消嚴格限制。為了有效管理運用大學之研發成果，臺大等大學提出衍生企業實施辦法，往往涵蓋審議機制、授權金及衍生利益金、教師借調與兼職、新創輔導、衍生企業管理及利益資訊揭露等重點。據稱目前常見分配比率是國科會 20%, 學校 40%, 發明人 40%[86]。至盼該法能進一步訂定，以增加研發誘因。

[86] 劉國讚，《專利法之理論與實用》，頁 183。

第七章　專利之條件

第一節　產業上利用可能性

各國專利法對發明賦予專利權有許多條件，首先須係產業上可能利用之發明始有專利權保護之餘地，即要求具有產業上利用可能性 (industrial applicability)。我國專利法亦不例外，惟早期專利法對產業上利用可能性，稱為「具有產業上利用價值」，或「凡可供產業上利用之發明」。100 年修法定為「可供產業上利用之發明」(專 §22I)。此處所謂產業不以工業為限，即農林水產、礦業、商業等，亦包括在內。有人以為服務業不屬於此處所謂產業，但解釋上並非當然予以除外，不過因服務業很少借重利用自然力之技術思想而已❶。又所謂利用可能性，其意義究屬如何？關於此點，外國學說紛紜，並不一致。有人以為在經營上須有反覆繼續利用之可能；有人以為應用其發明於某產業時，可創造更新穎之價值，即僅以對物之生產有直接關係之技術為限；又有人以為發明除學問上、實驗上不能利用外，皆包括在內；又有人以為須在生產上能反覆利用。所謂產業利用可能性，須作廣義解釋，不以對生產直接有關者為限，只要對某種產業有利用之可能為已足。故實際上除了只在學術上與實驗上才能利用之發明外，任何發明原則上均包含在內，醫療業亦不例外❷。例如玩具本身即使只供娛樂之用，不具太多生產性，但其生產販賣可能具有產業上之價值，故仍可謂為有產業利用可能性；武器亦同。

安全性是否為產業上利用可能性之要件，雖不明確，但如對發明嚴格

---

❶ 中山信弘著，《工業所有權法》（上），頁 118。

❷ 中山信弘，前揭書，頁 120；光石士郎著，《改訂特許法詳說》，頁 124。

要求安全性並不妥當。例如DDT之有害性、抗生物質之副作用、原子爐之放射能洩漏之危險性等❸，尤其劃時代性之發明，往往危險性很高，如嚴格認為安全性乃專利之要件，會變成只有單純改良發明才能取得專利，並不妥當❹。但某種專利如一經使用，會發生失火之類危險時，則雖在產業上有利用可能性，亦應認為乃一種未完成之發明。

至於發明雖有缺點，但只要不是達到實施不可能那樣嚴重程度，仍不能否定其有產業上利用之可能性。至於經濟意義上之利用可能，更不成問題，因發明之經濟價值會隨各時代社會經濟狀況之變遷而有出入，不能列為專利之要件。

人體疾病之手術、治療、診斷方法（例如胃癌之切除方法）之發明，在許多國家有無產業上利用可能性之規定 （歐洲專利公約 §52IV 、 法國L. 611–16等），此乃因如賦予醫療行為專利，會阻礙適當迅速治療，人道上不宜，而與產業上利用可能性無關❺。在美國如係有用 (useful) 發明，則可准予專利 (§101)，故可成立遺傳因子治療之基本專利。反之醫療器具、醫藥品固無論，即遺傳因子與cell line，以與人體切離為構成必要條件之發明，仍可認為有產業上利用可能性❻。

第二節　新穎性

一、新穎性為取得專利之要件

專利法之目的在促進產業發展，若發明人主觀上認為優越之發明，與現存技術相去無幾，而仍予以核准專利，則不啻對既存技術之一部予以獨占權，不但無益於產業水準之提升，反而阻礙產業之發展。故今日各國皆

❸ 中川善之助、兼子一監修，《特許・商標・著作權（實務法律大系10）》，頁38。

❹ 中山信弘，前揭書，頁119。

❺ 中山信弘，前揭書，頁120。

❻ 仙元隆一郎著，《特許法講義》，頁52、53。

對既存技術不賦予專利權，而要求取得專利權之發明須係新穎之發明，即須具有新穎性 (novelty)。我國歷來專利法亦同，惟對新穎性並未設積極的定義，例如 92 年專利法，規定：「凡可供產業上利用之發明，無下列情事之一者，得依本法申請取得發明專利：一、申請前已見於刊物或公開使用者。二、申請前已為公眾所知悉者。發明有下列情事之一，致有前項各款情事，並於其事實發生之日起六個月內申請者，不受前項各款規定之限制：一、因研究、實驗者。二、因陳列於政府主辦或認可之展覽會者。三、因他人未經申請人同意而洩漏者。」(92 年專 §22I、II)

100 年修法，將第 1 項改為：「可供產業上利用之發明，無下列情事之一，得依本法申請取得發明專利：一、申請前已見於刊物者。二、申請前已公開實施者。三、申請前已為公眾所知悉者。」即將原規定見於刊物及公開使用分列為兩款❼。惟該條僅自反面列舉三點喪失新穎性之事由，即公知、公用、已見於刊物（即已有刊物記載）三者，因國家賦予發明人專利權理由之一，係設法將發明公開，避免發明人將其保持秘密，如發明已經公開（包含申請前發明人自己將其公開），則法律已無賦予發明人獨占權之必要，此所以專利權之申請要件須該發明具有新穎性，從而如某發明與所列舉新穎性喪失事由不相當，即表示該發明具有新穎性。

二、喪失新穎性之事由

(一)申請前已見於刊物者

在專利申請前已見於刊物之發明，不得申請取得專利。按日本特許法係用「刊行物」，美國法係用 publication，均泛指一切出版物，而我國專利法係用「刊物」一語，似嫌過狹。按刊物與書刊或出版品含意不同，原指雜誌之類出版品，但由於該條文似仿自日本，故不能如此狹義解釋，而應與所謂刊行物相似，即以公開散布為目的所複製之資訊傳達媒體。除印刷

❼ 「已見於刊物」與「公開實施」二種性質不同，前者係以公開發行為目的，以文字、圖式或其他方式載有技術內容之傳播媒體，其性質上得經由抄錄、攝影、影印或複製方式散布；後者係透過製造、販賣、販賣之要約、使用、進口等行為而揭露技術內容。

及其他機械的化學的方法發行外[8]，手抄、打字、複寫紙書寫等，亦應包括在內[9]。會議論文與廣告、傳單、型錄亦係刊物[10]。但若係私人或秘密文書，則不能認為刊物[11]。惟公司內部文件，及對一群人在保證守密下流通之文件，則非刊物。文件存放在某圖書館，如已編目並供公眾閱覽者，亦為刊物[12]。在今日高度資訊化社會，各種媒體之使用極為普遍，故 hard copy、微影 (microfilm)、微卡 (microfiche)、CD-ROM、光碟等亦應包括在內。因如不包括在內，則隨著資訊數位化，許多新媒體上之記載，如不喪失新穎性，似違反公平與社會通念。美國判例以為刊物不必製版，並以傳統方式複製，例如專利申請書被錄在微影片，並繳存於專利局之五大分局，亦屬刊物。

至於網際網路或線上資料庫所載之資訊，依智財局之見解，應以公眾是否能知其網頁及位置而取得該資訊，而不問事實上是否曾進入該網站、或進入該網站是否需要付費或密碼 (password)，只要網站未特別限制使用者，公眾透過申請手續即能進入該網站者，即屬公眾得知。反之，若網路上資訊僅特定團體或企業之成員透過內部網路才能取得、被加密 (encoded)，內容無法以付費或免費等通常方式取得解密工具而得知、或未正式公開網址而僅能偶然得知者，則此等資訊非屬公眾得知[13]。

又「已見於刊物」，意指不特定多數人得以共見之狀態，即其起算點不能以刊行之時為準，而應於刊物現實發行或散布之時，即於該文獻置於一般公眾可能閱覽之狀態時喪失其新穎性，至於具體或現實上何人曾閱覽並

---

[8] 光石士郎，前揭書，頁 134。

[9] 中山信弘，前揭書，頁 125。

[10] 「型錄係製造廠商就其產品向一般消費者推介之廣告刊物，無論其刊載產品之結構與功用是否詳盡，其產品業已推出公開使用應勿庸置論，則難謂他人無仿效之可能」（行政法院 78.2.17. 78 年判字第 332 號判決）。

[11] 中川善之助、兼子一監修，前揭書，頁 41。

[12] 積極說：中山信弘，前揭書，頁 125。消極說：豐崎光衛，認為非刊物不包括在內，見氏著，《工業所有權法》，頁 83。

[13] 智慧財產局，《專利法逐條釋義》，頁 59。

不重要，且無須證明。

又「已見於刊物」，須記載至容易實施之程度，即有關發明之記載，須達到該領域之業者，不必特別思考，就能實施該發明之程度⓮，惟只要記載其發明之構成要件即足，不須連發明之目的與作用效果一併記載⓯。

㈡申請前已公開實施者

在專利申請前，已公開實施之發明，不得申請取得專利。舊日專利法用「公開使用」字樣，惟何謂公開使用，解釋上頗滋疑義。因「使用」一詞包含製造、為販賣之要約、販賣、使用或為上述目的而進口等行為，故100年修法，將「使用」修正為「實施」。惟公知與公用有時甚難劃分，甚至重複，公知未必盡屬公用，但公用可能亦成立公知。

在美國法與日本法條文規定雖頗相近，但解釋結果不盡相同。依美國法Sec. 102 (a)，如發明在申請人申請專利前，被他人所知悉或使用，則不能再取得專利。如有人以非秘密方法使用方法或機械來生產物品，供商業用途，則係大眾可使用，惟單純秘密與私下使用，尚不足使發明喪失新穎性。如發明在大眾可以看到之未出版文獻被敘述，則認為為人所知悉。

發明之使用係公開抑私下，並不當然取決於知悉發明人數之多寡，發明人私人非商業性使用則非公用，惟加以銷售，則可能構成不能取得專利之原因⓰。美國巡迴法院認為發明因公用而不能申請專利，其政策目的包括以下各點：如公眾合理以為該發明乃可自由獲得時，不鼓勵人申請專利來排除公共所有；希望發明人迅速且廣泛透露其發明；准許發明人在銷售活動後有合理時間，決定專利之潛在經濟價值；禁止發明人於制定法所定期間後，仍在商業上利用其發明⓱等。

在日本學者以為所謂公開使用乃公然實施，即公然得知之狀態，亦即處在可被不特定多數人知悉之狀態下實施之意。在物之發明，如販賣讓與

⓮ 吉藤幸朔著，《特許法概説》，13版，頁83。

⓯ 中山信弘，前揭書，頁127。

⓰ Chisum, op. cit., pp. 2–91.

⓱ Ibid.

固然多成立公用，但分解後當業者仍不能容易知其內容者，不成立公用。反之，生產物方法之發明，當業者以自其物以容易知其方法之其他方式，而販賣讓與其物時，不成立公用。但單純方法在不負守秘義務之人前實施者，則往往成立公用⑱。一般而論，只要有發明公然實施之事實存在，即使發明之內容不能為他人詳細知悉，亦喪失發明之新穎性。例如機械之構造，作用雖不明，但只要有使用事實之存在為已足⑲。惟發明乃技術思想，即使發明品被置於公知之狀態，但不能因此即謂發明本身成為公知，尤以技術高度專門化、複雜化之今日，只見到發明品之外觀，往往很難即能知悉技術思想本身，故學者以為日本判例認為「裝在任何人都能入場之場所，加以使用之場合，即係公知、公用」，並不妥當⑳。

又方法發明之產品，如未特別將生產方法公開，只有公然販賣之行為時，因公眾無法知悉係以何種過程生產，故與公用不相當。

日本判例認為公用之具體實例如次：

1. 在百貨店水泥屋頂實施，乃屬公用。

2. 裝置於自動三輪發動機上之潤滑油調節器，自鐵鍊匣表側取出，以他物掩蔽，自外部雖不能看見，但為了供製作使用與販賣，讓人看與使用，相當於公用。

3. 在潛水技術養成所，以任何人可任意知其內容之狀態，所設置之潛水病治療裝置，作為對養成所學員之教材，教其操作、構造與用途等，且對一般參觀者，亦公開說明之場合，乃屬公用。

4. 發明人將實施其發明結果之建物所有權與各資料交付住宅公團，讓公團職員居住，以檢討是否適於居住之場合乃公用。

---

⑱ 東京高判昭 40.9.28 判タ 188 號 198，中山信弘編著，《注解特許法》第二版增補上卷，頁 191。

⑲ 《日本大判大九》，12，28 民錄 26 輯，頁 2129；又中川善之助、兼子一監修，前揭書，頁 41。

⑳ 紋谷暢男著，《特許法五十講》，頁 48。

㈢申請前已為公眾所知悉者

發明如在申請前為公眾所知悉，則喪失新穎性。惟限於在國內為公眾所知悉，在外國為公眾所知悉，則不失新穎性。成立公知須事實上為人所知，還是置於可得而知之狀態為已足，此點日本學說與判例尚不一致，前說為多數說，但後說為有力說。且證明事實上公知往往困難，故似解為於處於可被公知之狀態時推定為公知，如無反證，則認為已被公知為宜㉑。所謂知悉乃技術上理解之意。例如機械內部有特徵之發明品只讓人見其外形，或只讓無法理解發明內容之人（如小學生）見到，不能認為發明已被公知㉒。所謂公然，未必限於一定事實，以脫離秘密為已足，至知悉之人有多少，並非問題重點。事實上發明在申請專利前總會有人了解到發明內容，包括同事、上級、鑑定專家、簽訂技術契約之人等㉓，尤以企業發明為然。將發明向他人透露，如該人有守秘義務，則不成立公知，例如發明人為尋求資金支援，如僅向二三人透露，尚非公知。如該人違反義務洩漏予第三人時，則可成為公知，但該人應負債務不履行責任。此時發明人除了受到違反其意成公知之救濟外，不能取得專利。即使知悉之人有多數，但對發明人居於保密關係之人時，其發明仍在秘密圈內，故仍非公知之發明。反之非居於為發明人保密關係之人，即使僅有少數且特定之人知悉，因其發明已脫離秘密，故可成為公知之發明。至公開方式包含口頭公開（例如談話、講課與作報告等），產品在展覽會或廣播電視節目展示等。以自外部能知悉構造性能之裝置，且無守密之契約而讓與時，由於其交付脫離秘密狀態而成為公知公用㉔。公用、見於刊物與公知三者喪失新穎性之效果

㉑ 中山信弘，《注解特許法》三版增補上卷，頁 190–191；吉藤幸朔，前揭書，頁 77。

㉒ 吉藤幸朔，前揭書，頁 79。

㉓ 湯宗舜，《專利法教程》（法律出版社，1996），頁 92。

㉔ 日本大判昭 3.9.11 民集 7 卷 10 號 749。又日本判例認為下列場合不成立公知：1.發明人為了取得資金支援，將發明向二、三人透露，並非公知。2.供給試作機用之垛之木型之人，在工廠內雖目擊試作機，但在約定負保密義務之下在場時，並非公知。3.只有家屬在家裡見到製作與持有發明物而已時，並非公知。

相同，似無嚴格區分之實益[25]。且公知與公用之區別也未必明確。

三、判斷新穎性之時點與地區標準

判斷有無新穎性之時點，係以申請專利之時點為基準。至於判斷新穎性之地區基準，各國立法例不一。有不論公知、公用、見於刊物三者，一律包含本國與外國，即採所謂世界主義者，有法國、荷蘭、前蘇聯、前捷克等國。反之，亦有悉數採以本國領土為準，即所謂國內主義之國家者，例如英國、澳洲、韓國等[26]。按公知與公用如採世界主義，證明上大有困難[27]，至於見於刊物方面，因今日國際交通便捷，通訊技術發達，技術文獻如限定國內，反不適當，且由於經濟國際化，為強化國際競爭力，以採世界主義為優。故日本過去為保護國內產業，雖長久採國內主義，嗣就刊物記載改採世界主義，我國亦從之。即我國在公知與公用之情形，係採所謂國內主義，從而在外國雖屬公知或公用之發明，如在我國非公知或公用時，則仍可取得專利；反之關於刊物之記載，我國則採世界主義。刊物不限於國內刊物，發行地亦不限於國內。

惟以外國刊物一併列入新穎性判斷之基準後，在審查時應斟酌判斷之資料大增，由於遺漏，導致專利權無效之風險，亦隨之增加。因此在日本有特別規定，即以外國刊物記載為理由，請求無效審判時，有除斥期間之限制，即自登錄之日起五年（日特 §124）。我國專利法第 71 條規定：違反本條規定取得專利權者，任何人可提出舉發撤銷，惟未限制舉發期間，與日本立法所採制度不同，自權利安定觀點，似可考慮參考。

四、例外不喪失新穎性之事由

100 年專利法規定：「申請人有下列情事之一，並於其事實發生後六個月內申請，該事實非屬第一項各款或前項不得取得發明專利之情事：一、

[25] 中山信弘，《工業所有權法上特許法》二版增補（弘文堂，2000），頁 121。

[26] 中川善之助、兼子一監修，前揭書，頁 45。

[27] 中川善之助、兼子一監修，前揭書，頁 40。

因實驗而公開者。二、因於刊物發表者。三、因陳列於政府主辦或認可之展覽會者。四、非出於其本意而洩漏者。」(§22III) 即表明：發明因所列情事之一，雖於申請專利前已公開或於刊物發表或為公眾所知悉，如於其事實發生之日起六個月內申請專利者，例外不喪失新穎性與進步性，仍得依本法申請專利。此處所稱「申請人」包括實際申請人或其前權利人。

國際上「優惠期」之規定，絕大多數傾向適用於新穎性及進步性，故參考歐洲專利公約 (EPC)、日本特許法規定，將優惠期之適用範圍擴大為包括新穎性與進步性。

茲分述其例外事由如次：

(一)因實驗而公開者

「實驗」係指對於已完成之發明，針對其技術內容所為之效果測試。如發明人為了檢查確定發明之性能與效果，以及為確定發明是否已經完成起見，往往須作試驗，而試驗亦有不少無法秘密進行者，如飛機之試航是，如只因試驗結果即喪失新穎性，似失之過酷，但此處所謂試驗，係指對已完成之發明，為實驗技術之效果㉘所為之試驗，如出於其他目的，例如市場調查，如顧客喜好之試驗，則不包括在內。

(二)因於刊物發表者

在刊物發表研發成果，可提升研究水準，有助於產業或科技之發達，如因發明人疏於注意或不諳專利法，於專利申請前於刊物發表研究成果，遽即喪失申請專利，似失之過酷。為創造有利於學術與科技發展之環境，同時排除發明人心理之顧忌，故設此例外規定，以鼓勵發明人將發明發表於刊物㉙。

故在研究集會以口頭或幻燈片影片發表，雖成為公知，但不受此例外之處理。專利法限於於刊物發表，乃為期發表內容明確，日後為認定申請之發明是否同一性之證據價值較高之故。但在新法之下，似難包括學術團

㉘ 中川善之助、兼子一監修，前揭書，頁 42。

㉙ 豐崎氏以為：為試驗及研究發表與參加博覽會三種情形，發明人意識上與普通公表情形不同（參照氏著，前揭書，頁 84）。

體主辦之研究會，似非得宜。

㈢因陳列於政府主辦或認可之展覽會者

此規定乃源於巴黎公約之規定（公約 §11），目的在保護參加博覽會展出之發明人，以鼓勵發明人踴躍將優秀發明品儘速參加展出，達成開辦博覽會、散布資訊、進而提升科技水準之目的。原來巴黎公約本身，乃以 1878 年之巴黎國際博覽會為契機，召開會議而成立，故專利制度與博覽會向來具有密切關係㉚。先是 1873 年在維也納舉辦之萬國博覽會，各國參展之發明品，立即被他人模仿，並提出專利申請，為了防止此等流弊，在國際上保護工業財產權之氣氛高漲，於是在 1883 年之巴黎公約第 11 條，以明文對參展之發明人加以保護㉛，各國專利法亦加採納。

我國專利法只定為「陳列於政府主辦或認可之展覽會」，所謂認可，似以經政府批准或報備為已足，如得到政府主管機關以經費贊助或技術指導者，更無問題。雖用展示會、商展之類名稱亦屬無妨，只要有博覽會之實質，即有本款但書之適用。

五、發明因違反申請人意思喪失新穎性之補救

發明如因違反發明人之意思，包括因發明人之受雇人、代理人或家屬等之故意過失及因他人之詐欺、脅迫㉜或產業間諜等原因，被他人盜用，致發明成為公知、公用或已見於刊物記載，因而使發明喪失新穎性時，因違反發明人之自由意思，與發明人在專利申請前自行公表不同，卻由其承擔喪失新穎性不能申請專利之後果，殊非情理之平。為了救濟發明人，92 年修正專利法參酌日本特許法及歐洲專利公約之規定，明定他人未經申請人同意而洩漏其內容者，如申請人於該公開之日起六個月內提出申請者，不喪失新穎性（92 年專 §22II ③）。100 年修法仍之（專 §22III ④）。105 年修

㉚ 中山信弘，《工業所有權法（上）》，頁 132。

㉛ 阿部哲朗著，《發明と特許制度》，頁 54。

㉜ 東京高判昭和 47 年 4 月 26 日無體集 4 卷 1 號，頁 261；篠田四郎、岩月史郎著，《特許法の理論と實務》，頁 21。

正，將六個月改為十二個月（專 §22III）。

六、105 年專利法放寬公開事由延長優惠期間

民國 105 年，鑒於我國企業及學術機構因商業或學術活動，在提出發明申請案前可能以多元型態公開其發明，為使其發明仍有取得專利權之可能，並有充分時間準備專利申請案，鼓勵技術之公開與流通，參考美國專利法第 102 條第(b)項、日本特許法第 30 條、韓國專利法第 30 條等規定，修正我國專利法第 22 條第 3 項，定為：「申請人出於本意或非出於本意所致公開之事實發生後十二個月內申請者，該事實非屬第一項各款或前項不得取得發明專利之情事。」即放寬不限制申請人公開該發明之態樣，更不論是否已見於刊物、已公開實施、已為公眾所知悉，凡任何方式與原因之公開都不排除新穎性與進步性，並將原優惠期間六個月修正為十二個月，斯應注意。

民國 105 年又增訂第 4 項「因申請專利而在我國或外國依法於公報上所為之公開係出於申請人本意者，不適用前項規定。」即申請人所申請專利技術內容出現在向我國或外國提出之他件專利申請案，由於該他件專利申請案登載專利公開公報或專利公報所致之公開，係因申請人依法申請專利所致，與優惠期間主要目的在避免申請人因其申請前公開行為而致無法取得專利權之情形不同，故仍喪失新穎性或進步性，不可申請專利。但如公報公開係出於疏失，或係他人直接間接知悉申請人之創作後，未經其同意提出專利申請案之公開者，則不影響其新穎性或進步性。

七、寬限期與先申請主義

上述專利法所定十二個月之寬限期（優惠期）乃單純排除新穎性之喪失，並非使申請人之申請日追溯既往至發明之展出日、發表日，故不發生排除他人申請事實，構成先後申請關係之例外之效果。從而他人在其後之申請，由於先發明之公表喪失新穎性之故，該他人不能取得專利。但該他人申請專利之事實仍行殘存。故如貫徹先申請主義，則其後所為之先發明

公表人之專利申請，亦不能被賦予專利權。蓋該條乃新穎性喪失之例外規定，並非先申請主義例外規定之故。例如甲與乙分別完成有同一技術內容之發明，甲在乙申請前，已進行試驗，而成為公知發明時，即使甲在試驗之日起六個月以內提出專利申請，而適用第 20 條第 2 項，但在該日以前乙已申請時，對甲之申請，可以其係後申請為理由加以核駁。又乙之申請，由於甲之申請已成為公知，故可以成為公知發明為理由，亦予以核駁㉝。

八、優先權人排除新穎性之例外

主張優先權而提出專利申請，亦為排除新穎性之例外。申請人就相同發明在世界貿易組織會員或與我國相互承認優先權之外國，第一次依法申請專利後，於該申請之日（申請人於一申請案中主張兩項以上優先權時，其優先權期間自最早之優先權日之次日起算）起十二個月內，向我國提出專利申請時，得享有優先權（外國人若於世界貿易組織會員或互惠國領域內設有住所或營業所者，亦可主張優先權），即以向該外國申請專利之日，作為向我國申請專利之日，其專利要件之審查以優先權日為準（專 §28）。在優先權日之後十二個月內，其間即使第三人向我國就同一發明為專利申請，但亦被認為後申請㉞，又在此期間中即使該申請之發明，嗣後發生喪失新穎性之事實，亦對其發明之新穎性不生影響㉟。又二人以上有同一之

㉝ 光石士郎，前揭書，頁 143 以下。又湯宗舜氏亦有深入見解，大意謂：在申請人提出申請前，如有第三人另提同樣主題之專利申請，則可排除申請人後來所提申請，如第三人公布同樣的發明，可使申請人的發明喪失新穎性，如第三人得知該發明後立即實施，則可獲得先用權，如發明人在發明後在展覽會首次展出，在學術會議首次發表後，又在出版物上將該發明加以發表或製成產品出售，則可使該發明喪失新穎性，因上述寬限期只對首次展出或發表才有效，對後來發表或販賣產品並未給予寬限期。（見氏著，《專利法教程》，頁 102）

㉞ 「專利法第一百零七條第一項第一款所稱『刊物』，不包括申請人在與中華民國相互承認優先權之外國第一次依法申請之相同新式樣，經該國於申請日起十二個月內予以公表之刊物在內。苟申請前有相同之新式樣，已見於此種刊物，尚不能逕依前開條款，駁回其專利之申請」（行政法院 85.1.23. 85 年判字第 130 號判決）。

發明，各別申請，若後申請者所主張之優先權日早於先申請者之申請日時，不適用先申請主義，應准優先權人取得專利；若申請日與優先權日為同日，應通知申請人協議定之，協議不成時，均不予專利（專 §31）。

九、公表發明之人與申請專利之人不必同一

公表發明之人，解釋上不必與申請專利人為同一人，亦即發明發表後，申請專利之主體雖有變更，亦不影響新穎性喪失之例外之利益，亦即承繼專利申請權之人與原發明人同，亦得主張上開不喪失新穎性例外之利益[36]。

第三節　進步性

一、進步性之意義

所有新穎與有用之發明並非皆可取得專利，為了取得專利，各國除了上述產業上利用可能性與新穎性之要件外，尚須具有進步性或非顯而易見(non-obvious)，即自申請之發明整體而論，如與先前技術之差異，對於與該發明相關領域之通常技術者而言，乃顯而易見之容易發明時，則認為欠缺進步性，仍不准專利。因如對無進步性之發明也予以獨占權，不免妨礙第三人之自由營業活動。因此對無進步性之發明，以開放自由利用，對社會發展較為有利且合理。各國專利法對進步性之用語與明文之有無雖有不同，但皆課以相同專利要件[37]。進步性乃最重要之專利要件，同時實際上也最難應用，每易發生爭議[38]。

[35] 光石士郎，前揭書，頁 142。

[36] 中川善之助、兼子一監修，前揭書，頁 44。

[37] 中山信弘，《工業所有權法（上）特許法》（第 2 版增補），弘文堂，2000 年，頁 137 以下。

[38] Chisum, op. cit., pp. 2–57. 中山信弘教授亦指出：進步性之概念極為抽象，從而關於進步性之有無，有不少判例加以補充或解釋，惟爭點幾乎皆集中於當業者能否容易發

按各國對進步性之用語並不一致，美國專利法對發明之進步性，稱為「非顯而易見性」，而明定 “unobvious to a person having ordinary skill in the art to which said subject matter pertains”（美專 §103）。即先前技術 (prior art) 與發明主題之差異，對有關技術領域有通常技術之人須非顯而易見之意。在英國係用進步性 (inventive step) 字樣，作為專利要件（1949 年專 §14），法國則用 activite inventive 字樣，專利合作條約 (1970) 第 33 條⑶則用「進步性」字樣。各國專利法關於此點，其表現方法與有無明文規定雖有不同，但意義可謂一致，皆以其作為取得專利之要件。

我國 83 年專利法對於進步性，開始加以規定，即在發明專利方面，定為「發明係運用申請前既有之技術或知識，而為熟習該項技術者所能輕易完成時，雖無前項所列情事（按即非公知、公用，記載於刊物），仍不得依本法申請取得發明專利」（專 §20II）；在新型方面，定為「新型係運用申請前既有之技術或知識，而為熟習該項技術者所能輕易完成且未能增進功效時，雖無前項所列情事，仍不得依本法申請取得新型專利。」（專 §98II）；在新式樣（設計）方面，定為「新式樣係熟習該項技藝者易於思及之創作者，雖無前項所列情事，仍不得依本法申請取得新式樣專利。」（專 §107II）㊴。條文用「熟習該項技術者」，而不用該技術領域為標準，如與日本「其發明所屬技術領域上有通常知識之人」（簡稱為「當業者」）（日特 §29I）及美國 “a person of ordinary skill in the art” 相較，似失之過狹，因如不以相關領域為標準，如何判斷是否有進步性？尤以在開創性 (pioneer) 之發明，因從無該項技術出現，不可能有熟習該項申請專利之技術之人者，從而如何定其判斷標準？解釋上以美日立法例所定標準，即不以該項技術，

明之點。此爭點多係須自技術上觀點決定之問題，法律書難以處理。參照㊲。

㊴ 「本案技術內容及專利特徵都一一為引證案所先行揭露，甚至以為改良之標的，縱使在部分零配件及作業架構上存有若干型態及配置上之差異，然此差異僅屬於習常之整合運用而已，非足以至專利要件可堪認定之階段，所以本案即使可收有某整合之效，然不能掩蓋其早有相同專利核准在先及單純應用習用技術、知識之情事，於此當不符合新型專利要件」（行政法院 86.4.3. 86 年判字第 732 號判決）。

而以該項領域之技術者，作為判斷之標準，較為合理，且較具可行性❹⓪。

92 年修正專利法，將進步性之文字修改，而規定：「發明為其所屬技術領域中具有通常知識者依申請前之先前技術所能輕易完成時，雖無第一項所列情事，仍不得依本法申請取得發明專利。」（專 §22IV）；對新型修正為「新型為其所屬技術領域中具有通常知識者依申請前之先前技術顯能輕易完成時，雖無第一項所列情事，仍不得依本法申請取得新型專利。」（專 §94IV）；對新式樣則改為「新式樣為其所屬技藝領域中具有通常知識者依申請前之先前技藝易於思及者，雖無第一項所列情事，仍不得依本法申請取得新式樣專利。」（專 §110IV）。即均以「所屬技術領域中具有通常知識者」作為判斷進步性之標準，已較過去進步❹①。自 100 年修法起至今文字不變（專 §22、§120 準用 §22、§122）。嗣後專利法施行細則更進一步解釋「本法第 22 條、第 26 條及第 27 條所稱所屬技術領域中具有通常知識者，指具有申請時該發明所屬技術領域之一般知識及普通技能之人。」（專施 §14I、§47I）❹②

---

❹⓪ 「熟習本案技術人士非係指從事製造之工作人員，尚且包括設計、開發等人員，而上開人員之設計能力與教育水準並非有絕對關係」（行政法院 85.4.18. 85 年判字第 863 號判決）。

❹① 當時修正之立法說明謂：「本項係有關專利要件中進步性之規定，對於是否『運用』申請前既有之技術或知識一節，解釋上容有不同意見，……而進步性之判斷重點有三：一為依申請前已公開之技術知識而判斷，二為判斷對象範圍限定於該發明所屬技術領域者，三為其判斷標準以該發明所屬技術領域中之具有通常知識之人之能力。至於實際上是否『運用』申請前既有之技術或知識，並非必要，爰刪除『運用申請前既有之技術或知識』等字……。另所謂『熟習該項技術者』係指 “a person skilled in the art”，其意為所屬技術領域中具有通常知識之人之能力，……爰修正為『所屬技術領域中具有通常知識者』；又關於進步性之判斷時點，為依申請前已公開之技術知識而判斷，爰明定以申請前之先前技術作為判斷基礎。」又按發明與新型之區別，在於技術創新程度之高低，難有一定之客觀標準。但現行條文對新型專利之進步性定有「增進功效」一語，而發明專利之進步性則無增進功效之規定。故 92 年新法刪除「增進功效」一語，以「顯能輕易完成」一語取代，俾與發明之「能輕易完成」相區別。

二、認定進步性之基準與時點

惟不論用語如何，所謂通常技術或知識之人乃有似民法善良管理人之類似概念，為抽象之標準，現實上並無此種人存在，只是觀念上或想像上被假定之人，此人被認為接觸到或知悉一切成為公有 (public domain) 之有關先前技術 (prior art) 之通常知識之技術者。從而進步性，即以申請之發明，對此抽象之人，以既存或先前技術是否能容易創作出來，其創作有無困難，或解決課題有無困難，加以判斷。上述 92 年專利法所定「依申請前之先前技術」是否「能輕易完成」作為判斷，亦同此旨趣。惟進步性之有無係以申請專利時當業者之技術水平加以判斷[43]，真正發明人之技術 (skill) 並非決定性之因素，亦非以法官或一個外行人或與該技術領域相去甚遠之人 (skilled in remote arts) 為標準，當然亦非以對技術之天才之難易作為決定之標準[44]。

在美國專利法上之進步性或非顯而易見性之要件，乃將專利 claim 之客體整體與先前技術 (prior art) 作比較。所謂先前技術包括所有相關之資訊，不問如何陳舊或不出名 (obscure)，亦不問真正在該領域從事工作之人，是否真正知悉此等資訊。而所謂與發明相關之領域 (art)，係要解決之課題，而非要使用發明之特定領域[45]。

---

[42] 100 年專利法所稱「所屬技術領域中具有通常知識者」，係參照外國立法用語而改訂。按美國專利法、歐洲專利公約 (EPC) 及實質專利法條約 (SPLT) 草案定為 “a person skilled in the art”，美國專利法定為 “a person having ordinary skill in the art”。又實質專利法條約 (SPLT) 草案細則規定 “a person skilled in the art”，係指於相關技術領域具有 “general knowledge” 及 “ordinary skill” 之人；此外美、日、歐之專利審查基準，亦認該人必須具有該發明或新型所屬技術領域中，申請時之一般知識及執行例行工作、實驗之普通技能，故 101 年施行細則增列此第 1 項規定外，又規定：「本法第一百二十二條及第一百二十六條所稱所屬技藝領域中具有通常知識者，指具有申請時該設計所屬技藝領域之一般知識及普通技能之人。」（專施 §47I）

[43] 吉藤幸朔，前揭書，13 版，頁 106。

[44] Chisum & Jacob, pp. 2–58.

美國法院通常以比較有用性 (comparative utility) 即發明與最近先前技術比較，是否獲致較優越之結果 (superior results) 作為判斷。其中又分為下列兩層面：第一是結構或方法，即發明品在物的發明方面，與先前技術之產品在物理構造上有何不同？在方法發明方面，該方法與先前技術之方法，在操作步驟 (operative steps) 方面有何不同？第二是功能與優點，即產品或方法具有那些先前技術產品或方法事實上所沒有的功能或優點㊻？

在 Environmental Designs, Ltd. v. Union Oil Co., (713 F. 2d 693, 696, 218 U.S., P.Q. (BNA) 865, 868 (Fed. Cir. 1983), cert. Denied, 464 U.S. 1043 (1984)) 一案，美國法院提供決定該科學技術水準 (the level of skill in the art) 之相關因素之名單如下：

1. 發明人之教育水準 (educational level of the inventor)。
2. 該行業所遭遇之問題之種類 (type of problems encountered in the art)。
3. 先前技術對問題之解決對策 (prior art solutions to the problems)。
4. 創新之速度 (rapidity with which innovations are made)。
5. 技術之複雜性 (sophistication of the technology)。
6. 在該領域活躍工人之教育水準 (educational level of active workers in the field)。

此外美國法院也斟酌下列所謂次要的因素：

1. 長久之需要 (long-felt need)

如某業界多年來為某問題所困擾，雖經多種努力嘗試解決，迄未成功。如系爭發明可解決該問題，則可推知該對策對該領域通常技術之人 (person of ordinary skill in the art)，非顯而易見。但長久感受之需要與別人之失敗，如係在重要先前技術出現之前，則並無偌大說服力㊼。

2. 商業上成功

如某發明品取代先前技術之產品，且在商業上成功時，可推論該發明

㊺ Chisum, pp. 2–57.

㊻ Chisum, Patents §5103[5][a].

㊼ Chrisum, pp. 2–27.

非顯而易見，因否則別人受到可能成功之引誘，一定會更早研發出該發明。商業上成功在美國與他國皆在此理論下受到斟酌，不過為了證明非顯而易見，商業上成功與系爭發明之間須有關連，即發明品之成功須來自所透露之功能與優點或內在於專利之 specification 之內。如成功係歸因於產品之其他特性、大量廣告，或強大市場地位時，尚非有進步性之有力證據[48]。

3. 授權與競爭者之默認 (acquiescence)

如主要商業競爭人接受專利授權時，可推論該發明非顯而易見，否則這些競爭者會對專利之有效性予以挑戰。惟如授權費率很低，則雖授權他人，尚非認定有進步性之有力因素，因競爭者可能單純為了避免訴訟之支出而接受授權[49]。

4. 侵害人之拷貝與讚美

如以顯而易見之理由，挑戰專利有效性之人，有意拷貝專利發明，則可推論該發明非顯而易見，否則挑戰之人會獨立研發出產品或拷貝先前之技術產品。同理，侵害專利權之人對發明品讚美之言論，亦可作為斟酌有無進步性之因素[50]。

---

[48] Chrisum, pp. 2–73.

發明品在商業上銷售成功，是否有助於發明人主張其發明具有專利性，而作為新穎性或進步性之佐證？英美法院以為只有在發明本身是商業上成功之原因時，才可以作為佐證，因為商業上成功，並不必然由於發明之特性所致，而可能基於多種不同因素，包括低價出售、大力促銷、迎合消費者短暫胃口、以流行或式樣創造新的需要、優良工手或工人手藝，甚至取得專利後之改良……等，不一而足。且某產品可能過於先進，致不能說服製造商或消費者對他們有何利益，致不能獲致商業上成功，亦往往有之，如因此認為該發明欠缺進步性則有欠合理。

商業成功只提供一種有專利性之推定，而非認定有進步性之決定性因素，因專利之賦予主要端視所創造之結果 (result produced) 與解決難題程度之高低 。在 Martin v. Millwood 一案，專利權人原子筆之成功，被認為並非因專利之筆尖結構所致，而是由於一個足夠貯藏墨水的貯水槽 (reservoir)，但該槽並非專利申請之客體 ([1956] R.P.C. 125 at 139)。

[49] Chrisum, pp. 2–74.

5.幾乎同時發明

如別人研發出對策，與系爭發明幾乎在同一時間，則可推論該發明對該領域有通常技術之人乃顯而易見，因自幾乎同時發明一事，可作如此推論，即使另一發明對系爭發明嚴格言之，並非先前技術[51]。

三、進步性之判斷方法與類型

(一)日本學說對進步性之認定

進步性乃極為抽象之概念，有關之外國判解為數極多，且往往定有審查基準，但實際判斷標準不必一律，且因技術領域而異。一般而論，發明之中心在其構成，以構成為中心來判斷進步性，同時參考發明之目的與效果綜合予以判斷，當時因具體個案有著重構成者，亦有著重目的與效果者，亦有平等評價者[52]，且進步性之有無，其判斷可分為若干類型，例示如次：

1.集合發明

發明若係單純集合，可認為無進步性，但如產生超過單純集合之總和以上之不能預期之效果時，則成立結合發明，而認為有進步性。例如將公知之 time switch（自動開關定時器）(A) 置於公知之冷氣機 (B) 上，其效果不致優於原來 (A) 與 (B)，故認為一種集合發明而缺乏進步性。反之冷藏溫度與過去照樣不變，為了延長冷藏時間（目的），設置公知之殺菌燈 (C) 在冰箱 (D) 內，大幅延長冷藏時間（效果），(C)、(D) 之結合產生超過 (C)、(D) 本來之不可預測效果時，乃一種結合 (aggregation) 發明，而可認為有進步性。

2.公知技術之轉用、替換，素材變更或設計變更

將公知技術轉用於其他技術領域，將公知技術之某部分用其他公知技術予以替換之發明，如其轉用、替換或變更，對當業者並無困難，效果亦有預測可能時，被認為無進步性。

---

[50] Chrisum, pp. 2–75.

[51] Chrisum, pp. 2–75.

[52] 中山信弘，《工業所有權法》（上），頁 139、140。

3. 用途發明

乃變更或限定公知技術之用途所構成之發明。如其用途新穎，且效果顯著優越，又其用途變更對當業者甚為困難之情形，可認為有進步性。

4. 選擇發明

在包含於以上位概念（例如無機酸）表現之公知發明中，以其下位概念（例如鹽酸）表現之發明，若其公知發明之文獻未具體開示之場合，稱為選擇發明 (selection invention, auswahlerfindung)，選擇發明顯示公知發明所不能預測之顯著效果時，可認為有進步性。例如對於由 a、b、c 三種醫藥之混合而成立鎮痛劑之公知發明，選擇公知發明未具體開示之 a、b、c 之特定混合比率之發明，如能顯示公知發明所無法預測之顯著鎮痛效果時是（顯著效果包含與公知發明同質與異質（在上述例子，如利尿效果）兩種效果）[53]。

5. 數值形狀等之限定發明

由於限定或變更構成公知技術之數值、形狀等所生之發明，如其變更或限定對當業者係屬容易，且效果亦係可預測者，為無進步性。

6. 化學物質發明

化學物質由其化學構造與其化學物質之用途、性質來判斷進步性。如某化學物質之化學構造與公知化學物質之化學構造有顯著差異，則可認為有進步性。又雖與公知之化學物質有類似化學構造，但有不能預測之性質，或其性質達到顯著優良之程度時，均可認為有進步性[54]。

㈡美國專家之參考意見

又依美國專利專家 Toulmin 之見解，於判斷有無進步性時，下列各點值得注意：

1. 構造之統合或分開 (making a structure integral or sectional)

即將分開之零件合併，或將其一部分為數個，不可專利[55]。

[53] 仙元隆一郎，前揭書，頁 61。

[54] 中山信弘，前揭[52]，頁 140。

[55] Toulmin, Jr., *Patent Law for the Executive and Engineer* (1948), p. 197.

2.改變型態或比例或加大

改變比例，如成敗繫於比例之選擇，則比例之改變可能有專利性，但須其改變不僅為了便利、外觀、大小或適應性 (adaptability)，而且需為了機械運作之本質 (workability 之 essence)。又加大雖然有時需較高工程能力才能製造更大之產品，如橋樑，但除非在零件組織上有重大改變才可專利[56]。

3.改變零件位置

除非產生新穎有用且出乎預料之外之結果，否則不可專利。

4.顛倒改變程序 (reversal of process)

顛倒方法 (process) 之步驟 (steps) 或機械零件之安排，不能取得專利，除非產生意想不到之結果或導致品質之重要改良。

5.零件之省略或重複

使零件簡化，除非產生新結果或數量上有意外不同，否則不能專利，零件之增加亦同[57]。

6.調整性 (adjustability)

對現存機械，使其更便於調整或富於適應性，或更正確、更方便、更易操作或更能適應不同操作情況，基本上乃工程師、設計師經常職責內可期待之範圍，不可專利[58]。

7.以同等之物取代 (substitution of equivalents)

一種機械，究竟係由蒸汽機、汽油馬達或電動馬達來發動，通常並不重要。以一器械 (device) 或原理取代其他，如可收改進結果，可能成立發明，但如操作起來實質相同，則不成立專利[59]。

8.耐久性 (durability)

將機械裝上 ball bearings 或較佳潤滑系統、將強化鋼 (hardened steel) 之一部取代一般鋼材 (soft steel)、以金屬代替木材或減少結構上軟弱與不必

---

[56] Id. at p. 196.

[57] Id. at p. 199.

[58] Id. at p. 204.

[59] Id. at p. 203.

要之一部，以減少機械之磨損，提升產品之耐磨 (wearing) 能力，乃經常發展[60]。

9.用於類似 (analogous) 目的

製造油漆、染料、炸藥及其他化學品乃類似領域，原則上將一領域所用之機械於類似領域製作，並非發明[61]。

10.方　便

單純使器械更易使用、更方便或適於手提 (portability) 並非發明。

又在判斷有無進步性時，可注意下列各點：

⑴工手 (workmanship) 通常與進步性無關連

如某機械之成功端賴工匠之工手，而非其零件組織之基本構想，則非發明。在一些產業，例如製造計算機、汽車引擎、精密手錶及製造糖果糕點之類，工手之技巧可能非常重要，但並不足以使製造變成發明[62]。

⑵簡易 (simplicity) 並非當然否定發明之專利性

許多人以為機械之複雜，似為發明之證明。新器械如極簡單，易被人認為太顯而易見 (obvious)，不能成立發明，以致所設計之新器械最初可能非常繁複，有時有似 Langley 之飛船 (flying machine)，不能運作。事實上法律並非要求一定要繁複才有進步性。從歷史進化觀之，發明過程係自繁複演進為簡易，器械愈簡易，愈可能成立可專利之發明，但須符合新穎性與進步性之要件[63]。

⑶判斷避免事後諸葛亮 (hindsight)

人們往往將完全可行之發明，自事後加以判斷，而忽略發明當時既存技術之情況，美國主管專利上訴案件之聯邦巡迴上訴法院 (the Court of Appeals for the Federal Circuit) 一再警告事後諸葛亮之危險[64]。

---

[60] Id. at p. 205.

[61] Id. at p. 208.

[62] Id. at p. 178.

[63] Id. at p. 185.

[64] 例如 Loctite Corp. v. Ultraseal Ltd., 781 F. 2d 961, 228 U.S.P.Q. 90 (Fed, Cir.

(4)專家之證言受重視

美國法院與專利局在決定先前技術之範圍與該領域通常技術者之技術水準時，常仰賴專家之證言，且法院對任何一造之證人無法有信憑力時，可命第三個中立之專家來鑑定[65]，尤以相關技術富於技術性與複雜性時為然，此點可供我國法院或專利局判斷之參考。

第四節　若干特殊專利制度

一、進口或確認專利（importation 或 confirmation patent）

有一些國家法律也規定發給所謂確認或進口專利，在大多情形，此種專利之申請可在外國專利有效期間中之任何時期提出。

為了誘致外國發明人將發明引進國內，確認或進口專利在某程度免除通常專利法上新穎性之條件（即基於先前公開與使用）。通常只有在申請確認或進口專利申請日前，在被申請國之先前使用才構成此種專利之障礙。

採確認或進口專利之國家通常為拉丁美洲各國與西班牙。通常此等專利只在基本專利剩餘期間內有效，但也有與基本專利獨立計算保護期間，或有最長期間之規定。此種專利對發展中國家甚為有利，因可鼓勵引進與採用先進國之技術，使適於當地需要及從事工業化投資。又發明人在優先權期滿前，每難決定在那些國家要申請取得專利，而此種專利亦可解決其此方面之難題[66]。

1985).

[65] 例如 Reeres Bros, Inc. v. United States Laminating Coup, 282 F. Supp. 188, 157.

[66] Ladas, *Patents, Trademarks and Related Rights, National and International Protection*, vol. 1, p. 374 et. seq. 由於各國專利制度與法規變動不居，近年尤其頻繁，這些特殊專利制度現狀如何，有無修改，尚待進一步了解。

二、通常專利(regular patents)與註冊專利(registration patents)

通常專利係申請人對於一種新發明在任何國家，向當地專利機關申請獨立核發，但不少國家包含大英國協及自過去英國殖民地獨立之國家也有（或只有）所謂註冊專利，即基於在別的國家所發之先前專利而發給專利。一個英國專利權人通常可在專利核准之日起三年內，向有關國家註冊此種專利。此種註冊專利使專利權人取得與在英國基於基本專利所取得之相同保護。當地專利保護期間亦與基本英國專利相同，英國專利被撤銷或沒收時，亦使專利人在其他國家所享有之註冊專利之效力歸於消滅。當然在其中有不少國家也有獨立專利，可供發明人另行申請[67]。

[67] Ladas, op. cit., p. 374.

第八章　專利與營業秘密

一、營業秘密之意義與作用

營業秘密（或稱工商秘密，英文 know-how, trade secret）是廠商為了在競爭上居於優越地位，投下勞力資本所發展出來各種有形無形的成果，包括製造方法、配方、藍圖、設計圖、顧客名冊、規格、機器操作方法、製造程序、工廠管理實務、技術之紀錄……等。例如可口可樂、肯德基炸雞、雲南白藥。這些有形無形的成果或資料具有機密的性質，一旦公開或被他人知悉，則在競爭上便無法居於上風。所以營業秘密與專利權、商標專用權及著作權同屬人類精神的創作物或智慧財產（無體財產），具有高度商業價值，常常作為買賣、合夥等契約之對象，同時又可作為課稅與公司設立時，現物出資的標的。

尤其在現今資訊爆炸時代，工業技術日新月異，企業間競爭至為激烈，為了能夠生存，必須不斷革新技術，加強產銷效率，提高品質，但自己不一定都有研究發展之能力與財力，所以有些人用不正當手法，甚至用產業間諜方法竊取他人營業秘密❶。但正派作法是透過技術合作等方式，向他

❶ 我國古代蠶絲秘密被竊是世界最早產業間諜案件。此事在國內文獻似未見到，甚為奇怪，但外國盛傳已久。以下按照外國文獻加以介紹。按蠶絲起源在中國至少五千年前，有許多歷史證據。許多世紀以來，其生產與加工當作大力防範的秘密。法律禁止將蠶、卵與桑樹種子出口，且洩漏蠶絲秘密的刑罰是拷打至死。蠶絲製造由皇室獨占，並在其直接監視下，直到公元前 1150 年左右。由於蠶絲流行，有名的絲綢流入高麗和印度及其他鄰國。中國人為防資訊洩密之危險，杜撰出絲綢只是他們羊毛精製的技術，即羊毛在特定季節在日光下灑清水，然後加以梳理成為待織的絲線。此種講法果然奏效，因為大約三千年之久，外國人都無法知悉蠶絲的真正來源。最後才由皇家的人向外國走漏了秘密。第一個是鄰近印度的南方省份的 Khotan 王子派使者請求中國皇帝

人引進新的技術，發展中國家更不時向先進國家設法取得技術移轉❷。在此等場合，往往在法律上透過締結技術合作（或稱技術協助）契約❸、授權使用契約、整廠輸出契約、經銷商契約、franchise 契約（如肯德基炸雞、麥當勞等速簡食物之商標、商號、著作權、營業秘密等整批授權）、合資契約 (joint venture) 等方式進行。在這些契約，營業秘密或者是契約的唯一標的，或與商標、專利、著作權等一起成為契約標的之一部。提供營業秘密的一方當事人除了提供書面等有形的技術情報資料外，往往還提供傳授無形技術的服務，包括派遣專家與技術人員指導或接受他方當事人派遣技術人員前往實地考察見習等。

營業秘密往往與專利權結合成一體，相得益彰，有時甚至與專利相較，更居於主導地位，以致購買專利權或取得專利授權，如對方不將有關運轉或利用專利的秘訣傾囊相授，則會使使用專利的效用打了很大折扣。聽說不少我國與外國技術合作的案件，效果不彰，產品始終比原產品稍遜一籌，

給他蠶卵與桑樹種子被拒。王子然後求娶中國公主，被准後，迎娶使者對公主說：當地通常婦女衣服是毛料所製，沒有絲綢和織法。暗示她設法帶產絲方法到夫家的國家，以便繼續穿她習慣的衣服。結果公主冒著死罪的危險，偷偷把桑樹的種子與蠶卵藏在頭巾內與迎娶隊伍出境。由於她身份特殊，逃過關卡的嚴密搜查。嗣後飼養蠶和生產絲就逐漸在印度流傳起來。另一個有紀錄竊取中國蠶絲秘密的人，是公元 529 到 565 年的羅馬的優帝，即查士丁尼大帝。在大約 550 年，他派了二名僧侶去中國，在產絲的工廠工作，直到獲得生絲生產秘密為止。他們私藏蠶卵在竹杖內回國。優帝加以重賞，並善加培養蠶桑，後來東羅馬帝國成為中東和歐洲市場蠶絲著名的產地。參照 Timothy J. Walsh & Richard J. Healy, *Protecting Your Business against Espionage* (1973, AMACOM), p. 3 et. seq. 關於中國蠶絲秘密被竊歷史，據說：漢公主 1400 年前下嫁于闐，將蠶種私放帽巾內出塞，大英博物館有圖可證，詳情待查。

❷ 二次世界大戰以後，日本科技所以飛躍發展，即大大仰賴透過專利與營業秘密之授權及技術協助（合作）等方式，從外國引進技術有以致之（參照土井輝生著，《知的所有權法》，頁 173）。

❸ 關於技術合作法律問題，可參照楊崇森著，〈技術合作法律問題之研究〉，《中興法學》，第 20 期（民國 73 年）。

即與人家在營業秘密上保留一手，不無關係。加以許多發明創新往往不能或不便循專利或著作權方式予以保護，而須仰賴營業秘密方式保護者為數極多，可口可樂與肯德基炸雞即其著例。事實上製造程序較適合用營業秘密保護，電腦程式目前靠營業秘密與適當的契約或授權來保護。許多形態的發明無法保密，有關機械，製品及簡單化學的合成物容易由好技術的買受人複製或還原工程。但複雜的化學合成物不易分析，且一些情況根本無法分析❹。為保障營業秘密，我國已於民國 85 年 1 月仿美國立法例訂頒「營業秘密法」施行，並於 102 年 1 月修正，對於侵害營業秘密者得科以刑罰。

二、營業秘密與專利之差異

㈠權利之確定性

營業秘密與專利皆係無體財產，但在能否確定其存在一點非常不同，專利權之界說依專利申請範圍 (claim) 定之，且其範圍客觀的可以確定；反之，營業秘密之範圍往往不易確定，在營業秘密之授權契約，提供與對方之標的物，如未在契約書上明確記載，則其範圍無法確定，而契約書上之記載通常並不說明營業秘密之技術或發明本身之明細，縱使營業秘密之範圍可以確定，但因通常其內容對外秘而不宣，故在客觀上確認其存在頗有困難。

㈡權利之存續期間

又就權利之存續期間言，二者亦有不同，專利權乃依照專利法，根據一定行政手續所賦與之權利，故專利申請人如取得此種權利，則自申請之日起，在法律所定一定期間內，享有非常強大之獨占權利；反之，欲獨占營業秘密，必須自己保持秘密，此外不需任何行政手續，只要保持秘密，則其獨占並無時間上之限制，甚至可以長久存在，不似專利權於期間屆滿即歸消滅。但時至今日，由於技術之急劇革新與進步，通信、博覽會、學會等技術知識之普及，負責准許與監督上市的政府部門的各種標示要求(例如衛福部)，致所有人維護各種合成物秘密的能力已大為減弱。同樣分析技

❹ Seidel, et al, *What the General Practitioner Should Know about Patent Law and Practice* (ALI-ABA, 1993), p. 143.

術與年俱增的精妙，也已大大腐蝕了隱藏一個合成物或物質構造的能力❺。因此營業秘密之經濟價值往往會很快消失，如此一來，所有人已難再有保持營業秘密之利益，因此有仰賴專利制度之必要。由於營業秘密並非法律所賦予之獨占，所以若干專利法所定專利之強制實施與專利取消之規定，對於營業秘密不實施之制裁並無適用。

㈢排他性

營業秘密之排他性不如專利，營業秘密之所有人在第三人獨立發展同一營業秘密時，對該第三人不能主張獨占；反之，某種發明如取得專利權時，即使以後第三人由於自己之勞費有了完全相同之發明，該第三人亦不能實施自己的發明，如第三人加以實施，則構成對專利人專利權之侵害。又營業秘密一旦向一般人公布，則該所有人即失去獨占，此後該營業秘密即屬於公共所有。營業秘密之所有人於第三人以不正或不法手段取得營業秘密加以使用，或將秘密洩漏於第三人時，雖或可依侵權行為或不正競爭行使損害賠償之請求權，但營業秘密一旦為他人知悉後，事實上已不能回復，在此意義上，營業秘密雖可為不正之使用 (misuse)，但不能像專利權一樣加以侵害 (infringe)，因營業秘密與專利權不同，並無絕對的排他性之故。由於營業秘密之排他性須以自力予以確保，故與專利權不同，並無絕對之效力，二人以上個別獨立發展同一營業秘密而保持機密時，相互間固失其獨占性，但對第三人則可主張獨占，但該二人如相互不透露營業秘密，則知悉另一人是否擁有同一營業秘密，頗為困難。在專利權之授權使用，即使該專利權之存續期間尚未屆滿，專利權人於契約期間屆滿或契約解除時，回復其權利，而在他人未經授權而實施專利權之場合，則得即時完全回復之，但在營業秘密之場合，在授權使用之後，為了要回復營業秘密，只能由於禁止相對人於契約終了後使用，即以契約拘束相對人始有可能，反之，在專利授權使用，只要規定契約期間即足，至於契約期間屆滿後或契約解除後之措置，並無規定之必要。

---

❺ Americk, *Patent Law for the Nonlawyer* (Van Nostrand Reinhold Co., 1986), p.75.

㈣秘密之性質

在專利，國家所以對專利權人畀以強大的排他權，目的係在將其發明之情報予以公開，以免他人對同一發明再投下時間、資金從事研究發展，造成不必要的浪費。所以專利公開後，即無秘密性可言，但在營業秘密，要享有法律上之保護，最重要之處就是非公開性或秘密性，此點雖無就標的物全部加以保持秘密之必要，但所有人必須由於禁止擅自公表或公開，始能確保其獨占。訂定保密義務之規定在以營業秘密之移轉為標的之契約乃最重要之契約條款，在申請專利權前之發明以及公告前申請中之發明都有營業秘密之性質。

㈤新穎性

專利須具有新穎性 (novelty)，但在營業秘密，雖不能要求如同專利那樣嚴格的新穎性，不過新穎性仍可說是評估營業秘密之財產價值，或接受法律保護要件之一，因為營業秘密之所有人由於第三人不正使用或以不法手段洩漏時，非證明其為了保持營業秘密，已講求適當之措施，以及該營業秘密係一般人所不知之新穎發明，不能受到完全救濟之故。

三、營業秘密之要件

按美國法院在認定某些財產是否為營業秘密時衡酌之因素：

1. 被主張之秘密，在主張是營業秘密那行業以外，已被他人知悉之程度。
2. 被受雇人以及業務上涉及之他人知悉之程度。
3. 資訊所有人為了保密，並限制他人知悉，曾採取何種措施及其程度。
4. 秘密對資訊所有人之商業價值。
5. 所有人為獲取該資訊，所花費之金錢、時間及其他資源之投資。
6. 由他人以合作方法獲知該資訊難易之程度。

我國「營業秘密法」第 2 條亦規定「本法所稱營業秘密，係指方法、技術、製程、配方、程式設計或其他可用於生產、銷售或經營之資訊，而符合左列要件者：1. 非一般涉及該類資訊之人所知者。2. 因其秘密性而具有實際或潛在之經濟價值者。 3.所有人已採取合理之保密措施者。」

以下將營業秘密之要件綜合分析於次：

㈠新穎性

營業秘密所保護之對象係限於一般人不知悉之某種構想，通常須係新穎的構想，不過所需新穎性之程度不如專利那樣嚴格。與專利不同，新穎性並非營業秘密必備的要件，這些是取得專利所必需，因專利禁止他人未經權利人授權對專利的方法或程序加以使用，即使經由獨立研究而正當發現同一發明之情形，亦不例外。專利獨占是對發明人的報償，但營業秘密之保護只是禁止違反信賴 (breach of faith) 及以不正當 (reprehensible) 方法了解別人的秘密。由於營業秘密在法律上受到有限度之保護，所以不宜也要求與專利具有同等的新穎性。

㈡具體性

營業秘密必須是「明確」(definiteness) 或「具體」(concreteness)。因法律不保護單純構想與抽象事物。一種構想要取得保護，必須「轉化為具體之形式」(reduced to concrete form)。因對抽象事物難於決定其範圍，且不易對其司法上救濟予以強制執行。

㈢機密性

營業秘密之價值要靠秘密之維持，故機密性 (secrecy) 為營業秘密之一要件。任何秘密情報，要成為營業秘密，必須用在所有人之行業或商業上，且使所有人較其他並不知該資訊之競爭人居於優越之地位。營業秘密之所有人應採取保防行動❻。美國法院以為營業秘密之所有人可採取下列方法：

---

❻ 按可口可樂公司所以能成為龐大的跨國公司，其成功可歸功於 1886 年所研究出來的秘密原料成分，此種配方只有兩名職員知道，他們定期走到一個非常隱密的實驗室，把所謂 7–X 的重要成分加以混合。又如肯德基炸雞只有公司兩名高級職員能夠接近原始的配方（由十一種草藥與香料混合製成，使得此種炸雞具有特殊風味，與眾不同）。為了拿到這種配方，該二人首先須用一把秘密鑰匙，打開一個保險櫃，取出一個號碼鎖，來打開總公司的一個地窖。地窖裡藏有一個防火的保險櫃，打開保險櫃後，又有一個小型的保險箱，須將其上的號碼鎖打開，才能看到手寫的配方。但為了防盜起見，

1.使用技巧，提醒員工注意他們正在從事的事務，具有營業秘密性質。

2.貼上警告或提醒員工的布告或揭示。

3.限制訪客參觀。

4.維持內部秘密，將程序 (process) 劃分為數個步驟，而將在數步驟工作之各部門予以劃分。

5.所使用成分之名稱不標示出來，或以密碼予以標示。

6.將秘密文件上鎖等等。

7.聘雇之初與員工預先訂定保密契約，優點是萬一員工洩密或跳槽時，雇主可訴究員工違反刑法第 317 條洩漏業務秘密罪而發揮較強大嚇阻力量。

至關於保護秘密之方法如何，法律並無限制。實施保密之注意程度亦往往視秘密之經濟價值與其性質如何而定。受雇人接觸營業秘密本身，並非與維持機密性不相容，但應注意提醒他們正從事具有營業秘密性質之事務，且不可讓無正當需要之受雇人輕易接觸營業秘密。

㈣價　值

營業秘密須具有商業上之價值 (commercial value)，通常必須現實使用過，甚至須有某種迫切的使用 (impending use)。尚在研究發展或實驗階段之營業秘密，亦應與已經發展成熟並在商業上獲利之階段，受同等保護。具有所謂「消極價值」(negative value) 之秘密，即有關應該避免某些錯誤的知識或資訊，例如有關實驗未成功或某些方面在商業上不適合之資訊，在不少情形亦可成為值得保護之營業秘密。

㈤繼續性

為了取得營業秘密之保護，資訊不但須真正被人使用，且須繼續使用，如只有一種短暫的 (fleeting)、一次的 (one time) 價值，則不受法律之保護。此外營業秘密一般須不能讓所有人所建立之信任圈 (circle of trust) 以外之人接近 (general nonavailability)。如資訊係別人可輕易自源頭以正當方法獲知，則不能成為營業秘密。有時營業秘密之發現，可能出於偶然靈感感官

這最後一道鎖的號碼是藏在一個高級職員的記憶裡。

的運作，因此不宜將發展費用列為營業秘密保護之一種要件。當然一種營業秘密如經投下龐大努力與費用，在嚴密發展計畫下完成，且置於謹慎保防措施之下時，最符合司法承認與保護之要件❼。

四、營業秘密法之保護

我國營業秘密法對營業秘密之歸屬與利用主要規定如下：1. 營業秘密得全部或部分讓與他人或與他人共有 (§6)。 2. 受雇人職務上研發之營業秘密，原則歸雇用人所有。出資聘人研發之營業秘密原則歸受聘人所有 (§3)。 3. 營業秘密可授權，但非經同意，不可再授權 (§7)。 4. 營業秘密不得為質權及強制執行之標的 (§8)。 5. 因承辦公務而知悉他人營業秘密之公務員，負保密義務。仲裁人、當事人、代理人、辯護人、鑑定人、證人等因偵查或審理而知悉他人營業秘密者，亦同 (§9)。該法列舉侵害營業秘密行為之型態如下：1. 以不正當方法取得營業秘密者。 2. 知悉或因重大過失而不知其為營業秘密，而取得、使用或洩漏者。 3. 取得營業秘密後，知悉或因重大過失而不知其為營業秘密，而使用或洩漏者。 4. 因法律行為取得營業秘密，而以不正當方法（係指竊盜、詐欺、脅迫、賄賂、擅自重製、違反營業秘密、引誘他人違反其保密義務或其他類似之方法）使用或洩漏者。 5. 依法令有守營業秘密之義務，而使用或無故洩漏者 (§10)。又依該法規定，營業秘密受侵害時，被害人得請求排除之，有侵害之虞者，得請求防止之。即被害人對加害人有侵害（妨礙）除去請求權與侵害防止請求權；其營業秘密因他人之故意或過失受不法侵害者，對加害人有損害賠償請求權 (§11、12)。為免營業秘密經由法院審理之公開程序以致遭受二次傷害，該法特別規定法院於審理營業秘密案件時，當事人得聲請法院不公開審理，並限制閱覽訴訟資料 (§14)。

---

❼ 關於營業秘密之性質與保護，甚至與專利關係之詳情，可參閱楊崇森著，〈美國法上營業秘密之保護〉，《中興法學》，第 23 期（民國 75 年），頁 247 以下。又參照楊崇森，〈專利並非萬靈丹——如何確保工商秘密〉一文，《統領雜誌》（民國 74 年 11 月）。

五、營業秘密法之修正

惟經濟部鑒於近年來產業界陸續發生離職員工盜用或外洩原公司營業秘密及以不法手段竊取營業秘密之嚴重案件，且來自第三國之經濟間諜案件亦時有所聞。加以各國營業秘密法制近年多增訂侵害行為之刑事責任或加重其刑責，現行營業秘密法對侵害行為只有民事賠償責任，嚇阻效力不彰，為加強營業秘密之保護，復受美國經濟間諜法之影響，乃修正營業秘密法，增訂侵害人之刑事責任，於民國 102 年 1 月施行。將妨害營業秘密罪分為國內與國外。在國內犯罪，除可處六個月以上、五年以下徒刑外，可併科罰金新臺幣一百萬至一千萬元；若犯罪所得利益超過一千萬元時，罰金可加重至所得利益的三倍 (§13–1)。此罪為告訴乃論 (§13–3)。若將營業秘密外洩到國外，則刑罰倍增為一年以上、十年以下徒刑；可併科罰金三百萬至五千萬元，若犯罪所得利益超過五千萬元時，罰金更可加重為所得利益的二到十倍，且改為非告訴乃論 (§13–2)，藉以遏止不肖人士將國內研發的科技成果偷竊予國外競爭對手。惟無論國內外犯罪，均處罰未遂犯，值得注意。此外該法新增「窩裡反條款」，凡參與洩密之員工若自首或吐實，受害廠商可單獨對其撤回告訴。若公務員或曾任公務員之人故意犯罪，加重刑期至二分之一 (§13–3)；若公司負責人未能盡力防止營業秘密遭竊，也可能負連帶賠償責任，或科以罰金 (§11–4)。此外，侵害行為如符合刑法所定之構成要件，例如第 317 條洩漏工商秘密罪時，仍可依刑法之規定處斷。民國 109 年修法新增「偵查保密令」制度，主要在針對近年發生科技業員工跳槽，帶走公司機敏資料，業者興訟，反在偵查過程中再次洩密。修法後，不僅法院可在營業秘密案件「起訴後」發出「保密令」，檢察官在偵查過程，亦可對原告與被告及相關人等發出保密令。違反者可處三年以下有期徒刑、拘役或科或併科新臺幣一百萬元以下罰金。

六、營業秘密與專利之關係

營業秘密有的可以申請專利，即權利人可在營業秘密與專利之中任選其一，加以保護，但如營業秘密被人竊用，不但不能申請專利，而且連營業秘密亦不克享有。又如過了太久不申請專利，被他人捷足先登申請專利時，則以後不可再申請專利。但也有不少營業秘密根本不合發明之要件（如顧客名簿）或不具備專利三性，或係按一國專利法為不得享有專利之發明（例如過去在開放專利前之飲食品或嗜好品），不能申請專利，此時只有以營業秘密方式妥善保密。專利權可謂營業秘密之延長，申請專利之發明在申請公告前具有營業秘密之地位，專利申請權或專利申請中之發明之讓與不外乃營業秘密之讓與。

第九章　不授予專利或特殊處理之發明

第一節　總　說

發明即使符合上述新穎性，產業上可利用性與進步性之要求，但並非一律都可取得專利，因各國基於本國經濟或產業政策，往往對若干發明不准專利，尤其對本國比較落後技術領域之發明，排除在專利保護範圍之外，以防制外國技術在本國壟斷。茲將各國較重要之不准專利之發明略述於次：

一、原子核變換物質

用原子核變換方法所製造之物質，即所謂原子核變換物質，諸如核分裂，核變換或核融合所製造之元素及化合物，這類物質可用於製造原子武器，且有必要保護本國原子能工業。故美國在專利法之外，即在有關原子力之法規上對此種發明明定不予專利，且有關原子力之發明與其他發明不同，例外規定可適用強制授權。日本 1976 年專利法雖對醫藥品與化學物質發明開放專利，惟鑒於日本原子力產業之技術水準不如美國等國，暫時不可能比他國先發明新物質，基於產業政策之考慮，亦不予專利。中共專利法亦同。我專利法對此點未加規定，即開放專利，不能不認為立法上之缺失。

二、飲食品及嗜好品

所謂飲食品乃以人體營養為目的之食物（例如皮蛋、泡菜）；所謂嗜好品並非以營養為目的，而以滿足人之味覺或嗅覺之目的供飲食或嗅吸之用之物（例如河豚、鼻烟），但二者均限於供人類之用，如供動物之用則不在其內。

飲食品與嗜好品為國民生活上不可欠缺之物，如賦予獨占權，則有使價格不當騰貴，威脅日常生活之虞，故不少國家對此等發明不准專利。惟所謂不予專利，只限於飲食品或嗜好品本身之發明，若係此等物品之製造方法之發明仍可賦予專利。因對製造方法之發明賦予專利權，其效力不如對物本身發明賦予專利權之廣泛，且不致威脅日常生活。亦即如對飲食品、嗜好品本身發明有專利權時，一切製造方法都為專利效力之所及，而方法發明有專利權時，其效力只及於該方法製造之物，而不及於其他方法及依其他方法所製造之物之故❶。我國專利法一向對飲食品與嗜好品不開放專利（舊專 §4I ①），惟自民國 75 年修正專利法時起已開放專利。

三、化學品與醫藥品

化學品乃由化學方法製造之物質，化學物質之發明不予專利，有人以為化學品乃存在於天然之物，不過是發見並非發明，不能取得專利，惟今日一些國家則自保護國內產業之立場，不予專利。由於化學品之發明須依賴龐大研究費與眾多研究者之合作，如欠缺此種資源之國家，對化學品發明賦予專利，則化學品之所有發明會被先進國所壟斷，化學工業會受到嚴重打擊。

惟所謂不賦予專利乃限於化學品本身之發明，化學品製造方法之發明仍可賦予專利，與上述飲食品、嗜好品同。

又所謂化學品乃指「依化學方法所製造之物質」，即「以伴隨化學變化之方法所製造之物質」，故如依物理方法（例如抽出、蒸餾等方法）所製造之物質，只要是亦可用化學方法製造時，亦與此所謂之化學品相當。

惟此處所謂化學品乃指單一化合物（純粹物）而言，故混合物（組成物）宜解為並非化學物質（塗料、印刷用墨水等）❷。

德國直至 1967 年，瑞士直至 1978 年，日本直至 1976 年，北歐四國直

❶ 吉藤幸朔著，《特許法概說》，13 版，頁 174。

❷ 吉藤幸朔，前揭書，13 版，頁 175。

至 1968 年，才開放化學物質專利。

所謂醫藥品乃用於診斷、治療與預防人體疾病的物質，包括化合物、組合物、生物製品等。由於關係人類的健康，不宜為少數人壟斷而限制生產，且藥品之研製、生產在經濟上與技術上要求較高，發展中國家因醫藥工業比較落後，為防止先進國家控制國內醫藥市場，妨礙醫藥工業發展，對醫藥品多不予專利。惟已開發國家則認為，藥品的發明投資大、週期長、風險大，應該予以特殊保護，以促進藥品產業的發展，保護藥品研製人的利益。事實上，一些已開發國家也是近幾十年來才對醫藥品實行保護的。如日本在 70 年代以前，醫藥工業較西方發達國家落後，因此對醫藥品不予專利，到了醫藥工業發達後，始於 1975 年修改專利法，開始對醫藥品開放專利；德、法兩國直至 1967 年，義大利直至 1979 年，才決定開放專利。我國專利法一向對化學品與醫藥品不准專利，但民國 75 年修改專利法時，雖國內有關產業尚屬落後，開放時機尚未成熟，竟宣告開放專利❸。目下由於關貿總協定烏拉圭回合「與貿易有關的知識產權協定」(GATT/TRIPS) 已要求成員國無保留地對醫藥品加以保護，因此醫藥品的專利保護今後將趨於普遍。

深度探討～中藥專利問題

一、中藥於專利保護上之困難：

1. 中國固有典籍有關中藥藥散、處方之記載繁多，致使相關先前技藝之檢索不易。

2. 一般中藥藥效之敘述過於籠統，與現代醫學藥效之定名不易配合。

3. 中藥之醫療功效不易確認。相較於以化學物質為活性成分之西藥發明，中草藥發明所含有效成分大多不明，亦不易由其分離、純化出具有特定結構之單一活性物質。

4. 藥材之來源、產地不易控制，無法維持其成分及藥效之再現性。

❸ 楊崇森，〈醫藥化學品專利開放的商榷〉，《聯合報》（民國 75 年 1 月 28 日）。

5.中草藥與西藥之基本理論有所差異，中草藥單方與複方之運用特色，亦屬西藥發明所少見，致中藥發明在專利範圍之界定與審查上，難以適用現行西藥發明專利之審查基準。

二、美國、日本、歐洲對於「中藥」曾有准予物質，製法或用途等標的之案例。

三、國內目前有關醫藥品之專利審查實務並未將「中藥」排除於專利保護範圍之外，惟因大部分中藥申請案之內容揭示欠缺完備，或敘述過於含混，致難於瞭解申請內容及功效證明，致不易獲准專利。

四、可予專利保護之中藥標的：

1.新穎之物或方劑（需詳細記載其藥材之來源、產地、藥用部位及有關處方等）。

2.已知之物或方劑，其療效需為固有典籍及先前技藝所未揭示者。

3.製造方法使用特定步驟，經反覆實施皆可獲得定量、定性之特定物質，包含新物質之製法或已知方法之改良。

五、智財局已於2008年1月18日公告施行「中草藥相關發明審查基準」。該基準所稱「中草藥」，涵蓋植物、動物、礦物、藻類、蕈類等天然物或其萃取物或組成物，惟不包括單一化合物或其組成物。該基準所稱「中草藥相關發明」，除中草藥本身之發明外，亦包括涉及中草藥之利用的相關發明❹。

第二節　現行法

第一目　妨害公序良俗之發明

各國專利法對於有害於公序良俗或衛生之發明多不予專利❺，我國自

❹ 關於中草藥專利問題，又可參考汪渡村，〈論中草藥植物之專利保護與生物多樣性理念之調和〉，《銘傳大學法學論叢》，第4期，民國94年。

❺ 例如英國 Patents Act 1977, sl (3)；加拿大專利法 s. 28 (3)。

舊專利法以來至新法亦從之，而規定：「妨害公共秩序、善良風俗或衛生者」不予專利（92 年專 §24）。此處所謂「公共秩序、善良風俗」與民法第 72 條所稱「公共秩序善良風俗」意義相同。通常公共秩序與善良風俗兩者不加區別，予以合用。如強加區別，則公共秩序係指國家社會一般之利益，而善良風俗則指社會一般道德觀念。有害公序良俗之虞之物，不應予以專利，徵諸專利法之目的應屬當然。即使產業上可利用之發明，如其本來作用，有反於國家社會之一般利益、道德觀念、擾亂秩序、妨害衛生、或流毒社會之虞者，不應予以保護，以謀求此種產業之發達❻。例如偽造紙幣機器、抽鴉片用具、拷打之器具、將電錶之電流消耗量紀錄壓低之電子儀器、對悄悄注入飲料服用之人會發生性興奮或其他行為影響之化學物質等屬之。避孕機械雖可降低不道德行為之風險，但不鼓勵不道德行為，故可專利❼。又汽車上使用偵測警方雷達以避免超速被警方發現之裝置，似可認為違反公序良俗之發明。所謂有害衛生之發明，例如：將嬰兒拿在手上舔弄之玩具塗上有毒物質，發明之實施必然有害於公共衛生之類❽。

專利法條文所謂發明「妨害……」，究竟係指發明之主要目的或本來作用須有害公序良俗或衛生，始予禁止，抑不問發明使用之態樣，包括為人所轉用或濫用，只要使用某發明之結果，有害公序良俗或衛生，即不能專利？因該條文義含混，解釋上易滋疑義。

按物品除了本身目的或主要效用，妨害公序良俗或衛生外，亦有原來目的或效用，並不妨害公序良俗或衛生，只因有人加以濫用，或用於不正常用途，致發生妨害公序良俗或衛生之結果者，此時如即予禁止，不能取得專利，似非鼓勵創新發明之道，亦與公平觀念不合，且事實上物品絕少

❻ 中山信弘著，《工業所有權法》（上），頁 142。

❼ Philips, *Introduction to Intellectual Property Law* (1986), p. 52.

❽ 我國實務上，認為複製人的方法（包括胚胎分裂技術）及經複製的人、改變人類生殖系統之遺傳特性的方法、人胚胎的工業或商業目的之應用、由人體生殖細胞或全能細胞製備嵌合體之方法等，有妨害公共秩序、善良風俗之虞。又毒品吸食之工具（例如鴉片吸食用具）亦同。參照蔡明誠著，《專利法》，頁 47。

不被濫用而不發生危害，而貴在人們如何使用或管理。例如刀槍之正常用途，並無礙於公序良俗，雖可能被歹徒用以殺傷他人，危及治安，但不能因少數人偶然不當使用，即不予專利。他如飛機、汽車之類發明亦然。事實上如因偶然之有害，即排除專利，會使蒸汽機、炸藥、鐵路及許多19世紀最高貴之發明，無法取得專利❾。故該條所謂「妨害」，應解釋為須發明之主要效用或本來用途或目的，妨害公序良俗或衛生，始在排除專利之列，如因使用方法不當，而可能有妨害公序良俗或衛生之情形，不應包含在內❿。

至於使用發明之主要目的，並非擾亂社會秩序，亦非有害風俗，只是使用方法怪異者，仍可專利。換言之，按其實施態樣依其他法令加以取締即足，不須由專利法介入。例如精巧彩色影印機，雖可能被用於偽造紙幣，但不應因此成為核駁專利之理由。又如遊戲器具，雖易被人用於賭博，如主要目的並非有害秩序，可准予專利。又如子宮保溫器之類物品，儘管可能被用作自慰之工具，但本來目的在供子宮保溫，有助於治療疾病，故仍不妨專利⓫。

但專利只是就某發明賦予獨占權而已，對其實施並不予以尚方寶劍。又即使不賦予專利，如其他法令不禁止，仍有可能實施。亦即實施如違反公序良俗，只要對實施本身加以禁止即可，因即使不賦予專利，仍不能禁絕實施，而且由於列為不許專利事由，只要其他法令不禁止，第三人仍有可能實施，如此反而導致不當之結果。故准許實施與否，應由與專利法無關之其他法令加以決定，專利法只須就賦予獨占權是否妥當，加以判斷即足。在此方面醫藥品與化學物質問題較多，如抗癌劑那樣有用於醫學之發明，不宜因有副作用，逕即認為有害公眾衛生之發明。因副作用雖強，但有以其他方法消除之可能，且將來消除副作用之手段可能開發成功，故不能單以副作用強，即遽認為有妨害衛生，或有反社會性質。事實上對此種發明予以專利，可使有用技術公開，促進消除副作用技術之發展⓬。

❾ Toulmin Jr, *Patent Law for the Executive & Engineer* (1948), p. 175.

❿ 東京高判，昭和 31. 12.15. 行裁例集，7 卷 12 號，頁 3133。

⓫ 中川、光崎著，《特許》，頁 77。

又應注意者，發明違反行政取締法規之物品，亦非當然不可專利。據云在日本法解釋上，相當我國上開之條文並非對藥事法、麻藥取締法、煙草事業法、鹽專賣法等取締法規一般禁止實施之發明不予專利（巴黎公約§4之4，TRIPS§27之2但書參照）。學者以為禁止要件本身乃浮動的，國家即使有專賣權，但專利權人對國家予以實施權，並非無此可能。從而麻藥之精製方法與違反建築基準法之建築工法，亦可予以專利⑬，此點似亦可作為我國法解釋之參考。

又應注意者，如上所述，反社會之發明，法律固不應予以保護，但即使不賦予專利，並不表示實施本身就能禁止，將其定為不准專利事由，對公眾衛生之保護，並無何等助益。故學者有以為對專利法不准專利事由，宜儘量從嚴解釋。又謂只要其他法令不禁止，即使申請專利被駁回，仍可能被人實施，況由於駁回專利，任何人均有可能實施，故應否准許實施與專利權之賦予乃判然兩事。今後公序良俗成為大問題者，乃包含動物之生物科技之領域，此問題與抽鴉片器具不同，與主觀的要素，尤其與倫理或宗教感情大有關係，故其處理頗為微妙⑭。

100年修法，鑒於歐洲專利公約(EPC)、與貿易有關之智慧財產權協定(TRIPS)與專利合作條約(PCT)相關條文，皆僅規定「公共秩序、善良風俗」，僅日本特許法第32條及韓國專利法第32條用「公共秩序、善良風俗或公共衛生」文字。我國92年專利法規定「衛生」而非「公共衛生」，易被誤解較為嚴格。又「妨害衛生」之實質意義係指嚴重危害公共健康，始不予專利。世界智慧財產權組織(The World Intellectual Property Organization, WIPO)專利法常設委員會(Standing Committee on the Law of Patents) 2009年3月討論專利適格標的之第十三屆會議資料，認為廣義嚴重危害健康之發明，亦可認為妨害公共秩序、善良風俗，故刪除「衛生」一詞。

---

⑫ 中山信弘，前揭書，頁144。

⑬ 仙元隆一郎，前揭書，頁66。

⑭ 同⑥，頁146。

第二目　動植物新品種

晚近生物技術飛躍進步，成為跨學科的學問，先進國家利用微生物、動植物的細胞特性或成分的技術，包括基因轉殖、細胞融合、生體反應利用、細胞培養、組織培養、胚胎及細胞移植等技術，紛紛應用在藥品、醫療保健、農業、食品、環境、能源等領域，大大改變人類生活形態與品質。在此種情況下對各國專利法不免予以重大衝擊。於是動植物之「物之發明」包含動植物細胞、器官、組織培養物、轉殖動植物、動植物新品種等，以及動植物之「方法發明」，包括育成方法等應否予以專利保護，成為世人關切之課題。我舊專利法第 21 條第 1 款將動植物新品種明定為不予專利，但植物新品種育成方法不在此限⑮。

現行法第 24 條第 1 款改為「動、植物及生產動、植物之主要生物學方法」不予專利，由於問題甚為複雜，分述如次：

一、動物新品種專利

動物新品種 (animal variety) 發明，國際上長期都持否定其專利性之態度，其原因多出於倫理、經濟及政策上之考慮，大體言之，理由如下：

1. 動物乃自然之產物，非人類所創造，研發動物新品種乃發現，並非發明，況准許動物新品種專利，不啻鼓勵人類扮演上帝角色，故不能作為專利對象⑯。

2. 准許動物新品種專利，會導致將動物商品化，使生物科技為專利權

⑮ 與新品種本身不同，若以動植物為對象之發明中作出新品種之育種方法，例如秋海棠屬之新品種育成方法，利用於生產生物現象之方法，例如養珠之生產方法，椎茸之栽培方法，龍蝦之增殖方法等，在日本早已發給專利。基於同一理由，我舊專利法對植物新品種雖不開放專利，但對新品種之育成方法則可取得專利（舊專 §21 ①但書）。

⑯ 陳文吟，〈從美國核准動物專利之影響評估核准動物專利之利與弊〉，《臺大法學論叢》，26 卷 4 期（民國 86 年 7 月），頁 173～231。自美國在 1988 年對哈佛老鼠 (Harvard mouse) 核發全世界第一件動物專利後，動物專利問題更成為各國熱烈探討之課題。

人所獨占，不但影響人民生計，且易於增加動物之病痛、畸形，甚至有導致滅種之虞，影響動物之福祉與保護。

3. 准許動物新品種專利，會影響生態平衡，對人類不利。且可能創造出不該存在的動物，使人類蒙受不測之危險。

4. 動物與無生物不同，其發明缺少反覆可能性，往往因氣候、土壤、光線等作用，不能產生同一物，故不能認為發明。

5. 作出有反覆可能性與再現可能性，目前在理論與技術上均有困難。

6. 為確認新品種之反覆可能性（發明之成立性），需要特別機構與長年之試驗，不能在未充分準備下，遽即承認其專利性。

當然亦有人贊成動物新品種專利，理由為可提升人類福祉，理由如下：

1. 促進農業發展

可消弭動物現存缺點，代之以優良之特性，例如使食用牲畜增加抵抗力，多肉少脂肪，加速動物成長，增加羊毛數量。

2. 促進醫學發展

提供醫療試驗對象，有助於研發新穎有效之醫療方法與藥品。

按動物專利之論爭充滿道德與經濟立場，依據全美教堂聯合會 (National Council of Churches) 秘書長之意見：「由上帝所賦與之生命、不論何種型態與品種，均不應只視同化學之產品，改變其基因，且不應為了經濟利益而取得專利。」全美農民聯盟 (The National Farmers Union) 說：「贊成對動物專利暫停⓱，直到能評估對農場動物基因 pool 之影響，及了解支付使用費義務為止。」美國人文協會 (The Humane Society of America) 擔心：

⓱ 自 Chakrabarty 一案 (206 USPQ 193 (1980)) 以來，美國生命型態 (life forms) 作為可專利對象之演變非常快速，且愈益富於爭議性。在 1987 年，美國專利上訴與衝突委員會 (Board of Patent Appeals & Interferences) 判認若干人為的非自然生產之蚌 (polyploid oysters) 可取得專利 (In re Allen, 2. U.S.P.Q. 2d1425 (1987))。在 1988 年 4 月 12 日專利局發出美國也是世界上第一個動物專利 (U.S. Patent No. 4, 736, 866)，該專利乃對一隻由哈佛大學研究人員研發之老鼠（即俗稱之哈佛老鼠），將牠的基因改變來加速癌症的研究。

人類會由於實驗與商業之目的，把人類基因切片放到動物的基因號碼(code)上，使動物受到傷害[18]。

目前據所知，匈牙利法律(§71)以明文准許對動物新品種之發明取得專利[19]。

二、植物新品種專利

植物新品種發明，國際上長時期都持否定其專利性之態度，許多國家專利法都明文規定不對此類發明授與專利，例如歐洲專利公約(§53(b))、德國法(§2(2))，英國法(§1(3))都將植物新品種之發明排除在專利對象之外[20]。我國專利法亦仿各國立法例，不准許專利。按各國否定專利之理由大抵不出下列各點：

1. 倫理方面

人類應用植物基因轉變與生物工學技術，固可改善人類之生存條件，帶來了更高層次之物質生活，但也可能造成生存環境之無形殺手。例如種殖基因轉殖殺蟲基因的玉米，昆蟲消失，可能使鳥類欠缺食物。含抗除草劑基因的大豆導致土壤與水源污染，鳥類與昆蟲找不到食物。又優勢的植物品種大量栽種，會擠壓其他品種之生存空間，破壞生物之多樣性。

2. 基因轉殖之作物危及生態鏈，且基因轉殖技術涉及遺傳物質在物種間移植，此種超自然現象的科技，可能有礙食品安全。消費者如長期食用基因改造食品，可能從中吸收新的過敏原或毒素。

3. 植物本身欠缺反覆可能性

植物不能經由安定地反覆栽培而得，在植物新品種繁殖或育種過程中，不易由人類控制，達到出現相同之結果。

4. 申請及審查實務上之困難

[18] Goldstein, *Copyright, Patent, Trademark and Related State Doctrines* (1997), p. 396.

[19] 吉藤幸朔，前揭書，13版，頁145。

[20] 同[19]，頁146。

植物有似微生物，新品種之構成，在說明書中不易明白表明請求專利範圍，且寄託所需空間大於微生物，不易辦理。況專利又採書面審查，是否具備發明要件，判斷上困難多多，且重要性之公開亦屬不易。

5. 新品種使用人大多為一般農民，技術授權情形較少發生。

6. 產業政策之考慮

在生物工程技術水準不夠先進之國家，如被外國人取得專利，則農業經營成本增加，影響農民權益。

7. 公益觀點

植物新品種中之糧食作物，與國民生活關係重大，開放專利，將不免使專利品壟斷市場，支配生產，操縱物價，危害消費大眾與國計民生，且種苗供應也可能受到大公司控制，影響農業之正常經營。此點在我國尤應加以關切[21]。

---

[21] 跨國大公司，例如美國的孟山都 (Monsanto)，產品有基因工程的生長激素、亂打（Roundup，中文是「年年春」）除草劑、基因改造作物（大豆、玉米、棉花、向日葵、油菜）、一般種子、多氯聯苯、阿斯巴甜（俗稱糖精）。在成為生命科學公司之前，孟山都是世界知名的化工公司。孟山都的產品，包括多氯聯苯，PCB 的生產（著名的農藥 DDT）、毀滅性的除草劑（如在越南戰爭，美國為了消除藏匿山區的越共，在 1962～1970 年噴灑「落葉橘」（或稱「橘劑」，Agent Orange），造成越南 50 萬畸形兒以及癌症），不管戴奧辛污染或在歐洲禁止的動物生長激素（如 rBGH），這些人人避之唯恐不及的毒物，都與孟山都這家生命科學公司有關。近年來該公司發展所謂綠色革命的基因改造作物，號稱解決人類食物不足問題，但鑒於該公司過去屢次隱瞞事實，經常被人向法院控訴之歷史，專家多認為其居心難測，況基因改造作物對人體與環境已知有許多弊害，對人類後代潛在之威脅，不容忽視。尤其當 2005 年孟山都變成全世界第一大種子公司時，更表示該公司可透過基因改造種子的「專利權」，隨時決定提供何種種子給市場，更加強了對市場之控制。而農民往往無法分辨一般種子與基因改造種子，更可能被控侵害其種子之專利權，過去印度農民悲慘之歷史，殷鑒不遠，因此該公司之動態，值得吾人注意。參照 http://www.google.com.tw/search?q=Monsanto's+Dark+History+%7C+10+Facts+You+Should+Know+About+Monsanto&ie=UTF-8&oe=UTF-8&hl=zh-hant&client=safari。

又網路上載有 Top 10 Facts YOU Should Know About Monsanto，即：

三、國際保護植物新品種公約

20 世紀上半葉由於植物栽培領域不斷有植物新品種出現，因此出現與上述否定論相反的反對論。舊西德於 1953 年與專利法並行，制定植物新品種保護之特別法，不久歐洲各國成立同盟，於 1961 年締結植物新品種保護之國際條約（後於 1991 年修正）。保護植物新品種之國際條約（International Convention for the Protection of New Varieties of Plants，簡稱 UPOV 條約）於 1968 年 8 月生效，締約國成立同盟，稱為「國際保護植物新品種同盟」（International Union for the Protection of New Varieties of Plants，簡稱 UPOV），總部設於巴黎，至 2003 年止，有五十四個國家加盟；英、荷、西德、丹麥、法國、瑞典乃生效時之加盟國。該條約最新修正為 1991 年。

在該公約之下，保護之對象及於所有植物之屬與種，育種人之品種權享有該品種之種苗繁殖、調製、銷售、推廣、進出口及持有等之專屬權利（又稱為 plant breeder's right）。被保護之新品種須符合下列要件：

⑴可區別性或特異性 (distinctness)：申請之新品種須與申請當時眾所周知之現存品種在性狀上有明顯區別。

⑵一致性或均質性 (uniformity)：即品種所繁殖之植物性狀表現須一致。

---

1. No GMO Labeling Laws in the USA!
2. Lack of Adequate FDA/USDA Safety Testing
3. Monsanto Puts Small Farmers out of Business, Farmer Suicides After GMO Crop Failures
4. Monsanto Products Pollute the Developing World, 500,000 Agent Orange Babies
5. Monsanto Blocking Government Regulations
6. Monsanto Guilty of False Advertising & Scientific FRAUD
7. Consumers Reject Bovine Growth Hormone rBGH in Milk
8. GMO Crops Do NOT Increase Yields
9. Monsanto Controls U.S. Soy Market
10. Monsanto's GMO Foods Cause NEW Food Allergies

參照 Monsanto's Dark History | 10 Facts You Should Know About Monsanto

⑶穩定性 (stability)：即品種相關性狀表現於重複繁殖後，仍保持不變㉒。

此外申請新品種須有適當之名稱。其保護係基於栽培（實地）之審查而賦與，保護期間至少二十五或二十年。第三人非經權利人承諾，不能將新品種作為有性、無性繁殖之增殖材料、為商業交易、加以生產、或將該材料販賣或為其他交易。公約定有研究免責及農民免責（在第一次購買種苗後，可於收穫時保留部分種子)。育成者有權以有識別力之名稱，對新品種命名，且有向各同盟國登錄申請之必要。如以同一名稱作為商標申請或主張商標權或商號，須有識別力㉓。

美國亦於 1970 年公布施行「植物品種保護法」(Plant Variety Protection Act)，賦予有性繁殖之植物新品種法律上保護。因其專利法中雖亦有植物專利之規定㉔。植物專利權乃排除他人將該植物無性繁殖或排除他人販賣或使用由無性繁殖之植物之權利 (§163)，但保護對象只限於無性繁殖之植物，即只將無性繁殖㉕（接枝、芽枝、分裂、壓條 (layering) 等）所產生植

㉒ 吉藤幸朔，前揭書，13 版，頁 145。

㉓ www.wipo.int/edocs/mdocs/sme/en/wipo_ip_bis_ge_03/wipo_ip_bis_ge_0

㉔ 例如有一名叫 Car B. Fox 之人終身研究與栽培植物，尤其樹木，多年來他用雜交與其他園藝方法，想要栽培出一種非常苗條與下垂的杜松 (juniper tree)，苦未成功。某日當他在森林中散步，碰巧看到伐木工人在砍樹，在標明要砍伐記號的樹叢中，正巧有一棵是他一生想找具備特殊性質的 juniper 樹苗，於是他説服林務員，讓他自該樹摘下一根樹枝。後來便用這樹枝以無性繁殖方法培育了許多叫做低垂杜松 (weeping juniper) 的樹。它們有非常苗條與直接下垂、搖曳生姿的樹枝。後來他向美國專利局申請，取得了包含此新穎與顯著的植物品種的權利（參照 Amdur, *Patent Fundamentals*, p. 21）。

㉕ 植物育成方法甚多，包括利用傳統的方式，例如以種子繁殖之自花受精（又稱自交）、異花受精（又稱異交）、或遺傳質並非一致之合成品種之雜交等有性繁殖的方法，與無性繁殖之營養繁殖的方式；以及因生物科技進步所產生的組織培養 (tissueculture)、細胞融合 (plasmogamy) 或遺傳基因組換技術等等。所謂無性繁殖 (Asexual reproduction) 乃是植物繁殖前並未經減數分裂，而利用分裂繁殖 (ell division)、斷裂繁殖 (ragmentation) 或孢子繁殖 (pore formation) 之方式。亦即以種子以外方式，例如

物之新品種（但塊莖植物或野生植物除外）作為專利之對象（§161），例如康乃馨、菊、玫瑰等之花朵以及蘋果、草莓等水果。至於有性繁殖或塊莖繁殖之植物新品種（除真菌或細菌外），則由植物品種保護法（Plant Variety Protection Act）加以保護。

目前各國對植物新品種保護立法例約可分為下列數類：

1. 以專利法保護。
2. 以種苗法或品種保護法等專法加以保護，例如荷、英、我國等。
3. 種苗法與專利法併用：如美國。
4. 發給發明人證書（author's certificate），例如前蘇聯、葡萄牙。

四、我國植物品種及種苗法之規定

我國專利法向來不准許植物新品種取得專利權，但有植物種苗法（民國77年12月5日公布施行）加以特別保護㉖㉗。植物種苗法歷經修正，

圖 9–1　低垂杜松

以扦插發根（rooting of cutting）、壓條（layering）、出芽生殖（budding）、嫁接（grafting）、靠接（inarching）等方式繁殖的植物（見智財局104年譯美國專利須知，頁50）。

所謂「有性繁殖」(Sexual reproduction) 乃植物先經減數分裂 (meiosis)，形成單元染色體的生殖細胞，稱為配子 (gametes)。配子可以分為雌性與雄性，經兩性配子結合而成二元染色體的接合子 (zygote)，由接合子再發育為新的植物。因為在減數分裂時染色體會有交叉、重組等現象，能夠增加遺傳質的變異，再由接合而提高細胞的生活力（參照黃柄緡，《植物新品種之保護》，臺大法研所碩士論文，頁10以下）。

㉖ 依我舊91年植物種苗法之規定，育種者或發現者所育成或發現之新品種，具有利用價值者，得依該法申請為①命名登記，②權利登記。權利登記之申請，應與命名登記同時為之，經核准權利登記之新品種，其權利人專有推廣、銷售及使用權。新品種權利期間為十五年，自審定公告之日起算。權利人無正當理由未於一定期間內適當推廣或銷售者，中央主管機

93 年又參考上述 UPOV 公約全面修正，名稱亦改為「植物品種及種苗法」，對植物新品種設有特殊保障制度。99、107 年又修正，其立法體例與不少觀念及內容更接近專利法。

依其 107 年現行法規定，育種者或其受讓人、繼承人有品種申請權，亦採先申請者主義。凡具備新穎性、可區別性、一致性、穩定性及一適當品種名稱之品種，得申請品種權。所謂新穎性，指一品種在申請日之前，經品種申請權人自行或同意銷售或推廣其種苗或收穫材料，未超過一定年限。可區別性，指一品種可用一個以上之性狀，和申請日之前國內或國外流通或已取得品種權之品種加以區別，且該性狀可加以辨認和敘述者。一致性，指一品種特性除可預期之自然變異外，個體間表現一致者。穩定性，指一品種在指定之繁殖方法下，經重覆繁殖或一特定繁殖週期後，其主要性狀能維持不變者。

品種權保護期間在木本或多年生藤本植物為二十五年，其他為二十年，自核准公告之日起算。品種權人專有種苗生產或繁殖、銷售、輸出、入及持有之權。他人未經其同意，不得利用該品種之種苗所得之收穫物，及收穫物之直接加工物。品種權範圍，及於一定從屬品種。但品種權之效力，不及於以育成其他品種為目的之行為及農民留種自用之行為等。

育種者另享有姓名表示權，任何人對具品種權之品種為銷售時，不論品種權期間是否屆滿，應使用該品種取得品種權之名稱。惟品種名稱有：單獨以數字表示、與他人品種名稱相同或近似、對品種之性狀或育種者之

關（農委會）得因他人之申請或依職權廢止其新品種登記權利。惟民國 93 年該法又經修正，刪除命名登記，內容並作大幅更動。

㉗ 至民國 90 年 7 月為止，依該法通過命名登記者雖有西瓜、甜瓜、胡瓜、絲瓜、苦瓜、越瓜、扁蒲、冬瓜、南瓜、番椒、番茄、茄子、馬鈴薯、蘿蔔、不結球白菜、甘藍、青花菜、芥菜、聖誕紅等之若干新品種，但通過權利登記者僅有西瓜、甜瓜、胡瓜、扁蒲、南瓜、番茄、聖誕紅、夜來香之若干新品種，因新品種之名稱較為特別，例如南瓜之仙姑、壯士、聖誕紅之聖誕鈴聲 (Jingle Bells)。但截至 95 年 7 月 4 日止，依據農委會最新資料，該會品種權至今共受理申請 527 件，共核准 403 件。93 年植物品種及種苗法修正，刪除單獨命名權規定，但品種權仍含命名權在內。

身分有混淆誤認之虞及違反公共秩序或善良風俗者，中央主管機關得定期命其另提適當名稱。在種苗管理方面，經營種苗業者（從事育種、繁殖、輸出入或銷售種苗之事業者）應有種苗業登記證。又該法定有罰則，對違反一定規定之行為處以罰鍰。

綜合我植物品種及種苗法之規定，可知：

1. 申請品種權之品種配合植物之特殊性，僅須符合新穎性、可區別性、一致性、穩定性及適當品種名稱等要件。與專利權須具備新穎性、進步性、產業利用性不同，即保護要件較專利法為寬。

2. 品種權之保護對象以經主管機關公告之植物物種為限，保護範圍為法律所規定，即僅限於該植物品種本身及其從屬品種，申請人不能決定保護範圍。反之，專利權保護範圍取決於專利權人之專利申請範圍，效力較強，只要屬於專利申請範圍的物品與方法，均受到專利權之保護。

3. 專利法下保護範圍雖較寬廣，但無農民免責及育種人免責之規定。反之，植物品種及種苗法對主要作物有農民免責之規定，也准許育種免責，較能照顧發明人與農民、公益有關的育種人等[28]。

五、現行專利法之規定

在此須注意者，與新品種本身不同，若以動植物為對象之發明中作出新品種之育種方法，例如秋海棠屬之新品種育成方法，利用於生產生物現象之方法，例如真珠之生產方法，椎茸之栽培方法，龍蝦之增殖方法等，在日本早已獲得專利[29]。基於同一理由，我舊專利法對植物新品種雖不開放專利，但對新品種之育成方法則可取得專利（舊專 §21 ①但書）。92 年專利法修正時，鑒於國際立法例與我國不同，例如與貿易有關智慧財產權協定 (TRIPS)，第 27.3 (b)條規定，各會員國得就「動、植物」及「『主要』(essential) 是生物學的生產方法」不予專利。大陸專利法 (§25) 排除「動、

[28] 呂孟樺，《從最近專利法修法之內容論專利保護與產業發展關係》銘傳大學碩士論文，101 年 2 月，頁 77。

[29] 吉藤幸朔、紋谷暢男著，《特許、意匠、商標の法律相談》，3 版，頁 2。

植物品種」之專利，其生產方法則可專利，又在審查指南排除「所有動、植物」及「主要是生物學的方法」之專利。歐盟 (EU) 98/44 指令及歐洲專利公約 (EPC) 第 53 ⒝條排除「動、植物品種」之專利，但非屬「品種」之「動植物」則否。又該公約排除「主要生物學方法」之專利，即所排除者為「生物學」，並未排除微生物學之生產方法，故微生物學之生產方法仍可專利。

依我國舊專利法，「育成方法」係將「動物」與「植物」作不同處理㉚，與國際以是否為「生物學方法」㉛作為區分標準不同，故 92 年專利法第 24 條將第 1 款規定修正為「動、植物及生產動、植物之主要生物學方法。但微生物學之生產方法，不在此限。」以符合國際立法例㉜。該款「動、植物」一詞涵蓋基因改造之動物及植物。對於生產動、植物之方法，我專利法僅排除主要生物學方法，並不排除非生物學及微生物學之生產方法。因動物與植物乃有生命之物種，通常依生物學之方法繁殖，而非出於人類之創造；但以非生物學之方法生產，乃出於人類之創造，故非生物學之方法各國多認為可授予專利。凡植物新品種之生產方法，如含有包括植物整體基因組的有性雜交及其後相應的植物選擇的步驟，則該方法屬主要生物學方法，不應予以專利。例如將木瓜果實小但有抗病力的品種，與果實大但無抗病力的品種經雜交而培育出果實大且具抗病力的新品種。反之，例如轉殖若藉由基因工程之方法，將一基因或性狀 (trait) 插入或修改基因體中的特性，而非依賴植物整體基因組的有性雜交及其後相應的植物選擇的步驟者，則該方法非屬主要生物學方法，仍可予以專利。又動、植物本身固

㉚ 舊專利法第 21 條第 1 款規定：「下列各款不予發明專利：一、動、植物新品種。但植物新品種育成方法不在此限。」

㉛ 所謂主要生物學方法，係指利用自然現象，如雜交、育種選擇、有性繁殖所構成之方法。此種方法大多取決於隨機因素，人為介入較不顯著，致再現性不佳，不符專利條件。非主要生物學方法則可專利，但複製人之方法、改變人類生殖系統之遺傳特性等方法，因不合倫理不予專利。參照呂孟樺，前揭文，頁 54。

㉜ 見 92 年專利法修正條文對照表上該條修正說明。

然不能准予專利，但動、植物相關發明，例如植物基因、細胞、組織培養物、生產植物之非生物學方法等，仍可授予專利，只是植物之全部或部分未來有可能生長成整株植物之可能，如果實、種子、器官等，則不授予專利[33]。100年新法沿襲不變。

100年專利法修正草案，原擬全面開放動植物品種專利，後因業界與學界反對聲浪大而中止。按反對植物專利者認為，現在植物發明已可用品種保護，開放專利多此一舉，而且可能造成跨國大公司利用專利壟斷優良的植物性狀，阻礙國內中小型種苗公司開發新品種進行販賣，又農民留種自用不能擴大到委託育苗中心培育種苗，也和臺灣水稻生產現況不符，深恐造成糧價上升，影響糧食安全。另外，基改動、植物涉及道德倫理問題，也可能造成生態污染，加上消費者對食用基改產品仍有疑慮，政府不應用專利鼓勵研發基改植物。而支持植物專利者則認為許多國家，如美國、歐洲各國、日本及韓國也是採取品種權和專利權並行保護植物發明，兩者不衝突，開放植物專利可提供企業多一個選擇[34]。

第三目　微生物新品種（生物材料發明）

一、微生物新品種開放專利之經緯

所謂微生物通常係泛指利用顯微鏡才能觀察之微小生物，包括病毒、細菌、放線菌、酵母菌、絲狀真菌、蕈類、原生動物、單細胞藻類、未分化之動物或植物細胞（例如：細胞系、組織培養物）、遺傳工程中之融合細胞、轉形細胞、載體（例如：質體、噬菌體）、微生物變異株[35]、黴菌等，不能歸入動物或植物，而為獨特之一種生物[36]。

[33] 智慧財產局，《專利法逐條釋義》，頁68以下。

[34] 參照《智慧財產權月刊》，第154期（100年10月），頁125-126。

[35] 我國《智財局專利審查基準》，頁1-8-1。

[36] 微生物具有多樣性，除在自然界中扮演分解者之重要角色外，亦為人類文明提供重要幫助，如各類工業原料、溶劑、酵素、抗生素、生物農藥、醫藥品、發酵產物、採礦、

微生物利用之發明，不限於新穎微生物之利用，且包含基於發現公知微生物之利用方法之發明，例如自公知微生物製造物質之方法之發明、自公知微生物處理物之方法（例如水處理、土壤改善）之發明、自公知微生物作成之處理劑（例如水處理劑、土壤改善劑）之發明[37]。過去我國一直不准對微生物新品種取得專利，民國75年專利法修法，對微生物新品種應否准許專利，亦有所爭議。專利主管機關以為：目前微生物菌種育成方法已准予專利，但申請人多為外國廠商，開放微生物菌種專利，申請人勢必多為外國人，國內微生物工業將為外國人壟斷。申請微生物專利，須先予保存，主管機關再決定是否給予專利，但國內並無適當保存場所且國內並無適當人選從事審查工作[38]。反對意見則謂：許多先進國家均賦予微生物菌種專利保護；目前微生物育成方法已准申請專利。宜藉開放菌種專利，明訂菌種寄存之規定，使菌種發明在國內完全公開，刺激國內生物技術的研究與發展；國內利用遺傳工程，改進菌種的研究已有進展，未來生物科技發展更不可限量，准予微生物菌種專利，有助於國內對新生物技術的了解；現食品工業發展研究所已成立「菌種保存與研究中心」，有完善菌種保存技術與設備，並有能力進行菌種分類與鑑定，足以說明我國已有保護微生物菌種專利之條件[39]云云，惟政府決定暫緩開放。

民國83年修正專利法時，政府始決定開放微生物新品種專利，此乃屈從美方之要求所致。自生物科技發展之實際情況而論，在微生物及菌種之研發能力方面，我國與美國及歐日國家相較，仍屬後進國家，故國內相關業者擔心一旦開放專利，先進國家之微生物新菌種將蜂湧而至，爭相獲致

元素循環、去除污染等等。一般人總認為微生物無所不在，無所謂保育問題，其實微生物物種確亦會絕滅。參照涂源泰、曾文聖，〈生物多樣性、生物技術與生物產業〉，載於《專利法制與實務論文集㈡》，頁142以下（原刊於《智慧財產權月刊》，第75期（94年3月））。

[37] 吉藤幸朔，前揭書，13版，頁156。

[38] 立法院秘書處編印，法律案專輯《專利法修正案》，第102輯（民國75年），頁67、68。

[39] 前揭法律案專輯，頁49、50。

我國專利保護，使我國正大力投入研究而尚未取得顯著成果之生物技術，無法發展。

惟微生物一詞雖國內外習用已久，但學術界對微生物之嚴格定義，並不包括可於生物體中間接自我複製之物質，例如：質體等。為避免就定義發生爭議，歐洲專利公約施行細則第23b(3)條將"microorganism"(微生物)修正為"biological material"此詞若不包括「動、植物」，應可譯為「生物材料」，中共專利法施行細則亦將「微生物」一詞修改為「生物材料」。故我國92年專利法，除規定「微生物學之生產方法」可予發明專利（§24①但書）外，仿上述立法例，將「微生物」一詞改為「生物材料」，並將「申請有關微生物新品種或利用微生物之發明專利」改為「申請生物材料或利用生物材料之發明專利」（§30I）[40]，100年新法加以沿用（專§27I）。

二、申請生物材料發明專利之特殊程序

按賦與專利或申請專利，須揭露發明，將其公開，即須將技術內容揭露至他人易於實施之程度，通常案件只須提出說明書及圖式即可，但使用微生物之發明案件與一般申請案件性質不同，無論在說明書中如何詳細記載菌學上之性質與特徵，但公眾非將具體從自然界採取之物到手後，無法認識該菌株。換言之，只靠說明書不能達到揭露之目的。由於微生物有此特殊性[41]，愈來愈多國家在微生物申請專利程序，設有特殊規定，不但須提說明書，且須將微生物之樣本，提存於專門機構，即以採用寄託制度來解決上開問題。換言之，有關微生物之專利，須同時兼顧公開性、再現性及菌種活性之穩定，兼以活的微生物尚非說明書或圖式可以充分完全描述，倘未於申請前寄存於一定之寄存機構，則有說明書揭露不完整，其發明尚未完成，影響其案件之可專利性。因此國際通例要求將微生物寄託於專利局所指定之機構來開示，公告後任何人均可請求分讓該微生物。因專利局本身不適於處理微生物之保存與提供樣本，而需特殊專業知識與設備，供

[40] 參照92年專利法修正條文對照表該條修正說明。

[41] 竹田和彥著，《最新特許の知識》，頁242。

其存活，避免污染，以保護人們健康或環境。由於我國非布達佩斯條約（詳見本書第二十六章第八節）會員，在我國申請此種生物材料專利時，無法援引該條約向國際寄存機構申請分讓所寄存之生物材料，以滿足專利之要件，故專利法規定申請人應在我國專利機構指定之寄存機構寄存，俾專利核准後，我國任何第三人都能基於研究實驗之目的，自由分讓相關生物材料。

因此 83 年專利法第 26 條規定「申請有關微生物之發明專利，申請人應於申請前將該微生物寄存於專責機關指定之國內寄存機構，並於申請時附具寄存機構之寄存證明文件。但該微生物為熟習該項技術者易於獲得時，不須寄存」。當時中標局已指定新竹食品工業發展研究所為國內微生物寄存機構。凡申請有關微生物之發明專利，有寄存必要者，應依「食品工業發展研究所專利微生物寄存辦法」（84 年 8 月 1 日施行）及實施要領之規定，提出寄存之微生物相關資料及費用，向該所申請寄存。

90 年專利法為避免適用時發生疑義，修正為「申請有關微生物新品種或利用微生物之發明專利……」字樣。此外，鑒於 83 年專利法下，申請前應將微生物寄存於指定之國內寄存機構，並於申請時附具寄存證明文件，如無法於申請時附具國內寄存證明文件者，影響申請日之取得，規定嚴苛，而申請案向我國提出專利申請之前，已於專利機關認可之國外寄存機構寄存者，申請時聲明其事實，並備具原文說明書，應無揭露不完整之情事。

故 90 年專利法改為申請人申請時，只須於申請書上載明寄存機構、寄存日期及寄存號碼；寄存證明文件，可以在申請後起三個月內補送，如逾此期限未檢送，始視為未寄存。即如申請前已於專利機關認可之國外寄存機構寄存，而於申請時聲明其事實，並於申請後三個月內，檢送由專利機關指定之國內寄存機構寄存之證明文件，及國外寄存機構出具之證明文件者，不受上述申請前在國內寄存之限制（90 年專 §26I、II、III）。又該條增訂「第一項微生物寄存之受理要件、種類、型式、數量、收費費率及其他寄存執行之辦法，由專利專責機關定之」（90 年專 §26IV）。

結果 91 年 6 月經濟部訂定了「有關專利申請之微生物寄存辦法」，在法制上較前完備。

三、專利法下生物材料申請專利之程序

100 年專利法，對現行法生物材料申請發明專利之程序又大加修改(§27)，修正重點如下：

1. 刪除 92 年專利法「並於申請書上載明寄存機構、寄存日期及寄存號碼」之規定：

因寄存證明文件並非取得申請日之要件，可於提出申請後補正，且無要求申請人申請時在申請書上載明寄存資料之必要，僅須於檢送寄存證明文件時載明即可。

2. 布達佩斯條約 (Budapest Treaty) 國際寄存機構 (International Depositary Authority, IDA) 之實務作業，係於確認生物材料存活後，始給予寄存編號，且發給之「寄存證明文件」包括「寄存證明文件」(實質上僅是寄存收件收據) 和「存活證明」。為符合國際實務，改採寄存證明與存活證明合一之制度，申請人寄存生物材料後，寄存機構於完成存活試驗後始核發寄存證明文件，不另出具獨立之存活證明。惟為因應存活試驗所需之作業時間，將申請人提出寄存證明文件之期間由三個月延長為四個月[42]。

3. 明定申請人應於檢送寄存證明文件時，載明寄存機構、寄存日期及寄存號碼等事項。

4. 增訂主張國際優先權之申請案，寄存證明文件之補正期間，為優先權日後十六個月內(參考歐洲專利公約施行細則 (Implementing Regulations to the Convention on the Grant of European Patents) 第 31 條第 2 項規定)。

5. 刪除應於申請時聲明申請前已於專利機關認可之國外寄存機構寄存

[42] 因寄存機構之技術問題，未能於法定期間內完成存活試驗，致未能發給寄存證明文件者，係屬不可歸責當事人之事由。例如偶有需寄存之菌株未能存活，係因個案於海關檢疫過程中遭受污染所致者，惟其證明困難，申請人係以其菌株在其他國家寄存均未發生無法存活之情形，佐證在我國寄存之菌株無法存活，非因其菌株本身所致，而為審查人員接受時，即得補行寄存，以便充分揭露。

之規定，僅須於法定期間內檢附國內寄存及國外寄存之證明文件即為已足。

6.增訂申請人在與我國有相互承認寄存效力之外國所指定其國內之寄存機構寄存，並於法定期間內，檢送該寄存機構出具之證明文件者，不須再於我國國內重複寄存。

上述「有關專利申請之生物材料寄存辦法」於104年又再配合修正要點如下：

㈠寄存手續

申請寄存生物材料，應備具：

一、申請書。

二、生物材料之基本資料。

三、必要數量之生物材料。

四、規費。向專利機關指定之寄存機構（以下簡稱寄存機構）申請之。

生物材料為進口者，應附具其輸入許可證明。

㈡寄存之微生物種類與保存方式

受理寄存之生物材料種類包括細菌、放線菌、酵母菌、黴菌、蕈類、質體、噬菌體、病毒、動物細胞株、植物細胞株、融合瘤及其他應寄存之生物材料。

生物材料寄存之保存型式應以冷凍乾燥或冷凍方式為之。但無法以此等方式為之者，得以寄存機構認定之其他適當保存方式為之。

㈢拒絕寄存

申請寄存有下列情形之一者，寄存機構應拒絕受理：

一、未依規定提出申請寄存者。

二、未提出適當型式及必要數量之生物材料者。

三、依法令管制之生物材料。但經核准者不在此限。

四、生物材料已有明顯的污染，或依科學理由，無法接受寄存者。

寄存機構拒絕受理前，應先將拒絕理由通知申請人，限期陳述意見。

㈣存活試驗

寄存機構對受理寄存之生物材料，應於寄存者備齊事項之日起一個月內進行存活試驗。

寄存機構於下列情形，應開具存活試驗報告：

一、進行存活試驗結果為不存活者。

二、依寄存者之申請。

三、非寄存者而為受分讓者申請。

㈤寄存期間

生物材料寄存於寄存機構之期間為三十年。

前項期間屆滿前，寄存機構受理該生物材料之分讓申請者，自該分讓申請之日起，至少應再保存五年。

寄存期間屆滿後，寄存機構得銷燬寄存之生物材料。

㈥撤回寄存

寄存者於法定寄存期間屆滿前，不得撤回寄存。但於寄存機關開具寄存證明前，不在此限。

此時寄存機構應交還或銷燬該生物材料，並通知寄存者。

㈦微生物之分讓

寄存機構對下列申請者，應提供分讓寄存之生物材料：

一、專利專責機關。

二、寄存者或經寄存者之承諾者。

三、依規定得申請者。

為研究或實驗之目的，欲實施寄存之生物材料有關之發明，有下列情形之一者，得向寄存機構申請提供分讓該生物材料：

一、發明專利申請案經公告者。

二、依規定受發明專利申請人書面通知者。

三、專利申請案被核駁後，申請再審查者。

寄存之生物材料原已確認存活而後發現不再存活等情形，致寄存機構無法繼續提供分讓者，申請寄存者如於接獲通知之日起三個月內重新提供該生物材料者，得以原寄存之日為寄存日。

申請寄存者未重新提供者，寄存機構應通知專利專責機關。

第四目　人類或動物之診斷治療或外科手術方法

人類或動物疾病之診斷、治療或手術方法，係指發現、判別、確定人類或動物疾病之狀況與原因，及消除病態、恢復健康所採用之各種方法，因可緩和人類與動物之苦痛，基於人道主義與對於生命、身體之尊重，且政策上不適於為特定人所獨占㊸，故歐洲專利公約第 52 條第 4 款，英、德、法等國專利法皆不授與專利權，我專利法亦然，規定：「二、人體或動物疾病之診斷、治療或外科手術方法。」（專 §24 ②）100 年新專利法，修正為「人類或動物之診斷、治療或外科手術方法。」因鑒於「人體」一詞意指「人類」(human)。另「疾病之診斷、治療或外科手術方法」一詞亦有語病，故將診斷、治療或外科手術方法皆限於與疾病相關，始不予專利。然依現行審查實務，診斷、治療方法固皆與疾病相關。惟外科手術方法，如割雙眼皮、抽脂塑身等美容手術方法，未必皆與疾病相關，實務上係以不符產業利用性為理由，不予專利，導致適用條文產生歧異之情況。況歐洲專利公約 (EPC) 第 53 條、與貿易有關之智慧財產權協定（Agreement on Trade-Related Aspects of Intellectual Property Rights，簡稱 TRIPS）第 27 條等相關條文，皆不用「疾病」字樣，凡手術方法皆依該條文不予專利，僅大陸地區專利法第 25 條有「疾病」一詞，審查實務亦有歧異情況。為配合國際主要規範及審查實務，故改「人體」為「人類」，並將「疾病」一詞刪除（專 §24）。

此類不予專利之方法包括下列各種：

一、人類或動物之診斷方法

例如用 X 光、針灸等測定人體或動物疾病之方法，以及為實施診斷所採用之預備處理方法。例如測心電圖時之電極配置方法㊹。

㊸ Stewart, *Intellectual Property in Australia* (2 ed.), p. 293.

㊹ 依智財局之見解，人類或動物之診斷方法必須包含三條件，即該方法係以有生命的人體或動物體為對象、有關疾病之診斷及以獲得疾病之診斷結果為直接目的。上述所稱

二、人類或動物疾病之治療方法

此種方法又包括：

1. 為減輕及抑制病情，對病人或動物施予藥物、注射或物理治療等手段之方法。

2. 安裝人工器官、義肢等替代器官之方法。

3. 預防疾病之方法（例如蛀牙與感冒之預防方法）。所謂「疾病」，包含功能不全在內。

4. 為實施治療所採用預備處理方法、治療方法本身，或為輔助治療或為護理所採用之處理方法。為保健所採用之處理方法（例如按摩方法、指壓方法、健康檢查方法），因可視為預防疾病之方法，故亦屬於治療方法[45]。

三、人類或動物之外科手術方法

人類或動物之外科手術方法，係指使用器械對有生命的人體或動物體實施的剖開、切除、縫合、紋刺、注射及採血等創傷性或者介入性之治療或處理方法，包含外科手術方法、採血方法等。凡屬實施手術之方法，即使非以治療、診斷為目的，而為美容、整形所行之手術方法，亦包含在內。手術所需預備性處理方法，例如麻醉方法亦包含在內，至於為診斷與治療疾病所用之物質，組合物以及儀器設備等產品，例如新藥，製造義肢、義齒方法則不在其內，而可申請專利。

對於疾病之診斷及治療方法，所以不能授與專利權，係因上述方法係以活的人體或動物作為實施之對象，但若以已經死亡之人體或動物為對象

「以獲得疾病之診斷結果為直接目的」，係指該方法必須能獲得具體之最終診斷結果，包含從取得測量數據至作出診斷的所有步驟。如申請專利之方法僅限於檢測階段，缺乏評估症狀及決定病因或病灶狀態之後續步驟，即並無將取得數據與標準值比較以找出任何重要偏差以及推定前述差異所導致之診斷結果的步驟，即非屬人類或動物之診斷方法。參照智財局，《專利法逐條釋義》，頁 69。

[45] 參照智財局，《專利審查基準》，頁 1-1-5 以下。

進行測試、保存或處理方法，例如防腐、製作標本等，則可授與專利權。又對於已經脫離活的人體、動物的組織及液體所進行之處理或檢測方法，例如血液之處理、分析等方法，在這些組織及液體不送回原活體之限度內，可以授與專利權[46]。

本款規定對於供上述方法使用之物品本身及其混合品並無適用，亦即用於治療或診斷、手術方法之醫藥品及其混合品，仍可申請專利，僅所使用方法不能專利而已。至83年專利法第58條雖規定「混合兩種以上醫藥品而製造之醫藥品或方法，其專利權效力不及於醫師之處方或依處方調劑之醫藥品」，然而該條並不影響供上述方法使用之醫藥取得專利權，只是此等醫藥若取得專利權時，其效力不及於醫師之處方及依處方調劑之醫藥品而已。

第五目　國家安全之發明

涉及國家安全之發明，其專利申請如依照一般程序予以公布，可能害及國家利益，故一般國家專利法規定：專利局可採若干保密措施，其做法大抵有三種，一是將發明保密，在解密前不授與專利權，如英、法、加拿大、希臘等國是；另一種是將專利申請保密，經過審查合格的授予專利權，但不公布，例如義大利、荷蘭、比利時、挪威、土耳其等國是；第三種是法律不特別規定，而委由行政機關處理者。以上三種制度之中，第二種制度既可達保密之目的，又可不甚違反專利鼓勵發明之目的，復可在內部推廣使用，似較適當[47]。

83年專利法參酌美國專利法第181條與第182條之規定，詳定其保密之程序、期間，定期檢討解密，以及違反保密義務視為拋棄專利申請權之規定等(§48)。92年專利法又充實程序上規定，包括保密、保密期間、保密期間申請人損失之補償等，均較舊法進步。

100年專利法又修正規定：「發明經審查涉及國防機密或其他國家安全

[46] 湯宗舜著，《專利法解說》，北京，專利文獻出版社，頁121，1994年。

[47] 湯宗舜著，《中華人民共和國專利法條文釋義》，頁22。

之機密者，應諮詢國防部或國家安全相關機關意見，認有保密之必要者，申請書件予以封存；其經申請實體審查者，應作成審定書送達申請人及發明人。申請人、代理人及發明人對於前項之發明應予保密，違反者該專利申請權視為拋棄。保密期間，自審定書送達申請人後為期一年，並得續行延展保密期間，每次一年；期間屆滿前一個月，專利專責機關應諮詢國防部或國家安全相關機關，於無保密之必要時，應即公開。第一項之發明經核准審定者，於無保密之必要時，專利專責機關應通知申請人於三個月內繳納證書費及第一年專利年費後，始予公告；屆期未繳費者，不予公告。就保密期間申請人所受之損失，政府應給與相當之補償。」(§51)

即修正重點為：

1. 認有保密之必要者，申請書件予以封存；其經申請實體審查者，應作成審定書送達申請人及發明人。於無保密之必要時，應即公開。

2. 發明經核准審定者，於無保密之必要時（專利申請案，如經核准審定，須俟國防部或國家安全相關機關認定該技術內容無保密之必要時），方得通知申請人繳納證書費及第一年專利年費後，予以公開；屆期未繳費者，不予公告。

惟新法仍有若干疑義，例如：

1. 所謂「就保密期間申請人所受之損失，政府應給予相當之補償」，理論上除原專利申請人外，其繼承人、受讓人亦可申請補償[48]。所謂損失似包括因不能自行或授權他人生產製造銷售發明品所生之損失，以及因不能讓與專利權予他人所受之損失等。但其數額如何證明頗為困難，又請求補償之程序如何、向何機關請求，仍有疑義[49]。

2. 在將專利說明書移請國防部等機構諮詢意見過程，未提及此等機構有關人員是否亦比照專利機關職員，負保密義務。又不服保密之審定，受

---

[48] 依美國法，請求補償之權利人，不限於專利之申請人，其繼承人、受讓人或法定代理人均可為之。

[49] 美國專利法定有六年之時效期間，且明定應向通知專利局保密之部會，而非向專利局請求補償，且如不補償，可向賠償法院 (Court of Claims) 請求補償。

理行政救濟機關之有關人員，如何能確保保密之目的？

3. 規定申請人、代理人及發明人保密，就能確保無洩密可能？且一旦洩密，申請人專利申請權視為拋棄，對申請人權益影響重大。但如洩密係出諸有關機構或行政救濟有關人員之過失，申請人無法證明，此時由申請人承擔拋棄效果，豈非過酷？又對於視為放棄之認定，如有不服，是否可提起行政救濟等，均乏明文規定。

4. 上述美國專利法第 186 條尚規定：明知有此保密命令，未經准許故意發表或透露該發明或主要內容，或使他人為此等行為者，科美金一萬元以下罰金，或科或併科二年以下有期徒刑，對秘密之確保甚為周密。

第三節　專利局職員專利權益取得之禁止

在民國 83 年以前舊專利法規定「專利局職員任職期間，除繼承外，不得申請專利及直接、間接承受有關專利之任何權益」(§20)。民國 90 年專利法，將「專利局職員」改為「專利專責機關職員及專利審查人員」(§15)。

所謂專利專責機關職員係指所任職務與專利業務有直接或間接之關係者而言（83 年施行細則 §6），故外聘之專利審查委員亦包括在內。

此種限制在外國之法例係源自美國，澳洲專利法[50]亦仿之，其他似尚不多見。按美國專利局局長蘇頓（William Thornton(1802–1828 在職)）[51]，

[50] 澳洲專利法 (1990) 亦明定：「(1)專利局長、副局長或受雇人不得買受、出售、取得或交換(a)發明或專利，不問在澳洲或別國核准，或(b)專利之某種權利或授權，不問在澳洲或他國核准，違者罰金六千元。(2)違反本條之購買、出售、取得、讓與或移轉無效。(3)本條不適用於發明人或由遺贈或法律規定取得權利。」

[51] Thornton 也是美國國會之建築師，傑佛遜於 1801 年被選為美國總統時，任用 Thornton 為專利局長 (superintendent of patents)。1814 年，英軍攻進華府，並決定焚毀該城每個公共建築時，據傳他與華盛頓之孫女看到該城正在燃燒，即對英軍表示，過去土耳其人因焚毀埃及亞歷山大城圖書館（當時號稱蒐存所有人類歷史之知識），惡名至今仍無法回復，若英人焚毀我們的專利局，必將受所有人類同樣評價一千年。結果該局乃華府唯一未受英人焚毀之公共建築，不過後來曾罹於火災。

致力於專利事業之推進，自擔任局長後，其本人之若干發明悉數放棄請求專利，其後遂形成慣例。1836 年美國修改專利法時，即明文規定專利局職員不得申請專利，以防微杜漸[52]。按其專利法第 4 條規定：「專利商標局官員及受雇人在任職期間及離職後一年內除繼承及受遺贈外，不得申請專利；亦不得直接或間接取得該局所發給或將發給之任何專利或其他有關專利之任何權利或利益。對於其後申請之專利，其所享優先權日不得溯至離職後一年內」[53]。

我國專利法上開規定顯然係仿自美國立法例，立法旨趣係在防止有關人員利用職務上權力機會或方法介入專利之競爭，直接或間接承受有關專利之任何權益以圖利自己或第三人，目的在保持超然公正之立場，提升專利局之形象與公信力，用心良苦。雖有人以為禁止專利局職員申請專利，似未免矯枉過正，況此種限制對有關職員人格更不無欠缺尊重之感，而主張應予廢止或適當修正者[54]。但在我國亟待建立專利制度信用之今日，該制度似無可厚非。該條所謂繼承，解釋上似應包含遺贈在內。所謂接受有關專利之任何權益，似包括不得為專利共同申請人、共有人、受讓專利權與專利申請權及其應有部分作為被授權人、拍賣之應買人及信託之受益人與受託人等。當然更不可為規避本條之限制，將自己之發明以他人為受託人信託於他人（信託法 §5）[55]。

---

[52] 秦宏濟著，《專利制度概論》，頁 76。

[53] 該法實施規則 (37CFR10.6) 更擴充該條之限制，而對離職專利商標局職員限制其從事專利律師或專利代理人的活動。尤其擔任專利審查官之人，於離職後二年內對於他人所提之申請案與自己所主辦之審查分類有關時，禁止其代理（參照黃文儀著，《專利法逐條解說》，頁 37）。

[54] 金進平，前揭書，頁 188。

[55] 關於信託之詳情，可參考楊崇森著，《信託與投資》一書，正中書局。又楊崇森，〈慈善信託之研究〉，《中興法學》，第 26 期（民國 77 年），及〈議決權信託之研究〉，《中興法學》，第 9 期（民國 63 年），又〈境外資產保護信託之探討〉，《臺灣經濟金融月刊》，第 44 卷第 2 期（民國 95 年 2 月）。又《信託法原理與實務》、《信託業務與應用》二書（三民書局，2010 年）。

該條所稱審查委員，依「專利審查官資格條例」規定，得從事專利審查官工作者，為專利高級審查官、專利審查官及專利助理審查官。另依「經濟部智慧財產局組織條例」第16條之1規定，聘用之專業人員，亦得擔任專利之審查官工作，又當時第17條規定，組織條例修正生效後五年內尚遴聘之兼任審查人員，亦得擔任專利審查工作（按即使91年修正之新條例第17條亦定有兼任專利審查委員），故民國90年專利法修正時，基於避免角色衝突及公務保密，應及於審查相關人員之考慮，故將該條「專利審查委員」修正為「專利審查人員」。100年專利法第15條第1項加以沿襲。

第十章　專利申請人

第一節　專利申請權

一、總　說

所謂專利申請權，係指得依專利法向主管專利之機關申請專利之權利（專 §5I）。申請專利之權利於發明完成之同時，原始的歸屬於發明人。所謂專利申請權人，除專利法另有規定或契約另有訂定外，係指發明人、新型創作人、設計人或其受讓人或繼承人（專 §5II）❶。專利申請權本質上

---

❶ 100 年專利法修正，在第 5 條，將「創作」定為發明、新型及設計之上位概念，參考國際立法例，將發明、新型及設計之創作人分別明定為「發明人」、「新型創作人」及「設計人」。其理由如下：

1. 發明之創作人，於巴黎公約 (Paris Convention)、美國專利法、歐洲專利公約 (European Patent Convention, EPC)、英國、德國及韓國專利法為 “inventor”，日本特許法稱為「發明者」，大陸地區專利法稱為「發明人」。經考量「發明人」一詞國內各界習用已久，且與前述國際立法例之用語相仿，爰保留發明之創作人名稱為「發明人」。
2. 新型之創作人，於日本實用新案法稱為「考案者」，大陸地區專利法稱為「發明人」，韓國新型專利法稱為 “inventor”，歐盟並無新型專利制度。經考量前述國際立法例之用語未盡一致，為與發明及設計之創作人名稱有所區隔，明定新型之創作人名稱為「新型創作人」。
3. 設計之創作人，海牙協定中與國際工業設計註冊有關之日內瓦公約 (Geneva Act of the Hague Agreement Concerning the International Registration of Industrial Designs) 及韓國設計法稱為 “creator”, 歐盟設計指令 98/71/EC 及澳洲設計法稱為

為一種期待權，即專利申請權人提出之專利申請案未來如經核准，則專利申請人變成專利權人，因此專利申請權人具有未來獲得專利權之期待權。

專利申請權由於日後可否取得專利（即專利能力之有無），尚須俟主管機關之審查，致其性質與營業秘密不無近似，但二者仍有不同，即營業秘密不以具有可專利性（專利能力）為必要，而專利申請權於通過主管機關審查取得專利前，尚不能確定有無專利性。

發明人及其承繼人原則上可自己實施發明，亦可將專利申請權讓與他人實施。惟其實施不得侵害他人之權利，此點與營業秘密大致相同，惟營業秘密於自己實施時並無獨占權，故除合於營業秘密法所定要件外，無法禁止第三人為同一行為（包括未經其授權利用其發明），第三人為同一發明時，亦不能妨礙其提出專利之申請。

二、專利申請權之共有

如上所述，一種發明或創作可能原始由數人共同研發完成，亦可能於研發完成後，由發明人、創作人將其一部讓與他人，或由他人繼承共有人之應有部分，當然亦可能基於原來提供資金關係或嗣後籌措商品化所需資金等之合作關係，致專利申請權成為由數人共有而非單獨所有之結果。

惟除讓與、繼承與資金合作關係等原因成為共有外，單就研發之過程而論，在今日專利申請共有之可能性更為增加。因一種發明可能係許多人手腦並用之產物，自首先提議與指導該構想之研發經理起，至執行構想之產品技師與技工止，有不少人參與，甚至專利律師在對先前技術提出建議時，亦可能對發明重要專利性之改變提出建議。況不少產品與方法係經漫長期間之研發，在所有研發階段，工人可能離職或新加入研發之團隊(team)，尤以今日大公司或機構從事大規模之研發計畫為然，致專利申請時，發明人或申請人之人數，間有遺漏或浮濫之虞。

"designer"，日本意匠法稱為「意匠の創作をした者」，大陸地區專利法稱為「設計人」。經考量前述國際立法例之用語未盡一致，而「設計人」一詞係較多立法例"designer"之直譯，且易為國內各界所理解，爰明定設計之創作人名稱為「設計人」。

故美國 1984 年之專利法修改法 (The Patent Law Amendments Act of 1984) 修改第 116 條 (sec.)，規定「發明人得共同申請專利，即使(1)物理上並非共同或同時工作，(2)各人並未作種類或數量相同之貢獻，或(3)各人並非對專利各 claim 之標的作出貢獻」(Pub. L. No. 98–622, §104 (a), 98 Stat. 3384–85)。此點乃反映現代研發實情之規定，可供我國將來修法或司法解釋之參考。

依我國專利法規定，二人以上共同申請專利，除約定有代表人外，在辦理各種程序時原則上應共同連署，並指定其中一人為應受送達人。未指定應受送達人者，專利機關除以第一順序申請人為應受送達人外，並應將送達事項通知其他人（專 §12）。在共有場合，非共有人全體不能申請專利。共有人若僅一人申請專利者，主管機關可駁回其申請，即使未發覺，取得專利權，亦可構成日後專利權撤銷之事由。民法上各共有人之應有部分可自由處分，包括讓與其申請（民 §819），但在專利申請權為共有時，各共有人非經其他共有人全體之同意，不得讓與或拋棄。100 年專利法修正，在第 13 條增訂第 1 項：「專利申請權為共有時，非經共有人全體之同意，不得讓與或拋棄。」因專利申請權為共有時，依民法第 831 條準用同法第 819 條第 2 項規定，其讓與或拋棄應得全體共有人之同意。又增訂第 3 項：「專利申請權共有人拋棄其應有部分時，該部分歸屬其他共有人。」因專利申請權之共有人如拋棄其應有部分，此時與讓與有別，不影響其他共有人之權益，本得逕行為之。為解決此應有部分歸屬之爭議，明定應歸屬其他共有人。專利申請權共有人非經其他共有人之同意，亦不得以其應有部分讓與他人（專 §13），此與專利權共有時，讓與應有部分受限制之理由相同（專 §65）。所謂不能自由讓與應有部分，乃指非經其他共有人同意，不能設定讓與擔保與強制執行之謂❷。

❷ 中山信弘著，《工業所有權法》（上），頁 170、171。

三、對抗要件

㈠申請前

專利申請權，在申請前並無任何公示方法。即除申請外，別無對抗第三人之方法，故其申請變成對抗要件。二重讓與之受讓人同日申請時，只能以協議所定之人作為權利人。

㈡申請後

專利申請權因對專利機關提出申請，成為效力發生要件。二重讓與之受讓人同日提出申請時，與申請前同樣，以依協議所定之人作為權利人（專§31）。申請人變更名義，無論繼承或讓與，須向專利機關申請變更名義，否則不得以之對抗第三人（專§62）。又變更申請，不論受讓或繼承，均應附具證明文件。一般承繼場合，申報非效力發生之要件，權利於承繼事由發生之同時移轉，惟承繼人須儘速向專利機關申報。

四、讓與性

專利申請權係財產權之一種，可為繼承與讓與之標的（專§6I），此權利屬於數人共有時，其讓與應經他共有人之同意，惟美國至今尚不准許讓與，較為罕見❸。在專利申請權中，只有財產權本身始可讓與，至發明人之姓名表示權不能讓與。故不問實際上以何人名義申請專利，但在申請書等文件上，發明人有要求記載其姓名之權利（專§7IV）。移轉財產權部分之專利申請權，於專利申請前不需任何方式，只須當事人合意即可移轉，但如在申請時非以繼受人名義申請專利，或申請專利後受讓或繼承時，非向專利機關申請變更名義，不得以之對抗第三人。且變更申請，不論何種情形均須附具證明文件（專§14）❹。至取得專利權後讓與時，則須附具證

❸ 英國自專賣條例以來，原不准讓與，但1949年修正專利法後，終於承認讓與（中山信弘，同❷，頁158）。

❹ 101年修正之施行細則規定：「因繼受專利申請權申請變更名義者，應備具申請書，並檢附下列文件：一、因受讓而變更名義者，其受讓專利申請權之契約或讓與證明文件。

明文件，向專利機關申請換發證書，並登記於專利權簿，並於專利公報公告（專 §84、§85；專施 §82）。

五、擔保權之設定

㈠抵押權

專利法並無規定，且因欠缺公示方法，故不可能以之設定抵押權。

㈡質　權

專利申請權有讓與性，但專利法明定此種權利不得為質權之標的（專 §6II），其立法理由何在，有欠明瞭，在日本學界有下列各說：

1. 此種權利可否成立有效之專利權，尚難逆料，故其權利性質上乃不確定之權利，如以之為擔保權之客體，會使第三人有蒙受不測損害之虞。

2. 此種權利將來能否取得專利權乃不確定性質，通常其評估之價額比專利權低廉，如准許發明人將其提供擔保，則其發明有被資本家廉價掠奪之虞。

3. 此種權利如設定擔保權，則於債務人債務不履行，債權人實行質權時，權利之內容因拍定成為公知，失去新穎性，即會毀損權利本身，為權利性質所不許❺。

4. 此種權利欠缺公示方法，且專利申請之說明書或圖面之補正，亦須質權人之同意，導致手續之複雜。

但以上各說均有缺點：

1. 就第一說而論，民法上附條件之權利可設定質權，如專利申請權不能設質，相形之下，有欠均衡。又此種權利，現實上是否取得專利，雖在設定質權時尚不確定，但質權人既知情，同意以其供擔保，即使日後不能取得專利，亦不致受不測之損害。況就對第三人所導致危險之程度言，設定質權與讓與並無不同，如獨對讓與許可而不承認設質，豈非有失權衡？

但公司因合併或併購而承受者，為併購之證明文件。二、因繼承而變更名義者，其死亡及繼承證明文件。」（專施 §8）

❺ 關於各說之評介，參見豐崎光衛著，《工業所有權法》，頁 71。

2.第二說亦可與第一說受到同樣批判，即雖禁止設定質權，但既承認讓與，資本家仍可能以廉價掠奪專利權，故並無單獨禁止設質之理由。又專利申請權效力不確定，固有被低估擔保價值之虞，惟如對發明人或其承繼人，關閉融資之門，反而對發明人有保護不周之憾。

3.第三說有部分說服力。但在專利申請後已無因公開致破損權利之不利，故申請前後一律禁止設質之理由不能成立。

4.第四說在現行法理論上雖較為妥當，但在立法論上至少應考慮於申請專利後設定質權之可能性❻。

故以上各說之說服力均有不足。至少專利申請後之權利，應向准許設質之方向檢討。因既認此種申請權有讓與性，如增設有公示方法與補正之規定，則設定質權應不成問題。況如不准設質，不免阻塞發明人取得融資之路。又今日技術擔保化雖不盛行，但自鼓勵 venture 企業之觀點，亦應向承認技術擔保化之方向進行❼。

六、讓渡擔保與信託

日本舊專利法雖有專利申請權不得供擔保之規定，但法院有承認設定為有效之判決，新法既只規定此權利不得設定質權，並不特別禁止讓渡擔保，故學說以為應可設定❽，在我國法之下似亦可為同一解釋。如上所述，專利申請權既可為讓與之標的，故自得為信託之客體。

七、強制執行

關於專利申請權可否強制執行，專利法並無明文，過去強制執行法亦無明文規定，依無體財產權之性質，似屬於強制執行法上所謂「其他財產權之執行」，或參照債權執行之例辦理強制執行。在日本民事執行法定有「發明或著作之物尚未發表者」，為禁止扣押之動產（§131 ⑫），故涉及未公表

❻ 中山信弘著，《注解特許法》（上卷），第 2 版增補，頁 268。

❼ 中山信弘著，《工業所有權法（上）特許法》，頁 158、159。

❽ 同❼，頁 159。

之發明之物（例如機械）不能扣押，但未公表之發明若非動產，則無禁止規定。我國強制執行法第 53 條在不得查封之物之規定中規定「尚未發表之發明或著作」不得查封。但此僅係原則，並非絕對，因第 2 項又規定：「前項規定斟酌債權人及債務人狀況，有顯失公平情形，仍以查封為適當者，執行法院得依聲請查封其全部或一部。其經債務人同意者，亦同。」

按專利申請權可否強制執行，在日本有正反兩說之對立。肯定說以為強制執行法並無特別禁止，此種權利既係可讓與之財產，應可強制執行，反之，否定說則以為發明因強制執行變成公開，且無公示方法，又以類推禁止設定質權之規定等作為否定之根據。惟對此種權利之強制執行，事實上確有困難之處。例如為了強制執行，須公開發明，將對象特定，現實上如何執行，發明人之名譽權與姓名表示權如何處理等問題均須加以解決，但究不能作為否定強制執行之理由，以免犧牲債權人，偏袒債務人。況禁止扣押之規定主要係基於債務人最低生活之保障與宗教心與名譽心之保護而設。在強制執行時，須將對象特定，但在申請專利前，此種申請權與營業秘密相同，將對象特定相當困難，又欠缺公示手段，惟基本上應承認對此種權利之強制執行，且須在有關法令內充實執行方法之規定。至於對此種申請權加以扣押之債權人不能自己申請專利，但於法院命申請人向債權人讓與後，則可作此申請。至申請專利後之執行手續，專利法亦無任何規定，似可依與申請前相同之方法為之，但因申請專利手續已繫屬於專利機關，故應設若干公示手續之規定，又此種專利申請權非如專利權內容已歸確定，其型態與內容可因申請之補正與分割，發生變化，斯應注意❾。

八、專利申請權之消滅

專利申請權因下列原因而消滅：

㈠專利權之核准

一般以為申請權因專利核准，申請人取得專利權而消滅，但此時與其認為消滅，不如認為原來目的之達成，變成完全之權利❿。又因發明新穎

❾ 中山信弘，同❷，頁 161、162。

性等法定要件之喪失等原因，亦可解為專利申請權之消滅事由。

㈡駁回專利申請確定

駁回之理由，包括專利申請權之不存在及中途消滅。

㈢申請人無繼承人

專利法雖有專利權因無繼承人而消滅（專 §70I ②）之規定，但對申請權並無類似規定，如依民法規定，無繼承人之財產歸屬於國庫，並無實益，故此時應與專利權同樣歸於消滅⓫。

㈣權利能力之喪失

關於專利，原有個別權利能力之外國人，其後如因條約終止等原因，喪失權利能力時，該申請權亦歸於消滅。

㈤拋　棄

申請權既係財產之一種，應無不能拋棄之理。

在日本專利法對申請之拋棄與申請之撤回規定不同法律效果 (§39)，此在對優先權之關係上尤為重要。所謂申請之撤回係指專利申請因專利機關之受理而繫屬於專利機關，因專利申請之撤回，申請人解除專利申請之繫屬，發生溯及效力，關於專利申請之優先權歸於消滅，就同一發明排除後申請之效果亦不存在。又申請之撤回在申請公告前，仍保有取得專利之權利，其後如另行申請，仍有取得專利之可能，而在申請公告後，則不能再取得專利⓬。而申請之拋棄與申請公告無關，乃放棄取得專利之權利，以後不能再提出申請。又在申請之拋棄，在此時點以前專利申請之效力存在，故對於被拋棄之專利申請優先權仍行殘存，拋棄後就同一發明仍有排除後申請之效力。我專利法就申請之拋棄與撤回未設規定，實務上可能發生疑義。

⓾ 中山信弘，同❷，頁 172。

⓫ 同⓾。

⓬ 篠田四郎、岩月史郎著，《特許法の理論と實務》，頁 86。

第二節　專利申請權之主體

所謂專利申請權，係指得依專利法申請專利之權利（專 §5I）。在現行法下專利申請權之主體如下：

一、發明人或創作人（原始取得）

發明人及新型或設計之創作人得為專利權主體，亦得為專利申請權之主體（專 §5）。所謂發明人或創作人，乃實際上真正完成發明或創作之人。發明乃事實行為，並非法律行為，故自然人中限制行為能力人固無論，即無行為能力之人亦可為發明人⓭。

又所謂發明人，係指現實擔當該發明創作行為之人，故單純補助、建言、提供資金或設備之人，或單純下命令，或在理論上指導之人，均不能認為發明人或共同發明人。惟如數人共同完成發明或創作者，該數人係共同發明人或創作人，可共同為申請權之主體。完成發明或創作既為事實行為，故在具體情形，確定何人為發明人或創作人，有時甚為困難，唯有依具體事證加以判斷。

法人有無發明能力，能否作為發明人？不無問題。在日本以否認說為通說。特許廳實務上發明人限於自然人，且法院判決以為日本立法政策上不承認法人之發明能力（東京地判昭和 30 年 3 月 16 日下民集 6 卷 3 號，頁 479），故否定法人之發明能力，在解釋論上不能採企業發明或經營發明之概念⓮。亦即法人因無發明或創作能力，不能成為發明人或創作人，惟可自發明人或創作人受讓專利申請權，而成為申請人。在我國法解釋上，由於法人之研發工作，係透過自然人進行，故本法所稱之發明人、新型創作人及設計人應均僅限於自然人。發明即使由企業以研究費與多數從業員

⓭ 專利申請權人如為無行為能力人或限制行為能力人，為申請專利之行為時，依民法理論，應由法定代理人代理或經其允許或追認。

⓮ 中山信弘著，同❷，頁 67；又氏編著，《注解特許法》（上卷），頁 309。

所完成，但專利法上之發明人，非該企業，而係對完成發明提供有益貢獻之各個自然人。反之，專利申請人係指具名向專利機構提出申請案之人，為權利義務之主體，須有獨立之人格，故自然人或法人均可為申請人，而與發明人性質不同，斯應注意。又外國公司得為專利申請人，向我國提出專利申請案者，不以經認許為必要，惟外國公司在臺分公司不具有獨立之法人格，提出專利申請案應以總公司名義為申請人。將他人之發明冒名提出專利權申請，或將共同發明擅自單獨申請專利時，不能取得專利權，冒名申請取得專利權時，其專利權應歸無效。惟目前我國司法實務通說認為專利申請權係私法上之權利，專利機構不得就專利申請權誰屬，予以裁斷（最高行政法院 89 年度判字第 1752 號判決參照）。因此專利申請權之歸屬發生爭執時，應先由民事法院判斷後，再由權利人檢附確定判決書向智財局申請變更權利人名義（智財法院 101 年度民專訴字第 144 號民事判決參照）。但即使經司法判決裁斷專利申請權之歸屬，並無法產生撤銷專利權之效果；利害關係人仍須（得）於該專利案公告後二年內，依專利法第 71 條、第 119 條或第 141 條之規定，以專利權人並非專利申請權人為理由，向專利機關提出舉發，如經審定舉發成立，撤銷專利權確定，真正專利申請權人得於確定後二個月內對相同創作申請專利，並以該經撤銷確定之專利權之申請日為其申請日⑮。在日本專利法對詐欺專利行為另有處罰專條，但我國專利法則否。

二、受讓人與繼承人（繼受取得）

專利申請權為財產權，得讓與或繼承（專 §6I），故發明人、新型創作人、設計人或其受讓人與繼承人，亦得為專利申請權人（專 §5II）。專利申請權為共有時，非經共有人全體之同意，不得讓與或拋棄。又專利申請權共有人非經共有人全體之同意，不得以其應有部分讓與他人。又專利申請權共有人拋棄其應有部分時，該部分歸屬其他共有人（專 §13）。因在專利申請權之共有，各共有人雖有應有部分，但因無體財產權本質上與一般財

⑮ 智慧財產局，《專利法逐條釋義》，頁 16。

產權不同，以合一行使為宜。尤其在申請階段，更有此必要，否則所為共有權之讓與，應認為不生效力⓰。因依新專利法第 12 條之規定，共有人申請專利時，應共同連署或約定代表人。如各共有人未經其他共有人同意，可將其應有部分讓與他人，此時共有人與該受讓人間可能因意見不一，導致申請專利手續之稽延或困難，對共有人權益不利之故，亦即該條為民法第 819 條各共有人得自由處分其應有部分之特別規定。

繼受專利申請權者，無論讓與或繼承，如在申請時，非以繼受人名義申請專利，或未在申請後向專利局申請變更名義者，不得以之對抗第三人。為此項變更申請者，不論受讓或繼承，均應附具證明文件（專 §14）。

三、大陸地區人民

大陸地區人民之發明，可在臺灣地區取得專利。依據經濟部 83 年發布之「大陸地區人民在臺申請專利及商標註冊作業要點」（102 年 3 月修正，自 102 年 1 月 1 日施行），其發明須依專利法規定，申請專利並取得專利權，始受保護。又其申請專利及辦理有關事項，應委任在主管機關登記有案之專利代理人辦理。

四、外國人

所謂外國人係指不具中華民國國籍之自然人及依照外國法律設立之法人。外國人是否得為專利申請之主體，依專利法第 4 條之規定，應視外國人所屬國家，與我國是否共同參加保護專利之國際條約，或有無相互保護專利之條約或協定，或有無由團體、機構互訂經濟部核准保護專利之協議，或對中華民國人民申請專利是否受理而定。即基本上此問題係採取互惠主義。所謂保護專利之國際條約，係指多邊公約，如巴黎公約、布達佩斯公約之類。至目前為止，我國尚未參加此類多邊公約。至相互保護專利之條約或協定，係指兩國間相互保護專利之雙邊條約或協定。中美兩國間於 1946 年所簽訂之中美友好通商航海條約 (Sino-American Treaty of Friendship,

⓰ 金進平著，《工業所有權法新論》，頁 122。

Commerce and Navigation) 能否認為此種雙邊協定，似仍待探究[17]。至所謂由團體、機構互訂，經濟部核准保護專利之協議，係指在近年與無正式外交關係之國家(例如與美國間)，由形式為民間團體，但實質上為外交單位，踐履與正式大使館近似功能之團體與相對國同性質之民間團體，締結保障專利權之雙邊協議（例如過去在著作權方面，由我北美事務協調會與美國在臺協會間締結之中美著作權保護協定。在專利權方面，例如臺北英國貿易文化辦事處與駐英國臺北代表處於 89 年 3 月 2 日分別代表中英兩國簽訂之中英智慧財產權相互承認合作辦法是)。至所謂機構似指由主管專利之政府機構，即原中標局或現在之智慧財產局與外國專利局互訂，經經濟部核准之保護專利之協議而言。故如外國人所屬國家，未與我國參加同一國際多邊公約或雙邊條約或協定，亦無由團體、機構互訂經濟部核准保護專利之協議，則須該國事實上對我國人民申請專利，無不予受理情事。例如，美國、日本二國與我國雖無正式外交關係，但因此兩國受理我國民申請專利，故我國亦受理此兩國人民之專利申請案。因此，只要某外國實質上受理我國人申請專利，則不問是否與我國簽訂有條約或協議，我國均可受理該國國民申請專利。

若符合以上兩者之一要件時，其專利申請必須受理，未合兩要件之一者，其專利申請得不予受理，惟亦得受理，由專利機關加以裁量，例如沒有專利制度的國家，由於不可能有受理我國人申請專利之事實，除非能提出接受我國民申請的相關證明文件，否則我國亦得不受理該國人民申請專利。

又無國籍人在我國可否申請專利？有人以為無國籍人因無「祖國」，不可能與我國有互惠關係，況我國專利法施行細則第 2 條又規定「專利專責機關認為有必要時，得通知申請人檢附身分證明或法人證明文件」。無國籍人既無法提出此等文件，故不得申請專利。惟如無國籍人之發明能對我國產業發展有所助益，則認許其在我國申請專利，似無不當。

至雙重國籍之人既有我國國籍，自可在我國申請專利。我國加入 WTO

[17] 因該條約性質上並非自己執行 (non self-executing) 之條約。

（世界貿易組織，原關稅暨貿易總協定）後，因根據有關智慧財產權的最終協議第 2 條規定，WTO 所有會員國均須遵守巴黎公約第 1 條至第 12 條以及第 19 條之規定，包括第 2 條國民待遇之規定，故可以斷言外國人在我國申請專利之限制將更形減少⑱。

五、未經認許之外國法人之訴權

按未經我國政府認許之外國公司，依公司法原無權利能力與行為能力，故除該外國公司所屬國家，與我國間訂有雙邊條約，特別規定我國應賦予訴權外，外國公司在我國即使專利權遭受侵害，理論上原不得提起告訴，甚至告發。

民國 75 年修正前之專利法，原亦無准許未經認許之外國人提起訴訟之規定，惟依當時專利法規定，得申請專利之外國人，包括外國法人與團體，而前中標局實務上並不要求外國公司，先依我公司法申請認許後，再行申請專利。實務上不問是否經我政府認許，只須附送驗證或認證之法人證明文件，即得以外國公司名義申請專利，因此常發生未經認許之外國公司在我國專利權被人侵害提出刑事告訴，被認為無權利能力，故無告訴權，而違反專利法之罪為告訴乃論，因此不准告發之情形⑲。惟在此等案件，其專利權之保護即有瑕疵或不足。因此為符合專利法之基本精神，民國 75 年修正專利法時，增訂第 88 條之 1，即基於互惠原則，賦予未經認許之外國法人或團體、告訴、自訴及提起民事訴訟之權⑳，而特別規定：「未經認許之外國法人或團體，就本法規定事項得為告訴、自訴或提起民事訴訟。但以條約或其本國法令、慣例、中華民國國民或團體，得在該國享受同等權利者為限，其由團體或機構互訂保護專利之協議，經經濟部核准者，亦同。」92 年專利法修正，由於刪除專利侵害之刑罰規定，均不發生告訴與自訴問題，其結果未經認許之外國法人或團體今後只能提起民事訴訟。92 年專利

⑱ 黃文儀著，《專利法逐條解説》，頁 8。

⑲ 金進平，前揭書，頁 124。

⑳ 陳文吟著，《專利法》，頁 198。

法規定：「未經認許之外國法人或團體就本法規定事項得提起民事訴訟。但以條約或其本國法令、慣例，中華民國國民或團體得在該國享受同等權利者為限；其由團體或機構互訂保護專利之協議，經主管機關核准者，亦同。」(§91) 即原則允許未經認許之外國法人或團體就本法規定事項提起民事訴訟。例外依互惠原則，限制未提供我國國民訴訟權保障之外國法人或團體，不得享有本法所規定之訴訟權。100 年專利法修正，該條改列為第 102 條，刪除上述但書，理由是：我國加入世界貿易組織後，對於該組織之會員，會員間已捨棄互惠原則，改採國民待遇原則及最惠國待遇原則，故各會員均有義務保護其他會員國民之訴訟權；對於非世界貿易組織會員之國家，如其未依互惠原則提供我國國民專利權保護者，本法第 4 條已規定在實體上得不受理其專利申請，故無再於程序上訂定互惠限制之必要。

第三節　發明人之姓名表示權

一、立法例

巴黎公約 (§4 之 3) 規定：「發明人有權要求在專利證書上記載自己為發明人」，故專利機關在授與專利證書前，須知悉發明人之姓名。因此一般國家專利法規定專利申請人如非發明人，須填寫發明人之姓名。若干國家要求申請人在專利申請書填寫發明人之姓名，有些國家可准申請人在一定期限以書面另行申報發明人之姓名[21]，此即所謂發明人有無享有姓名表示權問題。

在日本專利法下，發明人並未享有姓名表示權，惟學者以為發明人於完成發明同時，即取得發明人名譽權，因此種名譽權在向特許廳申請專利過程中，包括在申請書、申請公告之專利公報、專利證書等，以揭載發明人姓名之形式予以具體化，故在申請專利前只有潛在的存在。但即使在申請專利前，發明人亦有此種名譽權，倘有侵害行為，例如對他人已完成之

[21] 湯宗舜著，《專利法解說》，頁 79。

發明，記載自己是發明人而提出專利申請時，可能成立侵權行為㉒。我國舊專利法亦與日本法相同，並未規定發明人有姓名表示權，故發明人理論上僅享有名譽權，為人格權之一種，惟不可讓與，於申請時，發明人姓名之記載，雖係申請之形式要件，但即使記載錯誤，亦不成為無效之事由（參照日特許法 §123）㉓。

法國法亦無明文承認發明人對申請人等有姓名表示請求權（法專 §4）。惟西德專利法對申請人課以表示發明人姓名之義務（德專 §26VI、VII），違反此義務構成駁回申請與專利權無效之理由，即比我舊法與日本、法國專利法予以更強之制裁。換言之，西德由此等規定顯示發明人享有姓名表示權之發明人人格權。

美國專利法原則上申請人以自然人，即最先真實之發明人本人為限，由其負有義務提出自己為最先真實發明人之宣誓書，故發明人對申請人享有姓名表示權，在法律上不發生問題，甚至可謂發明人之姓名表示權，在彼邦享有最強之保障㉔。

中共專利法第 17 條亦明定：「發明人或者設計人有在專利文件上寫明自己是發明人或者設計人的權利。」

二、現行法之規定

我國 83 年之專利法特仿德國上開立法例，進一步明文承認發明人對其發明有姓名表示權，有似著作權法上著作人之姓名表示權（著 §16），而於第 7 條第 4 項規定：「依第一項、第三項之規定，專利申請權及專利權歸屬於雇用人或出資人者，發明人或創作人享有姓名表示權。」（專 §7）。100 年修法後之第 7 條亦同，惟改為：「依第一項、前項之規定，專利申請權及專利權歸屬於雇用人或出資人者，發明人、新型創作人或設計人享有姓名表示權」。惟如發明人或共同發明人中有人自願放棄此種權利，不在專利文件

㉒ 中山信弘，同❷，頁 163、164。

㉓ 同㉒。

㉔ 川口博也著，《特許法の構造と課題》，頁 49～52。

上表明自己姓名時，應非法之所禁㉕。

在過去某新技術發明成果完成後，常發生何人為發明人之爭議，其實發明人或設計人係對發明創造之實質特點，作出了創造性貢獻之人，其他擔任計算、繪圖、實驗等工作之補助人員、以及只負責組織工作之人員、為物質條件之利用提供方便之人員，均不能認為發明人（中共專利法實施細則 §11）。此種姓名表示權如被他人妨害時，發明人在法律上有何救濟？108 年專利法第 96 條第 5、6 項規定：「發明人之姓名表示權受侵害時，得請求表示發明人之姓名或為其他回復名譽之必要處分。前項所定之請求權，自請求權人知有行為及賠償義務人時起，二年間不行使而消滅；自行為時起，逾十年者，亦同。」因此被害人有下列救濟：

㈠請求表示發明人之姓名

他人將發明人姓名變為他人名義，致無法表示其姓名時，發明人可基於發明人之姓名表示權，妨害排除請求權，請求表示發明人之姓名，及除去其妨害，亦即有訂正請求權。在德國學說上以為在申請公告前可提起確認之訴，在公告後可提起訂正請求之訴。即可以侵害人為被告提起民事訴訟，再依法院確定判決，向智財局申請更正或變更登記。

㈡回復名譽適當之必要處分

對名譽毀損可請求「回復名譽適當之必要處分」，包括要求訂正發明人姓名、謝罪公告等。至回復名譽之方式，似可依民法第 195 條第 1 項後段「其名譽被侵害者，並得請求回復名譽之適當處分」之規定，在訴之聲明中一併請求法院判決命行為人登報，以填補損害。故 100 年專利法修正，刪除 92 年專利法第 89 條：「被害人得於勝訴判決確定後，聲請法院裁定將判決書全部或一部登報，費用由敗訴人負擔」之規定。

惟是否可請求財產上之損害賠償，不無疑義，自保障發明人之觀點似宜採肯定說，且姓名表示權被侵害時，事實上非常可能發生財產上損害之故㉖。

㉕ 湯宗舜著，《中華人民共和國專利法條文釋義》，頁 64。

㉖ 有反對說，李旦，《智慧財產季刊》，第 10 期，頁 43。

至於非財產上損害賠償，因專利法不似著作權法第 85 條明文規定「雖非財產上之損害，被害人亦得請求賠償相當之金額」，恐不得請求。

至於申請人如無權申請專利，或申請主要內容乃取自他人之說明書、附圖、模型、設備等，或取自他人使用之方法而未經其同意者，視其情節，有時可提出舉發。

第十一章　專利代理人

第一節　概　述

一、專利代理人制度之作用

發明人或專利申請權人，對其發明申請專利及辦理其他有關專利事務，必需具備相當程度之相關技術與法律知識，因研究與撰擬專利申請文件，如不熟悉申請案所涉及之專業技術知識，則不能充分領會申請案之構想與技術特徵，亦無法撰寫充分保障申請人合法權益之高品質申請文件。惟發明人或專利申請權之受讓人，即使嫻習技術，但未必熟諳一切有關手續，而專利法、施行細則及其他相關法令又有高度技術性與專業性，申請人更未必對有關法令有深入研究，況在分工精細之今日社會，自己亦未必有暇親自辦理，如草率從事，殊不足以保障其權益。

他方在專利機構方面，為謀事務進行順暢，亦望所有申請書件均能依式辦理，而免不備或錯誤發生，一再飭其補充或更正，故各國專利法均有專利代理制度，而其專利局均承認專利代理人 (patent agent, patent attorney, Patentanwalt)，並對其設有一套管理制度，非代理人不得為代理之行為，違反者可能受到處罰，且不承認其所為之代理行為❶。其理由蓋與法院之訴訟行為，設有訴訟代理制度，除當事人外，須以律師代理之旨趣相似，而不適用民法總則上本人可任意選任代理人以及代理人專業資格不受限制之一般代理規定。

---

❶　秦宏濟著，《專利制度概論》，頁 77。

二、專利代理人之工作

㈠提供專利諮詢服務

為發明人初步判斷發明是否滿足專利要件，是否值得申請。對發明選擇營業秘密抑專利之方式予以保護。如申請專利，則在發明、新型與新式樣中選擇那一種。又就是否向國外申請，是否放棄或維持專利權等，提供意見，供當事人決策之參考。

㈡撰寫專利申請文件，辦理專利申請有關事務

答覆審查人員之審查意見，修改專利申請文件及對異議之答辯。

㈢辦理有關專利權之讓與與授權事務

包含撰擬有關合約及向專利機關辦理登記。

㈣對他人之專利提出異議、舉發或為專利申請人或專利權人答辯

第二節　外國專利代理人制度

一、外國專利代理人之資格及管理

在實施專利制度之國家，除了大企業、科研機構與大學有專門的代理人與設置專利部處理本身專利工作外，對於一般公眾都有專利代理人與專利律師提供服務，如美國就有一萬多人、西德有一千多人、蘇聯有二千五百多人、日本有二千四百多人❷。

鑒於專利代理工作之專業性與特殊性，許多國家都有管理法規，如德國有「專利律師法」，日本有「弁理士法」，匈牙利有「專利代理人條例」，中共有「專利代理條例」，美、英及印度等國其專利法中定有關於專利代理人之專門章節，規定從事專利代理職務之條件。以下以若干國家為例，說明專利代理人制度：

❷ 蔡茂略、湯展球、蔡禮義編，《專利基礎知識》，頁104。

㈠德　國

德國專利律師需高等技術院校畢業後，有一年實務，然後至某工業或企業之專利部或專利事務所，在一個已經取得專利代理人資格的專利顧問或專利律師指導下，進行為期兩年之實習與訓練，以後再有四個月時間，在德國專利局接受訓練，八個月時間在專利法院學習，最後參加由專利代理人考核委員會所主持為期三天之考試（筆試通過後，參加口試），考試通過後方可取得專利代理人資格，可至工業或企業擔任專利顧問，亦可申請開業作專利律師。

㈡美　國

美國專利局准許律師與非律師在該局執業 (practice)，任何人可自行提出專利申請，並受理專利程序，並非必需專利律師 (patent attorney) 或專利代理人 (patent agent) 之服務。

專利代理人與專利律師都須通過專利局主辦的考試 (Patent Bar Examination)（該考試分 ABC 三類），都須受過若干科學、電腦或工程教育，都能起草專利申請案並在專利局進行申請案。專利代理人不需法律學位，但須有科學或工程領域學士學位才能應考，只有法律學位而未受過理工教育不能考。如專利代理人後來又取得法律學位，則可在專利局變更登記為專利律師。專利律師以電機與機械工程師最為熱門，生命科學亦然，但需碩士以上學位。專利代理人與專利律師不同之處為可否 practice law。專利律師念過法律學院並考取某州律師考試。不少人先自專利代理人做起，然後成為專利律師。專利代理人並非法律人，不能提供法律意見，包括專利授權或專利侵害，只有律師才能起草契約或保密契約或在各州或聯邦法院代理當事人進行法律訴訟。

符合條件的律師與代理人，在專利商標局登錄，且可准許在該局執行職務，專利局出版了一本官方名冊，叫做 Patent Attorneys and Agents Registered to Practice Before the U.S. Patent and Trademark Office。如發明人委任了專利律師或代理人，則所有專利商標局之公函通知經由代理人送達。為了授與法律代理權，須提出授權書 (power of attorney)，此授權可由發明

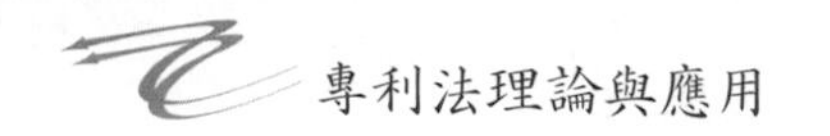

人隨意撤回。發明人亦可直接與專利局通信，以了解申請之進度，而不必經由律師或代理人❸。

㈢其他國家

英國專利律師須通過 Patent Examination Board (PEB) 主辦之考試（每年辦，分基礎考試與最終考試）及格，故至少需二年，實際要四至六年才能成為專利律師。德國須有大學工程或科學領域學位，且在產業界在專利律師指導下服務三年以上，完成 26 個月法律訓練，並念法律，須通過專利局 (DPMA) 主辦之考試及格❹。在日本，專利代理人除須有大學畢業文憑外，尚需理工科之專業知識❺。在西班牙、匈牙利等國亦同。專利代理人須有自然科學之大學學歷，並通過嚴格考試❻。中共須高等院校理工科專業畢業（或具有同等學歷）並掌握一門外語，熟悉專利法及有關法律知識，及從事過兩年以上科學技術工作或法律工作，通過專門考試，始能取得專利代理人資格❼。

二、內國與國際專利代理人組織

各國都有專利代理人之組織，如美國的 National Association of Patent Practitioners (NAPP) 與 American Intellectual Property Law Association、蘇聯的「全蘇服務中心」、日本的「弁理士協會」、英國的「特許專利代理人協會」、西德的「專利律師協會」，美國的 Association of Corporate Patent Counsel 等，此外還有地區性與國際性的團體❽，而國際性專利代理人之組

❸ Hoyt L. Barber, *Copyrights, Patent & Trademarks Worldwide* (1990), pp. 40–41.

❹ 在英國專利代理人職業團體稱為 the Chartered Institute of Patent Agents。英國現約有 1,250 名登記有案之專利代理人，雖無規定須有正式法律資格，但因工作涉及國內外專利、商標及著作權等相關知識，大多均有科學學位及受過機關內部之在職訓練 (in-house training at work)。

❺ 詳情參照本章第四節之說明。

❻ 高盧麟主編，《專利事務手冊》，專利文獻出版社，頁 374（1993 年）。

❼ 同❻，頁 373。

❽ 蔡茂略、湯展球、蔡禮義編，前揭書，頁 104。

織亦復不少，包括：

1. 工業產權協會國際聯合會 (Fédération Internationale des Conseils en Propriété Industrielle)（簡稱 FICPI），乃自由執業之工業財產律師之世界性組織，總部設在瑞士之 Basel。

2. 歐洲工業產權開業者聯盟 (Union of European Practitioner in Industrial Property)（原名 Union of European Patent Attorneys and other Representative before the European Patent Offices，簡稱 "the Union"，1961 年設立於布魯塞爾）。

3. 國際智慧財產保護協會 (International Association for the Protection of Intellectual Property, AIPPI)，於 1897 年成立，總部在瑞士蘇黎世，會員不限於專利師。

4. 歐洲工業產權代理人聯合會 (European Federation of Agents of Industry in Industrial Property) (FEMIPI)，由公司之專利律師組成。

5. 在亞洲有亞洲專利代理人協會 (Asian Patent Attorneys Association) (APAA)。此協會由日本、澳洲、我國等多國專利代理人所組成。

我國有亞洲專利代理人協會中華民國分會。

第三節　我國法之規定

一、專業代理人之資格與管理

我專利法於民國 83 年修正前，對專利代理人係規定於第 13 條，即「申請人申請專利及辦理有關專利事項，得委任專利代理人辦理之。在中華民國境內無住所或營業所者，申請專利及辦理專利有關事項，應委任專利代理人辦理之。專利代理人應在中華民國境內有住所。其資格及管理另以法律定之。」即除申請人在我國境內無住所或營業所，須強制由專利代理人代辦外，原則上委任專利代理人與否，係一任申請人之自由❾，此原則一

❾ 「原告既承認係其代理人將第 38107 號誤為 38707 號致生錯誤，而代理人之過失視為

直沿用至今。

惟過去專利代理人之資格及管理，係依據「專利代理人規則」辦理（經濟部於民國42年公布，44年修正）。凡在國內有住所之中華民國人民取得司法官、律師、會計師資格、或領有工礦業技師登記證書、或專科以上學校畢業，並曾在專利掌理機關擔任專利審查事務二年以上者，均可向專利主管機關申請登記為專利代理人 (§3)。不但不要求受過專利法及實務專業訓練，且不需經過考試及格，故其資格之取得失之浮濫，且會計師業務與專利關連無多，竟可取得執業資格，亦屬費解[10]。由於管理規則並非法律，對於有損專利申請人權益之情事無法有效處理，也無法舉行專利師考試。鑒於我國發明事業不斷發展，故完善之專利代理人與專利律師之制度亟待建立。

前中央標準局有鑒及此，於民國77年參照專門職業之律師法、會計師法等立法例，擬就專利師法草案，將專利代理人改稱為專利師，規定須經專利師考試及格（可以檢覈行之）以提高其專業資格。該草案於立法院二讀時被擱置。

民國83年專利法修正時，規定：「專利代理人，應在中華民國境內有住所。其為專業者，除法律另有規定外，以專利師為限。專利師之資格及管理，另以法律定之；法律未制定前，依專利代理人規則辦理。」(§12) 92年專利法再修正，專利代理人之資格與管理仍適用上開專利代理人規則。92年專利法第11條規定：「申請人申請專利及辦理有關專利事項，得委任代理人辦理之。在中華民國境內，無住所或營業所者，申請專利及辦理專利有關事項，應委任代理人辦理之。代理人，除法令另有規定外，以專利

本人之過失，原告應自負其過失責任，原告僅能依法就其所受損害另案向其代理人訴請民事損害賠償，尚難依法據以請求更正」（行政法院86.5.22. 86年判字第1287號判決）。

[10] 至民國88年5月28日止，國內登記專利代理人之人數共5,365人，其中律師有2,535人、會計師有1,561人、技師有1,064人，擔任審查實務工作二年以上者有135人，目前執行業務者約有607人，佔總登記人數之百分之十一點一。

師為限。專利師之資格及管理，另以法律定之；法律未制定前，代理人資格之取得、撤銷、廢止及其管理規則，由主管機關定之。」

後來智財局依 90 年經濟發展諮詢委員會議儘速通過專利師法之意見，為「推動專業服務」、「建立證照制度」、「強化專利師管理」及「保護專利申請人權益」，重新擬具「專利師法」草案，經十九年努力，終於由立法院於 96 年 6 月通過「專利師法」，自 97 年 1 月 11 日起施行。該法重點如下：

一、為提升專利代理人之素質，專利師須經國家考試及格及經職前訓練⓫。

二、專利師應登錄及加入專利師公會，始得執業。

三、由專利師公會負責專利師之自律，透過公會發揮職業自律機制。

四、專利師有違法情事，應受懲戒⓬。

五、未具專利師資格或未符法定執業要件而擅自執業者，應受處罰。

六、具一定資格條件之專利代理人，得申請專利師考試全部科目免試，但應於施行後三年內經專業訓練合格，始可領取專利師證書⓭。

七、已領有專利代理人證書者，得繼續辦理專利代理業務。

專利師法立法通過後，智慧財產權法制環境更為健全，惟相較於日韓二國，我國立法已遲緩了八十四年及四十六年。

100 年專利法修正，規定：「申請人申請專利及辦理有關專利事項，得委任代理人辦理之。在中華民國境內，無住所或營業所者，申請專利及辦理專利有關事項，應委任代理人辦理之。代理人，除法令另有規定外，以專利師為限。專利師之資格及管理，另以法律定之。」（專 §11）

依專利師法第 36 條第 1 項規定「本法施行前領有專利代理人證書者，

⓫ 經濟部訂頒有「專利師職前訓練辦法」。

⓬ 經濟部於 98 年訂頒「專利師懲戒辦法」。

⓭ 本法施行前，經專門職業及技術人員技師、律師或會計師考試及格（及其他人員），且領有專利代理人證書，從事相關專利業務一年以上。有證明文件者，得申請高等考試專利師考試全部科目免試。但應於本法施行後一年內申請免試，且應於施行後三年內經專業訓練合格，始得申請核發專利師證書 (§35)。惟該條已於 104 年修法時刪除。

於本法施行後，得繼續從事第九條所定之業務」。從而專利代理人依前述專利師法規定仍得繼續執業，不因專利師法之施行而受影響。近年考試院亦已舉辦數次專利師考試⑭。

二、專利代理人之委任

關於專利代理人之委任，應注意下列各點：

1. 申請人委任專利代理人者，應檢附委任書，載明代理之權限及送達處所。

2. 專利代理人有二人以上者，均得單獨代理申請人。違反此項規定而為委任者，其代理人仍得單獨代理。

3. 申請人變更代理人之權限或更換代理人時，非以書面通知專利機關，對專利機關不生效力。

4. 專利代理人之送達處所變更時，應向專利機關申請變更（專施 §9）。

第四節　日本發明有關之職業

日本之專利代理人稱為弁理士，欲取得其資格之人，原則上須經考試（稱為弁理士試驗）及格，弁理士試驗過程頗為繁複，基本上如次：

表 11-1　弁理士試驗過程

弁理士試驗
- 預備試驗
- 本試驗
  - 筆試
    - 多題選擇式試驗
    - 論文式試驗
  - 口試

為了合格，須經由預備試驗合格→多題選擇式試驗合格→論文式筆試

⑭ 專門職業及技術人員高等考試專利師考試科目為：1.專利法規。2.專利行政救濟法規。3.專利審查基準與實務。4.普通物理與普通化學。5.專業英文或專業日文。6.工程力學、生物技術、電子學、物理化學、基本設計、計算機結構（任選一科）。7.專利代理實務。

合格→口試之過程。凡大學教養課程修畢之人及舊制高校專門學校畢業之人，可免參加預備試驗（試驗科目為論文試驗與外國語試驗二科）。考試每年一次，在東京舉行，但本試驗之筆試亦可在大阪參加。通常多題選擇式試驗在 5 月，論文式筆試在 7 月，口試在 10 月舉行。

至考試科目，多題選擇式筆試係專利、新型、新式樣（設計）及商標有關法令及條約類，論文式筆試則為此等必考科目與三個選考科目。選考科目為憲法、民法、商法、刑法、民事訴訟法等法律科目，經濟學、商品學等經濟科目，材料力學、流體力學、半導體工學、電氣理論、通信工學、有機化學、藥品製造學、生物化學等理工系科目總計 41 科中，由應考人選考三科。

弁理士試驗與司法試驗皆係困難之國家考試，以平成 6 年為例，本試驗應考人 3,999 人，合格者為 113 人。平成 5 年，應考人 3,727 人，合格者為 101 人。即約 34 人中考取 1 人，亦即及格率為 2 至 3%，競爭頗為激烈。平成 6 年合格人中，理工各系出身者有 95 人，文法各系則各 18 人⓯。

依 1996 年（平成 8 年）8 月之統計，全國弁理士約有 3,700 人。通常於律師（弁護士）資格取得之同時，亦可取得弁理士資格。取得弁理士資格後，可以個人登錄，或與其他弁理士合作，開設合同專利法律事務所。弁護士最難之司法試驗合格率約 3%，極為嚴格。依 1996 年 9 月之統計，日本全國弁護士約一萬六千人。

以上在法律領域支持專利事務之專家們，在技術方面與專利關係較深者，有技術士與立體製圖技能士，二者為專利與開發人不可欠缺之助手。

技能士乃在技術面全盤，自計畫至設計，作成評價、試作品、及提供諮詢之技術專家，分機械、電氣、電子、航空、宇宙、船舶等十九個專門領域。在資格取得前，不但須有業務經驗七年以上之知識與經驗，且應考人之數目每年增加。應考人數在平成 7 年超過二萬人，及格率為 15.5%。立體製圖技能士乃由勞動省職業能力開發技能課認定其資格，須經考試，分一、二兩級及格。於資格取得後，可在專利（特許）事務所工作，亦可

⓯　參照竹田和彥著，《特許がわかる》，12 章（1996 年），頁 306 以下。

開設立體製圖事務所，與專利有關之活動空間頗廣。

弁理士主要之任務為工業所有權之諮詢，作為專利申請人之代理人，代辦申請、取得專利權後之維護與管理，侵害案件發生時之交涉，與在法院進行訴訟時，擔任代理人（律師）或輔佐當事人充任其輔佐人等⓰。

在日本，專利事務所有弁理士者最低只有一名，但職員有三十人以上之事務所亦相當多。在專利申請時，不但弁理士，且須借重技術士與立體製圖技術士，因在調查之際，需有專門知識，處理事務，又新式樣（設計）申請時須製作圖面等，亦很困難，均需相當經驗。

1994年（平成6年）實用新案法（即新型法）修正後，因新型不經審查，即可登錄，效力亦變弱，權利行使皆成為權利人之責任，平成7年申請件數約一萬件，而專利申請一年間達三十萬件以上。

專利申請一件，印花費二萬一千日圓，專利申請案，弁理士會所定最低報酬額為每件十六萬五千日圓⓱。

⓰ 附帶一提，鑒於我國企業界、專利商標代理人及司法人員均需智財專業訓練，政府機關與大學雖有開設智財課程，惟仍缺乏整體智財培訓機構。智慧財產局為加強培育發展智識經濟所需的智慧財產專業人才，強化國家整體競爭力，自94年起設立「智慧財產培訓學院」，委託臺大法律學院科際整合法律學研究所執行，統籌規劃培訓機制，邀集學者專家，依企業人士、專利商標代理人及司法人員不同領域需求，規劃課程彙編專業教材，同時培訓種籽師資，進而培育智財專業領域人才，以應社會需要。自94年開辦至今，為業界已完成近萬人才補給。

⓱ 參照上田佳代、田畑則子著，〈發明に役立つ資格の取り方：活かし方〉，載於《いっきに發明成金・別冊寶島》，286號，頁122。
育成街頭之發明家之「日曜發明學校」（星期天發明學校）在日本全國有53所，主辦者為公益法人之社團法人發明學會。世界發明中有40%為日本人所有，日本發明人約七百萬人，發明與新型一年之間申請件數約五十萬件（參照同書緒言）。

第十二章　專利申請手續

第一節　專利申請之立法主義

第一目　先申請主義與先發明主義

同一發明有符合法定專利要件之二以上申請時，對其中何者賦予專利，各國從來有先申請主義與先發明主義之對立。

所謂先發明主義係指完成發明後，即使發明在後之人先申請專利，仍由先發明之人取得專利權。此主義之優點，在於可使發明臻於成熟，能以完全之專利申請提出。自公平立場言之，自以先發明主義較為理想，但證明與確定發明日之先後，頗為困難，且影響權利之安定。雖然為了判斷發明日之先後，創設了所謂牴觸審查 (interference) 審判程序，但該程序極其繁瑣複雜，耗費甚鉅，且亦有被人利用作為延宕取得專利權手段之弊。採用先發明主義原有美國、加拿大、菲律賓三國，但因上開問題，加拿大已於 1987 年改採先申請主義，菲律賓亦改採先申請主義，採先發明主義者僅有美國一國，但即使該國，最近亦修法，改採先申請主義，值得注意❶。

反之，先申請主義為今日幾乎所有國家所採，乃對首先申請專利公開發明之人賦予專利權。此主義之優點是專利局判斷申請日之先後，明白易

❶ 日本明治 42 年法亦採用先發明主義 (§9)，因實務上判定發明先後至為困難，其結果據云幾乎全部案件不得不將先申請人認定為先發明人（吉藤幸朔著，《特許法概説》，13 版，頁 192）。又美國雖採先發明主義，但並非一律對先發明之人賦予專利，如自發明完成逾一年始行申請專利，可能不能取得專利，即所謂 one-year rule（參照美國專利法 §102 (b)）。

行，可減少日後有關爭議，有助於權利之安定；但缺點是助長關係人之競爭意識，發明人不待徹底改良發明或充分檢討說明書，過急提出申請，後來往往需要補正，以致引起手續之遲延。為了彌補其缺點，於是設計了追加發明、國內優先權等制度，來保護改良發明，以及對補正加以限制，防止手續遲延等制度。

第二目　審查主義與無審查主義

審查主義乃對專利申請是否具備取得專利之必要條件加以審查，再決定是否賦予專利之主義。審查主義最早為美國所採用，後來英國、德國、日本等多國家跟進，我國亦同。

無審查主義乃在取得專利之必要條件之中，僅審查方式或形式條件（方式審查或形式審查），至於發明之新穎性、進步性，先申請等耗費時間之實體專利要件並不加以審查（實體審查），即賦予專利；專利之有效與否，俟取得專利後，發生紛爭時，再由法院審理決定之主義。

無審查主義自法國採取以來，為歐洲法國法系國家所廣泛採用。因專利權有欠安定，故採審查主義之國家增加中，而且即使採無審查主義之法國，近來亦採新穎性之調查制度來克服其缺點。

今日義大利、比利時、葡萄牙、希臘、非洲與中南美洲國家，幾皆採無審查主義。發展中國家因不堪財政負擔，且欠缺技術開發力，亦其採該主義原因之一。PCT 之國際調查與國際初步審查制度，乃為彌補無審查主義而設。

審查主義可提高民眾對專利之信賴，與專利權之安定性；權利有效無效較少發生問題，故此主義為許多國家所採。且即使採用無審查主義之國家，隨著技術競爭之激烈與無審查主義弊害之顯著，往往自無審查主義改採審查主義。

其中美國專利申請在註冊以前不公開，須待審查通過註冊後，發行專利說明書 (specification) 與專利公報，使發明之公開與賦予專利權之交換關係表現得最為徹底。惟自英國開始，許多採審查主義之國家為了審查慎重

起見，審查結果認為應核准專利時，先將申請公告，使公眾有提起異議之機會。

但在審查主義下，專利機關為了審查，須負擔較多人員與經費，且審查專利申請耗時甚久，影響發明之保護與對公眾技術之公開，導致研究投資之浪費，助長申請之重複。尤其對生命週期短之技術不能充分保護，故德國之新型，法國之實用證從來未經審查，即賦予專利，日本之新型於前數年亦改採無審查主義。

他方晚近不少國家為克服審查主義下稽延之弊，已改採所謂早期公開與請求審查主義，即專利申請後，經一定期間後，強制先將申請公開，後來基於審查之申請，才進行實質審查，再將審查結果公告，賦予公眾異議之機會後，始賦予專利之國家，愈來愈多。又今日為了更迅速賦予專利權，先進國甚至廢止申請公告與申明異議制度，而改採在賦予專利後，才准許聲明專利異議之制度。

第二節　專利申請之意義與手續

一、申請之意義

發明完成，發明人決定欲取得專利權時❷，因對專利機關提出專利申

---

❷ 發明完成時，應將其發明與調查所得先行技術加以比較檢討，妥善把握其發明之實體，決定下列事項：

⑴發明是否不含二以上發明（如有二以上發明，分割為各別發明）。

⑵將每一發明各別申請抑合併申請。

⑶究竟以物抑或方法來表現該發明（如方法只能申請發明專利，物品之型態只能申請新型）。

⑷專利、新型、設計三種型態中，以何者申請。

⑸追加申請抑獨立申請。

亦有因發明之內容只能申請其一，並無選擇（日特 §2III、§68）。至發明與新型兩者僅性質相近，權利保護期間則有不同，又在發明之中，有的亦符合新型要件，兩者均可

請書，而開始在專利機關應辦手續，即原則上須經通過審查、再審查、公告、異議、行政爭訟等各種手續，最後始成為權利❸。與著作權不同，著作權無須任何方式與手續，於創作完成時自動取得（無方式主義），而專利權則因行政處分而發生。

專利申請權雖為一種權利，但其內容尚未確定，須因申請之提出，取得專利之主體，始臻明確，惟其內容在權利登記前隨手續之進行而變化，由於專利權效力強大，對第三人影響極大，其內容須明確表示，故規定應提出申請書且須按主管機關所定格式為之，即採書面主義。

惟近年來工商快速發展，專利申請案逐年上升，辦公室自動化、無紙化 (paperless) 成為世界新潮流。美日等國自 1990 年代，已開始接受磁碟片等電子化資料或以電腦連線方式提出專利申請案，可節省人力物力，紓減紙本儲存問題。

為配合行政院推廣政府資訊處理標準，健全電子化政府環境，92 年專利法規定：有關專利之申請及其他程序，得以電子方式為之，目的在與上述世界潮流接軌，近年專利申請，除以紙本，即使用專利機關指定之書表提出❹外，亦可用電子方式申請❺。

申請，但亦有以發明專利申請通過可能性很小，而改申請新型者。參照吉藤幸朔、紋谷暢男著，《特許・商標・著作權の法律相談》，頁 202、203。

❸ 92 年專利法修正，廢除異議程序，又不服不准新型專利之處分亦不經再審查。

❹ 申請書表應由申請人簽名或蓋章；委任有專利代理人者，得僅由代理人簽名或蓋章。專利機關認有必要時，得通知申請人檢附身分證明或法人證明文件（專施 §2）。發明（新型亦準用）專利說明書，應載明下列事項：

一、發明名稱。

二、技術領域。

三、先前技術：申請人所知之先前技術，並得檢送該先前技術之相關資料。

四、發明內容：發明所欲解決之問題、解決問題之技術手段及對照先前技術之功效。

五、圖式簡單說明：有圖式者，應以簡明之文字依圖式之圖號順序說明圖式。

六、實施方式：記載一個以上之實施方式，必要時得以實施例說明；有圖式者，應參照圖式加以說明。

發明一種新合成物時，可能除合成物本身可專利外，其製造程序，用於實現製造程序之工具，使用該工具之程序，包含工具的完成品等亦可能可申請專利，而可能取得數個專利。事實上最好申請儘可能多的不同種類的 claims，因各種 claim 比較難於無效，且可包含不同種類直接侵害，可能宜於告一種侵害人而非別種。例如……避免輸掉對所有潛在保障❻。

發明人只能對一發明取得一專利，惟因發明人有自然的誘惑，試圖儘量擴張專利保障，有時超過法定保護期間，想非法擴張專利保護之一方法，係將一發明分為數個，而試著取得一連串專利。發明人有時只主張專利的若干特徵，把其餘留到較早專利屆滿後再申請專利，由此獲得比法定提供更大的保障。因此美國法有所謂禁止雙重專利之原則 (The rule against double patenting)，即指包括發明人本身在內，無人可將一個先前發明抄錄 (duplicate)，另外獲得一個專利。如發明人欲對較早專利有某種關連之發明取得專利，則第二個發明須與第一個明顯區分 (distinct)，及實質上不同，且後來之發明亦須滿足所有專利要件。

七、符號說明：有圖式者，應依圖號或符號順序列出圖式之主要符號並加以說明（專施 §17I）。

「發明之申請專利範圍，得以一項以上之獨立項表示；其項數應配合發明之內容；必要時，得有一項以上之附屬項。……獨立項應敘明申請專利之標的名稱及申請人所認定之發明之必要技術特徵。附屬項應敘明所依附之項號，並敘明標的名稱及所依附請求項外之技術特徵……於解釋附屬項時，應包括所依附請求項之所有技術特徵。依附於二項以上之附屬項為多項附屬項，應以選擇式為之。……獨立項或附屬項之文字敘述，應以單句為之。」（專施 §18）

「摘要，應簡要敘明發明所揭露之內容，並以所欲解決之問題、解決問題之技術手段及主要用途為限。」（專施 §21I）

❺ 美國、日本及歐洲等先進國家均努力開放申請電子化，世界智慧財產權組織更規劃西元 2008 年各國能受理電子申請，以利全球資源之整合及有效運用。我國亦已 97 年 5 月 8 日公布施行「專利電子申請實施辦法」，故除以紙本申請外，也開放專利電子申請。

❻ Amernick, op cit, p. 44.

二、判斷發明同一性乃判斷技術思想是否同一性

判斷發明同一性時，對於其對象之發明技術思想之把握，應基於專利法請求範圍所記載之技術事項，參酌說明書之記載與圖面，不得考慮專利請求範圍未記載之事項。即須限定於專利請求範圍記載本身可明白認知之思想或自發明之詳細說明中被闡明之發明之解說，或自實施例、圖表等所認知之思想❼。因此在下列情形，發明係屬同一：

1. 單純形狀或配列之變更，對發明之目的或效果或兩者不發生特別差異者。

2. 單純慣用手段之附加轉換，對發明之目的或效果或兩者不發生特別差異者。

3. 單純材料變換，對發明之目的或效果不發生其他差異者。

4. 專利請求範圍之記載上，單純表現之不同、單純效果或目的之不同、單純構造之不同、單純用途之不同，或單純用途限定之有無等，對發明思想之實質不發生其他變更或影響者。

又判斷發明同一性時 ， 其判斷之技術水準係以引用發明之時點為基準❽。

三、申請文件、手續及申請日之確定

在我國專利申請，須由專利申請權人，按規定方式備具申請書、說明書、必要圖式向專利機關申請（書面主義）❾。

---

❼ 光石士郎著，《改訂特許法詳說》，頁 412。

❽ 光石士郎，前揭書，頁 412、413。

❾ 83 年以前專利法原另要求提出宣誓書，90 年專利法，予以鬆綁。依 108 年修正之專利法施行細則第 16 條規定：「申請發明專利（申請新型專利亦準用（專施 §45））者，其申請書應載明下列事項：

一、發明名稱。

二、發明人姓名、國籍。

申請專利及辦理有關專利事項之文件，一律應用中文；證明文件為外文者，專利機關認有必要時，得通知申請人檢附中文譯本或節譯本（專施§3)。依本法及本細則所定應檢附之證明文件，以原本或正本為之。原本或正本，除優先權證明文件外，經當事人釋明與原本或正本相同者，得以影本代之。但舉發證據為書證影本者，應證明與原本或正本相同（專施§4)。

申請文件不符合法定程式而得補正者，專利機關應通知申請人限期補正；屆期未補正或補正仍不齊備者，依本法第17條第1項規定辦理（專施§11)。

關於專利案之申請，在國外之人，如何辦理？關於此問題，各國規定不一。在法國、西德、日本係由國內代理人為之，但英國只要選定國內文書送達人即足，在美國亦准許此等人直接申請❿。專利案之申請原則上須用申請國之語言。但在國際專利合作機構，往往規定數種文字為工作語，申請人可任擇其一，如歐洲專利局以英、法、德語為法定語言，申請人專利申請文件可任選其中一種文字書寫。

四、申請須備具之文件與申請日

申請日係確定申請案具備新穎性、進步性及判斷申請先後等之基準日，申請日之確定極為重要。過去就申請日之規定，除備具申請書、說明書及必要圖式外，尚需繳納規費。經通知補繳，仍未繳納者，申請案將不予受理。92年專利法，將規費之繳納，排除於申請日規定之外，而規定「申請發明專利，由專利申請權人備具申請書、說明書及必要圖式向專利專責機

三、申請人姓名或名稱、國籍、住居所或營業所；有代表人者，並應載明代表人姓名。
四、委任代理人者，其姓名、事務所。
有下列情事之一，並應於申請時敘明之：
一、主張本法第二十八條第一項規定之優先權者。
二、主張本法第三十條第一項規定之優先權者。
三、聲明本法第三十二條第一項規定之同一人於同日分別申請發明專利及新型專利者。」

❿ 紋谷暢男著，《知的所有權とは何か》，頁25。

關申請之。……申請發明專利，以申請書、說明書及必要圖式齊備之日為申請日。」（92 年專 §25I、III）100 年專利法修正，鑒於國際趨勢皆將「申請專利範圍」及「摘要」獨立於說明書之外，故遵循國際立法例，將二者獨立⓫，定為：「申請發明專利，由專利申請權人備具申請書、說明書、申請專利範圍、摘要及必要之圖式⓬向專利專責機關申請之。申請發明專利，以申請書、說明書、申請專利範圍及必要之圖式齊備之日為申請日。」（專 §25I、II）

此外並作下列規定：

㈠刪除檢附申請權證明文件之規定。因採先發明主義之國家，例如美國，方有為表彰繼受申請權之申請人已自發明人處取得申請權，檢附申請權證明文件之必要。多數採先申請主義之國家無須附具申請權證明文件，例如日本、大陸地區及歐洲專利公約 (EPC) 等。

㈡外文本之申請日

1. 申請日之認定，原則上須於申請時提出說明書、申請專利範圍及必要之圖式之中文本。

2. 申請人得先提出外文本，再於專利機關指定期間內補正其中文本。此時得以其外文本提出日為申請日。未提出中文本而先以外文本提出者，如能於專利機關指定期間內補正中文本者，得以外文本提出之日為申請日。

⓫ 100 年新法配合國際立法趨勢，將現行說明書所包含「申請專利範圍」及「摘要」，修正為獨立於說明書之外（§23 及 §25）。按本法所稱之說明書原包含「申請專利範圍」，惟日本、歐洲專利公約 (EPC)、實質專利法條約 (Substantive Patent Law Treaty, SPLT) 草案、專利合作條約 (Patent Cooperation Treaty, PCT)、大陸地區專利法，申請專利範圍係獨立於說明書之外。又過去所稱之說明書均包含「摘要」，惟國際趨勢皆將「摘要」獨立於說明書之外，由於新法將申請專利範圍及摘要獨立於說明書之外，現行說明書之內容僅餘發明名稱及發明說明，而說明書應載明之事項，包含發明名稱、技術領域、先前技術、發明概要、圖式簡單說明、實施方式說明等要素，內容與發明說明幾無二致，無重複規範之必要，故整合為「說明書」一詞。

⓬ 按申請發明專利，依其技術內容未必均有圖式，有必要時才須檢附圖式，故酌作文字修正。

3. 申請人若未能於指定期間內補正中文本者，則因申請文件不齊備，其申請案本應處分不予受理，但為避免申請人再次提出申請文件之繁複，於不受理處分前補正中文本者，逕以該申請案補正中文本之日為申請日。此時已無提出外文本取得申請日之適用，該申請案實質上為新申請案，與原提出之外文本已無關係，故該外文本視為未提出（專 §25）。

㈢經專利申請權人或專利申請權共有人舉發撤銷後申請案之申請日

專利法第 35 條規定：「發明專利權經專利申請權人或專利申請權共有人，於該專利案公告後二年內，依第七十一條第一項第三款規定提起舉發，並於舉發撤銷確定後二個月內就相同發明申請專利者，以該經撤銷確定之發明專利權之申請日為其申請日。依前項規定申請之案件，不再公告。」

即非專利申請權人請准之發明專利權，於真正申請權人提起舉發撤銷該專利權確定後，得援用原案申請日為申請日。而專利申請權為共有者，應由全體共有人提出申請，倘未由全體共有人提出申請者，亦應援用原案申請日為申請日（專 §35）。

五、現行法下說明書等文件之記載

專利法第 26 條規定：

1.「說明書應明確且充分揭露，使該發明所屬技術領域中具有通常知識者，能瞭解其內容，並可據以實現。」⓭即參考歐洲專利公約 (EPC)、專利合作條約 (PCT)、與貿易有關之智慧財產權協定 (TRIPS) 及實質專利法條約 (SPLT) 草案規定，說明書之記載應使該發明所屬技術領域中具有通常知識者，能據以「實現」(carry out)，故將現行法「實施」一詞修正為「實

⓭ 在美國專利法下，專利申請人負有誠實義務 (duty of candor)，因其專利申請乃一造申請 (ex parte) 程序，與兩造之訴訟程序不同，且程序傾向於申請人之利益，如申請人不負與其相當之義務，則可能發生不公平，而此義務乃在糾正本來可能發生之不公平結果。如申請人違反此項義務，則可能導致申請被駁回或專利無效，亦可能使原來有效侵害之主張被駁，亦可能使專利權在牴觸 (interference) 程序改歸競爭之對手所有（即使違反此義務之人乃優先申請或原來較其對手立於有利地位）。

現」。

2.「申請專利範圍應界定申請專利之發明；其得包括一項以上之請求項，各請求項應以明確、簡潔之方式記載，且必須為說明書所支持。」按申請專利範圍係界定申請人欲請求保護之範圍，作為日後權利主張之依據。如何記載，極為重要。一般國家均僅要求申請專利範圍應記載明確，各請求項應記載簡潔，尤須為發明說明所支持。詳細規定則由施行細則及審查基準加以補充。由於專利權範圍係以申請專利範圍為準，因此申請專利範圍必須界定申請專利之發明。為求文義精確，參酌歐洲專利公約 (EPC)、專利合作條約 (PCT)、實質專利法條約 (SPLT) 草案及大陸地區專利法規定，明定申請專利範圍應「界定申請專利之發明」。至於申請專利範圍之記載方式，得以一項以上之請求項表示，且各請求項必須明確、簡潔。再者，由於現行法所定「為發明說明及圖式所支持」，係指「發明說明及圖式二者同時支持」或「擇一支持」，可有寬嚴不同解釋，易造成審查上之困擾。此外，如解釋為必須為二者均支持，亦與國際立法例不合。各國似無為圖式所支持之規定。為避免解釋歧異，參酌國際立法例，修正為「申請專利範圍必須為說明書所支持」。惟申請專利範圍，如僅為圖式所支持，尚嫌不足，必須將圖式所支持之部分補充至說明書中，始能支持申請專利範圍；且發明專利申請案未必皆有圖式，若規定為圖式所支持，未必於每件申請案均有適用。

3.「摘要應敘明所揭露發明內容之概要；其不得用於決定揭露是否充分，及申請專利之發明是否符合專利要件。」歐洲專利公約 (EPC)、專利合作條約 (PCT) 及實質專利法條約 (SPLT) 草案規定，明定摘要係僅供揭露技術資訊之用。

4.「說明書、申請專利範圍、摘要及圖式之揭露方式，於本法施行細則定之。」因說明書、申請專利範圍、摘要及圖式等應於書面詳細表示之細部規定甚多，宜授權於施行細則定之。

專利法第 23 條規定：「申請專利之發明，與申請在先而在其申請後始公開或公告之發明或新型專利申請案所附說明書、申請專利範圍或圖式載

明之內容相同者，不得取得發明專利。但其申請人與申請在先之發明或新型專利申請案之申請人相同者，不在此限。」

❖深度探討～說明書等文件之補充說明❖

在申請書應附具之文件中最重要者，厥為說明書。說明書乃公示發明內容，具有技術文獻機能與確定權利內容之作用。說明書 (specification) 之採用，最早源於 1852 年英國專利法，以後為各國所採用，申請專利必須附說明書，惟申請專利時，發明品之現物不需提出。

依 101 年專利法施行細則之規定，說明書、申請專利範圍及摘要中之技術用語及符號應一致（專施 §22I）。說明書或圖式有缺漏經申請人補正者，以補正之日為申請日（專施 §24）。以下以該施行細則規定為中心，補充敘述說明書等文件應載明事項如次：

一、發明、新型專利說明書

應載明：

㈠發明或新型名稱：應簡明表示所申請發明之內容，不得冠以無關之文字。名稱係為了申請分類與檢索之方便，與權利內容之決定無關。

㈡發明或新型所屬之技術領域。

㈢先前技術：申請人所知之先前技術，並得檢送該先前技術之相關資料。

㈣發明或新型內容：發明或新型所欲解決之問題、解決問題之技術手段及對照先前技術之功效。

㈤圖式簡單說明：用文字精確說明機械的結構、形狀、尺寸頗為困難，尤其精確表明機械或器具的尺度更為不易，但繪圖則可彌補文字說明之不足，精確表示其尺寸。

㈥實施方式：就一個以上發明或新型之實施方式加以記載，必要時得以實施例說明；有圖式者，應參照圖式加以說明。

㈦符號說明：有圖式者，應以簡明之文字依圖式之圖號順序說明圖式之主

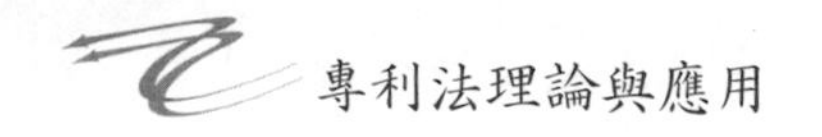

要符號並加以說明。

發明或新型說明書應依上述順序及方式撰寫，並附加標題。但發明或新型之性質以其他方式表達較為清楚者，不在此限。申請生物材料或利用生物材料之發明專利，其生物材料已寄存者，應於說明書載明寄存機構、寄存日期及寄存號碼。申請前已於國外寄存機構寄存者，並應載明國外寄存機構、寄存日期及寄存號碼。

發明專利包含一個或多個核苷酸或胺基酸序列者，說明書應包含依專利機關訂定之格式單獨記載之序列表，並得檢送相符之電子資料（專施§17）。

二、申請專利範圍 (claim)

申請專利範圍乃發明內容之具體說明，撰寫須合乎一定格式。乃申請人請求得到專利保護的對象或範圍。可說對發明人之權利，如土地般定下四至，亦可譬喻為士兵布地雷，劃分何處是地雷區，禁止他人闖入，何處是未開拓或已發掘地帶。即一方顯示該發明與先前技術有何不同，何以滿足新穎性、實用性與進步性之要求，同時又界定專利權侵害之分際。claim之文字須係描述性 (descriptive) 而非功能性 (functional)⓮。claim 又似民事訴訟起訴狀之「訴之聲明」，要用簡明與嚴謹的文字，來敘述要求保護的發明內容與範圍。此部分是申請專利說明書的核心部分，是確定專利權保護範圍的依據。其填寫技術的好壞，往往影響專利能否獲得。有時某種發明雖有價值，但因申請專利範圍填寫不當而被核駁，或雖取得專利，但因此部分填寫不妥，留下漏洞，讓他人研究出迴避專利權的新發明，從事競爭，使專利權人難於阻止。為期權利範圍臻於明確，除發明之適切說明外，且須記載發明構成不可欠缺之事項，只有此等記載事項才能作為該專利發明之技術範圍與該專利權保護之範圍⓯。申請專利範圍之撰寫細節如次：

⓮ Miller & Davis, *Intellectual Property, Patents, Trademarks and Copyright* (West, 1983), p. 107.

⓯ 關於專利說明書之撰寫，可參照顏吉承，《專利說明書撰寫實務》（五南出版）一書。

1. 申請專利範圍，得以一項以上之獨立項表示；其項數應配合發明之內容；必要時，得有一項以上之附屬項。獨立項、附屬項，應以其依附關係，依序以阿拉伯數字編號排列。獨立項應敘明申請專利之標的名稱及申請人所認定之發明之必要技術特徵。附屬項應敘明所依附之項號，並敘明標的名稱及所依附請求項外之技術特徵。依附於二項以上之附屬項為多項附屬項，應以選擇式為之。附屬項僅得依附在前之獨立項或附屬項。但多項附屬項間不得直接或間接依附。獨立項或附屬項之文字敘述，應以單句為之（專施§18）。

2. 請求項之技術特徵得引用圖式中對應之符號，該符號應附加於對應之技術特徵後，並置於括號內；該符號不得作為解釋請求項之限制。請求項得記載化學式或數學式，不得附有插圖。複數技術特徵組合之發明，其請求項之技術特徵，得以手段功能用語或步驟功能用語表示。於解釋請求項時，應包含說明書中所敘述對應於該功能之結構、材料或動作及其均等範圍（專施§19）。

3. 獨立項之撰寫，以二段式為之者，前言部分應包含申請專利之標的名稱及與先前技術共有之必要技術特徵；特徵部分應以「其特徵在於」、「其改良在於」或其他類似用語，敘明有別於先前技術之必要技術特徵。解釋獨立項時，特徵部分應與前言部分所述之技術特徵結合（專施§20）。

三、發明或新型摘要

應簡要敘明發明所揭露之內容，並以所欲解決之問題、解決問題之技術手段及主要用途為限；其字數，以不超過二百五十字為原則；有化學式者，應揭示最能顯示發明特徵之化學式。摘要，不得記載商業性宣傳用語。申請人應指定最能代表該發明技術特徵之圖為代表圖，並列出其主要符號，簡要加以說明（專施§21）。摘要之作用是使對有關發明感興趣之人，迅速取得該發明主要內容之資訊，以便決定是否要查原文，本身並無法律效力。

四、圖　式

圖式應參照工程製圖方法以墨線繪製清晰，於各圖縮小至三分之二時，仍得清晰分辨圖式中各項細節。圖式應註明圖號及符號，並依圖號順序排列，除必要註記外，不得記載其他說明文字（專施§23）。

按在機械、電氣、化學領域，圖式往往是幫助審查委員與公眾了解發明的重要手段。在機械領域，圖式可以顯示產品之形狀；在電氣領域，圖式往往是電路圖或結構圖式；在化工領域，圖式可以是化學結構分子，也可以是工藝流程圖。

五、設計專利

⑴說明書應載明：一、設計名稱。二、物品用途。三、設計說明（專施§50）。

⑵設計名稱，應明確指定所施予之物品，不得冠以無關之文字。物品用途，指用以輔助說明設計所施予物品之使用、功能等敘述。設計說明，指用以輔助說明設計之形狀、花紋、色彩或其結合等敘述。

⑶應用於物品之電腦圖像及圖形化使用者介面設計具變化外觀者，應敘明變化順序。如因材料特性、機能調整或使用狀態之變化，而使設計之外觀產生變化，或有輔助圖或參考圖者，及以成組物品設計申請專利者，各構成物品之名稱，得於設計說明簡要敘明（專施§51）。

⑷設計之圖式，應備具足夠之視圖，以充分揭露所主張設計之外觀；設計為立體者，應包含立體圖；設計為連續平面者，應包含單元圖。視圖，得為立體圖、前視圖、後視圖、左側視圖、右側視圖、俯視圖、仰視圖、平面圖、單元圖或其他輔助圖。圖式應參照工程製圖方法，以墨線圖、電腦繪圖或以照片呈現，於各圖縮小至三分之二時，仍得清晰分辨圖式中各項細節。主張色彩者，應呈現其色彩（專施§53）。

深度探討～申請專利範圍 (claim) 及其寫法

典型之 claim⑯係由三個基本部分所組成，即序 (preamble)、承接語 (transition) 及本體 (body)。序乃對發明（如門）從屬性觀點下界說。即以屬性之用語對專利之必要的限制性因素（如「門」）或其預期之用途或功能（如「空氣密閉之器具」）下定義。承接語 (transition) 係連結序與本體，在英文通常用「包含」(comprising)（乃「開放」式）承接語，因序言不限於以下之言語，或「由……所組成」(“consisting” 乃「封閉」式轉接語，因序言嚴格限於以下之言語)。最後部分乃本體 (body)，說明發明如何限於具有一定之特徵。

Claim 最簡單之例子，可以「門」為例，而寫成為：「一個平面（序）由附有一支柄之一個木製平面（本體）所組成（封閉轉接語)」。每個 claim 比被依附之裝置前一個 claim 愈來愈狹，即第一個 claim 敘述發明是一個關閉的裝置。第二個 claim 可能進一步限制 claim 1 中用來關閉之裝置乃是一個門 (latch)。再下一個 claim 可能進一步限制 claim 1，而指出該平面突出容器關閉時之界線。似此愈來愈狹之程序，在避免發明侵害到先前技術或先前專利之 elements。此種程序可能繼續進行，每次進一步限制發明之 claim，即意謂放棄了對發明較廣之 claim 及將來對侵害之主張，不過也許變成更易於取得專利，更能為專利機關所接受。

在任何專利申請案，其 claim 之組成元件數目愈多，則專利之範圍愈變愈狹，因為為了證明侵害之成立，須符合 claims 中所有組成元件之故，因此 claims 的組成元件愈多，其結果發明人對其發明所下界說，亦愈變愈小。美國某判例有名言：「在一個專利 claim，更多即表示更少。」(In a patent claim, more means less) (Jamesbury Corp. v. Litton Industrial Products, Inc., 586F. 2d 917.) (2d Cir. 1978)⑰

---

⑯ claim 在中共專利法稱為權利要求或權利要求書。

⑰ Miller & Davis, *Intellectual Property, Patents, Trademarks, and Copyright*, p. 106.
按申請專利範圍之撰寫有下列方式：

故起草申請專利範圍，需要高度技巧與充分斟酌，使專利保護範圍儘可能的寬，但又不致寬到使專利失去其本質特徵，而淪為公知技術，或包含不能實施的內容而被駁回。但亦不可寫得過窄，使第三人易於把申請的專利，稍作改變，作出與申請人的發明相似，或基本功能相同的產品，以致喪失競爭力。申請專利範圍如寫得不好，一字一句都可能引起爭議，給專利權人帶來嚴重的困擾⑱。

關於claim的寫法，美國學者巴科士氏所舉凳子（假設石器時代）之例

⑴單項式

⑵多項式

⑶吉普森式

所謂單項式是以單一項次將所有欲主張專利權的內容完全揭載於該單一項次中。所謂多項式是以一較大的獨立項配合若干限制性附屬項的方式將發明內容加以揭載，俾取得周延的保護，為多數國家所常見。吉普森式係由三部分所構成，即先前技藝、「其特徵在於」之聲明詞及本發明創作之重點。此種撰寫方式在歐洲地區最為常見。又吉普森式可以是單項式，亦可以是多項式。

⑱ 例如，60年代日本有一件著名專利訴訟案件，就是因為對申請專利範圍的文字解釋發生歧見而引起。即英國某公司就一項有關塑膠料羽毛球的發明在1951年向日本申請專利，1952年獲准，申請專利範圍是這樣寫的：「以豎杆及與其一體的多根橫肋為特徵，由球頭和連成一體的豎杆組成的球裙構成的羽毛球。」後來日本有四家公司產銷同樣產品。英國公司乃向東京地方裁判所提出告訴。日本四家公司聯合提出答辯，理由是：原告專利申請專利範圍中的「……由球頭和連成一體的豎杆組成的球裙構成的羽毛球」一詞應解釋為「……由球頭和連成一體的豎杆組成的球裙構成的羽毛球」，而被告產銷的是球頭與球裙分別製造後再行接合而成，且被告另有一個有關塑膠料羽毛球的球裙的製造專利，故被告並無侵害原告之專利權。原告則辯稱：「申請專利範圍應解為『由球頭和球裙構成』，而『連成一體』不過是豎杆的定語，豎杆是球裙的定語，申請專利範圍既包括了球頭和球裙連成一體的羽毛球，當然也包括球頭和球裙分開而後接合而成的羽毛球」。訴訟拖了五年之久，日本四家公司雖終於敗訴，但原告如當初將申請專利範圍寫成：「由球頭與有連成一體的豎杆的球裙構成的羽毛球」，就不至引起這場風波了。可見申請專利範圍撰寫之重要，不可掉以輕心（參照蔡茂略、湯展球、蔡禮義編，《專利基礎知識》，頁46-4）。

簡明易懂。為使讀者易於了解claim的寫法與推理過程計，以下特將其要旨說明如次：

假設最初發明凳子之人向專利律師說出他發明的大意，要求專利律師代為起草claim。他說：「一個人在擠牛乳時佔據的位子，包含一塊圓形木板連同三條長度相同的木腿，以支持該離地面有一定距離的圓形物。」律師可能自己揣摩或問發明人，這種工具是否女人不能使用？又這種工具是否除了擠牛乳外，別無其他用處？由於這兩個問題的答案都是肯定的，律師可能認定「一個人在擠牛乳時佔據」一句敘述語乃屬多餘，即使它被放在前言（本案在「包含」之前），不應解釋為含有限制該claim之意，但最好把它刪掉，因畢竟該發明基本上乃「一個位子」。

又「包含一塊圓形木板」一詞，引發該位子是否必須是「圓形」之問題。律師問他：「能否做成方形或三角形甚至其他形式？」發明人可能說他未曾想過要做成其他樣式，因那是他自樹梢砍下一塊木頭時原始的形狀，但也說圓形可削成方形或三角形，然而他仍較想做成圓形。因此律師決定將方形自最廣泛的claim中刪去，讓他的樣式更有彈性。

律師又想到一個問題，即位子是否必須用木頭才能做成，他問發明人：「你能否用木頭以外的材料做成這種位子？例如能否用一顆扁平的石頭做成？」發明人答道：「由於石頭比木頭更難切割，會費更多工夫，但我想如有人不怕麻煩，是可以用石頭做成這種工具的。」因此律師決定自最廣泛的claim中，省去所有提到木頭的文字，也許在起草較特定的claim時，將限於木頭的限制包含進去。

律師又問發明人另一個問題：「這工具一定要三條腿嗎？它的高度是否一定要相同？」發明人答道：「這工具的腿如少於三條，會站不直，但你可裝上更多的腿，但並非一定要多過三條，事實上只要三條腿就可以了，因為如此可使該工具在不平的地面上站穩。腿的長度最好是差不多相同，否則該位子會不穩定。」

律師有了這些資訊後，決定修改specification，指出使用三條腿的優點，但亦可能考慮更寬廣地將三條腿之限制予以省略，而改用「多條腿」這種寫法，以便涵蓋任何兩條腿工具的可能性；例如有人或許能想出使這種工具站得更穩而可涵蓋四條腿或更多條腿的位子。律師會在最寬廣的 claim 中省略而不提同樣長度的腿，而在較特定的 claim 中，加上「基本上同等長度的腿」的限制。

如本案寫成「基本上同樣長度的腿」，則意指這些腿的長度不必然需要完全一致，而且有些顧客可能不在山邊擠牛乳，但也需要這種工具，此外這種工具要能在斜坡上坐穩。如為了這種目的所造的特別工具，這些腿的長度就可能差很遠，而不是幾乎一般長了，因此最好把這種可能性也包含在內，而不在最廣泛的 claim 中提到腿的長度。經過這些斟酌後，專利律師對他當事人的三條腿工具決定了下列 claim，即：

1. 一種工具包含有複數的腿的位子，能用以支持該位子。
2. 一種工具包含基本上平的位子，連同基本上同等長度的複數的腿。
3. 一種工具包含基本上平的與方的位子，連同三條基本上同等長度的腿，用以支持離地面有一定距離的位子。

上述 claim 之寫法並非現代 Claim 寫法之範例，不過在舉例說明於起草專利 claim 時的推理過程而已⑲（現代 Claim 之例示可參閱本書附錄七、八）。

第三節　專利申請之效果

一、排斥後申請之效果（實體上之效果）

(一)異日申請

二人以上有相同發明，有二以上專利申請案時，應就最先申請者准予專利，但後申請者所主張之優先權日早於先申請者之申請日時，不在此限（專 §31I）。相同發明，不同日期，有二以上之專利申請案時，只有最先申請人，就其發明能取得專利，此稱為先申請主義。在實務上一案二申請可

⑲ 引自 Buckles, *Ideas, Invention & Patents, How to Develop & Protect Them.*

能為二發明案、二新型案或一發明案一新型案，均有適用此先申請主義（90年專 §27IV 參照）。在專利申請之發明與新型之構思相同，而於不同日期申請時，亦有適用。究竟何人為最先申請人，按專利機關受理申請書日期之先後決之，故先申請人排斥後申請人，亦即可接受專利之地位係基於申請而發生。

㈡同日申請

1. 我國之先申請主義，不採德國法以時刻為基準之作法，而以日為基準，與日本相同。因除了同一日之內時間先後關係證明困難外，同一發明，同日申請之案件尚不多見之故[20]。因此同一發明，同日有二以上專利申請，或發明與新型申請，主題相同，同日申請，或優先權日為同日時，即無法按先申請主義解決，此時專利機關應通知申請人以協議定之。即專利機關應指定相當期間，命申請人申報協議結果，如逾期未申報時，視為協議不成。關於協議之方法不一而足，或由其中一人取得專利或新型，而他人撤回申請；或由申請人與他申請人作為共同申請人；或取得專利後，成為共有專利權人。如協議不成，均不予專利（專 §31）。

惟相同申請案同日由同一人提出申請案，現行法並未規範，實務上亦屢有發生，致審查上產生疑義。為免申請人採取此種取巧措施，92 年增訂同一人就同一發明，同日提出二以上之申請案者，專利機關應通知申請人限期擇一申請，如申請人屆期不擇一申請時，均不予專利權（92 年專 §31II 後段）。100 年專利法亦同旨。相同創作分別申請發明專利及新型專利者，亦準用上述規定（專 §31IV）。

2. 申請專利文件之送達，以書面提出者，應以書件到達專利機關之日為準。如係郵寄者，以郵寄地郵戳所載日期為準[21]（專施 §5I）。至申請案

[20] 紋谷暢男著，《專利法五十講》，頁 71。

[21] 因此①二申請案均係直接送往專利機關者，如收文戳所載日期相同，則為同日申請。②如兩申請案一為投郵，一為親送，收文戳日期為同一日者，亦為同日申請（何連國著，《專利法新論》，頁 133、134）。又郵戳所載日期不清晰者，除由當事人舉證外，以到達專利機關之日為準（專施 §5II）。

是否相同，以審查委員認定為準，如認為不相同，則不生同日申請問題。又兩申請案雖相同，且同日申請，如其中一件撤回，或因違反專利法規定致申請行為無效時，其申請權歸於消滅，從而同日申請之問題，亦歸消滅。

3. 申請專利之發明，與申請在先而在其申請後始公開或公告之發明或新型專利申請案所附說明書、申請專利範圍或圖式載明之內容相同者，不得取得發明專利。但其申請人與申請在先之發明或新型專利申請案之申請人相同者，不在此限（專 §23）。

二、其他效果

專利申請案如被受理，則聲請繫屬於智財局，取得專利申請案號。申請案原則上要受理，但如有不能補正之形式上重大瑕疵時，則可能不予受理。又過去所有被受理案件專利機關都要從事實體審查，但自 90 年專利法修正後，自申請之次日起三年以內有審查之請求時，才加以審查（90 年專 §36–2），稱為早期公開主義。又申請之效果除上述確定申請日取得先申請之地位外，凡新穎性、進步性等要件存在與否之審查亦以此時作為基準，且早期公開申請案期間之計算亦以申請日為起算點。（上述舊專利法條文於 92 年專利法修正後移列為 §37，現行法為 §38）

深度探討～追加發明專利

我國專利法原一直設有追加專利之制度，即於發明或新型申請期間或取得專利權後，在權利存續期間內，專利申請權人或專利權人有再發明或再創作時，得申請追加核准其專利。所謂再發明，係指利用原發明之主要技術內容所完成之發明（83 年專 §28、§105）。

按追加專利之制度，乃源自法國 1844 年之專利法。依其規定，在專利權人嗣後就原專利發明（原發明）有改良或擴張時，賦予原專利權人於一年內優先申請專利之地位，同時減輕專利費。其目的在保護專利權人，藉以獎勵將原發明加以改良或擴張。德國兼採國內優先權與追加專利制度，

惟其追加專利之提出，限於先申請案申請日或優先權日起十八個月內為之。美國雖無追加專利制度，但英國則有之㉒。日本仿法國制度，原亦採追加專利制度，但不承認原專利權人此種優先地位，且不禁止第三人利用改良他人之發明而取得專利，致追加專利制度之優點不過是減輕專利費之負擔而已，由於實益不大，且近來又採國內優先權制度，故此制度已遭廢除㉓。我國專利法上之追加專利制度，基本上與日本原追加專利相仿，而其規定則更為簡略㉔。

智慧財產局因鑒於申請人對追加專利之認知不易釐清，且實務作業亦頗多爭議，乃於83年1月21日修正專利法時予以調整，將原限於專利「權」期間內始得申請追加案之規定，放寬至原案審查中亦得申請，但對發明人之鼓勵仍嫌不足。嗣於88年專利法修正案導入國內優先權制度，並參考日、韓等國相關法例，廢除追加專利制度，此等改變為90年專利法所採，為當時專利法一大變革。

第四節　申請之合併、分割及變更

一、發明各別申請之原則

申請專利，原則上應就各個發明各別申請，即一發明一申請之原則㉕。換言之，一申請僅得請求一專利，數發明應分別取得數專利權，為

㉒ 光石士郎，前揭書，頁161。

㉓ 日本於昭和60年之專利法廢止追加專利制度，其理由如次：
⑴追加專利制度乃保護原發明之改良或擴張之發明（追加發明）之制度，與獨立專利比較，專利費便宜若干，存續期間與原發明專利同。由追加專利制度所可享之利益，可因利用專利申請之優先權制度（§42之2），而獲得同等以上之利益。
⑵由於昭和45年專利法一部修正，採用了申請公開制度，追加專利申請於原發明申請公開後，因其公開被核駁之可能性極高，追加申請件數自採用申請公開制度後銳減，已失去該制度之存在意義。

㉔ 中共專利法亦不採追加專利制度。

各國所採行之原則。惟該原則係為審查上之便利而設，理論上並非必須如此，我專利法第 33 條第 1 項規定，申請發明專利，應就每一發明提出申請，即採此原則。

然則何種情形應認為一發明，即發明之同一性為何，專利法並無明文。依一般見解，判斷發明之同一性時，須就下列三點加以對比、檢討，綜合考察：

1. 發明之目的（技術目的）。
2. 為達成該目的，具體之發明技術構成（手段）。
3. 發明結果所生之效果。

由此可見物品之發明與其製造方法之發明，為兩個發明。技術目的不同時，構成另一發明，雖技術目的同一，惟如欲達成之技術構成（手段）相異時，亦構成另一發明。發明之對象為物品或方法或物品製造方法，須分別計算。

違反上開各別申請之原則，將數個發明併同一案提出申請，在我國實務上先通知申請人改為各別申請，若申請人拒不改為各別申請，則於審定書中敘明該理由，予以核駁。惟若已經核准專利，則不能以違反專利法第 31 條，提起異議或舉發。

二、申請之合併

惟若貫徹每一發明各別申請之原則，有時對申請人之申請手續及專利機關之審查，反而不便，因此各國就有關連性之某兩個以上發明，例外准

㉕ 為了專利機關審查手續之方便，在申請時各國雖都採用一發明一申請之原則，但一發明之概念因各國而異。美國、德國廣泛承認一發明多項制一申請，而英國、法國則較狹，承認複數相關一發明多項制。在日本此點極狹，解決原理同一之方法、裝置、製造物、使用方法、製造方法皆作為各別之發明，原則上須個個分別提出申請，以致自國際上觀之，日本專利申請件數與專利權數量繁多，大都基於此種特殊制度所致。但日本 1987 年特許法修正，已應國內外之要求，試圖擴大合併申請範圍及改善 claim 之記載方式（參照紋谷暢男，《知的所有権とは何か》，頁 25、26）。

以同一申請案合併申請。例如日本發明人有兩個以上發明，利用上不能分離，並有與發明和追加專利所承認相同之關連性時，可在單一申請書上記載此複數發明，提出申請。因由於近時科技飛躍進步之結果，有許多相關連發明之防衛性的專利出現，為了減輕申請之手續，與專利費用之負擔，同時也為了國際申請之方便起見，有加以承認之必要㉖。

合併申請只能在具有特定關連性之複數發明，可同時申請之場合為之，如在不同時日提出申請時，可以追加或獨立之專利申請方式為之，並無利用合併申請之必要。合併申請所賦予的是包含複數發明之一個專利權，其優點是除了減輕專利費外，可節約製作專利說明書之手續與權利內容之明確化。但缺點是核駁理由增加與取得專利權之各發明原則上不能分割移轉等。

我國亦承認合併申請之例外，舊專利法第 21 條但書原規定「但兩個以上之發明，利用上不能分離者，不在此限。」何謂利用上不能分離，該條未進一步說明，有欠明確。後 83 年修正專利法，仿日本特許法第 37 條及專利合作條約施行細則第 13 條第 2 項規定，於第 31 條將其條件以分款列舉方式加以補充，而規定：「但兩個以上之發明，利用上不能分離，並有下列情事之一者，得併案申請：

1. 利用發明主要構成部分者。

2. 發明為物之發明時，他發明為生產該物之方法，使用該物之方法，生產該物之機械、器具、裝置或專為利用該物特性之物。

3. 發明為方法之發明時，他發明為實施該方法所直接使用之機械、器具或裝置㉗。」

㉖ 紋谷暢男著，《特許法五十講》，頁 62。

㉗ 按日本當時特許法第 37 條所定合併申請之範圍，較我專利法為廣，亦即：

㈠與特定發明產業上利用分野及欲解決之課題係同一者。

㈡與特定發明產業上利用分野及請求項所記載事項之主要部分係屬同一。

㈢特定發明為物之發明時，他發明為生產該物之方法、使用該物之方法，處理該物之方法，生產該物之機械、器具、裝置或他物，或專為利用該物特性之物或處理該物之物。

惟專利法92年刪除原列舉各種例外，而規定「申請發明專利，應就每一發明提出申請。二個以上發明，屬於一個廣義發明概念者，得於一申請案中提出申請。」(92年專§32；專§33) 此乃參考該條約草案第7條、歐洲專利公約第82條、專利合作條約施行細則第13條第1項及大陸地區專利法第31條規定，明定一申請案應僅有一發明，或屬於一個廣義發明概念 (a single general inventive concept)，而以概括方式定之。至於其具體內容則委由施行細則及審查基準補充之。

101年修正之施行細則解釋為「本法第三十三條第二項所稱屬於一個廣義發明概念者，指二個以上之發明，於技術上相互關聯。前項技術上相互關聯之發明，應包含一個或多個相同或對應之特別技術特徵。前項所稱特別技術特徵，指申請專利之發明整體對於先前技術有所貢獻之技術特徵。二個以上之發明於技術上有無相互關聯之判斷，不因其於不同之請求項記載或於單一請求項中以擇一形式記載而有差異。」(專施§27)

按每一發明各別申請之原則僅為審查上之便宜而設，倘申請人不合上述條件，將兩個以上發明合併於一申請書申請專利，未被專利局發現並已獲准專利時，並不構成專利法第71條所定舉發之原因，故不得撤銷。又第33條之規定於新型亦有準用 (專§120)。

三、申請之分割

㈠如上所述，申請專利之發明，實質上為兩個以上之發明，違反每一發明分別申請之原則時，得經專利機關通知或據申請人申請，改為各別申請，此即所謂分割。亦即分割係一個申請案中，含有兩個以上發明，將其中一部分分出，成為兩個以上各別獨立之申請案之謂。

按巴黎公約承認於一申請中含有二個以上發明之場合，可將一度提出之專利申請以後分割為二個以上。日本專利法亦有規定。按在採用一發明

㈣特定發明為方法之發明時，他發明為實施該方法所直接使用之機械、器具、裝置或他物。

㈤其他依政令所定有關係之發明。

一申請主義時代，由於可為分割申請，可予甚多救濟，但日本自廢止一發明一申請主義後，其必要性已形減少㉘。

㈡專利之分割，實務上有下列作用：

1. 實質上為兩個以上創作的一個申請案，在申請過程中為了因應不符合單一性的審查意見，將申請案分割為兩個以上申請案。

2. 具有兩個以上創作的一個申請案，創作之間屬於一個廣義創作概念而具有單一性，但在申請過程中，為了因應部分核准、部分不准的審查意見，將不准部分分割出來，讓核准部分先取得專利權，同時就不准的部分繼續答辯。

3. 將說明書和圖式中有記載，但在申請專利範圍中未請求的創作，在申請中或核准後，以分割申請案另案新增申請專利範圍，以完整保護申請時所揭露之創作概念。

㈢申請案分割之時點

申請應於何時為之？92 年修正專利法，將原定申請取得專利權後，可申請分割之規定刪除，在核准專利權後分割，造成與申請案不一致，且核准後之分割，必須重新審查有無超出原核准之範圍，增加審查程序之複雜化，並造成權利範圍之變動，影響第三人瞭解核准專利範圍之內容，爰將該條刪除。

㈣ 100 年放寬申請分割（時點）之限制

1. 100 年採行發明專利核准後分割制度，增訂申請人於初審核准審定書送達後三十日內得提出分割申請之規定 (§34)。從而分割申請案於初審實體審查程序中，或初審核駁審定提起再審查後之再審查程序中，迄於再審查審定前，均得提出㉙。

㉘ 中山信弘，前揭書，頁 182，我國專利法仍採一發明一申請主義，故分割作用頗大。

㉙ 依施行細則規定：「發明專利申請案申請分割者，應就每一分割案，備具申請書，並檢附下列文件：

一、說明書、申請專利範圍、摘要及圖式。

二、申請生物材料或利用生物材料之發明專利者，其寄存證明文件。

2. 申請人於初審核准審定後尚未公告前，如發現其發明內容有分割之必要，亦宜有提出分割之機會，故參照日本特許法規定，增訂申請人於初審核准審定後得提出分割申請之規定，放寬申請分割時點之限制。惟為使權利及早確定，應於初審核准審定書送達後三十日內為之。

㈤ 108 年之修正

1. 刪除原經再審查審定者，不得申請分割之規定，並放寬申請分割時點與期限。准許核准審定後申請分割，即分割申請可於下列期間內為之：

⑴原申請案再審查審定前。此時應就原申請案已完成之程序續行審查。

⑵原申請案核准審定書、再審查核准審定書送達後三個月內。此時應自原申請案說明書或圖式所揭露之發明且與核准審定之請求項非屬相同發明者，申請分割；分割後之申請案，續行原申請案核准審定前之審查程序。

2. 分割後之申請案，仍以原申請案之申請日為申請日；如有優先權者，仍得主張優先權。

3. 分割後之申請案，不得超出原申請案申請時說明書、申請專利範圍或圖式所揭露之範圍。

4. 原申請案經核准審定之說明書、申請專利範圍或圖式不得變動，以核准審定時之申請專利範圍及圖式公告之。

5. 核准審定後之分割，僅得自原申請案之說明書或圖式所載，且非原申請案申請專利範圍所載之技術內容申請分割，以避免重複專利（專 §34）。

6. 發明專利核准審定後所為分割，如違反修正條文第 34 條第 6 項前段規定者，與原申請案間可能造成重複專利，亦應成為舉發事由。且此事由應屬本質事項違反，故應依舉發時之規定。

7. 上述分割要件之規定原則上於新型可適用。

有下列情事之一，並應於每一分割申請案申請時敘明之：

一、主張本法第二十八條第一項規定之優先權者。

二、主張本法第三十條第一項規定之優先權者。

分割申請，不得變更原申請案之專利種類。」（專施 §28）

該條於新型專利準用之（專施 §45）。

雖新法另有第107條新型之分割規定，但實質要件與第34條規定並無不同，惟程序較為簡易。

四、發明與新型、設計專利申請案之互換或改請

由於新型、設計專利與發明同係技術思想之創作，故有些國家三者之間設有調整規定，即發明申請與新型設計專利申請相互間如性質許可，可准予變更。在日本發明專利申請與新型、新式樣申請，只要滿足被變更那一型態專利之要件，三者之間可相互變更，但申請內容不能變更，亦不能超過原來申請之記載範圍，故不致對第三人予以不測之損害㉚。變更後之申請日仍以原申請之申請日為準。因申請人於申請時，未必確知應否為原來之申請，可能希望以後變更，故三者之間准予變更，對申請人甚為便利。

我國過去專利法准許發明與新型兩種專利之互換，對此種變更稱為改請，92年專利法認為現行法僅規定新型專利可改請為新式樣專利，並未規定發明專利可改請為新式樣專利。故參考日本意匠法(§13)規定，增列申請發明專利後，得改請為新式樣專利，但申請改請之期間不宜漫無限制。按日本專利法並明定在判斷申請案先後時，須就發明與新型交互查對(cross research)（特§39III，實§7III），我國專利法雖無明文規定，解釋上似亦應從同。

100年專利法又修正：

㈠禁止對申請發明或設計專利後改請新型專利，或申請新型專利後改請發明專利之時點如下：

1.於原申請案准予專利之審定書或處分書送達後。

2.原申請案為發明或設計，於不予專利之審定書送達後逾二個月。

3.原申請案為新型，於不予專利之處分書送達後逾三十日。因新型專利申請案核駁處分後，並無再審查制度，申請人僅得於處分書送達後三十日內提起訴願，為維持處分之安定性，改請之時間不宜較訴願期間為長之故（專§108）。

㉚ 中山信弘，前揭書，頁180。

㈡申請發明或新型後不得改請為設計專利之時點，另規定：

1. 原申請案准予專利之審定書、處分書送達後。

2. 原申請案為發明，於不予專利之審定書送達後逾二個月。

3. 原申請案為新型，於不予專利之處分書送達後逾三十日（專 §132）。

㈢改請後之申請案均不得超出原申請案申請時所揭露之範圍

因改請申請涉及說明書或圖式之變動，且改請案得援用原申請案之申請日，變動後之記載內容如增加新事項，將影響他人之權益，故改請後之申請案不得超出原申請案申請時說明書、申請專利範圍或圖式所揭露之範圍（專 §108、§132）。

五、發明專利與新型專利之擇一

100 年專利法新增規定：「同一人就相同創作，於同日分別申請發明專利及新型專利，其發明專利核准審定前，已取得新型專利權，專利專責機關應通知申請人限期擇一；屆期未擇一者，不予發明專利。申請人依前項規定選擇發明專利者，其新型專利權，視為自始不存在。發明專利審定前，新型專利權已當然消滅或撤銷確定者，不予專利。」(§32)

102 年修正專利法，將該條定得更加合理，即「同一人就相同創作，於同日分別申請發明專利及新型專利者，應於申請時分別聲明；其發明專利核准審定前，已取得新型專利權，專利專責機關應通知申請人限期擇一；申請人未分別聲明或屆期未擇一者，不予發明專利。」第 2 項改為「申請人依前項規定選擇發明專利者，其新型專利權，自發明專利公告之日消滅。」分析言之：

1. 增訂申請人應於申請時分別聲明，申請人未分別聲明或屆期未擇一者，不予發明專利。理由如下：

⑴申請人於申請時應分別聲明，係為便於公告新型專利時，一併公告其聲明，使公眾知悉該相同創作申請人有兩件專利申請案，即使先准予之新型專利權利消滅，該創作尚有可能因隨後准予之發明專利申請案受到保護，以免誤導公眾。

⑵法律既准予申請人同日申請發明專利與新型專利，並得於事後享有權利接續之利益，則申請人理應相對負有於申請時分別聲明其事實之義務，如未分別聲明，包括二案皆未聲明及其中一案未聲明時，宜不予發明專利。

2. 修正如選擇發明專利，新型專利視為自始不存在之規定，理由如下：

⑴原規定對專利申請人極為不利，因若選擇發明，則新型被視為自始不存在，使原先所受之保護落空；反之，若選擇新型，則受保護期間將縮短為十年；如於新型保護期間內受到他人侵害，縱使該發明即將獲准專利，申請人亦只能享有較短時間之保護，而犧牲發明專利較長之保護期間，不但不符專利法鼓勵發明之宗旨，且亦有悖權利信賴保護之原則，故改採「權利接續制」，以保障專利申請人之權益。

⑵准許分別申請發明專利與新型專利之國家，包括德國、中國以及先前之韓國，無不對於先前取得之新型專利，予以保護，至少是接續保護，我專利法似無獨樹一幟之理。

⑶新型專利權視為自始不存在之規定，產生不少無法解決之問題，包括新型專利授權或讓與他人，原先所付權利金或價金是否必須返還？新型專利權人原先控告他人專利侵害所獲得之賠償金，是否必須返還？被告可否提起再審之訴請求返還？

第五節　國際優先權

一、國際優先權之意義與作用

專利法對專利申請要求須具有新穎性，申請前如已見於刊物或公開使用，則不給予專利，但在跨國申請專利時，因受屬地主義之限制，如同一發明向甲國申請專利後，再向乙國申請時，對乙國而論，該發明顯已公開，後申請案不具新穎性，應予核駁，影響發明人權益甚鉅。為了解決此種困擾，巴黎公約第 4 條特設國際優先權制度，賦予專利申請人一定緩衝期間，如申請人在此期間內，又向他國提出專利申請，則該發明之新穎性，可回溯至第一國申請之時，如是該申請人可享有較早之申請日，而優先於其他申請人。我國雖未加入巴黎公約，但為了對發明人提供更周延保障，以符合世界潮流計，專利法於 83 年修正時，亦採用國際優先權制度（83 年專 §24、§25，又 92 年專 §27、§28 有改），以期有助於科技之引進與發展。100 年專利法修正，對國際優先權規定亦作了若干變革。

二、國際優先權之類型

依巴黎公約，國際優先權共有三種類型：

㈠基本優先權

即主張國際優先權之後申請案，其發明之內容須與第一次在國外所提之先申請案完全相同，此為國際優先權之基本型態。

㈡部分優先權

即以先申請案之內容作為後申請案之一部，而就該部分主張優先權。

㈢複數優先權

即將已在他國申請之兩項以上申請案之發明內容，結合為一案，而提出專利申請，並就該數先申請案發明內容之部分，分別主張優先權。

我國專利法承認基本優先權固無問題；自第 28 條第 2 項法文「申請人於一申請案中主張二項以上優先權時，前項期間之計算以最早之優先權日為準」觀之，可知亦承認複數優先權，但是否承認部分優先權，因乏明文，不無疑義。

三、主張國際優先權之要件

茲將我國現行法下優先權之要件與程序分述於次：

㈠須由申請人主張

國際優先權須由申請人主張。巴黎公約將申請人之繼承人與受讓人納入規定，我國專利法第 28 條之申請人，是否亦包括繼承人與受讓人，不無疑義。似宜採廣義解釋。又申請人不限於外國人，即本國人亦有可能。

㈡須就相同發明提出

何謂相同發明？現行法未規定其定義，理論上係指前後兩申請案之發明或創作之思想相同，至其形式不必相同，因各國文字與表現方法不同，且翻譯結果難免有所歧異，不必強求一致。惟如目的與解決方法不同時，則不能認為相同發明，而認定之方式亦應與巴黎公約上國際優先權，採取實質上同一之判斷。

㈢須第一次申請案向外國依法提出

主張國際優先權之申請案，其前申請案須為外國申請案。若為本國申請案，則無主張國際優先權之餘地。又條文規定須「申請人就相同發明在與中華民國相互承認優先權之國家或世界貿易組織會員第一次依法申請專利，並……向中華民國提出申請專利者，得主張優先權。」（專 §28I）故如據以主張之國外專利申請案，嗣後經外國專利局核駁時，因其尚難謂非就外國依法申請專利，故其在我國後申請案仍可主張優先權，且巴黎公約第 4 條第 A 項第 3 款後段亦係如此規定。

㈣須申請人在與我國相互承認優先權之外國第一次申請專利為原則

巴黎公約之國際優先權，係以締約國間，跨國申請之適用為原則。規定僅締約國國民始能享有國際優先權。我國因非巴黎公約締約國，故 83 年專利法規定：「申請人就相同發明在與中華民國相互承認優先權之外國第一次依法申請專利……向中華民國提出申請者，得享有優先權。」（83 年專 §24I）外，並依互惠之原則，而規定：「申請人為外國人者，以其所屬之國家承認中華民國國民優先權者為限。」（83 年專 §24III）即申請人所屬之外國，須與我國相互承認優先權乃可。如主張優先權之申請人所屬國，不承認我國國民之國際優先權，則我國對該外國人即無賦予該種保護之必要。

惟由於兼採屬人與屬地原則，與巴黎公約第 2 條國民待遇原則及第 3 條準國民待遇原則未盡相符，故 90 年專利法修正，改依世界貿易組織與貿易有關智慧財產權協定 (WTO/TRIPS) 第 2 條，會員國應遵守巴黎公約規定及 TRIPS 國民待遇規定之旨趣，予以刪除。同時對外國申請放寬為：外國申請人其所屬國家與我國無相互承認優先權者，若於互惠國領域內，設有住所或營業所者，亦得依第 1 項規定主張優先權 (III)。

92 年修正專利法，為配合我國成為世界貿易組織會員，修正為不但就與該組織會員間均相互承認優先權，即使非屬該組織會員之國民，如於世界貿易組織會員國領域內，設有住所或營業所者，亦得主張優先權（92 年專 §27）。100 年新法維持此原則至今（專 §28III）。

又申請人第一次申請，係向與我國無相互承認優先權之國家提出，第二次申請才在與我國有相互承認優先權之國家提出時，如向我國提出優先權申請，此時可否准予其優先權？鑒於今日與我國有外交關係之國家不多，為期優先權之規定不致無適用機會，達成專利國際化之立法目的，似仍應准其所請，惟以第二次與我國有相互承認優先權之國家之申請日，作為在我國之申請日[31]。與我國有相互承認優先權之國家有澳洲、德國、瑞士、日本、美國、法國……等。

㈤須於法定優先權期間內主張

巴黎公約所定國際優先權期間，發明、新型為十二個月，設計為六個月，我國專利法亦從其例。即發明、新型之國際優先權期間為十二個月（專 §28I），而設計專利為六個月（專 §142），均自第一次提出申請專利之次日起算（專 §28I）。又申請人於一申請案中主張二項以上優先權時，其優先權期間之起算，以最早之優先權日為準（專 §28II）。至其期間之計算，適用民法期日、期間之有關規定。

外國之先申請案為發明，在我國後申請案為新型，又外國之先申請案為新型，在我國之後申請案為發明時，可否主張優先權？因專利法欠缺明文規定，似只有參考巴黎公約第 4 條 E 項之規定，解為可以主張[32]。但外國之先申請案為發明或新型，在我國後申請案為設計專利時，優先權期間究依設計專利之六個月，抑發明或新型之十二個月，不無疑義，依上開巴黎公約之規定，似應以設計專利為準。

---

[31] 陳哲宏、陳逸南、謝銘洋、徐宏昇著，《專利法解讀》，頁 104。

[32] 湯宗舜著，《專利法解說》，頁 151。

四、主張國際優先權之程序

(一)應於申請專利時聲明

1. 申請人應於申請專利時，同時提出優先權之聲明，包括：一、第一次申請之申請日。二、受理該申請之國家或世界貿易組織會員。三、第一次申請之申請案號數。一經主張即生效力，不以載明於申請書為限。若當時怠於聲明，原則上嗣後不能再行主張。

因主張優先權時，依據巴黎公約 (Paris Convention) 第 4 條，在專利申請書除應聲明在外國先申請案之申請日及受理該申請之國家外，也應聲明在外國申請案之案號，以便專利局決定是否核准。

2. 申請人如非因故意，未於申請專利同時主張優先權，或因未聲明第一次申請之申請日或受理之國家或世界貿易組織會員或未於最早之優先權日後十六個月內檢送受理國或世貿組織受理之文件者，固然視為未主張，但為免申請人因此不得主張優先權，故專利法參照歐洲專利公約 (EPC)、專利法條約 (PLT) 之規定，訂有回復優先權主張之機制。即申請人得於最早之優先權日後十六個月內，提出回復優先權主張之申請，並繳納回復優先權主張之申請費，及補行原規定期間內應為之行為。此補行優先權之主張：凡於申請專利同時完全未主張優先權，及依規定視為未主張優先權之情形，均有適用。至於非因故意之事由，包括過失所致者均得主張。例如實務上常遇申請人生病無法依期為之，即得作為主張非因故意之事由（專 §29IV）。

對於同時補行期間內應為之行為，申請人得先主張並聲明在外國之申請日、案號及受理該申請之國家或世界貿易組織會員國，再補正優先權證明文件，只要均於最早之優先權日後十六個月內完成即可。

3. 如因天災或不可歸責當事人之事由延誤補正期間者，例如前有因美國專利商標局檔案室搬遷，致延誤發給優先權證明文件，得依第 17 條第 2 項規定回復原狀。

㈡須記載於專利申請書

主張優先權時，在專利申請書應聲明之事項，雖也應聲明在外國申請案之案號，惟外國申請案之案號，屬於得補正之事項，與外國之申請日及受理申請之國家不同，如未於申請時一併聲明，不視為未主張優先權。

㈢文件須齊備

申請人主張優先權時，雖應於申請專利時同時主張，但文件難免無法一時齊備，故專利法規定申請人應於最早之優先權日後十六個月內，檢送經該國家或世界貿易組織會員證明受理之申請文件，否則視為未主張優先權（專 §29II、III）。

因優先權乃附屬於專利申請案，本身不具獨立之權利性質，且主張優先權與否，由申請人自由選擇，故對主張優先權不符法定程式或逾期檢送證明文件者，定為「視為未主張優先權」。

五、主張國際優先權之效果

1. 主張優先權之申請，視為以第一國申請之申請日，為其申請日，而有排除先申請之效力，亦即不但可使優先權人之申請日提早回溯至最初向外國申請之申請日，且使其申請優先於同日或較早提出之申請者。即後申請者所主張之優先權日，早於先申請者之申請日者，仍由後申請者排除先申請者而取得專利（專 §31I）。惟因優先權主張申請之申請日究係實際申請之日，故專利權之存續期間、申請審查之請求期間等仍以該日為基準，但申請公開之一年六個月因早期公開之故，仍以第一國申請日為準。

2. 主張優先權者，其專利要件之審查，尤其新穎性應以優先權日為準，即以第一國申請之申請日為準（專 §28IV）。又在優先權期間中，即使因第一次申請之申請人或第三人之行為成為公知，亦不影響其新穎性。惟新穎性喪失之例外之適用，仍以實際申請日為準。

3. 在優先權期間內，不因第三人之行為而受到不利之處理，此等行為不能使第三人取得任何權利。故在優先權期間中，不因第三人之實施而取得先使用權，又專利權效力之限制，生產方法之推定等，仍以第一國申請

日為準。

4.優先權不影響第三人在該申請提出前，按本國法所能獲得之一切權利，例如在優先權日，第三人在國內已從事製造與後來提出要求優先權申請同一主題之產品，或已完成必須之準備者，仍有權在原有範圍內繼續製造銷售㉝。

第六節　國內優先權

一、國內優先權制度之意義與重要性

國內優先權之制度起源於歐洲，為調和 EPC 與 PCT 之規定而設。乃專利申請權人對改良發明後所提之申請案，可與前申請案相同部分主張優先權。亦即於改良申請案中，可就與先申請案相同部分，主張專利要件之回溯認定，並排除第三人取得該部分之專利權。

換言之，所謂國內優先權制度，係將與巴黎公約所規定之優先權（國際優先權）制度（公約 §4）相類似之制度，在國內加以採用。因採用國際優先權制度之國家，如未兼採國內優先權制度，則所有新發明，不論本國人或外國人，勢必先向外國申請第一次專利後，再回國內主張優先權，為避免此種不利，唯有在採用國際優先權制度之同時，兼採國內優先權制度。

又發明人如自始即以完全型態申請專利，固無問題。但在先申請主義下，須儘速申請，故日後可能有加以補充之必要。又因技術之複雜化，如事後加以補充，可使申請案更為完整或更為賅括，但在現行制度下，如具備一定要件，固可加以補充，但不能補正之情形，亦所在多有，且事先常有難於判斷補正有無可能之情形。又依巴黎公約，複數申請作為單一案件提出，事後再追加新穎事項作為一個申請案，包括的申請亦有可能，但在國內不能以原申請案為基礎，更向本國專利局為此種申請，故事實上本國人與外國人相較，發生不公平之結果。

㉝ 仙元隆一郎，前揭書，頁 245；湯宗舜，前揭書，頁 154。

為了補救此等缺憾，除英國之假說明書制度 (provisional specification) 與美國之一部繼續申請 (continuation-in part) 制度，大略發揮與國內優先權同樣機能外[34]，不少國家遂在專利法採用國內優先權制度。例如德國專利法第 40 條採用國內優先權，日本在昭和 60 年修正專利法，廢止追加專利制度，採用國內優先權制度，使發明人易於為賅括性的或體系性之專利申請，更能配合技術高度化之現代產業，又中共亦採用國內優先權制度。

二、國內優先權與國際優先權之比較

國內優先權與國際優先權同係因前申請案之提出，可就前申請案所揭示部分，享有優先於他人取得專利權之權利，目的均在鼓勵改良發明，運作與類型亦頗近似，但兩者仍有不少差異：

㈠目的不同

國內優先權之目的，在賦予專利申請權人，於一定期間內改良發明；而國際優先權目的在使申請權人，多國之申請案獲得保障，不因其於他國先為專利之申請，致後申請案喪失新穎性，或因翻譯文件等手續之延擱，使其他申請人搶先取得專利權。

㈡前後申請案內容不同

在國內優先權，後申請案中包括前申請案所無部分，或須對前申請案加以更改說明；而國際優先權則須先前所為之國外申請前案，與國內申請之後案，其內容完全相同。

㈢前申請案申請之國家不同

在國內優先權，前後申請案須向同一國提出；反之國際優先權則前案須先向外國申請，即向與我國相互承認優先權之外國申請（專 §28）。

㈣適用範圍不同

國內優先權只限於發明與新型，始有適用；反之國際優先權，不但發明與新型，即新式樣亦無不可。

㈤前後申請案關係不同

[34] 中山信弘，前揭書，頁 188；文希凱、陳仲華著，《專利法》，頁 126。

國內優先權需前申請案未被拋棄、撤回或宣告無效，而國際優先權則只要前申請案申請日確定，無須前案尚在繫屬中，亦即在前申請案申請時即發生此權利，發生後即與前案完全獨立。

㈥前案效力不同

主張國內優先權之效果，為形式上前申請案視為撤回，以符一案一申請之原則，實質上前申請案為後申請案所吸收而失其存在，故不能將國內優先權與前申請案獨立予以移轉。反之，在國際優先權，因前後申請案向不同國家申請，故不發生因後案之申請而影響前案效力之問題[35]。

三、主張國內優先權申請之態樣（作用）

主張國內優先權申請，可主張包含先申請案未涵蓋之發明(部分優先)，與主張二以上國內優先權(複合優先)及與巴黎公約上優先權之複合優先。又可以同一申請為基礎，主張多次國內優先權。主張國內優先權申請之態樣大致如次：

1. 實施例補充型

此在化學領域尤其重要，例如申請上位概念之發明後，因支持該上位概念之實施例之數目不充分，或發現申請當時未考慮之實施例，同樣亦可實施後，如追加補正其實施例，則因超過申請時之記載範圍，會被認為要旨變更而被駁回，此時可主張國內優先權是。

2. 上位概念抽出型

例如利用「鹽酸」之發明申請專利後，又有利用「硫酸」之類似發明，在不違反發明單一性條件下，除可就鹽酸主張國內優先權，申請硫酸之專利外，又可就上位概念之「酸」提出第三個申請，將鹽酸與硫酸兩發明主張優先權，使專利取得之權利更加完整。

3. 合併申請型

先申請後，又有新發明時，利用國內優先權，將此數個發明合併提出

[35] 吳昭欣，《從鼓勵改良發明觀點談專利法之國內優先權制度之引進》，中正大學法研所碩士論文，民國 85 年，頁 49、50。

申請。例如有某「物」之發明申請後，又有「生產該物之方法之發明」；或「方法」發明申請後，又有「直接用於實施該方法之裝置」之發明，此時不另行申請，而將後來之發明與先申請合併，提起單一專利申請（合併申請）。

4.在不變更主題，不超出原來公開範圍之前提下，利用優先權修改原申請文件，使其臻於完善。

5.即使沒有上述情況，申請人在首次申請後，在優先權期限行將屆滿前，亦可重新提出一個與首次申請完全一致的申請，並主張首次申請的優先權，此種作法可延長專利權期限一年，對申請人甚為有利[36]。

四、國內優先權是否可取代追加專利

日本特許法於1985年引進國內優先權，同時廢除追加專利，主要係因追加專利之專利權期間較短，而改良發明除將單一發明加以改良外，更常見合併數個前發明加以改良，但在後者則不能申請追加專利，且徒增申請人負擔及請求審查費用較高，而德國法則保留追加專利，究竟我國他日採用國內優先權後，是否應廢止追加專利，值得探究。

在我國雖有認為追加專利要件嚴苛，須具備獨立專利要件才能成立，且從屬於原專利，因原專利期滿亦失效力，且過去在實務上實施效果並不理想，且國內優先權之功能可取代追加專利，故追加專利已無存在必要，應一併廢除者；但筆者以為國內優先權之功能，仍無法取代追加專利，因國內優先權之申請須受一年申請期間之限制，不似追加專利只要在原專利權期間屆滿前均可申請，又原專利權被撤銷時，追加專利仍可獨立存在，並不因而消滅，與國內優先權隨原申請案撤銷時，一併撤銷不同。

況就一年以內提出申請之改良部分，國內優先權雖可取代追加專利，但前申請案申請後逾一年才提出，且改良部分具有獨立專利要件之部分，原可申請追加專利，如廢止追加專利，則因已逾國內優先權申請期間，勢必未能獲得保護，故此點似仍有保留追加專利之必要（至不具專利要件，

[36] 湯宗舜，前揭書，頁156。

且超過一年時間之申請，即使追加專利，亦無法取得專利權保護)。故德國專利法採追加專利與國內優先權並存之作法，規定發明之改良，於原發明取得專利權前，可依專利法第40條主張國內優先權，於原發明取得專利權後，只能依第16條申請追加專利。

五、我專利法之國內優先權制度

83 年修正專利法時已引進國際優先權制度，但未一併引進國內優先權，當時立法院附帶決議引進國內優先權制度，智財局爰於88年提出專利法修正案，參酌德國、日本、大陸專利法等立法例，採用國內優先權制度，於90年通過。經100年修正以至今日。

以下針對現行法第30條規定加以分析：

(一)適用國內優先權之條件與對象

1. 主張優先權之人須係已提出發明或新型申請之人，或其權利之承繼人或受讓人，但不以本國人為限，即外國人亦無不可。

2. 作為優先權基礎之第一次申請，須是在我國先申請之發明或新型專利案。故在我國先申請案若為設計專利，則不可主張國內優先權，因其發明技術層次較低，目前尚無賦予國內優先權之必要，此點日本法亦然。

3. 主張國內優先權之對象，係就先申請案申請時說明書、申請專利範圍或圖式所載之發明或創作，主張優先權；而成為優先權主張基礎之發明，只要記載於早先申請案之專利說明書或圖面為已足。

(二)排除國內優先權之事由

國內優先權之主張，須無下列消極要件之一：

1. 自先申請案申請之次日起已逾十二個月者

此十二個月為主張國內優先權之除斥期間，如逾此期間，即不得再行主張。

2. 先申請案中所載之發明，已主張國內優先權或國際優先權者

先申請案中所載之發明，若曾主張國內優先權或國際優先權者，此時即不得於後申請案中再次主張國內優先權，因避免就同一主題提出一連串

先後相繼之優先權。即國內優先權不可累積主張，否則會實質延長優先權期間，對其他人不公平，因他人亦可能希望就同一主題取得專利。但先申請案中未曾主張國內優先權或國際優先權之部分，則不受此限制（參照日本特許法 §41II、韓國專利法 §50III）。

3. 先申請案係第 34 條第 1 項或第 107 條第 1 項規定之分割案，或第 108 條第 1 項規定之改請案㊲

如先申請案實質包含二個以上發明之申請案，已因分割改為各別申請案，或申請發明或設計專利後改請新型專利，或申請新型專利後改請發明專利案，已援用原申請案之申請日，亦即各別申請與改請案並非第一次申請，故不能作為申請國內優先權之基礎，況在新之申請可能含有原來申請案未涵蓋之技術內容之故。

4. 先申請案為發明，已經公告或不予專利審定確定者㊳

因後一申請之主題與先申請之主題相同，如先申請已被獲准取得專利權，為避免重複授予專利權，該在先申請即不可作為申請國內優先權之基礎。至先申請案經不予專利審定確定，因此時先申請案已不繫屬於專利局，故亦不可主張優先權。按主張國內優先權之期間，雖為十二個月，惟先申請案何時審定或處分，申請人無法預期，實務上不乏先申請案早於十二個月內即經審定或處分者，致生後申請案無法主張國內優先權之情形，且專利申請人在收到審定書或處分書後有三個月之繳納證書費及第一年專利年費之期間，必要時亦可請求延緩公告三個月，爰明定先申請案為發明案者，後申請案不得主張國內優先權之期限，放寬至「已經公告或不予專利審定確定」，使申請人有較充裕之時間決定是否主張國內優先權。

5. 先申請案為新型，已經公告或不予專利處分確定者

除其理由與 4. 同外，先申請案為新型者，後申請案不得主張國內優先權之期限，已放寬至「已經公告或不予專利處分確定」，因新型案形式審查

㊲ 92 年將「各別申請案」文字改為「分割案」，「改請」改為「改請案」（92 年專 §29I ③）。

㊳ 92 年修正為「四、先申請案已經審定或處分者」，因配合本次修正，將是否准予新型專利以處分書為之之故。

甚為快速，通常在五個月內即可發給處分書，為使申請人不致喪失在十二個月內主張優先權之機會，故作此修正。

6. 先申請案已經撤回或不受理者

後申請案主張國內優先權時，其先申請案之標的必須存在，方有主張國內優先權之依據。先申請案如經撤回或不受理者，此時先申請案已不繫屬於專利局，標的已不存在，後申請案主張國內優先權即失所附麗。

㈢申請手續

國內優先權之申請，應於申請專利同時提出聲明先申請案之申請日及申請案號數即可，一經主張即生效力，不以載明於申請書為限。若未於申請時提出聲明，或未載明先申請案之申請日及申請案號數者，視為未主張優先權（專 §30 VII）。

㈣主張優先權之效果

1. 申請國內優先權之期限為十二個月，自在我國第一次提出專利申請之日起算。

2. 主張優先權者，其專利要件之審查，以優先權日為準（專 §30VI）。

3. 申請人於一申請案中主張二項以上優先權時，其優先權期間之計算，以最早之優先權日為準。

4. 主張國內優先權者，其基礎前案（先申請案）自其申請日後滿十五個月者，視為撤回，以避免重複公開，重複審查。

㈤優先權之撤回

1. 主張優先權與否乃出於申請人之利益衡量，主張後亦可撤回，惟至遲應於申請案公告或審定確定前為之，以保持程序之穩定性，故規定於先申請案申請日後逾十五個月者，不得撤回優先權主張，亦即限於十五個月內始得撤回。

2. 主張優先權之後申請案，若於先申請案申請日後十五個月內撤回，則優先權之主張失所附麗，故其優先權之主張視為同時撤回（專 §30II、III）。

第十三章　審查手續

第一節　專利主管機關（專利局）

凡採用專利制度的國家，都有政府主管專利的機構，負責審查專利申請案、授與專利權及頒發專利證書、登記專利權之轉讓與授權，提供專利資訊服務及審理專利申訴等。由於專利制度攸關科技與經濟發展，故專利機關在國家行政機關中占重要地位❶。在多數國家（如美、日），此種機構除專利外，兼管商標業務，稱為專利局、專利商標局或工業產權局。也有少數國家除專利商標外，並掌管著作權業務（如德國），有的稱為知識產權局或專利局❷。在極少數國家，此種機構只掌管專利業務，稱為專利局（如中共），無論審查抑登記業務，都集中在專利局，而非分散在各省市進行。無論美國、前蘇聯等大國，還是面積中小國家，都集中審查，以免標準難於劃一，引起紛爭❸。

多數國家的專利局，隸屬於工業部、經濟部或貿易部，因為這些部負責各該國經濟和科學技術政策，有些國家專利局屬於其他部管轄，如美國的專利局隸屬於商業部（最早隸屬內政部，美國國會已討論要將它改為一個獨立的機構，不再隸屬於商業部）；德國專利局隸屬於司法部；法國則隸屬於工業與研究部；奧地利專利局為聯邦貿易與工業部下的獨立局；此外

---

❶ 馬克吐溫嘗謂：「無專利局與好專利法之國家，有似螃蟹不能遠行，只能橫行與後退。」(A Country without a Patent Office and good Patent Laws is just a crab and can't travel anyway but sideways and backways.)

❷ 湯宗舜著，《中華人民共和國專利法條文釋義》，頁19。

❸ 同❷，頁20。

有些國家的專利局是政府獨立的直屬局❹，如中共。

由於專利（與商標）業務龐雜，需要許多人力，故各國專利局組織龐大、人員眾多，例如美國專利與商標局有三千人、日本特許廳有二千人、蘇聯發明與發現委員會有四千五百人、英國專利局有一千四百五十人、法國工業產權局、瑞典專利局、巴西工業產權局都有七百人❺。專利局配置有一批受過專業訓練的優秀專業人員從事審查工作，稱為審查官 (patent examiner)，例如在 2008 年美國專利商標局職司專利審查人員已逾八千人、日本特許廳在 2005 年至少有通常審查官一千一百六十二人，任期審查官一百九十六人。當然現今人數必然更為增加。審查人員的專業要包括所有技術領域。為因應審查工作之需要，專利局擁有世界各主要國家的專利文獻與非專利文獻，審查工作須依據專利法施行細則與審查基準等進行，絕不能如一般行政事務，依照開會商議或投票表決，而須通過檢索有關文獻，進行技術審查。

各國專利局一般都設有檢索大廳 (search room) 或圖書館，收藏國內外專利說明書、國內外科學技術資訊及工業對產權方面之法律文獻、法規、著作等，供專利局工作人員利用並開放公眾閱覽。有些國家（如美、日）專利局甚至設有專門訓練審查人員之機構，值得注意。

專利局出版公報，介紹專利申請與批准專利情況、專利簡要內容、專利權轉讓通告、訴訟判決通告及其他有關資訊甚至專利說明書。

我國專利法遲遲於民國 39 年始施行，較外國已晚了一百年左右，關於專利業務，在早期專利法雖規定「於經濟部設立專利局掌理」，即明定專利局為專利行政與專利申請案審查之主管機關，其組織員額，自應以法律而非行政命令定之，以昭慎重。惟始終未見有專利局組織條例之制定，當然更未設獨立之專利局，有關專利事務一直指定由業務性質迥異專管標準與

❹ 同❸。

❺ 王家福、夏叔華著，《專利法基礎》，頁 84。但王、夏二氏又在所著另一書《專利法簡論》（1984 出版）所附〈主要國家專利局工作人員數目表〉中，提及美國為 2,650 人、西德為 2,450 人、日本為 2,100 人（頁 165）。

度量衡業務之經濟部中央標準局兼辦（承辦專利單位原為專利室，後擴大為專利處），不免有雞兔同籠之譏。新型與新式樣專利業務且一度（49 年 5 月至 56 年 6 月）另由臺灣省建設廳專利審查小組承辦❻。加以專利單位編制太小，審查工作多委由外審委員辦理，問題重重，其重視專利之程度，與先進國家比較，實不能同日而語。為避免受人攻擊，68 年修正專利法增列「在未設專利局前，由經濟部指定所屬機關掌理之」，使做法合法化。中央標準局組織條例亦於 68 年 8 月 6 日配合修正公布，明定：「全國專利及商標業務，未設專責掌理機關前，由本局辦理之。」(§1II) 使該局辦理專利業務取得法律依據。雖經發明界與學界人士多年一再呼籲設立獨立專利局以獎掖發明，迄未見下文❼。迨民國 82 年左右，政府決策突然改變，行政院於 82 年 8 月 25 日第 2337 次院會通過「全面貫徹保護智慧財產權行動綱領」，不但決定設立獨立機關，且決定擴大業務範圍，將內政部著作權委員會之著作權業務及經濟部查禁仿冒商品小組業務及營業秘密保護業務移歸中標局，與該局專利商標兩處合併，另行設立智慧財產權局。嗣經濟部智慧財產局組織條例終於在民國 87 年 11 月經立法院通過，總統公布。該局於 88 年 1 月 26 日正式改制成立，除上述專利、商標、著作權事務外，並掌理營業秘密業務，總算向前邁開一大步。但如何建立完善審查（專職內審）人員人事制度（含考選、任用、培訓、考核、升遷），制定妥善專利審查基準，提高審查品質，如何提升專利代理人素質，如何整合發明團體……等，皆係該局努力之方向，可謂任重道遠。

---

❻ 黃學忠著，《多餘的話——我國專利制度之建言》，頁 4。

❼ 例如：王振保，〈可恥的「奇蹟」——我國專利制度的沈痾〉，《新聞天地》（74 年 8 月 3 日），頁 4；楊崇森，〈儘速整頓專利制度〉，《中國時報》，75 年 1 月 12 日；〈設立專利局，推動專利制度〉，《中央日報》，76 年 11 月 26 日。又黃學忠前揭書亦有類似主張。

第二節　審查官之職務

一、概　說

在 83 年修正專利法之下，有專利申請時，專利局長對於申請案應指定審查委員審查之 (§27)。審查委員職司專利申請之審查，極為專業，且責任重大❽，但在過去中央標準局時代，在制度上並未受到應有之重視，不在經濟部中央標準局專利處之法定編制內，其聘任係依「經濟部中央標準局專利審查委員遴聘及作業要點」辦理，分專任、學者專家兼任（即俗稱「外審」委員）與編制人員兼任三種。因過去專利審查人員不足，案件大多數委託外界專家審查，惟其是否均嫻熟專利法，對前案是否查閱無遺，能否累積經驗，能否保持公正與保護當事人之機密等，與內審正式人員相較，似有距離，以致與先進國家相較，審查品質參差不齊，各方迭有怨言，原因雖多，而此方面制度之不健全難辭其咎❾。

由於此種制度在各國甚為罕見，故廢除外審制度建立內審制度之呼聲由來已久，惟此種改革涉及人才之長期培養與訓練，非一蹴可幾，但第一步為建立審查委員制度，明定其資格，故 83 年專利法參照日本、韓國、德

❽ 愛因斯坦在擔任 Zurich 大學教授前，曾在瑞士專利局擔任審查官七年 (1902–1909)。他後來回憶說擔任審查官的經驗，對自己日後發展有助益。參照吉藤幸朔，前揭書，頁 416。

❾ 金進平著，《工業所有權法新論》，頁 189。過去由於官方長期未能參與國際專利研討會，致專利審查尺度有時與國際認知有所出入。又審查標準亦可能因審查人員而參差不齊。常見國內外申請人之抱怨是：許多案件其他先進國可准專利而我國卻不准，且不准理由並無令人意外的先前技術。或相同引證資料卻下截然不同結論。此外審查人員有時要求申請人提出很多資料以證明所有申請專利範圍的內容，甚至取得證明療效之臨床實驗資料，否則核駁或給予極為限縮的申請專利範圍，以致同一發明在我國取得之專利範圍比在先進國為小。參照王美花，專利審查與保護之省思，《律師雜誌》，第 237 期，88 年 6 月，頁 4 以下。

國等國之規定，於第 36 條將原第 27 條改為：「專利專責機關對於發明專利申請案之實體審查，應指定審查委員審查之。」（又現行專 §36 亦同）外，又增列「審查委員之資格，以法律定之。……」。

後來智財局為使審查委員制度化，於 89 年通過「專利審查官資格條例」，將審查委員改稱審查官，分為助理審查官、審查官與高級審查官三級，對專利審查官之晉用資格、訓練、升等等事項加以規範，原則上三種審查官均須符合公務人員任用法第 9 條、技術人員任用條例或專門職業及技術人員轉任公務人員條例規定，惟高級審查官須另具薦任第九職等，審查官須另具第八職等，助理審查官須另具第六職等任用資格。一般審查官亦可具國內外碩士以上，擔任助理審查官三年以上，或專科以上畢業，擔任助理審查官五年以上。可使專利審查官制度法制化，有助於我國專利審查品質之提升❿。

又實體審查後，准駁之審定書在外國有似法院之判決書，係由審查官具名，而非由首長具名，但我國過去概以中標局局長之名義行之，以致實際發生頗多問題⓫。

100 年專利法在「審定書應由審查人員具名」一語之後，增訂「再審查、更正、舉發、專利權期間延長及專利權期間延長舉發之審定書，亦同。」

❿ 然而當時智慧財產局每年受理專利申請案收件量近八萬件，審查人力有限，業務負擔極重，目前高普考類科有限，尚難完全充分供應各科技領域之專業人才。況科技發展，日新月異，專利審查人才羅致不易，為使該局業務繼續順利推動，該局除規劃經由國家考試任用審查官外，同時提出該局組織條例修正案，由法律授權行政院另定聘用從事專利審查工作專業人員之資格，仍保留已往經由公開遴選方式聘用專業人員從事專利審查工作，以及續聘具有豐富審查實務經驗之現職聘用人員從事專利審查工作，以免審查經驗產生斷層現象。參照《智慧財產權簡訊》，8 卷 1 期。至 109 年 8 月底止，該局專利審查人員共 381 人，其中高級審查官 32 人，專利審查官 128 人，助理審查官 195 人，約聘審查人員 26 人。

⓫ 具名之中標局局長因專利案件極多，須授權分層負責，多數案件未經其過目，有責無權，而辦案之審查委員卻不具名，有權無責，或謂既然由局長具名，則局長對特定案件可依其行政監督作用，干涉審查委員之判斷，但在審查委員率多要求仿外國進步國家，尊重審查人員獨立行使職權之浪潮下，可能性愈來愈低。

（專 §45II）其目的在提高審查委員之權責，建立獨立負責之審查制度。

二、審查官之地位

審查官應獨立審查，抑應在專利局局長指揮命令下，作為其輔助機關從事審查工作？此點雖有議論，但審查官雖非法官，亦無類似法官之職務獨立與身分保障之規定，但為期公正辦理審查業務，有必要避免他人之干涉，獨立執行職務，此所以不但審查官之資格應由法律定之，且專利審查手續上亦設有類似法官之迴避制度，已如上述，故實任審查官（非實任則否）執行審查職務，可獨立為行政處分，為先進國家之慣例，但此獨立地位僅限於專利局內部之審查範圍，一般行政事務仍應服從長官之指揮命令，固不待言⑫。

三、審查人員之迴避

由於專利之審查有準司法之性質，而審查委員有准駁專利申請案之大權，關係關係人權益至鉅，必須公正無私，其決定始能贏得社會之信賴，而保專利局之威信。然人類為感情動物，執行職務難保無感情作用，為預防此項弱點，專利法仿民事訴訟法法官迴避制度，亦設審查委員迴避制度，於審查委員具有一定身分，不問實際是否影響其公正判斷，對特定申請案不得執行職務。

100 年專利法第 16 條規定：「專利審查人員有下列情事之一，應自行迴避：

一、本人或其配偶，為該專利案申請人、專利權人、舉發人、代理人、代理人之合夥人或與代理人有僱傭關係者。

二、現為該專利案申請人、專利權人、舉發人或代理人之四親等內血親，或三親等內姻親。

三、本人或其配偶，就該專利案與申請人、專利權人、舉發人有共同

⑫ 光石士郎著，《改訂特許法詳説》，頁 359 以下；中山信弘，《工業所有權法》（上），頁 214。

權利人、共同義務人或償還義務人之關係者。

四、現為或曾為該專利案申請人、專利權人、舉發人之法定代理人或家長家屬者。

五、現為或曾為該專利案申請人、專利權人、舉發人之訴訟代理人或輔佐人者。

六、現為或曾為該專利案之證人、鑑定人、異議人或舉發人者。」

須說明者：

1. 如專利審查人員有違反應迴避之規定時，專利機關得依職權或依申請撤銷其所為之處分後，另為適當之處分。其效果似比法官應迴避而不迴避，得為第三審上訴與再審原因更為嚴重直接。

2. 上述專利審查人員之迴避，於發明、新型及設計專利均有適用。

3. 本條所定應自行迴避之範圍及在與專利案之代理人有僱傭或一定親屬關係之情形，較行政程序法第32條規定為廣，係行政程序法之特別規定，而應優先適用。

4. 所稱「專利案」，包括專利申請案、舉發案、更正案、專利權期間延長案、新型專利技術報告申請案等案件類型，其中舉發案有兩造當事人存在，非申請人一詞可涵括，故增列「專利權人、舉發人」。

5. 上開迴避條文之文字與民事訴訟法法官迴避之規定內容幾乎一致，有時更為嚴格。惟民事訴訟法法官除自行迴避外，尚有聲請迴避（日本專利法亦然），專利法並無申請審查委員迴避之規定，淺見以為尚須增列當事人聲請迴避之規定，即審查委員有應自行迴避之情形而不迴避，當事人亦可聲請迴避，以落實迴避制度之精神。

第三節　專利機關與專利代理人之保密義務

一、專利機關之保密義務

專利申請案含有最新技術情報，具有高度商業價值與機密性質，攸關申請人事業興衰與競爭之成敗。專利機關有關人員與審查人員，因職務關係知悉或持有申請人之發明情報，如可不負保密義務，隨意向他人洩漏或將其公開，則他人可能先行製造銷售與申請人競爭，或將其發明加以改頭換面，另行申請專利。如此不但影響申請人之權益與對專利機關與專利制度之信賴，甚至使發明人可能寧可將發明作為營業秘密，不願申請專利，其為害豈可勝言。

我國專利法自民國 83 年起規定：「專利專責機關職員及專利審查委員對職務上知悉或持有關於專利之發明、新型或新式樣，或申請人事業上之秘密，有保密之義務。」（專 §17）100 年修正專利法增列「如有違反者，應負相關法律責任。」（專 §15II）故專利局人員如有違反該條所定保密義務，不但負擔民事上侵權行為之賠償責任，且可能構成刑法第 318 條之妨害秘密罪（告訴乃論，刑 §319）。惟此項保密義務有無期間限制抑須永久保密？條文語焉不詳。

按中共專利法第 21 條規定：「在專利申請公布或者公告前，專利局工作人員及有關人員對其內容負有保密責任。」即在申請案公布或公告前始負保密義務。學者以為即使在申請人提出申請後，如由於種種原因，在該申請依法公布或公告前自動撤回，或依法被視為撤回或被專利機關駁回者，仍應對該申請內容無限期保密，不得洩漏⓭。我國專利法第 15 條雖無公布或公告前保密之限制，但解釋上保密時間似並不以此為限，凡為申請人之利益有保密必要之情形，舉凡駁回、撤回、放棄者，亦應負保密義務。又保密之範圍似不以公告之內容為限，即公告後未公告之內容，諸如其他文件，或與審查人員面詢之內容等，原則上均應繼續保密，以保障發明人或申請人之權益，提升專利機關之威信。

二、專利代理人之保密義務

又專利代理人因受發明人委任，處理申請及其他有關事項，比他人更早或更了解發明人有關發明之機密，故亦應負保密義務，以免有類似上述

⓭ 湯宗舜，前揭書，頁 72。

之流弊。此所以上述中共專利法第 21 條除專利局工作人員外，尚規定有關人員，意即包括專利代理人對其內容亦負有保密責任⓮。但我國專利法上開條文未對專利代理人課以保密義務，僅專利代理人規則第 8 條規定：「專利代理人不得洩漏或盜用職務上所知關於委任人之發明或創作。」位階過低。

因此在發明人與專利代理人訂定委任契約時，固可要求列入專利代理人負保密義務之條款，但如未明訂此義務時，對洩密之代理人似不易按民法委任規定課其責任。至刑法方面，第 316 條洩漏因業務得知之他人秘密罪之犯罪主體，由於立法之初，專利制度尚未發達，條文僅列舉醫師、藥師、藥商、助產士、宗教師、律師、辯護人、公證人、會計師或其業務上佐理人或曾任此等職務之人，並未將專利代理人與律師一併納入規範，故不能依該條加以處罰。所幸現專利師法規定：專利師不得有「洩漏或盜用委任人委辦案件內容」之行為 (§12)。因專利師法已課以保密義務，故如洩密時，可能構成刑法第 317 條「依法令或契約有守因業務知悉或持有工商秘密之義務，而無故洩漏之者」中之「洩漏法定保密義務罪」。惟法律上無論對發明申請案保密如何用心，一旦被人洩密，被害人欲追訴犯罪或侵權行為時，涉及舉證問題，事實上極為困難。故治本之道仍在如何健全有關人員之人事制度，如何加強管理以及提升職業倫理，以提升專利機關職員與審查委員及專利代理人之素質。

第四節　審　查

專利申請案件之審查分為程序審查與實體審查。換言之，專利申請案件經智財局收件後，須先經程序審查。即檢核申請案各種應備之文件書表是否齊備後再經過依 IPC 分類、前案檢索等前置作業後，發交審查委員，進入實體審查程序。審查委員再逐案審查是否符合進步性、新穎性、產業

⓮ 所謂有關人員，依學者解釋，係泛指所有能接觸專利申請的有關人員，特別是專利代理機構的專利代理人與其他工作人員，例如打字員、校對員等，如此自較周延（參照湯宗舜著，《專利法解說》，頁 89）。

利用性等專利要件，並檢視說明書及圖式是否符合專利法規定後，決定審查結果，製作審定書，然後公告、發證。但今日制度改變，情況並非如此一致。分述如下：

一、程序上之審查

各國處理方法，專利機關收到專利申請文件後，應先就程序是否合法予以審查，如不合法，須通知申請人補正，然後始能進行實體審查。在我國依「先程序後實體」之原則，專利所有申請案合於程序要件者，始得進入形式審查（新型專利）、早期公開、實體審查及繳費領證。換言之，合於程序審查乃專利申請案進入形式審查（新型專利）、早期公開、實體審查及繳費領證之前提，在整個審查過程有重要作用。在我國程序審查乃檢查各種申請文件是否合於專利法與專利法施行細則之規定。包括各種書表是否採用主管機關公告訂定之統一格式，各種申請書的撰寫、表格的填寫或圖式的製法是否符合專利法令的規定，應檢送證明文件是否齊備，申請日之認定，發明人及申請人的資格是否符合規定，代理人是否具備代理之資格及權限，有無依法繳納規費等。尤其新申請案經程序審查文件齊備，始取得申請日。由於我國專利法對於專利之申請採先申請主義，申請日之認定影響到實體審查對專利要件判斷之時點，因此申請日之認定乃程序審查之重點。我國申請文件不符合法定程式而得補正者，專利機關應通知申請人限期補正；屆期未補正或補正仍不齊備者，原則應不受理。但遲誤指定期間在處分前補正者，仍應受理（專 §17I）[15]。

---

[15] 由於我國智財局專利初審平均審結期間，自 95 年之 19.73 個月，至 100 年 12 月大幅延長為 45.12 個月，為有效解決專利積案問題，故仿日本財團法人工業所有權協力中心 (IPCC) 及韓國成立韓國專利資訊協會 (KIPI) 協助專利前案檢索之作法，於 101 年 3 月 15 日成立「財團法人專利檢索中心」，協助智財局辦理專利審查前端之分類及檢索為首要任務。至民國 108 年共有 67 名專業檢索人員提供檢索報告（智財局 2019 年報，頁 30）。

二、實體上之審查

自民國91年實施早期公開及申請審查制度後，並非如過去立即進入實體審查。換言之，目前我國發明專利與設計專利採實體審查，新型專利採形式審查制，但發明專利採依申請進行實體審查，設計專利則採依職權進行審查。實體審查係就申請案審查是否符合專利要件，有無新穎性、進步性及是否禁止專利之物品，審查結果是否違背專利法第21條至第24條等有無不予專利之情事（專§46）。

100年專利法規定：專利機關於審查發明專利時，得依申請或依職權通知申請人限期：

一、至專利專責機關面詢。

二、為必要之實驗、補送模型或樣品。

專利機關認有必要時，得至現場或指定地點勘驗（專§42）。按舉發階段亦有相同規定（專§76）。

上述規定頗為繁複，需進一步說明。

㈠面　詢

在書面難以表達清楚之情形，例如專利申請案之技術內容艱深難解。對智財局之說明書、圖式或圖說之補充修正通知有疑難。對智財局之核駁理由先行通知書有疑義，除書面申復外，需要當面溝通說明，或需要當面說明或操作樣品、模型或實驗之類情況，審查人員與申請人可透過通知申請人到局面詢（當面會晤），加強案情之瞭解及審查之迅速確實。面詢與言詞審理不同，但性質略近，分為審查人員主動面詢與當事人申請二種：智財局訂有面詢作業要點，規定頗為周詳。

㈡為必要之實驗、補送模型或樣品

有些專利品或專利方法，僅憑書面審理無法徹底瞭解案情，專利機關非從事必要之實驗，無法確定是否符合取得專利之要件。此外為了便於審查之進行，往往需要檢視發明之模型或樣品，俾與說明書對照，故專利法規定專利機關可依申請或依職權，通知申請人到場為必要之試驗、補送模型或樣品。

由實驗或補送模型或實施勘驗所生之費用，過去專利法規定由應負舉證責任之當事人負擔（83 年專 §44I、II、III）。90 年專利法修正時，因依行政程序法規定：原則上行政程序所生之費用由行政機關負擔，故將該付費規定予以刪除。

㈢勘　驗

按專利局在審查專利申請案時，雖可依申請或依職權通知申請人限期為實驗、補送模型或樣品，但若干個案往往因相關物品或方法之性質或體積或難於移動或不適於呈送至智財局，此時如能至現場或指定地點實施勘驗，當有助於案情之了解與審查作業之公正確實。在民事訴訟法與刑事訴訟法均有勘驗之制度，發揮莫大功用，專利審查案件亦宜有類似勘驗機制。故專利法第 42 條第 2 項明定：「前項第二款之實驗、補送模型或樣品，專利專責機關認有必要時，得至現場或指定地點勘驗。」舉發階段亦有相同規定（專 §76）。

智慧財產局為使勘驗作業有所依據，已於 93 年頒行「專利案勘驗作業要點」。

㈣修正說明書、申請專利範圍或圖式

附於專利申請書之說明書及圖式或圖說，應將請求專利之發明或創作之內容為明確詳細及確定之記載，否則審查人員不能正確掌握發明或創作之內容，影響審查之進行。惟因發明之本質特徵並非一次就能完全揭露或表達清楚，自始即能作成完備之說明書或圖式、圖說，事實上不無困難。況在專利法採取先申請主義之下，發明人往往過早提出申請，以致發明內容之揭露或對現有技術之調查不能完美無缺。

在專利申請文件向專利機關提出後，常會發生需要修改之情形，諸如撰寫不符專利法與施行細則之規定，或不符發明單一性原則，或新發現與申請主題有關之比對文件，有些說明表達不明或有瑕疵，例如有些特徵在保護範圍提到，但在說明書卻漏而未提。所以申請人於提出申請文件後，往往需申請修改，而審查人員在審查階段更不乏要求申請人進行修改，所

以申請文件常需修改，有時甚至需經多次修改，包括改正文字的筆誤，打印錯誤，補充當時現有技術的材料，澄清晦澀難懂的申請專利範圍 (claim)，消除說明書中含混矛盾之處，或說明書與申請專利範圍之間的不一致等，不一而足。在不致陷於審查困難及浪費時間之範圍內，各國皆准許在審查過程中，申請人可請求或基於專利機關之要求，對專利說明書、申請專利範圍、圖式等加以補充或修正。

我國專利法向來亦然，但不得變更申請案之實質⑯。因如變更申請案實質，則與先申請主義有違，例如申請書原記載之發明範圍較小，在以後修正時要擴大其範圍是。惟如修正之申請係在專利申請案審定公告之後提出者，因此時該申請案既經公告，如仍可隨意修正，包括超出說明書記載之範圍，或原申請專利範圍，則對他人權益予以不當之影響。

100 年修法，更充實審查中之修正制度（專 §43)，分述如下：

1. 在專利機關就申請案進行實體審查後，除本法另有規定（§44III 修正內容之限制，及 §49 有關再審查時修正之特別規定）外，明定說明書、申請專利範圍或圖式之修正，除依職權通知申請人限期辦修正外，申請人亦得主動申請。並將申請專利範圍修正獨立於說明書之外，「補充、修正」之用語改為「修正」。

2. 修正，除誤譯之訂正外，不得超出申請時說明書、申請專利範圍或圖式所揭露之範圍。

3. 專利機關依（§46II 不予專利審定前通知限期申復）規定通知申請人申復後，申請人僅得於通知之期間內修正。至於通知限期申復後，如申請人屆期仍未提出申復理由或修正者，該申請案將逕為不予專利之審定。又申請人所提之修正，如違反（第 3 項或第 4 項）規定，專利機關得於審定

⑯「原告之發明專利說明書修正本，其申請專利範圍敘述之部分元件為原說明書中所無，修正本之文中亦無說明，實難謂可供熟習該項技術者能了解其內容並可據以實施；本案原說明書申請專利範圍特徵部分多為程度上之比較用語，缺乏具體構造，本案難以達成使飼料均布於養殖池之目的、功效，難謂可供產業上利用」（行政法院 85.11.28. 85 年判字第 2925 號判決）。

書敘明其事由，逕予審定，不單獨作成准駁之處分，申請人如有不服，仍得對審定之結果提起救濟。

4. 限制修正期間之目的在於避免延宕審查，倘逾限提出之修正，係針對審查理由而不須重行檢索，或僅為形式上之小錯誤時，仍有受理之可能。

5. 刪除申請人主動提出修正之時間限制，因修正之目的在使說明書、申請專利範圍及圖式內容更為完整，有助於專利案之審查，在專利機關審查前，尚無限制申請人在一定期間主動修正之必要。

6. 惟為免申請人一再提出修正，延宕審查時程，尤其鑑於申請人接獲通知函後，如可任意變更申請專利範圍，審查人員需重新檢索及審查，造成程序延宕。故引進最後通知制度，於專利機關認有必要時，得為最後通知。申請人嗣後，不能任意變動已審查過之申請專利範圍。此時申請專利範圍之修正，僅得於通知之期間內，為：

⑴請求項之刪除。

⑵申請專利範圍之減縮。包含刪除請求項及縮減申請專利範圍。

⑶誤記或誤譯之訂正。

⑷不明瞭記載之釋明。違反者專利機關得逕為審定（專 §43）。

又專利權人申請更正專利說明書、申請專利範圍或圖式，亦受上述四種事項之相同限制（專 §67）。

7. 更正，除誤譯之訂正外，不得超出申請時文件揭露之範圍，亦不得實質擴大或變更公告時之申請專利範圍：如更正致實質擴大或變更公告時之申請專利範圍者，影響已公告之權利範圍，不准更正；如准予更正時，乃舉發撤銷之事由。更正是否超出申請時說明書、申請專利範圍或圖式所揭露之範圍，係以申請時此等文件為比對對象；是否實質擴大或變更公告時之申請專利範圍，係以公告時之申請專利範圍為比對對象。申請時之申請專利範圍經修正並審定公告後，應以公告之範圍為準，又誤譯之訂正係以申請時外文本所揭露之範圍為比對對象（專 §67）。

8. 申請案之申請人收到審查意見通知函後，未提出申復或修正，或所提無法克服先前審查理由者，再為通知亦無實益，審查人員將逕予審定，

不再發給最後通知。但如申復或修正有部分為審查人員所接受，或修正後有其他不准專利情事，須進一步修正時，會再發通知。惟為避免延宕，或審查人員認為有限縮修正範圍之必要時，將會發給最後通知。

9.增訂專利機關針對原申請案或分割後之申請案其中一案發給審查意見通知函後，如原申請案或各分割後之申請案其中任一案件應發給之審查意見通知函內容，與已發給之審查意見內容相同者，得對於各該申請案逕為最後通知，以免因分割申請對相同內容重複審查（專 §43）。

10.提出外文本時其修正問題

外文本不得修正及中文本補正訂正以外文本為準（專 §44），即：

(1)說明書、申請專利範圍及圖式，以外文本提出者，其外文本不得修正。因申請人得以外文本提出之日為申請日，故該外文本不得變動，且申請人依據該外文本應補正中文本，由專利機關依該中文本審查，申請人如有修正之必要，係修正中文本所載之內容，並無修正外文本之必要，故該外文本不得修正。

(2)申請人如依規定先提出外文本再提出中文本者，既可以外文本提出之日作為申請日，則翻譯之結果，自不得超出申請時外文本所揭露之範圍。

(3)嗣後如發現中文本有誤譯時，宜有補救之機會。在審查中，固得修正；於公告取得專利權後，亦宜准其申請更正，故增訂誤譯之訂正為更正之事由。至是否有誤譯，係以外文本為比對之對象，其誤譯之訂正亦不得超出申請時外文本所揭露之範圍（專 §44、§67）⑰⑱。

⑰ 以上面詢、實驗、補送模型樣品及修正說明書或圖式各種行為，並非互相排斥，可同時申請或通知為二種或多種之行為。上開規定於舉發案亦有規定（專 §76, §77），因舉發案之審定，為了解案情與確定舉發有無理由，往往須當面與專利權人溝通，為必要之實驗或命舉發人補送模型或樣品或更正。

⑱ 為解決專利申請積案問題，日本和美國專利局首先於 2006 年展開專利審查高速公路（Patent Prosecution Highway，簡稱 PPH）計畫，相互分享檢索及審查成果，減少對同一發明專利申請案重複審查工作，提升專利審查效率。其作法為當某專利申請案在第一申請局（office of first filing，簡稱 OFF）經過實質審查獲准專利後，該案申請人可提供第二申請局（office of second filing，簡稱 OSF）相關資料，使 OSF 得以利

⑷在新型，外文本問題原則上與上述第 25 條、第 44 條內容同（專§106、§110）；在設計專利，外文本問題原則上與上述第 25 條、第 44 條、第 67 條內容同（專 §125、§133、§139）。茲不一一贅述。

三、審定公告與其例外（不予公告及延緩公告）及廢除異議制度

㈠不予專利之審定

1. 100 年修法規定：發明申請案違反下列情形應為不予專利之審定：

⑴違反專利三性、違反先申請主義、不予專利發明（專 §21–§24）。

⑵未充分揭露（專 §26）⑲。

⑶相同數發明未協議或未擇一（專 §31）。

⑷同一人同日就同一技術分別申請發明及新型，已取得新型，而不依期擇一（專 §32I）。

⑸同一人同日就同一技術分別申請發明及新型，發明專利審定前，新型專利已不存在（專 §32III）。

⑹違反一發明一申請（專 §33）。

⑺分割後之申請案超出原申請案申請時所揭露之範圍（專 §34IV）。

⑻補正之中文本超出申請時外文本所揭露之範圍（專 §44II）。

⑼誤譯之訂正超出申請時外文本所揭露之範圍（專 §44III）。

⑽改請後之發明申請案超出原申請案申請時所揭露之範圍（專§108III）。

用 OFF 的檢索與審查結果，加速該案件的審查，智財局為使申請人早日獲得專利權，考量我國多數發明專利申請案係有外國對應案，參考國外「專利審查高速公路」精神，創立「專利加速審查作業方案」，自 98 年 1 月起施行（《智慧財產權月刊》，160 期，頁 3、24）。截至目前為止，智財局已和美國、日本、西班牙、南韓、波蘭、加拿大等國合作實施 PPH 計畫。為強化型 PPH，若任何一局先有審查結果，無論此局是否為 OFF，申請人均可據此向另一方專利局提出 PPH 審查，使適用受惠之專利申請案範圍更廣（參照智慧財產局 2019 年報，頁 29）。

⑲ 例如寄存生物材料係為使該發明所屬技術領域中具有通常知識者，能瞭解其內容並據以實現，故應寄存而未寄存者為揭露不完整，可不予專利。

2. 108 年修正對於不予專利的審定及舉發事由，增列不符核准審定後分割申請案要件的情形：由於此次修正大幅放寬發明與新型專利核准後申請分割的期間，為避免重複專利，將核准審定後所提分割申請案的要件，包含：⑴核准後的分割申請案應自原申請案說明書或圖式所揭露的發明或新型技術內容申請分割，⑵核准後的分割申請案應與原申請案核准審定的請求項非屬相同發明。且進一步將違反上述核准後分割申請案要件之情形，分別納入不予專利審定事由與舉發事由，成為法定專利要件之一。

此外，寄存生物材料之目的係為使該發明所屬技術領域中具有通常知識者，能瞭解其內容並據以實現，應寄存而未寄存者為揭露不完整，不予專利。

專利機關為前項審定前，應通知申請人限期申復；屆期未申復者，逕為不予專利之審定（專 §46）。按專利機關現行實務上不論在審查或再審查階段，均已在作成不予專利之審定前通知申請人申復。

如「申請專利之發明經審查認無不予專利之情事者，應予專利，並應將申請專利範圍及圖式公告之」（專 §47I）。

㈡廢除異議制度

按在民國 92 年專利法廢除異議制度前，如申請專利之發明，經審查認為無不予專利之情事者，應先公告。公告中之發明，原則上任何人認為有違反取得專利之事由，得自公告之日起三個月內備具異議書，附具證明文件，向專利專責機關提起異議。須俟異議期間屆滿，無人提出異議，或雖有異議，但被駁回確定，始賦予申請人專利權。按日本在 2015 年再度導入特許異議制度。韓國自 2017 年起也恢復異議制度。美國在 2012 年起新增的核准後複審程式 (PGR) 制度，雖不用「異議」字樣，但本質上也有「不限制提起人資格」以及「設有提起期間限制」的特點，可算是廣義異議制度的一種。因此吾人似應認真再檢討異議制度之存在價值了。

此即所謂申請公告之制度，可予專利之公告簡稱為審定公告，此項審定亦稱核准審定。此制度乃源自英國 1852 年之專利法[20]，過去為許多國家

[20] 陳文吟著，《專利法》，頁 179。

所採用。目的在將申請內容向大眾公開，允許公眾對其核准專利之審定提出異議，使審查人員能參酌公眾之情報與意見加以覆核，糾正專利機關審查之失誤。同時可使公眾更能知悉該技術已有先申請存在，而中止重複開發同一技術之努力，避免虛擲資源與人力。

惟92年專利法廢除異議程序，規定申請專利之發明、新型或新式樣，經核准審定者，申請人應於審定書（在發明與新式樣稱為審定書，在新型則稱為處分書）送達後三個月內，繳納證書費及第一年年費後，始予公告，自公告之日起給予專利權。屆期未繳費者，不予公告，其專利權自始不存在(§51)。

㈢公告與其例外

100年修法基本上維持上述規定（專§52、§113、§120、§142）。換言之，申請案一經核准審定或處分，即可自審定書送達後三個月內繳納規費（證書費及第一年年費）加以公告，並發給專利證書，取得專利權。亦即以繳納證書費及第一年年費，為專利權取得之要件。原則上核准審定之專利案，除依法應予保密（涉及國防機密或國家安全之發明原則不予公告）（專§51）外，應予公告。例外為「延緩公告」。即專利申請人基於一定事由須延緩公告專利，包括擬向外國申請專利，於提出申請書前，若在我國專利公報先行公告，會喪失新穎性，致向外國之專利申請案被核駁，或因開發發明品尚需假以時日，若過早公開恐被他人仿冒之類。此時該申請人應於繳納證書費及第一年年費時，備具申請書，載明理由向專利機關申請延緩公告。惟延緩之期限，自原預定公告日期起算，不得逾六個月（專施§86）。審定公告應由刊登專利公報之方式行之。

第五節　早期公開與請求審查制度

一、制度之意義與出現之原因

自20世紀中葉以來，由於技術競爭激烈、科技進步快速，各國專利局

都面臨新的困境，即專利申請案激增，案情複雜，專利審查所需調查文獻急速膨脹，審查人員流向民間，羅致困難等問題，致各國審查所需期間較以前稽延，申請人在取得專利權前長期任他人仿冒，束手無策。及至取得權利，其發明可能已失去技術上價值，權利變成有名無實，對申請人至為不利。他人則對同一技術重複研究投資，且投下之設備或事業因遲遲發生之他人專利權出現，不得不中止或廢棄，對國民經濟亦導致不安與損失，當然亦引發許多重複申請之惡性循環。採審查主義之國家雖在行政上增加預算員額，提高審查效率，仍不能根本解決問題。

為了解決上述審查工作大量積壓之問題，荷蘭首先採用早期公開與延緩審查制㉑。即自專利申請日或優先權日起，在一定時間內（一般為十八個月），先將發明專利之申請公告，向社會公開。申請人可在一定期間內（三至七年），考慮是否請求實質審查，並可選擇適當時機，提出實質審查請求，如逾期不提出實質審查請求，則失去取得專利權資格。換言之，申請早期公開制度係將所有申請內容於申請後提早公開，並對申請人賦予一定法律上保護（擴大之先申請地位與補償金請求權等），可謂採用一種新審查主義，同時介於無審查主義與審查主義之間，調和兩者之第三種制度㉒。但此制度須與延緩審查或請求審查制度 (deferred examination system) 相輔而行，始克有功。荷蘭於 1964 年實施、德國於 1968 年實施、英國等歐洲國家與日本、加拿大、中共、聯合國協、澳洲均已改採此兩種制度，歐洲專利公約亦同。

㉑ 按此二制度須相輔相成，缺一則沒有意義，惟其譯名出入頗多，立法院附帶決議稱為「早期公開制度」，智財局 90 年專利法修正草案說明亦同。大陸地區學者如湯宗舜用「延遲審查制度」字樣，我國學者黃文儀稱為「請求審查制度」及「申請案公開制度」（《專利實務》，2 版，1 冊，頁 63、69）字樣，而陳哲宏等著《專利法解讀》則用「早期公開、延後審查制度」（頁 137）。又日本學者（如中山信弘、吉藤幸朔）對早期公開制度則稱為「出願公開制度」，而延緩審查制度，則稱為「審查請求制度」，本書則用「早期公開制度」與「請求審查制度」。

㉒ 吉藤幸朔著，《專利法概說》，13 版，頁 399。

二、制度之優點與缺點

(一)此等制度具有下列特色或優點

1. 可使大眾早日取得技術資訊

今日技術開發速度愈來愈快，昨日新技術可能不久變成老朽。在採傳統審查主義之下，必待實質審查通過，始行公告，在案件積壓下，可能自申請之日起，須等待數年之久，始輪到實質審查。但專利制度既在促進技術開發，所公開之發明，即新技術資訊，須儘量新穎。在本制度下，專利申請本身內容經十八個月形式審查後，立即向社會公開，任何人都可在專利機關取得複本。有些國家還規定，除申請人外，他人為了探索該申請取得專利權之可能性，於繳費後亦可單獨請求專利機關進行實質審查，並將審查結果通知原申請人。由於提早公開，可使大眾早日利用發明。

2. 在一些國家，發明專利與新型申請案劇增，審查遲延頗為嚴重，專利審查遲延結果，有時對專利制度予以致命影響，採用早期公開制度與請求審查制度，可加速審查之速度，即提前看到他人已公開之申請，加以參考，再決定是否請求審查自己之申請案，對未申請之人亦可作為判斷是否申請之參考，如此可抑制申請或審查案件之數量。

3. 緩和或減輕專利機關審查之壓力

在傳統審查主義之下，專利機關須維持龐大且熟練之審查人員，支出大量費用與時間，但在申請專利權之發明中，亦有不能實施，或經濟價值已消滅者，包括(1)申請後自己或他人已開發出代替性之新技術，原申請技術經濟上之價值已經消滅，失去取得獨占權之意義者。(2)申請人只因避免他人獨占技術，妨害其實施，才申請專利，作為防衛，其本身並不需取得獨占權者。如一一從事實質審查，不免耗費國家資源，自國民經濟觀之，不免浪費。故將發明專利性之審查延後一定時期（如荷蘭、德國、日本為七年，澳洲為五年，中共為三年，巴西為二年）。在此期間讓申請人有充分時間斟酌發明的商業價值與技術價值，考慮是否要提出實質審查請求。亦即在專利申請案件中，如只對申請人希望確認權利之申請加以審查，不但

可減輕上述缺憾，減輕專利機關工作負擔，且可提高審查之效率與素質，亦可達到權利早日確定之要求。據云依荷蘭實施經驗，請求進行全面審查者，約占申請案總數百分之五十，其餘七年內毫無動靜。

4. 發明提早公開，有助於社會技術水準之提高，提早察知他人之技術情況，可減少研發投資之重複。

5. 由於同時採用請求實質審查制度，改變過去按申請前後審查之做法，後申請案也可能變為先辦申請公告。亦即審查只在請求時才辦理，而請求時期請求人自申請起法定年限以內可自由選擇，在此情形下，如不兼採早期公開制度，任由申請人隨意操縱其公開技術之時期，並不妥當，故定為在一年六個月內公開所有申請案，以維公平。

6. 由於早期公開，使認定發明申請案之先後變成容易，且亦易於收集資訊，可使審查更趨適當。

7. 申請人之發明獲得臨時保護，費用開支合理

公開發明之申請人享有臨時保護權。通常臨時保護期，從公開之日起到產生正式保護時（即頒發專利時）止。在臨時保護期內，申請人雖不能禁止侵權人使用其發明，但通常可請求按使用情況予以補償，補償數額原則上不超過授權契約應付之數額㉓。同時申請人可在此期間，對該發明進行充分修改或補充，以期申請內容臻於完善。此外由於將原來一次支付的申請費分為「申請費」與「審查費」兩次支付，申請人可依個案情形，衡量得失，再決定有無必要提出全面審查請求，使費用支出更臻合理㉔。

8. 順應國際調和

由於採用早期公開制度之國家增加，且歐洲專利公約與專利合作公約亦已採用，故自國際調和觀點亦有採用之必要。又一國如不採早期公開制

㉓ 在日本，此時申請人不能對侵權人請求禁止請求或損害賠償。因⑴申請尚未經審查，如認為獨占支配權，則對第三人極為不利，⑵損害賠償請求權須以故意或過失為要件，而此時已公開之發明，能否取得專利尚難判斷。且專利請求範圍尚可變更（即權利內容尚不能特定），故不能以故意過失概念論斷（吉藤幸朔，前揭書，頁 310 以下）。

㉔ 王福新、王正主編，《專利基礎教程》，頁 105。

度，由於許多外國採用，則一國申請公告前，即使保持申請秘密，在外國公開公報之資訊仍可進入國內，使保密易於失去意義，尤其重要發明，一國企業向外國申請專利案，漸有激增，對此種案件，一國在申請公告前殆已全失保密意義㉕。

㈡此等制度之缺點

惟早期公開制度亦有不少缺點，除申請人支出額外公告費用外，不論申請案之專利性如何，一律公布。大量公布之發明，可能只有少量有用。此外在臨時保護期間內，申請人之權利不能得到充分可靠之保障。且一經公開，如未取得專利時，有被他人模仿之危險，日後雖欲作為營業秘密保持，亦不可能。第三人知悉申請案內容與申請策略，有機會影響該案之審查。如何避免此種不利，問題頗多。又專利權之權利關係變成不安定，對尚未經實質審查是否具備專利要件之發明，亦賦予某種保障，對競爭人有加以不當拘束，或使購買該發明及被授權之人受到不測損害之虞。從而早期公開制度，須與請求審查制度結合，始能解決有關困境之大部分。且是否有效防弊，亦有待進一步觀察各國執行之成效。

三、荷蘭與德國之制度內容

茲將在荷蘭、德國早期公開與延緩審查制度之內容說明如下：

1. 請求審查

只於申請人或第三人請求審查時，始對申請案進行審查，請求期間如不請求審查，則其申請視為撤回。

2. 請求審查期間

自申請起定為七年。

3. 新穎性調查

4. 申請內容之早期公開

自申請日（在主張優先權時，作為其基礎之第一國之申請日）起經一年六個月者，除特定情形外，將申請內容予以公開。

㉕ 中山信弘，《工業所有權法》（上），頁189以下。

5.公開方法

在荷蘭將發明名稱、申請人姓名等揭載於公報，申請文件可供公眾閱覽。在德國則將全部申請內容揭載於公報。

6.公開之效果

(1)在荷蘭發生補償金請求權，惟須於權利設定登記後始可行使。在德國則可自申請公開時行使。

(2)權利不能設定時，補償金請求權溯及消滅。

(3)不發生禁止請求權或不當得利返還請求權。

四、日本之優先審查制度

在早期公開制度下，申請人於申請公開後雖取得補償金請求權，但其權利非於申請公告後不能行使，而自公開後至申請審查之間，為時頗長，其間易被第三人仿冒，影響甚大，致補償金請求權變成有名無實，尤以生存週期短之商品為然。在另一方面，第三人雖被申請人警告，但所實施之申請人之技術不過係從來之技術時，第三人雖可提供資訊，阻止專利申請人取得專利，但自受警告至審查申請期間，為時可能甚長，在此期中其實施可能受到申請人之牽制或妨礙。為消除此弊害，須提早審查，故日本為此又設有優先審查制度。該制度係特許廳長官認為必要時，不問審查請求順序如何，可使審查官優先於其他專利申請，加以審查（日特 §48 之 6）[26]。

又日本為配合申請公開制度之採用，又實施所謂「情報提供制度」，即任何人認為公開之發明不應予以專利者，可向特許廳提供必要資訊，阻止審查官之核准專利（特許查定），可謂為一種專利異議之聲明制度。

五、我國專利法之規定

專利法於 83 年 1 月修正時，立法院若干委員鑑於許多國家均採行早期公開制，作成附帶決議，應於二年內導入早期公開制度，經智財局參酌相關外國立法例，並舉行公聽會，邀請學者、專家及業界代表徵詢意見後，

[26] 吉藤幸朔，前揭書，頁 305。

於 90 年專利法採用早期公開制度與延緩審查制度，在第 36 條之 1 至之 6 設有詳細規定。

按本來專利制度作為發明公開之報償而賦予獨占權，由於採用早期公開制度，此原則起了變化，即變成獨占權之賦予與公開並無直接關連，且產業政策之色彩更加濃厚。但在另一方面，對申請人因公開所蒙受之不利如何予以填補，成為亟須解決之課題。茲按民國 100 年修正專利法之規定內容分析如次：

㈠早期公開制度

1.早期公開之對象

早期公開乃不問有無實質審查，強制公開之制度，惟我國專利法規定僅適用於發明專利，而不適用於新型專利，因新型之技術層次較低，產品生命週期亦較短，且實務上審查亦甚迅速，申請人又多為本國人，欲早日確定專利權之有無，至設計專利審查更快，更無適用早期公開之必要。

2.提早公開之時期

提早公開之時期為自申請日後經過十八個月，但主張優先權者，以優先權日為準，其主張二項以上優先權時，以最早之優先權日為準。規定自申請日起十八個月係考慮巴黎公約之國際優先權期間，為各國大致相同採用之長度。

3.不公開之事由

發明專利申請案有下列情事之一者不予公開：

⑴自申請日後十五個月內撤回者：因經撤回之案件已不繫屬於專利機關之故。

⑵涉及國防機密或其他國家安全之機密者：此種案件依專利法第 51 條第 1 項規定原不予公告，故不應公開。

⑶妨害公共秩序或善良風俗者：此種案件依第 24 條規定原不應予以專利，且若予公開恐影響社會風氣（專 §37III）。

⑷公開事項：

詳如專利法施行細則之規定。包括公開日、申請日、發明名稱、

申請人姓名、摘要、最能代表該發明技術特徵之圖式及其符號說明、有無申請實體審查……等項（專施 §31）。

4.公眾可向專利局陳述不應授予專利權之意見

專利法施行細則第 39 條規定，「發明專利申請案審定前，任何人認該發明應不予專利時，得向專利專責機關陳述意見，並得附具理由及相關證明文件。」協助審查人員調查證據發揮公眾審查之目的。此點亦為早期公開制度作用之一，過去專利法修法皆漏列此點，此次補訂甚為合適，惟宜移列專利法母法之中，以昭鄭重，並使公眾週知。智財局於 109 年 8 月更因此頒行〈發明專利申請案第三方意見作業要點〉，詳定相關手續。（詳見本書附錄十八）

㈡實體審查申請制度

1.實體審查之申請人與申請時期

過去申請案經形式審查後，一律應經實體審查，但在早期公開制度下，發明專利申請案須經申請，始進行實體審查，即「不申請就不審查」。且任何人於申請日後三年內，均可向專利局申請實體審查（專 §38I）。即實體審查之進行通常須基於申請人之申請，因發明之價值只有申請人最為了解，是否需要審查，亦只有申請人最為關心。又條文所以准許申請人以外之人申請審查，係因審查請求期間頗長，其間因申請公開發生補償金請求權，如久置於不確定狀態，則已實施同一或類似技術之人，或此後欲實施之人，會感到不安，因此有必要儘早知悉申請之發明是否核准。可請求審查之人，專利法不限於原申請人或利害關係人，任何人均可請求。因如限於利害關係人，會使審查手續複雜而少實益，且相較於過去異議制度時期，任何人均可提出專利異議，有失平衡㉗。惟請求審查人雖請求審查，但不因此成為申請審查之當事人，又第三人即使於申請公開前，亦可請求審查，因其可能自申請人知悉申請之事實與內容㉘。（此時申請人應繳納申請費㉙，惟

㉗ 吉藤幸朔，前揭書，頁 410。

㉘ 同上註。

㉙ 我國在採行實體審查費依請求項數逐項收費制之前，98 年之實體審查請求率為

專利法漏未規定)。故在此制度下變成不按申請次序審查，後申請亦可能先公告。但實質上為兩個以上發明改為各別申請（分割）案，或申請新型專利後，改請發明專利之案件，雖逾此項三年期間，仍得於各別申請（分割）或改請之日起三十日內申請審查。未於規定期間內（即自發明專利申請日起三年內或於上述三十日內）申請實體審查者，該發明專利申請案視為撤回（專§38IV）。亦即未申請實體審查的發明申請案會被認為自始不存在，但是因該申請案於申請日起十八個月後已公開，該公開之事實使該先申請案之內容成為先前技術。在此情形下，他人相同內容之後申請案將會被認為不具新穎性而予以核駁。按在中共專利法，申請人如有正當理由逾期請求者，專利申請案不視為撤回。我國專利法不問有無正當理由，一律視為撤回，對主管機關處理相關行政作業雖較方便，但對申請人權益似有照顧欠周之嫌。又一旦為上述兩項所定審查之申請後，該專利申請案即進入審查程序，申請人不得撤回（專§38III）。

2.申請之手續

申請實體審查，應備具申請書向專利機關為之，應載明：「一、申請案號。二、發明名稱。三、申請實體審查者之姓名或名稱、國籍、住居所或營業所；有代表人者，並應載明代表人姓名。四、委任專利代理人者，其姓名、事務所。五、是否為專利申請人。」（專施§32）專利機關應將此種申請審查之事實刊載於專利公報，使大眾周知。申請審查由專利申請人以外之人提起者，專利機關應將該項事實通知原發明專利申請人（專§39），俾免重複申請。

3.補償金請求權

我專利法補償金請求權相關規定僅寥寥一條，即第41條：「發明專利申請人對於申請案公開後，曾經以書面通知發明專利申請內容，而於通知後公告前就該發明仍繼續為商業上實施之人，得於發明專利申請案公告後，請求適當之補償金。對於明知發明專利申請案已經公開，於公告前就該發

67.7%，99年採行實體審查費依請求項數逐項收費制後，實體審查請求率降為59.4%。參照《智慧財產權月刊》，第154期，頁50。

明仍繼續為商業上實施之人，亦得為前項之請求。前二項規定之請求權，不影響其他權利之行使。」頗為簡略，加以未見到配套規定（包含施行細則），致文義有欠明瞭。現參考日本法規定，試加詮釋如次：

⑴補償金請求權之性質與目的

申請公開，乃專利權尚未賦與（未辦實質審查階段）前，專利機關將申請之發明向公眾廣泛公開，致申請人之發明有片面蒙受他人仿傚之危險，成為犧牲申請人利益之制度，削弱專利申請人申請專利之意願，許多國家法律因此對申請人予以某種保護。

但由於公開之發明尚未經實質審查，如加以保護，其程度不能與正式取得專利權相同，亦具有禁止請求權與損害賠償請求權。於是專利法為了調和申請人與一般公眾之利益，承認申請人有請求實施人支付適當數額之補償金請求權，同時限於專利權成立後才能行使權利，以防其濫用。此種補償金請求權乃因採用申請公開制度，基於專利法之規定而創設之特別權利，並非因實施人侵害申請人之專利權，亦非因侵害申請人之專利申請權所生之權利。因此時第三人之模倣行為本來非侵權行為，而是適法行為[30]。換言之，此請求權乃是針對專利申請被公開後，為了救濟發明由他人任意實施，以補償申請人如無他人實施可多得之利益之喪失。

⑵請求權之主體與相對人

請求權主體為發明已公開之申請人，相對人（義務人）原則上為商業上之實施人。如第三人單純家庭內實施，則申請人不能行使此請求權。又該申請取得專利時，對於取得可對抗該專利地位之人（先使用權人、職務發明之使用人等）亦不能請求補償金。問題是獨立開發與申請發明相同技術之第三人，但不能取得先使用權之場合，對其發明之實施，申請人可否行使補償金請求權？因申請之發明人如有損害發生，那是強制公開發明被第三人模倣所受之損害，但獨立開發人與申請人無關，自行開發該技術，二者並無因果關係。尤其申請公開前開發該技術加以實施時，第三人更無被請求補償損害之理由，故結論亦同。但專利法對補償金請求權之相對人

[30] 仙元隆一郎，前揭書，頁 248 以下。

不設限制，不問第三人是否獨立開發均可請求，是否合理，不無研酌餘地㉛。

⑶補償金請求權發生之要件

①申請被公開，即就申請中之發明已刊登於公報。

②申請人曾經以書面通知（警告）實施人專利申請內容，或實施人明知申請人之發明已公開（惡意）：

以善意對申請公開中發明實施同一發明乃適法行為，對此種實施人，專利申請人並無任何請求權。因此專利法規定由專利申請人對實施人發通知（警告）為此請求權發生之一要件。即通知（警告）乃補償金請求權行使之前提行為，而非權利行使本身；只是使對方（實施人）陷於惡意之通知而已，將來行使補償金請求權之際，證明對方惡意之方法而已。以警告為條件之理由，乃因申請公開，係就未經審查之申請行之，如僅刊登於申請公開之公報，即推定實施人知悉（或應知）是專利申請之發明，未免過苛；且專利公報發行量多，無法期待第三人閱覽無遺，故不能僅因發明刊登公報，即推定該實施人有過失。從而請求支付補償金，申請人首先須提示記載專利申請之發明內容之書面，加以告知。日本法用「警告」，我專利法改用通知字樣，其實不如日本法定為警告較為明白。此處所謂通知與權利侵害之警告不同，乃通知實施人申請人對警告後之行為，將行使補償金請求權之旨趣（不必請求中止警告後之生產行為，但不妨為此種表示）。

通知是「記載有關專利申請之發明之內容之書面」，實務上多以郵局存證信函為之。日本專利法顧慮到如要求將化學之分子式等及專利請求範圍照樣記載，於存證信函性質上有所困難，因此特別定為只需記載「發明之內容」。我專利法亦定為：「書面通知發明專利申請內容」。故單純記載申請案號、申請公開編號、發明名稱等，尚屬不足，雖不需照樣記載專利請求範圍，但需至使實施人能認識公開發明同一性之程度㉜。

專利申請公開之後，如因補正而變更專利請求範圍之記載時，須再通知。如補正僅係減縮專利請求範圍時，則無再度通知之必要㉝。又此補償

㉛ 中山信弘，《工業所有權法（上）特許法》（第2版增補版），頁204。

㉜ 中山信弘編著，《注解特許法》上卷，頁590。

金請求權之行使，原則上有通知對方之必要，但如實施人已知係申請公開之發明，即所謂惡意之情形，則無須對其通知。惟此時申請人應證明對方係明知[34]。

③第三人於（通知後）公告前就同一發明繼續為商業上之實施：
如實施人於接到申請人通知後，專利權核發公告前停止為商業上之實施時，則不能對其行使補償金請求權。如其在核發公告後為商業上之實施時，則係侵害正式專利權，而非補償金請求權了。

⑷補償金請求權之行使

①補償之金額：

在日本，申請人可請求實施人給付發明取得專利時，對其實施可受取之金額，即補償金之數額應與使用費相當，以防止有人以非專利發明為理由，不當壓低其金額[35]。惟在我國法只能請求適當之補償金。按此補償金與我專利法第 97 條之損害賠償性質不同，其金額是否適當，應由法院依個案事實加以認定。惟因標準或斟酌因素專利法與施行細則均未見明定，實務上恐不免發生困擾。

②補償金請求權之行使時期：

專利法參照德國、日本及韓國等立法例，規定補償金請求權須自該專利公告取得專利權之後，始能行使。因如在賦與專利前准許行使，會徒然使業界產生混亂，加重法院之工作負擔，且如日後駁回專利之申請時，增加調整利害關係之複雜。至對於在賦予專利前不能行使補償金請求權之缺點，可由後述之優先審查制度與早期審查制度設法減少[36]。

③不影響其他權利之行使：

此補償金請求權不影響其他權利之行使（專 §41III）。此條乃參考日本

---

[33] 同上註。

[34] 吉藤幸朔，前揭書，頁 406。

[35] 吉藤幸朔，前揭書，頁 405。

[36] 吉藤幸朔，前揭書，頁 406。吉藤氏指出：依過去統計，申請案件中有過半數經審查後，未能取得專利。

專利權取得後之禁止（差止）請求權與損害賠償請求權不因行使此補償金請求權而受影響（日特 §65III）之規定。即表明補償金請求權乃僅對申請公開期間中之實施而設，申請人雖已行使此補償金請求權，但上開專利權並不耗盡。例如申請公開中製造之機械，雖已由製造商支付補償金，但對買受該機械在取得專利後使用之人，申請人仍可行使禁止請求權與損害賠償請求權[37]。在另一方面，依此規定雖支付了補償金，但仍成為專利權侵害之對象，在交易安全上並不理想，因此為了避免此種情事，就支付補償金之物，以後製造商於受通知時或於支付補償金時，有必要就公告後之權利，預先與申請人締結不成立專利侵害之特約（附條件實施之授權契約）[38]。至於專利權取得後，該第三人仍繼續製造專利品時，專利權人當然可對其行使專利權[39]。

由於我專利法民國 102 年修正，第 32 條對於相同發明分別申請發明專利與新型專利，改採權利接續制，因此對於發明專利公告之前他人所為之實施行為，如可同時主張補償金與新型專利權之損害賠償，將造成重複。故於第 41 條第 3 項：「前二項規定之請求權，不影響其他權利之行使。」之後，新增但書規定：「但依本法第三十二條分別申請發明專利及新型專利，並已取得新型專利權者，專利申請人應於補償金與新型專利權損害賠償兩者之間擇一行使」[40]。

⑸補償金請求權之消滅

補償金請求權有時效限制，自專利公告之日起算，因二年間不行使而消滅（專 §41IV）（按日本為三年）。因不確定期間，不宜存續過長之故。

又專利申請權或專利權，如因①專利申請公開後，專利申請放棄或撤回；②不予專利之審定確定；③專利經舉發撤銷專利權確定，致專利權自

---

[37] 吉藤幸朔，前揭書，頁 406。

[38] 吉藤幸朔，前揭書，頁 406 以下；中山信弘，《注解特許法》上卷，頁 592。

[39] 中山信弘，《注解特許法》上卷，頁 593。

[40] 又原條文第 4 項漏列同屬補償金請求權之「第一項」，故新法改為「第一項、第二項之補償金請求權，自公告之日起，二年間不行使而消滅」，即增訂「第一項」之文字。

始視為不存在時，此種補償金請求權亦應消滅。此點我專利法不似日本專特許法有明文規定，而有疏漏之嫌。

深度探討～調查依賴制度與情報提供制度

日本為推行早期公開制度，有調查依賴制度與情報提供制度，作為配套措施，值得我國立法與行政上之參考：

一、調查依賴制度

申請內容在專利申請公告前保密，因此特許廳於申請公告前，無法對外部團體表示申請內容，而委託其調查。但依其昭和45年法，許多在特許廳著手審查前，已由申請公開，內容秘密已解除，故此時可委託相關行政機關（包含試驗研究機關）與各民間團體（含學校）作審查上必要之調查，作為特許廳審查之參考（日專§194II），期使審查素質比過去更為提高[41]。

二、情報提供制度

由於導入申請公開制度，發明之內容於專利賦與前已公開，故任何認為發明不應取得專利之人，即使未受特許廳委託，且不問有無審查請求，可向特許廳獨自提供必要之情報，以阻止專利之頒發，在此意義上情報提供制度有似一種專利異議提出制度，事實上由於廢止權利賦與前之專利異議制度，此制度作為其彌補，而擴充從前之情報提供制度。但與專利異議提出制度不同，提供情報之人不成為案件之當事人，且只單純提供情報，此外提供人對其提供結果，亦無接受報告之權利[42]。情報提供制度與調查依賴制度同樣，其目的在期望有助於專利審查品質之提升[43]。

---

[41] 吉藤幸朔，前揭書，頁407。

[42] 中山信弘，《工業所有權法（上）特許法》（第2版增補版），頁206。但依據青山紘一著，《特許法》，頁124以下，提供人不欲被專利申請人知悉時，可以無記名方式為之。有情報提供之事實亦通知申請人，提供之情報供申請人與第三人閱覽。

4.優先審查之申請

專利申請案實體審查原應按申請案提出順序之先後處理，但申請人在申請公開後，雖取得補償金請求權，但此權利非於取得專利權後不能行使，而自公開後至審定公告前，期間間隔頗長，其間如第三人對該發明加以模仿，影響申請人權益甚大，且世事難測，補償金請求權至日後因種種因素有流於有名無實之虞，尤以生命週期短之商品為然。為了除去此種弊害，有必要對申請案准予優先審查之必要。至從事實施該發明之第三人（尤其經申請人警告後）為了早日確定該專利申請案是否核准，亦期盼儘早審查獲知結果。故我專利法仿日本（日特 §48 之 6）立法例，設有優先審查制度，而規定：「發明專利申請案公開後，審定公告前，如有非專利申請人為商業上之實施者，專利專責機關得依申請優先審查之[44]。」而不顧審查請求之順序，使審查人員對該申請案優先於其他專利申請案予以審查，申請人為此項申請應檢附有關證明文件（專 §40）。

惟日本優先審查須限於第三人業務上實施申請公開之發明，而第三人與申請人之間現實發生紛爭之情形，申請人與該第三人均可申請，且須提出詳細「關於優先審查情事說明書」，記載(1)實施之狀況，(2)由實施等之影響及(3)折衝經過等。我國專利法上開規定僅謂「得依申請優先審查之」，並未明定申請之主體，致易生疑義，理論上申請人與該第三人均可申請，此點有待日後修法予以補充。又依本條是否優先審查，並不賦予申請人優先審查請求權，而委諸專利局之裁量，從而對該局駁回優先審查之申請，能否申明不服或提出行政救濟，不無疑義。在日本據稱不可申明不服[45]，在

[43] 吉藤幸朔，前揭書，頁 408。

[44] 101 年專利法施行細則規定：「發明專利申請案申請優先審查者，應備具申請書，載明下列事項：……五、是否為專利申請人。六、發明專利申請案之商業上實施狀況；有協議者，其協議經過。申請優先審查之發明專利申請案尚未申請實體審查者，並應依前條規定申請實體審查。依本法第四十條第二項規定應檢附之有關證明文件，為廣告目錄、其他商業上實施事實之書面資料或本法第四十一條第一項規定之書面通知。」（專施 §33）

我國如亦相同解釋，則申請人與第三人之權益恐有難於獲得保障之虞。

六、審定公告之效果

1. 由於92年專利法廢除異議程序，故申請案一經審定，即可繳納規費加以公告並發證書，取得專利權[46]。

2. 因公告申請之發明範圍確定，以後申請人不得任意訂正變更。說明書或圖式之補正受到一定限制。

3. 我國專利法不似美國專利法採先發明主義，而採先申請主義，即同一之發明有二人以上各別申請時，應對最先申請人賦予專利，從而發明雖完成，若太遲申請，致成為他人申請之後申請後，由先申請人取得專利。儘管辛苦發明成功，如未自先申請人取得實施權之授權，原則上不能為製造販賣及其他實施之行為。

4. 對於公告之申請案，欲知更詳細之人（包含欲申請舉發之人），均得申請閱覽、抄錄、攝影或影印其審定書、說明書、圖式、及全部檔案資料[47]。開放公眾閱覽係因調查結果，可能發現專利公報無法發現之申請舉發之理由等。但專利專責機關依法應予保密者，不在此限（專§47）。所謂全部資料包括補正書、模型、樣本、優先權證明書等。

---

[45] 中山信弘，《工業所有權法》（上），頁197。

[46] 在過去專利法採用異議制度下，審定公告後發明人雖尚未取得專利權，而公眾已有倣造機會，為保障發明人之權益，避免被人盜用或侵害起見，若干國家設有某種暫時保護制度，即發明在公告期中暫時發生專利權之效力，由政府予以暫時保障，若專利權將來不成立，此暫時保護即被認為自始不存在。英國法稱為臨時保護（provisional protection），德日兩國舊法亦採類似制度，在日本稱為假保護制度，凡由申請公告所公開之申請內容，至登錄前為保護申請人，自申請公告之時起賦與申請人與確定取得專利權略同之效力，但如日後確定權利不發生時，始溯及消滅，可謂一種附解除條件之不確定權利。我國專利法在92年修正以前亦採此種構想，而規定：「申請專利之發明經審定公告後暫准發生專利權之效力」。

[47] 該局專利閱卷作業要點（102年3月又修正）對不同專利案卷分別情形，訂有當事人、利害關係人甚至任何人申請閱卷之規定。

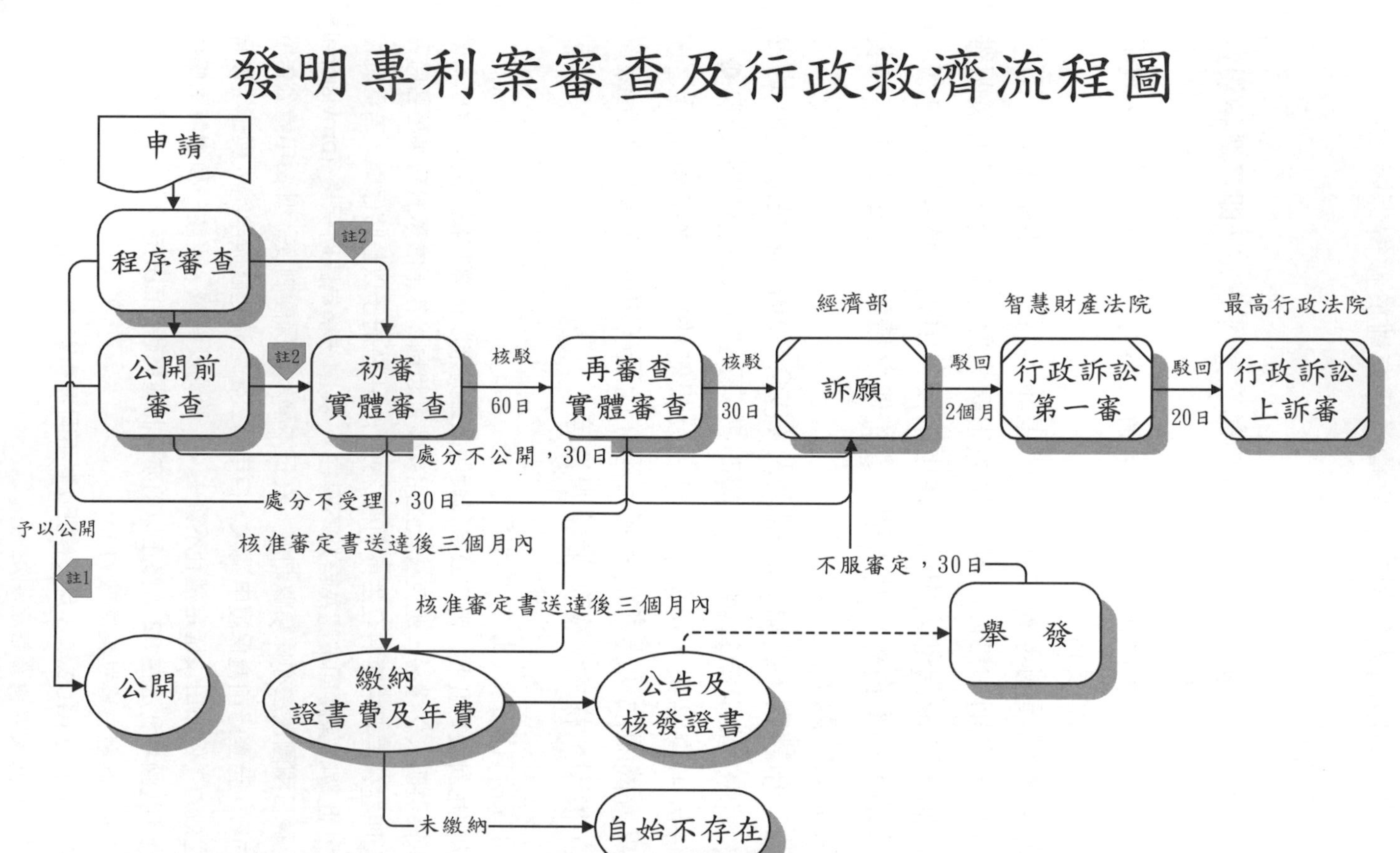

1. 發明專利申請案，經審查認無不合規定程式且無應不予公開之情事者，自申請日（有主張優先權者，自最早優先權之次日）你十八個月後公開之。
2. 發明專利申請案，自申請日起三年內，任何人均得申請實體審查，始進入實體審查。

圖 13–1　發明專利案審查及行政救濟流程圖

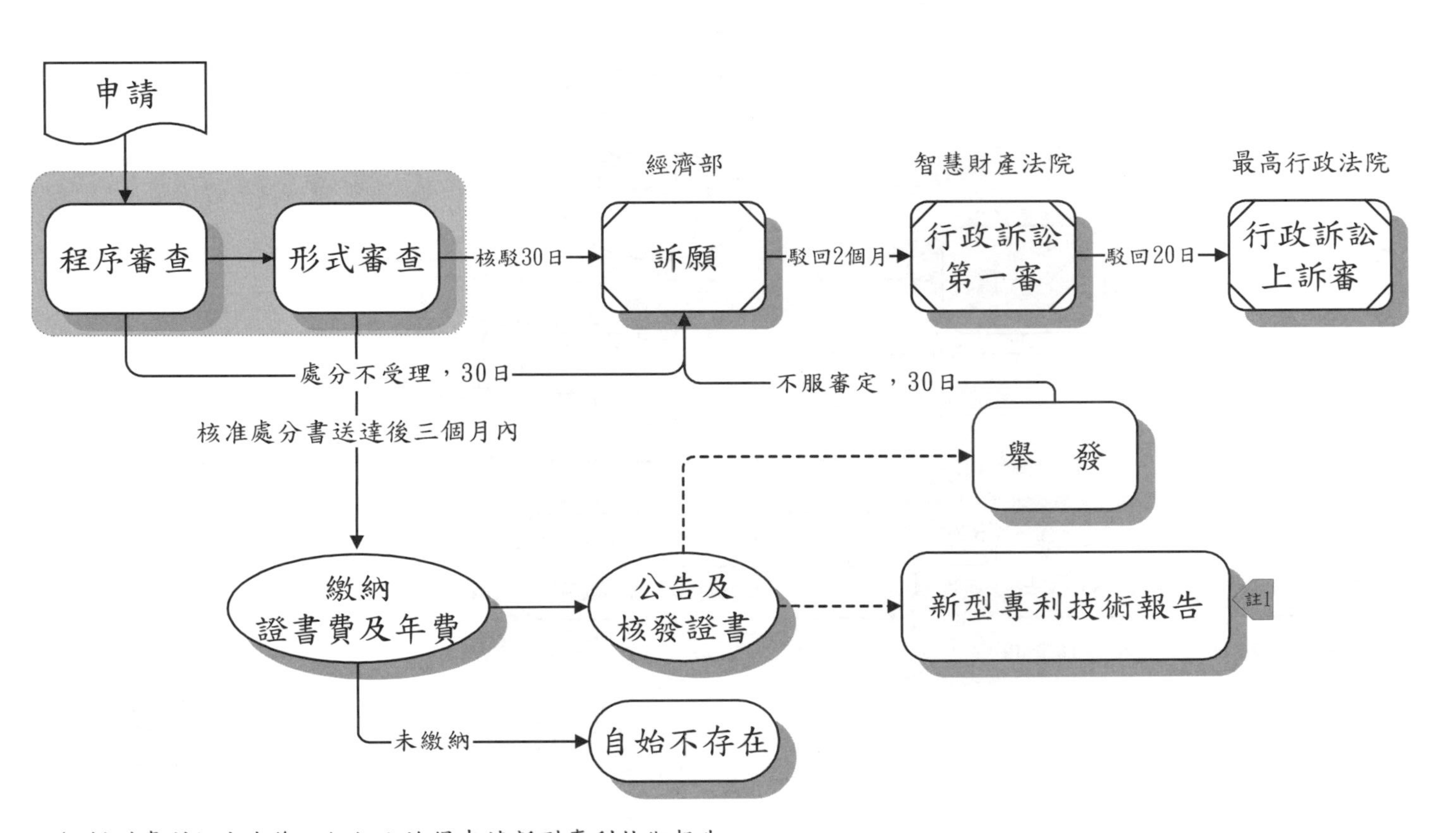

圖 13–2　新型專利案審查及行政救濟流程圖

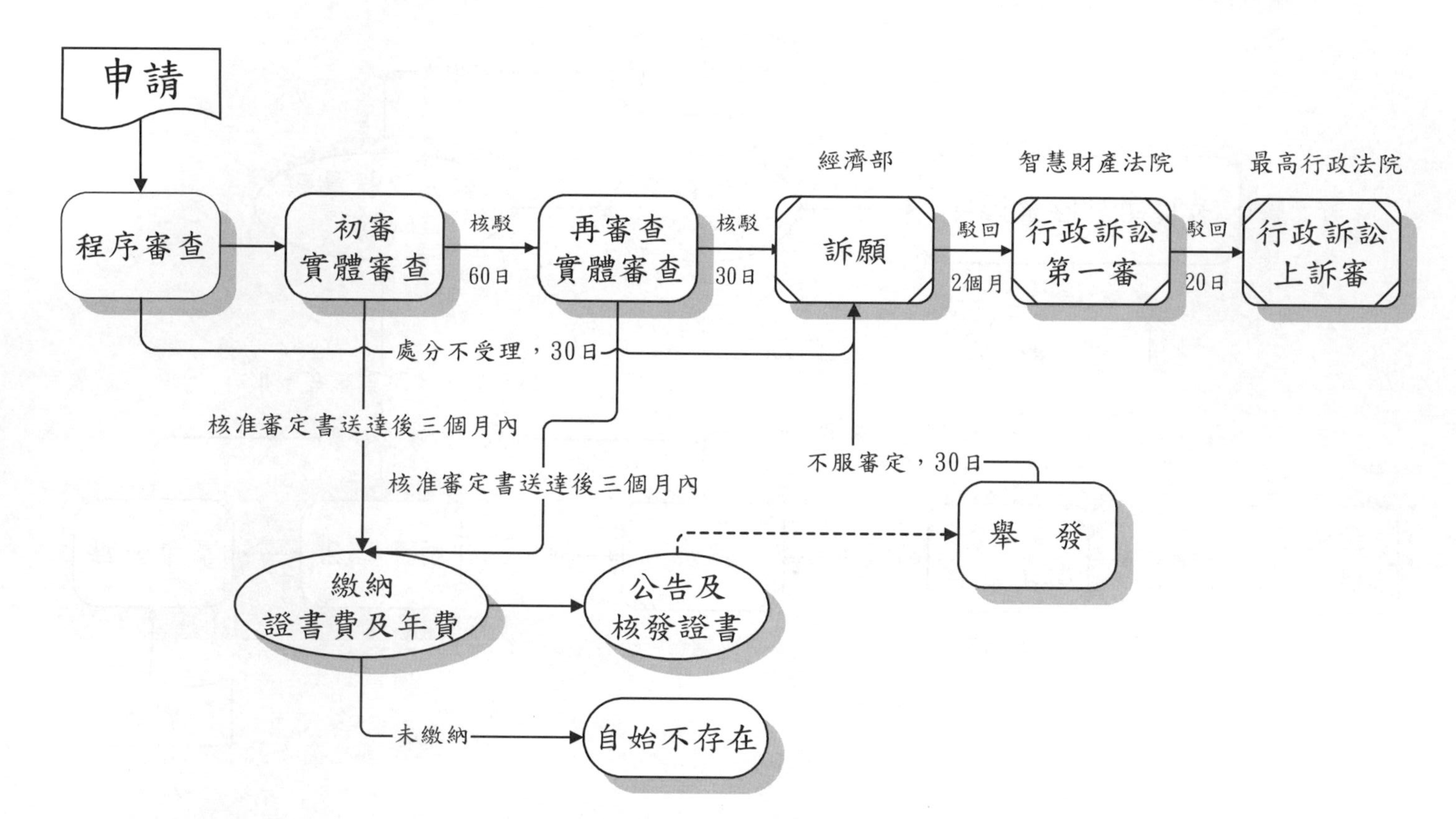

圖 13–3　設計專利案審查及行政救濟流程圖

❖深度探討～專利之異議制度❖

一、異議制度之目的

在採審查制度法制之國家，為了彌補專利機關對專利申請案審查之不足，防止其疏漏或錯誤起見，特賦予一般公眾審查專利申請案之機會（即所謂公眾審查），於專利機關審查結果，認為申請案符合核發專利之規定後，將專利申請之內容在專利公報官報等公告，准許一般公眾在一定期間內對專利機關之決定聲明異議，俾專利機關對該案重新斟酌，以防止對不具專利要件之發明賦予專利，藉以防止專利權核發之浮濫，提升專利審查之品質與公信力。

專利異議制度最初源於英國，其後為許多國家所採，美國雖採審查制度，惟不採聲明異議制度。我國曾仿日本舊專利法，亦採公告與專利授予前異議制度。

二、申請異議之人、異議之事由與程序

依據各國專利法規定，一般主要針對專利申請欠缺新穎性、實用性與進步性，如說明書未寫明實施所必要事項，從而使發明不可能實施，或修改 claim 內容超出原說明書記載範圍，都可成為異議之理由。惟如僅不符合申請形式要求，尚不能成為異議理由。

我國舊專利法規定：公告中之發明，原則上任何人認有違反取得專利之事由，得自公告之日起三個月內備具異議書，附具證明文件，向專利專責機關提起異議。

三、異議之處理

專利機關接到異議書後，應將異議書副本送達申請人於一個月內答辯，答辯亦應附理由與必要證據，且異議人與申請人雙方均可再續提補充理由與證據，我 92 年修正前之專利法規定此時即與一般申請案處理相同，專利

機關得依職權或依申請限期通知申請人或異議人：㈠到局面詢。㈡為必要之實驗、補送模型或樣品。專利機關必要時得至現場或指定地點勘驗。㈢補充或修正說明書或圖式，惟因申請案已經公告，故補充或修正須限於：1.申請專利範圍過廣。2.誤記之事項。3.不明瞭之記載（83年專§44）。

異議審查時，專利機關應指定未曾審查原案之審查委員審查並作成審定書。異議審查之審定書應附理由送達申請人及異議人。

異議人提出異議，專利機關再審查後認為有理由，而為異議成立，不應予審定。如任何一方不服，得於審定書送達之日起三十日內依法提起訴願與行政訴訟。又任何人於異議案審查不成立確定後，不得再以同一事實及同一證據再為異議。其目的在使專利權人之權利早日確定，防止審查之稽延。

四、異議制度之優點

1.異議制度與公告制度相結合，可使專利申請書在專利申請之後不久即行出版，將發明公開，有利於科技之發展。

2.異議結果可減少專利申請案在審批過程中各種錯誤之發生，有助於審查品質之提升。

五、異議制度之缺點

1.競爭者可以異議為理由，阻止他人就其發明取得專利權，不服再審查決定，又可提起行政爭訟，延宕審查時間糾纏不已。目前加拿大、墨西哥、阿根廷、美國等國並未採異議制度。

2.異議制度對先進國家較為有利，對發展中國家無何助益。

3.異議之前必須公告，如此一來，須出版專利申請書，增加財政支出。

因此晚近採異議制度之國家漸少，也有一些國家原來雖採異議制度，但修改法律，其異議程序改為不是在授予專利權之前，而在授予專利權之後，可能與專利權無效宣告程序有些重複[48]。

[48] 德國自1981年改採領證後異議制度，授予專利權，公告於專利公報後三個月內，任

六、智財局取消異議制度之理由

我智財局亦當時研擬修改專利法，取消專利異議制度，所持理由如次㊾：

1. 專利申請案經審查公告後，任何人認為有違反專利法之規定，可自公告之日起三個月內提起異議，異議審定後，異議人或被異議人可能對異議不成立或異議成立之結果提起行政救濟（訴願、再訴願及行政訴訟），專利申請人須俟異議不成立審定確定，才能取得專利權，時間上可能拖延過久。故異議制度雖屬良法美意，但近年來反成為惡意仿冒者阻止專利申請人取得專利權之手段，一場行政救濟（異議、訴願、再訴願、行政訟訴）下來，曠日持久，使守法專利申請人備感困擾，失去商機，而仿冒者卻大發利市。

2. 國內近五年異議案成立件數，平均僅占專利權總核准件數 2.6%，亦即國內每核准一百件專利案中，審查疏漏不周之件數，比率甚低，表示異

何人均可向專利局提起異議。

中共 1993 年元旦將公告異議制度廢棄，改採授予後之「行政撤銷制度」（公告起六個月內）(§41)。但 2001 年 7 月第二次修正專利法，將原「行政撤銷制度」廢棄，只留無效宣告制度（相當我舉發撤銷制度）。

日本自 1996 年元旦，韓國自 1997 年 4 月起，將發明專利之異議制度，自原領證前異議，改為領證後異議（日本係專利刊載發明公報後六個月內，韓國則自專利註冊公告後三個月內）。

領證後異議制度主要是在提高國民對專利審查制度之信賴，促使主管機關對發明賦予專利權之當否再加檢討，如發現已核准之專利有瑕疵，可自行修正，而含有再審查之性質。反之，無效審判制度主要是在侵權訴訟之類訴訟程序，由被告用作防衛手段之制度，二者法律性質雖有類似之處，但目的、功能、作用尚有出入。

參照智財局〈新型專利權採登記制及領證後異議制度可行性之研究〉報告（以下簡稱〈新型專利報告〉），頁 136、144。

㊾ 85 年 10 月 11 日，《工商時報》記者于國欽報導（惟作者按，再訴願一級已因訟願法與行政訴訟法之修正，現已廢除）。

議制度發揮效用甚為有限[50]。

3.異議制度一旦廢除，未來經審查核准，不需公告即可獲得專利權，同時亦可解決目前「暫准專利權」（公告期間專利申請人所獲得一種暫時性權利）效力不確定之問題。因依舊專利法第50條第1項規定，申請專利之發明經審定公告後，暫准發生專利權之效力，目前司法實務上認為暫准專利之效力尚未確定，侵害此不確定權利之行為與專利刑罰所定犯罪構成要件不合，不能適用刑事訴訟程序尋求保護。

4.取消異議制度乃專利立法之國際趨勢，例如WIPO專利調和修改草案、日本特許法、中共專利法等都相繼取消授予專利權前異議制度。

5.如反對廢除之人擔心「審查品質」問題，現行法對已獲註冊的不當專利仍有舉發制度，可供社會大眾利用，加以制衡，而舉發與異議僅申請期間不同，即一為公告前，一為公告後；至於所主張條款內容並無任何差別。

其結果，民國92年再修正專利法，廢除異議程序，將提起異議之事由納入舉發事由中，以保留原有公眾審查之精神，以達到簡化專利行政訴訟層級，使權利及早確定[51]，其立法理由雖與上述廢止論意見有些重複，但仍有介紹之必要，即：

1.現行法關於專利之公眾審查，區分為審定核准後領證前之異議制度及領證後之舉發制度。就異議而言，專利申請案經審查核准後先予公告，任何人如認該申請案有不合法情事，得於公告之日起三個月內檢附證據提起異議，必須三個月期滿無人提起異議或異議不成立，行政爭訟確定，始發給專利證書。由於異議爭訟程序曠日費時，有無專利權之爭議遲遲無法確定。尤以如有多人提起異議，需所有異議案均確定，始發給專利證書。以致常見一專利申請案經核准後需經多年爭訟後，始取得專利權，而司法實務上又認為專利權人必須取得專利權後，才能行使專利權，甚至常見有

[50] 在日本平成4年發明與新型有7,650件聲明異議，異議成立有2,608件（參照中山信弘，前揭書，頁219）。

[51] 91年行政院向立法院提出之專利法修正草案總說明。

藉異議程序阻礙專利權人領證之情事，對於專利權人之保護，實有不周。

2. 國際立法例上之趨勢，已多不採用此種領證前異議制度，例如日本於 1996 年、韓國於 1997 年已將領證前異議制度改為領證後異議；顯見現行領證前異議制度有檢討之必要。

3. 就舉發而言，專利申請案經審查確定發給專利權後，任何人如認該專利案有不合法情事，依現行法規定亦得檢附證據對之提起舉發。按我國之舉發制度相當於外國之無效審判，在兼採異議制度與無效審判之國家，其審理異議之程序與無效審判之程序並不相同，對於異議審定與無效審判之審定，如有不服者，所踐行之爭訟程序，亦有所別。而我國舉發程序依現行專利法之規定，對於得提起異議之法定事由與得提起舉發之法定事由大致相同，且專利負責機關審查異議與舉發所踐行之程序，並無二致，對之不服者，所能提起之行政救濟程序亦完全相同，實無並存之必要。

4. 本次修正廢除異議程序後，凡經公告之案件即可繳納規費，取得專利權，發給專利證書，無須俟審查確定始發證，可使專利權人及早取得專利權，而不致因現行冗長之行政救濟程序，影響專利權人應有之權益。

七、筆者淺見

惟筆者一直以為如審查品質未能提升，遽將異議制度廢止，則即使專利申請權人提早取得專利權，日後仍難免增加無窮之困擾與加深權利之不確定性，助長舉發案件之上升，又難保不發生美國所謂潛水艇式突然出現專利權，令競爭人措手不及之現象。況最近日本、韓國相繼恢復異議制度，故是否恢復異議制度或加以改進調整，恐係必須面對之課題。

第六節　再審查

一、制度之作用

為了防止不應獲得專利之申請被授予專利，或應獲得專利之申請被核駁，以提升專利審查之品質，各國通例對不服專利機關的決定准許申請人提出申請，有的國家准許申請人直接向法院起訴，有的國家准許申請人向專利機關請求上訴或覆審（如美國、中共），我國亦採取後一種做法，稱為再審查。此種做法之優點是，第一，由於專利機關對技術與專利法問題較為專門，再審查由專利機關辦理，較法院適宜，且可使專利機關對申請案有機會重新考慮，以糾正若干錯誤。第二，可減輕法院工作負荷。

二、再審查之程序

我國專利法規定，發明專利申請人對於不予專利之審定有不服者，得於審定書送達後二個月內，備具理由書申請再審查。此為對於實體上審定之不服，應向專利機關申請。若因申請程序不合法，或申請人不適格而不受理或駁回，而申請人不服時，則得逕依訴願法之規定，向經濟部提起訴願，不能申請再審查。故專利法規定：此時「得逕依法提起行政救濟」（專§48）。

新型專利權人原亦可申請再審查，但92年專利法對新型改採形式審查制，不再經實體審查後，如對不准專利之處分不服，已不能申請再審查（參照92年專§108），因只涉程序問題，無提起再審查之必要，應逕提行政救濟，值得注意。

在中國大陸申請人請求覆審時，可修改專利申請，但修改應僅限於駁回申請之決定所涉及之部分，其餘部分沒有駁回，就不能修改，因如要修改，專利機關又須全部重新審查之故[52]。但在我國專利實務上似不能如此處理。

依據我國智財局規定，申請再審查者，應備具再審查理由書一式二份，連同申請書、規費，申請書特別應載明申請再審查之理由。表明不服之旨趣及逐一針對初審核駁專利之理由予以辯駁。申請人應盡力提出自己見解正當之理由，或提出有利之證明或文獻，尤應檢附證據。

在外國，審查工作多在專利機關內設上訴委員會（如美國之Board of

[52] 湯宗舜著，《中華人民共和國專利法條文釋義》，頁145。

Appeals）或專利覆審委員會（如中共），由資深之審查人員組成合議庭審理。美國之上訴委員會由局長，一名副局長 (deputy commissioner)、二名助理局長 (assistant commissioner) 及十五名以內之主任審查官 (examiners-in-chief) 組成，但通常每件上訴案由三名主任審查官組織合議庭[53]，而中共專利覆審委員會，係由專利局指定有經驗的技術與法律專家組成，其主任委員由專利局局長兼任。在中共專利法，專利覆審委員會收到覆審請求事後，應將覆審請求書轉交原審查部門提出意見，如申請人願修改其申請，補正原來瑕疵，同意在修改基礎上繼續進行原審批程序，或覆審請求理由成立之證據充分，原審查單位同意撤銷原駁回決定，此時覆審委員會即可不再審查，按原審查部門之意見作出決定。只有原審查部門堅持原來之駁回決定，該委員會才有必要對該申請進行審查。如委員會認為原駁回理由正當，應維持原駁回決定，則駁回覆審請求；如委員會認為覆審請求的理由成立，或已經申請人修改，補正了原申請之瑕疵，則應撤銷原駁回決定，由原審查部門進行下一步審批程序。

在我國再審查時，專利機關「應指定未曾審查原案之審查委員審查」，目的在維護申請人之審級利益，以免成見並期周延。再審查之審查委員並非原審查委員之上級機關，自應獨立審查專利申請案可否予以專利，而非審查原不予專利之審定是否適當，且應將說明書、圖式等重新核閱，作客觀獨立之判斷，不受原審查審定之影響[54]。惟我國專利法並未要求再審查由專利機關另組類似外國之上訴委員會或覆審委員會，由資深人員組成合議庭審理，對程序方面不無粗疏之憾，理論上應另組覆審委員會由資深專家合議審查為宜。

又再審查之審查委員可否先將再審查申請書發交原審查部門或原審查委員表示意見，我國專利法亦無規定，在實務上如能如此辦理，則不但可達程序效率化之要求，且可節省不少勞費也。

審查委員檢討再審查申請內容結果，如認為有不予專利之情事時，在

[53] Kintner & Lahr, *An Intellectual Property Law Primer*, p. 47.

[54] 金進平，前揭書，頁 199。

審定前應先通知申請人，限期申復（專 §46II）。如認為誤記或不明時，可令申請人補具更正其說明書及圖式，如可達補正與釋明之結果時，宜令補正後准許專利；如申請內容過廣，含有未完成或不能專利部分，則宜依刪除修改或合併之方法予以補救。

三、再審查階段之修正

依新法規定，專利機關發給審查意見通知後，申請人僅得於通知之期間內提出修正，惟於申請案經初審核駁審定提起再審查後，得否提出修正易生爭議。100 年專利法修正，對此等問題增訂以下規定（專 §49）：

1. 因該案於初審階段已發給最後通知，再審查階段，申請人所提之修正，仍應受原來規定之限制。惟如再審查理由係爭執初審階段發給最後通知為不當者，如經專利機關審酌認為有理由時，將再發審查意見通知函通知申請人修正，解除初審階段發給最後通知之限制。

2. 考量初審階段已給予申請人修正之機會，且申請人於申請再審查時，原即得對應初審審定不予專利之事由為適切之修正，為避免申請人於再審查程序又一再提出修正，延宕程序，明定下列情形，得逕予發給最後通知：

⑴再審查理由仍無法克服初審審定不予專利之事由者，此規定不論初審階段是否曾核發最後通知，均有適用。

⑵再審查時所為之修正，仍無法克服初審審定不予專利之事由者。此規定亦不論初審階段是否曾核發最後通知，均有適用。

⑶在初審階段曾核發最後通知，且未經專利機關解除其限制者，如其於再審查時所為之修正，違反第 43 條第 4 項各款規定者。

再審查結果應作成審定書，並應送達申請人（專 §50）。

第十四章　專利權之性質與一般效力

第一節　專利權之性質

第一目　總　說

(一)私　權

專利權為一種私權，因國家之賦予而發生。

(二)財產權

專利權為一種財產權，乃自由使用、收益、處分作為其保護客體之專利發明之權利。

(三)無體財產權

專利權之客體乃發明之此種財產，由於並無有形的存在，故係一種無體財產權。

(四)工業財產權

專利權在以無體物為保護客體之點，與著作權相似。然專利權係以促進產業發展為目的，與商標權同屬於所謂工業財產權，而與著作權不同。

(五)支配權

專利權乃直接支配其保護客體之專利發明之支配權。

(六)總括的支配權

專利權乃對保護客體之專利發明加以使用、收益、處分、保持、管理及其他一切支配之權利，其支配可以各種方法行之，而為一種總括的支配權。

㈦排他的權利

專利權因係總括的支配權，故係排他的權利，即可排除他人干涉，專屬獨占的支配專利發明而享受利益，其排他性較著作權強大。

㈧絕對權

專利權乃對任何人均可主張之絕對權。

㈨不可分權

一發明只有一專利權存在，不能將一專利權加以分割。

㈩有限的權利

專利權乃有一定存續期間之有限的權利。

㈩一國一專利權（專利權獨立之原則）

一國所賦與之專利權限於在該國領域內存在，在領域以外不承認有任何權利 (So viele Lander, so viele Patente)。且即使就同一發明，同一發明人於二個以上國家取得專利權，此數個專利權亦不因此具有任何關係，乃完全不同之權利。即專利權之發生、消滅、侵害等受各別國內法之支配。因發明雖根源於同一物，但取得專利權之條件，各國法律規定不一，由此所產生之專利權之效力，各國亦有不同。況專利權乃因國家行政處分所創設賦與，故專利權究不能如著作權那樣，採用在一國發生，在世界其他各國亦加以承認或保護之型態[1]。

第二目　專利權與所有權之差異

一、國家賦予行為之有無

在所有權，其客體之物已經存在，故為確認其客體之存在，並無另由國家賦予權利行為之必要；反之在專利權，權利之發生，須另有國家之賦予行為。因專利權客體之發明係技術的思想，乃無形之物，第三人無法明確認識，為確定權利之發生與內容計，須經國家以一定手續，對權利人賦予權利。且同一發明，可由不同國家分別賦予專利權。在所有權，有所謂

[1] 清瀨一郎著，《特許法原理》，頁615以下。

一物一權主義，且限於國內才有適用，而在專利，在國際上，可按國家之數目，而有多數專利權之存在，即採一國一專利主義。在此意義上，專利權有屬地性質。

二、客體之不同

所有權之客體為物，而專利權之客體為發明（技術思想），乃屬無體。在無體之專利權，其客體不占一定空間，因不占一定空間，故外形上並無所在地之存在。又因無形體上之存在，因此發明不能如有物理上存在之有體物那樣，當被一人利用時，他人事實上被排除在同時作同樣利用。從而權利人對發明不可能為事實上之占有。發明與有體物不同，不問他人利用該發明與否，權利人仍可利用其發明，因此權利性質上易於被他人加以模仿或侵害。

三、權利之不明確性

專利權係以發明此種技術思想為客體，在權利之明確性方面，不但與有體物無法相比，即與以著重一定表現形式之著作權與商標權相較，亦難於正確把握其權利內容，尤其外延，而不得不仰賴說明書、圖式等記載，以理解其內容。故專利法為解決此問題，設有各種確定技術範圍之規定，又在權利發生以前之申請程序中亦准許各種補正手續，對發明之技術範圍設有解釋基準（專 §58IV），在專利權取得後，又設有舉發制度。此外實務上為解釋技術範圍，又有周邊限定定義、均等論等理論。甚至將公知事實與申請經過（禁反言）亦作為解釋之資料，可見其權利欠缺明確性之一斑❷。

四、權利之不安定性

在專利權之取得，雖採嚴謹之審查制度，但事實上不可能為完全無遺之審查，故權利人即使在取得權利之後，仍可能因舉發等原因，致權利發生自始不存在之情形，此外專利權之財產價值亦常因產業技術之快速進步，

❷　橋本良郎著，《特許法》，頁 209。

實質上日趨退化，更助長了權利之不安定性。

五、存續期間不同

在所有權，只有客體（有體物）不消失，理論上可無限期存在，且法律對其存續期間亦無限制，故有永久性。反之在專利權，各國法律均設有一定存續期間，對其存在加以限制。因專利權客體之發明，會隨時間之經過普及至一般社會而被擷取，由此提升社會全體之技術水準，同時發明亦逐漸成為老化之技術，財產價值逐漸下降，最後成為社會之共通知識或共有財產。此乃因專利制度係以保護發明，發展產業為目的，而此目的可因一定期間之獨占而達成。

換言之，為了鼓勵發明人將新技術（發明）向公眾公表，以促進技術水準之提升，國家固須對發明人賦予獨占利益作為報償，但為了調和想自由利用該發明之公眾之利益，謀求國家產業技術之進展，自公益之立場，對專利權之保護，不能不有一定存續期間。至此期間如何訂定，應自保護發明促進國家產業進步之專利制度之旨趣，考慮國內外經濟情勢，作政策性之決定。

六、有無行使權利與納費之義務

在所有權，權利人並無行使權利之義務，亦無必要負擔維持權利之費用，但在專利權，法律對權利人在某程度課以實施之義務與繳納專利費之義務❸。

七、價值鑑定不易致影響專利權之運用流通

專利權最好加以鑑價，其目的：在作為(1)專利實施、授權與設質之計價基礎外，便於(2)企業專利技術交易價值的計算、(3)企業資金的募集、(4)專利訴訟中價值的計算、(5)職務或非職務發明之對價報酬計算、(6)企業經營與研發策略之檢討、(7)技術作價入股、課稅與保險之依據、(8)企業破產、

❸ 橋本良郎，前揭書，頁210。

清算或購併價值的計算。

其方法有成本法、經驗法則、市場法則、淨現值法等學說，但各說均有不易克服之缺點。成本法以開發專利所需之支出為基礎，惟成本未必與實際價值相等，且特定發明開發成本之認定，事實上常有困難。經驗法則主張技術之貢獻約占產品銷售利潤之25%～33%，但未權衡不同產業或技術之差別與風險。市場法則蒐集技術交易市場現有資料，比較特定發明與過去歷史交易資料與技術價值，再算出特定發明之合理價值，但技術多有機密性質，此說難於克服。又淨現值法預估發明產品生命週期與預期獲利數字，以折現方式換算現值等等，惟專家意見每有出入，不易求出客觀數值與實際決策之易變性❹。在智慧財產流通運用方面，我國尚在起步，產業創新條例2017年修改，明定智慧財產流通運用時，應由依法具有無形資產評價資格或依該條例登錄之機構或人員評價，並登錄於中央主管機關指定之資訊服務系統，但缺乏配套規定或措施。按韓國（於1989年）後設有韓國科技金融公司（簡稱KOTEC）提供信用保證（並有技術鑑價與評價資產投資與技術移轉等服務），協助企業取得融資資金，並與商業銀行從事技術融資，成效卓著。我國臺灣中小企業銀行近已制定無形資產融資貸款規範，並於2019年首次融資成功。為充分發揮智慧財產效益，建立其流通交易市場，似宜將銀行法鬆綁，並由政府設立兼具無形資產評價保險融資等多種功能之機構，且須培訓管理評價之專業人才❺。

第二節　專利權之共有

專利權之共有乃數人共同所有一專利權之謂。專利權為工業財產權，亦屬財產權之一種，可以共有，例如因共同發明❻，致共同發明人成為專

❹ 參照陳威霖，〈智慧財產權之鑑價方法——以專利鑑價為例〉，《全國律師》（2002年12月號），頁39以下。又可參照詹炳耀著，《專利鑑價》（智財局出版）一書。

❺ 王鵬瑜等，〈新興科技之專利實務——佈局、審查及評價〉，《智財局：智慧20再創價值》，頁43以下。

利權人；提供資金之人與發明人及共同繼承，此外尚有雇主與員工、同日申請專利等均可能發生專利權之共有；除契約外，有的出於法律規定，有的出於不得已情勢。且各共有人之財力、信用、技術固然不同，而其利害關係與交涉能力 (bargaining power) 及實際決定力量大小，亦復有異。專利權之共有為一種準共有，此時除專利法另有規定或無體財產權性質所許可外，可準用民法有關共有之規定（民 §831），惟鑒於專利權之特殊性，尤其欠缺有體性，故專利法另有特別規定。

共同發明人取得專利權，如無特別約定，其各人間之法律關係究係分別共有抑公同共有？按依民法物權編之規定，數人共有一物或一權利，除法律或契約約定外，為分別共有，分別共有既為財產權共有之常態，專利法對共有又有應有部分之規定，故專利權之共有，除當事人另有約定外，應解為共有人之分別共有。

有體物之利用以占有為前提，故數共有人同時利用時，須有按應有部分為之之規定（民 §818），但專利權與所有權等物權不同，其利用不需占有，故數個共有人可同時對其權利客體為全部利用，亦即理論上共有人在實施專利權時，可全面的自由實施❼。

---

❻ 共同發明人與專利權共有人之涵義不同，斯應注意。所謂共同發明，乃二人以上為同一目標工作，集體努力結果而所產生之發明。成立共同發明須各發明人對同一標的物工作，並對發明之思想與最終成果做出某些貢獻。如發明來自所有步驟的結合，個人只須踐履工作之一部，不須對整個發明提出概念，對該計畫一起作有形的工作或同時工作。各人之貢獻不須同一或均等，且不必有真正個人將發明變為實際。一個人可在某時間採一步驟，他人在不同時間作一工作。亦可一人作較多實驗工作，而另一人不時提出建議。各人扮演不同角色，及一人貢獻不如另一人，並不改變發明是共同，只要各人對問題最終解決作了某些原創的貢獻（即使一部分）。如僅利用既有技術或遵照另一人之指示，執行另一人觀念的細節，並不使其升為發明人。又只是他人之雇主或上司，並不自動使他與員工成為共同發明人（Amernick, *Patent Law for the Nonlawyer: A Guide for the Engineer, Technologist and Manager*, Van Nostrand Reinhold Co., 1986, p. 32 以下）。

❼ 紋谷暢男著，《特許法五十講》，頁 122。

上述各共有人之利用雖可及於全部，惟由於各人利用態樣（投下資本及技術）之不同致異其利用效果，亦即對其他共有人應有部分之經濟價值可能發生影響，故共有人相互間須有信賴關係❽，因此新專利法規定應有部分之讓與、設定質權、授權等須經共有人全體之同意，專利權之讓與亦然（專 §64、§65）。尤其專利權共有時，各共有人非經其他共有人之同意，就其專利權不能設定專屬實施權或通常實施權。此乃因如設定專屬實施權時，則其他共有人變成不能實施；而授與通常實施權時，由於被授權人之人數、資力、技術等對全體共有人亦有重大利害關係之故❾。92 年專利法規定「但當事人可另為約定」（專 §61 但）（新法認為，不論其約定內容如何，均屬經共有人全體同意之態樣之一，無特設但書規定之必要，故將但書刪除）。又以應有部分讓與或設質，雖未有當事人可另為相反約定之規定，但解釋上亦應相同。

另專利權共有人之應有部分係抽象地存在於專利權全部，並無特定之應有部分❿，如承認共有人得將應有部分授權他人實施，其結果實與將專利權全部授權他人實施無異，故不宜承認應有部分授權他人實施之情形。凡專利權共有人欲授權他人實施發明者，均適用第 64 條須經全體同意之規定辦理。

又依 100 年新專利法之規定，在共有之專利權，就請求項之刪除及申請專利範圍之減縮之事項為更正申請時，因實質變更專利權之範圍，亦應得全體共有人之同意始得行之（專 §69II）。

關於共有之專利權之分割請求，我國專利法並無特別規定，但自專利

❽ 豐崎光衛著，《工業所有權法》（新版），頁 173。

❾ 紋谷暢男，前揭書，頁 123。

❿ 關於專利權共有人約定應有部分之場合，在日本，申請書或繼承申報書上應記載其旨（日特施規 §27、特登令 §7），又如契約就應有部分無另有約定時，各共有人應有部分推定為均等（日民 §250）。又共有人中之一人與他人訂立契約，約定將來取得他共有人應有部分後，將專利權讓與該他人之場合，雖未經他共有人同意，該契約亦屬有效。另參照日本大判昭和 7 年 6 月 9 日民集 11 卷，頁 1357。

權乃實施發明之獨占權之性質觀之，不能為現物分割。但因專利權之共有權究為財產權，且不應受團體之限制，如不能脫離共有關係，並不合理，故通說以為可以變賣原物而分配其價金，或由一部共有人取得原物，而以金錢補償其他共有人等方法為之。至禁止分割之特約，似有民法第 823 條之適用，即可訂立五年以內禁止分割契約，惟因專利法施行細則並無規定，實務上能否將此意旨註冊於專利權簿，則不無問題。

關於共有人單獨實施問題，專利權之共有人可否單獨實施？可否不分配所得予其他共有人？此點我專利法未見規定，國內專利法書籍亦未見著墨。許多國家專利法除法國法（參見後述）外，不是欠缺規定，就是各共有人如無特約，可與自己持分無關，無限制實施專利發明（日特 §73II，英國亦原則相同）。因專利權之對象係無體財產，故其使用在觀念上無法作量的界定，而與所有權之共有人按持分使用收益大不相同，且按持分使用亦無法想像（情報之非排他性）。因此共有人可謂基本上居於經濟上競爭之關係，受到其他共有人之資力與經營能力之影響。換言之，他共有人乃自己競爭者，他共有人是誰，對共有人之利害極關重要。共有人中若有人力量愈強，則其他共有人持分之經濟價值會發生變化，而受到重大影響。當然個別具體言之，共有人亦可有親子關係與合夥關係等之協同關係，但此未必是專利權共有關係之必要條件⓫。

或謂：「法律既規定不須經他共有人同意、自無須再支付他共有人使用報酬。否則將與『不需他共有人同意』之規範目的相違。既然專利共有人實施專利不會妨害或影響其他共有人之利用、專利法又明定共有人得自行實施專利，不須經其他共有人同意。且因專利權與有體物權之本質亦不相同，故無法類推適用或準用民法第 821 條及第 767 條第 1 項中段之規定，得排除共有人之利用。」云云。

上述見解，依余所見，在法理上似嫌無據。理由如下：

1. 我專利法並無不須其他共有人同意之明文規定。

2. 即使法律有無須經他共有人同意之明文，亦導引不出無須支付（分

⓫ 中山信弘，《工業所有權法（上）——特許法》，第二版增補版，頁 301–302。

配）他共有人實施之收入（或使用報酬）之結論。因不需他共有人同意，乃為了便於各共有人製造販賣，與應否支付他共有人使用報酬不可混為一談。

3. 即使專利法共有人實施，不需他共有人之同意，但法理上與邏輯上與「支付他共有人使用報酬」，並非不能兩立。事實上法國智慧財產法（Intellectual Property Code，2010 年版 L613–29 條 a) 即明定：「個別共有人可為自己利益實施該發明，但須對其他未自行實施或未為授權之共有人為公平補償。就補償金無法以協議為之者，應由第一審法院決定。」⑫

4. 大陸專利法權威湯宗舜即謂：「共有人的情況不一樣。有的是生產性企業，有的不是生產性企業，而是科研機構或學校，前者有條件實施，後者則否。因此在前者實施專利的情況下，如果後者沒有實施，而且也沒有與他人訂立專利實施許可合同，則前者對後者應當給予公平的補償。」⑬日本專利法權威中山信弘也指出共有專利權可能發生之流弊，說：「但現實上可充分想到與此種想定（按係指各人可實施）不同之事態。例如個人發明家與企業共有之場合，企業無任何制約可自由實施特許發明，而許多個人發明家往往自己無實施能力，除授權他人收受使用費外，別無其他方法……為迴避此種事態，有事前訂定某種契約之必要。」⑭亦可證不必支付他共有人之說不能成立。

5. 況支付或分配（或分派）他共有人收益，不但符合公平原則，且可使共有人和睦相處，維持共有關係，不致因各共有人利用之程度或範圍不

---

⑫ 其英文版為：a）Each joint owner may work the invention for his own benefit subject to equitably compensating the other joint owners who do not personally work the invention or who have not granted a license. Failing amicable agreement, such compensation shall be laid down by the First Instance Court。參照 http://www.wipo.int/wipolex/en/details.jsp?id=11987；http://www.wipo.int/wipolex/en/details.jsp?id=5563；http://www.wipo.int/wipolex/en/profile.jsp?code=FR

⑬ 湯宗舜著，《專利法教程》，1996 年第二版（法律出版社出版），頁 183。

⑭ 參照中山信弘編著，《注解特許法》（上卷），第 2 版增補，頁 722。

一，或因收入之不均，產生紛爭。

6.若謂「專利共有人實施專利，不致妨害或影響其他共有人之利用」，亦有疑義，因事實上專利共有人由於各人資源與行銷手腕不一，必然會妨害或影響其他共有人之利用，參照上述各教授之說明自明。況臺灣市場狹小，屬於空碟型經濟，先實施之共有人如大量製造販賣專利品，獨占了市場，後來想要實施之他共有人實施機會不受擠壓或架空者幾希？況共有人由於各人資源與行銷手腕不一，其不釀成強者獨占市場，而妨害或排斥其他共有人之產銷之情況，實難想像。

7.或謂「專利權與有體物權之本質不同，故無類推適用或準用民法第821條及第767條第1項中段之規定，得排除共有人之利用。」按專利權固與有體物權之本質有異，但至少應斟酌人性與社會實情，設法予其他共有人合理補償，才符正義要求，況如此處理並不致牴觸專利權之本質。如共有人中多數派濫用權利，或與他人勾結，置少數派之利益於不顧時，如此解釋易啟共有人紛爭之門，使人不敢且不願與他人以共有專利權方式合作。

與自己實施問題有關連者，用他人承攬之情形，可否認為共有人之實施，抑亦認為一種授權？如認為授權，則承攬行為未經其他共有人同意，乃專利權之侵害。日本有判例認為基本上承攬如按共有人指示，且加上共有人以自己之計算，置於自己支配管領之下，承攬可認為共有人之手足之場合，其實施似可認為共有人之實施⓯。

按同樣是委託生產，委託之共有人與受託之第三人間之法律關係亦出入甚多，絕非同一模式；有的近於雇傭，有的是承攬，有的近於委任，有的近於工作物供給契約。委託之共有人對生產過程與細節有的介入深，有的介入少。換言之，受委託之第三人之工作有的獨立性與自立性較高，有的獨立性與自主性較低，須服從委託人之指示與監督等，種種形態與程度不一，能否應一視同仁，擬制為共有人自己實施，有必要仔細分析認定，以免惡質之共有人以委外生產名義，而達到逃避授權應取得其他共有人同意與分配收益之規定。

⓯ 中山信弘編著，《注解特許法》，第二版增補上卷，頁306。

專利權共有時，對於專利權之侵害，共有人中之一人可否請求權利侵害之救濟？按對於妨害共有權者，請求除去妨害之訴，對於有妨害共有權之虞者，請求防止妨害之訴，皆得由各共有人單獨提起，至侵害專利權之損害賠償請求權，其請求權為可分債權，各共有人僅得按其應有部分請求賠償，但並無由共有人全體共同提起之必要⑯。

專利權共有人中，有人拋棄應有部分，或死亡無人繼承時，該應有部分究應歸屬於其他共有人，抑歸屬國庫？此點在民法與過去專利法均乏明文規定。按在民法此時有不同學說，第一說以為我國民法並無日本民法第255條「共有人之一人，拋棄其應有部分或無繼承人而死亡者，其應有部分歸於其他共有人」之規定，故不宜為同一解釋者；亦有認為其他共有人自得依所有權彈力性之作用，不能認係無主物，任人先占，而應依比例歸屬於其他共有人者。

100年修法已增列：「發明專利權共有人拋棄其應有部分時，該部分歸屬其他共有人。」（專§65II）因專利權之共有人如拋棄其應有部分，並不影響其他共有人之權益，本得逕行為之。惟為解決專利權共有人拋棄其應有部分時，該部分應歸屬何人之爭議，爰明定應歸屬其他共有人。

又過去專利法對於多數當事人共同申請辦理一切程序，除約定有代表者外，要求必須連署。惟倘未約定代表者，辦理一切程序均應共同連署，常有不便。例如已共同聲明異議後，補充理由仍應共同為之；共有之專利被異議、舉發時，仍須共同署名答辯，始為合法；亦有共有人因其中一人不在國內或無法取得連繫，致其領證無法共同連署，而喪失專利權之情形，規定過於嚴苛，故90年專利法修正，參酌日本特許法第14條與韓國特許法第11條之規定，列舉各項影響共同申請人權益較鉅之事由，及第61條與第62條已就共有專利之處分行為另有規定，必須共同連署外，其餘共同申請之程序，各人均可單獨為之。但有約定代表時，因已經全體共有人同意由該代表人代表全體為之，此時該代表人行為之效力及於全體共有人。

92年專利法將第12條第2項修正為「二人以上共同為專利申請以外

⑯ 參照院字第1950號解釋。

之專利相關程序時，除撤回或拋棄申請案、申請分割、改請或本法另有規定者，應共同連署外，其餘程序各人皆可單獨為之。但約定有代表者，從其約定。前二項應共同連署之情形，應指定其中一人為應受送達人。未指定應受送達人者，專利專責機關應以第一順序申請人為應受送達人，並應將送達事項通知其他人。」此條在100年新法一仍其舊（專§12II、III）。

第三節　專利權之移轉、信託、供擔保及強制執行

一、權利之移轉

專利權乃財產權，得讓與或繼承（專§6I），故可自由移轉。惟專利權（專利申請權亦同）僅能整體讓與，不能分割讓與。例如不能就發明的某一項應用，在一國領域的某一部分，或只就製造，使用與銷售等行為中之某部分權能予以轉讓，此點與專利授權實施不同[17]，當然亦與著作權可一部讓與迥異[18]。

專利權之讓與在英美須作成書面，而法國、西德、日本則否。在我國專利法並未規定須作成書面，但非經向專利機關登記不得對抗第三人（專§62I），即以登記為對抗要件，而非生效要件。申請專利權讓與登記者，應由原專利權人或受讓人備具申請書，並檢附讓與契約或讓與證明文件。公司因併購申請承受專利權登記者，應檢附併購之證明文件（專施§63）[19]。

專利權在一般承繼情形，不可能以登記為生效要件。故在繼承與公司

[17] 實施授權可就發明之一部分，在某些地區，專利權之存續期間內之一定期間，或只就製造或銷售予以授權。

[18] 參照楊崇森著，《著作權之保護》，正中書局，頁111以下。

[19] 按日本在舊特許法（大正10年法）時期，專利權之讓與，其登記與在不動產之移轉情形相同，為對抗要件，現行法則改為生效要件，目的在使權利關係明確，提升交易之安全，又因專利權之讓與通常係在專家之間行之，以登記為生效要件，不致發生特別不妥情形。參照中山信弘，《工業所有權法》（上），頁367。

之合併情形，於其事由發生，即發生專利權移轉之效力，惟此時繼承人應儘速向專利機關申報，即應備具申請書，並檢附死亡與繼承證明文件申請換發證書（專施 §69）。

依我國專利法規定，專利權為共有時，除共有人自己實施外，非經共有人全體之同意不得讓與他人（專 §64）[20]。共有人未得共有人全體之同意，不得以其應有部分讓與他人（專 §65）。此與民法上共有之規定不同，因專利權為無體財產權，專利權共有人之應有部分係抽象地存在於專利權全部，並無特定之應有部分，各共有人在數量上可無限制實施。如承認共有人得將應有部分授權他人實施，其結果實與將專利權全部授權他人實施無異，故不宜承認有應有部分授權他人實施之情形存在。因此其他共有人為誰，關係共有人之權益，故設此限制[21]。在專利權讓與，讓與人就權利移轉所生之瑕疵擔保責任等問題，依民法債編所定原則處理。

二、權利之信託[22]

所謂信託係一種源自英美之財產管理制度，即財產之所有人（委託人）將其某種財產權移轉於可信賴而有理財能力之他人（受託人），由受託人依信託本旨代為管理運用處分，而將其利益歸屬於受益人（委託人或第三人）之謂（信託法 §14）。自民國 85 年 1 月信託法頒行後，由於專利權為一種財

[20] 本條係參照民法第 819 條第 2 項規定訂定，該條所謂「共有人全體之同意」，並非必須由全體共有人分別為同意之明示，更不必限於一定之形式，如有明確之事實，足以證明其他共有人已有明示或默示之同意者，亦屬之（19 年上字第 981 號判例參照）。且不限行為時為之，若於事前預示或事後追認者，均不能認為無效（19 年上字第 2014 號判例參照）。另全體同意之方式，歷年判例有若干變通辦法，例如全體同意依多數決為之（19 年上字第 2208 號判例參照），或全體推定得由其中一人或數人代表處分者（40 年臺上字第 998 號判例參照），皆無不可。此等判例見解於解釋本條所稱「共有人全體之同意」時，亦有適用。

[21] 中山信弘，《工業所有權法》（上），頁 368。

[22] 關於信託之詳細介紹，可參照楊崇森著，《信託法原理與實務》與《信託之業務與應用》兩書（三民書局發行，民國 100 年）。

產權，具有莫大商業價值，故專利權人應可以專利權作為信託財產，委託他人為受託人，管理處分其專利權。惟因信託之成立須移轉財產權，與第三人之權益及交易安全攸關，信託法定有公示等有關規定，為了配合信託法之實施，90年專利法增訂發明專利信託登記之效力，信託在專利權為共有時，應經全體共有人之同意及信託登記之手續等。

90年將法條改為：「發明專利權人以其發明專利權……、信託或……，非經向專利專責機關登記，不得對抗第三人」（今§62I）。又在第61條增列信託，即改為：「發明專利權為共有時，除共有人自己實施外，非經共有人全體之同意，不得讓與、信託、授權他人實施、設定質權或拋棄。」以求明確（專§64）。100年專利法第65條規定：「發明專利權共有人未得共有人全體同意，不得以其應有部分讓與、信託他人或設定質權。」

三、擔保權之設定[23]

㈠質　權

民法第900條規定：「可讓與之債權及其他權利，均得為質權之標的物。」專利權為有價值之財產權，與專利申請權不同，可為擔保權即權利質權之客體，自無疑義[24]。專利法一向規定專利權可為質權之客體。100年

---

[23] 在日本有「工場抵當法」與「鑛業抵當法」之特別法，承認將企業設備等財產作為包括的一物，成為抵押權標的之制度。依該法之規定，可將工業財產權作為財團之組成物，故專利權亦包含在內。又依日本之「企業擔保法」，為擔保股份有限公司所發行之公司債起見，可以公司總財產作為此種擔保之標的，故專利權亦可為其客體，並無問題。我國擔保制度雖不如日本發達，但理論上專利權應可作為公司發行公司債之一種擔保。參照中山信弘，前揭書，頁371。

[24] 實務上國內由於鑑價機制不備，致銀行貸款擔保不易，惟近日報載經濟部中小企業處正在規劃在推出「札根專案貸款」之貸款用途中，新增取得新技術項目，只要獲得中小企業信用保證基金保證，中小企業即可利用智慧財產權擔保取得金融機構融資云云。（92年1月21日，《工商時報》）在日本據云開發銀行與各種「都銀」已將專利作為貸款擔保。1997年2月在地方自治體方面，橫濱市開始以智慧財產權作為融資擔保，以支援當地企業之發展。（荒井壽光著《特許重視の時代》，頁71）

專利法第 62 條第 1 項規定:「發明專利權人以其發明專利權……設定質權，非經向專利專責機關登記，不得對抗第三人。」㉕

其次，92 年專利法第 61 條原規定:「發明專利權為共有時，除共有人自己實施外，非得共有人全體之同意，不得讓與或授權他人實施。但契約另有約定者，從其約定」。惟依民法第 831 條準用同法第 819 條第 2 項規定，其信託、設定質權或拋棄，亦應得全體共有人之同意，故 100 年修改為:「發明專利權為共有時，除共有人自己實施外，非經共有人全體之同意，不得……設定質權或拋棄」(專 §64)，以求明確。

100 年修法，規定:「發明專利權共有人非經共有人全體之同意，不得以其應有部分……或設定質權」(專 §65I)。即表示不但專利權之全部，而且專利權之應有部分，亦可設定質權。

此外鑒於實務上有專利權得否設定複數質權之疑義，為充分發揮專利權之交易價值，100 年專利法參考商標法第 37 條第 2 項規定，增訂「發明專利權人為擔保數債權，就同一專利權設定數質權者，其次序依登記之先後定之。」(專 §62IV) 即同一專利權可設定複數質權，且質權人受償順序應依登記先後次序定之，以確保登記在先之質權人之權益。

又依 100 年專利法之規定，專利權人就請求項之刪除及申請專利範圍之減縮之事項為更正申請時，因實質變更專利權之範圍，亦應得質權人之同意始得行之 (專 §69I)。

又專利權人未得質權人之承諾，不得拋棄專利權 (專 §69)。

㉕ 申請專利權質權登記者，應由專利權人或質權人備具申請書及專利證書，並檢附下列文件：一、申請質權設定登記者，其質權設定契約或證明文件。二、申請質權變更登記者，其變更證明文件。三、申請質權塗銷登記者，其債權清償證明文件、質權人出具之塗銷登記同意書、法院判決書及判決確定證明書或依法與法院確定判決有同一效力之證明文件。前項第一款之質權設定契約或證明文件，應載明下列事項：一、發明、新型或設計名稱或其專利證書號數。二、債權金額及質權設定期間。前項第二款之質權設定期間，以專利權期間為限。專利專責機關為第一項登記，應將有關事項加註於專利證書及專利權簿(專施 §67)。

關於質權人之權利，專利法有特別規定：「以專利權為標的設定質權者，除契約另有訂定外，質權人不得實施該專利權。」（專 §6III）因以專利權為客體所設定之質權乃權利質權，實質上與抵押權近似。實施專利發明，往往須投下龐大資金、技術、時間、勞費，質權人未必有充分經驗，且質權之存續，往往只是暫時融資手段，故即使准許質權人實施，在實際上效果未必理想㉖。故原則上設定質權後，仍准出質人繼續實施，將實施所得之金錢、收入等優先清償予質權人（債權人），似較為實際，此所以專利法規定質權人除契約另有約定外，不得實施該專利權，實施權仍保留予出質人之理由。

依日本特許法，質權人除質權標的物之對價外，專利權人、實施權人因對實施專利發明所受取之金錢或他物，亦可實行質權，但交付以前須先扣押（日特 §96）。此乃因此金錢或動產已混入債務人一般財產之中，如不經扣押，即逕實行質權，大有害於其他債權人利益之虞之故。但專利權不似動產與有價證券，於換價時，不易評價，又難於決定融資金額，且除契約另有規定外，質權人不能實施該專利發明（日特 §95）。況質權設定後，專利權人仍可自由授權他人使用該專利權。由於質權有此數種不利㉗，加以專利權買賣之市場尚未建立，故質權事實上之利用度並不高。

以專利權或實施權為標的之質權，係以登記為生效要件。

㈡讓與擔保

學者以為實務上可用讓與擔保與附買回特約之買賣，代替質權之設定，求償較為簡單，費用亦較為低廉，較易利用，但其實態如何，未必明朗㉘。

所謂專利權之讓與擔保，乃以擔保之目的，讓與專利權，於債務人即專利權人清償債務時，返還專利權之擔保制度。其內容與一般讓與擔保相同，惟只能在專利權簿辦理專利權之移轉登記，不能以讓與擔保辦理登記，故亦有被債權人轉售之不利，附買回特約之讓與（買賣）亦同㉙。

㉖ 中山信弘，《工業所有權法》（上），頁 369。

㉗ 吉藤幸朔，前揭書，13 版，頁 552。

㉘ 同㉗，又中山信弘，前揭書，頁 370。

四、強制執行

專利法對專利權之強制執行欠缺規定，但專利權為可讓與之財產權，可為強制執行之客體，應無問題，即應適用強制執行法第117條規定：「對於前三節及第一百十五條至前條所定以外之財產權執行時，準用第一百十五條至前條之規定，執行法院並得酌量情形，命令讓與或管理，而以讓與價金或管理之收益清償債權人。」我國破產法第92條規定破產管理人，為專利權之讓與，應得監查人之同意，可見專利權屬於破產財團，應無疑義。日本特許登錄令明定：法院扣押專利權或解除時，囑託特許廳登記或塗銷(§24)。又為了保全執行之假扣押假處分，以登記為生效要件(日特§98I③)，其規定較為周密，可供我國參考。

第四節　專利權之繼承

專利權乃財產權之一種，專利權人死亡時，專利權由其繼承人繼承。專利權之移轉原則上非向專利局登記，不得對抗第三人（專§62），但在繼承等一般承繼場合，即使不登記，亦當然發生移轉與對抗之效果[30]。

又專利權與其他應繼承財產同樣，如繼承人之間就遺產之分割另有協議，約定由其中某人繼承專利權時，則應向專利機關申報。在此場合似應將必要之文件，如表示繼承關係之死亡證明文件，繼承系統表與遺產分割協議書（如照法定應繼分那樣，共同繼承時則不必提出）等文件，連同繼承登記申請書提出。如專利權人死亡，無人主張其為繼承人時，依民法之原則，遺產最後原應歸屬於國庫（民§1185）。但我國專利法規定此時專利權歸於消滅（專§70I②），其原理與著作權之無人繼承同（著§42），即基於專利權之公共性，與其歸屬國庫，不如使權利消滅，由一般公眾自由利

---

[29] 同[27]。

[30] 按日本特許法規定此時應儘速向專利機關申報（日特§98II），專利法施行細則規定：「申請專利繼承登記者，應備具申請書，並檢附死亡與繼承證明文件。」（專施§69）

用 (public domain) 更合目的性，從而以後任何人均可自由實施該發明。

第五節　專利權之消滅

專利權因下列種種原因而消滅（專 §70）：

一、存續期間之屆滿

專利權與所有權不同，為了調和創作之保護與受獨占權限制之他人利益，故存續期間有限制，即專利權因存續期間之屆滿，自期滿後消滅。

二、專利權之拋棄

權利之拋棄原則屬於權利人之自由，但如有因拋棄而受不利之時，則應經此等人之同意。在專利權，如因拋棄，對專利權人以外之第三人予以不利益時，不得任意拋棄。例如專利權人拋棄之際，就該專利權享有專用實施權或通常實施權之人、質權人，職務發明之通常實施權人存在時，應經此等人之同意，始可拋棄其專利權（專 §69I）。

100 年專利法增訂第 65 條第 2 項：「發明專利權共有人拋棄其應有部分時，該部分歸屬其他共有人。」因專利權之共有人拋棄其應有部分，不影響其他共有人之權益，本得逕行為之。惟為解決拋棄部分歸屬之爭議，明定應歸屬其他共有人。拋棄專利權之實益係免除繳納專利費之義務，故其結果與怠於繳納專利費義務，致權利消滅之場合，無何不同。又包含二個以上發明之專利權，可就每一個發明為拋棄。專利權人合法拋棄時，自其書面表示之日消滅（專 §70I ④），而非於專利局登記或受領拋棄書面之日消滅，即採發信主義。

三、專利費之滯納

第二年以後之專利年費未於補繳期限屆滿前繳納者，自原繳費期限屆滿後消滅（專 §70I ③）。

專利權人有在一定期間內繳納法律所定專利年費之義務。發明專利年費自公告之日起算，第一年年費，應依第 52 條第 1 項規定繳納；第二年以後年費，應於屆滿前繳納之。專利年費，得一次繳納數年；遇有年費調整時，毋庸補繳其差額（專 §93）。

第二年以後之專利年費未於補繳納期間內繳費者，得於期滿後六個月內加倍補繳。

又鑑於實務上，往往有申請人非因故意未依限繳納，如僅因一時疏忽，即不准其申請回復，似有違本法鼓勵研發、創新之旨趣。且專利法條約 (PLT)、歐洲專利公約 (EPC)、專利合作條約 (PCT) 施行細則、大陸地區專利法施行細則皆有申請回復之規定，故宜有補救之道。又實務上常遇申請人生病無法依限繳費，於繳費期限屆滿後一年內，再提出繳費之申請，雖非故意延誤，但究與不可歸責之情形有間。為了與因天災或不可歸責當事人之事由申請回復原狀作區隔，以非因故意之事由，申請再行繳費者，申請人應繳之專利年費，應比不可抗力補繳之二倍專利年費為高，始屬合理。故 100 年修法，除於第 70 條第 1 項第 3 款規定：「第二年以後之專利年費未於補繳期限屆滿前繳納者，自原繳費期限屆滿後消滅。」外，又增訂第 2 項：「專利權人非因故意，未於第九十四條第一項所定期限（即期滿後六個月內）補繳者，得於期限屆滿後一年內，申請回復專利權，並繳納三倍之專利年費後，由專利專責機關公告之。」但如逾此一年六個月期間，未申請回復專利權，則專利權確定歸於消滅。

四、繼承人不存在

權利人死亡無繼承人，即於民法第 1178 條所定（搜索繼承人之公告）之期限屆滿，而無主張繼承人權利之人時，依民法規定，遺產於清償被繼承人之債權人債權及交付遺贈物於受遺贈人後，如有賸餘應歸屬國庫（民 §1185）。故如應以專利權清償被繼承人之債權人或成為遺贈物或遺產破產，專利權屬於破產財團時，則不適用民法第 1185 條規定，專利權尚不消滅；否則專利權與其歸屬國庫，不如廣泛開放予一般社會，任人自由實施，在產業政策上較為得策[31]，故專利法改採權利消滅主義，與著作權法同（著§42），而規定「專利權人死亡，無人主張其為繼承人者，專利權於依民法第一千一百八十五條規定歸屬國庫之日起消滅」（92 年專 §66 ②）。100 年修法，改為：「專利權人死亡而無繼承人。」（專 §70I ②）按依其修正說明，「專利權人死亡，無人主張其為繼承人者，原意為專利權歸屬公共財，並非歸屬於國庫，爰予修正。」云云。惟在新法之下，是否於無繼承人時立即消滅？抑須先清償被繼承人債權？不免發生疑問。又於茲有一問題，即專利權人為法人，於該法人消滅，專利權依法應歸屬於地方自治團體時，此際專利權應否消滅，使成為公有，俾任何人得加以利用？由於專利法對此點尚無規定，在解釋上不無疑義。我國著作權法第 42 條第 2 款特別規定此際著作權（著作財產權）歸於消滅，此點可供解釋或修改專利法之參考。

五、專利權之撤銷

主管機關對於專利權之撤銷，亦為專利權之消滅原因。撤銷過去固可由專利機關依職權為之，但絕大多數係出於第三人之舉發（專 §71、§72）。撤銷之效力溯及既往，視為自始即不存在（專 §82）。衍生設計之專利權雖與原設計專利權同時屆滿，但原設計專利權之撤銷，並不影響衍生設計專利權之存續（專 §138），詳如後述。

[31] 豐崎光衛著，《工業所有權法》（新版），頁 276。

第十五章　專利權之特別效力

第一節　專利權之積極效力

第一目　專利權為排他權

100年修法明定：「發明專利權人，除本法另有規定外，專有排除他人未經其同意而實施該發明之權。物之發明之實施，指製造、為販賣之要約、販賣、使用或為上述目的而進口該物之行為。方法發明之實施，指下列各款行為：一、使用該方法。二、使用、為販賣之要約、販賣或為上述目的而進口該方法直接製成之物。」（專§58）

按在民國83年以前，專利法對專利權規定為「……專有製造、販賣或使用其發明之權。……發明若為一種製造方法者，其專利權效力及於以此方法直接製成之物品。但該物品為他人專利者，需經該他人同意，方得實施其發明」（75年專§42）。即自積極效力之觀點，認為係一種獨占權。但83年專利法仿GATT/TRIPS第28條規定，將專利權改為一種排他權或排除權，即排除他人未經其同意而製造、販賣、使用或為此目的而進口專利物品之權，而規定「物品專利權人，除本法另有規定者外，專有排除他人未經其同意而製造、販賣、使用或為上述目的而進口該物品之權。方法專利權人，除本法另有規定者外，專有排除他人未經其同意而使用該方法及使用、販賣或為上述目的而進口該方法直接製成物品之權」(§56)。「新型專利權人，除本法另有規定者外，專有排除他人未經其同意而製造、販賣、使用或為上述目的而進口該新型專利物品之權」(§106)。「新式樣專利權人，就其指定新式樣所施予之物品，除本法另有規定者外，專有排除他人未經其同意而製造、販賣、使用或為上述目的而進口該新式樣及近似新式樣專利物品之權」(§123I)。不久鑒於與貿易有關之智慧財產權協定 (TRIPS) 第28條規定，專利權人得禁止第三人未經其同意製造、使用，為販賣之要約 (offering for sale)，販賣或為上述目的而進口其專利物品，即國際上已將「販賣之要約」列為專利權之效力，故92年專利法再修正，分別對發明、新型、新式樣三種專利，在上述之條文「販賣」之前，增列「為販賣之要約」❶亦為專利權效力之所及（92年專 §56、§106及 §123)。

換言之，92年專利法對專利權改以禁止權（排他權）之方式規定，此與若干國家專利法係以排他權或禁止權之型態規定相似　(美國專利法 §154，法國專利法 §29，德國專利法 §9)。亦即所謂排他權乃指排除他人對於特定專利自由實施之權利，他人未經專利權人之同意或授權，不得製造、販賣、使用及進口該專利說明書中之「申請專利範圍」(claim) 所揭露之權利。

按專利權究竟為獨占權還是排他權，雖有不少爭論，但似無何實益。因如係獨占權，則當然具有排他權，反之如係排他權，則亦當然享有獨占權。此問題主要係就二重專利 (double patent) 而發生，但其結論並非取決於採那一說而定，而應自產業政策觀點來決定❷。

100年修法：

1. 以發明專利之上位概念，涵蓋物之專利及方法專利，並以「實施」一詞，涵蓋「製造、為販賣之要約、販賣、使用或為上述目的而進口」等具體行為。

2. 增訂物之發明與方法發明之實施之定義。

3. 該條另規定：「發明專利權範圍，以申請專利範圍為準，於解釋申請專利範圍時，並得審酌說明書及圖式。摘要不得用於解釋申請專利範圍。」

---

❶ 按 offering for sale（販賣之要約）含意甚廣，指提供某種產品，包括廣告，為出售而展示，列入拍賣清單等行為。此等行為在契約法上似只屬於「要約之引誘」階段，連「要約」都夠不上，但在專利法上卻屬於 offering for sale 之行為，受到新法律禁止。

❷ 參照中山信弘著，《工業所有權法》（上），頁294。

即將申請專利範圍修正獨立於說明書之外。另將「發明說明」修正為「說明書」。又明定摘要不得用於解釋申請專利範圍。

第二目　專利實施行為之態樣

一、製　造

係指以物理手段生產出具有經濟價值之物，不僅製造工業上之產品，即組裝、建造、構築、育成，植物之栽培等亦包含在內❸。製造行為係包括生產物品之一切行為，不以物品完成前之必要行為為限，且包括準備行為在內。惟製作模型或設計圖，並非準備行為。零件與零件之結合與製造相等，又重要部分之修改與改造有時可能與製造相等❹。製造行為僅在物品專利構成直接侵害，在方法專利，僅在「使用」該專利方法時發生侵害問題，因其不發生「製造」餘地。

二、販　賣

販賣即銷售之意，係指有償移轉專利品之所有權行為，故無論經銷商或零售商均有可能成為侵害人。惟我國專利法不似若干國家（如日本）用讓與字樣，故無償之讓與（贈與）不包括在內。但某種行為，如收取對價加以定製，法律上與承攬相當時，似亦應包括在販賣之內。又何種行為構成「販賣」，問題極為複雜，如將其解釋過於嚴格，勢必大大降低專利權之價值，但如過於寬鬆，又會影響公眾之合法權益。在美國一般以為所謂「販賣」係包括下列四個因素，且須全部滿足，才算完成。即：

1. 當事人雙方有資格簽訂契約。
2. 當事人雙方已達成協議。
3. 契約之標的物已自出賣人移轉於買受人。

---

❸ 中山信弘，前揭書，頁295以下，由於「製造」範圍較狹，不足以涵蓋植物等物品，故日本專利法用「生產」字樣。

❹ 詳如後述。

4. 買受人已支付價金或允諾支付。

因當事人可能中途停止履行契約義務，或安裝之產品（如儀器）與專利品不符之故。因此在儀器安裝完成前，不構成「銷售」專利品之行為[5]。在我國法之下，構成侵害之「販賣」，是否必須以實際販賣行為為限？為銷售而提供 (offer to sell)，即單純提供販賣之表示，例如在商店櫥窗陳列或展示推銷廣告之類，即所謂販賣之要約行為能否亦認為販賣？按此種行為在上述不少國家，明定亦屬於專利權之實施或利用，TRIPS 亦同[6]，因禁止「提供銷售」行為，可在商業交易之早期，制止侵權行為，使專利權人能儘早防止侵害品之流通，如與販賣行為一併禁止，可為專利權人提供更有效保障。但在我國現行法下似仍難採肯定說[7]。惟為販賣而從事之倉儲與保管行為似在禁止之列[8]。但 92 年專利法再修正，將「販賣之要約」列為專利權之一種效力之後，不少見解即須配合變更，從而以口頭、書面等各種方式，包括於貨物上標明售價陳列，於網路上廣告或以電話表示等要約之引誘行為均屬之，固不待言。

製造仿冒品之人固不可販賣此項仿冒品，但第三人經銷侵害品之行為，即使其本人未生產製造專利品，亦可能構成專利權之侵害。

1. 販賣專利品之原料或零件是否構成專利權之侵害？

即所販賣之標的物並非專利品本身，而係供製作專利品之用之物時，是否亦構成專利權之侵害？按在通常情形，此時不構成專利權之侵害，縱使知悉買受人買受後係供製造專利品之用時亦同。但出賣人雖販賣專利品之零件，但其零件與一般不同，乃係準備齊全之構成部分之全套，買受人只須將其裝配，就可立即作成專利品時，此時可能亦成立專利權之侵害[9]。

---

[5] 程永順、羅李華著，《專利侵權判定》，頁 71。

[6] TRIPS 協定第 28 條之 1 規定：對產品專利權之保護，係禁止他人未經同意而製造、使用、提供銷售、銷售、進口該產品；對方法專利權之保護，係禁止他人未經同意而使用專利方法，及使用、提供銷售、銷售、進口依該方法直接獲得之產品。

[7] 湯宗舜著，《專利法解說》，頁 49、50。

[8] 張玉瑞著，《專利法及專利實踐》，頁 108。

又參照以下間接侵害部分之說明。

2. 買受人之正當行為成立專利權之侵害否？

自專利權人適法買取專利品之人，以後使用該專利品，或更將其出售於他人，供他人使用，乃合法之行為。亦即適法之專利品之買受人，利用該物之行為，不成立專利權之侵害。此蓋因可解為專利權人於出售專利品時，知悉他人買受後會對該物加以使用，於出賣之同時，已有默示之實施授權，故取得人對該物上所表現之發明取得實施權。亦有人解為此時原專利權人之權利已因行使而耗盡。

3. 第三人為了在他人專利權期間屆滿後販賣仿冒專利之物品或使用，在期間屆滿前製造，亦構成專利權之侵害。因製造行為本身乃專利權效力之內容所生當然之結果。為了在外國製造使用，在國內製造亦同。

三、使　用

使用係按發明之本來目的或作用，加以使用，即實現專利之技術效果之行為，包括對物品之單獨使用及作為其他物品之零件使用[10]。故物品即使同一，將以與發明目的不同態樣使用或發揮不同效果者，例如將專利對象之腳踏車當作前衛藝術之插花展示，並非此處所謂之使用。但雖以不同目的使用，只要客觀上發揮與專利品同一效果時，仍係此處所謂之使用。專利法不要求，且專利權人亦不可能一一列舉專利品所有用途，而無遺漏，故侵害品之使用不能以專利說明書所列舉之用途為限，例如拉鍊的專利，如專利說明書提到可用在服裝上，即使被告將這種拉鍊用在活頁夾上，亦應認為使用是[11]。「使用」行為還包括為使用目的而堆放、囤積、儲存、保

---

[9] 清瀨一郎著，《特許法原理》，頁149以下。

[10] 第三人（一般消費者）自仿冒人購買仿冒品，用於消費目的，是否為專利權效力之所及，余以為此時不應受到禁止，以免徒增社會生活之不安。但為生產、經營之目的使用專利品，例如將他人專利品用於自己的生產營運，作為自己產品的零件，作為自己的生產設備工具，作為自己的運輸、流通工具等則可能構成專利權的侵害（參照張玉瑞，前揭書，頁108）。

藏專利品之行為。又專利法上之「使用」分為：物品之使用與方法之使用兩種類型。使用由該發明品所生產之物，並非此處所謂之使用。又單純持有，雖以使用之意思為之，亦與使用不相當。美國法院對單純侵害品之占有，認為尚不足構成「使用」，但如將侵害品用於商品展覽或備用，則一般認為構成「使用」。

四、進　口

過去專利法並無專利人享有進口權之規定，83 年專利法修正，對專利權之效力始增加進口權（輸入權），92 年專利法與 100 年新法仍之，規定：「……為上述目的而進口該物」及「……為上述目的而進口該方法直接製成之物」（專 §58；92 年專 §56、§106、§123），此種規定是否允當，不無爭議，有人持反對說，理由為：

1. 目前實施「輸入權」之國家，僅有美、德、英、法四國，而該四國為高度工業開發國家，我國目前產業尚有待升級，實難以比擬。

2. 若賦予專利權人「輸入權」，則專利權人在不需投資於我國產業之情形下，即可享有進口之權，而享利潤。

3. 若規定輸入權，第三人無法進口專利品供國人使用，勢必影響市場上自由競爭之機能，導致專利品壟斷國內的進口貨市場[12]。

但優點是：如專利權不含進口權，則專利權人雖可基於販賣與使用權對侵害人主張權利，但產品一經進口，便迅速分散至全國各地銷售使用，專利權人極難再對銷售使用之人一一查禁。有了進口權則可防範於機先，申請海關將侵害品扣押，對專利權人簡便有利[13]。

進口為將在外國生產之貨物輸入國內市場之國際商事交易之一種型態。即指將專利產品或包含專利產品（例如零件）之物品，以及依照專利方法直接獲得之產品從國外經過邊界運進國內。至於此種產品進口之國家

---

[11] 程永順等，前揭書，頁 74。

[12] 參照當時立委林壽山等向立法院所提專利法部分修正案。

[13] 湯宗舜著，《專利法教程》，頁 171 以下。

並不重要，且與進口產品在其製造國或出口國是否享有專利權之保護無關。且訂立進口侵害品之契約尚難謂為進口。

重點係進口之產品是否與我國專利之申請保護範圍中所載之方法以及依照該方法直接獲得之產品相同。至於相似產品是否亦在內，應依申請專利範圍的解釋加以確定。進口專利品須經專利權人之許可，至於應由何人取得專利權人之許可，以及應使用何種方式取得許可，乃另一問題⓮。

專利法特別規定，他人進口不受專利權拘束之例外情形，主要為下列各種：

1. 依強制授權規定進口。
2. 專門為了科學研究與實驗之目的而進口。
3. 臨時通過國內的外國交通工具上使用而進口。

出賣人交付之貨物如係在我國內有專利之產品，應由其向專利權人取得許可，否則在貨物進口時，如遭專利權人阻止，應由出賣人與專利權人交涉，買受人因此所受之損失亦應由出賣人負責。在外國例由出賣人與買受人締結契約，約定由出賣人對第三人就買賣標的物之權利瑕疵，對買受人負瑕疵擔保責任或使買受人免責 (indemnity)⓯。

外國專利權人單純輸入內國，有人主張並非專利權適當之實施，此乃涉及強制授權之問題，參照第十八章強制授權部分之說明。當然關於進口，最有爭議的是平行輸入問題，容於第十五章第三、四兩節詳述。

五、租賃與借貸

在日本不問有償出租或無償借貸侵害品，亦構成專利權之侵害（但單

⓮ 出口不相當於實施，因專利權只於國內始有效力，不及於外國，故其效力不包括出口在內，惟出口前通常有製造、販賣之行為，故即使不能禁止出口行為本身，亦無大礙。在國內有製造、販賣權源之人（實施權人）出口時，因出口非實施行為，不能予以禁止。欲禁止出口行為須締結契約。在實施權授權之際，禁止出口之契約一般為有效，但可能發生是否牴觸公平交易法之問題。

⓯ 蔡茂略、湯展球、蔡禮義編，《專利基礎知識》，頁 8。

純保管物之寄託，不含在借貸以內)。但在我國現行法下，因乏明文，能否成立侵害，不無問題。

六、販賣或借貸之要約（含展示）

讓與或借貸之要約（含展示）依日本現行特許法之規定，為專利發明之實施，但其他場合，例如在展覽會上單純之展示，並非專利發明之實施。但如上所述，在我國法下，買賣之要約或展示行為，為強化侵害之防止，雖宜解為亦屬於專利之實施，但其根據似嫌不足，最好能如著作權法第 81 條第 2 款所定「意圖散布而陳列或持有或意圖營利而交付者」那樣，以明文方式加以增列。惟 92 年專利法與 100 年新法均已就販賣之要約，新增規定，已如上述。

七、持　有

持有是否成立專利權之侵害？按單純持有專利品之場合，應非專利權之侵害，此蓋因不能謂為利用發明思想之故，惟如以使用或販賣之目的持有時，在不少國家認為構成專利權之使用或販賣行為之一部[16]，但在我國現行法下，因法條對專利權之實施所定文義較為狹隘，是否構成，可能有不同解釋。(又請參照上述專利權新增進口權部分之說明。)

惟茲應有注意者，專利法上之製造、販賣、使用、進口等行為可分別獨立構成直接侵害，且此等行為彼此間密切關連。

八、修　繕

專利發明品之修繕是否構成專利權之侵害，值得研究。按修繕（修理）一般係指對機械、器具、裝置等所生之故障、破損、磨滅等之障礙原因，在不變更其原型或構造本身之情形，加以除去、修補，而回復其原狀之謂。

當專利權人販賣或授權販賣專利品時，可認為已有默示授權買受人使用該專利品，包括修繕該物以延長其壽命，但如修繕程度極大，而成立原

[16] 尹新天著，《專利權的保護》，頁 49。

物之「重建」(reconstruction) 時，則可能被認為「製造」該專利品，而成立專利權之直接侵害，因其樣態不一，試加分析如下：

㈠專利部分以外部分之修理，不成立專利權之侵害

因專利部分以外之部分通常乃所謂公知部分，只要修理方法不涉及他人之專利權，任何人均可自由為之。

㈡專利部分之修理是否構成專利權之侵害，視修理之內容與程度而定

1. 將專利部分之一部加以修繕，或將其一部或全部加以分解、清洗、再裝之場合（即所謂 overhaul），因非專利部分之新「製造」，不成立專利權之侵害問題。

2. 將專利部分全面加以更換，或其更換之程度相當於實質之全面更換時，此時其修繕實質上已相當於專利部分之新「製造」，除有特殊情形外，成立專利權之侵害。

3. 將專利部分未達過半數之零件加以更換，原則不成立專利權之侵害。

4. 專利部分之一部（零件）如係只能使用於專利發明之物時，就該零件可能成立所謂間接侵害⑰。

㈢改　造

1. 專利部分以外部分之改造，不成立專利權之侵害。

2. 專利部分之改造視改造之內容與程度而定

⑴由改造成為不屬於該發明技術範圍之物時，不成立專利權之侵害。

⑵改造不更換零件時，即使改造品屬於專利發明之技術範圍，其改造比照 overhaul 之情形，宜解為不相當於新「製造」，即不成立專利權之侵害。

⑶改造須更換零件時，如改造品屬於專利發明之技術範圍時，其效果與修理情形同。

九、製成物是否限於直接製成物？

在方法專利，其專利權之效力固及於使用該方法所製成之物(製成物)，

⑰ 吉藤幸朔著，《特許法概說》，13 版，頁 436 以下。

但所謂製成物是否限於由製造方法直接製成之物（直接製成物）？換言之，方法專利權效力之範圍只及於直接製成之物（第一次製成物），抑亦及於間接製成之物（第二次或第三次製成物等）？又在無專利之外國，製造直接製成物，同時也製造間接製成物，將其進口至國內時，方法專利權之效力是否及於此間接製成物？

例如，有人發明了一種生產乙烯的新方法，除使用該方法所獲得的乙烯本身可享受保護外，以乙烯為中間原料，還可生產出許多可供實用的原料，如聚乙烯、聚氯乙烯、聚苯乙烯等等，而且以這些原料為基礎，又可生產出更多的最終產品來，種類不勝枚舉。因此專利法規定的保護須有適當限制，以免有了一種基本的方法發明，會形成效力囊括一切產品的結果，使生產經營活動受到不當的限制[18]。

美國法與日本法不限於「直接」製成物，而運用上不限定「直接」製成物之國家則包含加拿大、澳洲、愛爾蘭、紐西蘭等。但德國法、英國法及歐洲專利公約則限定於直接製成物。我國 83 年專利法第 56 條第 2 項明定「方法專利權人，除本法另有規定者外，專有排除他人未經其同意而使用該方法及使用、販賣或為上述目的而進口該方法直接製成物品之權。」100 年專利法第 58 條第 3 項規定：「方法發明之實施，指：……二、使用，為販賣之要約，販賣或為上述目的而進口該方法直接製成之物。」似均以直接製成物為限。

十、方法發明之實施乃使用其方法之行為

所謂方法之使用，係達成其方法發明本來之目的，或為了發生作用效果而使用，此點與物之發明之使用相同。方法包含生產物之方法與以外之方法（單純方法）兩種。在生產物方法之發明，除使用其方法之行為外，亦包含使用、販賣、進口由該方法所生產之物之行為。此等行為與物品發明同，在專利權之效力上原則各別獨立。在方法專利，雖製成同一物，但係使用其他方法時，固不成立權利侵害，然使用何種方法製造該物品，舉

[18] 尹新天著，《專利權的保護》，頁 61。

證不易，故民國83年修正專利法時，在第91條第1項特設推定規定：「製造方法專利所製成之物品在該製造方法申請專利前為國內外未見者，他人製造相同之物品，推定為以該專利方法所製造。」（92年專§87I）100年修正專利法亦沿用之（專§99I）。惟為了適用此規定，所製成者須係新穎之同一物，如以新方法製造從來已存在之物，則不適用，且其規定主要適用於化學方法之專利。惟第三人如能證明雖作成同一新物質，但係使用其他方法時，可免侵害專利權之責。

又與我國專利法不同，在美國法之下，專利權人除須證明某個產品有相當可能(substantial likelihood)是使用專利方法製造外，尚須證明他已盡合理努力，以確定生產該物品之真正使用方法，但仍不能確定。必須符合此兩種條件後，才推定該產品係使用專利方法所製造。此時舉證責任始由專利權人轉移到被控侵權人身上（美專§295）。且該法賦予不知方法專利存在之經銷商與用戶一個寬限期，即自侵權行為開始，至被告接到專利侵權通知前，專利權人不能請求侵權之損害賠償，其規定較我專利法周詳合理。

第二節　專利權效力之限制

各國專利法基於產業政策、公共利益或公平原則對專利權效力予以種種限制，其目的無非在調和公益與專利權人之私益，我國92年專利法亦設有種種限制（92年專§57I）。

100年修法增訂各種專利權效力所不及之事由沿用至今(§59)。

茲按專利法所定將各種效力限制事由分述於次：

一、非出於商業目的之未公開行為

本書舊版即提出專利權固需保護，但亦應顧慮其保護之可行性，若保護範圍過廣，反而導致執行困難，影響法律威信，徒增公眾困擾。而主張專利權應排除個人或家庭之實施。即第三人單純為了個人或家庭之目的而實施他人之專利權時，不應為其專利權效力之所及，而不構成對他人專利權之侵害。按各國立法例對此問題之規範方式有二：第一種為規定以商業目的或生產製造目的之實施專利權行為，始為專利權效力所及，例如日本特許法第 68 條及大陸地區專利法第 11 條等⑲；另一種為先規定他人實施專利權行為均應取得專利權人同意，但於其後規定，非商業目的之行為為專利權效力所不及，例如德國專利法第 9 條及第 11 條⑳、英國專利法第 60 條第 1 項及第 5 項。惜我國專利法一向不似日本、德國、中共等專利法將家庭或個人之使用排除在他人專利權效力之外，例如購買仿冒品之一般消費者，並不用於生產或經營之目的，只供家庭或個人日常生活使用之情形，如亦認為構成專利權之侵害，則難免發生莫大困擾，故此點在立法論上值得參考㉑。

100 年修法，採納上開意見，對專利權效力所不及之事由，增訂第 1 款：「非出於商業目的之未公開行為」，不為專利權效力之所及。

二、以研究或實驗為目的實施發明之必要行為

按專利權係使專利權人公開發明，而賦予獨占權作為對價。公開發明

---

⑲ 按日本特許法過去對專利權之效力並無限於作為業務之實施，後因自社會實況考慮到家庭性或個人性之實施，如亦為專利權效力之所及，未免過於嚴苛，且窒礙難行，故後來改為須有作為業務之實施，始成立侵害。因此為了家庭或個人之目的而製造或使用，例如家庭主婦使用有專利之電氣洗衣機，並非業務之實施，不為他人專利權效力之所及。惟日本法上「業として」乃廣義「事業として」（即以其為業）之意，未必限於以營利為目的，例如在國營工事之港灣工事，使用有專利之浚渫機乃業として實施。且所謂作為業務之實施，不需反覆繼續，即使僅一次實施亦可成立。中共專利法亦規定他人不得為「生產經營目的」製造、使用、銷售專利品 (§11)，所謂「生產經營目的」，即為工農業生產或商業經營之目的之意，亦即排除個人或家庭性實施在專利權效力之外。

⑳ 德國專利法就專利權效力所不及之範圍，亦與日本特許法有類似規定。其第 11 條規定：「專利權之效力，不及於下列各款所揭之行為：①為了個人的且非商業的目的所為之行為；②關於專利發明之對象，為實驗目的所為之行為……（以下略）。」

㉑ 參照楊崇森著，《專利法理論與應用》修訂二版，頁 323 以下。

之目的既在提高技術層次，故第三人單純閱覽專利說明書，實不足對技術提高有何助益，尚須進一步加以研究試驗㉒，故須對專利權之效力設有例外規定。專利法100年修正，規定「以研究或實驗為目的實施發明之必要行為」取代92年專利法「為研究、教學或試驗實施其發明，而無營利行為者」。

1. 此係參考德國、英國專利法、保護植物新品種國際公約（The International Union for the Protection of New Varieties of Plants，以下簡稱UPOV）規定，刪除「而無營利行為者」等字樣，使以發明專利標的為對象之研究實驗行為，不受「非營利目的」之限制。所謂以研究、或試驗為目的，實施他人有專利權之發明，例如純粹為了確認他人發明有無技術效果及程度高低、專利性調查、機能調查、改良發展等之目的，對他人之發明加以實驗，對專利權人之經濟上造成之損害甚為輕微，且有助於發明品之改良，可提升技術之層次；自促進產業發展之專利制度之精神觀之，不應禁止。尤其對於以試驗研究為業之研究所及試驗所更有助益。惟如為了營利目的，例如為了調查產品銷路或市場之目的，或為了蒐集資料，準備於專利權期滿時實施，則有疑問㉓。又「教學」，若涉及研究實驗，可解釋為屬於研究或實驗行為，且現代教學型態多樣化，未必均有非營利之公益性質，如僅因其具有教學目的而一概排除專利權之效力，難謂為公益與私益得到平衡。未來如有教學免責相關爭議時，應回歸依第1款與第2款之一般性免責規定，判斷是否為專利權效力之所及。

2. 本款之適用，限於為了研究或實驗之目的，而實施發明之必要行為，始可實施他人之發明。所謂「實施發明之必要行為」涵蓋研究實驗行為本身及直接相關之製造、為販賣之要約、販賣、使用或進口等實施專利之行

㉒ 中山信弘著，《工業所有權法》（上），頁299。

㉓ 試驗研究可否出於調查專利品經濟上效果之意圖，不無疑義，採肯定者，有紋谷暢男（《特許法五十講》，頁119）。
又在日本，只要不以營利為目的，係屬專利權效力所不及，故如非以營利為目的，雖試驗、研究結果所製作之物，偶有輕微販賣行為，似非專利權效力之所及。

為；其手段與目的之間須符合比例原則，範圍不宜過廣，以免逸脫研究、實驗之目的，影響專利權人之經濟利益。故將實驗或研究結果所製作之物予以販賣，如未逾越合理範圍，此時雖有營利行為，似尚不為專利權效力之所及，而不在該款禁止之列。

三、申請前已在國內實施，或已完成必須之準備者。但於專利申請人處得知其發明後未滿十二個月，並經專利申請人聲明保留其專利權者，不在此限

在今日情報化社會，技術飛躍發展，各企業間同一或類似新技術極易同時或接踵出現，固然有些人積極申請專利，但亦有不申請專利，只急於實施者。在採先申請主義之下，只有先申請人取得專利權，其他之人即使獨立有同一發明，亦不能實施其發明，否則即構成專利權之侵害，原屬貫徹此理論之當然歸結。惟獨立為相同發明之人及自該人承繼發明之人，於他人申請專利之際，如已實施發明或準備實施時，因已投下勞費，如因他人一旦取得專利權，即完全不能實施，甚至須廢止其事業或銷燬原有一切生產銷售之設備與物品，不但對該當事人有失公平，且自國民經濟立場言，亦屬不利。

為了修正先申請主義之缺失，謀求先申請主義與先發明主義之調和㉔，有些國家對此等先發明或先使用發明之人實施其原發明之行為，並不認為違法，例如日本（日特 §79），而法國無體財產法則更進一步，規定他人於專利申請日，善意保有相同發明之人，不問有無實施，承認其有先使用權 (L. 613-7)。我 92 年專利法僅規定：「申請前已在國內使用或已完成必須之準備者。但在申請前六個月內，於專利申請人處得知其製造方法，並經專利申請人聲明保留其專利權者，不在此限。」(§57I ②)100 年修法，因原條文之「使用」係廣義，包含製造、為販賣之要約、販賣、使用或為上述目

㉔ 播磨良承著，《工業所有權法 I》，頁 286。我商標法亦有類似規定，即「在他人商標註冊申請日前，善意使用相同或近似之商標於同一或類似之商品或服務者。」不受他人商標權之效力所拘束（舊商 §30I ③）。

的而進口等行為，故將「使用」修正為「實施」。雖基於相同保護業者及準備之人之趣旨，但未如日本與法國立法例，定為享有先使用權。在解釋上能否解釋為先使用人享有先使用權，雖不無疑義，但至少取得一種抗辯權，應無疑義。關於此種權利之性質，學者以為係與專利權對立，以排除或限制專利權絕對支配為內容之權利，故與基於授權之通常實施權本質不同，乃有似限制所有權之限制物權，在原有事業目的範圍內，與從前同樣，可實施專利發明技術範圍內之自己發明，或可續行實施準備進而實施之權利[25]。

詳言之，適用本款限制之要件如下：

㈠不知專利申請之發明內容，自己發明，或自獨自發明之人，非以不正方法而知悉

按日本法規定「非自自己發明之人非以不正方法而知悉」，我國專利法雖無明文，解釋上亦應相同，即知悉方法須非不正。惟雖非自己發明，如不知專利申請之發明內容，而自獨自發明之人處知悉，亦屬無妨。但如自專利申請人處知悉則屬不可。

㈡須非在申請專利前十二個月內，自專利申請人處，得知其發明，並經申請人聲明保留其專利權

因如在申請專利前，自專利申請人處，得知其發明，並經申請人聲明保留其專利權時，則此先使用人欠缺善意，並無保護必要之故。至法文僅規定此項效力不及事由之時點，係以「申請前」為標準，從而第三人如在他人專利權申請後，但在核准公告前使用時，則不適用該款規定，其行為當為專利權效力之所及，並不能主張先使用權，蓋因採用先申請主義，以申請日為基準日之故。本款適用之對象包括物之發明及方法發明，原條文但書「於專利申請人處得知其製造方法」之文字，易誤以為僅適用於方法發明，100年修法，爰修正為「於專利申請人處得知其發明」之文字，以杜爭議。

在日本並無限制第三人知悉之時間，但我國專利法上開條文規定在申

[25] 播磨良承，前揭書，頁284以下。

請專利前十二個月內，於專利申請人處，得知其發明，並經專利申請人聲明保留其專利權者，仍為專利權人專利權效力之所及。按專利法此期限原定為六個月，106年修正第22條第3項，對專利申請人於申請日前公開改為享有一年之優惠期，故為融合此優惠規定將本條六個月延長為十二個月。此處法文限於專利申請前十二個月內知悉，且須申請人聲明保留其專利權，究竟此之限制有無必要？有人以為發明人是否申請專利原應尊重其意願，但若一直不提申請，不但在權利上睡眠，且可能影響他人開發投資意願，阻礙產業發展，故設此期限㉖。又如在申請前十二個月以前知悉或雖在十二個月內知悉，但申請人未聲明保留專利權者，即可主張先使用權，是否合理，不無疑義。尤其如何表示，始認為合於該款所謂「聲明保留其專利權」，又聲明之時期有無限制，是否須當場即時為之，抑可於事後表示，又是否須以書面為之，抑言詞亦可，問題頗多，易滋疑義。又本款所稱專利申請人，包括實際申請人及其前權利人。

㈢上開發明係屬於專利申請發明之技術範圍

即第三人之發明須與專利權人申請之發明有同一性，亦即屬於專利權人專利技術範圍內之發明。所謂專利申請發明與先使用權發明之技術範圍之同一性，包括⑴全部相同，⑵一部相同，⑶有利用發明或選擇發明之關係，⑷有均等關係㉗。亦即無須兩發明有完全相同內容，只要有共通性即可㉘。

㈣對上開發明已實施或已完成必須之準備

所謂申請前已在國內實施，係指在專利權人申請專利前，已在國內實際實施同一發明，包括物品之製造、販賣流通，與方法發明之使用該方法等。至其使用係公開抑隱密，似在所不問，但如已成為公知之發明（喪失新穎性）時，則不可。所謂完成必須之準備，係指客觀上開始實施活動不可欠缺之前提之一系列行為與人的及物的設備之總稱。如在試驗與研究階

㉖ 參照智財局專利侵害鑑定要點。

㉗ 播磨良承，前揭書，頁292。

㉘ 播磨良承著，《工業所有權の知識》，頁123。

段，尚嫌不足，而須客觀上可認為於完成發明後，以實施發明之意思，現實著手其實行始可㉙。

所謂事業設備（準備），例如購置工場基地或機械固勿論，即機械之訂購，締結傭用勞工之契約，製作模型、圖面等行為亦屬之，但須具有某種具體性，須有製品之生產，此乃日本判例所採之立場。即須為自己，以自己之計算，為實施事業或事業準備之意㉚。

㈤上開使用或準備須在專利人申請專利之前即已開始

如在專利權人專利申請後始行使用，則依先申請主義自不在保護之列。是否現尚繼續未曾中斷？在日本先使用權，與該專利權一致之發明，須自申請前起繼續至今均在實施，如已終止實施則無保護之必要。惟如因正當理由一時中止，似屬無妨。

㈥上開使用或準備須在本國國內為之

如在外國有使用或準備行為，則基於屬地主義，並無在本國予以保護之必要。

㈦適用本款之效果

依 92 年專利法第 57 條第 2 項規定：「前項第二款之使用人，限於在其原有事業內繼續利用。」即此先使用人雖排除他人專利權之侵害，但僅限於其原有事業內繼續利用（第 2 項）。所謂「原有事業」，依本法當時施行細則第 38 條規定，指在專利申請前之事業規模而言，惟日本特許法第 79 條關於先用權之限制為「事業目的範圍」，解釋上不包括實施規模之限制，德國專利法第 12 條關於先用權之規定亦未對先用者之實施規模作出限制。依智財局之說明，歐洲專利公約 (EPC) 第 122 條第 5 項對於在專利權回復前善意實施或已完成必須之準備之人，亦規定得在其事業中或為其事業需要，而繼續實施發明，而無事業規模之限制，故我專利法 100 年修正，將第 59 條第 2 項改為「前項第三款……之實施人，限於在其原有事業目的範圍內繼續利用。」即將「原有事業」修正為「原有事業目的範圍」。即在專利申

㉙ 日本最判昭和 61 年 10 月 3 日民集 40 卷 6 號，頁 1068。

㉚ 播磨良承著，《工業所有權の知識》，頁 123。

請日前已從事專利物之製造或專利方法之使用者，固得繼續製造專利物或使用專利方法，對其製造之物或使用專利方法所直接製成之物，並有為後續使用、為販賣之要約及販賣之權。在專利申請日前已從先製造人或先方法使用人處獲得專利物並予以使用、為販賣之要約及販賣之人，亦應有繼續使用、為販賣之要約及販賣其所獲得產品之權[31]。惟依余所見，修正後先實施人之利用範圍應較現行法所定為廣，凡過去已著手與原有事業目的相關之種類活動固可繼續進行，即過去未開始但依合理解釋可認為與原有目的相關之實施活動似亦不妨進行。且先使用人如不超過同種事業範圍，作業規模可以擴大，惟不能超過事業目的，擴張實施至其他業種[32]。又此種權利究竟與有專利權之發明範圍不同，限於實施或實施準備之發明，從而如只實施專利發明之一部時，此權亦以該部分為限[33]。又因發明之實施型態每因時間之經過與技術之進步，多少會有改變，尤其在今日技術改變速度飛快時代，亦應准許先使用人於合理範圍變更其實施型態或方式，否則在實務上往往會對先使用人產生不公平，甚至使先使用權制度流於有名無實之結果[34]。

[31] 參照智財局該條修正說明。

[32] 例如有關熔接方法之發明，在申請專利時，先使用人僅以造船事業為目的（章程），而在船舶實施該熔接方法，其後即使變更章程，亦以飛機之製造事業為目的時，則不能將該熔接方法在飛機實施。參照吉藤幸朔，前揭書，頁580。

[33] 中山信弘，《工業所有權法（上）特許法》（第2版增補版），頁469以下。

[34] 日本過去關於可否變更實施之方式或形態，有限定實施或實施準備之程式（實施形式說）與不限其方式，可及於實施或實施準備之發明範圍（發明思想說或發明範圍說）兩說之對立。自國民經濟觀之，為避免先使用權人廢棄已有之設備，固以按申請之際實施之形式照樣實施為已足；但近年來，自衡平觀點，認為如不准先使用權人在與申請時實施之發明同一範圍內，變更實施之方式，對先使用權人過於不利，並非妥當。如今後說已成為有力說，日本最高裁判所亦採此見解，致此說在實務上已成為定論（參照中山信弘，《工業所有權法（上）特許法》（第2版增補版），頁470）。因此，例如他人在民國100年10月10日以有機酸之製造方法申請專利，而被告在該時點自己已發明了相當有機酸下位概念之酢酸之製造方法（專利申請之發明與手段相同），且進行

在日本先使用權乃取得一種通常實施權，於繼承及其他一般承繼之情形可以移轉（日 §94I），亦可經專利權人之承諾，設定質權（日 §94II）；雖無登錄，對專利權人或專用實施權人亦可以對抗（日 §99II）[35]。我國專利法未如日本特許法有明文承認其為實施權，在法理上雖以為同一解釋為宜，但實務上恐有困難。

事實上專利權人或專用實施權人在可疑侵害之產品推出市場前，多無法知悉先使用人實施之事實，故往往俟專利權人控告後，先使用人以抗辯之方式主張此權利[36]。因此先使用權人有必要多方收集自己先使用之證據，俟專利權人發函警告主張侵害時，證明自己乃先使用人之事實。亦可預先向管轄法院提起基於先使用之實施權存在之確認之訴而將有先使用之事實取得公認[37][38]。

實施事業之時，即使他人之專利申請於日後獲准取得專利，但在 100 年 10 月 10 日（專利申請如成問題時，該時點），其實施之手段及以該手段製造販賣酢酸之行為，不構成對該專利權人專利權之侵害。但如於 100 年 10 月 10 日以後變更製造方法，其方法屬於該專利之權利範圍，或將其事業擴張，製造酢酸以外進入有機酸概念之蟻酸或プロピオン酸時，依第一說，二者均有構成專利權侵害之可能（參照岩出昌利，《特許法讀本》（2 版），頁 143）。但如依第二說，則不構成侵害。

[35] 日本專利法除先用權之外，尚承認所謂「中用權」(§80I)，即為了救濟本來不能實施，但信賴專利局處分（不知無效原因）之人，防止廢棄既存設施之經濟上理由而設。二者雖均取得通常實施權，惟先用權乃基於申請前之事實發生，而中用權則基於申請後所發生一定事實而發生。此中用權之主體如下：1.雙重或重複專利場合，被認為無效之原專利權人。2.某專利被認定無效後，就同一發明被賦與專利場合之原專利權人。3.在以上二種情形，專利被認定無效場合，有登錄之實施權人。中用權人須對專利權人或專用實施權人支付相當之對價。參照吉藤幸朔，前揭書，頁 583 以下；中山信弘，《工業所有權法（上）特許法》（第 2 版增補版），頁 475 以下。

[36] 中山信弘，前揭書，頁 144。

[37] 中山信弘，前揭書，頁 144、145。

[38] 現行法第 57 條第 1 項第 3 款原訂定：「三、申請前已存在國內之物品」不為專利權效力之所及。該款與第 2 款規定相近。某物在專利權人申請專利前，如其存在已成為公知時，則專利權人之發明喪失新穎性，即使取得專利權，亦可能成為舉發致專利權無

四、僅由國境經過之交通工具或其裝置

我國專利法規定「……僅由國境經過之交通工具或其裝置」，不為他人專利權效力之所及（專 §59I ④）。就該款所謂「裝置」而論，比日本特許法所定「……或其使用之機械、器具、裝置或其他之物」範圍為狹，但解釋上似無不同。所謂交通工具係指車輛、船舶、飛機等而言，本國籍或外國籍在所不拘。又裝置是否須完全用於交通工具之需，抑亦包含用於製造任何要在國內出售或出口之物，不無疑義。在加拿大解釋上，限於前者[39]。又交通工具在本國製造，是否包括在內亦有疑義，惟加拿大法院以為亦包含在內[40]。

「國境經過」係指外國交通工具航行之起點、終點均在國外，且連續通過本國領土，合理的中間中斷，如加油、加水、保養修理，而不影響其連續性之謂。如中間中斷，超出合理範圍，或如在我國被用於商業性之目的，或被用作我國境內之交通運輸工具，則與本款規定要件不合，可能構成侵權行為[41]。惟在中華民國水域外（在中華民國船舶上使用時，雖然國際法上一國之船舶，亦被認為該國之領域），但因專利獨占權只限於一國之內，故此際並不構成專利權之侵害[42]。惟如在領水之本國船舶上使用時，則仍認為在本國內使用，從而不排除侵害之成立[43]。

此規定與巴黎公約（§5 之 3）規定同其旨趣，惟巴黎公約規定限於同盟國之船舶等，比本款限制似更嚴格[44]。所謂經過，包括暫時與偶然

效之理由。但如其存在尚未至公知程度，於申請人取得專利權後，亦未被人提起舉發者，則可依本款主張，且可能有前一款先使用之抗辯。100 年修法，將此款刪除。因第 2 款修正後，已可包含此種情形。

[39] Goldsmith, op. cit., p. 194.

[40] Marconi Wireless Telegraph Co. v. Can. Car & Foundry Co. (1920), 61 S.C.R. 78. 又 Goldsmith, op. cit., p. 194.

[41] 張玉陽著，《專利法及專利實踐》，頁 114。

[42] Goldsmith, op. cit., p. 195.

[43] Ibid.

(temperorily or accidentally) 兩者。國際民用航空條約 (§27)，亦有不可因專利等原因對航空機加以扣押之規定（我國民用航空法 §22 亦規定，航空器原則自開始飛航時起，至完成該次飛航時止，不得施行扣留、扣押或假扣押，與專利法本款所定精神相似）。本款規定在謀求國際交通之順暢，因現代國際來往愈益頻繁，方便外國人、外國貨物、外國交通工具在本國合理過路之通行自由，乃國際往來與經貿關係的趨勢，一時過境權是為保障國際正常旅行、運輸自由，對專利權所加之一種限制㊺。且條文僅謂交通工具或其裝置，其用途既受經過國內之限制，即使構成專利權侵害之實施，但因時間短暫，就去國外，對專利權人利益所加之損害頗為輕微，且如加以扣押，對國際交通造成極大不便，故不為專利權效力之所及。

五、非專利申請權人所得專利權，因專利權人舉發而撤銷時，其被授權人在舉發前，以善意在國內實施或已完成必須之準備者

此乃對因舉發回復之專利權於舉發前效力之限制。即修正 92 年專利法：「非專利申請權人所得專利權，因專利權人舉發而撤銷時，其被授權人在舉發前，以善意在國內『使用』或已完成必須之準備者」(92 年專 §57I ⑤) 之規定。

按非專利申請權人，原不得申請專利，如其竟申請專利獲准者，真正專利申請權人依我國舊專利法第 35 條之規定，原得於該專利案審查確定後二年內申請舉發，撤銷其專利權，並於舉發撤銷確定之次日起六十日內，申請專利權，以非專利申請權人申請之日為其申請之日。若真正專利申請人，舉發撤銷非專利申請權人原取得之專利權，復申請專利而新取得專利權時，由於非專利申請權人取得專利權在被撤銷前，專利證書與專利權簿上所載之專利權人均為該非專利申請權人，若他人信賴公示資料，而與非

㊹ 紋谷暢男，前揭書，頁 120。

㊺ 同㊶。

專利申請權人訂立授權實施契約，該被授權人，在舉發撤銷前，原可自由實施該發明，如因日後原專利權被撤銷，溯及既往，認為善意實施之行為，構成侵害真正申請權人之專利權，乃不合理，且違反公平原則。故專利法為保護在舉發前已實施專利行為之被授權人，規定該人在舉發前以善意在國內使用，或已完成必須之準備者，不但不受專利權效力之拘束，且仍可繼續實施，惟需限於在其原有事業內，繼續利用（第 2 項前段）。100 年修法，鑒於善意被授權人得繼續實施之範圍，日本特許法第 80 條亦為相同之規定；另歐洲專利公約 (EPC) 第 122 條第 5 項，對於在專利權回復前善意實施或已完成必須之準備之人，亦規定其得在其事業中或為其事業需要而繼續實施發明，而無事業規模之限制，故將「原有事業」修正為「原有事業目的範圍」。須注意本款僅保護善意之被授權人，惡意之被授權人，不在其內（對非專利申請權人，尤不保護，固不待言）。又本款僅規定「在舉發前以善意在國內使用，或已完成必須之準備者」，其適用範圍應涵蓋各種實施行為，即包含製造、為販賣之要約、販賣、使用或為上述目的而進口等行為。100 年為明確起見，將「使用」修正為「實施」。

其次，此款保護之時點以舉發為界線，似嫌過早，對被授權人有過苛之嫌。因提起舉發，被授權人未必知情，且即使知情，舉發人與被舉發人各說各話，況自舉發後至專利權撤銷確定前，可能歷時甚久，有長達數年者，其間行政爭訟各階段，勝負可能互見，事實與證據未必確鑿分明，尤以被授權人如非參加爭訟程序為然。是否一有人舉發，即可認為原專利申請人必然是冒認，其專利權必然會遭撤銷？被授權人是否必須信賴其舉發之主張而當然變成惡意？易言之，在此階段被授權人若屬善意亦不予保護，是否公平？非無疑義。又被授權人，因該專利權經舉發而撤銷之後，仍實施時，於收到專利權人書面通知之日起，應支付專利權人合理之權利金（專§59III）。

六、專利權人所製造或經其同意製造之專利物品販賣後，使用或再販賣該物品者。上述製造、販賣不以國內為限

此乃專利權耗盡之問題，改於下一節詳述。

七、專利權依第 70 條第 1 項第 3 款規定消滅後，至專利權人依第 70 條第 2 項回復專利權效力並經公告前，以善意實施或已完成必須之準備者

此種效力所不及事由，為 100 年新法所增訂。按專利權因專利權人依修正條文第 70 條第 1 項第 3 款規定逾補繳專利年費期限而消滅。如第三人本於善意，信賴該專利權已消滅而實施該專利權或已完成必須之準備者，雖該專利權嗣後因專利權人申請補繳而回復，但依信賴保護之原則，仍應對該善意第三人予以保護。因此參考歐洲專利公約 (EPC)，增訂回復專利權之效力，不及於原專利權消滅後至准予回復專利權之前，以善意實施該專利權或已完成必須之準備之第三人（第 7 款）。惟此種實施人，限於在其原有事業目的範圍內繼續利用（第 2 項）。因日本特許法亦為相同之規定。另歐洲專利公約 (EPC)，亦規定在專利權回復前善意實施或已完成必須之準備之人，得在其事業中或為其事業需要而繼續實施發明，而無事業規模之限制。

八、發明專利權之效力，不及於以取得藥事法所定藥物查驗登記許可或國外藥物上市許可為目的，而從事之研究、試驗及其必要行為

在醫療產業，有所謂「學名藥」(Generic Drugs)，即原廠藥的專利權期間過後，其他合格藥廠依原廠藥申請專利時所公開之資訊，產製相同主成分的藥品。學名藥要和原廠藥相同，至少要達到「化學相等」、「生物相等」及「療效相等」。亦即兩藥的劑型、主成分純度、含量，要完全相同，投藥

在同一人時，主要成分到達作用部位的量也要相當，而產生的效用或副作用也要相同[46]。92 年專利法對於專利權藥廠為取得醫藥主管機關之許可證所需時間，可依第 52 條規定，申請延長專利權至五年；但對學名藥業者，為使其在新藥專利權期間屆滿後能儘早進入市場，其查驗登記機關之試驗行為亦應為專利權效力所不及，俾其能儘速製造學名藥，使更多更便宜之藥品可供大眾使用，以調和專利權藥廠與學名藥廠之利益。因此歐盟特別明定學名藥廠得於專利期間進行新藥查驗登記所需之試驗，提出學名藥上市之申請。我藥事法第 40 條之 2 第 5 項（民國 94 年 2 月 5 日修正）雖規定「新藥專利權不及於藥商申請查驗登記前所進行之研究、教學或試驗」。特別將新藥專利期間進行試驗做為發展學名藥 (generic drugs) 之準備，明定為專利權效力所不及，但該項既屬規範專利權效力所不及之規定，宜回歸專利法予以明定，較為正辦。況該條規定在實務上亦有爭議，故 100 年修法，參酌歐盟體例，將試驗免責規定同時在專利法增訂：「發明專利權之效力不及於以取得藥事法所定藥物查驗登記許可或國外藥物上市許可為目的，而從事之研究、試驗及其必要行為。」(§60) 以杜疑義。

本條適用上宜注意：

⑴適用之標的，係指藥事法第 4 條規定之藥物，包括藥品及醫療器材，其具體之範圍，由藥事法主管機關決定。凡以取得藥事法所定藥物之查驗登記許可，不論係新藥或學名藥，所從事之研究、試驗及相關必要行為，均有本條之適用。

⑵適用之範圍，包括為申請查驗登記許可證所作之臨床前實驗 (pre-clinical trial) 及臨床實驗 (clinical trial)，涵蓋試驗行為本身及直接相關之製造、為販賣之要約、販賣、使用或進口等實施專利之行為；而其手段與目的間必須符合比例原則，其範圍不可過大，以免逸脫研究、試驗之目

[46] 原廠為了申請原廠藥的專利，只須公開足已獲取專利的最低標準的資訊，不必完全公開所有製程、配方或方法。因為這些資訊可用營業秘密加以保護。其他合格藥廠縱使依原廠藥申請專利時所公開之資訊產製學名藥，由於少了這些未公開的製程、配方或方法，想要和原廠藥具有相同的品質與效用，就很困難。

的，影響專利權人之經濟利益。凡以申請查驗登記許可為目的，其申請之前、後所為之試驗及直接相關之實施專利之行為，均為專利權效力所不及。惟並非以申請查驗登記許可為目的之行為，例如醫院所進行之進藥試驗行為，則不屬之。

(3)此外，如為取得國外藥物上市許可，其以研究、試驗為目的實施發明之必要行為，亦有予以保護之必要，故該次修法，參考德國專利法第 11 條第 2 項(b)款之規定，將以取得「國外藥物上市許可」之相關必要行為亦納入本條免責範圍。

九、依醫師處方之調劑行為及所調劑之醫藥品

我國過去為保障國民生活與保護醫藥工業，不承認醫藥本身之專利[47]，但民國 75 年專利法修正，開放醫藥品與化學品專利，經過該次修正後，於是依醫師之處方或依處方調劑醫藥之混合方法與混合醫藥，可能為他人專利權效力之所及，因而發生侵害他人專利權之問題。

由於醫師對病人疾病之診斷治療，需要臨機應變及迅速採取措施，故 92 年專利法第 58 條規定「混合兩種以上醫藥品而製造之醫藥品或方法，其專利權效力不及於醫師之處方或依處方調劑之醫藥品」，即在袪除此種風險，以確保醫療行為與調劑行為之順暢。本款乃仿自日本特許法第 69 條第 3 項，按日本該項規定甚為明瞭，即「因混合二以上醫藥（人之疾病之診斷、治療處置或預防所使用之物）所製造之醫藥之發明，或混合二以上醫藥，製造醫藥方法之發明，其專利權之效力，不及於依醫師或牙醫處方箋所調劑之行為，及依醫師或牙醫處方箋調劑之醫藥。」

惟我國專利法規定為「……其專利權效力不及於醫師之處方……」而非如日本專利法「……不及於依醫師或牙醫處方箋所調劑之行為」。雖「醫師之處方」，應指「依醫師處方箋調劑之行為」之意，但因文字不清，易滋

[47] 醫藥之研發費用遠較製造費用為高，如醫藥品不能取得專利，則可不需負擔龐大研發費用，模仿外國研發之醫藥品加以製造，提供低廉之醫藥，開發中國家多基於此等政策顧慮，不開放醫藥專利，此點亦成為先進國與發展中國家間爭議之問題。

誤會。因此，100 年修法，參考德國專利法第 11 條第 3 項、日本特許法第 69 條第 3 項及韓國專利法第 96 條第 2 項之規定，將第 61 條文字修改為：「混合二種以上醫藥品而製造之醫藥品或方法，其發明專利權效力不及於依醫師處方箋調劑之行為及所調劑之醫藥品。」

所謂調劑須按醫師之處方箋行之，而處方箋乃醫師針對病人之病情，從各種各樣之醫藥中如何選擇調劑之指示。如醫師等人於處方當時須一一調查判斷該藥品是否為他人專利權之對象，處方之調劑是否構成專利權之侵害，會妨礙醫療行為之實施。為保障調劑行為之自由與病人健康，故規定調劑行為為醫藥混合方法專利效力所不及，又混合二以上醫藥所製造之醫藥（混合醫藥）之發明取得專利時亦同。換言之，此等調劑行為及混合醫藥，為上開專利權效力所不及。

何謂醫藥品？日本法對其範圍設有定義，乃診斷治療處置或預防人之疾病所用之物，故「動物醫藥」固不在內，即診斷用儀器等用具、檢尿試藥等，不直接用於人體之物以及化粧品等，均非專利法上之醫藥[48]。我國專利法對何謂醫藥，並無定義，故首先發生是否限於治療人類疾病之醫藥，抑亦包含治療動物疾病之醫藥之問題。惟因我國專利法上開條文未以明文包括動物之醫藥品在內，故理論上似亦宜與日本學說相同，採否定之解釋。

其次，該條包含混合二種以上醫藥製造醫藥之方法（醫藥之混合方法）及混合二種以上醫藥製造之醫藥（混合醫藥）取得專利之二種情形。所謂混合方法，依日本學者之解釋，係指不伴隨化學變化之方法，即限於不伴隨化學變化之方法。換言之，如係不伴隨化學變化之方法，無論其混合方法如何複雜，亦係此處所謂混合方法。在另一方面，如伴隨化學變化，則不問方法如何單純（只混合二種以上醫藥之方法），仍非此處所謂之混合方法。又此處所謂混合方法，係二以上醫藥之混合方法，故非醫藥之物與醫藥之混合方法不包括在內。此外只對動物疾病有效之治療藥，固無論，即對人類與動物均有效，但只限於動物使用者，亦非此處所謂之醫藥品[49]。

[48] 篠田四郎、岩月史郎著，《特許法の理論と實務》，頁 25 以下。

[49] 吉藤幸朔，前揭書，13 版，頁 175。

又在調劑行為以外醫師等人所為醫藥之使用（如注射）行為，是否為專利權效力所及？非無疑義。為貫徹該款規定精神，似宜解為亦不為專利權效力之所及。惟上開專利醫藥須係正當權利人之製品，其調劑行為與使用行為才不發生問題，否則如係侵害專利權之物品時，因無效力除外規定，是否可解為專利權效力所不及，在理論上會發生問題。但此時因醫師不過為此等醫藥之使用人 (user) 而已，故實際上此時專利權人與其對醫師行使權利，毋寧對侵害醫藥品之製造商行使權利更為直接有效[50]。

第三節　耗盡理論

專利權人或有權之實施權人生產專利品並流通後，如認為專利權之效力及於輾轉流通之物，自法律常識上似無法想像，因自權利人購買專利品之人，將該專利品加以轉賣或自己使用之行為，倘認為侵害專利權之違法行為，則不免使流通混亂，影響正常經濟活動之進行。易言之，如零售商將該製品轉售或在營業上使用，其所為之實施（讓與或使用）行為，形式上雖構成侵害行為，但專利法對此種實施行為或設有排除構成侵害之規定，或為迴避不當結論起見，在理論上認為不違法，綜合言之，學者對其說明有各種不同學說：

1.所有權說

此說主張買受人既因買賣適法取得該專利品之所有權，故基於所有權之效果，應為專利權人專利權效力所不及，因此不成立專利權之侵害云云，惟此說有將專利權與所有權混同之憾，今日已不受支持。

2.默示之實施授權說

此說主張專利權人於銷售專利製品時，其販賣行為當然包含權利人默示之專利權實施授權，此種乃對專利權人之權利予以默示之限制，故買受人使用專利權之行為不構成專利權之侵害云云。惟默示之實施授權難於說明專利權讓與之情形，且依專利法之規定，實施權如不登記，對其後取得

---
[50] 吉藤幸朔，前揭書，頁182。

專利權或專用實施權之人不能對抗（專 §59），故在現行法之下，此說並不妥當。

因此有所謂耗盡 (exhaustion Erschoepfung) 理論出現，對上述現象加以說明。所謂耗盡乃用盡之意，所謂耗盡理論，其大意係專利權人依專利權排他獲利之機會，就一實施品，只限於一次而已，專利權人或實施權人因最初專利品之製造流通，使專利權已達到目的，即對該實施品而言，專利權已經消耗殆盡，以後不能再行主張。

耗盡理論最早於德國成立，由德國法學家 Josef Kohler 所創，嗣後為法院判決所採納，認為係專利權效力之內在限制，美國之 first sale doctrine 亦踐履同樣機能。今日法律將耗盡理論加以規定之國家頗多，例如法國無體財產法 (L. 613–6)、英國專利法 (§60 ④)、荷蘭專利法 (§30 ④) 等，德國著作權法 (§17III) 及日本半導體集積迴路之迴路配置法 (§12III) 亦有規定，目前該理論已成為各國之通說。例如專利權人將受到專利保護之電器一臺為交易標的加以流通後，可能從受讓人取得報償，於是專利權已達成其目的，其利用權限就該電器云，應視為使用殆盡 (erschoepft)，此後購買該電器之人即可自由提供、販賣、轉賣予他人而加以使用。如該電器再交易流通、提供及使用，亦不為專利權效力之所及，即不再受專利權所生禁止權之拘束或限制[51]。

凡受專利保護之物品或自方法專利所直接生產之物品，均有耗盡理論之適用（但狹義之方法專利應不致發生此問題）。從而對於違反權利人之意思，違法被置於市場（例如竊盜、侵害）之製品，專利權並不耗盡。惟法定實施權人所製造流通之產品，則亦為專利權效力所不及，此乃由於法定實施權之關係，使專利權之效力受到限制，故不應含於耗盡之概念內。

耗盡乃調和公共利益，基於衡平觀念所成立之原則，亦即係自政策上之理由限制專利權之效力，故其效果當事人不能以合意予以變更[52]。但例如轉賣之禁止或限定，只有購買人使用等之限制，如不違反其他強行規定，

[51] 蔡明誠著，《發明專利法研究》，頁 214。

[52] 仙元隆一郎，前揭書，頁 96。

當事人間可自由以契約訂定，惟此種契約之效力不及於第三人。

民國 83 年專利法因增列進口權 (§56)，加入專利權耗盡理論。即第 57 條第 1 項第 6 款規定專利權之效力不及於「專利權人所製造或經其同意製造之專利物品購買後，使用或再販賣該物品者。上述製造、販賣不以國內為限。」惟其涵義如何，非無疑義。

按耗盡分為國內耗盡與國際耗盡兩種。國內耗盡為於第一次銷售專利品時，專屬權在該國耗盡，但在其他國家並未耗盡；反之，所謂國際耗盡，則於第一次銷售專利品時，專屬權不但在該國家，而且在全世界耗盡。按專利權人在我國內製造販賣專利製品時，專利權耗盡（國內耗盡），故專利權人在外國製造販賣該製品時，我國之專利權是否亦耗盡（國際的耗盡）？此問題具體言之，乃所謂專利品真品平行輸入之問題，換言之，即專利權人可否基於我國之專利權禁止在外國購買該製品之第三人未經該專利權人同意將該產品輸入我國？

按專利品之平行輸入有四個構成條件：第一，在出口國和進口國，同一專利權人就同一發明都享有專利權；第二，進口商的進口行為未經專利權人授權；第三，進口商所進口的是在出口國合法獲得按專利權人之專利權所保護的發明製造之產品；第四，所進口之產品乃真品，並非仿冒品。

專利品之平行進口乃國際貿易發達後出現的一種現象。其發生的原因是一種受專利權保護的發明所製造的產品，在不同國家由於某種原因，價格有所差別，使進口商有利可圖，進口商才會將專利權人或經其同意在享有專利權的國家市場上的專利品，以較低價格購買後，進口到專利權人另一個享有專利權，但能以較高價格賣出的國家，賺取差價。於是形成了進口商與專利權人及其被授權人競爭的局面。

依巴黎公約，發明人為了尋求專利保護，須將其發明在各國取得專利權，而各國專利權乃分別獨立之權利，其效力只及於該國國內，宛如各國市場由於專利權被分割那樣。但在今日隨著經濟之國際化，企業之多國籍化，專利權人往往選擇在條件最適合之國家生產，然後將專利品向各國流通，由於各國專利權獨立，專利品超越國境，應支付使用費，抑應認為專利權之國際耗盡，而確保自由流通，此問題應如何解決，尤其在專利品國內外價格差別懸殊之國家如何處理？頗為棘手，使得此種商品平行輸入問題更形尖銳。

按國內耗盡理論之精神係在產品最初製造、販賣時，賦予專利權人由專利權獲利一次之機會而已。以該商品有專利權為理由，再度予以獲利之機會，對專利權人言，乃過度保護，在專利法之解釋上並不妥當；亦即國內耗盡理論之實質意義，係在防止專利權人雙重獲利。如肯定此理論，則在真品平行輸入之情形，鑒於在該外國享有專利權時，由於販賣或授權他人販賣，專利權人原享有獨占獲利之機會，如專利權期滿等不存在時，專利權人亦有獲得通常利益之機會。故對專利品之平行輸入，專利權人如可再以我國之專利權為理由，予以禁止，則變成專利權人因專利權享有二重獲利之機會，並不公平。況在商品流通變成無國界之今日，擁有雙重獲利機會，似無再區別國內或國外來討論之實質意義。從而不問專利權成立之有無，只要在任何一國，我國專利權人已經一度將製品加以流通，即宜解釋為我國之專利權在國際上亦已耗盡。

至我國專利權人與輸出國之流通人不同時，如何處理國際耗盡問題？在與專利權人具有資本關係之公司享有專利權時，由於專利權人可通過資本關係，擁有獲利之機會，故宜發生國際的耗盡。專利權在輸出國被授權或專利權讓與時，因專利權人亦取得獨占利益之機會，故亦可認為發生國際的耗盡。反之，被授權人並非基於自由意思之情形，例如因不實施專利，被強制授權實施之情形，專利權人固可獲得某程度之使用費，但因此時製品被強制置於市場流通，且承認平行輸入對專利權人可能失之過酷，故不宜承認平行輸入。又在先使用權等法定實施權之情形，因無獲利機會，故亦不宜認為國際的耗盡。

又平行輸入由第三人輸入外，其由被授權人直接將製品向我國輸出之行為，亦可由禁止輸出契約而禁止其輸入。

對於國際耗盡理論，各國之學說、判例尚未充分認知。TRIPS 協定亦不處理耗盡問題 (§6)，加盟國之權利人如得其承諾，輸入在他國流通之製

品，海關並無講求阻止輸入措施之義務（§51 註 2）。因此關於國際耗盡，尚未形成國際之共識。但 TRIPS 協定只顧慮強化智慧財產權保護之水準，而不重視耗盡問題，顯然與貿易自由化之方向矛盾[53]。

第四節　專利品之平行輸入

一、專利品平行輸入之意義

耗盡理論中最複雜問題是在平行輸入之應用。由於晚近市場愈來愈廣大與複雜，競爭也愈來愈全球化，平行輸入更成為廣泛關注的問題。如上所述，所謂平行輸入係指在未經專利權人之同意下，自境外輸入合法製造之專利商品（俗稱水貨）而言。平行輸入之發生主要出於價格，即同樣貨品在不同市場之價格不同，尤以在醫藥品與高科技產品最為常見[54]。專利真品平行輸入應否禁止?關於此問題應先了解專利權之性質與商標權不同，商標權除了保護專用權人外，對於一般消費大眾的權益也息息相關。仿冒商標之物品在市場上流通固然往往會造成消費者的混淆與誤認，甚至購買劣質的產品，但商標真品平行輸入通常並不會產生上述弊害。換言之，消費者並不會買到品質不同的產品，並且由於商品來源的增加，售價可以合理降低，對社會大眾有利。故各國對於商標真品的平行輸入傾向於容許的立場。反之，因專利法之目的在於鼓勵與保護發明，以促進產業發展。為了研發，通常發明人須投入大量的人力物力與資金。於獲得專利權後，還需要經由投資實施製成產品，銷售後才有可能獲得利潤。所以對於辛苦發明獲得專利權者應給予較多的保護，故對於專利真品平行輸入是否允許與商標真品平行輸入作法似難求其一致。

---

[53] 仙元隆一郎，前揭書，頁 101。

[54] 造成價格不同之因素包含智慧財產權法規差異、收入水準不一、生產廠商競爭程度不同。

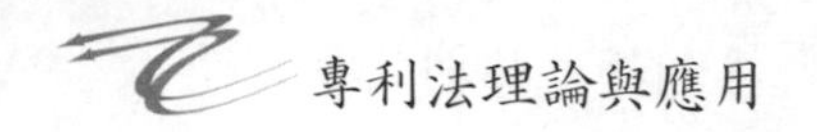

二、平行輸入在外國法之規定

㈠世界貿易組織

與貿易有關之智慧財產權協定 (TRIPS) 第 6 條規定：「就本協定之爭端解決之目的而言，本協定不得被用以處理智慧財產權利耗盡問題。……」對平行輸入不加規範，而規定權利耗盡之爭點不應成為爭議解決之對象，由會員國自行決定在其領域內如何應用此原則，其他會員不得依 TRIPS 爭端解決機制提起申訴。發展中國家更強調由於杜哈公共衛生宣言 5㈹（詳如第十八章強制授權部分之敘述），WTO 已重新確認會員國有權依據協定第 6 條採國際耗盡原則，包括由國內法與法院決定平行輸入問題[55]。

㈡歐　盟

歐盟各國視為單一貿易區域，歐盟之專利權可及於歐盟內各個會員國。只要專利品在任何同盟國上市銷售後，在其他同盟國進口該專利品係屬可以許可之行為。換言之，歐盟實施專利區域耗盡 (regional exhaustion)，專利權人可禁止來自歐盟以外的平行輸入，但當專利品在歐盟內任何一個會員國第一次銷售時，專利權耗盡，以後可在任何其他會員國轉售。此種平行輸入在防止歐盟內市場割裂，且認為為促進歐洲市場所需要[56]。

㈢美　國

美國經由法院很早就不承認智慧財產權在其領域外耗盡。其耗盡係限於一國之內，但如美國專利權人在外國出賣專利品，是在表明無轉售限制

---

[55] 其第 6 條規定："for the purposes of dispute settlement under this Agreement, subject to the provisions of Articles 3 and 4 nothing in this Agreement shall be used to address the issue of the exhaustion of intellectual property rights"。

[56] 使這問題更複雜的是歐洲專利係以國家為單位來執行。各國賦予之專利權和歐盟所採耗盡原則產生一些漏洞。如專利權人只在歐洲挑選幾個國家註冊專利時，進口商可輕易逃避專利權之排他性。因輸入之貨物通關後可在歐盟自由貿易。例如乙商可自澳洲平行輸入貨品到專利權人甲未註冊專利之國家，例如義大利，於通關後分銷出去。此時甲對他無法可施，因甲未在義大利註冊，而且須在通關前對乙商主張專利權。甲也不能在巴黎對乙提起訴訟，因貨物已在義大利進口通關。

情形時，則專利權人不可阻止自專利權人之買受人購買貨品之人，為了使用或轉售，輸入該物入美國。但美國專利權人可在買賣契約加上條款，禁止輸入美國，以避免此種情況 (Coastland Corp. v. County of Currituck, 73 4 F. 2d 175 (4th Cir. 1984))。在 2001 年美國 CAFC 在 Jazz Photo Corp. v. International Trade Commission, 264 F. 3d 1094 (Fed. Cir. 2001) 一案判認首次在美國銷售之照相機適用專利耗盡原則，但在美國國外銷售的照相機則未耗盡美國專利權人之權利。該法院最近也在 Fujifilm Corp. v. Benun, 605 F. 3d 1366 (Fed. Cir. 2010) 一案維持此見解。即表示美國採國內耗盡原則 (territorial exhaustion)[57]。

㈣日　本

進口商在日本輸入與買賣不構成侵害，除非公司與外國專利品購買人協議排除日本在准許買賣領域之外，且此約定應在專利品上標明[58]。

三、我國專利法之規定

1. 自自由市場機能觀之，平行輸入可避免獨占廠商濫用市場地位，尤其如禁止專利平行輸入，對我國產業發展有不利影響，因我國產品有許多關鍵零組件技術尚不能自主，而須仰賴自先進國家進口，如該國廠商施以不合理「貨源控制」，一般尚可透過第三國取得貨源，但如禁止平行輸入，則只有任人予取予求，故不宜舍己耘人，輕言禁止，故在我國以採國際耗盡原則，較符國家利益[59]。事實上在民國 83 年修正專利法時，若干立委擔心未明文允許真品平行輸入，恐造成專利原料或關鍵性零組件價格之提高。原希望將「真品平行輸入」以明文加以允許，但政府在美國壓力下，於 83 年專利法修正時，有所困難，經多次協商後，決定採折衷辦法，即在專利

---

[57] Barrett, The United States' Doctrine of Exhaustion: Parallel Imports of Patented Goods, Northern Kentucky L. Rev. Vol. 27, no. 5 (Chaselaw.nkn.edu/documents/law_review/v27/nklr_v27n5.pdf)

[58] www.meti.go.jp/policy/ipr/eng/ipr_qa/qa03.HTML

[59] 82 年 12 月 26 日，《自立晚報》記者李文娟報導。

法中不明定禁止或准許，而由法院視我國產業之情況與利害，就個案實際情況加以裁判，故最後專利法第 56 條規定，「物品專利權人，除本法另有規定者外，專有排除他人未經其同意而製造、販賣、使用或為上述目的而進口該物品之權。」由專利權人擁有進口權之文義解釋，似包括禁止專利商品平行輸入在內，惟同法第 57 條第 1 項所定專利權效力不及之例外情形，其中第 6 款對「耗盡理論」原規定為：「專利權人所製造或經其同意製造之專利物品販賣後，使用或再販賣該物品者。」因增列「上述製造、販賣不以國內為限。」一段，依其文義，似又明定「耗盡理論」不受屬地主義之限制，與第 56 條規定似有矛盾。蓋條文一方面明定禁止真品平行輸入，而另一方面卻規定專利權耗盡不受屬地主義限制 （或稱專利權之國際耗盡）。使得我國是否容許專利商品平行輸入之問題，出現截然對立之不同看法。惟第 57 條第 1 項既係第 56 條之例外規定，其目的顯係以第 57 條第 1 項各款情形，排除第 56 條之適用，則解釋上似應承認專利商品平行輸入之合法性。

2. 又該條第 2 項明定「第六款得為販賣之區域，由法院依事實認定之。」91 年新施行細則則改為：「得為販賣之區域，由法院參酌契約之約定、當事人之真意、交易習慣或其他客觀事實認定之。」（舊專施 §32）

3. 100 年專利法修正，鑒於智慧財產權之權利耗盡原則是否予以採納，依與貿易有關之智慧財產權協定 (TRIPS) 第 6 條規定，可由世界貿易組織會員自行決定，本法有關專利權耗盡所採之原則，按權利耗盡原則究採國際耗盡或國內耗盡原則，本屬立法政策，無從由法院依事實認定，本項規定修正明確採國際耗盡原則，故將原條文第 57 條第 2 項後段刪除，以杜爭議。

第五節　專利權之存續期間及延展保護

第一目　專利權之存續期間

專利權與所有權不同，有存續期間之限制，此乃出於為產業發達，於一定期間經過後，將發明歸大眾共用之政策上考慮。且自發明之本質觀之，技術會因時間之經過變成陳舊，故須對其存續時間加以限制。專利權理想之存續期間如何，無法依科學論據或統計資料提出解答。唯一原則是存續期間之長度須足以使專利權人獲得合理利益，否則欠缺驅使發明人研發與透露其發明之動力。又經驗顯示：自專利之申請至實施，其間可能已過了多年，因權利人須將發明加以改良，商品化，應用於實際，準備製造等；且出售專利或物色被授權人，亦頗耗費時間。當然時間愈長，專利亦愈有吸引力。

按英國1624年專賣條例所定之十四年保護期間，似係以當時學徒年限（七年）之兩倍，作為一般國民熟悉新發明之適當期間。此後各國大體參考此十四年作為標準。發明專利權一般定在十五年至二十年之間。至於新型與新式樣保護期間，頗多國家規定為十年。存續期間過短，固不足以鼓勵發明人將發明公開，但太長亦有弊害。因今日產業技術以無數發明為基礎，如專利權存續期間過長，則今日要實施某種發明時，須對過去已成為常識化之無數發明，取得相關專利權人之實施授權，手續煩雜與財力支出，均不勝負荷，故存續期間並非愈長愈佳[60]。

各國專利法對專利權期間長短之規定雖有若干出入，但大抵而論，頗為接近，惟起算日未必一致。過去許多國家規定自申請日起算，例如英、法、西德仿EPC自申請日起二十年。但美國自發給專利證書之日起十七年，故因牴觸審判與申請之分割、變更，審查發生遲延之結果，專利權又可存續十七年，有時未免拖延過久，反而妨礙企業活動與技術進步[61]。日本自

[60] 吉藤幸朔，前揭書，13版，頁463。

申請公告起十五年，但自申請日起不得逾二十年。由於起算點不同，故許多國家專利權存續期間與實際保護期間未必一致。

我國發明、新型與新式樣專利權之期間，在民國68年修正前之專利法，係自申請日起算，發明、新型與新式樣存續期間分別為十五年、十年及五年。68年修正時，因鑒於專利申請案之審查頗具技術性，審查人員必須對是否具備專利要件加以審查，公告之期間如遭異議，更費時日，致專利案件之確定遷延時日，專利權人無法享有完整之保護期間，因此參酌外國立法例，加以修正，改自公告之日起算。同時為防止申請人藉故拖延程序，從事其準備工作，明訂自申請之日起不得逾越之年限[62]，即保護期間，發明專利自申請之日起不得逾十八年，新型專利自申請之日起不得逾十二年，新式樣專利自申請之日起不得逾六年。

按發展中國家與先進國國情不同，利害亦異，傾向於縮短存續期間，因此期間長短亦成為過去發展中國家與先進國間爭議之一問題。但在GATT之TRIPS交涉，雙方協議結果，TRIPS協定第33條規定了最低保護期間，即：專利權之「保護期間自申請日計算，不得於二十年期間經過前終了」，即不得少於二十年，從而變成世界性傾向[63]。歐洲專利公約亦規定各國專利自申請之日起二十年。美國修正專利法，凡1995年6月8日以降之專利權案件，其存續期間自申請日起，經二十年而終了[64]。故我國於民國81年修改專利法，改為發明、新型、新式樣保護期限自申請日起算，分別為二十年、十二年、十年屆滿。民國86年專利法又將新式樣（設計）期限改為十二年。92年新型改為形式審查後改為十年。108年新專利法將設

[61] 紋谷暢男編，《知的財產權法とは何か》，頁28。

[62] 陳文吟，前揭書，頁147。

[63] 吉藤幸朔，前揭書，13版，頁464；又中山信弘，《工業所有權法》（上），頁421。

[64] 在1993年美國專利制度下，自申請專利起之期間並無限制，從而如審查遲延時，則自申請後經數十年始成立專利，亦有可能。且因美國並無審定公告制度，故第三人於權利人取得專利權前，因無法知悉專利申請案之存在，待申請人突然以專利權出現，受到意外打擊（稱為潛艇專利）（中山信弘，《工業所有權法》（上），頁422）。

計專利期間延長為十五年，故目下發明、新型、設計保護期限自申請日起算，分別為二十年、十年、十五年屆滿（專§52、§114、§135）。

第二目　醫藥與農藥專利存續期間之延長

一、在專利權存續期間中，如專利權人未能充分利用專利權，包括未商品化等原因，固不能申請延長存續期間，即使因客觀理由，專利權人不能收獨占之利益，亦不能申請延長[65]。但關於醫藥品與農藥品專利發明之實施，因攸關大眾健康，各國為了確保此等醫藥品與農藥品之安全性起見，往往規定須先經有關主管機關之許可後，方能上市，以致即使此等發明取得專利權後，每因主管機關所定之實驗資料之蒐集及審查需經相當期間，其間專利權即使存在，亦無法實施，以致事實上專利權之存續期間損失不少。

為了彌補此被侵蝕之期間，保障專利權人實質利益起見，一些國家專利法承認專利權存續期間之延長。例如美國於 1984 年修正之專利法(§156) 與日本昭和 62 年修正之特許法等是。英國與其他歐盟會員國對專利所保護之醫藥與植物產品亦有類似制度，但有特殊名稱，稱為「補足保護證」(supplementary protection certificate，簡稱 SPC)，被認為是一種特殊形態之智財權，目的也在延長原專利權之存續期間，於專利屆滿時生效，原則最長可延長五年，值得注意[66]。

在我國依藥事法第 39 條及農藥管理法第 9 條之規定，醫藥品及農藥品須先經中央主管機關（行政院衛生署）查驗登記或檢驗合格，經核准登記發給許可證後，始得製造、加工或輸入，在發給許可證之前，必須要有該藥檢驗規格與方法及有關資料或證件或農藥檢驗報告（農藥之檢驗包含田

---

[65] 日本大正 10 年特許法曾有規定，重要發明因正當理由，在存續期間中，不能獲得相當利益時，可申請於 3 年以上 10 年以下，延長期間 (§43V)，但判斷是否獲得相當利益，異常困難（中山信弘著，《工業所有權法》（上），頁 422）。

[66] http://en.m.wikipedia.org/wiki/Supplementary_protection_certificate; Groves, *Sourcebook on Intellectual Property Law* (Cavendish Publishing Ltd. 1997) p. 254 et seq.

間試驗與毒理試驗等)，而此種檢驗或試驗相當費時。

故我國專利法於83年修正時，亦仿美國立法例而規定：「醫藥品、農藥品或其製造方法發明專利權之實施，依其他法律規定，應取得許可證，而於專利案審定公告後需時二年以上者，專利權人得申請延長專利二年至五年，並以一次為限，但核准延長之期間不得超過向中央目的事業主管機關取得許可證所需期間，取得許可證期間超過五年者，延長期間仍以五年為限。」(92年專§52I) 在草案審議期間，此種變革在國內曾遭製藥業者的反對[67]。

二、100年專利法對92年專利法相關規定作了不少修改，以至今日。

現依最新專利法之規定析述如次：

(一)申請人之資格

只有醫藥品、農藥品或其製造方法發明專利之專利權人始可申請延長。專屬實施權人或通常實施權人不得申請。法條所稱醫藥品，不包括動物用藥品，即限於增進人類健康與福祉之醫藥品，故動物用藥品之專利權人不可申請。

(二)申請之條件

凡醫藥品、農藥品或其製造方法發明專利權之實施依其他法律規定，應取得許可證者，其於專利案公告後取得時，專利權人得以第一次許可證，

[67] 臺灣地區製藥同業公會代表在立法院經濟司法兩委員會82年3月31日「專利法修正草案公聽會」，發言謂：「五十一條明訂我國對於藥品專利之特殊地位，這種針對個別工業部門的特殊法規，國際間尚未取得共識，對製藥產業之特別規定會使其他部門也要求制定相應的特殊規定，而破壞完整的法律領域。美國制定該條款之目的，是提供學名藥品製造商與專利藥品製造商公平競爭的機會，而非單純的延長藥品專利期限。況且該條規定未見於1991年12月20日擬訂之與貿易相關之智慧財產權協定(TRIPS)草案之標準及規定。歐洲共同體專利委員會雖已制定準則，責成各成員國延長藥品專利保護期間的特別法規，但各成員國尚未完成實施，南美洲各國專利法更尚未制訂本條款，大陸地區1993年施行之專利法未制訂本條款，醫藥科技落後之我國何須即刻制訂法律延長外國醫藥品專利期間，甚至認可在其他國家領域內從事之試驗及試驗期間？」(見該公會〈專利法修正草案專利資料〉)

申請延長專利權期間，最長不超過五年，並以一次為限，且該許可證僅得據以申請延長專利權期間一次。

1. 該條所謂其他法律係指藥事法與農藥管理法，所謂取得許可證所需時間，包括為取得衛生署上市許可試驗期間或該署所認可在國外從事試驗之期間。

2. 上述延長專利權期間之規定因以醫藥農藥及其製法為對象，故僅適用於發明專利，而新型與設計專利則不發生延長專利權期間之問題。至於如因行政官署作業怠慢等原因，致處分須長時間等待時，並不能依該條規定申請延長。

3. 醫藥品或其製造方法得申請延長專利權之期間包含：一、為取得中央目的事業主管機關核發藥品許可證所進行之國內外臨床試驗期間。二、國內申請藥品查驗登記審查期間。前項第一款之國內外臨床試驗，以經專利專責機關送請中央目的事業主管機關確認其為核發藥品許可證所需者為限。依此項申請准予延長之期間，應扣除可歸責於申請人之不作為期間、國內外臨床試驗重疊期間及臨床試驗與查驗登記審查重疊期間（專利權期間延長核定辦法 §4）。農藥品或其製造方法得申請延長專利權之期間包含：一、為取得中央目的事業主管機關核發農藥許可證所進行之國內外田間試驗期間（以經專利機關送請中央目的事業主管機關確認其為核發農藥許可證所需者為限）。二、國內申請農藥登記審查期間。依此項申請准予延長之期間，應扣除可歸責於申請人之不作為期間、國內外田間試驗重疊期間及田間試驗與登記審查重疊期間。

4. 由於專利權期間延長制度之目的係彌補醫藥品、農藥品及其製法發明專利須經法定審查取得上市許可證而無法實施專利之期間，故專利權人申請延長期間之次數，僅限一次。因此，若一發明專利案核准延長專利權期間，即不得就同一發明專利案再次核准延長專利權期間。例如，一發明專利權包含殺菌劑及殺蟲劑兩請求項，若先以殺菌劑之農藥許可證申請專利權期間延長並經核准，即不得再以殺蟲劑之農藥許可證申請同一專利權之延長；另若分別取得殺菌劑之許可及殺蟲劑之許可，雖均得對同一案申請延長，惟專利權人僅得選擇其中一件許可申請延長。

5. 本條所稱第一次許可證，係以許可證記載之有效成分及用途兩者合併判斷，非僅以有效成分單獨判斷。因此，有效成分依不同用途各自取得之最初許可，均得作為據以申請延長之第一次許可證。但受一專利案僅能延長一次之限制，各該許可證並不能據以就同一專利案多次申請延長。例如，一有效成分以適應症 A 取得第一張許可證，後以適應症 B 申請變更許可（新增適應症），該有效成分以適應症 A 或 B 分別取得之許可，均可作為據以申請延長之第一次許可證，惟專利權人僅得選擇其一就同一專利權申請一次延長。

6. 專利權人就一許可證僅得申請延長專利權期間一次，若一許可證曾經據以申請延長專利權期間，專利權人不得再次以同一許可申請延長同一案或其他案之專利權期間。因此，專利權人於取得第一次許可證後，若該許可證所對應之專利權涵蓋多數時，僅能選擇其中一專利權申請延長專利權期間，故予明定，以免疑義。

㈢申請之時期

延長專利期間之申請應備具申請書，附具證明文件，於取得第一次許可證後三個月內，向專利機關提出，但在專利期間屆滿前六個月內不得為之（專 §53IV）。此種限制，乃為了避免因預測存續期間屆滿，準備實施之第三人受到不測之損害[68]。

如因不可歸責於申請人之事由，於上開三個月以內未能申請時，似可依專利法第 17 條之規定，申請回復原狀。

㈣申請與審查延長期間之手續

1. 申請延長專利權期間，應檢附依法取得之許可證影本及申請許可之國內外證明文件一式二份向專利機關申請。專利機關受理時，應將申請書之內容公告之。

2. 專利機關應指定審查委員審查。主管機關就延長期間之核定，應考慮對國民健康之影響，如有不良影響，則不應准予延長。此外專利機關應

[68] 仙元隆一郎，前揭書，頁 112。

會同中央目的事業主管機關訂定核定辦法（第 5 項）。經經濟部會同行政院衛生署及行政院農業委員會於民國 86 年 1 月 1 日頒行「專利權期間延長核定辦法」（後於 107 年 4 月修正）。

3. 專利權期間之延長，亦與發明申請專利案本身同，與第三人，尤其競爭人利害攸關，故專利法亦設有公眾審查制度。即專利機關於受理申請後，應將申請書之內容公告，即刊登公報，使公眾或利害關係人知悉。第三人如認不應延長而准予延長者，可向專利機關舉發。

4. 專利機關審查結果，應作成審定書，送達專利權人（專 §55）。如有第 57 條所定情形之一，專利機關可予核駁。專利權人對其審定如有不服，得依法提起行政救濟，故可能程序冗長，曠日持久。

㈤核准延長期間之效力

1. 核准延長之期間，不得超過為向中央目的事業主管機關取得許可證而無法實施發明之期間；取得許可證期間超過五年者，其延長期間仍以五年為限（專 §53II）。

2. 經核准延長專利權者，專利機關應通知專利權人檢附專利證書俾憑填入核准延長專利權之期間。

3. 惟關於延長期間之效力，在日本特許法明定專利權存續期間延長時，其延長專利權之效力與延長前之效力不同，不及於原來處分對象之物（在處分訂定該物之特定用途時，使用於該用途之物）實施之外之行為（日特 §68 之 2）。例如在尼托羅古利塞林之物質專利延長，且作為狹心症之醫藥被許可之情形，其延長專利之效力限於將該藥作為狹心症醫藥使用，而不及於將其使用於火藥[69]，此點自較我國法為完備。

故 100 年專利法新增第 56 條規定：「經專利專責機關核准延長發明專利權期間之範圍，僅及於許可證所載之有效成分及用途所限定之範圍。」

即核准延長專利權期間，並非延長該專利案全部申請專利範圍之期間，延長專利權期間之權利範圍，僅限於申請專利範圍中與許可證所載之有效成分及其用途所對應之物、用途或製法，而不包括申請專利範圍中有記載

[69] 中山信弘，前揭書，頁 423。

而許可證未記載之其他物、其他用途或製法。茲析述如下：

⑴於物之發明專利，核准延長後之專利權範圍僅限於申請專利範圍中與第一次許可證所載之有效成分所對應之特定物及該許可之用途。

⑵於用途發明專利，僅限於申請專利範圍中與第一次許可證所載之有效成分之用途所對應之特定用途。

⑶於製法發明專利，僅限於申請專利範圍中與第一次許可證所載特定用途之有效成分所對應之製法。例如，原核准之申請專利範圍為一種阿斯匹靈之製法，經以適應症為高血壓之阿斯匹靈許可證申請延長專利權期間，核准後，其專利權範圍限於治療高血壓之阿斯匹靈之製法。

4. 擬制專利權期間延長

100年專利法新增第54條：「依前條規定申請延長專利權期間者，如專利專責機關於原專利權期間屆滿時尚未審定者，其專利權期間視為已延長。但經審定不予延長者，至原專利權期間屆滿日止。」即：

⑴延長專利權期間申請案，可能在專利機關審定核准延長前，專利權期間已屆滿，為免專利權期間產生空窗期，產生權利不確定之狀態，新法增訂如專利機關於原專利權期間屆滿時尚未審定者，擬制專利權期間已延長。惟如審定結果不予延長時，則該擬制之法律效果自始不發生。

⑵為便於公眾知悉專利權期間延長申請案之狀態，專利機關於受理期間延長申請案後立即公告。於原專利權期間屆滿後，延長申請案核准審定前，未經專利權人同意而實施發明之人，於專利權期間延長申請案核准審定後，不得主張善意信賴專利權已期滿消滅而不負侵權行為責任。反之，在延長申請案經審定不予延長之情形，若專利權人已授權他人於視為已延長之期間內實施時，因授權契約之標的溯及自原專利權期間屆滿日後消滅，故除契約另有約定外，專利權人就已收取之權利金，應負不當得利之返還責任。

㈥對於違法核准延長專利權期間之救濟（舉發與撤銷）

對於違法核准延長期間，專利法設有舉發與撤銷制度（專§57）。即「任何人對於經核准延長發明專利權期間，認有下列情事之一者，得附具證據，

向專利機關舉發之：

一、發明專利之實施無取得許可證之必要者。

二、專利權人或被授權人並未取得許可證。

三、核准延長之期間超過無法實施之期間。

四、延長專利權期間之申請人並非專利權人。

五、申請延長之許可證非屬第一次許可證或該許可證曾辦理延長者。

六、核准延長專利權之醫藥品為動物用藥品。

專利權延長經舉發成立確定者，原核准延長之期間，視為自始不存在。但因違反前項第三款規定，經舉發成立確定者，就其超過之期間，視為未延長。」

1. 其實上述舉發事由宜列為審查申請延長期間之核駁事由，而非僅為舉發之事由[70]。對於延長期間核准案，任何人均可提出舉發。舉發之處理，準用專利法有關發明專利權舉發之規定（專 §83）。

2. 注意新法為配合其全面廢除依職權舉發之制度，刪除原第 55 條專利機關得依職權撤銷延長之發明專利權期間之規定。

3. 審查結果如認為成立確定，因上開舉發事由中第 3、6 兩款係具有延長原因，延長原因並非違法，惟核准期間超過部分違法，此時就其超過之期間，視為未延長。至其他各款乃不具合法延長原因而延長，全部違法。故原核准延長之期間，視為自始不存在（專 §57）。

4. 對專利機關就舉發所為之不利決定或處分，專利權人可否提起行政救濟，法無明文，惟應採肯定說。如在專利權延長期間，被控侵害民刑責任，而受不利判決之人，此時可能發生平反之問題。

第三目　因戰事之延展

當國家與外國發生戰爭時，交通受阻，申請人或不能依專利機關之指示，於一定期限內完成法定程序，或應召服役，不能應約來專利機關受詢，

---

[70] 日本特許法第 67 條之 3 將此等事由定為審查核駁申請之事由，而非舉發或撤銷事由，似較我國規定合於邏輯。

或發明已呈准專利不能適當實施，故各國專利法規多加救濟，俾發明人之正當權利不受妨礙。即關於延誤法定期間之由於戰事者，認為其故障有正當理由，准其於一定期間內補行程序，幾已為各國一致之規定。關於不能實施或不能正當實施其發明者，大多延長其專利年限以為補償，例如英國專利法第 18 條規定專利權期限之延展，其中第 6 項有「如英國與外國發生戰事，專利權人因而遭受損失時（因戰事發生專利權人致力於國家重要工作，致無法從事或發展其發明品機會之損失，包括在內），得依本條規定請求補償。法院為裁決時，得完全顧及其所受損失之一端」等語，但交戰國人所有之專利權不在此限。日本特許法施行令第 10 條亦有「重要發明之專利權人，依正當之理由，在其特許期間，於不能享得其發明所可發生之相當利益時，得呈請其存續期間之延長」之規定，而對外戰事則被認為正當事由。

我國專利法自 75 年起以迄 100 年新法，採取英國立法例，以明文加以救濟[71]。100 年新法定為「專利權人因中華民國與外國發生戰事受損失者，得請求延展專利五年或十年，以一次為限，但屬於交戰國人之專利權人，不在此限。」（專 §66）其要件須：

1. 我國與外國發生戰爭

故若不幸發生內戰，不問規模與地區如何龐大，情況如何劇烈，時間如何漫長，受害如何慘重，亦不能申請延展，此點是否合理，不無疑義，抗戰勝利後內戰，政府播遷來臺，即其著例。

2. 受有損失

所謂損失不必限於現實金錢之損失，即喪失期待權亦應包括在內。

3. 申請延展之人不限於本國人

即外國人亦無不可，惟須非交戰國之人。故專利權如屬本國人與交戰國人共有，則處理上當甚複雜。

4. 須已取得專利權

所謂專利權人包括發明、新型與設計專利三者，以免因戰爭致專利權

[71] 秦宏濟，前揭書，頁 151、152。

無法實施。在 83 年以前原定為得申請延展專利權五年或十年，以一次為限。自 83 年專利法以迄 100 年新法（專 §66）均將舊法延展五年或十年改為「五年至十年」，較為妥當。但僅就專利權人因戰事所受損失，申請延展加以規定，若發明人因戰事關係，不克申請專利時，其所受損失，如何救濟，則未加規定。又該條定為發明專利權人得申請延展，惜在新型與設計專利兩章並無準用之明文。又該條所謂「因戰事受損失」一語亦欠明確，因戰事而受損失，其範圍至廣，包括專利品銷路減少、使用費收入減少、工廠播遷，亦可能根本無法實施或生產……，情節不一，是否一律可請求延展？請求延展，受理機關之審核程序如何？申請人可否到場陳述或面詢？審核基準如何？申請人對駁回延展之申請有不服時，能否有行政救濟，又在此戰事期間，專利年費能否免除或減收等問題，均付闕如，有待立法進一步補充。又發生戰爭之時期，自須係於原專利權消滅前發生始有適用，但申請延展之時期，則不必限於原專利權期間屆滿前，因事實上往往在戰事結束前，專利權期間已過，尤以長期戰爭為然。惟延展以一次為限，延展期間屆滿後，無論如何不得再行請求延展，但如又有戰事發生，則解釋上似不應受此限制。

第六節　專利權之技術範圍

第一目　專利保護範圍認定之主義

專利權乃對發明獨占排他之權利，以其技術範圍作為其權利客體之效力範圍，專利權侵害問題之中心乃系爭物是否屬於專利發明之技術範圍，亦即是否屬於該專利發明之權利範圍（保護範圍）。在判斷技術範圍時，其標準應係專利申請範圍之記載。惟如何認定發明同一性之範圍，即如何判斷技術範圍，其判斷方式與基準如何，不但為認定專利權保護範圍所必需，且為認定是否構成專利權侵害之前提。歷來各國司法實務上見解並不一致，比較法上大別有周邊限定主義與中心限定主義之分。

㈠所謂周邊限定主義 (peripheral definition system)，係指不包含在claim之部分，即使在說明書有記載，亦不為專利權效力之所及，為英美專利法所採。此主義以為專利乃發明人與社會大眾之間所訂之契約，申請專利範圍為其契約之約定條款，專利請求範圍之記載，乃表示專利發明之界限，因此專利權保護範圍以申請專利範圍即claims為限，不准擴張解釋，從而專利請求範圍未記載之事項，不能受到專利權之保護。周邊限定主義之優點在於權利範圍明確，一般人亦易於理解。但其缺點為：專利請求範圍之記載若有所疏漏，則就該部分不能獲得專利之保護。況解釋權利範圍過於局促，他人不難從事迴避設計，不易達到保護專利權人之目的。

㈡所謂中心限定主義 (central definition system)，乃在解釋專利請求範圍時，有某種擴張解釋之空間。因認為專利發明乃一種技術思想，甚難以文字明確界定。因此申請人之申請專利範圍只須揭示發明觀念 (concept) 即可，專利請求範圍上之記載，不過係將此抽象思想具體化之典型例示而已，從而專利發明之權利範圍之解釋，不限於在該處所記載之具體文字，同時亦須透過該文字之表現，推測發明人之意思，以解釋權利之範圍。在中心限定主義下，解釋上較有彈性，專利申請撰寫容易，一般人易於把握發明之要旨，又申請人如誤將發明內容記載過狹時，亦有被保護之餘地，此乃其優點。缺點為若審查不嚴格，易使權利界定過大，且不完全正確，易生爭議，一般第三人自說明書之文字，難於正確判斷權利之範圍。德國、荷蘭採此主義。

㈢折衷主義

自德國荷蘭兩國加入歐洲專利公約後，現已無國家採中心限定主義。日本實務上也已傾向折衷主義。至美國訴訟實務上已脫離純粹周邊限定主義。換言之，現今兩種主義之差異逐漸消除，各國已大致採折衷主義[72]。

---

[72] 李𣉙白，〈專利侵權鑑定與迴避策略〉，www.docs.thinkfree.com/tools/doc_location.php?ext=pdf&Dan=847408

第二目　專利權技術範圍之具體認定

我國專利法民國83年修正時，仿日本特許法第70條與歐洲專利公約第69條之立法例，於第56條第3項明定：「發明專利權範圍以說明書所載之申請專利範圍為準。必要時，得審酌說明書及圖式。」92年修正為：「發明專利權範圍，以說明書所載之申請專利範圍為準，於解釋申請專利範圍時，並得審酌發明說明及圖式」[73]。100年專利法又將申請專利範圍修正獨立於說明書之外，另將「發明說明」修正為「說明書」而規定：「發明專利權範圍，以說明書所載之申請專利範圍為準，於解釋申請專利範圍時，並得審酌發明說明及圖式。摘要不得用於解釋申請專利範圍」(專§58IV、V)。即表示我國專利法亦採折衷主義，解釋專利範圍，除記載文字外，參酌說明書及圖式所揭示之目的、作用及效果，亦即包括均等物在內。

何謂「所載之申請專利範圍」，乃專利法上最重要問題之一，以下嘗試參考日本學說，析述於次。

㈠原則的基準

1. 申請專利範圍所載之發明才應作為判斷技術範圍之基準，在申請專利範圍未記載之發明，即只有發明之詳細說明或圖式所記載之發明，不可作為技術範圍判斷之基準，由此原則產生下列結果：

⑴申請專利範圍之記載與發明之詳細說明不一致或矛盾時，應基於申請專利範圍決定其技術範圍。

⑵發明之詳細說明中記載之說明範圍較廣，而記載申請專利範圍較

[73] 該條修正理由係：發明專利權範圍以說明書所載之申請專利範圍為準，申請專利範圍必須記載構成發明之技術，以界定專利權保護之範圍。在解釋申請專利範圍時，發明說明及圖式係屬於從屬地位，未記載於申請專利範圍之事項，固不在保護範圍之內；惟說明書所載之申請專利範圍僅就請求保護範圍為必要之敘述，不應侷限於申請專利範圍之字面意義，亦不應僅作為指南參考，而應參考其發明說明及圖式，以了解其目的、作用及效果。現行法「必要時」一語失諸過狹，故參考歐洲專利公約第69條之意旨修正為「於解釋申請專利範圍時，並得審酌發明說明及圖式」。

狹時，原則上只能主張範圍較狹之技術範圍。

⑶申請專利範圍應記載一個發明構成上不可欠缺之事項，故一個申請專利範圍即使記載複數要件，不應主張複數要件之各個獨立之技術範圍。

2. 申請專利範圍之記載，只簡潔表示說明書中發明詳細說明所記載發明構成上不可欠缺之事項，惟一般只由此記載無法明確理解申請專利範圍之意義，在解釋申請專利範圍之意義時，應參酌發明之詳細說明之記載，甚至圖式，此原則也是國際上所承認之一般基準，歐洲專利公約第 69 條⑴即規定：「歐洲專利或歐洲專利申請所付與之保護範圍應由 claim 之文義來決定，但（說明書之）記載及圖式應用來解釋 claim」。

3. 為明確理解申請專利範圍計，自申請至獲准專利之經過，申請人所表示之意圖或專利機關所表示見解，應予參酌（以下稱為「申請經過參酌之原則」）。

此乃與立法過程可作為解釋法令有力參考之相同趣旨，且為誠實信用原則之一種表現。此原則乃仿美國申請書類（檔案）禁反言之原則（File Wrapper Estoppel，又稱 Prosecution History Estoppel）[74]。

4. 為明確理解申請專利範圍之意義，應參酌申請時之技術水準（公知事實），因說明書之記載應以申請時之技術水準為前提，且發明乃超越申請時之技術水準之有用技術思想才獲准專利，故應參酌公知事實。

5. 說明書等記載中申請人意識的自申請專利範圍除外之事項不屬於其專利發明之技術範圍（意識的除外）。亦即申請人有意識地限定申請專利範圍於特定事項而排除其他時，只有限定事項才屬於技術範圍，且不限於申請專利範圍本身直接表示之情形，即說明書、申請文件（意見書、舉發之答辯書）等明瞭表示之情形亦包含在內，有疑問時應作有利申請人之解釋（benefit of the doubt 歸申請人）[75]。

---

[74] 吉藤幸朔，前揭書，13 版，頁 488。

[75] 吉藤幸朔，前揭書，頁 496。

㈡具體的基準

1.關於認識限度之基準

決定技術範圍不可超過發明人所認識發明之限度，因專利乃對發明人創作之技術思想所賦予，而未發明之事項不能賦予其權利。故原則上按申請當初之說明書、圖式加以判斷，若申請當初之文件仍不明瞭時，可自申請至專利核准止，申請人所提出之意見書及其他申請文件，加以判斷。

2.關於作用效果之基準

(1)申請專利範圍中之技術事項，在發明之詳細說明及其他文件特別記載其作用效果時，因其技術事項應解為發明構成上之必須要件，故不具備之事項，不屬於技術範圍。

(2)自申請專利範圍之記載觀之，形式上雖包含在其範圍內之事項，如不能產生其發明之作用效果者，不屬於技術範圍。同理，如申請專利範圍過廣，包含不能產生作用效果部分時，與不能產生作用效果部分相當之技術，不屬於技術範圍。

(3)理論上雖難謂為不能產生專利發明之作用效果，但自其構造或組成觀之，實用上不能產生作用效果者亦不屬於技術範圍[76]。

(4)專利發明與目的或作用效果雖屬同一，但僅此不能認為屬於技術範圍，此基準雖基於申請範圍基準之原則，但目的或作用效果即使同一，而構成完全不同時，發明欠缺同一性。

(5)申請專利範圍所載有關作用效果之事項，既然係代替構成要件之記載，不可將其除外來解釋技術範圍，在申請專利範圍記載作用效果，不可將其除外來解釋技術範圍。

3.關於欠缺構成要件之一部之基準

申請專利範圍所載事項（構成要件）有多數時，即使欠缺其中之一時，不問是否具備其他要件，不屬於技術範圍。

4.關於內容不明瞭之發明等基準

專利發明之內容不明瞭時，在其他之點一致之系爭物，不屬於專利發

[76] 吉藤幸朔，前揭書，頁502。

明之技術範圍。申請專利範圍之記載之一部，檢討參酌發明之詳細說明、圖式及申請時之技術水準仍不明其構成之情形或說明書記載極其不備，如何實施不明之情形，作為判斷技術範圍基準之申請專利之範圍本身結果全體歸於不明瞭。

5.關於實施例之基準

(1)原則上不能僅按發明之詳細說明或圖式上所載實施例（或實施態樣）認定專利發明之技術範圍。

(2)例　外

有下列特殊情形時，應只按實施例認定技術範圍。

①申請專利範圍之記載全面或一部乃抽象或機能性，無法顯示課題之解決者。

②申請專利之範圍並未記載全部構成要件者。

③申請專利範圍所載發明範圍較發明詳細說明所載之發明範圍為廣者。

④申請專利範圍之構成要件全部乃公知事實或類此情形者。

⑤申請專利範圍之構成要件全部乃先申請事項者。

⑥實施例所載發明以外，申請專利範圍部分，自申請當時技術水準觀之，發明尚未完成者[77]。

⑦實施例所載發明以外，申請專利範圍之部分，不能產生說明書所載特有之作用效果者[78][79]。

---

[77] 吉藤幸朔，前揭書，13版，頁506。

[78] 同[77]。

[79] 關於申請專利範圍的解釋問題，可參照黃文儀，《申請專利範圍的解釋與專利侵害判斷》一書(1994)。

第七節　均等理論（等同原則）與迴避設計

第一目　均等理論（等同原則）

一、均等理論之意義

過去美國專利實務上，對專利侵害之有無，法院係根據所謂「全要件原則」(all elements rule)，即認為除非被告之物品或方法符合或具備專利權人申請專利範圍之所有要件，否則不構成專利權之侵害。

惟專利之技術範圍，固應基於申請專利範圍之記載，即 claims 定之（日特 §70I），claims 之記載最為重要。但在確定技術範圍之際，如須嚴格受到 claims 之拘束，則可能發生不合理結果，因發明人在申請之初，其 claims 之記載，無法預想將來所有侵害型態。想要剽竊他人發明之人很少出以直截全盤照抄的手法，而常加上微小的差異。如法律作此要求，則其專利極易被他人迴避，會使人們喪失取得專利或技術開發之動力，不符專利制度之本旨。況以有限的文字實難充分表達創新的抽象技術，這是技術與文字介面整合的本質上困難。若專利的解釋僅限於文字的描述，無疑將大幅降低專利權的價值，侵權人可因一個不重要或不具實質影響力的原件，而免負專利侵權責任。

雖然不可將 claims 無限制擴張解釋，但有以某程度彈性解釋之必要，而所謂均等理論 (doctrine of equivalents) 即為解決此問題，由美國法院長期所發展出來之理論[80]。即法院認為：專利發明之模仿，未照抄專利 claims 之每個文義上細節 (literal detail) 時，如拘泥於傳統全要件原則，不認為構成專利之侵害，有時會使專利變成有名無實，因而創造出此種理論。即美國最高法院於 1950 年 Graver Tank & MFG. Co. v. Linde Air Products Co. 一案，宣示：被告之物品如以實質上同一方法而發揮實質上同一機能，並獲

[80] 均等論為日本所用之譯名，未必貼切，中國大陸則譯為「等同原則」。

得同一效果者 (if it performs substantially the same function in substantially the same way to obtain the same result)，則仍可構成專利權之侵害[81]。換言之，均等論係為避免投機者對專利內容僅作細微變更，即迴避侵權行為而設。

類似理論在英國稱為精髓理論 ("pith and marrow" doctrine)[82]。

[81] 均等論之實例有：水泥用卡車中，水泥排出口，原專利是設在卡車後部，如果同一卡車，將水泥排出口設在卡車前部時，兩者為均等；原專利係以鉸釘來固定零件，如以螺絲釘取代鉸釘時，因此種置換為從事同行業者之常識，故兩者構成均等；車輛推進器中，以手環鍊來取代原專利之 V 形帶，就傳達施轉動力之方法而言，兩者互為代替物，為該行業之常識，故兩者構成均等；於收音機調諧器中，以活塞替代原專利中之槓桿時，因活塞僅發揮槓桿之一部分機能，故兩者不認為具有實質之同一性。在貯存電子零件潤滑劑專利中，以石棉之粉狀體代替原來專利的滑石粉狀體，因兩者在電子零件的絕緣材料中，具有互換性，因此兩者有均等關係。在反射裝置專利中，原專利申請範圍是以聚合物作為層面接著劑，如以硝化纖維素取代聚合物作為層面接著劑使用時，雖聚合物之範圍並不明確，但只要硝化纖維素發揮了與聚合物相同的機能時，兩者即有均等關係。至車輛用座椅移動裝置，原專利係使用可自由旋轉之支臂，如以使用齒棒與小齒輪代替時，其兩者結果縱屬相同，但因機能與方式有明顯差異，故不構成均等（參照汪渡村，〈兩岸專利權保護範圍之比較〉，載《臺北商專學報》，第 49 期，頁 14）。

[82] Lord Reid 稱 "Copying an invention by taking its 'pith and marrow' without textual infringement of the patent is an old and familiar abuse which the law has never been powerless to prevent. It may be that in doing so there is some illogicality, but our law has always preferred good sense to strict logic. The illogicality arises in this way. On the one hand the patentee is tied strictly to the invention which he claims and the mode of effecting an improvement by a slightly different method he will not infringe. But it has long been recognized that there 'may be an essence or substance of the invention underlying the mere accident of form; and that invention, like every other invention, may be pirated by a theft in a disguised or mutilated form' and it will be in every case a question of fact whether the alleged piracy is the same in substance and effect or is a substantially new or different combination."（見 Ladas, op. cit., p. 405.）

對均等論亦有反對說，其根據乃所謂均等之範圍，如係指該業者易於為更換等行為，果如此，則申請人在請求範圍之記載，應可將此部分包含在內，且日後應以補正方式加以補正，如不為此等行為，則係申請人之怠慢，不應以此為理由，對侵害人予以不利益。

誠然理論上如係當業者易於思及之內容，則應預先記載，且事後補正。但發明究與有體物有別，乃抽象之技術思想，欲以文章表現時，其記載常難為充分而必要完備無缺之記載，事後諸葛亮也許可認為對業者易於思及，但現實上申請人預想所有可能侵害型態，而記載其請求範圍，乃強人所難。

誠然承認均等論，難免對第三人予以某程度不測之損害，會某程度犧牲法的安定性，且在具體事件應否定均等論適用之事例亦不在少。惟一般解釋論上如否定均等論，則專利制度有不能實現本來目的之虞。

總之，此乃如何對權利人之利益與社會公眾之利益，尋覓平衡點之問題。如否定均等論之適用，會降低專利權之實效，尤其在生物科技之發明為然，增加權利被人迴避之可能性，甚至影響發明人研發之動機；反之，如均等論承認幅度過廣，則會使預見可能性降低，有害於法的安定性，不利產業之發展。況均等論之承認乃國際之潮流，且權利幅度之認定可由法院自由裁量，即使肯定均等論，亦非所有事件一律適用。由此觀之，一般論上似應採肯定均等論之見解[83]。

二、承認均等論之要件

通說以為是否均等，係以有無更換可能性與易於思及性（自明性）為要件。所謂更換可能性，係指即使將專利發明構成要件之一部，以其他方法或他物予以更換，仍可達到該專利發明之目的，亦即發明在客觀上仍有同一性之謂；而易於思及性，係指該業者易於為該更換之謂。

具體言之，雖多屬將某構成要素用他物轉換，或作極微小之設計變更之情形，但亦包含特殊不完全利用（不完全實施）與改退（日文：改悪）

[83] 中山信弘，前揭書，頁347以下。

之實施之類特殊型態。所謂不完全利用，係指他人之實施雖欠缺 claim 所載構成要件之一部，但在一定條件下，亦可認為構成專利權之侵害。惟因 claim「只記載要取得專利之發明構成上不可欠缺之事項」（日特 §36V ②），故嚴格解釋其文義時，欠缺其一部之實施，已不可謂為該專利發明之實施，從而不成立侵害。自設立 claim 制度之趣旨觀之，此原則本身雖屬妥當，但否定一切例外，則屬不妥。又不完全利用論與上述相同，因申請人當初不可能預想到所有侵害型態，於 claim 上一一記載無遺。故為了救濟專利權人，亦應認為亦可適用均等論，惟因欠缺構成要素之一部，故原則不成立侵害，從而在適用不完全利用論時，必須慎重。所謂改退之實施乃指更換等結果，致效果較差之情形，此種情形原則上雖不成立侵害，但與不完全利用論相同，似無否定此概念本身之必要[84]。

三、均等之類型

均等論，具體之事例以均等物、均等方法、設計變更、材料變換、迂迴方法、不完全利用等型態出現。分述如次：

1. 均等物

例如在「用鹽酸洗淨劑之製造方法」之專利發明，以當業者所知與鹽酸具有同樣洗淨作用之硫酸代替。

2. 均等方法

例如容器之滅菌方法，原為「煮沸」，現以「紫外線照射」取代「煮沸」。

3. 設計變更

亦稱為設計上之微差，在機械有關之領域，只是為了不正迴避專利侵害所作之構造上之變更，而符合均等之要件，例如以「齒輪」代替「橡皮帶」。

4. 材料變換

例如以「天然橡膠」代替「人工橡膠」。

5. 迂迴方法

例如對方法專利發明之構成要件，添加酸化還原類而用之要件[85]。

[84] 中山信弘，前揭書，頁 349。

6.不完全利用

係指專利發明構成要件中，欠缺非本質之一部，而達成專利發明之目的，且欠缺一部，除迴避侵害外，並不發生任何新效果之謂。不完全利用因欠缺構成要件之一部，故傳統上原不成立侵害，但在均等論之適用已成為新問題之今日，不完全利用之適用雖須慎重，但究不能否定其概念。

均等論係為了發明實質的保護，擴張申請專利範圍之解釋手法；反之，為了保護第三人起見，均等論亦用來將申請專利範圍作縮小解釋，而稱為逆均等論 (reverse doctrine of equivalents)[86]。

四、逆均等論

均等論係為了發明實質的保護，擴張申請專利範圍之解釋手法。但廣義均等論之應用，有似雙刃之劍，並非只對專利權人有利。反之，為了保護第三人起見，均等論亦用來將申請專利範圍作縮小解釋，而稱為逆均等論 (reverse doctrine of equivalents) 或消極均等論。即除了均等論之外，分析專利侵害，又需應用所謂逆均等論，去保護產品表面上掉在專利申請專利範圍（主張專利之申請專利範圍之要件都可在被控侵害物上找到，字面相同），但事實上與有專利之發明有實質不同之產品之專利被告。即為了防止專利權人任意擴大申請專利範圍之文義範圍，對申請專利範圍之文義範圍予以限縮。

換言之，被控產品雖為原告申請專利範圍之文義所涵蓋，但係以實質不同技術手段達到實質相同之功能或結果時，則阻卻「文義讀取」，而應認定未落入專利權（文義）範圍[87]。此理論可能對軟體業特別重要，因電腦

[85] 仙元隆一郎，前揭書，頁 122 以下。

[86] 吉藤幸朔，前揭書，13 版，頁 530。

[87] 參照 Merges, Menell & Lemley, *Intellectual Property in the New Technological Age* (Aspen Law & Business, 2000) p. 1058。又美國最高法院於 Graver Tank & Mfg. Co. v. Linde Air Products. Co., 339 U.S. 605 (1950) 一案判決，對逆均等論有如下說明："The wholesome realism of this doctrine is not always applied in favor of a patentee

技術之應用已對若干有形（物理）運作之方式產生重大變化。逆均等論之例子，例如關於電池電極的專利案，其申請專利範圍中記載一個由多數微孔金屬板組成的電極，在發明說明中指出電極微孔的作用在於控制氣泡的壓力，該微孔的直徑在 1 到 50 微米之間，惟申請專利範圍並未記載關於微孔直徑及其作用的技術特徵。而待鑑定對象之電極也是由多數微孔金屬板組成，雖然待鑑定對象之技術內容與專利案之申請專利範圍比對後符合文義讀取，但待鑑定對象金屬板上之微孔直徑遠大於 50 微米，其對於控制氣泡壓力之作用幾乎微不足道，待鑑定對象實質上似未利用發明所揭示之技術手段，而有適用「逆均等論」之餘地[88]。逆均等論之抗辯係由被告主張。

五、判斷均等與否之時期

關於判斷是否均等，應以何時為準，有申請時說與侵害時說之對立。申請時說主張：專利權既然以申請時之技術水準為基準而賦予，故均等與否之判斷，亦應以申請時為標準，此說為日本之判例與多數說所採。反之，侵害時說則以侵害人基於侵害時之技術狀態實施之技術為準。

按專利權人作成專利說明書時，無法預料將來技術發達至何種程度。為了救濟此種狀態，始有均等論之出現。故為了適切保護專利權人計，以侵害時技術狀態為基準，判斷有無侵害，乃與均等論之精神相符，且亦不致與以申請時為基準，賦予權利之精神相牴觸。例如在申請專利當時，人造橡膠並不存在，故在請求範圍記載天然橡膠；但到了侵害時，已出現人造橡膠之發明，將天然橡膠以人造橡膠取代，對該業者言，極為容易。故利用人造橡膠，如認為不構成侵害，不能服眾。

其次所謂均等論，乃為了保護權利人，在不妨害第三人預見可能性之

but is sometimes used against him. Thus, where that it performs the same or a similar function in a substantially different way, but nevertheless falls within the literal words of the claim, the doctrine of equivalency may be used to restrict the claim and defeat the patentee's action for infringement."

[88] 參照智財局專利侵害鑑定要點。

範圍內，加以承認，似屬無妨。斟酌侵害時各種情事，判斷侵害人有無實施其技術，而以侵害時之技術狀況判斷是否均等，似不致發生不當。況以侵害時為基準，不但為專利調和條約草案第 21 條(2)(3)所規定，且亦為今日各國之潮流[89]。

故原則上似可依侵害時之技術情況判斷是否構成均等，至可否適用均等論及其適用之幅度，可由法院解釋，就個案予以解決[90]。

在美國均等理論視專利種類或性質，其應用範圍廣狹出入很大。通常先驅性之專利 (pioneer patent)，比後來之改良發明要寬廣得多。因先驅性發明之本質乃因發現非常大之新領域，法律對發明人以較寬廣之專利，予以報償，但後來且較不重要之改良發明，發明人因未發現寬大的領域，且在相當限度，其發明乃以較早先驅性之發明為基礎，故只能有較小獨占領域之報償，從而均等理論適用之範圍亦應因此受到減縮之故[91]。

第二目　專利迴避設計

專利紛爭層出不窮，企業界研發部門稍有疏失，即可能被人控告侵害專利權，因此如何迴避他人專利，極其重要，在英、美有所謂迴避設計制度 (design around)，因為在競爭性之企業，一種重要之專利如操在競爭者之手，其後果可能非常嚴重，競爭者之專利及其潛力不但可對製造者構成威脅，且競爭者對製造者之授權要求，可能斷然拒絕，或要求巨額使用費或其他嚴苛不能接受之條件。

故在此情形下，企業要努力從事迴避設計，即發現別的機制、別的方法或方程式，期能重新獲得專利權，否則會喪失將來競爭力之希望。即競爭人第一步乃再對同一領域較早期之他人專利加以檢討，以其中之一個專利為基礎，加以發展，探究有無可能避免侵害他人已有之專利，甚至可能對他人已有之專利是否有效產生懷疑，包括詳細解讀專利權人專利權之專

[89] 仙元隆一郎，前揭書，頁 171。

[90] 中山信弘，前揭書，頁 350。

[91] Miller & Davis, *Intellectual Property in a Nutshell*, p. 126.

利說明書，自其申請專利範圍 (claim) 的文字，分析其所含的必要技術特徵，辨識專利範圍，必要構成元件，再避開申請專利範圍而設計出具有相同功能與結果，但不必然依循該專利權的技術手段或方法或根本與其專利範圍的必要構成元件有別時，在英美專利法上稱為迴避設計，此乃為合法行為，不構成專利權的侵害[92]。

換言之，迴避設計是透過專利資訊檢索，分析某一專利之技術特徵及其限制，以未侵害他人專利權為前提，進一步改良其技術。操作方法乃 1. 利用減少元件之方式，以符合周邊限定及全要件之原則。或 2. 以置換的方式使對象物與專利之權利範圍描述之要件有別。避開完全落入權利範圍之全要件或字面侵害。或 3. 以實質改變功能／方式／結果的構成要件之一，以避開落入均等論之顧慮[93]。

迴避設計能否迴避成功，事先難於確定，而有一定專利侵權之風險，但也會產生相當程度創新技術之成效。因其為英美專利制度所追求之有利結果，以鼓勵他人研發不同甚至更佳產品，因取得專利之發明人由均等論，作為權利之外延，已獲得充分之保障。亦即法院測量侵害時，其碼尺須以均等論為較近的一端，以合法迴避設計為較遠的一端。碼尺用均等論之一端來量時，其長度視特定專利發明性質而定。先驅性或基本性之專利，相當於尺的非常長部分，而技術擁擠的小改良，則只合於靠尺尾端的短距離。例如某發明人取得新款禦寒耳罩的專利權，專利單一 claim 謂：「耳罩係由一個頭帶，兩端變大，變大部分有洞，其旁邊部分包起來且繫在一起，使變大部分成圓錐狀，包起來部分形成一個袋子，以及一條繫緊的帶子兩端繫在袋子內所構成」。被告在檢查專利後，做了類似耳罩，被控侵害專利權。法院判認由於包含耳罩之先前技術 (prior art) 很擁擠，專利之發明只能取得很窄的均等物，由於被告耳罩並無袋子，且被控之物品之綁帶兩端並未繫在任何袋子裡，故法院認為不構成侵害權利，即被告已迴避設計了麻煩的

[92] 蔡坤財著，〈專利迴避設計與侵害鑑定〉，《工業財產權與標準》，第 55 期，頁 1 以下。

[93] 參照陳佳麟、劉尚志、曾錦煥，〈技術創新之專利迴避設計〉，頁 8。載於 http://www.itl.nctu.edu.tw/Thesis/1998/1998_9.pdf。

claim，迴避了專利權之侵害[94]。但要注意在迴避設計，不可假定此種設計一定能提供簡易或廉價之授權代用品，因事實上也許並無迴避之可能[95]。

[94] Kintner & Lahr, *An Intellectual Property Law Primer*, pp. 86–87.

[95] Johnston, *Design Protection*, p. 27, et. seq.

第十六章　新　型

第一節　新型制度之意義及其歷史演進

一、新型制度之意義

所謂新型，有些國家稱為 utility model，係指對於產品之形狀、構造或裝置或其結合首先創出合於實用且能在產業上製造具有使用價值或實際用途產品之技術方案。由於新型與發明相較，創新水準不如發明專利，故亦稱為小發明，取得專利之新型稱為「小專利」(petty patent, minor patent)。新型制度可彌補發明專利保護之不足。關於新型之保護方式，各國規定不一，有些國家是以註冊即不審查方式予以保護，反之有些國家則以授予一般專利權之方式加以保護。

早期專利法原規定：「稱新型者，謂對物品之形狀、構造或裝置之創作或改良」。實則新型專利與發明專利均屬利用自然法則技術思想之創作，為使新型專利之定義更為明確起見，92 年修正專利法，參考日本實用新案法之規定，將上述新型之定義修正為：「新型，指利用自然法則之技術思想，對物品之形狀、構造或裝置之創作或改良」(92 年專 §93)。

惟新型之標的除物品之形狀、構造外，尚包含為達到某特定目的，將原具有單獨使用機能之多數獨立物品予以組合裝設者，如裝置、設備及器具等，非僅限於「裝置」，過去法條用裝置一詞失之過狹，為求文義精確，100 年專利法第 104 條（92 年專 §93），將「裝置」修正為「組合」（參酌日本實用新案法 §1、韓國新型法 §4 及大陸專利法 §2 規定）。

所謂形狀——係指具體實物，其二度（二維）或三度（三維）空間之外觀輪廓係以線與面加以表現，並具有一定機能者。例如虎牙形狀扳手、十字形螺絲起子。所謂構造——係指物品內部或其整體之構成，大多以元件間之安排、配置及相互之關係加以表現，而非以其各組成元件原有本身之機能獨立運作，例如可折傘骨構造之雨傘，改良結構對號鎖。所謂組合——係指為達到某特定目的，將原具有獨立使用機能之多數物品予以組合。例如具有除葉裝置之收穫機❶。亦即新型專利係以占據一定空間之物品實體為前提❷，對其形狀、構造或裝置之具體創作或改良，其標的既限於物品之形狀、構造或裝置，故凡有關物品之製造方法（例如利用垃圾製造肥料之方法）❸、處理方法、物品特定用途之方法，以及不占一定空間，缺乏固定形狀之物質，不能取得新型專利，當然亦不包括以美感為目的之物品之形狀、花紋、色彩或其結合之創作。因此新型之保護範圍較發明專利為狹，對某些技術領域不予保護，例如工藝方法、化學物質，不占一定空間或缺乏固定型態之物質，如氣體、液體、粉狀產品（如麵粉）、材料（例如藥品、化學物質及玻璃、合金、水泥）本身不能取得新型專利❹，當然也不包括動物與植物之新品種。

發明與新型除保護客體不同外，其間主要差別厥在進步性程度高低不同，惟判斷進步性之高低仍缺乏明確尺度，其間常有灰色地帶。

新型專利在名稱上各國亦不盡統一，例如德國稱為實用模型(Gebrauchsmuster)，日本稱為實用新案，中共稱為實用新型，其他國家稱為實用新型或新型。在立法形式上各國也不盡相同，有些國家併入專利法加

❶ 智財局，《專利審查基準》。

❷ 過去我國行政法院不乏判決認為新型須限於一定空間形態。但德國已在1990年廢除新型標的限於有空間形態之要件。目前新型之客體標的可包括方法以外之化學物質(chemical substances)、食物(food)、醫藥品(pharmaceuticals)。參照吉藤幸朔，前揭書，13版，頁674；王玉鈞、黃濟陽、傅文哲，〈德國新型專利（尤指衍生新型）與發明專利制度之差異以及企業界之運用方式〉，《智慧財產權月刊》，第134期（99年2月），頁9；又蔡明誠，〈專利法〉，頁63。故我國法解釋上恐亦須作若干調整。

❸ 行政法院79年度判字第1246號判決。

❹ 湯宗舜著，《中華人民共和國專利法條文釋義》，頁14。

以保護，但多數國家係以單行法加以規範。美國、英國等國專利法雖無新型專利之規定，但實際上將小發明歸併到發明中，與大發明一起加以保護。又新型之保護方式各國也不盡相同，有的授予專利權，如巴西與義大利，有的是不經實質審查而以註冊方式保護，如日本與德國❺。因此有些國家即使不用新型名稱，但並不表示不保護技術水準較低的小發明。

採用新型制度的國家雖不太多，但此制度在經濟上與法律上都有重要作用，值得重視。不但工業大國中小企業之發明多為小發明，且發展中國家由於技術水準較低，也以小發明居多。單獨予這些小發明保護，可降低專利條件，簡化審查程序，收費數額亦可減少，因此此種制度受到發明人、中小企業與發展中國家之歡迎。在我國發明專利多屬外國人的天下，國人申請專利以小發明居多，如專利法只保護創造性水準較高的發明而不保護小發明，則專利法鼓勵發明創新的作用就很難發揮❻。

不過也有人以為採用新型專利制度，如保護外國人之新型，就不甚值得，甚至弊多利少，因：⑴新型技術價值不大，幾乎不包含需要從外國引進之重要技術，⑵束縛手腳，影響國內市場。外國人新型雖水準不高，但數量可能很大，如加以專利保護，不但為本國人民創造發明活動增加障礙，而且外國人還可利用此種專利控制國內市場，增加本國專利機關不少工作，對經建工作往往徒勞無益❼❽。

❺ 同❹。

❻ 我國專利申請案向來都是新型多於發明，直到民國87年發明申請案為22,161件，才首次多於新型申請案的21,482件，以後一直持續至今，都維持發明申請案多於新型申請案，且數量差距有擴大趨勢，可見產業有往高科技發展趨勢。見黃文儀，〈我國與日本新型技術報告制度之比較〉，《智慧財產權月刊》，第63期（93年3月），頁28以下。

❼ 王家福、夏叔華著，《專利法基礎》，頁64。

❽ 關於新型專利，可參照王綉娟，〈新型專利制度之檢討〉，《智慧財產權月刊》，第118期，頁5以下；陳昭華，〈專利法修正相關議題：第三講，新型專利制度之變革〉，《月旦法學教室》，第19期（2004年5月）。

二、新型制度之歷史演進

保護新型專利之法律歷史比發明專利與新式樣專利要晚。世界上最早有關新型之法律，首推英國1843年之Design Copyright Acts，此法律對有關實用目的之產品之新穎設計 (new or original design) 賦予為期三年之保護。惟此法律因1883年之專利新式樣商標法之出現而廢止。德國在1876年之新式樣法下，因判例態度只保護審美目的之新式樣，故水準低之專利申請案增加，為駁回申請工作所忙煞，爰制定新型法，希望對此等對象加以保護。1891年制定了新型保護法 (Gesetz betreffend den Schutz von Gebrauchsmuster)，與其專利法不同，採不審查主義，其對象為勞動工具或實用品之形狀、組合或構造之實用性設計，保護期間亦較短，只有三年。日本於1905年制定了實用新案法。新型專利得到巴黎公約之確認。依據世界智慧財產組織 (WIPO) 之統計，現在有新型制度之國家，超過七十個，除德國、日本、我國外，尚有義大利、法國、西班牙、葡萄牙、奧地利、丹麥、墨西哥、巴西、烏拉圭、智利、摩洛哥、希臘、芬蘭、澳洲、埃及、馬來西亞、瓜地馬拉、印尼、俄國、烏克蘭、愛沙尼亞、菲律賓、韓國、波蘭、中共等國家[9]，日本實用新案法雖係以德國制度為範本，但其制定動機與內容均與德國法不同，亦具有相當特色[10]。

日本在第二次世界大戰後，對大批引進的外國先進技術加以消化與改良，並在這些技術的基礎上創造許多新的小發明，取得新型專利，然後再將這些專利技術出口，使新型變成日本出口技術占領國際市場的重要手段之一。

我國將新型列為專利法保護對象，可能考慮到我國工業與科技水準不如外國，小發明數量較多，對小發明加以法律保護，有利於廣大群眾從事

[9] 周光宇，〈各國新型專利制度之比較與分析〉，《智慧財產權月刊》217期（民106年1月），頁15以下；劉淑敏等編，周民審定，《實用專利教程》，頁12；吉藤幸朔，前揭書，13版，頁674。

[10] 豊崎光衛著，《工業所有權法》（新版），頁24。

發明創新，且有利於提升我國科技發展，事實上也證明我國將新型作為專利之保護對象是正確的，因以民國88年為例，新型新申請案共計21,481件，其中國人申請者為20,283件，約占全部之94.42%，而同年發明之新申請案共22,161件，其中由國人申請者不過為5,804件，即占全部之6.19%。如將新型專利併入發明專利，勢必降低發明的水準，如要保持發明專利之水準，不給這部分發明專利權，則許多新型會得不到專利之保護，勢必影響大眾發明的積極程度。

第二節　新型與發明專利之區別

一、概　說

發明乃利用自然法則技術思想創作中之高度者（舊專§19，專§21），自此點觀之，與同屬利用自然法則之技術思想創作之新型極其近似。

將發明與新型之保護客體明確區別相當困難，在德國向來學說分立，一說將兩者之區別求諸實質，認為發明乃自然力之結合(kraftkombination)，而新型乃空間上形狀之結合(Raumformkombination)。另一說認為發明之本質乃創造之思想本身，而新型為表現其思想之型態。又另一說將兩者之區別，求諸思考力，將其大者認為發明，小者認為新型⓫。

在我國專利法下，新型與發明同係利用自然法則之技術思想之創作，故兩者之區別，頗為抽象，且不明確。

二、區別之標準

㈠高度性(Erfindungshoehe)之有無

發明與新型均為利用自然法則之技術思想之創作，兩者無異，惟舊日專利法理論上與傳統上認為發明係「利用自然法則之技術思想之高度創作」與不需高度性之新型不同，亦即新型無需係高度創作，故有人將新型稱為

⓫ 光石士郎著，《改定特許法詳說》，頁108。

小發明，認為乃以小專利為對象之制度。惟此區別在新近法律已不設規定。

㈡是否具體化為物品

新型與發明固均係發明人精神活動之無形創作，但新型須有關物品之形狀、構造或裝置（日本法稱為組合），其形狀、構造或裝置不能離開物品而成立，故新型須以具體表現為物品之空間的型態而完成，物品之形狀、構造或裝置本身須發揮技術之作用或效果。換言之，新型專利保護有具體構造之產品，只要有此結構特徵，小至膠囊、螺絲、迴紋針，大至汽車、機械（包括內燃機、汽化機、原子反應爐、洗衣機、微波爐、蒸氣機、電動冰箱、電話、時鐘、化學反應爐及混合機械。）等物品，都可申請新型。專利年限雖比發明專利短許多僅十年，但對於生命週期較短的消費性產品（例如盛極一時的自拍棒），不失為可利用的保護制度。惟發明乃利用自然法則之技術思想本身，不須具體表現為物品。故自一連串工程所成立之方法，雖可為發明之對象，但不能作為新型之對象。又物品之用途因非基於物品本身之型態，雖可作為發明之對象，但不能作為新型之對象。換言之，新型之標的不包括方法、用途、生物材料及不具確定形狀之物質。

惟發明與新型原則上之差異在具體申請之場合並不明確。例如，發明過去所無之裝置（例如錄音機本身之「物」）時，可作為專利之對象，申請發明，但研發出具有新構造之錄音機時，亦可作為新型之對象。在錄音機之物或裝置不存在之時期，設計出此種裝置時，大致可申請發明，但錄音機作為已完成之物品，被使用時，部分改良從來之物或設計出新構造且發生新作用或效果時，則適於申請新型⓬。

㈢新型與發明兩種專利之申請、審查等手續及效力頗為相似⓭，但至少仍有下列差別

1. 新型專利期限較發明專利為短。
2. 新型專利保護期間不得延展。

⓬ 光石士郎，前揭書，頁110。

⓭ 92年專利法再修正，新型之審查改採形式審查制度後，新型專利與發明專利申請手續之差異乃益形明顯，惟二者本質上之差異性則不變。

3.新型專利改採形式審查。

4.新型不適用早期公開與請求審查制度。

5.新型因年限較短，證書費與年費之負擔較輕。

三、發明與新型申請案之互換或改請

由於新型與發明同係技術思想之創作，故兩者之間設有調整規定，即發明申請與新型申請相互間可准予變更或改請。

1.依100年法，不得改請之情形如下：

⑴於原申請案准予專利之審定書或處分書送達後，不得改請。

⑵原申請案為發明或設計，於不予專利之審定書送達後逾二個月，不得改請。

⑶原申請案為新型，於不予專利之審定書送達後逾三十日，不得改請。因新型專利申請案核駁處分後，並無再審查制度，申請人僅得於處分書送達後三十日內提起訴願，為維持處分之安定性，改請之時間不宜較訴願期間為長之故。

2.改請申請案不得超出原申請案申請時說明書、申請專利範圍或圖式所揭露之範圍

因改請申請涉及說明書、申請專利範圍或圖式之變動，且改請案得援用原申請案之申請日，記載內容如增加新事項，將影響他人之權益，故明定不得超出原申請案申請時所揭露之範圍(§108)。

四、發明與新型能否同時申請？

同一技術可否同時申請發明與新型兩種專利?外國大抵有三種立法例，第一為日本模式，二種權利不可同時並存，亦不可同時申請，對申請人最為不利。其二為韓國模式，可一案二請，惟二者皆通過審查時，僅能選擇其一。其三為德國模式，准許新型與發明兩種專利權同時並存，亦即申請人不但可同時就同一發明申請專利與新型，亦可同時註冊兩者，惟僅可擇一行使權利[14]，即申請新型固可迅速取得權利，但如發明需較長時間保障

時，又可透過發明保護，對發明人保障較為周密。我專利法原先只能擇一申請，自新型改採形式審查後，發明與新型審查程序差別加深，且新型審查權利欠缺確定性，如能同時提出發明與新型雙重申請，對申請人較為有利，可強化發明人之保障。故102年修法規定可同時申請⑮，其詳請參照第十二章第四節五之說明。

第三節　新型制度之存廢問題

關於新型制度之存在價值，在我國雖無甚異論，但其存廢在日本歷來有不少爭議，其立論可供我國研究相關問題之參考，爰分述於次：

一、廢止論

1.創設新型（實用新案）當時，日本技術水準極低，夠得上申請專利之發明頗少，且有力專利幾乎為外國人所壟斷。為提升國民研究發明意願，振興國民技術，在產業政策上，有制定保護小發明之法律即新型法之必要。新型法乃因應此要求而生，其後對日本產業發達有重大貢獻，不容否認。但在最近日本現狀下，已無保護小發明之必要，因日本技術水準已顯著提高，新型程度之改良，日常企業活動上，視必要可自由為之，故對此種物品賦予獨占權，獎勵保護之必要性殆已全無，且賦予獨占權，會妨礙產業

⑭ 智財局，《新型專利報告》，頁115。又李鎂，〈形式審查制度下的一些政策抉擇〉，《智慧財產權月刊》，第80期（94年8月）。

⑮ 目前發明專利自申請至有審查結果，約需二年半。如預估產品上市時間在三年後，固然可申請發明專利，但如上市不能久等或產品生命週期不長，可同時申請新型專利，因新型專利採形式審查，送件後約六個月即可能取得「新型專利證書」，使發明保護時間大幅提前，可對侵權人警告、提出訴訟。為避免權利爭議，新型專利權人可向智財局申請發給「新型專利技術報告」。如技術報告之結果等級高，他人如要撤銷專利權，需費不少功夫。如發明專利審定核准，智財局發函通知申請人擇一時，只要放棄「新型專利權」即可保留發明專利，而新型專利在發明專利生效（公告）之日消滅，權利保護可繼續不致中斷。

活動自由與產業之發達，而與該法立法目的不合。

2.新型法已被人濫用，逸脫本來目的。

廢止論主要為大企業關係人所主張，其根據為：

⑴新型法之使命已完成，今日已成為落伍之法律。

⑵保護技術者之潛在程度之小發明，乃單純獎勵欠缺國際競爭力之發明，惟由於新型權之橫行，企業受到妨礙，反有害於產業之發達。

⑶大企業亦利用新型法（比中小企業申請案更多），此乃對中小企業之攻擊，為防禦與自衛上，不得不如此。

⑷導致更重要專利審查之遲延，麻痺專利制度之機能等。

二、維持論

反對論（維持論）主要為與中小企業有關係之人所倡，其根據為：

1.新型法仍屬重要，尤其對中小企業保護育成上，乃不可欠缺之法，為防止中小企業間過當競爭，新型法乃對抗大企業之唯一有力武器。

2.小發明在各外國受專利法之保護，如只有日本否認小發明之保護，反而會削弱國際上之競爭力。

3.如由於新型權使企業受到困擾，則不過是將本來不適於賦予獨占權之物予以登錄而已，此乃運用之罪。

4.如廢止新型法，則新型之申請會改以專利申請，無助於審查負擔之減輕。

三、修正論

此說主張將實用新案法加以修正，其根據為小發明之保護仍有必要，目前廢止該法為時尚早，且自小發明之價值觀之，從來保護過厚，又對申請處理手續過於慎重，故應予以修正，為了作為降低新型保護之手段，主張以下各點：

1.權利之存續期間應比專利權顯著縮短（例如將十年改為五年左右）。

2. 不承認有禁止請求權。

3. 不承認刑罰等。

又作為簡化處理手續之手段，亦有人主張採用無審查主義或簡略審查主義（廢止申請公告制度等）。

以上各說，結局似以維持論占優勢，故日本實用新案制度，在現行法下仍存續不動⑯。

在我國新型專利制度有其獨特存在之背景與理由，已如上述。倘廢除新型專利，則原來請求新型專利者，勢必改申請發明，將造成主管機關審查上更龐大負擔，而取得專利權之時間也較目前更長。且其創作於十八個月始對外公開，比現行新型四至六個月即可核准公告，對外公開技術內容之期間更長，可能使外界之使用或研究創作重複投入，加深社會研發資源之耗費。至於回復新型專利實體審查制度之方案，亦不可行⑰。

第四節　92 年以後新型專利制度之變革

一、改採形式審查制度

(一)修正理由

我國過去新型專利一向與發明專利相同，採實質（實體）審查制度。92 年專利法鑒於日本、德國及法國新型專利審查制度，已將技術層次較低之新型專利，捨棄實體要件審查制，改採形式審查，以達到早期賦予權利之需求。故亦將新型專利自現行實體審查改為形式審查制，此為專利制度之重大變革，其立法理由如下：

1. 按知識經濟時代，資訊發展一日千里，各種技術、產品生命週期將更為短期化，因此，發明人對於其發明迅速投入市場之需求，將大為殷切，現行新型審查制度下，專利申請案審查期間冗長、權利賦予時間延宕，實

⑯ 吉藤幸朔著，《專利法概說》，13 版，頁 702。

⑰ 參照王綉娟，〈新型專利制度之檢討〉，《智慧財產權月刊》，第 118 期，頁 13-14。

有必要修正，以因應知識經濟時代發展之腳步。

2.德國、日本、韓國等國專利法，皆就技術層次較低之新型專利，捨棄實體要件審查制，改採形式要件或基礎要件之審查，以達到早期賦予權利之需求。

㈡形式審查（速審）之特色

1.新型專利改採形式審查後，與發明專利須經實體審查不同，僅經形式審查。所謂形式審查，係指專利專責機關對於新型專利申請案，審查對象僅限於新型專利之形式要件，而不包括專利實質要件。

2.過去新型申請案原可準用發明專利申請案之處理，即專利機關得依申請或依職權通知申請人限期為面詢、實驗、補送模型或樣品、勘驗（92年專§108），但在新制之下，基於速審之理由，對於新型專利申請案不準用（專§120）。另刪除送達代理人之規定（專§111）。

二、引進新型專利技術報告制度

新型專利制度改採形式審查，不作實體要件之審查，俾提早賦予申請人專利權。在此種制度下，已註冊公告之權利是否滿足實體要件，原則上委由當事人加以判斷，惟因判斷權利有效性有賴高度之技術性與專門性知識，當事人之間極難判斷。因此為了提供權利人關於其新型專利權有效與否之資訊，以供其行使權利之參考，同時也為免除可能對行使權利之第三人予以不測之損害起見，宜有客觀之判斷資料，故新法特仿日本新型法（實用新案法）之實用新案技術評價書制度，引進所謂「新型專利技術報告制度」[18]。

在日本因申請案件為數眾多，應調查之先前技術，浩如淵海，如不限定發給報告書之機構或資格，或委由民間發給報告書，不免影響報告之公信力。因此規定該報告書應包含評價之客觀判斷資料，並由專利機關作成。任何人自公告時起，可隨時請求專利機關發給報告書，而且對此種申請，專利機關應儘早作成。

[18] 見91年行政院送立法院審議之專利法修正案總說明。

該報告書應按各請求項說明先前技術文獻，並參照先前技術文獻，針對權利之有效性加以評價。由於報告書本身作為客觀調查先前技術之結果，故對調查能力不充分或同一技術領域其他當事人，成為極有益之資訊。按日本之評價書係自先前技術文獻對專利權人構想（日文：考案）之有效性加以評價，惟不影響其權利之消長，並無權利義務變動之處分性，其法律上之性質乃近於鑑定⑲。由於新型技術報告有似鑑定意見書，成為法院將來判斷爭訟惟一依據之基礎，但本身又不能作為訴願之對象，如涉粗製濫造，影響當事人權益至鉅，故不但專利機關於人民聲請時，應儘速發給，且其內容與作成亦應有嚴謹之品質管制機制，否則難保不增加訟源與關係人之訟累。惜我新專利法對技術報告之實體內容並無規定⑳。

⑲ 日本對新型技術評價書之作成，訂有所謂指南 (guideline)，其內容可供我國制定施行細則之參考。其內容如下：

1.作成評價書之基本想法

應留意公平性、客觀性，迅速且確實予以作成。

2.評價對象

與請求進行技術評價之請求項有關之考案（構想）。

3.記　載

其記載內容應就調查範圍、評價、有關先前文獻及評價加以說明。評價按各請求項予以表示。評價之內容應表示是否有被評估為欠缺新穎性、進步性等之虞，如不能否認其可為註冊之客體時，應一併記載顯示一般技術水準之文獻。

4.資訊提供之處理

任何人均可提出出版物等先前技術。

參照特許廳總務部總務課工業所有權制度改正審議室編著，《改正特許法、實用新案法解說》（以下簡稱《特許廳改正實用新案法解說》），頁88。

⑳ 專利法施行細則規定：「新型專利技術報告應載明下列事項：……

五、技術報告申請日。

六、新型名稱。

七、專利權人姓名或名稱、住居所或營業所。

八、申請新型專利技術報告者之姓名或名稱。

九、委任專利代理人者，其姓名。

按南韓亦採取技術評價書制度，惟與日本不同，可謂為一種改良型，以適應自己國情。即任何人於新型專利註冊公告後三個月內，可向專利主管機關對該註冊提起異議，且新型技術評價書制度具有一種事後審查性質，專利主管機關依評價結果，對該專利是否具有新穎性、進步性（專利權有效或無效）進行實質判斷，亦即作出具有行政處分效力之決定。換言之，如符合專利要件時，作出「維持註冊決定」，如不符合，則作出「撤銷註冊決定」，此時不服之當事人可提起行政救濟㉑。

按南韓上述作法賦予技術評價書強大之法律效力，可增加新型專利權之公信力與安定性。惟亦有論者以為如賦予技術評價書之法律效力，易導致專利權人誤認此種評價書可強化其權利內容，不論實際有無需要，均申請發給，增加專利機關之業務負擔，可能使欲藉形式審查制減輕審查負擔的原意無法達成㉒。

十、專利審查人員姓名。

十一、國際專利分類。

十二、先前技術資料範圍。

十三、比對結果。」（專施 §44）

嗣智財局又訂有「新型專利技術報告作業規範」，並對報告之核發採取覆核制度，使其製作格式與國際同步。

㉑ 參照智財局委託「新型專利權採登記制」及「領證後異議制度之研究」可行性之研究期末報告（以下簡稱《新型專利報告》（89 年），頁 42）。

㉒ 參照《新型專利報告》，頁 124。智財局似已參考日本特許廳「技術評價書」基準訂定作成規範。惟余以為引進形式審查後，權利極欠缺安定性，即使申請此種報告書，助益亦不大，無法揮去權利人心中不安之陰影，依照國人之民族性，權利人不申請發給此種報告書乃不可能之事。試觀中國大陸改採新型形式審查後，亦採類似日本之「檢索評價報告」制度，但仍發生種種流弊，包括：

⑴被撤銷與無效宣告案件增加。

⑵大量假冒偽劣專利（例如抄襲外國專利或已公知公開產品），申請被核准專利，用來打擊競爭對手，擾亂市場。

濫用專利權向競爭對手提起侵權訴訟，使對手窮於應付，且此種濫用專利權之方法，對這種偽劣的專利權人，有利無弊。因如競爭對手提出專利無效成功，專利權人不由上可知在新專利法新型形式審查制度之下，申請人雖可快速取得專利權，但權利不穩定，可能隱藏申請人所知之先前技術，以後又不能取得有力之保障，並無太多實益，詳如後述。

三、不准專利之事由

新型專利審查形式要件究包括何種事項，事涉人民權益，專利法特參考日本實用新案法（§6 之 2）、韓國實用新案法 (§35II、§11、§12)、德國新型法 (§4、§8) 之立法例，於第 112 條規定不予專利之處分之事由如下：

一、新型非屬物品形狀、構造或組合者。

二、妨害公共秩序或善良風俗者。

三、說明書、申請專利範圍或圖式違反規定之揭露方式者。

四、違反一發明一申請。

五、說明書、申請專利範圍或圖式未揭露必要事項，或其揭露明顯不清楚者；係指形式上審查易於判斷具有明顯瑕疵，與審查發明申請案須依新法第 26 條實體審查發明說明及申請專利範圍之內容不同㉓。

六、修正，明顯超出申請時說明書、申請專利範圍或圖式所揭露之範圍者。因新型採形式審查，雖不進行實體審查，惟如修正明顯超出申請時之說明書、申請專利範圍或圖式所揭露之範圍，但為平衡申請人及社會公眾之利益，故增列為形式審查之項目。

四、有關申請之規定

1. 申請文件為：申請書、說明書、申請專利範圍、摘要及圖式。尤其

負民刑責任，如失敗，則對手會面臨侵權賠償。

⑶吃過虧的被告學乖了，以主動出擊代替被動挨打，將原本不具新穎性的新型也申請，進一步擾亂了專利技術市場。

⑷由於魚目混珠，良莠不齊，使公眾對專利制度產生誤解，充斥「專利無用論」。參照《新型專利報告》，頁 76 以下。

㉓ 新型專利採形式審查，無論通知陳述意見函或製作處分書均不具名。

申請新型專利應附圖式，與申請發明專利未必應備具圖式不同。

2. 申請日：為申請書、說明書、申請專利範圍及圖式齊備之日。

3. 於申請時原則應提出中文本。如未提出中文本，而先以外文本提出，如能於專利機關指定期間內或處分前補正中文本者，得以外文本提出之日為申請日（專 §106）。

五、刪除進步性之規定

100 年專利法刪除進步性之規定。按關於新型之進步性，92 年修法將舊法「新型係運用申請前既有之技術或知識，而為熟習該項技術者所顯能輕易完成且未能增進功效時，雖無前項所列情事，仍不得取得新型專利」（舊專 §98II），改為「新型為其所屬技術領域中具有通常知識者依申請前之先前技術顯能輕易完成時……」(92 年專 §94III)。因舊法新型進步性定有「增進功效」一語，而發明專利則無類似規定，致實務上產生不同解釋。惟發明與新型之區別在於技術創新程度之高低，其衡量難有客觀標準。自新型改為形式審查後，已無以往實務上創作性高低之爭議。故刪除「增進功效」，並以「顯能輕易完成」相區別（參考日本實用新案法 §3)。惟 100 年新法更將該條刪除。因認為申請新型專利，應具備新穎性、進步性及產業利用性，與發明專利並無不同，且其得主張優惠期，及所主張優惠期之事由，與發明專利之規定亦無二致，實無重複規定必要。

六、得依申請或依職權通知修正

100 年修法，改為得依申請或依職權通知修正。於第 109 條規定：「專利專責機關於形式審查新型專利時，得依申請或依職權通知申請人限期修正說明書、申請專利範圍或圖式。」其更張包括下列：

1. 刪除舊法申請人修正應於申請日起二個月內申請之限制。目的在使說明書、申請專利範圍及圖式內容更為完整，有助於審查。

2. 增列可依職權限期修正。因現行法雖僅申請人主動提出修正，惟實務上尚有依職權通知修正之情形。

3.說明書、申請專利範圍及圖式，以外文本提出者，其外文本不得修正。又補正之中文本，不得超出申請時外文本所揭露之範圍（專 §110）。

七、新型之分割

1.分割之依據

規定申請專利之新型，實質上為二個以上之新型時，可經專利機關通知，或據申請人申請，加以分割。

2.分割申請之期限

分割申請之期限為原申請案處分前，108 年修法後新增在核准處分書送達後三個月內可申請分割（專 §107）。

八、專利申請之准駁

(一)不准專利

專利機關為不予新型專利之處分前，參照行政程序法第 102 條規定，應予申請人陳述意見之機會，故規定不予新型專利之處分前，應先通知申請人，限期申復（專 §120 準用 §46II）。

(二)准予專利

申請專利之新型，經形式審查，認無不予專利之情事者，應予專利，並應將申請專利範圍及圖式公告之（專 §113）[24]。

(三)專利處分書

1.新型專利申請案經形式審查後，無論是否核准專利，均應作成處分書送達申請人。經形式審查不予專利者，處分書應備具理由（專 §111）。

2.申請人對於不准專利之處分如有不服，過去原與發明專利相同，可

---

[24] 處理新型專利形式審查人員，日後處理其經辦之新型專利案件無論技術報告之作成或舉發均無須迴避。（參照周仕筠，〈新型專利形式審查回顧與現況分析〉，《智慧財產權月刊》，第 80 期（94 年 8 月），頁 32。）據云現自申請日起 4 至 6 個月後可獲得核准處分通知，申請人於繳納第一年年費及證書費後之三十五天左右，即可獲得新型專利權。（參照同上，頁 33）

申請再審查，但此次修正認為無提起再審查之必要，不能申請再審查，只能逕提請願。

過去新型申請案原可準用發明專利申請案，專利機關得依申請或依職權通知申請人限期為面詢、實驗、補送模型、樣品之規定，但在新制之下，基於速審之理由，對於新型專利申請案亦不準用（專 §120）㉕。

九、新型專利之效力

(一)專利權之取得

申請案一經專利機關准予專利之處分，故申請人自審定書送達後三個月內繳納證書費及第一年年費後，始予公告並發證書。換言之，即以繳納證書費及第一年年費，作為取得專利權之要件。又「屆期未繳費者，不予公告，其專利權自始不存在（專 §120 準用 §52）。」

(二)新型專利權之內容

新型專利權人，除本法另有規定外，專有排除他人未經同意而製造、為販賣之要約、販賣、使用或為上述目的而進口該新型專利物品之權。

新型專利權範圍，以說明書所載之申請專利範圍為準，於解釋申請專利範圍時，並得審酌創作說明及圖式（專 §120 準用 §58）。

(三)新型專利之保護期間

昔日專利法新型專利權期限自申請日起算十二年屆滿。當時採實體審查，自提出申請至審查確定，約需二年，新型專利改採形式審查後，理應可大幅縮短審查時程，申請人可儘速取得新型專利權。又外國立法例，如韓國、大陸地區等，其新型專利權期限，係自申請日起算十年屆滿，日本

㉕ 新型技術報告之製作，是針對已完成登錄之新型專利，為了行使權利時有明確的依據，因此須與前案之間，作新穎性及進步性的判斷，無須再由審查官與申請人對申請案之可專利性進行討論，故無面詢的適用。如申請技術複雜難於理解時，審查官可就此部分要求申請人進行技術說明。另外，由於新型專利權人無法對審查官之審查意見申復，因此審查官更須對不明瞭的部分以合理的方式予以論述。參照《智慧財產權月刊》，第76期（94年4月），頁124。

為六年，德國為六年，可延長二年，惟延長以二次為限，故較我國十二年為短。因此92年專利法將新型專利權期限，修正為「自申請日起算十年屆滿」（92年專§101）至今（專§114）。

㈣新型專利權之行使

1.注意義務

新型專利權之取得，因未經實體審查，在未經實質要件審查即賦予權利之情形下，為防止權利人不當行使權利或濫用權利，致他人遭受不測之損害，故要求權利人審慎行使權利，亦即權利人行使權利負有高度之注意義務㉖。

2.提示新型專利技術報告之義務

新型專利改採形式審查後，固加速專利權之賦予，然因對專利要件不進行實體審查，其權利之有效性無法認定，且含有相當不安定性與不正確性。由於權利人亟需了解其權利在實體方面是否可通過專利新穎性、進步性之考驗，第三人亦需了解專利權人權利確實性之程度，此不但為洽談授權或買賣之際重要考慮因素，亦為避免負擔侵害他人權利責任所必要。尤其於被主張或訴追侵害專利權時，更係採取防衛策略或談判和解之重要依據㉗。若新型專利權人利用此一不確定的權利不當行使（包括訴追他人侵害專利，甚至向第三人（競爭人）要脅或勒索時），則影響專利制度之信用

㉖ 依日本實用新案法第29條之3規定，行使權利時提示技術評價書進行警告，與「盡相當注意」兩者間為“and”的關係。所謂「其他盡相當的注意行使」，係指除了審查官在新型專利科技報告所載之文獻檢索範圍以外，如經一般常識可得知某技術領域與該新型專利案相關，須注意在該技術領域中是否有未被檢索到的相關前案。例如某新型專利案與A、B、C三個技術領域相關，審查官僅就A與B領域進行檢索，申請人應自行注意C領域中是否仍有未被審查官檢索出之相關前案，但我國專利法並無相同規定。

㉗ 新型技術報告可作為提出警告的要件及商業上推廣手法，此報告宜於下列時間申請：1.推廣商業上用途時。2.疑似被侵害，須對對方發出警告信函之前。若發現自己疑似侵害他人新型專利權時，也許對他人新型專利提起舉發，使對方專利權無效或調整範圍。如無法避開他人新型專利時，則可與對方進行授權談判或更動自己產品的設計。

至巨，對第三人之技術利用及研發亦帶來莫大危險。為了抑制權利之濫用，避免對第三人予以不測之損害起見，日本實用新案法規定權利人應提示有關專利有效性主觀判斷資料之技術評價書為警告後，始能行使權利（日實§29之2)。即權利人於行使權利時，負有提示技術評價書之義務，俾其慎重行使權利。我92年專利法亦仿日本立法例規定：「新型專利權人行使新型專利權時，應提示新型專利技術報告進行警告」(92年專§104，專§106)。惟因法條意義未盡明確。民國102年修正專利法，將該條改為「如未提示新型專利技術報告，不得進行警告」。即專利權人（專屬被授權人亦然）行使權利時，應提示新型專利技術報告，作為權利有效性之客觀判斷資料，以進行警告。此報告之提示係權利行使之先決條件，權利人並無選擇是否提示之自由。如其不提示技術報告，而為警告或其他權利請求時，可解為與有效之權利行使不相當。立法目的，並非限制權利人訴訟權利，僅係防止其濫用權利。

惟提示技術報告並非提起訴訟之前提要件。如新型權利人未提示新型專利技術報告，提起民事侵權損害賠償訴訟時，法院不得逕以專利權人在第一時間未提示報告為理由即駁回其訴，只是訴訟之提起與不提示為警告相同，不能認為有效之權利行使，從而不能准許權利人之停止侵權請求及損害賠償請求[28]。

當然如所提報告，顯示不符實體要件時，相對人自可提出抗辯，拒絕其權利之主張，亦可提出舉發，以撤銷其專利權[29]，固不待言。

十、對第三人之賠償責任

1.如上所述，新型專利權人行使權利負有高度之注意義務，如其行使權利後，該新型專利遭到撤銷，似應認為違反注意義務[30]，而應對他人因

---

[28] 前揭《特許廳改正實用新案法解說》，頁93。

[29] 同一件新型專利案被舉發且被申請發給技術報告時，智財局於製作新型專利技術報告時，應考慮該專利案是否被舉發，並將舉發案中所提示之證據加以審酌。惟在實務上無法待舉發結果確定後再行核發，而可能於舉發審定前先行核發。

此所受損害，負賠償責任，始屬合理。惟民法侵權行為之成立要件須有違法性（侵害權利）、發生損害、故意或過失。如新型專利權人行使權利後，權利被撤銷而歸無效時，因權利人單純行使此有瑕疵之權利之行為欠缺違法性，尚難成立侵權行為。如此一來，對行使有瑕疵之權利所致之損害難於救濟，對第三人之保護有欠周之虞。因此，對於基於無效權利所提起之訴訟，有將權利人之行使權利行為定為違法之必要。故日本實用新案法規定此時只要權利人不能證明自己無過失，即須負損害賠償責任。換言之，為免被害人證明該行使無效權利之權利人過失之困難，將舉證責任加以轉換，權利人原則負賠償責任。如要主張免責，須證明基於實用新案技術評價書行使權利，或曾警告或其他以相當注意行使權利。為了做此種舉證，有賴聲請技術評價書，自己調查及鑑定等確保權利有效性之行為。如權利人能如此舉證，始不負賠償責任（日實 §119 之 3）。

我國 92 年修正專利法，仿日本上開實用新案法規定，規定「新型專利權人之專利權遭撤銷時，就其於撤銷前，對他人因行使新型專利權所致損害，應負賠償之責，但新型專利權人如係基於新型專利技術報告之內容或已盡相當注意而行使權利者，推定為無過失（專 §105）。」惟該條規定為推定權利人無過失，與日本規定不負責任文義有異，故即使權利人如此舉證，被害人尚可舉出反證以推翻其推定。

2. 100 年專利法修正，將第 117 條改為：「新型專利權人之專利權遭撤銷時，就其於撤銷前，因行使專利權所致他人之損害，應負賠償責任。但其係基於新型專利技術報告之內容，且已盡相當之注意者，不在此限。」即舊法只須係基於新型專利技術報告之內容，或已盡相當之注意，二者有其一即可免責，而新法則加重權利人之責任，免責要件除係基於新型專利技術報告之內容外，尚須已盡相當之注意，不可不察。其修正理由為：(1)為防止權利人權利之不當行使或濫用，使他人遭受不測之損害。(2)現行法第 2 項規定，往往使新型專利權人誤以為即使欠缺新型專利技術報告亦可僅基於形式審查之新型專利直接主張權利；或認為只須取得新型專利技術

[30] 前揭《特許廳改正實用新案法解說》，頁 96。

報告，即可行使新型專利權，而不須盡相當注意義務，影響第三人之技術研發與利用，甚至影響交易安全。⑶新型專利技術報告即使比對結果，無法發現足以否定其新穎性等專利要件之先前技術文獻，仍無法排除新型專利權人以未見諸文獻，但為業界所習知之技術，申請新型專利之可能。由於新型專利權人對其新型來源較專利機關熟悉，故除要求其行使權利應基於新型專利技術報告之內容外，並要求其盡相當之注意義務，以期周延。（參照該條立法說明）

注意：

1. 專利權人倘非基於技術報告之內容行使權利，或未能舉證曾以相當注意行使權利，則應負損害賠償責任。亦即權利人倘要免責，應證明已以相當注意行使權利。

2. 技術報告只是已盡相當注意之著例，其無過失之證明並不以此為限。即自己調查及鑑定等亦包含在內。惟被害人可對此提出反證加以推翻，例如所徵詢之專業人士專業程度不足等。

3. 由於報告書制度之立法旨趣，在使專利權人能活用報告書作為判斷專利權有效性之有力手段。故例如基於報告書上之評價（除評價為不能成為註冊客體外）行使權利後，在報告書之調查範圍內，若被對方提出新證據，致專利權人之專利權被撤銷歸於無效時，專利權人就提出該證據以前所為之行為，原則上不負過失責任[31]。

4. 但如專利權人在取得報告書以前，已知悉該專利權成為無效原因之公知文獻等特殊情事時，儘管報告之評價並不否定該發明可為註冊之客體，但基於此種評價之權利行使行為，專利權人仍不能免予賠償責任。

5. 專利權人由於他人提出不在報告書調查對象之文獻，或由於公知、公開技術等原因成為無效時，專利權人是否已盡相當注意之問題，應就包含該文獻或公知、公用技術等，有無作必要範圍之調查以及有關當事人雙方有無利用鑑定……等情事，具體的加以判斷[32]。

---

[31] 前揭《特許廳改正實用新案法解說》，頁98。

[32] 同[31]。

6. 此外須注意者，我法條只規定新型專利權人，日本則用權利人字樣，其意除專利權人外，尚包含專屬被授權人在內，我國法上似亦應為相同之解讀，以免範圍過狹，不足以保護第三人。

7. 又因申請此種報告可能耗費時日，其間若有緊急狀況，需迅速行使權利，防止損害之擴大，此時若仍要求專利權人須俟取得技術報告後，始能行使權利，不符實際，且對權利人之權益易造成不測之損害。依 92 年修法該條之立法說明稱：若新型專利權人已盡相當之注意義務，例如：在審慎徵詢過相關專業人士（律師、專業人士、專利代理人）之意見，對其權利內容有相當之確信後，始行使權利時，似不宜課以責任云云。余意我國尚無專利律師制度，又專利代理人素質亦難保良莠不齊，故即使新型專利權人在行使權利前，曾徵詢過此等人士意見，但是否即當然認為已無過失，似非無研議餘地。余意被害人似仍可針對被徵詢人士之專業水準加以攻擊，例如證明其專業能力、所受專業訓練不足或欠缺等，以推翻此種推定。

十一、第三人之保護

1. 任何人均得申請新型專利技術報告

由於新型專利技術報告在功能上具有公眾審查之性質，從而不應限制申請發給技術報告之人之資格，而應使任何人（此處所謂任何人，解釋上包含專利申請人在內，惟何以申請技術報告須在新型專利領證公告後方能為之？專利申請人可否於申請新型專利同時或於公告前申請？似可斟酌。）皆可向專利機關申請，以釐清該新型專利是否合於專利要件之疑義。故 92 年專利法第 103 條第 1 項規定申請專利之新型經公告後，任何人得就所列情事向專利機關申請新型專利技術報告；專利機關對之應就本項規定之所有事由作成技術報告，不受申請人指定條款之拘束。惟其文義未能充分表達上開立法意旨。100 年修法，為期明確，除維持該規定外（專 §115I），並規定專利機關對之應就該第 115 條第 4 項規定之所有事由作成技術報告，不受申請人指定條款之拘束。惟鑒於日本、韓國及大陸地區專利機關，僅依其資料庫之資料作成技術報告，故明定專利機關應審酌之事由或技術報告比對之事項僅限於申請前已見於刊物之資訊，而不包括申請前已公開使用之情形（專§115IV）[33]。

2. 惟新型專利技術報告在性質上係屬機關所出不具拘束力之報告，並非行政處分，僅作為關係人權利行使或技術利用之參酌[34]。因此即使從技術評價認為其新穎性、進步性等實體要件有被否定之虞，但在正式依撤銷程序撤銷其新型專利註冊前，仍不能否定該權利之有效性。又任何人認為該新型專利有不應核准專利之事由時，可依專利法規定提起舉發，撤銷該新型專利權。惟與舉發之程序相同，日後被撤銷之權利人與在撤銷前對權利人賠償之第三人，並不得申請國家賠償。

3. 新型專利技術報告經申請後，專利機關應將申請之事實，刊載於專利公報，使相關利害關係人適時知悉。又專利機關應指定專利審查人員作成新型專利技術報告，並具名，以示負責[35]。

4. 如申請此項新型專利技術報告之人敘明有非專利權人為商業上之實

[33] 即刪除92年專利法第94條第1項第2款規定為作成技術報告之事由。

[34] 智財局依申請作出第一份新型專利技術報告後，若有人再申請重新製作新型專利技術報告者，再製作之第二份技術報告，可能因檢索期間不同（例如發現其他未經檢索之公開或公告之專利資料）、發現未經斟酌之公開資料或因專利說明書更正，以致評估之基礎與第一次不同，在此情況下，僅就先前未檢索或未斟酌之資料再進行評估；如申請新型之說明書經更正確定，以更正後之申請專利範圍為評估基礎。除此之外，原則上不會作不同之認定。

[35] 當不同時間點所申請之新型專利技術報告評價結果不同時，一般以製作時間較晚（較新）之技術報告為準，例如在先前申請的技術報告中，其評價結果對專利權人較為有利，但其後製作的技術報告，由於參照關聯性較高的前案文獻，致評價結果對專利權人較為不利時，專利權人在行使權利時，應以在後製作之技術報告作為行使權利之依據。參照《智慧財產權月刊》，第76期（94年4月），頁126。當不同時點所申請之新型專利技術報告評價結果不同時，日本並不通知原權利人，然因評價結果不同，往往會伴隨權利關係之改變，為保障相關關係人之權益，在實務上宜有補救或告知措施。日本2006年4月實施之新實用新案法，已對此點加以補救，亦規定當有人對於已製作技術報告書之新型專利再提出技術報告書之製作申請時，須將評價結果告知先前新型專利技術報告之申請人。參照前揭月刊，頁127。

施，並檢附有關證明文件者[36]，專利機關應於六個月內完成新型專利技術報告（專 §115V）。

5.新型專利權當然消滅後，與其權利相關之損害賠償請求權、不當得利請求權等，仍有可能發生或存在，因此行使此等權利時，亦有必要參考新型專利技術報告為之，故專利法明定即使新型專利權當然消滅後，任何人仍得申請專利機關發給專利技術報告（專 §115VI）。

6.新型專利技術報告於申請後不得撤回。此乃因新型專利技術報告之申請，必須將其事實刊載於專利公報，為保護利害關係人之權益，故明定對於新型專利技術報告之申請，不得撤回（專 §115VII）。

7.專利機關作成第一份技術報告後，他人再申請製作，如主張相關專利前案資料或新型專利權人有更正情事，致評估基礎與第一次技術報告不同時，專利機關會就申請人主張之基礎進行比對，而製作第二份技術報告，惟若與先前報告內容不同時，會將比對結果通知所有先前報告之申請人[37]。

十二、民國 108 年新法下更正案之處理

㈠限制新型專利更正申請之時點

專利法對新型專利提出更正申請時間原無限制。108 年修法為避免延宕，除有遲滯審查之虞或其他證據已臻明確之情形外，在舉發審理中提出更正須限於：1.有新型專利技術報告申請（本人或第三人）案件受理中。2.有訴訟案件（民事訴訟（專利侵權訴訟）與行政訴訟）繫屬中 (§118)。

㈡新型舉發案件審查期間，同時有更正案繫屬之處理

新型專利案件既僅經形式審查即可核准專利權，則其更正案，原則上進行形式審查即為已足。惟於新型舉發案件審查期間，同時有更正案繫屬時，因雙方有專利權實體爭議，且更正案多成為舉發人與專利權人攻擊防禦方法，故應由舉發案之審查人員併同更正案，以實質審查方式合併審查，

[36] 所謂檢附有關證明文件，係指專利權人對為商業上實施之非專利權人之書面通知、廣告目錄或其他商業上實施事實之書面資料（專施 §43）。

[37] 智慧財產局，《專利法逐條釋義》，頁 349 以下。

其核准更正與否亦與舉發案合併作成。惟應先就更正案審查，不准更正者，應通知專利權人限期申復。

㈢新型專利之更正，應注意「不得超出申請時說明書、申請專利範圍或圖式所揭露之範圍」且「不得實質擴大或變更公告時之申請專利範圍」等實體要件，否則將構成舉發撤銷之事由。

十三、新型改採形式審查後，與發明專利的比較

㈠優 點

審查不需通過新穎性、進步性的實體審查，可很快取得權利（約五個月），規費便宜許多。

㈡缺 點

1.權利行使受到限制

因為新型專利申請並未通過新穎性、進步性的實體審查，權利是否確屬有效尚屬未定，為防止新型專利權人隨便行使權利，對市場秩序造成不當損害，故專利法規定，新型專利權人欲進行警告或提起訴訟時，需提示新型專利技術報告書。

2.新型專利技術報告對權利人較為不利

新型專利技術報告，不屬於行政處分，僅屬於智財局提供有無類似前案的意見書，審查不如發明專利實體審查嚴謹，也無法提起行政救濟。惟即使報告書評價內容欠佳，並不致撤銷該新型專利權，不像發明專利有許多答辯補正機會。

3.缺陷補救難度高

發明專利雖審查時間長，但撰寫有缺陷或新穎性、進步性不足時，可透過規定較為寬鬆的「修正」修改請求項、說明書、圖式。若發現時間早，還有機會將申請案撤回重新申請。

新型雖可依職權或依申請修正，但由於新型專利很快核准公告，恐往往只能進行嚴格的「更正」，對專利權人較為不利。而且公告後，無法重新申請。

4.形象欠佳

由於新型專利並未通過嚴謹審查，不少新穎性、進步性、品質有問題的案件混跡其間，致形象不如發明專利，被認為價值不高，對於需營造研發能力卓越形象的公司，並非理想的選擇。

由於近年發明專利審查速度越來越快，初審意見通知於五個月的案件越來越多，而且發明專利、新型專利的新穎性、進步性的審查標準出入不大，以致近幾年來新型專利申請件數似在下滑[38]。

十四、新型專利權之舉發與撤銷

㈠ 100 年專利法規定新型專利舉發之事由如次：

1.非物品之形狀、構造或組合之創作。

2.妨害公共秩序或善良風俗。

3.改請後之申請案超出原申請案申請時說明書、申請專利範圍或圖式所揭露之範圍。

4.補正之中文本超出申請時外文本所揭露之範圍。

5.與申請在先而在其申請後始公開或公告之發明或新型專利申請案所附說明書、申請專利範圍或圖式所載內容相同。

6.說明書未充分揭露，使所屬技術領域中具有通常知識者不能瞭解實現。

7.違反先聲請主義後聲請者。

8.分割後之申請案超出原申請案申請時說明書、申請專利範圍或圖式所揭露之範圍 (§119I ①)。

又增訂以下舉發之事由 (§119)：

1.分割後之申請案超出原申請案申請時所揭露之範圍（違反修正條文 §120 準用 §34IV)。

2.補正之中文本超出申請時外文本所揭露之範圍 (§110II)。

3.誤譯之訂正，超出申請時外文本所揭露之範圍（§120 準用 §44III)。

[38] 參照吳宗融專利師網路上文章。

4.改請後之申請案超出原申請案申請時所揭露之範圍 (§108III)。

5.更正超出申請時所揭露之範圍。

6.更正時誤譯之訂正超出申請時外文本所揭露之範圍。

7.更正實質擴大或變更公告時之申請專利範圍（§120 準用 §67II、III、IV）。

8.專利權人所屬國家對中華民國國民申請專利不予受理者　(§119I ②)。

9.違反共有人全體申請　，或新型專利權人為非新型專利申請權者　(§119I ③)。

㈡新型專利權得提起舉發情事之有無，依其核准處分時之規定。但例外上述 1.、 3.～ 7.各種，則依舉發時之規定 (§119III)。

㈢於茲有應注意者，新型專利權由非真正專利申請權人提出申請，或未由共同申請權人提出申請時，僅限於有利害關係之人，始得提出舉發；至其餘原因，則任何人均可提出舉發。又舉發之審查，需指定專利審查人員為之，且應於審定書具名 (§119IV)，而與發明專利權相同。

十五、準用事項之刪除與增訂

108 年專利法第 120 條除刪除許多準用事項外，增訂準用主要事項如下：

1.新型專利申請案之專利要件及擬制喪失新穎性　(準用修正條文 §22 及 §23 規定)。因有關申請新型專利，應具備新穎性、進步性及產業利用性之專利要件，得主張優惠期，主張優惠期之事由，擬制喪失新穎性之規定，性質上與發明專利並無二致。

2.分割案援用原申請案之申請日及其內容不得超出原申請案所揭露之範圍（準用修正條文 §34III 及 IV 規定）。

3.修正不得超出原申請案所揭露之範圍、修正期間之限制及誤譯之訂正不得超出外文本所揭露之範圍(準用修正條文 §43II、III 及 §44III 規定)。

4.為不予專利之處分前應通知申請人限期申復　(準用修正條文 §46II

規定）。

5. 審定應予專利之新型應繳納證書費及第一年年費後始予公告、自公告日給予新型專利權及非因故意逾限得申請補繳之規定（準用修正條文§52I、II及IV規定）。

6. 新型專利權範圍之解釋（準用修正條文§58I、II、IV及V規定）。

7. 配合再授權規定之增訂（準用修正條文§63規定）。

8. 配合舉發相關規定之修正，增訂準用舉發申請書應記載事項、得部分提起、舉發聲明不得變更或追加及補提理由及證據等、依職權探知、舉發期間更正案之合併審查、同一專利權有多件舉發案得合併審查、舉發撤回之規定（準用修正條文§73、75、77、78、80規定）。

9. 依本法應公開、公告之事項得以電子方式為之（準用修正條文§86規定）。

10. 強制授權部分（準用修正條文§87至§91規定）。

第十七章　設計專利（新式樣）

第一節　設計專利（新式樣）保護之歷史演進

現代國家皆對產品之外觀設計加以法律保護，我國專利法一向稱為新式樣，民國 100 年修法改稱設計專利。為期對設計專利制度有較深入了解，有先探討其歷史演進之必要。

人類對於產品之外觀設計即新式樣（日本稱為意匠）以法律加以保護，早在中世紀歐洲之佛羅倫斯共和國已經開始，可稱為新式樣之發源地[1]。在 15 世紀在布魯塞爾已有戈普蘭毛氈之規則。

在法國方面，自 18 世紀開始，里昂之絹織物甚為有名。法國於是自 1712 年起建立了新式樣保護制度，以命令禁止盜用新式樣。此命令之效力雖限於里昂市，但路易十六以 1787 年 7 月 14 日之法律擬將新式樣之保護擴大至法國全境，但因里昂業者反對，未及實施。但此法律予以十五年或六年之獨占權，且須將新式樣或其樣本寄存並公開之點，影響後世之立法。不久由於法國大革命，同業公會與獨占權被廢止，絹織物業界亦變成無政府狀態。1793 年法國制定著作權法，新式樣是否受保護成為討論之問題。即新式樣之法律保護在法國經歷了由不完備至完備，由地方至中央的發展過程。在相當長的一段時期，法國的新式樣是作為藝術作品之一種，由著作權法間接加以保護。後來里昂絹織物業者向拿破崙請願制定特別法，於是法國於 1806 年 3 月 18 日頒布了第一部保護新式樣之法律。依該法律向勞工法院寄存，其保護可分附期限或無期限。此法律最初只適用於里昂之絹織物，後來擴大至法國全境，其對象亦逐漸及於毛氈及其他一切新式樣。

[1] 王家福、夏叔華著，《專利法基礎》，頁 66。

在英國，於1787年制定最早之新式樣法律，對亞麻布、棉製品等之新式樣予以二個月期間之保護，1794年之法律將其延長為三年。1839年將保護範圍擴大至金屬製品等物，保護期間原則為一年。1842年法律將保護對象擴大及於所有產品或物質之新穎裝飾性新式樣，保護期間原則為三年，1883年之專利新式樣商標法 (Patents, Designs and Trade Marks Act) 廢除裝飾性新式樣與實用新式樣即新型之區別，將所有設計作為新式樣加以保護，且新式樣之存續期間亦改為五年。1949年之登錄新式樣法 (Registered Designs Act) 與專利法分離。又1968年制定新式樣著作權法 (Design Copyright Act)，對在工業上實施美術著作物之人，予以十五年之著作權保護。

在德國方面，於1876年施行新式樣與雛形之著作權法。美國於1842年，西班牙於1884年對新式樣加以保護。在法國據云1909年7月1日之法律為現行法，但1792年關於文學藝術財產權之法律對新式樣亦有適用❷。日本亦於1888年起對新式樣加以保護。1883年保護工業財產權之巴黎同盟成立，在公約中將新式樣納入工業財產權之保護範圍。1925年在海牙簽訂了「工業品外觀設計國際保護海牙協定」，建立了新式樣國際申請聯盟。1958年在里斯本修訂巴黎公約，特別增訂條款，規定「新式樣在本聯盟一切成員國都應受到保護」，從而更加速新式樣國際合作之推動。

各國新式樣保護制度之起源與沿革出入甚大，故法制之內容與形式亦因而有異，巴黎公約因無法調整締約國間相互之新式樣概念與保護制度之不同，結果只作「新式樣由所有同盟國加以保護」之形式規定，就實質保護對象與保護形式委由各國立法加以決定。

新式樣之保護，各國立法有採專利導向 (approach) 者，亦有採著作權導向 (approach) 者，所謂專利導向乃重視新式樣在產業上之利用價值，將新式樣保護制度作為專利權等工業財產權保護制度之一環之立法主義，例如美國專利法下之新式樣與專利權相同，採取申請與審查制度。反之，著作權導向則將新式樣認為著作權法之一部或其延長之法律；此主義重視創

❷ 豐崎光衛著，《工業所有權法》（新版），頁24。

作性與美感性。法國似為著作權導向，而英國則受到雙方立法主義之影響❸。又新式樣保護之方式又可分為二種，即審查是否具備註冊之實體要件後，對於通過者予以註冊之法制，與就實體要件不審查即予以註冊（或寄託）之法制，前者稱為審查主義，後者稱為無審查主義❹。

我國自專利法實施起即有新式樣專利制度。民國 100 年修正專利法將新式樣改稱為設計專利，並將制度整體配套規劃修正。包括開放設計專利關於部分設計、電腦圖像及使用者圖形介面設計 (Icons & GUI)、成組物品設計之申請；新增衍生設計制度，並廢止聯合新式樣制度（專 §121、§127、§129），詳如後述。

---

❸ 中川淳監修、松村信夫著，《Q&A 意匠法入門》，頁 3。

❹ 關於外國設計專利發展近況，可參照葉雪美，〈解析美國設計專利侵害認定檢測的發展與應用——從美國 Gorham 案例談到 Egyptian 案例〉，《智慧財產權月刊》，第 157 期（101 年 1 月），頁 5 以下。徐銘夆、張玉玫，〈韓國近期設計保護制度改革及動態介紹〉，《智慧財產權月刊》，第 157 期（101 年 1 月），頁 67 以下。《專利法制與實務論文集》（95 年）。

ARGYLE chair by Charles R. Mackintosh
"Cassina I Maestri" collection
Photographed by Mario Carrieri
Courtesy of Cassina S. P. A.

圖 17–1　設計發明品～ARGYLE chair（飛燕椅）

Courtesy of OMK Design

圖 17–2　設計發明品～TRAX

Courtesy of John Makepeace Ltd.

圖 17–3　設計發明品～Millennium 3

第二節　設計專利之功能

產業革命後，自手工業轉變為工廠生產，大量產品在國內市場與國際市場競爭，產品之外觀設計（設計或新式樣）所扮演之角色飛躍增加，在擴大市場占有率與行銷戰略上均不可欠缺，在產業社會占了重要地位。產品設計之優劣足以影響其銷路與銷量，因產品之品質與效能須經某程度使用，始能了解，即受到時間之限制，而設計乃透過美的訴求，直接影響消費者的選擇，足以提高產品價值，其重要性絕不亞於產品本身之品質與效能，甚至更有過之而無不及❺。尤其隨著產業之發展與社會生活之變遷，消費水準之提高，設計提高產品價值之作用亦更形增加，故各國對於設計亦更加重視，以立法加以保障。

但因存有設計之物品外觀極易被他人模仿，愈是優秀之設計，此種危險性亦愈大，且設計易受流行風尚所左右，未必有規則性之發展，其創作之思考力與發明或新型性質不同，其生命週期一般亦較短暫，故為了保護創作人不受他人模仿，防止市場混亂，確立市場秩序起見，有針對與發明、新型不同之特性，確立設計保護制度之必要。

近代產業社會消費財與生產財均體認設計具有高度附加價值，而提出申請，且一個產品中，發明、新型、設計集合申請之例亦屢見不鮮。例如以國際保護為目的之巴黎公約即經數次修正，逐漸擴大設計之保護範圍。

第三節　設計專利之意義與要件

關於設計專利（設計）之概念，從來眾說紛紜，我國舊專利法第 111 條原規定：「凡對於物品之形狀、花紋、色彩首先創作適於美感之新式樣者，得依本法申請專利。」嗣專利法第 106 條第 1 項改為：「稱新式樣者，謂對

❺　「設計是使它自己變成有用的藝術 (Design is art that makes itself useful.)」（譯自 1984 年慕尼黑藝術博物館新展品海報）。

物品之形狀、花紋、色彩或其結合之創作。」92 年再修正之專利法第 109 條第 1 項文字亦幾乎雷同。100 年專利法修正，於第 121 條第 1 項明定：「設計，指對物品之全部或部分之形狀、花紋、色彩或其結合，透過視覺訴求之創作。」將「新式樣」一詞修正為「設計」。

茲將設計專利之概念與要件分析於次：

一、設計專利保護產品之外觀而非功能

設計專利是授予產品裝飾性外觀的法律保護形式，是一種工業品外觀設計權。它保護發明品的裝飾外觀而非發明的功能 (ornamental appearance of an invention, not how the invention functions)，而表現在整個物品或其一部上。設計的裝飾性外觀須非單純基於功能或機械之必要 (necessity of functional or mechanical requirements)。如某設計乃出於物品使用上之需要時，則不能作為設計專利之標的。惟如有數種方法可達到某物品之功能時，則物品之該設計比較可能被接受用於主要裝飾之目的，而可專利。因此倘功能性物品之形狀或表面配置並非出於該物品功能之要求時 (if not dictated by the function of the object)，則仍可受到設計專利之保護。但設計專利與發明及新型專利之界線有時可能模糊，尤其如產品之外觀也是它的功能所在，例如裝飾性物件之外觀，諸如窗戶裝飾（含窗簾、百葉窗）時為然。設計與發明及新型專利（後二者又合稱功能專利 (utility patent)）之基本差異在於設計專利是重在 “How it looks”（看起來如何），而功能專利則著重 “How it works”（如何運作）。設計專利並非利用自然法則，此點與發明專利及新型專利不同，而與美術著作物近似。

發明人如擔心競爭者抄襲其觀念之外觀，則申請設計專利，如為了保護觀念之功能特性，則申請發明或新型。如發明含有符合外觀與功能兩種專利之因素，尤其當設計是功能不可分之一部時，則兩者都申請，以加強其法律上之保護。

設計專利之例子有珠寶、汽車、傢俱（如 IKEA 椅子）、衣服、飲料容器、包裝、Keith Haring 壁紙、Manolo Blahnik 鞋子、電腦圖像（如 emojis）

等。時尚業常有許多設計專利。有名設計專利之物品，諸如可口可樂形狀特殊的瓶子與 Oakley 牌子不同形狀的太陽眼鏡。但太陽眼鏡上的符號或任何花樣受商標而非專利的保護。繪畫不是功能性物品而受著作權保護。襯衫的特殊款式或圖畫也受著作權保護。雖然設計專利與著作權皆包含物品的美的特性，但著作權通常針對繪畫與雕塑之類非功能性物品。但有特殊的領子或袖子的襯衫，有可能取得設計專利。在著作權，獨立創作乃侵害權利之一種抗辯，但在設計專利則不然。無意抄襲，自一個現存設計專利保護的物品獨立設計，可能仍成立該設計專利之侵害。不過設計專利較易由於改變競爭產品的整體外觀而迴避他人的專利。

設計專利仰賴多套繪圖，展現設計本身與專利的描述及專利申請範圍，較少用文字，基本上由設計本身展現 (The design, in essence, speaks for itself.)。許多人申請功能與設計專利二者，因申請設計專利費用低（美國設計專利更不收維持費（年費）），且較易與較快通過。

二、設計專利不能離開物品，除動產外，亦可兼及於不動產

申請專利之設計必須具備視覺性，因此須具備物品性。此處所稱之物品性，指申請專利之設計必須是應用於物品外觀之具體設計，亦即設計所施予之物品必須為具有三度空間實體形狀之有體物。

設計係針對物品之外觀，故與物品有不可分離之關係。所謂物品，原則上必須為有體物，能被一般消費者作為獨立交易之客體，且為動產，又可大量生產者。日本意匠法保護對象之物品原限於動產，不包括建築物等不動產。但近年來越來越多的店面設計展現了獨特的創意，藉由建築物的外觀以及內部裝潢創造或增進了品牌的價值，這方面紛爭過去只能按不正競爭法處理。因此近年修法，將建築物的外觀及內裝都納入了意匠（設計專利）的保護對象。因此在日本不動產如可量產且可搬運者，如組合房屋、流動廁所、露營用的簡單小屋 (bungalow)、電話亭、郵筒之類，亦可成為設計專利之客體。我國專利法在解釋上似亦應採類似態度。即設計專利之物品，不必太拘泥於民法上動產與不動產之概念，而應自設計專利制度之

目的，自社會交易必要之觀點來解釋，從而空氣、熱或光之類能源及磁氣等，在社會通念上雖不能認為物品，但花式煙火本身則可認為物品。又船舶及飛機，不問在法律上如何處理，可認為設計專利之物品❻。又半成品及物品之一部，其本身如成為交易對象者，亦同。

由於近年電腦與網路之發達，產生許多新領域，如雷射動畫、電腦動畫、多媒體設計、數位內容設計等新型態之精神產物，這些新型態設計產品生命週期短，市場又瞬息多變，由於現行法制趕不上時代，甚難獲得法律保障，但其潛在財產價值無窮，為了提升我國文創產業在國際上競爭力，必須澈底檢討有關法制❼。

100年新專利法為配合國內產業政策及國際設計保護趨勢之需要，增訂應用於物品之電腦圖像及圖形化使用者介面亦得依本法申請設計專利。所謂電腦圖像（computer-generated icons，簡稱 Icons）與圖形化使用者介面 (Graphical User Interface, GUI) 係暫時顯現於電腦螢幕，且具有視覺效果之二度空間圖像 (two dimensional image)，由於無法如包裝紙與布匹上之圖

❻ 有人以為：「……物品之施予成為申請之要件，……然而……面對新技術不斷地應用於物品而成為新的物品，……如農藝、生物或化工、材料科技之產品，不僅技術具創意，造形亦因其多變而不斷創新，……導致許多原屬著作權標的之美術著作經一定比例之量產手段，成為半手工、半機械之成品，如藤椅、草蓆、藝術畫框等等商品，這些……很多不符美術著作之原件規定，如果新式樣亦因其物品性要件而不加以保護，該類……將成為設計保護之遺珠，……因此從寬解釋物品性……，應是公平合理的，……只要設計所施予對象是有體物，設計具有非純手工之再現性，且非消耗性物品之造形於使用後得以回復原狀者，皆可合於物品性要件，……例如朝開夕合之生物花朵、記憶金屬應用物品，又如美國之噴泉水花設計……，其應用之載體為一些有體管路，……設計既然涵蓋諸多領域……只要不是如空氣煙霧等觸摸不到之載體，且合於其他再現性等等物品性要件，皆應可作為新式樣施予之載體。」參照童沈源，〈新式樣專利侵權訴訟案例實務研討〉一文，載於《96 專利侵權實務研討會講義資料暨論文集》，頁 211 以下。

❼ 葉哲維，〈專利法修正後設計專利所面臨的重點議題〉，《智慧財產權月刊》，第 150 期（100 年 6 月）。

像及花紋，能恆常顯現於所實施之物品上，且不具備三度空間特定形態，在舊法下，無法成為設計專利保護之標的。惟近年來由於資訊技術之進步，Icons 與 GUI 已應用在許多消費性電子產品❽、電腦、通訊產品上，為螢幕操作不可或缺的有用圖像符號，成為易於親近、識別與操作之電子介面圖像，致 GUI 及 Icons 的設計日受重視。美國首先於 1996 年開放圖像設計的專利保護，稱為「電腦產生之圖像」，日本亦於 2006 年之意匠法將「包含圖像之意匠」列入保護，韓國、歐盟等為強化產業競爭力，亦多已開放此兩者之設計保護。鑒於我國相關產業利用開發電子顯示之消費性電子產品、電腦與資訊、通訊產品之能力已趨成熟，而電腦圖像或圖形化使用者介面與上述產品之使用與操作，有密不可分之關係，故專利法特作此變革。

❽ 有人指出：「近年來『消費性電子產品簡單、易用的特性，改善了人們的工作與生活方式』，由隨身碟、筆記型電腦、移動式多媒體播放機 (Portable Multimedia Player)、具電視接收功能的手機、具 PDA 功能的手錶、具無線傳輸功能之數位相機等的可攜式電子產品以及車用消費性電子產品的發展，顯示出，除了藉由數位化整合豐富產品的功能之外，簡單及容易使用也是消費性電子產品設計之趨勢，而直接面對使用者的操作選單介面的 GUI 及 Icon 計更不容易忽視。」參照葉雪美，〈GUI 及 Icon 是否得為新式樣專利之法定標的〉一文，載於《專利法制與實務論文集》（95 年），頁 115。

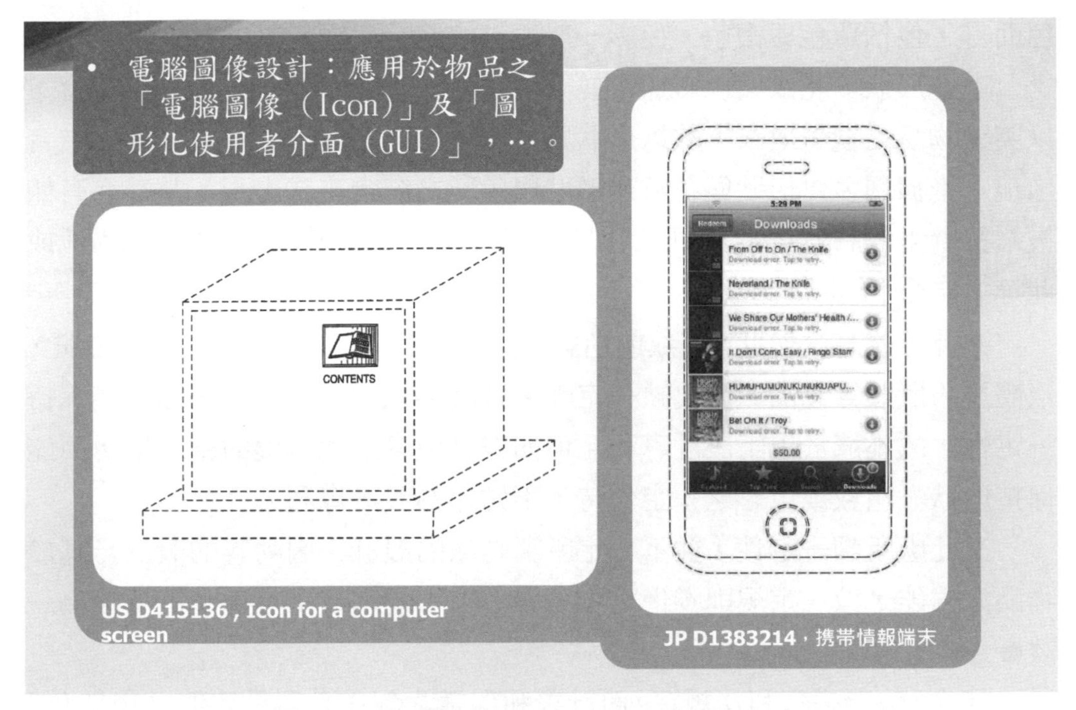

圖 17–4　電腦圖像及圖形化使用者介面 (GUI) 之例子
（引自智財局 101 年度新修正專利法規說明會教材）

三、須係對物品之全部或部分之形狀、花紋、色彩或其結合之創作

設計專利須係形狀、花紋、色彩或其結合，如內部機能構件之設計變換，不論能否衍生使用效益，可能涉及是否構成新型問題，但均與設計專利專利要件無涉（行政法院 78.6.22. 78 年度判字第 1218 號判決）。所謂形狀係指物品之外部輪廓而言，包括平面及立體。新型之形狀，在求物品之合於實用，提高物品之功能，而設計專利之形狀在求物品之外觀設計新穎，而促進消費者之注意與好感。所謂花紋係指物品表面裝飾用之線條或圖紋而言。文字原則上不視為花紋，但可作為花紋之構成要素。設計專利之花紋包括立體與平面。所謂立體的花紋，係指線條或圖紋具有深度大致相同之浮凹或縱深者，如雕花門、輪胎、鞋底之花紋等是❾。所謂色彩係指著

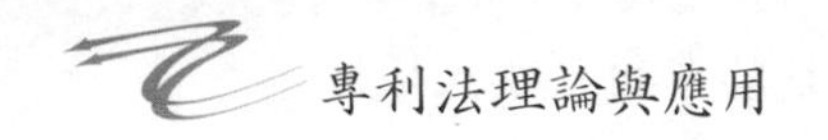

色而言，包括單色與複色，色彩一般與花紋組合而顯現其效果。

上述形狀、花紋與色彩通常並非單獨存在，而常賴三者之互相配合，以突顯物品之視覺效果，故以形狀與花紋或色彩中任何兩者或三者之結合出現，惟據稱多以形狀與花紋或形狀與色彩之結合方式出現，當然亦有如被單與壁紙等特殊場合，以形狀與色彩之結合之型態出現者，故條文謂「或此等之結合」，即以此故。

又此等物品之形狀、花紋或色彩，其大小不拘，但須有一定性。氣體、液體及粉狀體等物品，因欠缺一定性，致其形狀或花紋、色彩亦不能保持一定性，故不適於申請設計專利。但如與其他容器等有機的結合後，而能保持形狀、花紋或色彩之一定性時，不妨作為設計專利。

又此處所謂一定性，並不否定所謂動態的設計，因動態的設計乃基於物品之機能，按一定規則變化之物，與本來不規則或不定性，不可混為一談❿。

其次，依過去專利法規定，設計專利保護之創作必須是完整之物品（包含配件及零組件）外觀之形狀、花紋、色彩或其結合之設計。若設計包含多數新穎特徵，而他人只模仿其中一部分特徵時，可能不會落入設計專利所保護之權利範圍，致無法周延保護設計⓫。

智財局為了鼓勵傳統產業對於既有資源之創新設計，也為了因應國內產業界在成熟期產品開發設計之需求，強化設計專利權之保護，100 年專利法修正，特參酌日本、韓國、歐盟（日本意匠法 §2、韓國設計法 §2、歐盟設計法 §3）等之部分設計 (partial design) 之立法例，將部分設計明文納入設計專利保護之範圍，於第 121 條第 1 項明定：「設計，指對物品之全部或部分之形狀、花紋、色彩或其結合，透過視覺訴求之創作。」以杜爭議。

---

❾ 日本意匠法另稱為「模樣」，其意義與我國法上之「花紋」不盡相同。

❿ 吉藤幸朔、紋谷暢男著，《特許・意匠・商標の法律相談》，頁 113。

⓫ 理論上此種情形仍應受保護，但實務上可能發生爭議。

四、須通過視覺引起美感或趣味感

日本意匠法第 2 條第 1 項謂「本法所謂意匠，係指物品之形狀、模樣或色彩或此等之結合，透過視覺引起美感者之謂。」因設計與發明及新型專利之主要區別，係在於設計專利著重於視覺效果之增進或強化，故民國 90 年修正之專利法參照英、日、韓等國之規定，將設計之定義加以修正，而增訂為「稱設計者，謂對物品之形狀、花紋、色彩或其結合，透過視覺訴求之創作。」（100 年專利法 §109 之內容亦屬雷同）即明定創作須透過視覺訴求 (eyeappeal) 始受專利法之保護。在日本對所謂引起美感之解釋，通說以為須有審美的價值，而其具體說明方法，則有引起趣味感，引起快感，施以美的處理，使人感覺井然有序，有吸引需要之力量，可產生購買慾與刺激感等，不一而足⓬。日本判例與實務認為：設計乃以所謂審美性或趣味性為要件，我國舊專利法第 111 條原規定須「適於美感」，但「美感」一詞已於 83 年修法時刪除，而改用「創作」一詞，但解釋上為了符合設計專利之要件，仍需具有審美性或趣味性不可，例如單純只以純技術之效果為目的之物品之形狀，尚不能申請設計專利保護⓭⓮。又審美性或趣味性之有無與程度之高低端視各人之感覺，每受教育與感性等主觀因素所左右，客觀上殊難作出合理劃一之尺度。故余意仍須對受過美學訓練之人具有某程度之美感或趣味感不可。雖不必高尚優美⓯，但非引起某種美感或趣味感不可。

又設計專利之審美性須外觀上通過視覺加以判斷，且須限定以眼捕捉，即設計乃以視覺之效果為必要，縱對該創作亦產生感覺上之認識，仍不屬設計專利保護之範圍。故如只能以視覺以外之感覺，諸如味覺、聽覺、嗅覺與觸覺始能把握者，不能成立設計專利。但所謂視覺並非通過顯微鏡與

⓬ 松村信夫，前揭書，頁 45 以下。

⓭ 豐崎光衛，前揭書，頁 324。

⓮ 行政法院 88 年度判字第 2735 號及 90 年度判字第 853 號等判決。

⓯ 行政法院 79 年度判字第 209 號判決。

放大鏡，而須限於以肉眼加以判斷或識別，故雖具備上述要件，但肉眼無法識別之微小物品之形狀，須用特殊鏡頭觀察，其色彩才能突顯時，不能以設計專利保護。又審美性雖云自外觀上加以判斷，但以使用時開蓋之類構造，如開蓋當然看得見之動態設計，就該部分亦不妨成立設計⑯。

五、設計須有創作性

設計雖與發明及新型不同，並非利用自然法則之技術思想之創作，但在與發明或新型須具有獨創性之精神活動一點，則無二致。惟設計專利之創作性並不要求達到往昔與現今物品從未見到或出現之新奇程度，而係指在客觀上其表現方法與內容具有原創或獨自（original 或 eigentuemlich）性之意⑰。模仿天然物與建築物之寫實的設計，例如風景模樣及國父紀念館、一〇一之模型等則欠缺創作性。

六、設計需有新穎性

現行法規定：設計須無公知（為公眾所知悉）、公用（已公開實施）、已見於刊物等情事。若已於刊物發表、陳列於政府主辦或認可之展覽會出於本意或非出於其本意而洩漏時，於其事實發生後六個月申請時，仍可取得設計專利，但因申請專利而在我國或外國依法於公報上所為之公開係出於申請人本意者，不在此限（專 §122III、IV）。設計乃物品之外觀設計，一般人一見即知，易於模仿抄襲，因此新穎性之判定較為嚴格，且申請前違反權利人意思成為公知之機會比發明專利多。又大多施以設計之物品早早推出市場，而非記載於刊行物，如一旦「公知」，即不免成為「公用」，故日本意匠法在新穎性阻卻事由中，將「公然實施，即公用」刪去⑱。

---

⑯ 吉藤幸朔、紋谷暢男，前揭書，頁113。

⑰ 高田忠著，《意匠》，頁109以下參照。

⑱ 日本特許廳編，《工業所有權法逐條解說》（發明協會，平成3年），頁683。

七、設計需有進步性

現行法規定：設計雖無公知（為公眾所知悉）、公用（已公開實施）、已見於刊物等情事，但為其所屬技藝領域中具有通常知識者依申請前之先前技藝易於思及時，仍不得取得設計專利（專§122II）。因此模仿自然現象或基本幾何形狀之圖案，除非在線條、比例、位置經安排變化後，產生顯著視覺效果或特色，否則難認有進步性⑲。同理，模仿已有之物品或對現存設計簡單加以修飾，雖經仔細比對分析後，仍可發現二者不同時，亦欠缺進步性⑳。

八、須在工業上能利用

設計須同一物在工業生產過程（手工業亦無妨）能量產，所謂量產，要多少個才算，雖無明確數字，英國有過判例，如能生產五十個以上，則認為有工業性㉑。故天然物本身及一個一個製作之單一美術品不能申請設計專利㉒。

設計一方與發明及新型近似，他方又與著作權（尤其美術著作物）近似㉓，申請變更之範圍與受重覆保護與牴觸場合不少，但設計專利專利權之效力，由於受到指定物品之限制，致保護範圍似較新型專利狹小㉔。

---

⑲ 最高行政法院80年度判字第2342號判決、77年度判字第1346號判決及89年度判字第2458號判決。

⑳ 最高行政法院81年度判字第889號判決。

㉑ 村岡好隆，前揭，頁294。

㉒ 豐崎光衛，前揭書，頁324。

㉓ 著作物可就所有物品之利用，追究著作權侵害之責任，而設計專利專利權只就特定物品之利用成立侵害。例如某畫是著作物時，該畫用在布料、玩具、包裝紙、被單時，固成立著作權侵害，而以該畫作為布料上圖案時，即使該畫被他人用作包裝紙上圖案，亦不成立設計專利權侵害。參照村岡好隆著，《特許－實用新案－意匠－商標法入門》（發明協會印行，1973），頁292。

㉔ 豐崎光衛，前揭書，頁323。

九、新法開放成組物品（組物）之設計專利

依一設計一申請之原則，設計須就各物品個別申請專利，但物品中如一套餐具那樣，各個物品本身各有其經濟價值，同時全體作為集合物亦有經濟價值，且習慣上作為整體加以販賣使用，此種集合物如按各物辦理設計專利申請，對申請人過於繁瑣。因此日本過去實務上將此等物品當作「一組設計」，即按單一物品加以處理。後來日本意匠法將其法制化，即在明確基準下加以承認。換言之，習慣上作為一組物品販賣，且由同時使用之二種以上物品所構成，而其構成符合通產省令所定之物品之設計，將一組物品擬制為單一物品，可以單一申請案辦理申請（日意 §8）。

我專利法一向並無准予成組物品專利之規定，惟開放成組物品設計專利為國際之趨勢，現行實務中亦不乏申請之案例。100 年專利法修正，新法第 129 條特參照日本意匠法第 8 條規定，明定屬於同一類別之二個以上之物品，若習慣上以成組物品販賣或使用者，得以一設計提出申請。至於所稱「同一類別」，係指國際工業設計分類表之同一類別而言。

惟須注意：

1. 成組物品全體觀念上須有關連性與統一性，且須習慣上以成組販賣或使用，始可申請，否則仍須各別申請。換言之，並非將二種以上物品任意組合即可構成成組物品；又將同一種類物品之集合，例如由玻璃杯一打所構成之一組，亦非此處所謂之成組物品。惟此處所謂成組物品只要在觀念上可預想為具有同時被人使用之性質為已足。惟二種以上物品作為成組物品販賣且使用之習慣事實上未必明確，且不宜委諸申請人之判斷。依日本為例，依其通產省命令，指定飲食用之刀、叉、湯匙、咖啡用具、紅茶茶具、作料器皿、晚餐餐具，此等物品之玩具、抽煙用具、茶具等共有十三種。

2. 以成組物品設計提出申請獲准專利者，在權利行使上，只能將成組設計視為一個整體行使權利，不得就其中單個或多個物品單獨行使權利，亦不得將成組物品設計分割行使權利。

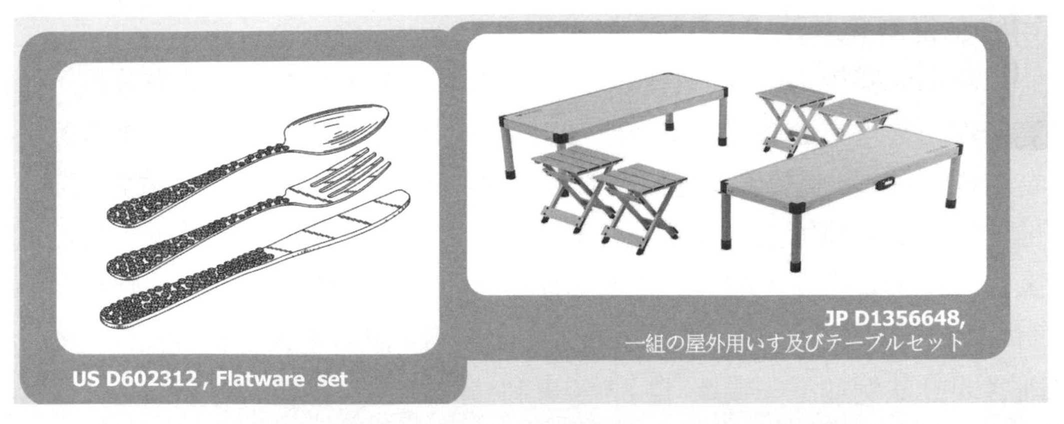

圖 17–5　外國成組物品之設計專利之例子（引自智財局 101 年度新修正專利法規說明會教材）

第四節　不能取得設計專利之客體

專利法第 124 條規定：「下列各款，不予設計專利：一、純功能性之物品造形。二、純藝術創作。三、積體電路電路布局及電子電路布局。四、物品妨害公共秩序或善良風俗者。」茲分述於次：

(一)純功能性之物品造形

設計專利須係形狀、圖案、色彩或其結合，不應是純功能性之物品造形。物品之零組件屬純功能性之物品造形，實務上不予設計專利，純功能衍生之基本形狀，係指因應某特定功能需求所得之特定形狀，例如：由螺絲之陽螺後可得螺孔之陰螺紋形狀，公機件之結合孔可衍生而得母機件之凸形，電扇、排油煙機葉片形狀係由風阻及效率考量而得之形狀，引擎之活塞與汽缸壁之形狀衍生關係，滑輪與軌道、齒輪之齒形係因咬合功能而得之必然形、車輪之圓形係因應速度、摩擦考量而得等。本法故參酌英國 1988 年修訂之登錄設計法第 1 條規定，將「純功能性設計之物品造形」除外[25]。有時設計專利是否純功能性，不能一目瞭然，要等到發生侵權，專利權人要求時，保護之目的才水落石出[26]。

---

[25] 《智慧財產權月刊》，第 33 期（89 年 4 月），又專利法修正案該條修正說明參照。

[26] 張玉瑞著，《專利法及專利實踐》，頁 36。

(二)純藝術創作

所謂純藝術之創作，例如張大千之潑墨山水、畢卡索之圖畫等是，此等創作乃文化方面而非工業技術之創作。因其並非以工業技術、產業競爭為創作之前提，屬於著作權而非設計專利保護之對象，此在各國尚無異論，惟美術工藝品原則上雖亦係藝術家或藝師之創作，屬於應用美術，但可以工業方法大量生產，故究應視為美術著作物，受著作權保護，抑應視為發明，受設計專利之保障，抑可視為兩者之競合，由當事人任擇保護之途徑，則各國立法例並不一致[27]。自83年專利法開始至今將其以明文排除在設計專利保護之外，其修正理由雖謂「純藝術創作或美術工藝品，屬著作權所保護之範疇，純藝術創作係指基於實用功能考量之創作，如一般之畫作、雕塑品、觀賞性、瓷器造形創作等。」云云，惟似對其法理根據未見充分說明。此等物品不得為設計保護對象，是否妥適，在學理與立法政策上均頗有疑問，故100年修法刪除「或美術工藝品」文字。

(三)積體電路電路布局及電子電路布局

如前所述，積體電路或電子電路布局不能靠視覺判斷，本質上與專利不同，與著作權亦有差異，可謂介於專利與著作權之間，故一些國家，以美國為首，另訂有半導體晶片保護法，予以保護。其保護方式與期間均與新式樣專利不同，我國已於民國85年公布施行「積體電路電路布局保護法」，故專利法以明文予以排除。

(四)物品妨害公共秩序或善良風俗者

過去專利法禁止「物品妨害公共秩序、善良風俗或衛生者」申請設計專利。100年修法，改為「物品妨害公共秩序或善良風俗者」。所謂妨害公序良俗乃違反人倫，違反國民感情、猥褻、對外國或元首失禮之類。例如不良暗示女性身體，將我國或盟國國旗作為保險套之設計等。日本意匠法與我國不同，未列妨害公眾衛生為消極要件，其理由為設計乃審美性與新

---

[27] 紋谷暢男著，《意匠法二十五講》（有斐閣，1980），頁45以下；高田忠，前揭書，頁17以下；謝銘洋，〈美術工藝品與新式樣之區別〉，《月旦法學》，第51期（1999年7月），頁188–194。

型不同，似不致妨害衛生[28]，但學者有以為附在身體或插入身體之物之設計，亦可能有妨害衛生之情形存在，而持懷疑態度者。

此外應注意之點如次：

1. 92 年專利法第 112 條第 5 款沿襲舊法規定「物品相同或近似於黨旗、國旗、國父遺像、國徽、軍旗、印信、勳章者」，不予設計專利。其主要理由係仿國旗黨旗之設計，例如仿國旗形狀所製之巧克力、食品、地板花紋之類有欠莊重，且易生誤解。至禁止國父遺像與印信二者，因國父締造民國，為表示尊崇，不得以相同或近似於其遺像之物品取得專利。至印信乃政府機關使用之印章，分為關防、鈐記……等，為政府機關公文書之表示，不容仿造，以免發生混淆，故相同或近似於印信之物品，亦禁止賦予設計專利。惟 100 年修法將此規定刪除。其理由為：申請設計專利，若相同或近似於黨旗、國旗、國父遺像、國徽、軍旗、印信、勳章者，實質已屬不具新穎性，無須另為規定。

2. 若物品之外觀相同或近似於外國之黨旗、國旗、國徽、軍旗、印信、勳章等，則似不受限制。又元首之肖像、我國古代之國旗、國徽、印信與勳章、帝王遺像等因年代久遠，自亦不受限制，但是否可依前款妨害公共秩序或善良風俗為理由加以核駁，則屬另一問題。至是否相同或近似如何認定，即近似之認定標準如何，值得研究。又交通標誌等富於公共性格，且為宣導政府法令或施政之標誌，如作為發明品外觀設計，亦非所宜，此時似可依前一款妨害公共秩序為理由，予以核駁[29]。

3. 我國專利法不似日本意匠法第 5 條明定「有與他人業務有關物品發生混同之虞之意匠」不受意匠登錄之規定，實則此種規定揆諸今日市場秩序亦有採用之必要。因如與表示知名之他人業務及物品之出處之標章及商標有發生混同之虞，則對消費者有予以不測損害之可能，對於此等物品如予以獨占排他權利，可能助長不正競爭，影響產業活動秩序之維持，應予核駁[30]。

---

[28] 見行政院修正案該條修正理由說明。

[29] 紋谷暢男著，《意匠法二十五講》，頁 72。

第五節　申請手續

一、以每一設計提出申請為原則

申請設計專利，應就每一設計提出申請，但成組物品得以一設計提出申請。申請設計專利，應指定所施予之物品（專 §129）。

二、申請文件與申請日

㈠申請設計專利，由專利申請權人備具申請書、說明書及圖式，向專利機關申請之（專 §125）。其詳已於第十二章第二節加以說明，茲不贅。

按外國立法例多將「圖式」獨立於說明書之外，如美國專利法施行細則 1.154 條 (37CFR1.154)、日本意匠法第 6 條等。故 100 年專利法參照外國立法例，將「圖面」自圖說分離，並修正其名稱為「圖式」(專 §123)。

㈡申請日

1. 申請設計專利，以申請書、說明書及圖式齊備之日為申請日。

2. 說明書及圖式未於申請時提出中文本，而以外文本提出，且於專利機關指定期間內補正中文本者，以外文本提出之日為申請日。

3. 未於指定期間內補正中文本者，其申請案不予受理。但在處分前補正者，以補正之日為申請日，外文本視為未提出（專 §125）。

㈢申請專利之設計，不得與他人申請在先之設計專利申請案之內容相同或近似

申請專利之設計，除兩案之申請人相同者外，不得與他人申請在先而在其申請後始公告之設計專利申請案所附說明書或圖式之內容相同或近似，否則不能取得設計專利（專 §123）。

㈣應充分揭露

㉚ 日本實務對此事例以違反公序良俗之虞予以核駁（參照森則雄著，《意匠實務》（工業所有權實務大系），頁 119）。

說明書及圖式應明確且充分揭露，使該設計所屬技藝領域中具有通常知識者，能瞭解其內容，並可據以實現（專 §126I）。

1. 圖說在設計特別重要。因發明與新型之保護對象為技術思想，而設計專利則重其外觀，故主要以圖面定其權利範圍。又發明與新型須備具必要圖式（即表明圖式非絕對必要），尤其在方法發明往往不能以圖面表現，新型雖與發明專利同在保護技術思想，但其與物品之型態攸關，故亦須提出圖面；而設計與商標相同，圖面更為重要，不但須提出多種圖面，又須載明創作說明，即簡要敘述指定施予物品之用途、使用狀態及設計物品之創作特點（專施 §51）。

2. 設計重在外觀，權利範圍以圖面為準，故不似發明與新型不易確定。

3. 設計技術思想之高度不如發明與新型，很難發生使他人實施不可能或困難之情形，故此點在理論上似難成為舉發或撤銷之原因，而與發明和新型不同。

4. 由於圖式在設計特別重要，故專利權人對於請准設計專利之圖式，認有誤記或不明瞭之事項時，得向專利局申請更正，且專利局於核准後應將其事由刊載專利公報。圖式經更正公告者，溯自申請日生效（專 §139I、§142I）。

5. 此外，在申請設計專利，圖式應否載明申請專利範圍？說明書應否載明先前技術、發明之目的、技術內容及功效？歷來專利法經歷不少見解的變遷：

⑴圖式應否載明申請專利範圍？

圖式原應載明申請專利範圍，但 92 年專利法修正，刪除應載明申請專利範圍之規定。因認為設計專利與發明、新型專利之主要差別，在於設計專利著重於其物品整體視覺之增進強化，是否符合此條件，在審查時，從設計物品之圖面已足資判斷，並無責令申請人記載申請專利範圍之必要，外國立法例上，亦少有類似規定。規定圖式應載明申請專利範圍，對於判斷設計保護範圍反易生爭議，故將應載明申請專利範圍之規定刪除（92 年專 §116），100 年專利法仍之（專 §125）。

⑵說明書是否須載明先前技術、發明之目的、技術內容、特點及功效？

發明與新型之說明書除應載明專利範圍（具體指明申請專利之標的構成及其實施之必要技術內容、特點）外，並應載明先前技術、發明之目的、技術內容、特點及功效，使該發明所屬技術領域中具有通常知識者能了解其內容並可據以實施（92年專§26，專§26文字稍異），而在新式樣（設計專利），因專利權範圍以圖式所載為準，並得審酌創作說明（92年專§123有稍改，專§136仍之），故說明書除圖式外，無須載明先前技術、發明之目的、技術內容及功效。

第六節　不予專利之事由

100年專利法修正，規定不予設計專利審定之事由（專§134）如下：

1.非物品之形狀、花紋、色彩或其結合之創作；不具新穎性；與申請在先之設計專利申請案相同或近似；及以不得為設計專利標的申請（§121至§124）。

2.說明書及圖式未充分揭露（違反§126）。

3.違反有關衍生設計專利之規定（修正條文§127）。

4.違反先申請原則（違反§128I至III）。

5.違反一設計一申請原則(§129I)。

6.成組物品之申請(§129II)。

7.申請設計專利後改請衍生設計專利，或申請衍生設計專利後改請設計專利，改請後之申請案超出原申請案申請時所揭露之範圍(§131III)。

8.申請發明或新型專利後改請設計專利，改請後之申請案超出原申請案申請時所揭露之範圍(§132III)。

9.補正之中文本超出申請時外文本所揭露之範圍(§133II)。

10.分割後之申請案超出原申請案申請時所揭露之範圍　(§142I準用§34IV)。

11.修正超出申請時所揭露之範圍（§142I準用§43II)。

12.誤譯之訂正超出申請時外文本所揭露之範圍（§142I 準用 §44III）。

第七節　設計專利之效力與範圍

一、設計專利之效力

按92年專利法對設計原定義為：「新式樣專利權人就其指定新式樣所施予之物品，除本法另有規定者外，專有排除他人未經其同意而製造、為販賣之要約、販賣、使用或為上述目的而進口該新式樣及近似新式樣專利物品之權。」（92年專 §123I）

100年修法，改為：「設計專利權人，除本法另有規定外，專有排除他人未經其同意而實施該設計或近似該設計之權。設計專利權範圍，以圖式為準，並得審酌說明書。」（專 §136）即：

⑴新法認為「實施」可涵蓋「製造、為販賣之要約、販賣、使用或為上述目的而進口」等行為，故將文字修正為「實施」。

⑵新法刪除92年專利法「就其指定新式樣所施予之物品」之文字。因認為無論依92年專利法之設計專利或修正後之設計專利，其保護之範圍應為設計而非物品[31]。

過去通說以為設計乃應用或顯現於產品外觀的裝飾性或藝術性設計，與發明新型為技術思想不同。物品乃設計專利不可欠缺之構成要素，設計如脫離物品，則不能想像。如物品不同，則即使是同一形狀、花紋或色彩或此等之結合，新式樣自亦變成不同。例如衣料與壁紙所用花飾即使相同，乃是不同設計[32]。

我國歷來亦以為申請設計專利應記載所施予之物品，而與商標應指定商品（商 §35）相似。且物品之記載乃闡明設計係施在何種物品，確定權利

[31] 關於物品與設計專利之關係，即物品是否其不可欠缺之構成要素，是否為確定權利範圍所必要？在專利法與主管機關歷經不少見解之變遷。

[32] 參照高田忠著，《意匠》（1969年），頁34以下，並引日本特許廳解釋。

範圍所必要，故過去專利法規定：「以新式樣（設計）申請專利，應指定所施予設計之物品並敘明其類別。前項物品之分類，由經濟部定之」(§114)。又過去專利法施行細則規定設計之圖說應記載設計物品名稱及指定施予之物品類別 (§47)，未指定或指定錯誤，經通知而未依限補正者，對申請案不受理。

90 年專利法將上開「並敘明其類別」字樣刪除(92 年專利法一仍舊貫)，因認為設計物品分類之目的在於前案檢索之用，各國專利實務不要求申請人敘明物品類別，且該分類實施多年，未能反映工商發達之現狀，由申請人指定，產生行政作業困擾，而宜由專利機關依職權指定。由於智財局設計分類已改採羅卡諾協定之國際工業設計物品分類表，故新條文實施後，不必敘明其類別[33]，以便於專利機關鬆綁，且可配合國際分類之更新，與時俱進。

二、設計專利之範圍

1. 設計專利權期限，原自申請日起算十二年屆滿；衍生設計專利權期限與原設計專利權期限同時屆滿（專 §135)。世界各國設計專利保護期間，例如：工業設計海牙協定及美國等 92 國為十五年，日本、韓國為二十年，歐盟為二十五年，我國設計專利保護年限稍短了些，故民國 108 年修正參考工業設計海牙協定設計專利權期限為十五年之規定，將設計專利權期間由十二年延長為十五年，縮小我國與其他國家設計專利保護年限的落差，強化對設計專利權保護，俾有助於國內設計產業之發展。

2. 設計專利權範圍以圖式為準，並得審酌說明書（專 §136II)。

3. 設計專利權人非經被授權人或質權人之同意，不得拋棄專利權（專 §140)。

4. 有關設計專利權效力所不及之情事及設計專利之權利異動登記，可

---

[33] 中共專利法第 27 條亦有類似規定，但因一般人填寫所屬類別有困難，故自 1993 年 1 月起適用的「外觀設計專利請求書」已取消了使用外觀設計的產品所屬類別一欄，而改由專利局主管單位承擔（見湯宗舜著，《專利法解說》，頁 144）。

準用發明之規定，92 年專利法第 125 條及第 126 條規定已無必要，新法爰加刪除。

5.說明書、申請專利範圍或圖式之修正及誤譯之訂正不得超出申請時中文本及外文本所揭露之範圍（準用 §43I 至 III 及 §44III）。

6.增訂設計專利申請案之優先權證明文件補正期間為六個月，申請回復優先權之法定期間為十個月（專 §142III）。

三、設計專利（說明書或圖式）之更正

1.設計專利權人申請更正專利說明書或圖式，僅得就下列事項為之：

⑴誤記或誤譯之訂正。

⑵不明瞭記載之釋明。

2.更正，除誤譯之訂正外，不得超出申請時說明書或圖式所揭露之範圍。

3.說明書及圖式以外文本提出者，其誤譯之訂正，不得超出申請時外文本所揭露之範圍。

4.更正，不得實質擴大或變更公告時之圖式（專 §139）。

其規定之理由如次：

⑴設計之專利權範圍，係以圖式為準，其圖式於公告後，因已對外發生公示作用，故更正後權利範圍不得實質擴大或變更。

⑵說明書或圖式之更正，雖符合規定，但如實質擴大或變更公告時之圖式者，仍應不准更正。

⑶因誤譯導致實質擴大或變更公告時之圖式者，因影響已公告之權利範圍，不准更正，如准予更正時，亦構成舉發撤銷之事由。

四、設計專利之改請

1.申請發明或新型專利後可改請設計

92 年專利法修正， 認為當時專利法僅規定新型專利可改請為設計專利，並未規定發明專利可改請為設計專利，故參考日本意匠法 (§13) 規定，

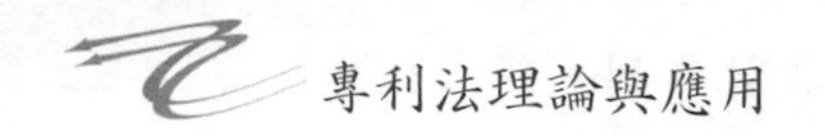

增列申請發明專利後，亦得改請為設計專利。100 年專利法仍之。

2.改請期限

鑒於申請改請之期間不宜漫無限制，故明定(1)原申請案准予專利之審定書、處分書送達後不得改請，或(2)原申請案為發明，於不予專利之審定書送達後逾二個月不得改請，或(3)原申請案為新型，於不予專利之處分書送達之日後逾三十日，亦不得改請。

3.申請日改請時，以原申請案之申請日為改請案之申請日（專 §132）

4.修正與訂正

說明書、申請專利範圍或圖式之修正及誤譯之訂正不得超出申請時中文本及外文本所揭露之範圍（準用 §43I 至 III 及 §44III）。

五、設計專利權之分割

申請專利之設計實質上為二個以上之設計時，

1.依專利機關通知，或據申請人申請，得為分割之申請。

2.分割申請，應於原申請案再審查審定前為之，而與發明亦得於核准審定後申請分割不同（專 §34）。

3.分割後之申請案，應就原申請案已完成之程序續行審查（專 §130）。

第八節　設計專利與其他專利之差異

一、優先權期間

設計專利作成文件及其他手續比發明與新型簡易，故巴黎公約對發明與新型優先權期間規定為一年，而設計專利則與商標相同，減為六個月（第 4 條第 C 項(1)）[34]。我國專利法則對三種專利優先權期間一視同仁，不作區別。

[34] 紋谷暢男，前揭書，頁 58。

二、審查手續

設計專利流行性強，將申請書公開之優點不大，甚至反有弊害，但儘速賦予權利之必要較發明與新型更大，故許多國家設計專利之賦予採無審查主義，而日本不採申請公開公告（故當然亦無聲明異議制度）與審查請求制度㉟。我國專利法對設計專利仍與發明、新型同樣處理，採實質審查制度，尤其新型專利改採形式審查後，設計專利原則上一仍舊貫。立法論上是否妥適，值得研酌。

三、實施義務與強制授權方面

發明與新型之專利（商標亦同）權利人有實施或使用義務，但設計專利不過有趣味或裝飾性價值，且流行要素較強，其是否實施與經濟發展或技術進步無何關連，欠缺課權利人實施義務之根據，故設計專利之權利人無實施或使用義務。從而發明與新型有強制授權制度，而設計專利則否（例如日本，但我國專利法下新型不能強制授權，似值商榷）㊱。

四、費用減免與緩繳方面

我國專利法對費用減免之規定，對發明、新型與設計專利一視同仁，但日本法制則設計不適用減免或緩繳規定，因發明與新型直接對產業發展有貢獻，公共色彩濃，而設計專利公共性較弱㊲。

第九節　判斷設計專利是否類似之基準

如何判斷兩設計專利是否類似，其基準如何，原甚困難，加以專利法又欠缺明文規定，故擬定明確判斷基準極為不易，在日本一般係以一般消

㉟ 同㉘。

㊱ 同㉘，頁 59。

㊲ 同㉘，頁 127。

費者對比兩者之外觀，通盤觀察加以判斷，是否可能產生混同作為基準，茲參考日本判例與學說將基準試擬如次[38]：

一、是否類似係以一般消費者是否將二者混同為準

是否類似，以是否引起一般消費者之混同加以判斷，因設計專利之功能在於經由物品外觀之特異性，提高商品之價值，藉以與他人之商品相區別，在流通過程提高消費者購買慾，促進銷路。故審查人應居於消費者立場，而非以專家之立場加以辨別判斷。

二、以肉眼對比觀察

設計乃物品之形狀、花紋、色彩或其結合，通過視覺，喚起美感，故設計類似與否，應以肉眼觀察作為判斷。以手觸摸與肌膚之觸感，雖可補助肉眼觀察之不足，但若不訴諸視覺，則不能作為判斷標準。又以肉眼觀察時，其觀察方法乃將兩種設計作對比觀察，此點與判斷商標是否類似，須隔離觀察，從觀念上加以比較，有所不同。我最高行政法院有應以一般人第一眼接觸之視覺感受為準之見解[39]。

三、外觀類似

設計乃物品之外觀，故應自外觀是否類似加以判斷。在商標之類似，二者之外觀即使有差異，但若在稱呼或觀念上類似時，仍可認定為類似商標。反之，在判斷設計是否類似時，不考慮兩設計在稱呼與觀念上是否近似，而應著重於二者在外觀上是否類似。

四、全體觀察

設計乃整體發生美感，故不可將二設計中，採其局部加以判斷，以免支離破碎，而須整體通盤作綜合判斷。即以宏觀而非微觀方式比較[40]。

---

[38] 紋谷暢男著，《意匠法二十五講》，頁 81 以下。

[39] 最高行政法院 82 年度判字第 2109 號判決。

五、要部觀察

設計之類似判斷，固應用整體觀察方法，但應著重最易引起消費者注目之部分（要部）予以判斷。設計之圖式，應備具足夠之視圖，以充分揭露所主張設計之外觀；設計為立體者，應包含立體圖；設計為連續平面者，應包含單元圖。前項所稱之視圖，得為立體圖、前視圖、後視圖、左側視圖、右側視圖、俯視圖、仰視圖、平面圖、單元圖或其他輔助圖（專施§53），但不應對各個圖面等量齊觀，予以相同評價，例如冷氣機之正面才是顯著之注目所在，與背面相較，有較決定性之作用，故應以此面為重點，予以評價。

六、重視新穎部分

設計若由公知部分與新穎部分（有特徵部分）所構成時，不可按兩者之面積或體積大小加以衡量，即不必重視公知部分，而應對新穎部分予以較大評價。因物品之構造或形狀受其用途或功能所支配，公知部分形狀多已固定，較難作大幅度改變。

七、材質、構造、機能、物品之大小、色彩

物品使用特殊材質時，在日本，專利說明書須予記載。材質雖係設計之重要要素，但只要不表現於外觀，材質之不同不構成判斷類似之要素，即不能拿放大鏡觀察。又構造、機能等如在外觀不顯現出來，亦不作為判斷設計類似之要素。

又物品大小有異時，不能逕行判斷兩設計不類似。應以同一大小為基礎，來判斷二者是否類似。色彩本身雖無新穎性或獨創性，但若將二種以上色彩組合構成分色花紋之情形，則在判斷是否類似時，應加以斟酌。

---

[40] 最高行政法院 89 年度判字第 360 號判決。

八、動態的設計

兩種動態設計相互間，或一為動態設計，與另一為含有該動態設計之一姿態之靜態設計之間，如構成其動作中基本主體之姿態係同一或類似時，常可判斷為類似。

第十節　衍生設計專利

一、創設衍生設計專利權之目的

產業界在開發新產品時，通常在同一設計概念發展出多個近似之產品設計，或是產品上市後由於市場反應而為改良近似之設計，為考量這些同一設計概念下近似之設計，或是日後改良近似之設計具有與原設計同等之保護價值，應給予同等之保護效果。聯合新式樣專利制度在我國行之有年，同一人所提出之近似設計，雖可申請聯合新式樣專利，惟聯合新式樣專利僅有確認原設計專利權利範圍之功用，並未提供實質之保護。且與其性質相仿之日本類似意匠專利已於1999年廢除，故民國100年新專利法廢除聯合新式樣專利制度，刪除原第109條第2項有關聯合新式樣規定。另於新法第127條創設衍生設計專利制度，明定同一人近似設計之申請及保護。即第1項明定「同一人有二個以上近似之設計，得申請設計專利及其衍生設計專利。」同一人以近似之設計申請專利時，應擇一申請為原設計專利，其餘申請為衍生設計專利。由於每一個衍生設計都可單獨主張權利，都具有同等之保護效果，且都有近似範圍，故衍生設計專利與聯合新式樣專利，在保護範圍、權利主張及申請期限有顯著之差異。

二、衍生設計與聯合新式樣之差異

1. 聯合新式樣專利權從屬於原新式樣專利權，不得單獨主張，且不及於近似之範圍（92年專§124I）。而衍生設計專利權有其獨立之權利範圍，

得單獨行使權利，且及於近似之範圍（專 §137），故其權利範圍較為擴大。

2. 原新式樣專利權撤銷或消滅者，聯合新式樣專利權應一併撤銷或消滅（92 年專 §124II）；而衍生設計不因原設計專利權經撤銷或消滅而影響其存續。

下圖表示聯合新式樣與衍生設計之權利範圍的差異，每個同心圓圈內為設計的相同範圍，外圈為近似範圍。(a)圖顯示聯合新式樣只在確認原新式樣的近似範圍，聯合新式樣本並不及於近似範圍（以虛線表示），他人實施設計（以黑色方塊表示）不在其專利權利範圍內。(b)圖顯示衍生設計專利權效力可及於其近似範圍內（以實線表示），他人實施之設計（以黑色方塊表示）落入其專利權範圍內。自此圖可看出衍生設計所包含的「近似」範圍較廣，比較能完整保護設計專利。

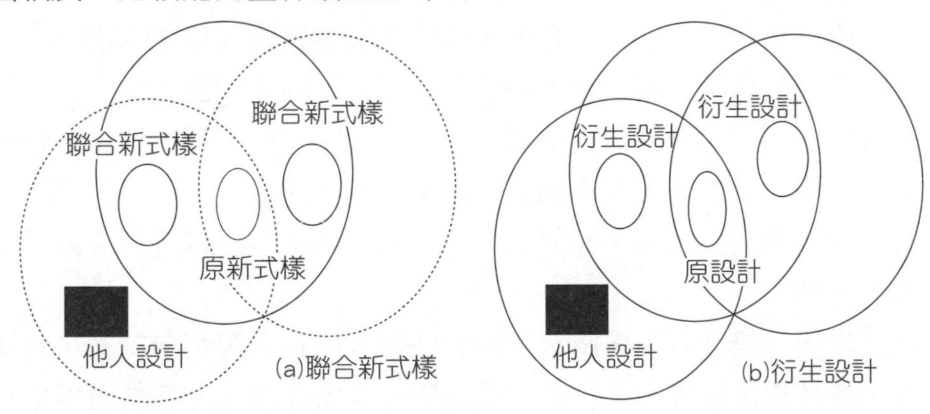

出處：劉國讚著，《專利實務論》（元照，2009），頁 641。

三、衍生設計專利權之要件與效力

1. 原設計專利權人與衍生設計專利權人，須為同一人，其權利異動不得分別為之。

同一人以近似之設計申請專利時，得申請衍生設計專利。即原設計專利權人與衍生設計專利權人，必須同一人，其權利異動不得分別為之，二者應一併讓與、信託、繼承、授權或設定質權（專 §127I、138I）。

2. 衍生設計需與原設計近似

衍生設計係基於原設計之近似設計，需與原設計近似，若僅與衍生設計近似而與原設計不近似者，不得申請為衍生設計（專§127IV）。

3.衍生設計專利得單獨主張權利，且其權利及於近似之範圍

即本次修法賦予衍生設計專利獨立之權利。因此，衍生設計專利具有獨立之權利範圍，於原設計專利權經撤銷或因年費未繳交致當然消滅者，衍生設計專利仍得繼續存續，不因原設計專利權被撤銷或消滅而受影響。

4.衍生設計與原設計專利權期限同時屆滿

衍生設計雖得單獨行使權利，但衍生設計因須與原設計近似，為避免產生同一人權利期間之實質性延長，故衍生設計專利權與原設計專利權期限同時屆滿（專§135）。

5.衍生設計與原設計之權利異動不得分別為之

二者應一併讓與、信託、繼承、授權或設定質權（專§138I）。

6.衍生設計專利之申請日不得早於原設計專利之申請日

按衍生設計與原設計為近似設計，不論同時或先後提出申請，衍生設計之申請日不得早於原設計專利之申請日（專§128II）。

7.原設計專利公告後，即使同一申請人，亦不得再以近似之設計申請衍生設計專利

經公告後之設計專利申請案，對於任何人所提之專利申請案，均屬先前技藝，故於原設計專利公告後，縱為同一人所申請，亦不得再以近似之設計申請衍生設計專利（專§127IV）。

8.衍生設計不因原設計專利權經撤銷或消滅而影響其存續

衍生設計得單獨行使權利，有其獨立之權利範圍，衍生設計之專利權期限雖與原設計專利權同時屆滿，惟原設計專利權有未繳交專利年費或因拋棄致當然消滅，或經撤銷確定時，衍生設計專利仍得繼續存續，不因原設計專利權經撤銷或消滅而受影響。

9.原設計專利權消滅，或經撤銷確定時，如存續之衍生設計專利權有二以上者，其間仍屬近似之設計，故數衍生設計專利權間之讓與、信託、繼承、授權或設定質權，仍不得單獨為之，而應整體一併為之（專§138II）。

10.衍生設計不適用先申請原則

新法第 128 條前三項有關先申請原則之規定，不適用於：

⑴原設計專利申請案與衍生設計專利申請案間。

⑵同一設計專利申請案有二以上衍生設計專利申請案者，該二以上衍生設計專利申請案間。

亦即依第 1 項規定，相同或近似之設計有二以上之專利申請案時，僅得就其最先申請者，准予設計專利，此即所謂先申請原則。由於同一人以近似之設計申請專利時，得申請為衍生設計專利，因此，本質上，先申請原則於原設計專利申請案與衍生設計專利申請案間，或原設計專利申請案有二以上衍生設計專利申請時，該數衍生設計專利申請案間，皆不適用（專§128IV）。

11.衍生設計與原設計間之改請

衍生設計與原設計間亦有改請之必要，新法規定申請設計專利後，可改請衍生設計專利；申請衍生設計專利後，亦可改請設計專利。此時，以原申請案之申請日為改請案之申請日。由於衍生設計係基於原設計之近似設計，故改請後之衍生設計申請日不得早於原設計之申請日。

改請之時期有限制，下列情形，均不得申請改請：

⑴原申請案准予專利之審定書送達後。

⑵原申請案核駁即不予專利之審定書送達之日起已逾二個月。

改請申請案不得超出原申請案（申請時說明書或圖式）揭露之範圍：改請申請涉及說明書或圖式之變動，由於改請案得援用原申請案之申請日，變動後之記載內容如增加新事項，將影響他人之權益，故規定改請申請案即改請後之設計或衍生設計，不得超出原申請案申請時說明書或圖式所揭露之範圍（專 §131）。

第十一節　設計專利專利權之舉發

一、舉發事由

依新法第141條規定，設計專利專利權之舉發事由如下：

1.非物品之形狀、花紋、色彩或其結合之創作；不符發明三性；與申請在前之設計專利案內容相同或近似；不合設計專利要件（違反§121至§124）。

2.說明書及圖式未充分揭露（違反§126）。

3.違反衍生設計之申請要件及其限制（違反§127）。

4.違反先申請原則（違反§128I至III）。

5.修正超出申請時說明書申請專利範圍或圖式所揭露之範圍（違反§142I準用§43II）。

6.申請設計專利後改請衍生設計專利，或申請衍生設計專利後改請設計專利，改請後之設計或衍生設計超出原申請案申請時所揭露之範圍（違反§131III）。

7.申請發明或新型專利後改請設計專利，改請後之申請案超出原申請案申請時所揭露之範圍（違反§132III）。

8.補正之中文本超出申請時外文本所揭露之範圍（違反§133II）。

9.更正超出申請時所揭露之範圍（違反§139II）。

10.更正時誤譯之訂正超出申請時外文本所揭露之範圍（違反§139III）。

11.更正時實質擴大或變更公告時之圖式（違反§139IV）。

12.分割後之申請案超出原申請案申請時所揭露之範圍（違反§142I準用§34IV）。

13.修正超出申請時所揭露之範圍（違反§142I準用§43II）。

14.誤譯之訂正超出申請時外文本所揭露之範圍（違反§142I準用§44III）。

15.專利權人所屬國家對中華民國國民申請專利不予受理者（專 §141I②）。

16.非全體共有人提出申請（違反 §12I）或設計專利權人為非設計專利申請權人者（專 §141I③）。

二、舉發人及舉發事由認定之時間

以上揭第 16 種情事提起舉發者，限於利害關係人始得為之。其他情事任何人均得提起。

設計專利權得提起舉發之情事，依其核准審定時之規定。但以違反上面列舉之第 6、9、11、12 或 13 種之情事，提起舉發者，依舉發時之規定㊶。

第十二節　增訂與刪除準用事項

一、增訂準用事項

100 年專利法第 142 條第 1 項增訂下列準用事項：

1.分割內容不得超出原申請案揭露之範圍（準用修正條文 §34III、IV）。

2.設計審查時得為面詢及補送模型、樣品（準用修正條文 §42）。

3.設計申請修正之依據、修正不得超出原申請案所揭露之範圍、修正期間之限制及誤譯之訂正不得超出外文本所揭露之範圍（準用修正條文 §43I 至 III 及 §44III）。

4.設計為不予專利之審定前，應通知申請人限期申復（準用修正條文

㊶ 100 年專利法為配合發明專利權舉發相關規定之修正，增訂準用：
1. 第 73 條第 1 項（舉發申請書應記載事項）及第 3 項（舉發聲明不得變更或追加）。
2. 第 75 條（依職權探知）。
3. 第 77 條（舉發期間更正案之合併審查）。
4. 第 78 條（同一專利權有多件舉發案得合併審查）。
5. 第 80 條第 1 項及第 2 項（舉發之撤回）。

§46II)。

5.審定應予專利之設計應為公告（準用修正條文 §47I)。

6.審定應予專利之設計應繳納證書費及第一年年費後始予公告、自公告日給予設計專利權及非因故意逾限得申請補繳(準用修正條文 §52I、II 及 IV)。

7.設計專利權之實施（準用修正條文 §58II)。

8.專利權效力不及之事項（準用修正條文 §59)。

9.專利權異動登記效力及專屬授權效力（準用修正條文 §62 及 §63)。

10.更正應作成審定書並應公告及生效日（準用修正條文 §68)。

11.依本法應公開、公告之事項，得以電子方式為之（準用修正條文 §86)。

二、刪除準用事項

100 年專利法第 142 條刪除準用發明專利之規定：包括第 34、42、60、65、86、89 等條。

第十三節　若干特殊設計專利制度

一、秘密設計專利制度

日本為保護設計之專利權人，設有秘密意匠（秘密設計專利）之特殊制度，為我國所無。

因設計專利乃針對物品外觀而設，此種外觀在性質上極易為他人所模仿，而流行又富於敏感性與時效性，將其公開，對公眾利益之程度，究不如發明或新型。且設計專利生命週期短，若待申請准許後再予保護，則可能早已被他人仿冒；尤其外觀流行後不久，即不受歡迎，致權利人即使取得設計專利權，亦往往有名無實，損害不貲。為防止此種流弊並保護申請人利益起見，日本特許廳可因申請人之請求，在設定登錄後之一定期間內，

將設計加以保密，以防止被人仿冒，故稱為秘密意匠制度。

依日本意匠法之規定，為了辦理秘密意匠登錄申請，申請人須指定自意匠權設定登錄之日起三年以內之期間，以書面於申請意匠登錄之同時，向特許廳長官提出。意匠登錄之申請人或意匠權人其後亦可對此請求保密期間，請求延長或縮短（日意 §14I、II、III）。

又秘密意匠雖有設定登錄，但在請求保密期間內，不將其內容（圖面等）發表在公報上，而只揭載意匠權人、申請番號、申請日、登錄番號、設定登錄日等形式事項。但一過此請求保密期間，則特許廳應無遲滯地將其意匠內容，即申請書及所附圖面、照片、雛形或樣本之內容揭載於意匠公報，加以公告（日意 §20IV）。又即使在請求保密期間中，在若干法定之特殊場合，特許廳長官應例外地將意匠內容供他人閱覽（日意 §14IV），惟仍以加以保密為原則。

二、外銷產品設計登錄制度

此外由於顧慮到設計，例如：鞋樣、玩具的生命週期短暫，尤其外銷品，更易被人仿冒，等到申請核准，可能早已被人仿冒，故特別針對外銷品，參考日本輸出品設計法之設計登錄與認定審查制度之構想，由享有設計專利之人向外銷主管機構註冊，其後若有他人欲輸出類似產品，即須將資料調出，加以比較、檢查其外觀設計與已註冊者之外觀是否相近，若有近似則禁止出口。我國過去曾有人提此構想，擬針對外銷商品建立註冊制度，但僅止於研議階段，並未實施。

原來在日本設計專利與新型專利之申請或登錄時間長達二、三年，無法適時保護設計專利或新型，故日本輸出品設計法為防止外銷貨物被仿冒，保護業者所創之新設計起見，另創出二種特殊保護制度，即針對通產省指定之特定貨物（含家具、鋼筆、手提包、照相機、錄音機、電唱機、廚房用品……等）由通產省指定之機關（財團法人日本機械設計中心及財團法人生活用品振興中心）辦理特定貨物設計登錄及其認定工作。此種登錄制度之審查期間僅二十日左右，對於生存週期短暫之工業產品具有實質保護效果。但設計品之登錄係由廠商（限於日本國內從事特定貨物之製造、加工、批發、販賣之輸出入業者）自行申請，不具強制性，惟取得登錄之貨品於出口時則具有排他性。

上述登錄之申請以先提出者為優先，經審查通過後，發給登錄證明書，登錄自核准之日起三年內有效。廠商出口特定貨品時，該項貨品之設計（及商標）非經認定機關之認定並發給認定書，不得出口。認定之步驟有二：⑴書面資料之確認：即由認定機關憑廠商於申請書上所附之照片或圖片，依照認定基準或已登錄之設計或商標予以認定。⑵現物之確認：由認定機關就廠商出口貨品之現物與書面進行比對。認定書有效期限為六個月或四個月。廠商於領取認定證書後，應將同意認定之標示貼於該特定貨物之單位包裝及外包裝之明顯位置上，經指定之檢驗機構實地檢驗合格核發合格證書後，始得出口。若未經認定機關之認定並發給認定證書，而擅自輸出時，通產大臣得停止該特定貨品一年以下之出口[42]。

第十四節　設計專利保護有關之問題

一、生命週期較短之商品多難獲得保護

我國專利法對設計專利採實質審查主義，據云平均每件申請案之審查約需八個月至十個月，若干富於流行性與季節性之商品，因生命週期短促，無法依設計專利獲得保護。反觀一些外國，例如德國於 1876 年 1 月 11 日制定設計法 (Geschmacksmustergesetz)，保護之設計包括手工製品及工業產品之設計及模型 (Muster oder Modelle)，由於採用形式審查主義，設計專利只須向主管機關註冊，且將樣品或圖式密封或開封寄存，即能獲得保障[43]，手續簡便且可發揮保護實效，此點似可作為我國檢討有關制度之參考。

[42] 參照中華民國全國工業總會，《日韓工業財產權保護制度考察報告》（民國 73 年）。

[43] 施淑貞，《新式樣保護法制之比較研究》，臺大法研所碩士論文，頁 119。

二、保護要件嚴格核准率偏低

我國專利法對設計專利要求新穎性，非顯著性與產業上利用性，新穎性採絕對新穎性之世界主義，非顯著性則以熟習該項技術者不易創作之專家標準，其要求之嚴格在並世各國可謂無出其右，以致申請案核准率偏低，造成設計人尋求設計保護之意願不高之結果。反觀德國設計法之新穎性要件採客觀相對新穎性，只要以德國專家領域通常知悉之知識為基準加以判斷，至於特別困難不易知悉之領域，則不列入判斷，較我國之世界主義，絕對新穎性之要件為寬。

三、申請手續繁複

我國設計專利因採實質審查制度，為使專利機關審查人員能研判設計申請案是否與他人已通過之設計近似，要求申請人提出六面圖、立體圖、平面圖、平面展開圖、單元圖等文件，一般申請人因非專業，無法親自辦理此等繁瑣且技術性之文件，而須仰賴專利代理人代辦，負擔不少費用，致無力或不願多花錢之人可能因此放棄專利申請。

四、工業設計法之立法問題

另外有人認為工業設計為三不管地帶，因著作權，在應用美術方面，只針對單一品，未針對量產予以保護，而發明專利又須具有新穎性才受保護，而設計專利，亦未能加以保護，形成三不管地帶，故主張應制定「工業設計法」，予以填補此真空，惟因難以劃分其與設計間之界限，故後來照會美國不再另行立法。

第十八章　專利之授權

第一節　總　說

發明取得專利權後，要付諸實施才有意義。即製造、販賣、使用或為上述目的而進口等。專利法對專利權人原則上不課以實施專利發明之義務。事實上專利權之中亦有所謂防衛性專利，即權利人自己不實施，純為出於阻止他人實施之目的。況即使不實施，但由於公開發明，對社會亦不能謂無貢獻，但究不如實施較富意義❶。最普通實施方法固由專利權人自己實施，正如不動產所有人自己使用收益一樣，但亦可自己不實施，而讓他人實施。即將專利之實施權（製造、為販賣之要約、販賣、使用或為上述目的而進口等權限）授予他人實施。利用他人土地與房屋，法律上可用買賣與租賃兩種型態，在專利權亦有讓與與授權兩種型態，自他人言則有購買專利權與取得專利權之授權兩種選擇。專利權人將專利權完全讓與他人，自己不保留任何權能者稱為讓與 (assignment)，反之自己保留專利權不實施，而授與他人實施（由他人取得實施權），而收取使用費。此時有似有體

---

❶ 有人謂「發明易，開發與企業化難」，發明之實施有許多困難。據云已獲得專利權中，實際付諸實施而對社會有貢獻者極少。商品化實施化之比率，一般推測為 30 ～ 40%，實際可能更低。發明不能實施之原因不一，研究主題設定本身與現實脱節者有之，發明後開發失敗亦有之，不實施之發明有似未被演奏之樂譜，只有文獻價值而已。英國政府受到佛萊明發明之盤尼西林，不在本國而渡海在美國實用化之刺激，1949 年為促進新技術開發與實用化，成立稱為研究開發公社 (NRDC) 之技術法人，由 NRDC 就電子計算機辦理專利 pool 等，投入國家資金，促進發明之實施（參照竹田和彥著，《最新特許の知識》，頁 401、402）。

物租賃之情形（如無償則有似使用借貸，但此情形絕無僅有）但不稱租賃❷而稱授權 (license)。惟揆諸實際，讓與專利權本身之事例似較少，大多數為授權❸。

專利法於一定情形，准許專利權人以外之人實施專利發明，此種權源稱為實施權。實施權之種類依其法律性質，可分為專屬實施權與通常實施權。按其發生原因又可分為下列三種：

1. 約定實施權

即依專利權人之自由意思而發生之實施權，依其法律性質，又可分為專屬實施權與通常實施權。專屬實施權乃可獨占的實施專利發明，專利權人自己在該範圍內亦不能實施，反之，通常實施權乃對專利權人請求容忍其實施專利發明之權利，權利並無獨占性，專利權人不受限制，自己仍可實施其發明。

2. 法定實施權

乃不問專利權人意思如何，基於調整利害關係人利益等理由，依法律規定當然發生之實施權。

3. 強制實施權 (compulsory license)

乃不問專利權人意願如何，在一定條件下，基於第三人之申請，由行政官署即專利機關命令強制取得之實施權。

法定實施權與強制實施權，均係通常實施權，並非專屬實施權。此等實施權與專利權基於公共利用之限制（日特 §69、§175）不同，乃在與實施權人之關係上限制專利權之效力。惟約定實施權，乃基於專利權人之自發意思所賦與，與其謂為專利權之限制，毋寧謂為專利權積極利用之一種態樣。

約定授權，原則上除了反托拉斯法之限制外，在美國專利權人不須對

❷ 83 年修正前施行之專利法，不稱授權而稱租賃，可見當時對授權概念甚為不足，致有關規定極為簡陋。83 年修正後規定雖較充實，但仍欠完備。

❸ 竹田和彥，前揭書，頁 403。又楊崇森，〈技術合作法律問題之研究〉，《中興法學》，第 20 期（民國 73 年 3 月），頁 187 以下，對專利授權之實際運用有較詳探討。

任何人授權，且可拒絕授權，且不問是否授權予他人，自己亦不必實施發明，正如農莊之所有人不必耕田一樣。但在許多國家，專利須加以實施，不問專利權人或被授權人，否則可能須強制授權予任何想實施該發明之人。

第二節　專利授權之作用

一、自被授權人立場

1. 被授權人可獲得缺乏資金、時間或資源研發之技術，或獲得不願冒不能於一定期間研發之風險之技術。

2. 自轉售改為製造，可提高利潤收入。

3. 使無研發活動之現有技術增加競爭力。

4. 解決有關專利或營業秘密訴訟或反托拉斯問題之爭端。

5. 在改良方面，可使被授權之技術保持最新。

6. 在技術服務方面，可提高立即與有效利用被授權之技術。

二、自授權人立場

1. 使授權人市場能伸展至因欠缺必要經銷系統或基於政治等原因，無法到達之地區。

2. 擴大授權人原來不能有效服務之領域。

3. 使授權人更能滿足市場需要。

4. 賺取使用費收入❹。

5. 自被授權人獲得改良之回饋授權之利益，或對所有被授權人提供資

---

❹ 使用費之收取方式甚多，包含下列各種：

⑴一次支付 (lump sum) 或分期支付。

⑵按出售每個專利品之價金之一定百分比或固定數額計算。

⑶按所出售專利品總數，按固定費率或累進費率計算。

⑷授權人與被授權人間之其他約定。

源 pool。

6.連同公司之出售而授權，或作為合資事業之一種出資。

7.為解決專利或營業秘密訴訟之爭議或反托拉斯問題。

8.將權利移轉予關係企業。

9.可於消費者不喜單一來源之供應商時，增加市場。

10.參與共同研發安排。

11.達到拉拔 (pull-through) 相關或非相關產品銷售之目的。

12.用於未獲專利產品之搭售 (tie-in) 之銷售。

13.因相同或同等技術可自他人處獲得，以授權來保護市場。

14.提升或維持該被授權技術之聲譽。

15.可據以要求對方改良之回饋授權，且可能收到更多使用費。

16.在技術服務方面，便於完成被授權技術之實施或商品化，有助於使用費之較早收到，且數額較大，並可降低被授權人失敗之風險。

17.以交互授權達到技術交換與增加競爭力之目的❺。

第三節　專屬授權與非專屬授權

100 年專利法增訂：(專利) 授權得為專屬授權或非專屬授權之明文 (§62II)，茲分述如次：

---

❺ 公司可將自己專利授權他公司，換取使用該他公司專利之授權。此種相互之授權稱為交互授權，使公司間可交換技術專業知識，加強彼此市場地位。例如 A 與 B 兩家公司，乃十速腳踏車市場之許多競爭者中之二個。A 對 kevlar reinforced 骨架，及製造這些骨架方法有數個專利權。B 公司對十速腳踏車之齒輪與剎車系統亦有數個專利權。B 公司如無交互授權安排，只能出售帶有第二流骨架之十速腳踏車，因 A 公司可排除競爭者，包括 B 公司製造銷售其有專利權之 kevlar reinforced 骨架。同理，由於 B 公司對齒輪、剎車享有專利權，A 公司只能出售二流之齒輪與剎車系統之腳踏車。如 A、B 兩公司交互授權他們各自的專利，則兩公司可製造銷售含有一流骨架、齒輪與剎車系統之腳踏車，其結合可使兩公司在十速腳踏車市場獲得更強固之地位，亦即兩公司可不花資金，而享有提升技術之利益。

一、專屬實施權

㈠性　質

關於專屬實施權，我國專利法別無定義之規定，似係在約定範圍內專有實施專利發明之權利。100 年新法增訂：「專屬被授權人在被授權範圍內，排除發明專利權人及第三人實施該發明。」（專 §62III）此權利與日本特許法上之專用實施權，乃物權性質之獨占排他權不同❻，而屬於一種債權。即專利權人在授權範圍內，不但不許對第三人重複授予同一內容之專屬實施權與通常實施權，且倘未特別約定，專利權人自己亦不能實施該發明❼。

專屬實施權如經登記，於專利權讓與時，專屬實施權亦可對抗新專利權人。但專屬實施權登記前，若已有通常實施權之登記時，該通常實施權人，可對抗專屬實施權人（日特 §99 ①），因專利發明乃無體財產，可重複實施之故。

專屬實施權為共有時，各共有人可不經其他共有人之同意，實施專利發明（日特 §77 ⑤、§73 ②），而與專利權共有之情形相同。

㈡成　立

授權行為通常乃專利權人與專屬實施權人間之契約。專利權為共有時，除共有人自己實施外，須經共有人全體同意，始可授權他人實施，但契約另有約定者，從其約定（專 §64）。專屬實施權究屬一種債權，為了對抗第三人，權利之設定須予以公示。專屬實施權究竟以登記為生效要件抑對抗要件，立法例不一。採生效要件者，如日本，惟其乃物權性質，在我國則採對抗要件，而規定「專利權人以其……專利權……授權他人實施……，非經向專利專責機關登記不得對抗第三人。」（專 §62I）新型專利與設計專利，亦同（專 §120、§142）。

授權登記之申請，應由專利權人備具申請書、敘明授權種類、內容、地域、期間、授權他人實施期間、檢附授權契約等證明文件，向專利專責

❻ Buckles, op. cit., p. 178.

❼ 專屬被授權人可否再授權他人實施，詳如後述。

機關申請登記（專施 §65）。如雖有授權行為，但未登記時，在當事人間雖成立專利法上之專屬實施權，但不得對抗第三人，若專利權人已另行授與第三人專屬實施權或通常實施權，且已先登記時，此時對前者而言，可能被前者禁止實施，對後者言，不得禁止後者實施，此時唯可對專利權人以違反契約主張債務不履行之責任。

㈢範　圍

由於專利權人有權完全不授權，亦有權將其獨占權完全或有限度授權予他人，因此授權型態有各種限制，亦即其範圍有下列不同態樣：

1.時間上之限制

授權時間不必與專利權存續期間相同，可於較短之期間內存在。例如於特定年限，諸如五年或十年內成立，甚至逐年授與，或附不確定之期限或條件亦無不可。如未特定期限，則推定為在專利權存續期間內存在❽。

2.地域（區）上之限制

對於被授權人，可在專利權有效之地區內加以限制，例如以濁水溪以北地區，授權予被授權人，而專利權人自己保留以南地區專屬之實施權。因專利權於我國領域內應屬有效，故可限定生產販賣之地區。但因專利權之效力不含輸出權，故不能限定輸出國家或地區。惟如訂有此種約款，能否拘束當事人，乃另一問題。又限制之地域只要可得確定即可，不必與行政區劃一致，例如限定於特定工廠生產，販賣限定於機場之販賣店之類，亦屬無妨。

---

❽ 日本特許法創造一種特殊的專屬實施權（稱為專用實施權）制度，而為外國所無，即創設一種物權性質之權利，因登記而發生，且可作為質權之客體。有人以為相當於外國之 exclusive license，通常實施權相當於 non-exclusive license，但 exclusive license 並無訴權，且非物權性質，故其說並非妥當（竹田和彥，前揭書，頁 405）。惟與通常實施權比較，此種專用實施權之利用頻率顯著偏低（中山信弘，《工業所有權法》（上），頁 373），在其設定後專利權人通常不再實施，故被用於當事人為具有親子關係之企業、自外國輸入技術而專利權人不實施，以及個人發明家對企業為實施之授權等場合（中山信弘，《工業所有權法》（上），頁 374）。

3.內容上之限制

⑴實施之態樣：如發明可為種種不同使用，則授權可限制一些特定使用方法。例如授權被授權人製造發明品或將其使用或販賣，亦可將此數種權利一併授權，例如生產方面，保留由專利權人自己實施，只就販賣或出租授予專屬實施權是。

⑵專利權所涵蓋之發明個數，亦可加以限制，例如在二發明之中，針對某一發明，予以授權。

⑶實施之對象亦可予以限制，例如在四輪車與單車均可使用之引擎之發明，限於單車授予專屬實施權。

⑷生產數量之限制：對被授權人製造販賣或使用貨物之數量亦可設限，惟此並非此處所謂內容之限制，因如承認此種限制，則變成容許內容相同，僅生產數量不同之複數專屬實施權併存之故❾。

⑸價格：授權可否限制被授權人將專利品以專利權人所定之價格銷售？學者以為只要不違反公平交易法或反托拉斯法（因可能違法限制貿易，或意圖將專利獨占權違法擴張），亦屬無妨❿。

⑹請求項之部分亦可授權他人實施（專施 §65III）。

㈣專屬實施權之效力

92 年專利法第 84 條第 2 項（現行法第 96 條第 4 項）規定專屬被授權人於專利權受侵害時，得行使損害賠償、侵害排除及防止請求權，惟未明定專屬授權之實體法律效果。100 年修法，參考英國專利法第 130 條第 1 項、日本特許法第 68 條及第 77 條第 2 項、韓國專利法第 94 條及第 400 條第 2 項規定訂定專屬授權之效果。專利權人本身如仍有實施發明之需要時，應取得專屬被授權人之授權後，始能實施。

專利權人即使就專利權之全部授予專屬實施權後，對第三人之侵害，

---

❾ 生產數量之限制，只要不牴觸其他強行法規，當事人可以契約加以限制，但專利實施之生產量，理論上應屬無限，因如可限制數量，則可成立複數之同一內容之專用實施權（中山信弘，《工業所有權法》（上），頁 376）。

❿ Buckles, op. cit., p. 180.

仍可行使損害賠償請求權及禁止請求權，而專屬被授權人亦有此等請求權，似無須先通知專利權人，於專利權人不為請求後，再行請求⓫。又賦予母公司之授權，並不包括對子公司之授權，除非授權契約有明白訂定⓬。

㈤當事人之義務

1. 專利權人之義務

專屬實施權既以登記為對抗要件，故除非契約有特別約定，專利權人並無協同登記之義務，但專利權人負有維持專利權之義務，故負繳納專利費用之義務。專利權之拋棄，須經專屬實施權人之同意。依100年新法之規定，專利權人拋棄專利權或就請求項之刪除及申請專利範圍之減縮之事項為更正申請時，因關係專利權存在或實質變更專利權之範圍，應得被授權人之同意始得行之（專§69I）。同理，第三人提起舉發或其他行政救濟，欲撤銷專利權，或專利機關依職權欲撤銷專利權時，專利權人亦有防衛義務。此外可依當事人合意，在契約上另定專利權人負擔其他義務⓭。

2. 專屬實施權人（被授權人）之義務

支付使用費，為被授權人所負最重要之義務，但例外亦有無償之可能，應依契約之約定⓮。被授權人雖有實施之權利，但並不當然負擔實施之義務。被授權人對授權契約（實施契約）之對象之專利權之有效性，是否負不爭執之義務，在學說上有爭論。有人以為被授權人既以專利有效為前提，享受專利權之獨占利益，如仍對其效力加以爭執，乃違反誠實信用原則。

⓫ 專利權之授權有似民法租賃，一說以為承租人對第三人之妨害其使用權益，有請求出租人排除之權（民§437、§962），在專利權之侵害，因專屬實施權係限制性之債權，在授權後，專利權仍不失其排他獨占權，且專利權人對專屬被授權人亦負有此種義務。故認為在專利權之侵害，須由專利權人優先請求。

按在日本特許法，專屬實施權人有固有之禁止請求權，故對第三人之侵害，專利權人無行使禁止請求權之義務（仙元隆一郎，《特許法講義》，頁131）。該法又明定專屬被授權人，可以自己名義告訴；侵害專屬實施權，可構成侵害罪（日特§196）。

⓬ Buckles, op. cit., p. 179.

⓭ 仙元隆一郎，前揭書，頁131。

⓮ 中山信弘，《工業所有權法》（上），頁381。

但一般被授權人乃因信賴專利權之有效，始進而締結授權契約，於日後發現有無效事由時，如不可爭執專利權之有效性，仍須以其有效為前提，繼續支付使用費，而不能脫離契約之約束，似失之過酷，從而一般不承認被授權人負有不爭之義務⓯。但例外亦有若干應認許負擔不爭義務之特殊情形，例如雙方以專利權無效事由之存在為前提，締結授權契約、又因和解而撤回告訴或撤回撤銷（舉發）之申請，而締結授權契約，以及當事人間有其他特殊關係等情形，此時仍以承認負有不爭義務為宜。又約定不爭執專利權有效性之契約，縱違反公序良俗，因尚未達到無效之程度，故應屬有效⓰。在美國含有無效原因之專利權，自公益之理由，被授權人並無不爭之義務⓱，實施契約上之不爭條款，被法院認為違法⓲。

⑹專屬實施權之變動

1.移　轉

專利權人與專屬實施權人有人的信賴關係，且使用費之收取，確保市場等專利權之經濟價值，端賴專屬實施權人之能力，亦即專屬實施權人為誰，對專利權人有重大利害關係。故專屬實施權不能自由移轉，在日本特許法，僅限於下列情形始可移轉：

⑴隨同實施之事業移轉。

⑵經專利權人之同意。

⑶繼承或其他一般承繼（日特 §77 ③）。

在⑴與⑵兩種移轉情形，須登記才能對抗。我國專利法雖無規定，但解釋上經專利權人之同意或在繼承（無特約禁止為限）時，固可移轉，但在其他情形，恐有問題。

2.通常實施權之授權

在日本專屬實施權人可授權他人取得通常實施權及設定質權，惟須經

⓯ 東京高判昭和 60.7.30. 無體例集 17 卷 2 號，頁 344；仙元隆一郎，前揭書，頁 132。

⓰ 中山信弘，《工業所有權法》（上），頁 382。

⓱ Lear v. Adkins, 162 USPQ 1, 1969.

⓲ Bendix v. Balax, 164 USPQ 485, 1970.

專利權人同意（日特 §77 ④），但在我國法解釋上，專屬授權人如經專利權人同意，似可授權他人取得通常實施權，但不可再以之設定質權。100 年修法，新增第 63 條第 1 項，明定：「專屬被授權人得將其被授予之權利再授權第三人實施。但契約另有約定者，從其約定。」即專屬被授權人在被授權範圍內，原則上得再授權他人實施。惟鑒於授權契約之訂定，多係當事人在信任基礎下，本於個案情況磋商訂定，如有特約限制專屬被授權人為再授權時，應優先適用特約規定。又為保障交易安全，新法明定再授權之登記效力。即規定：「再授權非經向專利專責機關登記，不得對抗第三人。」（專 §63III）[19]

在共有之專利權，專利權之授權實施，性質上屬於專利權之管理行為，惟專利權授權他人實施與否，對於各共有人自己實施專利權所可獲得之經濟利益有重大影響，新法第 64 條特別規定授權他人實施，亦應得共有人全體之同意，不適用民法第 820 條第 1 項之規定。

又專屬實施權屬於共有時，在日本其應有部分之讓與與通常實施權之授權，應經其他共有人之同意（日特 §77 ⑤、§73），在我國亦應為同一之解釋。

另專利權共有人之應有部分係抽象地存在於專利權全部，並無特定之應有部分，如承認共有人得將應有部分授權他人實施，其結果實與將專利權全部授權他人實施無異，故不宜承認應有部分授權他人實施之情形。

[19] 為配合專利法修正，現行施行細則規定：「申請專利權再授權登記者，應由原被授權人或再被授權人備具申請書，並檢附下列文件：

一、申請再授權實施登記者，其再授權契約或證明文件。

二、申請再授權變更登記者，其變更證明文件。

三、申請再授權塗銷登記者，再被授權人出具之塗銷登記同意書、法院判決書及判決確定證明書或依法與法院確定判決有同一效力之證明文件。但因原授權或再授權期間屆滿而消滅者，免予檢附。

前項第一款之再授權契約或證明文件應載明事項，準用前條第二項之規定。

再授權範圍，以原授權之範圍為限。」（專施 §66）

3.專屬實施權之消滅

專屬實施權乃附隨於專利權，故因專利權之消滅，亦當然歸於消滅（日特 §98II ②）。登記非消滅之生效要件，專屬實施權本身因授權（實施）契約之終了（期間屆滿、契約解除等）、拋棄而消滅。此時登記為消滅之對抗要件，拋棄於有利害關係人（通常實施權人）時，應得其承諾（舊專 §69），專利權與專屬實施權歸屬於同一人時，專屬實施權因混同而消滅（日特 §98II ①）（民法 §762）。

二、通常實施權 (non-exclusive licenses)

㈠性　質

通常實施權乃專利授權最常見之型態，與專屬實施權乃一種排他獨占之實施權不同，不過係單純對授權實施之人（專利權人或專屬實施權人）請求容認實施之權利（債權）而已[20]。換言之可謂不能行使禁止請求權與損害賠償請求權之請求權。從而授權實施之人，雖授與通常實施權，只要契約不特別加以限制，自己仍可實施，亦可以同一內容之通常實施權重複授予第三人[21]而為重疊的存在，此點與有體物之租賃權不同，因無體財產與有體物不同，不以占有為必要之故[22]。

㈡種　類

專利法上通常實施權，有約定通常實施權、法定實施權與裁定實施權三種。法定實施權與裁定實施權雖亦係通常實施權，但其法律性質與約定通常實施權有甚大差異，故以下僅就約定通常實施權加以說明，其他則於各適當場所予以說明。

㈢成　立

專利法第 62 條第 1 項只規定：「發明專利權人以其發明專利權……授權他人實施或設定質權，非經向專利專責機關登記，不得對抗第三人。」

[20] 橋本良郎著，《特許法》，頁 249。

[21] Buckles, *Ideas, Invention & Patents*, p. 176.

[22] 中山信弘，《工業所有權法》（上），頁 384。

法律上似非以訂立書面契約為必要，但實際上不但宜訂定書面契約，且須詳載當事人雙方之權利義務，以免日後發生爭議。專利權人授與他人通常實施權，固無問題，惟專屬實施權人經專利權人同意後，可否如日本法，授與他人通常實施權，則有疑義。

授與通常實施權，依當事人之契約。專利權為共有時，各共有人非得共有人全體同意，不得授與他人通常實施權（專 §64）。100 年專利法雖將其但書「但契約另有約定者，從其約定」刪除，但解釋上並無二致。專屬實施權為共有時，似亦可類推適用此規定。

通常實施權，乃對授與此權利之專利權人之債權，故授權人如將其專利權讓與他人時，通常實施權人即不能對抗新權利人（受讓人），為了使通常實施權人地位安定計，如將授權情事予以登記，則即使授權人地位發生變動，或專利權人為他人另行授予專屬實施權，亦可以通常實施權予以對抗㉓。

通常實施權僅係一種債權，故授與實施權之人並不當然負登記義務（日本最判昭和 48.4.20. 民集第 27 卷第 3 號，頁 508），而宜由當事人特別約定。至授權人是否負擔此義務，乃實施契約當事人意思解釋之問題。

在日本通常實施權之移轉、變更、消滅、處分之限制，如經登記，可對抗第三人（日特 §99），但我國專利法及施行細則規定甚為簡陋，專利機關登記簿及有關登記制度是否完備，能否為如此細緻深入之登記，似有疑問。

㈣內容與效力

通常實施權之範圍與專屬實施權同，應依契約所定。其範圍如經登記，可對抗第三人。通常實施權不似專屬實施權，對侵害人並無禁止請求權與損害賠償請求權之規定。第三人不法侵害債權，今日學說與判例雖認為有時亦可成立侵害行為，但第三人無權源實施時，能否成立侵權行為，仍不無問題。惟第三人雖無權源實施，但通常實施權人仍可實施，不致受到妨

㉓ 在加拿大，授權書面雖非必需，但最好訂立，且除專屬授權外，授權不須登記，參照 Goldsmith, op. cit., p. 148.

礙，且專利發明乃無體財產，客體之給付又係不作為，故不生債權侵害問題。且授權人之債務乃不作為義務，故第三人無權源實施，對通常實施權人，雖有經濟上利害關係，但欠缺法律上利害關係，不構成侵權行為。又對通常實施權之侵害，在罪刑法定主義下，於我國專利法更不成立犯罪㉔。

㈤變　動

通常實施權經專利權人同意及一般繼承時，發生移轉，惟須登記始能對抗第三人。

通常實施權人，可否將其被授予之權利再授權他人實施？即可否轉授權 (sublicense) 與第三人？專利法雖無明文，但因轉授權在實務上甚為流行，且受肯定，如經專利權人等同意，似無否認之理㉕。故 100 年修法，為杜爭議，特參考著作權法第 37 條第 3 項、原住民族傳統智慧創作保護條例第 13 條第 4 項規定，增列准許轉授權之明文，規定：「非專屬被授權人非經發明專利權人或專屬被授權人同意，不得將其被授予之權利再授權第三人實施。」（專 §63II）即明定應經專利權人同意，始可再授權。換言之，非專屬被授權人如係由專利權人取得授權者，為再授權時，固應取得專利權人之同意；如自專屬被授權人處取得授權者，為再授權時，應取得授權其實施之專屬授權人之同意，始得為之。又為保障交易安全，明定再授權之登記效力。即「再授權非經向專利專責機關登記，不得對抗第三人。」（專 §63III）㉖

我專利權法下通常實施權人能否以其權利設定質權，比專屬實施權更成問題㉗。

通常實施權乃附隨於專利權，故因專利權之消滅，當然歸於消滅。至通常實施權本身消滅原因，有契約關係終了、拋棄等。又專利權人與通常

㉔ 中山信弘，《工業財產權法》（上），頁 389。

㉕ 仙元隆一郎，前揭書，頁 137。

㉖ 又參照前揭⑲。

㉗ 在日本通常實施權人如經專利權人之同意（在由專屬實施權人授權成立之通常實施權，另須專屬實施權人之同意），可以之設定質權（日特 §94 ②）。

實施權人成為同一人時，此通常實施權因混同而消滅。

第四節　授權契約應注意之點

在締結或簽訂專利授權契約時，通常應考慮包含以下各點：

1. 所授與權利是否有專屬性。

2. 授權與更新權利之期間。

3. 地區上的限制。

4. 在顧客方面的限制。

5. 對於被授權人在使用專利發明過程中可能做的改良，授權人有何權利？被授權人可能允諾將任何有關改良之專利讓與授權人，亦可能單純允諾賦予授權人非專屬授權，類似條文可規範授權人所做之改良。

6. 對於被授權人利用有專利權之發明所製之物品，在品質方面有何控制。

7. 被授權人可能生產之物品在數量上有何限制。

8. 對被授權人就其產品收費之價格有何限制。

9. 轉授權 (sub-licensing) 與授權之讓與 (assignment)。

10. 經銷 (distribution) 之方法：即為了保持產品形象，要求被授權人以特定方法行銷產品之條件。

11. 有關搭售 (tie-in) 之安排，即要求採取使用或銷售專利權人其他非專利產品或方法之條件。

12. 有關提供授權人對正確實施專利極為重要之非專利技術情報，即提供所涉 know-how 與營業秘密之條件。

13. 應付之報酬，不問按期付使用費或一次付費 (lump sum) 等，及關於發生意想不到之成功，貨幣貶值等等時，調整此等給付之規定[28]。

14. 最惠被授權人待遇條款[29]。

---

[28] Ricketson, *The Law of Intellectual Property* (1984), pp. 102–122.

[29] 在通常實施權，被授權人為了防止授權人未來以比自己更有利條件，另行授權第三人

15.授權契約又宜加上生產保證與特別保證兩項條款。所謂生產保證係指對專利品之品質、性能、生產能力，予以一定之保證。所謂特別保證又分為(1)實施專利發明結果，如侵害第三人之權利時，保證予以補償（補償保證），(2)第三人侵害專利權或有侵害之虞時，授權人保證採取法律上措施（侵害排除保證）及(3)專利現實有效，且不侵害第三人之權利（有效性保證）。

第五節　專利授權與不正競爭

公平交易法之基本精神在於保障公正與平等從事工商活動之自由與免除束縛新技術出現與財貨自由流通之限制，反之專利權乃此種自由之例外，即法律賦予專利權人之技術獨占權，亦即以賦予排除他人製造銷售使用其發明之定期特權，作為報償，以促進科技與產業之進步。故如因權利人實施法律上排他之權利致形成市場支配力時，此乃專利制度預期之正當結果，自屬適法行為，不生不正競爭或違反公平交易法之問題，惟如由專利權人透過實施契約，以人為方法將專利權加以集中，或圖謀獨占市場時，則可能已逸出專利法預定之本來權利之正當行使行為，而有構成不正競爭行為之虞，而難受法律之保護。如何劃定二者之間之界線乃極為困難之課題，多年來此界線一直在移動，而有擴大不正競爭法或公平交易法之適用而限制專利獨占範圍之傾向。

一、通常正當之限制

公平交易法第 45 條規定：「依照著作權法、商標法、專利法或其他智慧財產權法規行使權利之正當行為，不適用本法之規定。」在專利授權，

實施，在契約上常利用源於最惠國待遇條款之最惠被授權人待遇條款 (most favored licensee provision, most favorable provision)。即特約將來如授權人對第三人以比自己更有利條件，賦予實施權時，於自己希望之時期或自動地適用該有利條件，以取代原來條款（參照竹田和彥，前揭書，頁 404）。

授權人（專利權人）對被授權人賦予實施權時，往往對被授權人予以種種拘束，其中有屬行使權利之正當行為者，亦有利用專利權人之優越地位，對競爭予以不當之限制者，因而往往涉及是否構成不正競爭，從而其約定法律上是否有效之問題。

下列行為通常為專利法上權利之正當行使：

1. 按製造、使用、販賣等區分，授予實施權。

2. 在專利權有效期間中，限制實施權之期間，或將專利權有效地域加以區分，予以授權。

3. 限制專利品等於一定技術領域製造，或於一定地區販賣。

4. 限制專利方法於一定技術領域使用。

5. 限制專利品之製造數量、販賣數量或專利方法之使用次數[30]。

二、可能構成不正競爭之限制

下列行為原則上可能構成不公平競爭：

1. 輸出地域之限制

限制被授權人就專利品可輸出之地域，但(a)授權人就專利品有專利權之地域，(b)授權人就專利品自己經常為販賣活動之地域，(c)授權人予第三人獨占販賣之地域，不在此限。

2. 輸出價格與輸出數量等之限制

即限制被授權人對專利品之輸出價格或輸出數量，或規定被授權人須通過授權人或所指定之人輸出。但如將相當於上開1.(a)(b)(c)之一之地域定為被授權人可輸出之地域，且輸出價格或數量之限制或義務之內容止於合理範圍者，不在此限。

3. 限制處理競爭品

此乃指禁止被授權人處理他人與專利授權產品有競爭關係之產品，或禁止採用他人與授權人或讓與人有競爭關係之技術。後者可避免在專利權人與被授權人間，就是否實施品，發生爭執，但可認為過當限制；前者則

[30] 又參考紋谷暢男著，《特許法五十講》，3版，頁189以下。

應分別通常實施權與專屬實施權等情形觀察，不可一概而論。在實施權人獨占實施時，因實施人應專心實施，為確保授權人之使用費收入，此種限制可認為合理正當。但亦有反對說，以為此際以課以最低實施義務，乃至實施費支付義務為已足，課以此種限制，乃不公正競爭行為者。

4. 原料等購入對象之限制

即限制原料零件等，須從授權人或其指定之人購入。其中以搭售 (tie-in) 之情形特別需要討論。所謂搭售乃在專利授權，專利權人課受讓人或被授權人必須購入專利權人其他無專利權之原料或零件之義務之情形。按專利權人所製原料或零件，即使品質比他人優良，價格比他人低廉，但課受讓人或被授權人此種購入專利權人其他無專利權原料或零件之義務，可能構成不當競爭，因被授權人享有任意向任何人購入原料或零件之選擇權，而此種權利不能予以剝奪之故。

5. 販賣對象之限制

規定專利品須通過授權人或其指定之人才能販賣。

6. 轉售價格之限制

即限制專利品在國內之轉售價格。在專利授權，如被授權人可任意以高價販賣所生產之商品時，有可能導致無法對授權人支付使用費之後果，反而對授權人不利，故限制價格可認為有其必要，即授權契約直接限制價格乃屬正當，但當產品離開被授權人之手進入流通階段後，因專利權已經耗盡，授權契約如限制轉售價格，可能構成不當競爭，而有取締之必要。

7. 對改良發明等之限制或回饋授權 (grant back)

即約定被授權人實施發明後，如自己產生改良發明時，須向授權人報告，將該發明授權授權人實施，如取得專利權時，須將專利權讓與於授權人之條款。但如授權人對被授權人負擔與被授權人同樣義務，其內容大體均衡時，不在此限。因其規定內容強弱程度有很大出入，且有償無償有不同組合，較強度者對被授權人過於不利，且有使被授權人喪失改良意欲之弊。反之如訂得過輕，則使授權人在競爭上不利，且被授權人將改良留在自己手中，甚至有不實施等弊端。故一律將上開約定認為不公正交易方法，全面予以禁止，並不適當。因此主張專利權人繼續改良，繼續提供被授權人，另一方充分支付對價，兩者保持均衡為當之見解似較占優勢。

8.收取使用費過多[31]

包括對不使用契約對象之技術之產品，亦課以使用費。

9.對專利品、原料、零件等品質之限制

即限制原料、零件等之品質或專利製品之品質。但為保證契約對象專利之效用，或確保註冊商標之信用，在必要範圍內對專利品、原料、零件課以維持一定品質之義務者，不在此限。

10.總括或整批使用授權

即對被授權人就多數專利，課以總括或整批受實施授權之義務。但為保證契約對象專利之效用，止於必要範圍內者除外。

11.使用商標等義務

對被授權人就專利製品，課被授權人使用授權人所指定之商標之義務。

12.片面終止契約條件

即以當事人給付不能等不履行以外之事由為理由，單方或不經適當預告期間，可立即終止契約之規定等，附上對被授權人單方面不利之解約條件。

13.專利權不爭之義務

在授權契約往往附上被授權人不爭執被授予專利權效力之條款 (non attack clause)，此自禁反言原則觀之，認為有效，但不爭執專利權之無效，自專利制度之公益性觀之，不無問題，美國判例認為無效，西德法律認為自

[31] 近年來美國高科技公司常跨海來臺向本地廠商索取高額權利金，否則向法院尤其美國法院提起訴訟，致國內廠商頗感困擾。外商公司如 IBM 向我國約一百家以上廠商收取 8,000 萬美元權利金，Microsoft 向國內廠商收取權利金，每年超過 1 億元，其他外商公司 (RCA, Cadtrak, TI, Hitachi, Seiko, 3M Farallon) 等亦分別來臺追索權利金，Intel, RCA, Cadtrak 三家外國公司，且因涉嫌違反我國公平交易法，被人向公平會檢舉（參照陳家駿等，〈資訊業界如何應用公平交易法因應專利追索〉，《資訊法務透析》(1994～1995)，頁 23）。

誠實信用原則觀之，乃屬合法，日本則學說與判例似尚未有定論。

14.交互授權 (cross license) 與專利聯合授權 (patent pool)

此二者與上述 grant back 不同，交互授權為雙方互相實施授權，專利聯合授權為對第三人採單方實施授權型態，由多數人將專利權或實施授權集中於某人，而與單方實施授權不同。在 cross license 與 patent pool 雖可能發生上述不當交易限制之不公正競爭問題，惟前者固無論，即使後者本身並不當然違反公平交易法。因即使在 patent pool，將各人之專利權開放，亦可能有助於共同開發與避免無用之侵害訴訟等紛爭，甚至反而可能促進競爭。惟如由實質上限制一定交易市場競爭之有力競爭人，形成閉鎖之統一體時，則有違反公平交易法之虞[32]。

三、我國專利法上之限制

92 年專利法第 60 條規定：「發明專利權之讓與或授權，契約約定有下列情事之一致生不公平競爭者，其約定無效：

一、禁止或限制受讓人使用某項物品或非出讓人、授權人所供給之方法者。

二、要求受讓人向出讓人購取未受專利保障之出品或原料者。」[33]

按該條於 38 年本法施行時即已訂定，本條規定有欠周延而有修正之必要，因專利授權契約比專利權讓與契約更常訂定不公平競爭之條款，但本條第一句雖明定讓與或授權兩種情形，而第 1、2 兩款竟只對「受讓」情形加以規定，對於更重要之授權卻漏未規定，形成輕重失衡與文字首尾不一情形。其二為如上所述，第 1、2 兩款所取締之行為不過為不公正競爭行為之一部，尚有不少遺漏。

100 年專利法修正，加以刪除。其理由為：

1. 本條係關於專利權讓與或授權契約中訂定不公平競爭約款之效力規定。惟美國、德國、日本及大陸地區之專利法，均無類似規定，而係依競

[32] 陳哲宏等，《專利法解讀》，頁 173。

[33] Buckles, op. cit., p. 179.

爭法規範相關問題。至於英國修正前之專利法第 44 條，雖有類似規定，惟已於 2007 年修正時刪除，回歸該國競爭法處理。足見國際立法例對專利權讓與或授權契約之不公平競爭行為，傾向以競爭法規範。

2. 本條規定於 38 年本法施行時即已訂定，當時國內公平交易法制尚未完備，惟公平交易法已於 80 年公布施行，且又多次修正細繹本條規範之行為類型，應屬公平交易法第 20 條第 5 款所稱「以不正當限制交易相對人之事業活動為條件，而與其交易之行為」，自不能免於該法之規範。

3. 再查公平交易法對於私法契約違反公平競爭之行為態樣中，僅於第 18 條對違反轉售價格自由決定之約定，定為無效，對於「以不正當限制交易相對人之事業活動為條件，而與其交易之行為」，並未規定該約定無效。從而，本條規範之行為雖生不公平競爭之結果，是否賦予當然無效之法律效果，立法政策上非無斟酌餘地。

4. 綜上，專利權人如藉由市場優勢地位，於專利權讓與或授權契約訂有不公平競爭條款，應認並非行使權利之正當行為，而應受公平交易法第 20 條及第 36 條之規範。至於在私法上是否認定其約定無效，宜由法院就個案依民法相關規定判斷為妥。

第六節　專利特殊授權

第一目　默示授權 (implied licenses)

在美國專利法另有所謂默示授權制度 (implied licenses)，即在美國專利法下，在一定情形，當事人雖無口頭或書面授權契約，但可自專利權人一定之行為，認為有默示專利授權之成立。此種默示授權乃基於法律上禁反言原理 (doctrine of estoppel) 而來。即由專利權人之行為，使行為人相信他自己有權在專利下操作或可以實施，不虞被訴侵害專利權，且該人因信賴此引誘 (inducement)，進而實施時，此後專利權不能對該人主張專利權之侵害。

最常見之例子，為當任何人，自專利權人或被授權之製造商購買專利品時，可認為有默示使用該專利品之授權。亦即自被授權之製造商或出賣人購買專利品之人，獲得默示授權使用該物品於其通常之目的 (for its intended purpose)。

另一默示授權之情形，是當專利權人將未專利之物品或零件售與顧客時，明知該物品會被用在他專利權所包含之製法或機械上，此際除非買賣契約含有禁止此種使用之條款，否則買受人可取得默示授權。尤其當所售之物品，除了用於專利之結合物 (combination) 外，別無其他實際用途時，會默示有此授權。又有專利之機械買受人取得默示授權，從事使機械能運用所必要之正常修理；惟此授權不包含重建（reconstruct 或 rebuild）機械之權，否則會侵害專利權。在我國法上是否亦承認默示之授權制度，尤其在上述各例，可否認為專利權人亦有默示授權，不無疑義。為公平計，似不宜斷然加以否認。又在日本法上，學者以為亦有默認授權之情形[34]。

第二目　交互授權 (cross-licenses)

所謂交互授權，乃兩個專利權人將各人享有之一個或數個專利，彼此授權予對方實施[35]。換言之，交互授權乃一種契約，一方將某種專利授權予他方，而換取他方所擁有不同專利之授權。此種授權有時係出於經濟上之必需，當任何一方都不願出售或讓與其專利予他方，但任何一方在商業上無法為最佳利用，除非能使用他方之專利發明時，二專利權人為了利用他方之專利權，遂透過交互授權來達成目的。

交互授權是否違反反托拉斯法，視雙方當事人之專利彼此間之交互關係如何而定，按交互授權依其性質，可能有以下三種類型或情況：

一、阻礙性專利 (blocking or interfering patent)

即兩專利彼此居於阻礙關係，易言之，使用第二個專利下產品之方法

[34] 中山信弘，前揭書，頁 384。

[35] 據云宏碁電腦公司與美商 Intel 公司等多家廠商有交互授權之合作。

或製造該產品，會侵害另一個較早，但尚未滿期專利之廣泛的 claims（當然假設第二個專利比起較早之專利來得新穎），此種專利在歐洲稱為附屬專利 (dependent patent)。亦即此種阻礙性專利包含同一發明之不同層面，例如一方擁有一基本專利，他方擁有同一發明之改良專利，雙方為了商業上之最佳利用，須實施該改良，才能享有兩專利之利益，此時可透過交互授權以達到目的。事實上交互授權最常用於此種阻礙性專利所有人之間。

二、補充性專利 (complementary patent)

即當兩種專利合併或補充時，可產生新物品之專利（當然亦可能兼具第一與第二兩種專利之性質）。又如發明人甲對物件 X 有專利，發明人乙對物件 Y 有專利，甲乙二人了解 X 與 Y 連同第三物件 Z（屬於公共所有）連合起來構成新而且有用之結合 XYZ，因此甲乙二人可彼此交互授權，使用他方有專利之發明，使得雙方可生產 XYZ，而不須對侵害他方專利，負任何責任[36]。

三、競爭性專利 (competing patent)

即由不同程序 (process) 或方法 (method) 可產生相同或類似產品或代替性產品 (substitute products) 之專利。

交互授權在上述第一與第二兩種情形，因可將專利充分利用，有助於公益。美國在此方面之里程碑案件為最高法院於 1931 年在 Standard Oil 一案所下之判決 （Standard Oil Company (Indiana) v. United States (1931), 283, U.S. 163，又 International Mfg. Co. v. Landon Inc. (1964), 336 F. 2d 723 (CA 9)），在第三種情形則出現相反結果 (American Security v. Shatterproof Glass Corp (1959), 268 F. 2d 769 (CA 3))。

阻礙性或補充性專利之交互授權，如契約不含其他違反反托拉斯法之因素，例如價格訂定時，可能並不發生違反反托拉斯法之問題，例如 Line Materials 一案 (United States v. Line Materials Co. (1948), 332 U.S. 287) 之事

[36] Kintner & Lahr, *An Intellectual Property Law Primer*, p. 64 et. seq.

實，因專利權人將他們專利合併，並對此等專利中任何一個所生產之所有器具 (devices) 皆訂定價格[37]。

第三目　回饋授權 (grants-back)

在外國專利授權契約上，往往加入所謂「回饋授權」(grants-back) 條款，所謂回饋授權係指被授權人對授權人約定，將被授權人在特定領域，因發明所取得的專利權，授權或讓與授權人。專利權人於授權專利權於他人時，可要求被授權人將其對專利發明所作之任何改良之權利之全部或部分授權回來（"grant-back" 或 "license back"）予專利權人。雖然有時在 grant-back 契約規定，將改良之所有權利讓與予授權人，但對改良之專利之 license back 通常係非專屬的授權。因回饋授權條款通常之目的在使專利權人對被授權人研發出來有專利權之改良能夠實施，如將此種改良專屬的 grant-back 或讓與，會剝奪從事研發之被授權人之實施權，因改良專利之專利權改歸於基本專利之所有人之故[38]。

回饋授權條款可使雙方在特定產業領域合作，從事產品的改進或研發，尤其可在該領域沖淡獨占，而產生某種限制獨占之效果，但因須將自己研發的成果移轉予授權人（通常多為較大的製造商）或與授權人共享，不免可能削弱被授權人從事研發與創意活動之動力與意願。同時回饋授權由於可安排將較新穎與較強大的技術授權回來而集中於力量較強大廠商（授權人）手中，而強化了授權人的獨占地位或力量。因此此種條款或安排，自公益觀點，可謂利弊互見。究竟此種條款有無違反反托拉斯法？此問題很難有肯定答案，而需就個案與周圍相關情況個別加以認定。該條款或約定所牽涉領域之廣狹乃一主要考慮因素，又所涉之「改良」(improvements) 與「發展」(development) 之間差異之程度、授權人之市場力量、授權之期間、回饋授權是專屬或非專屬授權等，都是應該考慮的因素。不過要求被授權人讓與改良之發明予授權人之條款會讓人產生是否違法的疑慮[39]。

---

[37] Ladas, op. cit., p. 721.

[38] Kintner & Lahr, op. cit., p. 67.

在 Transparent-Wrap 一案 (Transparent-Wrap Mach. Co. v. Stokes and Smith Co. (1947), 329 U.S. 637)，授權人要求被授權人履行回饋授權條款，將所有改良發明完全讓與予授權人[40]。美國第二巡迴法院以些微多數認為該條款違法，但該判決被最高法院廢棄發回。代表多數意見之 Douglas 法官認為此種條款並非原則上違法 (illegal per se)，而定下認定回饋授權條款合法性之指標。他說被授權人可基於法律許可之任何約因 (consideration)，自由讓與專利獨占權之一部，此種約因可以是金錢或別種財產，包括專利權在內，「除非該交易之整個影響足以使競爭實質減少，或易於產生某種獨占」。故該案被發回，要該巡迴法院決定回饋授權對該產業競爭之影響。發回後 Learned Hand 法官認為該案並無證據顯示「有任何不合理之貿易限制」，而認為該契約為有效。

嗣後，美國在司法上似未將法院在該案所定原則加以推翻，惟該法院在某案回饋授權條款附帶有明顯不合法之限制，諸如訂定價格 (price fixing)、領域分配 (territorial allocation) 或其他因素時，認為違反反托拉斯法。例如在 Light Bull 一案，該法院甚至認為較有限之回饋授權（一個非專屬免付使用費之授權）為不合法，因該條款乃獲取專利 (acquisition) 政策之一部，目的在基本專利滿期之後能對燈泡加以永久控制，從而使整個產業產生疑懼。

第四目　包裹授權 (package licensing)

所謂包裹授權 (package licensing)，係專利權人要求被授權人只能對整批專利取得授權，並對整批支付使用費，而不問實際上究竟是否只使用其中一個、數個或全數專利權。因有些公司從事研發與管理專利，他們可能僱用了許多研發組織之智囊，細心推出可專利之發明，有些則悉數購取特

[39] Ladas, op. cit., p. 718.

[40] 該條款訂定："If the licensee shall discover or invent an improvement...it shall submit the same to the licensor，which may, at its option, apply for Letters Patent covering the same."

定領域之許多專利。有時一個包裹擁有數百個專利。被授權人（製造商）針對包裹裡所有專利之使用支付使用費。此種交易之優點為被授權人能自由利用他人新研發之成果，可節省時間金錢，而只須支付最低額之費用，缺點為有些專利並非被授權人所需要，而有強制搭售之可能[41]。

在美國一個里程碑案件是 Automatic Radio Mfg. Co. v. Hazeltive Research Inc. (339 U.S. 807 (1950))。該案被告累積了 570 個有關無線電廣播器材之專利，授權與任何及全體負責任之製造商，而根據他們純收入 (net sales) 之一定百分比來收取使用費。法院認為整批授權專利，如不要求被授權人整批取得授權，或不拒絕不滿整批專利之授權要求時，並非原則上違法 (illegal per se)。因此認定整批授權是否合法之基準，在於整批授權是自願性抑強制性。如要求授權之人請求專利權人將不到全部之專利授權給他而被拒絕，此種有力證據通常可作為認定是否強制授權之基準。

美國法院反對整批授權之理由是通常專利權人利用整批授權，係因他懷疑整批專利中有若干專利是否有效，且為了排除調查，又因被授權人不問是否使用整批中所有專利或只須使用其中若干專利，都須付同樣使用費，會影響被授權人不想利用競爭對手所要約 (offer) 之專利，或影響採用他自己改良之方法或產品。

在 United States v. Paramount Pictures (1948), 334 U.S. 131 一案，美國法院不准許整批授權，認為它會妨礙競爭人按個別專利對他們之價值來投標，且可使某一專利之獨占權擴張成為控制其他專利之手段[42]。

第五目　專利聯盟或集中授權（patent pool 或 patent pooling）[43]

許多專利權人（通常為數個有競爭關係之小公司）在他們領域擁有一

[41] Kintner & Lahr, *An Intellectual Property Law Primer*, p. 65.

[42] Ladas, op. cit., p. 722.

[43] 有人譯為專利聯合授權，余意亦可譯為專利集中授權。我國公平會在藍光結合案中，將其稱為「專利聯盟」。

個或數個重要專利，為了共同利用專利權之目的，將他們擁有的專利權集中合併，然後移轉予一個受託人或其他第三人，再將集中之專利授權回來，而成立所謂專利 pool 或 pooling 專利[44]。換言之，專利聯盟係透過相互授權之方式將專利權集中起來對外授權，可能委由其中一個專利權人對外授權，也可能透過其他第三人對外授權，如設立專門處理專利同盟行政事務的合資企業。此種安排可使各競爭人接觸及利用到更多技術上資源。

在過去一百五十年，專利同盟在美國產業扮演了重要角色。例如 1856 年縫紉機 (Sewing Machine) Combination 組成最早專利聯盟之一，由縫紉機器所組成。1917 年私人成立包羅幾乎所有美國飛機製造商之飛機專利聯盟。較近專利聯盟是 1997 年由哥倫比亞大學受託人 Fuzitsu Ltd., General Instrument Corp., Lucent Technologies Inc. 等共同分享來自專利使用費之專利聯盟。

如同專利之交互授權，當事人為了正當理由及避免訴訟等情形，皆可能成立專利 pool。且此種集中安排常係對專利權之侵害，經過許多法律鬥爭成立和解之結果，經由此種 pooling 安排，通常可使每個參與人取得 pool 內所有專利權之實施權。

在專利 pool 之各成員擁有不同專利，需要將自己的專利為適當之利用時，專利 pool 在經濟與技術可節省時間與支出，且在阻礙性專利 (blocking patents)，可能也是使公眾能利用專利之唯一合理方法。但在另一方面，此種專利 pool 亦可能被人用來作為將競爭者自市場排除之工具。例如拒絕授權予競爭者，或以其他方法對競爭者作差別待遇，訂定產品的價格與控制生產水準，要求 pool 的成員只能自特定來源獲得沒有專利的物品或零件等等。在這些場合，pool 明顯具有潛在反競爭的效果，從而產生專利權是否正當行使或濫用之問題。換言之，專利 pool 本身並不當然違法，但當專利權人利用 pooling 作為增加獨占、分配市場、訂定價格及其他超越專利賦予之範圍之限制性約定之方法時，在美國可能產生違反反托拉斯法問題[45]。

[44] Kintner & Lahr, *An Intellectual Property Law Primer*, p. 65 et. seq.

[45] Ladas, op. cit., p. 721.

在 1995 年美國司法部與聯邦貿易委員會發布了「智慧財產權授權反競爭法指南」(Antitrust Guidelines for the Licensing of Intellectual Properties)，指出當專利聯盟(1)包含互補性技術；(2)降低交易成本；(3)清除互相阻礙的情況；(4)避免昂貴的侵權訴訟；(5)促進技術之流通時，「專利聯盟」有促進競爭之利益。不但可以減少生產標準化產品所發生之勒索 (hold up) 的問題，還可以降低被授權人取得所需要專利的交易成本，尤其可以減少專利侵權訴訟之發生，同時藉由獨立專家決定哪些專利應該納入專利聯盟當中，可以確保被授權人所授權之專利皆是生產符合該標準產品所必要。

惟專利聯盟在(1)被排除進入專利聯盟之其他事業無法在特定市場有效競爭，(2)專利聯盟中的參與者在特定市場共同享有市場力量，(3)限制參與專利聯盟之條件與專利聯盟技術之有效發展及利用無合理關係時，則有反競爭之疑慮[46]。

美國司法部在評估專利聯盟是否適法時，通常考量下列因素：(1)專利

---

[46] 專利聯盟之利益：1.聯盟有似一個「大賣場採購」(one station shopping)，由於消除來自阻礙性專利 (blocking patent) 與「閒置授權」(stacking license) 之問題，增加了其成員進一步研發之機率。2.大大減低授權交易與訴訟之支出。因當各人需要之專利為眾多之人所擁有時，各人為了取得所有必需之授權，耗費精神時間與費用不貲。而成立聯盟後，由於聯盟之成員彼此不競爭市場占有率，無需關切何人享有何種專利，各成員在某種意義上為聯盟所有成員之繁榮而合作。如有爭議可在訴訟外解決，可節省許多時間金錢及由訴訟所引起之專利權之不確定性。3.分散風險。4.在成員間可移轉無專利之資訊。此種透明性可降低不同成員重複研發之機率與可能。

專利聯盟之不利：1.導致產品成本之可能上升。對某技術具有合法阻礙性專利 (blocking patent) 之許多當事人成立聯盟，可能限制競爭，成立類似智慧財產權卡特爾之關係。2.可使無效之專利免於在法院被判無效，致公眾須對變成公有之技術支付使用費。3.有經由通謀與訂定價格、而排除市場競爭之潛在可能。

參照 Alexander Lee, Examining the Viability of Patent Pools to the Growing Nanotechnology Patent Thicket (http://www.nanotechproject.org/process/files/2722/70_nano_patent_pools.pdf); Scott Fields, A Solution to Biotechnology Patent Access, Executive Counsel (Feb. 2001).

聯盟內的專利必須有效並未過期；(2)並非集中競爭性技術，且僅設定單一價格；(3)必須有獨立專家判斷該專利是否必要，且在專利聯盟中為互補；(4)專利聯盟之合約必須不致對於下游產品市場之競爭者造成不利；(5)專利聯盟參與者不能對於專利聯盟以外的範圍（例如下游產品）協商價格[47]。

行政院公平會在民國100年3月31日通過我國第一件「專利聯盟」之結合案件，宣布不禁止Hitachi、Panasonic、Philips、Samsung、Sony及訊連科技股份有限公司等六家公司所提出之藍光產品結合案[48]。

第七節　專利權之強制授權

第一目　強制授權之意義與作用

所謂專利權之強制授權乃專利權人於取得專利權後，怠於實施其專利權，於符合法定條件下，專利主管機關基於第三人之請求，不經專利權人同意，准許該第三人實施該專利權之謂。強制授權之目的在平衡專利權人之私益與一般公眾之利益。

專利權乃獨占權，如專利權人不實施其專利，或拒絕授權他人實施，如此在權利之上睡眠，會妨害他人實施，故如法律設有機制驅使專利權人實施其發明，可使專利權人製造與銷售該發明品，對當地一般大眾有益，且有助於當地產業之發達。因此強制授權之制度向來為各國紛紛所採納，

[47] 參照黃惠敏，〈我國 patent pool（專利聯盟）管制之最新發展〉，《全國律師》，第15期（100年7月），頁68以下；Kabaski, “Comments on Patent Pool & Standards for Federal Trade Commission. Hearings Regarding Competition & Intellectual Property” (2002)(http://www.ftc.gov/opp/intellect/020417jamesjkulbaski.pdf).

[48] 專利聯盟在我國法，自內部關係觀之，數個專利權人共同之協議，有可能涉及聯合行為（例如公平交易法§7、§14至§17）或結合行為（例如公平交易法§10、§11至§13），自外部關係觀之，將專利集合起來對外授權，有可能涉及濫用其獨占力量（例如公平交易法§10），或其他妨礙公平競爭之行為之虞（公平交易法§19、§20、§24……等）。參照黃惠敏，前揭文，頁68以下。

尤以發展中國家為然。

惟強制授權之問題，在已開發國家與發展中國家間有尖銳之對立。對於發展中國家言，先進國企業在發展中國家取得專利權後，如不在該國國內製造生產，只利用專利權作為產品獨占輸入之權，不但對發展中國家之就業與技術移轉並無實益，而且妨礙本國企業之發展。故發展中國家對於在本國內不實施之專利權要求以沒入、撤銷或設定強制實施權等手段，來保護本國之利益。惟先進國之企業界，則認為專利品不可能在取得專利權之所有國家實施生產，而希望在最有效率之國家製造，然後向世界各地輸出。雙方之對立乃 WIPO 長久未能發揮機能之一大原因[49]，但在 GATT 之下，強制授權制度，已不受歡迎，影響所及，過去規定強制授權之國家可能會被迫將有關規定刪除或限制。

雖然承認強制授權制度之國家，實際上動用強制授權之事例不多[50]，但此種規定亦非毫無作用，因可發揮制衡作用，驅使專利權人與利用人進行自願性之授權交涉，又可能變成自己實施之動力。因如約定授權，專利權人可就授權條件磋商，條件可能比強制授權為優，而對申請人言，約定授權可獲得專利權人之合作，易於取得實施該專利之營業秘密，有助於實施發明之成功[51]。

一般而論，一國在技術水準較低時，往往對專利權人課以較強之實施義務，其後隨著技術水準之提升，會放寬其限制[52]。

第二目　外國對強制授權之規定

強制授權之規定，在英國專利法早自 1883 年以來即已存在，最初重點在防止專利權人濫用其獨占權，例如對專利品索價過高，或雖維持專利效力，但拒絕使用專利，以致窒息了若干重要公共性之發明是。但今日該制

[49] 中山信弘，《工業財產權法》（上），頁 398。

[50] 據云日本至今尚無應用強制授權之事例，但自日本開放物質專利制度後更有意義。

[51] 湯宗舜著，《專利法解說》，頁 238。

[52] 不但我國如此，日本亦如此（中山信弘，前揭書，頁 398）。

度之重點在於發揮專利發明之最大利用，此在英國 1977 專利法 sec.48 (3) 之強制授權事由裡，即可窺知。基本上強制授權之條件如下：

(1)發明在英國全未實施 (2)發明之實施未到達充分合理可行程度 (3)需要由進口未滿足 (4)出口市場未被供應 (5)被妨礙作出其他改良發明 (6)在英國商工活動一般被不公正地妨礙 (7)因難於接受之授權條件，導致上開(6)之妨礙 (8)或對未專利物資予以不合理之限制[53]	由於拒絕以合理條件授權或根本拒絕授權

日本等許多國家規定，於專利權人不實施發明，或未充分實施專利權之相互依存與公共利益等情形，可強制授權，但各國制度之內容實際出入甚多。即在認定是否不實施發明或未充分實施方面，法國係以權利人之主觀作為認定基準，而英國、西德、日本則按國內需要，採客觀上不能獲得滿足之基準；惟許多發展中國家，更考慮品質、價值等因素。自國外進口，在英國、西德、日本往往不認為適當之實施。為了對付專利權人不實施，歐洲各國與日本可依裁定，賦予申請人非專屬的實施權，而西德亦有取消專利之規定。

所謂專利權之相互依存，係指利用發明之情形。在英法兩國，以比起先申請之專利發明對重要技術有進步，或對該技術領域有重大貢獻為強制授權之要件，承認依裁定予以非專屬之實施權，日本亦定為以無不當妨礙專利權利用人之利益為強制授權之要件。至於所謂公共利益，西德、日本僅作抽象規定，並未具體規定其事由，而英、法等國則具體規定公共衛生、國防、國民經濟力為斟酌是否強制授權之事由。

在強制授權方面，制度最獨特之國家為美國，除了原子力法及公害防止法等外，專利法上並無強制授權之規定，而在違反反托拉斯法場合，由

[53] Reid, *A Practical Guide to Patent Law*, p. 150 et. seq.

聯邦交易委員會命令非自發的實施權及專利權之奉納之事例甚多。又在1980年修正，就取得國家補助所為之發明廣泛設了 march in right 之規定[54]。但發明取得專利後未實施之原因頗多，包括在商業上不適於商品化，有更廉價且品質更佳之代替性產品，亦可能由於不能以合適價格取得生產所需之原料，或專利權人並無足夠冒險資本，且不能獲得財力奧援，從事商業上利用等，如一律課以實施義務，不但不能鼓勵發明之公開，提升技術水準，可能反有助長隱匿新技術之虞，故強力課以實施義務亦非所宜。

第三目　我國法上之專利強制授權

我國早在民國33年第一次專利法，即有強制實施規定。凡無適當理由未在國內實施，或未適當實施其發明，得依職權撤銷其專利權或依請求特許其實施。

茲以我國100年新專利法之規定，分述如次：

一、職權與申請並行制

按在92年專利法之下，強制授權一律依申請程序為之，對於相關行政主管機關因國家緊急危難或其他重大緊急情況而需強制授權之情況，尚乏主動啟動強制授權之機制，有導致處理延宕貽誤之虞。為使及時因應，權責劃分明確，100年新專利法改採職權與申請並行制度。即：

第一、賦予專利機關主動依緊急命令強制授權之權責。

第二、賦予中央目的事業主管機關主動決定強制授權之權限，並通知專利機關辦理[55]。

如此較能因應各種突發情況，發揮強制授權制度之功能[56]。此外新法

[54] 紋谷暢男著，《知的財產權とは何か》，頁29、30。

[55] 本書作者在本書一、二兩版曾提出：在實務上專利機關宜在核准強制授權前，與有關主管部門會商，有關主管部門如認為有強制授權之需要，亦可建議專利機關考慮強制授權，參照楊著，修訂二版，頁449。

[56] 特許實施牽涉國內外產業的利害關係，在全球都是十分敏感的議題。我國強制授權至

區分強制授權不同之事由與要件，據以適用不同之處理程序。同時為使強制授權之實質要件及處理程序明確區分，將現行法有關專利機關核定強制授權之程序性事項及強制授權實施時之限制，酌作文字修正。

二、申請強制授權之事由（實體）[57]

(一)因應國家緊急情況

92 年專利法原規定為因應國家緊急情況或增進公益之非營利使用。

100 年修正，規定：「為因應國家緊急危難或其他重大緊急情況，專利專責機關應依緊急命令或中央目的事業主管機關之通知，強制授權所需專利權，並儘速通知專利權人」。即將原「緊急情況」之文字參照憲法增修條文第 2 條第 3 項規定，修正為「緊急危難」。另參考與貿易有關之智慧財產權協定 (TRIPS) 第 31 條第(b)款，增列「其他重大緊急情況」之規定。

今只有二案例。其一為前數年流感在國內肆虐，行政院衛生署恐美商羅氏 (Roche) 藥廠在臺無法供應足夠克流感特效藥，為爭取防疫時效，申請專利強制授權（特許實施），經智慧財產局核准，特許行政院衛生署自民國 94 年 12 月 8 日起至民國 96 年 12 月 31 日止，可以有條件生產羅氏藥廠治療克流感成分相同藥物，讓臺灣成為全球第一個強制授權自製克流感特效藥的國家。參照汪家倩，〈禽流感與專利強制授權（下）〉《萬國法律》146 期（2006 年 4 月），頁 43。

其二為對飛利浦 CD-R 專利權強制授權案，臺灣業者國碩科技公司一再與飛利浦協議降低權利金，成效不彰。國碩公司遂依專利法第 78 條第 1 項「曾以合理的商業條件在相當期限內仍不能協議時」為理由，申請智財局強制授權。經智財局於 93 年 7 月准予國碩公司特許實施。飛利浦在 96 年 1 月向歐盟提出申訴。歐盟執委會聲稱我國專利法第 76 條有關強制授權要件，「只要兩方談不攏即可授權」，門檻太低，牴觸世界貿易組織 (WTO) TRIPs 協定，展開調查。更希望我政府儘速採取行動，使相關法律及措施符合 WTO 規範，否則不排除訴諸 WTO 爭端解決程序。嗣臺北高等行政法院於 97 年 3 月判決智財局原處分及經濟部訴願決定均撤銷，智財局應重為適法的處分。最後智財局決定不上訴，判決確定，國碩公司撤回其申請，飛利浦公司也撤回訴願，而和平落幕。且智財局研究修正專利法，重新檢討強制授權的要件，歐盟執委會 (European Commission) 也不向 WTO 提出貿易爭端解決。

[57] 我國過去專利法一向稱為特許實施，而不用強制授權字樣，用語未盡妥適。

所謂國家緊急危難，係指出現緊急情況，危及國家，例如敵軍侵略、內亂，所謂其他重大緊急情況，例如水災、旱災、地震、海嘯、風災……之類自然災害、疫病（如SARS、豬流感、禽流感、新型冠狀肺炎病毒）流行之類（此等情況原亦係基於公益之理由）。

遇有此等情況時，專利機關應依緊急命令或需用專利權之中央目的事業主管機關之通知[58]，強制授權所需用之專利權。對於是否符合「國家緊急危難或其他重大緊急情況」之要件，專利機關不再作實質之認定，悉依緊急命令（憲法§43、憲法增修條文§2III）及需用專利權機關之中央目的事業主管之通知，可立刻賦予強制授權，不必等待一定期間屆滿。專利機關並應於強制授權後，儘速通知專利權人。

惟依本條規定，為了因應國家緊急情況之強制授權，似不妨用於營利使用，但如增進公益，則限於非營利使用，不能作為營利使用。

㈡為增進公益之非營利實施

100年專利法修正時，明定得為增進公益之非營利實施而申請強制授權。所謂增進公益，例如為了國民經濟某個重要部門之建立與發展，為了國防工業之發展，而須動用某種相關專利是[59]。又如有關發電裝置或瓦斯器具之發明，如實施發明，則會發生發電原價顯著減少，需要者負擔減輕、或瓦斯不漏氣、瓦斯中毒顯著減少之類的情形，此時對專利權效力加以限制，揆諸專利制度在促進產業發達之目的，自屬當然[60]。又因原條文所定之「使用」係廣義之概念，包含製造、為販賣之要約、販賣、使用或為上述目的而進口等行為，故將「使用」修正為「實施」。

㈢專利權人有不公平競爭之情事[61]，經法院判決或行政院公平會處分者

---

[58] 依中共專利法可指定政府單位實施。

[59] 湯宗舜，前揭書，頁243。

[60] 光石士郎著，《改訂特許法詳說》，頁281。

[61] 92年專利法修正，鑒於「限制競爭」亦為公平交易法所規範之事項，將「限制競爭」與「不公平競爭」納入並列（專§76II，現專§87），值得注意。

專利權須正當行使，依照專利法，行使權利之正當行為雖不適用公平交易法之規定（公平交易法 §45），惟有時專利權人可能做出若干不能認為行使權利之正當行為，不實施專利固其一例，此外尚有種種不公平競爭行為。不公平競爭行為為公平交易法所禁止，違反時除可能受到行政院公平交易委員會（以下簡稱公平會）之處分外，甚至尚須負擔民事與刑事責任。惟該條所謂「專利權人有不公平競爭之情事」一詞，文義至為含混，似係指專利權人為公平交易法上之事業，就其擁有之專利品或方法違反公平交易法所禁止之行為，經法院判決或公平會處分確定者而言。故專利權人雖有違反公平交易法之不公平競爭行為或情事，若與專利權之濫用無關，似不在其內。所謂法院判決，似包括民事侵害他人權益所受之敗訴判決（實體）與因觸犯該公平交易法第六章罰則，而受有罪之刑事判決（緩刑判決似亦包括在內），而不以違反同法第三章「不公平競爭」所列舉之行為為限。所謂行政院公平交易委員會處分，似係指違反同法第 13 條及第六章第 40 條至第 42 條之處分而言，但似不包括違反同法第 44 條（拒絕調查之處罰）所受之處分。因拒絕調查之行為，即使因違反同法第 44 條，受罰鍰之處罰，但實體上有無不公平競爭行為尚未明瞭，且為免對專利權人過苛，解釋上亦宜作合理限制之故。又依專利法第 87 條第 2 項第 3 款無論法院判決或公平交易委員會處分，均須已經確定，尤其公平交易委員會之處分須經行政爭訟確定[62]，若尚未確定，或雖已受不利判決或處分但已被撤銷者，尚不符合強制授權之條件。

惟 100 年專利法修正時，鑒於按貿易有關之智慧財產權協定 (TRIPS) 第 31 條第(k)款規定，以強制授權作為救濟反競爭之情況，僅須經司法或行政程序認定具有反競爭性為已足，無須俟該程序確定；且依我國法制，若須待法院判決確定或行政院公平交易委員會處分確定，耗費相當時日，屆時恐已無需以強制授權救濟之必要。故刪除現行法上判決或處分須經「確定」之規定，亦可申請專利機關強制授權。亦即在不正競爭情形，強制授

[62] 按 83 年專利法原規定「……經法院判決或行政院公平交易委員會處分者……」，86 年專利法修正加上處分「確定」字樣。

權之其他條件放寬，不需因應國家緊急情況或增進公益，亦不須以合理之商業條件經相當期間協議授權不成。申請人可於判決或處分後，立即申請強制授權，且其授權實施亦不受供應國內市場需要為主之限制。但對於經司法或行政程序認定具反競爭性之行為，仍須經專利機構認定有強制授權之必要時，始得准其強制授權之申請。

㈣半導體技術專利之特別規定

就半導體技術專利申請強制授權者，由於與貿易有關之智慧財產權協定 (TRIPS) 第 31 條第(c)款規定：「就半導體技術專利強制授權者，應以非營利之公共使用 ， 或作為經司法或行政程序認定為反競爭行為之救濟為限。」因此 100 年專利法規定：就半導體技術專利申請強制授權者，應以增進公益之非營利實施，或經法院判決或行政院公平委員會處分認定專利權人有限制競爭或不公平競爭為限 (§87III)。所謂半導體技術似指半導體製程技術及其直接有關之技術而言[63]。

三、程序要件

申請人曾以合理之商業條件，在相當期間內仍不能協議授權者。

按「申請人曾以合理之商業條件在相當期間內仍不能協議授權」原為 92 年專利法第 76 條第 1 項所定強制授權（實體）事由之一，100 年專利法改為增進公益之非營利實施及再發明強制授權等情形之程序要件。因衡量我國實務運作之情況，該規定於適用上，易與反競爭之強制授權產生解釋及適用上之重疊。且與貿易有關之智慧財產權協定 (TRIPS) 第 31 條、德國、日本立法例多將「申請人曾以合理之商業條件在相當期間內仍不能協議授權」與「公益之非營利使用」、「再發明」等事由合併作為強制授權之依據，以免有弱化專利法所賦予專利權人排他專屬權之嫌。

即申請人須事先曾以合理商業條件，與專利權人接觸，進行授權實施其專利之磋商，經過合理之時間後仍未能達成協議。故理論上不論有關專利是否已在國內實施，亦不問專利品有無進口，均可提出強制授權之申請。

[63] 徐宏昇，《高科技專利法》，頁 100。

惟如專利品在市場上已有充分供應時，則可認為無准許強制授權之必要[64]。故不問被申請之專利有無在國內實施，亦不問專利品有無進口，均可提出強制授權之申請。因專利權人雖已在本國實施專利或已進口專利品，但拒絕依合理商業條件授權，對產業發展或消費者究屬不利，故作為申請強制授權之條件。惟如專利人自己或授權他人在本國實施，則即使申請強制授權獲准，但能否贏得市場競爭，不無疑問，此時有無申請必要，值得考慮。故在專利權人已停止實施，或變為未適當實施時，提出申請較有意義[65]。所謂合理商業條件係包括使用費之數額、支付之方式、期限、營業秘密是否一併移轉或授權、營業秘密之報酬如何訂定、生產之規模、產品銷售之地區、契約之期限等有關條件。惟申請人所提上述有關條件必需合理，至條件是否合理，應就個案認定。通常應斟酌發明之性質，發明成功取得專利權之成本，類似發明之授權條件，發明之市場前景等。提出之條件在有關行業中按商業慣例衡量，必須適中，不能偏高或偏低。申請人向專利權人提出合理商業條件後，尚應予專利權人合理之考慮期間，其期間之長短一般應斟酌：了解專利授權之商業慣例，其專利品在市場之供需情形、市場前景以及申請人是否具有實施專利之條件，包括是否具備產銷及開發市場之能力與財力、技術、人才、設備等[66]。我國專利法對此項強制授權之申請規定至為簡略，當然對申請人何時始可申請亦未規定。惟在中國大陸，專利法實施細則規定自專利權被授與之日起滿三年後，始可提出申請。申請人之強制授權申請如經准許，其實施應以供應國內市場需要為主（專§88II），以免大肆將專利品出口與專利權人或其外國被授權人競爭。

四、新增協助製藥能力不足國家取得特定傳染病所需醫藥品之強制授權

許多開發中國家為愛滋病、肺結核、瘧疾……等傳染病所苦，而治療

---

[64] 湯宗舜，前揭書，頁244。

[65] 湯宗舜，前揭書，頁242。

[66] 湯宗舜，前揭書，頁240、241。

這些疾病的藥品之需用國家，常無力負擔治療這些疾病所需之專利醫療品。與貿易有關之智慧財產權協定（以下簡稱 TRIPS）第 31 條雖有強制授權之規定，即世界貿易組織（以下簡稱 WTO）會員國得因國家緊急危難或其他緊急情況或為增進公益之非營利使用，強制授權生產所需之醫藥品。然而該條規定第 f 款限制強制授權所生產之醫藥品，主要應以供應國內市場所需，故多數開發中國家縱依該規定強制授權，但因該專利醫藥品在該國無專利權，或因無製藥能力或製藥能力不足，而無法取得所需醫藥品。

為協助無製藥能力或製藥能力不足之國家以可負擔之價格，取得治療愛滋病、肺結核、瘧疾及其他傳染病之專利醫藥品，以解決其國內公共衛生危機，世界貿易組織於西元 2001 年 11 月 14 日杜哈部長會議，通過公共衛生與與貿易有關之智慧財產權協定宣言（以下簡稱杜哈部長宣言），達成應放寬強制授權專利醫藥品進出口之限制。世界貿易組織總理事會並於西元 2003 年 8 月 30 日依據杜哈部長宣言作成在符合一定要件下實施專利醫藥品強制授權之決議（以下簡稱總理事會決議）。總理事會決議第 11 條並指示與貿易有關之智慧財產權理事會（以下簡稱 TRIPS 理事會），修正與貿易有關之智慧財產權協定 (TRIPS)。TRIPS 理事會已於西元 2005 年 12 月 6 日將與貿易有關之智慧財產權協定 (TRIPS) 修正條文送經總理事會通過，惟依馬拉喀什設立世界貿易組織協定 (Marrakesh Agreement Establishing the World Trade Organization) 第 10 條規定，與貿易有關之智慧財產權協定 (TRIPS) 之修正須經三分之二多數會員同意後始生效。因此項送交各會員同意之工作進度尚難預期，且總理事會決議在前述協定修正通過前，對會員有同樣效力[67]。

100 年專利法修正，主管當局基於人道救援精神且符合國際保護智慧財產權相關規範之立場，增訂了相關強制授權規定（§90 至 §91）。茲將相關要件與程序，申請人應遵守之條件等說明如下：

(一)要　件

1. 申請強制授權之目的須為協助無製藥能力或製藥能力不足之國家，

[67] 第 90 條立法說明參照。

取得治療愛滋病、肺結核、瘧疾或其他傳染病所需醫藥品。

至申請人是否進口國國民似在所不問。惟所謂「其他傳染病」之範圍如何？不無疑義。又申請人雖非進口國，而係個人，但須由該進口國政府協助提供所需證明文件，此點須留意，詳如後述。

2. 申請人曾在合理期間以合理商業條件向專利權人協議授權，仍不能協議授權者。

按生命法益優於財產法益雖係總理事會決議之基本原則，惟專利權人之權益仍應受到合理保障，若其並無拒絕申請人以合理商業條件實施之情況，逕以公權力介入之方式准予強制授權，並非所宜。加拿大及挪威專利法亦採用，爰明定須申請人曾在合理期間以合理商業條件向專利權人協議授權，仍不能協議授權為前提 (§90II)。惟如在進口國已核准強制授權時，可推定為已與專利權人協商，或係基於國家緊急狀態而於事後通知，為免重複協商，或因應緊急狀態，故此時免除協商義務 (§90II 但)。

㈡程　序

專利機關得依申請，准予強制授權申請人實施專利權，以供應該國家進口所需醫藥品。其程序因進口國是否為世界貿易組織會員而異。

1. 世界貿易組織會員之進口國

申請人申請時，應檢附進口國已履行下列事項之證明文件：

⑴已通知與貿易有關之智慧財產權理事會該國所需醫藥品之名稱及數量。

⑵已通知與貿易有關之智慧財產權理事會該國無製藥能力或製藥能力不足，而有作為進口國之意願。但為低度開發國家者（因世界貿易組織對於低度開發國家之認定，多以聯合國所發布之名單為準，故明定所稱之低度開發國家，為聯合國所發布之低度開發國家），申請人毋庸檢附證明文件 (§90IV)。

⑶所需醫藥品在該國無專利權，或有專利權，但已核准強制授權或即將核准強制授權。

2.非世界貿易組織會員之進口國

按總理事會決議之基本原則，係基於人道精神，此一生命法益優於財產法益之基本原則，不應因該進口國非世界貿易組織會員而有所差別待遇。本法經參考加拿大及挪威專利法相關規定，明定非世界貿易組織會員，如符合一定要件，並同意遵守防止強制授權醫藥品轉出口之相關規定時，亦得有向中華民國進口強制授權專利醫藥品之資格。

申請人於申請時，應檢附進口國已履行下列事項之證明文件：

⑴以書面向中華民國外交機關提出所需醫藥品之名稱及數量。

⑵同意防止所需醫藥品轉出口（§90V）。

㈢被授權人應遵守之條件

為避免強制授權製造之醫藥品數量超過進口國所需，及與專利權人或其被授權人之產品混淆，規定被授權人應遵守下列三要件：

1. 強制授權製造之醫藥品數量必須符合合格進口國所需之數量，並且全部出口至該國。
2. 授權製造之醫藥品必須清楚標示其係依照本決議所設置之制度而製造，並與專利權人或其被授權人所製造之醫藥品在顏色或形狀上有足以區別之顯著不同。
3. 被授權人在出口該醫藥品前，應於網站公開該醫藥品之數量、名稱、目的地及可資區別之特徵（§91I、II）。

㈣被授權人有支付補償金義務

補償金固應衡量該專利權於進口國之經濟價值；惟因該專利於該國或未申請專利，或未上市，進口國之經濟價值甚難判斷，爰規定補償金之數額，由專利局以進口國之聯合國人力發展指標作為輔助之補償金計算標準（§91III）。

㈤被授權人有公開相關資訊之義務

總理事會決議定有被授權人公開相關資訊之義務（第 2 條 b 項第 3 款），故本法亦採相同規定。惟此並非取得強制授權之要件，而係取得強制授權後之管理措施（§91IV）。

㈥排除藥事法之資料專屬權規定

按藥事法第40條之2第2項規定「新成分新藥許可證自核發之日起三年內，其他藥商非經許可證所有人同意，不得引據其申請資料申請查驗登記。」該規定即一般所稱之資料專屬權。因如申請人已獲得專利權之強制授權，如仍受資料專屬權限制，致無法製造出口，顯與杜哈部長宣言所揭櫫之意旨不符。因此規定申請人如依法取得強制授權時，其製造出口之醫藥品之查驗登記，不受藥事法第40條之2第2項資料專屬權之限制(§91V)。

五、強制授權之適用範圍

強制授權之對象，在我國專利法並無限制，除發明、新型外，新式樣亦在准許之例。但新式樣只是工業品外觀之形狀、圖案、色彩或其結合，專利權人不願給予實施授權時，申請人不難設計其他式樣，採用強制手段之必要性不高，故中共之專利法明文限於發明與新型始可作為強制授權對象而不及於新式樣（中專§51以下）。日本專利權、實用新案權有依公共利益裁定實施權之制度，但意匠權與商標權則無此種制度，因意匠、商標之性質與公共利益無何關連之故[68]。

六、申請與審定程序

㈠強制授權之申請應由有實施能力之自然人或法人提出。

㈡申請應備具申請書，載明申請理由並檢附詳細之實施計畫書及相關證明文件，向專利機關申請（專施§77I）。

100年專利法為使專利機關得視個案之情況，通知專利權人於適當期間內答辯起見，規定專利機關應通知專利權人限期答辯，使雙方當事人有再協議授權之機會；屆期未答辯者，得逕予審查。法文僅謂通知專利權人，惟如有專屬被授權人或其他登記有案之權利人時，是否亦應通知此等人，許其有提出答辯機會？日本法在此方面有要求通知之明文（日特§84），且

[68] 紋谷暢男著，《意匠法二十五講》，頁61。

應先向專屬被授權人請求，可供解釋我國法之參考[69]。

又專利機關在准許強制授權之申請前，應否聽取雙方之意見？准駁應以何種方式為之？如准許時，應包括何種內容？時間多久[70]？對價多寡？何時發生強制授權效力等問題頗多，如何解決？按在日本准許強制授權之裁定應訂定其設定之範圍、對價、支付方法及時期（日特 §86II）。由於裁定謄本之送達，擬制為當事人間成立之協議，並依裁定所定成立通常實施權（日特 §87II）。申請人如不於裁定所定支付時期支付補償金（定期或分期支付時，該最初應支付部分）或提存時，裁定失其效力（日特 §89）。中共專利法規定專利局作出許可實施強制之決定應予以登記與公告　（中專 §55）。

按 92 年專利法明定強制授權之被授權人應給與專利權人適當之補償金，有爭執時，由專利專責機關核定之。換言之，在操作上採二階段方式，第一階段係基於尊重雙方之協議權，採協議先行之方式。若雙方無法達成協議或有爭執時，進入第二階段，由專利機關介入核定。惟此種二階段處理方式耗時費日，且專利權人亦難於適時得到補償。故 100 年修法時，參考日本、韓國、德國立法例[71]，明定：「強制授權之審定應以書面為之，並載明其授權之理由、範圍、期間及應支付之補償金。」亦即由專利機關於准予強制授權時，一併核定適當之補償金 (§88III)。

強制授權之各當事人有不服時，得依法提起行政救濟　（參考 83 年專 §81）。

七、強制授權之效力

㈠其實施原則上以供應國內市場需要為主

強制授權實施之範圍，原則上限於供應國內市場需要為主[72]，如有輸

[69] 中山信弘，前揭書，頁 400。

[70] 按強制授權期間之久暫，應依申請強制授權之理由與目的予以確定，可能為專利權剩餘之全部期間，亦可能為較短期間。

[71] 日本特許法第 88 條、韓國專利法第 110 條及德國專利法第 24 條第 5 項之規定。

出只能附帶，不得以輸出國外為主，以免大肆將專利品出口與專利權人或其外國被授權人競爭。惟若因專利權人有限制競爭或不公平競爭之情事而強制授權者，依與貿易有關之智慧財產權協定（TRIPS）第31條第(k)款所為之規定，強制授權之實施範圍得不受此限制。故100年專利法亦循此原則，規定專利權人有限制競爭或不公平競爭之情事，經依法院判決或行政院公平委員會處分之規定強制授權者，不受此項限制（專§88II）。

再者，限制競爭之不利益與整體經濟利益之衡量，須考量國內外多元複雜之因素，與市場之劃定是否侷限於國內市場，亦需視個別產業之情況而為認定，上開判斷既屬公平會及法院之權責，則就是否以供應國內市場需要為主，理亦應依公平會處分及法院之判決認定之（§88II但）。

惟筆者對於新法所定可由法院以判決認定之一點，由於法院不似公平會為產業市場之專業機構，能否充分勝任此任務，不免有所疑慮。

(二)取得通常實施權

專利機關依命令所設定之實施權，僅賦予申請人通常之實施權，故專利權人就同一發明仍可自己實施專利權，或另行授與他人實施權（專§88IV），但是否仍可授與他人專屬實施權？似以採肯定說為宜。

又專利機關在授與一個強制授權後，仍不妨根據具備實施條件之人之申請，依有關規定，再授與他人另外之強制授權[73]。但強制授權之被授權人必須自己實施，不能授權他人實施，因強制授權乃對專利權人之權利之重大限制，如可任由被授權人許可他人實施[74]，從中牟利，導致濫用，與

[72] 為確保強制授權之被授權人遵守此種規定，施行細則明定專利機關於審定書內應載明被授權人揭露實施資訊。即「依本法第八十八條第二項規定，強制授權之實施應以供應國內市場需要為主者，專利專責機關應於核准強制授權之審定書內載明被授權人應以適當方式揭露下列事項：

一、強制授權之實施情況。

二、製造產品數量及產品流向。」（專施§78）

[73] 湯宗舜，前揭書，頁252。

[74] 湯宗舜著，前揭書，頁252。

強制授權制度之目的不合。

在強制許可期間內，應防止專利權人以任何方式提前使專利權消滅。如不按照規定繳納年費，強制授權之被授權人可代為繳納，如專利權人放棄其專利權，應取得被授權人之同意。

㈢實施權人負支付適當補償金之義務

在約定實施權，被授權人原應向專利權人支付使用費，在強制授權，僅授權方式不同，故亦應由專利局核定支付合理之補償金。補償金之估定，依83年專利法施行細則規定，應注意下列事項：一、發明或新型之產業上利用價值。二、發明或新型之技術價值。三、發明、新型或新式樣之商業價值。四、發明、新型或新式樣之實際需要程度。五、專利權實施之年限及地域。六、專利權曾經授權買賣之價值。七、有無較優或價值相當可以代用之發明、新型或新式樣（83年專施§44）。惟現行細則已無此類似規定(§91)。

如補償金之數額，專利權人認為太低，或申請人認為太高，任何一方或雙方有異議時，如何救濟？可否單獨提起訴願等行政救濟，未見明文（日本則可直接向法院起訴請求增減其數額，且定有三個月之不變期間（日特§183I））。又特許實施人應按年將實施情形向專利機關申報（83年專施§43II），以便專利機關掌握強制授權實施之情形，可作日後是否決定終止實施或撤銷實施之基礎。

㈣不得單獨轉讓或為其他處分

在強制授權之准駁，申請人（個人或公司）之資金、技術等亦為重要考慮因素，故通常實施權與申請人有一身專屬性質，不可任意轉讓，或為其他處分。巴黎公約第5條A⑷即規定，依裁定之通常實施權不可移轉或設定質權，日本特許法亦然（日特§94I）。民國83年修正前，我舊專利法仿TRIPS第31條⒠款規定「除應與特許實施有關之營業一併移轉外，不得允許他人實施」，已較巴黎公約限制放寬。嗣專利法又加以放寬，規定：「特許實施權應與特許實施有關之營業一併轉讓、信託、繼承、授權或設定質權」(§76VI)。尤以法文規定此種通常實施權可授權與設定質權一點，值得注意。

後來鑑於與貿易有關之智慧財產權協定 (TRIPS) 第 31 條第(e)款規定：「此類使用不得讓與。但與此類使用有關之企業或商譽一併移轉者，不在此限。」及第(l)款第 3 目規定：「就第一專利權之使用授權，除與第二專利權一併移轉外，不得移轉。」雖係參照前述 TRIPS 所為之規定。惟係以正面規定強制授權應與有關之營業或專利權一併轉讓等之規定，與 TRIPS「原則禁止，例外允許」之規定方式尚屬有間，為期更貼近 TRIPS 之文意，爰將第 5 項修正，定為：「強制授權不得讓與、信託、繼承、授權或設定質權。但有下列情事之一者，不在此限：

一、依前條第二項第一款或第三款規定之強制授權與實施該專利有關之營業，一併讓與、信託、繼承、授權或設定質權。

二、依前條第二項第二款或第五項規定之強制授權與被授權人之專利權，一併讓與、信託、繼承、授權或設定質權。」

八、強制授權之消滅

(一)消滅事由

1.中央目的事業主管機關，通知已無強制授權之必要

依 100 年專利法規定，如需用專利權之中央目的事業主管機關，因情事變更認已無強制授權之必要時，專利機關應依其通知廢止該強制授權，以解除強制授權對該專利權實施之限制（專 §89I）。

2.依申請廢止強制授權之事由

現行法原規定強制被授權人違反強制授權之目的時，專利機關亦得依職權廢止，惟因強制授權係擬制雙方成立授權合約之狀態，從而強制授權後有無廢止該授權之必要，宜由專利權人本於維護自身權益加以主張，故 100 年修正，參考德國專利法規定，刪除「依職權廢止」之規定。

茲將專利局依申請廢止強制授權之原因分述如次：

(1)作成強制授權之事實變更，致無強制授權之必要

例如國家緊急情況已經消除，疫病之流行已經得到控制，或增進公益

之必要已消滅，例如經濟產業情勢已經好轉、或政策改變、已無強制授權增進公益之必要、專利權人不公平競爭情事已經消除，申請人已與專利權人協議成立約定授權等，相當所謂強制授權之原因已消滅。

⑵被授權人未依授權之內容適當實施

被授權人未按原申請強制授權之目的實施（製造販賣使用），或用於商業目的牟利，或不為適當之實施，或超越授權之期間或地區或範圍為實施，似大致可認為未依授權之內容適當實施。至於販售之價格過高，或供應過少，致不能達到促進公益之目的時，則可認為被授權人未依授權之內容適當實施。

⑶被授權人未依專利機關之審定支付補償金

被授權人原有支付專利權人補償金之義務，且此義務之履行為准許強制授權之要件。如被授權人未依專利機關之審定支付補償金，足見其違反誠信及公平，自宜准專利權人申請廢止強制授權。

3.期間屆滿或解除條件之成就

即因專利機關許可強制授權所定存續期間之屆滿而消滅，其未附確定期限而附解除條件者，因條件之成就而消滅。

4.實施權人之拋棄

實施權人於期間屆滿前，如拋棄其實施權時，則此項實施權歸於消滅，惟須通知專利權人及專利機關。

㈡撤銷或廢止強制授權之效果

專利局在廢止強制授權前，宜斟酌被授權人之利益，審慎決定，以免被授權人實施不久突然停頓，投下資金設備付諸東流。尤以預先訂有授權期限、或其原因消滅，非可歸責於被授權人之情形為然。又專利機關作出此種決定時，亦應對被授權人之合法利益之善後問題，予以充分照顧[75]。例如被授權人在強制授權實施期間所生產之專利品，應准其繼續銷售，或由專利權人依合理價格收購[76]。

---

[75] TRIPS 草案第 31 條(g)。

[76] 湯宗舜，前揭書，頁 249、250。

又撤銷或廢止特許實施權後，其法律上效果如何？如自始歸於消滅，則前此所為之生產製造販賣等行為，似構成專利權之侵害。為避免法律關係趨於複雜起見，宜解為撤銷之效力向將來發生，故過去之生產販賣使用等行為並不違法，惟此後不得再從事製造販賣銷售等行為，過去合法製造但未銷完之發明品，以後不能再行銷售。特許實施權之撤銷，各當事人有不服時，得依法提起行政救濟（舊專 §81）。92 年專利法修正，認為不予特許實施及撤銷特許實施，依訴願法第 1 條及第 14 條第 1 項規定原可依法提起訴願，應無在本法再行規定之必要，將第 81 條刪除。此際除被撤銷之強制授權人，或其合法受讓人固可提起行政救濟，惟其合法之被授權人或質權人，可否提起行政救濟，又對於駁回撤銷申請，專利權人可否提起行政救濟，在在均有研酌餘地。

九、利用發明情形之強制授權

專利制度之目的係將發明公開，以提升技術水準，由此促進新發明或改良發明，因單靠基本發明，事實上往往無法產生有價值之產品，要靠許多改良發明，才能創造有價值之產品。惟利用他人專利發明之發明人，即使取得專利權，但如加以實施，可能構成他人專利權之侵害（92 年專 §78）。當事人固可設法透過協議解決，但如協議不諧，則無由實施利用發明，對產業發展不利，從而專利法在利用發明之情形，亦應設有強制授權制度，我國專利法亦採之，所規定之情形有二：

1. 再發明專利權人對原發明專利權人。
2. 製造方法專利權人對物品專利權人。

因再發明係利用他人之專利發明或新型之主要技術內容，所完成之發明（92 年專 §78I）或新型，「再發明專利權人未經原專利權人同意，不得實施其發明」（92 年專 §78II），亦即再發明專利在技術上有依存或從屬原發明之關係，不實施原發明專利所保障的技術，或不侵害原發明專利權再發明專利所保障的技術就無法實施。又方法專利之效力雖及於該製品，但因實施方法專利，必然會導致產生該專利物品之結果，「製造方法專利權人依

其製造方法製成之物品，為他人專利者，未經該他人同意，不得實施其發明」(92 年專 §78III)，故與再發明相同，為了實施方法發明專利權，必然會構成物品專利權人之專利權之侵害。

在此等情形下，要實施自己專利，固然可設法徵得另一個專利權之專利權人之授權，以協議方法取得使用授權，但由於雙方可能立於競爭關係（尤以改良發明為然），前一個專利之專利權人，即使對方提供合理條件，也未必願意授權後一個專利權人實施其專利權。又雙方雖可設法協議交互授權實施，但基於種種理由，未必能夠成立協議。由於改良發明比被改良發明在技術上進步，如任令取得先進技術專利權之專利權人不能實施改良技術內容，坐視其被被改良發明之專利權人或舊有之專利權人所妨礙，不能加以實施應用，不免阻滯技術之進步與產業之發達，與公益不合。

惟我國過去專利法規定之強制授權之條件頗為簡陋，只須協議不成，即得申請強制授權，有時難免發生當事人權益輕重失衡，對被請求授權之專利權人不公。反觀一些國家專利法之規定則較為周到合理，例如日本對此項強制授權尚規定其他條件，利用發明如對他人利益有不當妨害時，特許廳長官不得為准許強制授權之裁定（日特 §92VI），即須就該兩發明間技術之差異與當事人間經濟之差異二要素予以研酌。依據該國裁定制度之運用要領：「先申請之專利發明與後申請之專利發明之內容、當事人之資力、經營狀態等綜合考察下判斷，如因通常實施權之設定，致事業繼續發生困難之類，顯有妨害被請求人之利益之情形，原則上可解為與不當妨礙相當。」做出些微之改良發明，就重要基本發明請求強制授權，或資力相去懸殊之大企業就小企業之基本發明，請求強制授權之情形，似與不當妨礙相當[77]。且被請求之一方，作為對抗以裁定強制授權之手段，可在對基本發明指定之答辯書提出期限內，對請求申請人主張強制授權。此外日本此項強制授權之申請人，除利用發明之專利權人外，專用實施權人亦可申請，而 WIPO「發展中國家發明模範法」(1979 年) 第 149 條且規定：後一個專利之被授權人與強制授權之受益人亦可申請，以確保獲得強制授權制度之實惠。

[77] 中山信弘，《工業所有權法》（上），頁 406。

又中共專利法規定：「在依照上款規定給予實施強制許可的情形下，專利局根據前一專利權人的申請，也可以給予實施後一發明或者實用新型的強制許可」（中專 §53II），以謀前後兩個專利權人利益之平衡，因為後一個專利權人由於強制授權，侵入了前一個專利權人的經營領域，獲得了商業上利益，故如後一個提出強制授權之申請時，前一個專利權人也應被給予實施後一個專利的強制授權[78]。

可見我國舊專利法僅泛泛規定得申請特許實施，而未明定他方亦可申請特許實施原特許實施申請人之專利權，不能不謂為立法上之疏漏。86年專利法又局部修正，參酌巴黎公約與GATT/TRIPS第31條(1)款第3目，後發明申請特許實施前發明時，其表現之技術須較前發明具相當經濟意義之重要改良之規定，於第80條增訂第4項規定：「前項協議不成時，再發明專利權人與原發明專利權人或製造方法專利權人與物品專利權人得依第七十八條（按92年專利法條次改為§76）申請特許實施。但再發明或製造方法發明所表現之技術，須較原發明或物品發明具相當經濟意義之重要技術改良者，再發明或製造方法專利權人始得申請特許實施」，並配合修正第3項：「第二項再發明專利權人與原發明人，或製造方法專利權人與物品專利權人，得協議交互授權實施」，以彌補上述之立法缺失，同時增訂第5項規定：「再發明專利權人或製造方法專利權人取得之特許實施權，應與其專利權一併轉讓、信託、繼承、授權或設定質權。」

又本條准許強制授權之目的，係為了鼓勵實施技術上先進的後一個專利，故不要求前一個專利之取得須逾一定期間，即使前一個專利權已經實施，並不妨礙強制授權之申請，此外與一般強制授權相同，本條強制授權之規定僅適用於發明與新型，至新式樣則不包括在內。

100年專利法鑒於TRIPS第31條第(1)款規定，申請在後之專利權得請求強制授權在前之專利權者，須符合三要件，為使文義明確，於第87條第2項第2款規定：「二、發明或新型專利權之實施，將不可避免侵害在前之發明或新型專利權，且較該在前之發明或新型專利權具相當經濟意義之重

[78] 湯宗舜，前揭書，頁246。

要技術改良。」第 4 項規定：專利權經依此種規定申請強制授權者，其專利權人得提出合理條件，請求就申請人之專利權強制授權。又增訂第 5 項明定專利權經依此種規定申請強制授權者，其專利權人（即指被申請人，即在前之發明人）得提出合理條件，請求就申請人之專利權強制授權（即交互授權)。換言之，新法與舊法並無太大變革，仍係以後發明較在前之發明或新型專利權具有相當經濟意義之重要技術改良，作為強制授權之要件，且明定被申請人可請求強制交互授權。不同之處在於：

⑴ 92 年專利法專利權人申請強制授權前應先與對方協議交互授權實施，而新法則免除協議交互授權過程，逕可請求強制授權，惟須提出合理條件而已。

⑵ 92 年專利法並無要求申請強制授權之人須先經相當期間仍不能協議授權，但新法則明定申請強制授權，以申請人曾以合理之商業條件在相當期間內仍不能協議授權為限 (§87IV)。

100 年專利法雖改用「在前發明」與「將不可避免侵害在前之發明或新型專利權」等字樣，但文字晦澀，尤其第 5 項文字未能彰顯交互授權之意涵，立法技術似有研酌餘地。

第十九章　專利權人之義務

第一節　繳納專利費或年費義務

第一目　概　說

各國法律對於專利申請人除須繳納申請費外，均規定專利權人於取得專利後，須向專利機關繳納一定之專利費（包括證書費與維持費（maintenance fee，我國需按年繳，稱為年費））。年費之徵收，據云係起源於中世紀英國國王授予專利特權時，向當事人所徵收之費用❶，相沿至今。現各國對於專利年費數額之訂定，大多非固定不變，而係逐年增加，因取得專利權之初，專利權人未必即能實施，即使實施，收益亦屬較低，到後來商品化成功，實施專利之人愈多，專利權人收入亦愈增加，所交年費理論上亦應提高。但此項費用對於剛取得專利之人可能無法負擔。因此美國不是逐年繳，而是在專利發給後的第三年半、七年半及十一年半繳納，而且如發明之所有人是小型法人（獨立發明人，小廠商 (business concern) 或非營利組織），如提出經人證明之申請 (verified statement) 時，申請費 (filing-fee) 可以減半，通常為三年❷。又設計專利不收維持費。

在另一方面，由於發明取得專利後，每年繳納年費為數可觀，如發明價值不大或難於商品化或專利已經老化，繼續繳納年費，可能得不償失，此時專利權人往往停止繳費，任其專利歸於失效❸，故年費制度可發揮經

❶ 湯宗舜著，《專利法解說》，頁 218。

❷ 1994 General Information Concerning Patents, p. 3, 14.

❸ 在少數幾個已開發國家，年費遞增很厲害，如義大利從開始的 3 美元增到後來的 254

濟槓桿作用，淘汰若干經濟價值不大的專利，使一般大眾不受此等專利的約束❹。

我專利法一向有納費規定。100年修法規定：「核准專利者，發明專利權人應繳納證書費及專利年費；請准延長、延展專利權期間者，在延長、延展期間內，仍應繳納專利年費。」(§92II)「發明專利年費自公告之日起算，第一年年費應依第五十二條第一項規定繳納；第二年以後年費應於屆期前繳納之。前項專利年費得一次繳納數年，遇有年費調整時，毋庸補繳其差額。」(專 §93)

日本特許法有年費遞增之規定，我國專利法雖無規定，但實務作法亦同，且發明高於新型，而以設計專利為最低。又我國法上繳費規定準用於新型與新式樣。又99年元旦起提出之發明專利申請案，實體審查費改採按申請專利範圍之請求項數逐項收費。一方反映專利申請所生之費用，他方促使申請人衡量申請實體審查之需要。其詳可參照智財局所訂「專利規費收費辦法」。

第二目　專利年費之性質

關於專利年費之性質，歷來有下列不同學說：

1.手續費說

此說源自英國之恩惠主義，認為專利年費乃國家對專利權人為特別行為（賦予專利權及其保護）所徵收之手續費。惟手續費如係國家為某種行

美元，東德最後收費高達1,404美元。在年費不是很高但增加最急驟的英國，於已授與專利中，只有18%一直有效到期滿，西德專利有效期間為二十年，但專利權平均壽命只有九年，維持到期滿的僅3.7%，法國維持十年以上的約佔25%，維持到期的僅有5%左右，澳洲專利有效期間為十年，約有三分之二專利權不到五年就被放棄（參照王福新、王正主編，《專利基礎教程》，頁67以下）。

❹ 專利權年費是否續繳，專利權人考慮因素有許多，包括公司是否繼續量產專利權之產品、該專利權日後是否有主張他人侵權的價值、日後是否具有與他人交互授權的價值……等。

為之對價，則對國家所為專利權審查登記等手續，理應繳納一次即足，何以須每年繳納專利年費，且有些國家更採數額遞增制度（如日本），此說無法說明。

2.租稅說

此說認為專利年費乃預期收益而富於財產稅性質之一種租稅。惟專利費與專利權之財產上評價及權利人之收益無關，無論何人均須按固定數額，一視同仁，平等徵收；如不繳納，僅不賦予權利或喪失權利，並不能強制徵收，故非租稅說所能圓滿說明。

3.對價說

此說認為專利年費乃國家對發明賦予獨占權之對價，但專利權既係對發明人公開有產業技術上價值之發明所採之對價，何以須對已付出對價之專利權再課以對價。況如將專利年費認為對價，何以其數額之訂定與專利權之實際經濟價值無關，事實上比其價值為少，實質上與對價觀念不合❺。

可見以上各說皆不能對專利年費之性質，予以完滿之說明。實則專利年費繳納義務，乃法律鑑於專利權涉及公益，自公共立場課予各種限制，包括存續期間、強制授權等，以防止權利人濫用獨占權，犧牲公眾利益，妨害他人，而專利費之繳納亦不外為防止此流弊對專利權人所加之一種限制❻。

第三目　繳納人與年費之遲繳及減免

一、他人可否代繳？

專利年費之繳納義務人為專利權人，但利害關係人即使違反繳納義務人之意思，亦可代為繳納。繳納年費在授權使用情形，可由被授權人代繳，由其在使用費或提成費中，取一部分直接繳付年費，以省手續❼，但可請

❺ 豐崎光衛著，《工業所有權法》（新版），頁 272。

❻ 仙元隆一郎著，《特許法講義》，頁 158。

❼ 同❺。

求繳納義務人償還其費用。

我國 83 年專利法亦規定「發明專利年費之繳納，任何人均得為之。」92 年專利法以為專利年費只要繳納，其專利權即獲存續，究為何人所繳，則非所問，將「任何人均得為之」之規定刪除。代繳人不以利害關係人為限，任何人均可代繳，後依民法第 311 條規定請求義務人返還，惟如反於納費義務人之意思代繳時，可否請求義務人償還，不無問題。

二、遲繳第一年專利年費

第一年專利年費如未如期繳納時，法律效果如何？申請手續無效，或僅不能註冊，92 年專利法第 51 條第 1 項定為：「申請專利之發明，經核准審定後，申請人應於審定書送達後三個月內，繳納證書費及第一年年費後，始予公告；屆期未繳費者，不予公告，其專利權自始不存在。」

100 年修法，認為專利申請案，經核准審定後，在未繳費並公告前，申請人尚未取得專利權，故刪除「其專利權自始不存在」，而修正為：「申請專利之發明，經核准審定者，申請人應於審定書送達後三個月內，繳納證書費及第一年專利年費後，始予公告；屆期未繳費者，不予公告。申請專利之發明，自公告之日起給予發明專利權，並發證書。」(專 §52I、II)

三、遲繳第二年以後年費

核准專利後，因專利證書費與第一年年費係於專利機關通知後繳納，但第二年以後年費須由專利權人自行繳納，專利法並未規定專利機關有通知義務（惟德專 §1713 規定在專利權消滅前專利機關應通知專利權人，設想周到，值得借鏡），故有不少專利權人因遺忘或不習慣而遲誤繳納某一年度年費，致千辛萬苦得來之專利權慘遭提早消滅之命運。過去專利法規定，「未於應繳納專利年費之期間內繳費者，得於期滿六個月內補繳之。但其年費應按規定之年費加倍繳納」(舊專 §86)。即設有所謂恩惠期間，可於期滿後六個月內補繳，惟須加倍繳納年費，以示薄懲，但可免失權之效果[8]。

[8] 在我國遲誤繳費期限如合於專利法第 18 條不可歸責於自己之事由所致，雖可申請回

如仍未補繳時，則溯及於當初應納期限之經過時消滅，此乃與巴黎公約第5條之2規定同其旨趣。92年專利法修正為：「發明專利第二年以後之年費，未於應繳納專利年費之期間內繳費者，得於期滿六個月內補繳之。但其年費應按規定之年費加倍繳納。」(§82)

惟我國專利法對於因不納年費而專利權消滅之情形，並無回復之規定。按巴黎公約第5條之2規定，會員國可對因滯納費用而消滅之專利權回復加以規定，又英國法(§28)、法國法(§48II)、美國法(§41(c))均設有回復專利權之規定，故我國殊有與此等先進國一樣，增設救濟專利權人措施規定之必要，不但符合憲法獎掖發明之旨趣，又可增加國庫收入❾。

四、100年新法之放寬

(一)加倍補繳之緩和

100年專利法修正，鑒於逾越一日與逾越五個月同樣必須加倍補繳，有失平衡，不符比例原則，另為促請專利權人儘早繳費，故改為視逾越繳納之月數，按月以比例方式加繳專利年費，最高至加倍為止。於第94條規定：「發明專利第二年以後之專利年費，未於應繳納專利年費之期間內繳費者，得於期滿後六個月內補繳之。但其專利年費之繳納，除原應繳納之專利年費外，應以比率方式加繳專利年費。前項以比率方式加繳專利年費，指依

復原狀。惟其要件甚嚴，致事實上延誤多不合回復原狀之條件。吳明軒著，《中國民事訴訟法》(上冊)，頁390以下，亦稱：「所謂不應歸責於當事人或代理人之事由，非以天災或其他不可抗力之事由為限，法文所定天災之用語，僅為例示之規定而已。此外，凡以通常人之注意所不能預見或不可避免之事由均應包括在內；但須其事由之發生，與訴訟行為逾期有因果關係者，始足當之。如洪水、地震、瘟疫，皆為天災之適例，至天災以外之事由，如身染重病或失去自由，而有不能委人代理之情形是。」惟依本書意見，在事實上即使有不應歸責於當事人之事由，但由於申請回覆原狀期限限制甚嚴(原因消滅後三十日內)，以致實際上恐極難獲得救濟。又智財局自89年起已改採預防措施，即對於預繳期限屆滿後仍未繳納年費者，於六個月補繳納期間內第三個月寄發「專利年費加倍補繳通知單」通知補繳，以免發生專利權意外消滅之憾。

❾ 吉藤幸朔，《特許法概說》，13版，頁540。

逾越應繳納專利年費之期間，按月加繳，每逾一個月加繳百分之二十，最高加繳至依規定之專利年費加倍之數額；其逾繳期間在一日以上一個月以內者，以一個月論。」即較以往放寬。

㈡非因故意遲繳之補救

鑒於實務上，往往有申請人非因故意而未依時繳納，如僅因一時疏於繳納，即不准其申請回復，有違本法鼓勵研發、創新之用意。且國際立法例，例如專利法條約 (PLT)、歐洲專利公約 (EPC)、專利合作條約 (PCT) 施行細則、大陸地區專利法施行細則皆有相關申請回復之規定。又如申請人以生病等非出於故意之原因，無法如期納費，於繳費期限屆滿後六個月內，再提出繳費領證之申請，雖非故意延誤，但仍有歸責之餘地，故 100 年專利法作了以下放寬：

1.六個月內加倍補繳第一年專利年費

規定「申請人非因故意，未於第一項或前條第四項所定期限繳費者，得於繳費期限屆滿後六個月內，繳納證書費及二倍之第一年專利年費後，由專利專責機關公告之。」(§52IV) 即為了與因天災或不可歸責當事人之事由申請回復原狀作區隔，增訂以非因故意之事由未依限繳納第一年專利年費者，准予再行繳費，惟此時申請人應繳之第一年專利年費理應比依限繳費者較高。即應同時繳納證書費及加倍繳納第一年專利年費。

2.一年內補繳三倍年費與專利權之回復

第 70 條增列第 2 項：「專利權人非因故意，未於第九十四條第一項所定期限補繳者，得於期限屆滿後一年內，申請回復專利權，並繳納三倍之專利年費後，由專利專責機關公告之。」因為了與因天災或不可歸責當事人之事由申請回復原狀作區隔，以非因故意之事由，於繳費期限屆滿後一年內，申請再行繳費回復專利權者，申請人應繳三倍專利年費，而高於補繳期限應繳二倍之年費。

五、專利年費之減免

對於繳納年費確有困難者，有的國家法律為鼓勵從事研發與申請專利，規定可請求緩繳或減免❿，因發明要等到一段期間才引起世人注意，加以使用。一開始可能無人使用此項專利，專利權人沒有收入卻要大量支出，尤以個人申請時，不免有所困難。

我舊專利法原定為無資力繳納專利權人或其繼承人可申請延期二年或減免（舊專 §79），即雖未付費，亦可註冊，此乃因專利權富於公共性，為促進產業技術發展而設（商標法則無此種減免或猶豫制度）。83 年專利法亦規定：「發明專利權人或其繼承人無資力繳納專利年費者，得向專利專責機關申請減免；其減免辦法由經濟部定之」（83 年專 §87）。亦即該專利法並無延付，只有減免制度。經濟部為此另定有「專利年費減免辦法」。依該辦法得申請專利年費減免者，為發明專利權人或其繼承人，且限於無資力繳納者。即僅限於無資力之自然人。然無資力，如何界定，滋生疑義。

為達到本法鼓勵、保護創新發明之意旨，92 年專利法擴大申請減免專利年費範圍，而規定：「發明專利權人為自然人、學校或中小企業者，得向專利專責機關申請減免專利年費。」(§83) 因考慮到自然人、學校或中小企業在經濟競爭環境中較為弱勢，且中小企業申請專利取得專利權之件數，與目前國內中小企業之家數不成比例，且其投入研發取得專利權後尋找合作廠商到商品化尚須一段時間，為鼓勵自然人、學校及中小企業發明創作，故擴大減免對象，此為新法之一大變革。至有關減免條件、年限、金額及其他應遵行事項之辦法，授權主管機關定之。

該專利年費減免辦法第 2 條明定：「本辦法所稱自然人，指我國及外國自然人。所稱我國學校，指公立或立案之私立學校。所稱外國學校，指經教育部承認之國外學校。所稱中小企業，指符合中小企業認定標準所定之事業；其為外國企業者，亦同。」並規定：

❿ 例如日本特許法第 109 條規定：以申請人為發明人或其繼承人之場合為限，因貧困可認為無繳納三年份專利費之資力時，得減免或延展專利費之繳納。

⑴減收專利年費者，得一次減收三年或六年，或於第一年至第六年逐年為之；其以比率方式加繳專利年費時，應繳納之金額為依其減收後之年費金額以比率方式加繳（第5條）。

⑵專利權人為自然人且無資力繳納專利年費者，得逐年以書面向專利主管機關申請免收專利年費（第6條）。

⑶專利權人於預繳專利年費後，得減免專利年費者，得自次年起，就尚未到期之專利年費申請減免（第7條）。

惟將外國之自然人、學校及中小企業亦一併涵蓋在內，均可不問資力，可免年費，雖云內外國人平等待遇，但在政策上有無如此放寬之必要，尤其外國中小企業如何認定為妥，仍有研討餘地。

六、專利年費可否退還？

專利年費如遇專利權因舉發被撤銷確定時，其已繳部分（尤其一次預繳數年場合），可否請求退還？在日本專利無效審決確定之年之翌年以後各年分之專利年費，自審決確定之日起六個月內，可請求返還⓫。我國專利規費收費辦法則定為可申請退還其已預繳之年費(§10)。

第二節　實施發明之義務

巴黎公約對於實施之定義雖無規定，但依權威的解釋，所謂實施就是製造獲得專利之產品，在工業上應用獲得專利之方法，發明只有透過實施，才能轉化為直接生產力，達到促進經濟發展之目的。發明專利實施之程度與好壞關係一國經濟與科技發展至鉅，故除美國、阿根廷、哥倫比亞等少數國家外，絕大多數國家都將實施發明作為專利權人必須履行之義務。

已開發國家之發明人在發展中國家申請專利，有時並非為了實施，而是為了控制、阻止他人進入該國市場，故有些發展中國家專利法規定，外國人申請之專利須在申請國實施。如巴西專利法強調在巴西申請發明專利

⓫ 同❺，頁108。

之外國人必須負擔在巴西領域實施之義務。至實施係由專利權人自己，還是授權他人為之，均無不可，但進口專利品不是實施。義大利專利法更明定：專利品之輸入不視為發明之實施⓬，中共專利法原亦規定專利權人有在中國製造專利產品與使用專利方法之義務，以促進中國之經濟發展⓭。

此外許多國家之專利法還規定專利實施須於一定期限內為之，有的規定應自頒發專利證書起一年內實施，有的國家規定為三年，而以五年為最長。巴黎公約規定自頒發專利證書之日起三年，或自提出申請之日起四年。

許多國家對專利權人超過實施期限而不實施，定了不同之制裁，例如除有不可抗力或其他正當理由外，專利機關可根據利害關係人之請求，准予強制授權（詳如後述）。有些國家如印度、秘魯、墨西哥，還規定在一定情形下，可取銷專利權，阿根廷甚至明定，未實施之專利於實施期限屆滿後，即自動失效。

按我國 83 年以前舊專利法原規定：專利權期間逾四年，無正當理由未在國內實施或未適當實施其發明者，專利機關得依關係人之請求，特許其實施（83 年專 §67I）。而有下列情形之一者，認為未適當實施：⑴專利權人以其發明全部或大部分在國外製造，輸入國內者。⑵在國外輸入零件，僅在國內施工裝配者（83 年專 §68）。又核准專利之發明品，足以代替國內最需要之物品，雖經適當實施製造仍不能充分供應時，專利機關得規定期限令其擴充製造，逾期未擴充製造者，得依關係人之請求，特許其實施（83 年專 §69）。

但自專利權人觀之，實施有時也有實際的困難，一些大公司常常將其發明在許多國家申請專利，因此要求這些公司在所有這些授予專利權的國家實施專利，不但不合經濟原則，而且還有技術上之困難。尤其近年來由於國際貿易迅速發展，大公司傾向將生產集中於某國或少數幾個國家的趨勢，許多專利產品愈來愈透過進口，而非在當地製造，來滿足市場的需要。

⓬ 王家福、夏叔華，《中國專利法》，頁 98。

⓭ 後來為了配合 GATT/TRIPS 之規定，將其加以刪改。

因此關貿總協定烏拉圭回合的與貿易有關的智慧財產權談判所產生的智慧財產權協定規定，除該協議另有規定外，專利權的享有不得因產品是進口或在本地製造而受歧視。即應對專利權人進口專利品與在本地製造專利品一視同仁⓮。其結果，即使定有實施義務之國家，實際上不免要對此種條文加以修改，由於我國對不實施之制裁愈益放寬，且強制授權之條件愈來愈嚴格（詳如以前強制授權部分說明），故在我國法下只能認為有限度課以專利權人此種實施義務。

第三節　專利標示義務

專利權乃具有莫大威力之權利，專利權人如在專利品上不附專利標記，將專利品流通於世，世人不知其有專利，可能著手製造或為製造投下種種設備，此時專利權人若要求賠償專利權之侵害，要求中止製造時，不免使他人蒙受莫大損害。故各國專利法要求專利權人在專利品附上專利標記，目的在警戒世人，使周知其係專利品，以防患於未然⓯。況專利標示又可表示該物與普通產品不同，在競爭上居於有利地位，故標示專利不論對第三人或專利權人均屬有利，惟各國專利法規定不一。有些國家嚴格課專利權人標示之義務，如不加此種標記，則專利權人不能對侵權人採取法律措施，主張權利，有的國家甚至規定處以罰金之類制裁。

我國過去專利法亦課專利權人此種標示義務，而規定：「發明專利權人應在專利物品或其包裝上標示專利證書號數，並得要求被授權人或特許實施權人為之，其未附加標示者，不得請求損害賠償」（舊專 §82）。該條規定又準用於新型與新式樣（舊專 §105、§122）。惟此規定有時窒礙難行，甚至對專利權人過苛，因並非在所有專利品上均有加上專利標記之可能，有時甚至有困難，例如專利品不過是一件大產品中的一個小零件時，事實上無

⓮ 湯宗舜著，《專利法解說》，頁 239 以下。

⓯ 清瀨一郎著，《特許法原理》，頁 227 以下，又美國著作權法亦要求在著作物之複製物上標示著作權標誌，否則影響其救濟。

法標明，要用數種文字一一標示更為困難，尤以體積小之物品為然。又方法專利是否應在以該方法所直接製成之物品上加以標示，不無疑義。在另一方面，若專利權人雖未標示，但侵害人由其他管道（例如廣告、期刊、商品目錄……等）知悉專利品享有專利權時，若一律不得請求侵權人損害賠償，亦有鼓勵侵權之嫌，且對專利權人有失公平。故巴黎公約第 5 條D款規定：「不應要求在商品上表示或載明專利……作為承認取得保有權利條件之一」⑯。

事實上日本特許法僅規定專利權人應努力在專利品附以專利表示，但不標示之人並不予以不利益（日特 §187）。美國專利法雖規定專利品應附上專利號數與 patent（專利）或縮寫 "pat" 之文字，惟如因專利品之性質，不能為此種標示時，可在其上或含有其一個或更多之包裝上附以含有此種標示之標籤，怠於標示之人，不得在專利權侵害訴訟，請求損害賠償。但如證明被告對其侵害受通知後，仍繼續侵害時，僅可對通知後之侵害，請求損害賠償（美專 §287）。在其規定標示可以標籤附在包裝之上之點，較我國法規定周延。英國專利法亦有類似規定（英專 §62I）。

結果 86 年 5 月我國專利法再度修正時，因依本條規定，縱使他人透過其他管道明知為專利品而侵害專利權人之專利權，亦毋庸負損害賠償責任，對專利權人之保護有欠周延，故參酌與貿易有關之智慧財產權協定第 45 條損害賠償規定之意旨，增訂但書，即在原「其未附加標示者，不得請求損害賠償」之下，加上「但侵權人明知或有事實足證其可得而知為專利物品者，不在此限」，以期公允⑰。

民國 100 年專利法修正，因 92 年專利法「未附加標示者，不得請求損害賠償」，易被誤認為專利標示為提起專利侵權損害賠償之前提要件或特別要件，造成見解之歧異，故刪除「不得請求損害賠償」之文字。另考量部分類型之專利物因體積過小、散裝出售或性質特殊，不適於專利物本身或其包裝為標示，故參考美國專利法第 287 條及英國專利法第 62 條第 1 項之

⑯ 湯宗舜著，《中華人民共和國專利法條文釋義》，頁 59。

⑰ 該第 82 條於 92 年修正後條次改為第 79 條。

規定，修正為「專利物上應標示專利證書號數；不能於專利物上標示者，得於標籤、包裝或以其他足以引起他人認識之顯著方式標示之；其未附加標示者，於請求損害賠償時，應舉證證明侵害人明知或可得而知為專利物。」（專 §98）

又關於標示之方法，日本特許法有詳細規定，惜我國專利法僅規定應標示專利證書號數，似嫌簡略，而施行細則亦未作補充規定，不如日本立法完備。又專利權人怠於附上專利標示時，其制裁僅不得請求損害賠償一點，對侵害人仍可請求停止侵害行為[18]。又如因專利權人不為專利標示，第三人不知專利權之存在，完全善意實施自己之事業，後來依專利權人之請求，而不得不中止其事業時，有時專利權人可能須對其損害負賠償責任[19]。

在另一方面，非專利品或非專利方法所製物品，如在物品或其包裝上附加專利標示或專利號數，在交易上可能使消費者誤認為該物品或方法已取得專利，在競爭上取得有利地位，構成不正競爭，故專利法特加禁止，而規定不得在物品或其包裝上附加請准專利字樣，或足以使人誤認為請准專利之標示（舊專 §83II），同時在罰則以刑罰加以處罰（舊專 §130）。

民國 90 年專利法修正時，鑒於在廣告、刊物上為請准專利之標示，或足以使人誤認為請准專利之標示者，此等行為與在物品或包裝上標示之行為並無二致，均足以誤導消費者，且在今日廣告時代最可能發生，第 83 條第 2 項之文字既有欠周延，故對該條加以修正，而規定「非專利物品或非專利方法所製物品，不得在廣告、刊物、物品或其包裝上附加請准專利字樣，或足以使人誤認為請准專利之標示。」即擴張禁止範圍及於廣告與刊物，以因應社會需要。

惟 92 年專利法又將上述第 83 條刪除，其理由係：「本條為專利之標示應確實之規定，惟標示是否確實，有無欺騙行為或致損害他人，刑法、公平交易法、商品標示法及民事侵權等相關法律之規範已足資適用，且配合

[18] 清瀨一郎，前揭書，頁 228 以下。

[19] 同[18]。

行政罰則除罪化之立法政策要求，爰予刪除。」當然上述第130條刑罰規定亦一併刪除。

附帶一提者，民國83年之專利法第83條第1項原定有「發明專利權人或其被授權人或特許實施權人登載廣告，不得逾越專利權之範圍」，立法目的在防止專利權人、被授權人或特許實施權人以誇張之廣告推銷專利品，矇騙消費大眾，現該規定亦因92年之修正一併刪除。

第二十章　專利權之侵害與救濟

第一節　專利權之侵害

第一目　成立要件

專利權係授予專利權人在法律所定保護期限內，享有獨占地位，乃具有高度排他性效力之權利，除法律另有規定外，可排除他人未經專利權人同意而實施其專利權之行為。亦即除法律另有規定外，任何人未經專利權人之同意，不得製造、販賣、使用或進口其專利產品，或使用其專利方法，否則構成專利權之侵害。

一、侵權行為人須有故意或過失

我國過去專利法對於侵權責任之主觀要件，並無明文規定，通說以為應回歸民法侵權行為，而認為專利權之侵害，為民法上侵權行為之一種，須加害人主觀上有故意過失。100 年專利法為避免適用上之疑義，於第 96 條第 2 項明定損害賠償之請求，應以行為人主觀上有故意或過失為必要(即採過失責任)，而侵害除去與防止請求，性質上類似物上請求權之妨害除去與防止請求，不需行為人之故意或過失，以有客觀侵害事實或侵害之虞為已足。

按民法一般原則，請求損害賠償，通常請求人應證明相對人有故意過失❶。過去日本專利法，鑒於專利之內容已由專利公報、專利權簿公示，

---

❶ 美國專利法與我國法不同，侵權行為似採無過失責任 (strict liability)，一旦專利權有效且落入專利權範圍，恐即構成專利侵權，無需專利侵權人主觀上有故意過失，如被證

一般公眾可根據專利公報等文獻調查想要實施的新的產品與方法，避免侵害他人之專利，因此認為世人負有注意義務，為了減輕專利權人的負擔、強化專利權人的保護，特別設有過失推定的規定，推定侵害人就侵害行為有過失（即舉證責任之轉換，日特 §103）❷。因此侵害人如不能證明無過失，即不能免於損害賠償之責任，又此處所謂推定之過失乃輕過失。但在我國專利制度下，因專利法並無類似日本推定過失之規定，自不能為相同之解釋，因此專利權人應舉證證明被告有過失❸，惟此在事實上頗為困難。在專利侵權案件，通常法院不分故意抑或過失，只要有其一，即滿足侵權之主觀要件。如被告具有「主觀上故意」，則係負擔懲罰性損害賠償之要件，須俟原告主張並證明，法院始加以審究。

過失責任之成立，須行為人對被害人違反注意義務而生損害於被害人，是否構成注意義務違反，尚須審究行為人是否適當運用其注意能力。對於侵權行為人應實施之注意程度，最高法院係採取「善良管理人注意義務」之標準❹。專利權事實上雖有無效理由，但在無效或撤銷確定前，仍當作有效專利權處理，故即使在知悉此種專利權存在時，仍被認為有故意。又

明有故意侵權 (willful infringement)，則須負懲罰性損害賠償責任。

❷ 吉藤幸朔，《特許法概説》，13 版，頁 469 以下。

❸ 司法院 98 年智慧財產法律座談會決議，參照劉國讚著，《專利法之理論與實用》（元照，2012），頁 317。

❹ 有學者研究結果，認為智財法院對於過失部分，似可分為具有高注意義務、中注意義務、中注意義務但有善意信賴，以及低注意義務四種。智財法院通常對於前兩種類型的被告，認為有過失，後兩種類型則多認定為無過失。故意部分亦可按個案事實類型，分為收受侵權通知後仍繼續侵權行為，因其他情事知悉專利存在後繼續侵權，以及被告雖知悉系爭專利存在，但主張阻卻故意抗辯以期免責等三種類型。專利權人如可證明被告於知悉系爭專利存在之後，仍繼續侵權時，通常可贏得勝訴。若被告提出已提起舉發案、進行迴避設計或取得不侵權鑑定報告之抗辯，在智財法院審判實務上似未必能有效阻卻侵權故意之成立。參照洪紹庭，王立達，〈我國法上專利侵權賠償責任之主觀要件——以智財法院判決實證研究為中心〉《科技法學評論》，12 卷 1 期 (2015)，頁 57 以下）。

雖知有明白確實之無效理由，亦不阻卻故意❺，但提起撤銷無效確定時，因變為欠缺專利權之存在，故不構成侵權行為，在專利公報所公示之專利權，雖可視為為世人所知，但如事實上不知時，可阻卻故意。

雖知悉他人專利權之存在，但確信自己行為不侵害他人之專利權，且有合理根據之情形，亦可阻卻故意。例如基於專家實驗之鑑定，自己產品不相當於他人之專利發明時是也❻❼。

二、侵害行為須有違法性

專利權侵害行為須有違法性，如有違法阻卻事由（如實施權存在）時，則不構成侵害，惟侵害事實之證明，原則上由被害人負擔。有問題者為個人或非商業目的之使用是否有違法性而構成侵害？按不少國家專利法直接或間接規定私人或非商業目的之使用，不構成專利權之侵害，因對專利權人之經濟利益無何影響，且自社會生活之實際觀之，如對此等使用亦加取締，可謂防不勝防之故。例如：德國專利法第 11 條關於專利效力之限制規定，其第 1 款即規定「私人所為及為非商業目的之行為」，不成立侵害。英國專利法第 60 條(5)亦對私人與非商業目的之行為，明定為非專利權侵害 (it is done privately and for purposes which are not commercial)。日本特許法亦規定須以「為業」（業として）。

中共專利法第 11 條規定：「專利權授予之後，任何單位和個人未經專利權人許可，不得為生產經營目的而進行製造、銷售、使用和進口的行為」。

我國專利法不將私人或非商業目的使用專利品之行為排除在侵害之外，似屬過苛，且實際執行亦有困難❽。

---

❺ 日本大判昭和 15.3.22. 法律評論 29 卷諸法，頁 290。

❻ 仙台高判昭和 43.9.26 判 22455，頁 53。

❼ 仙元隆一郎著，《特許法講義》，頁 87。

❽ 若干國家著作權法亦有對私人或非營利之目的複製他人著作之行為，不認為著作權之侵害，其精神與專利法同出一轍。我國著作權法第 51 條亦規定：「供個人或家庭為非營利之目的，在合理範圍內，得利用圖書館及非供公眾使用之機器重製已公開發表之

三、專利權須有效

專利權的保護，專利權人的專利權，只能在予該權利的國家領域受到法律保護，亦即在該國領域內，任何人未經專利權人或合法受讓人的同意或授權，不得實施該專利；而在該國家領域以外，該專利權不發生效力。同時，專利權在一定期限內受法律保護，於期限屆滿或專利權經撤銷確定時，專利權即失去效力而為社會所共有，任何人均可實施該專利權，而不發生專利侵害之問題。

四、須專利權受到侵害

㈠侵害調查與有效性調查

在美國等國家，在製造商採取步驟將新產品投入市場（行銷），或以其他方法花錢將研發之技術用於商業目的前，常先從事一種調查，即決定有無侵害他人一項或多項專利，此種調查通稱為「侵害調查」(infringement search)，以免將新產品推出市場後，才發覺有人就同一技術已先取得專利。基於調查結果，製造商或出賣人可能決定另作迴避設計，或只好取得專利權，冒防禦侵害訴訟之風險，或乾脆放棄該 project。

如被人控告侵害專利，當然可設法證明自己並無侵害，但亦可評估研究能否主張對方專利無效而贏得官司，為了答覆此問題，將從事一種調查以了解對方專利是否有效，包括了解對方專利之優缺點，稱為有效性調查(validity search)。有效性調查乃參考先前技術，作詳盡而有深度之調查，以了解對方專利之效力如何。此種調查通常遠比所有以前調查做得徹底❾。

著作。」

❾ 在美國有不少專門在專利局從事調查（查尋）之人（稱為 searcher），其收入視許多因素，包括經驗、訓練表現等而定，許多大公司與法律事務所派駐在華盛頓之人員中，有若干員工專門從事此種工作。

在專利有好多種文獻調查，除上開侵害調查與有效性調查外，早在專利申請人提出專利申請前，有所謂初步調查 (preliminary search)，又審查程序中專利 examiner 又須

㈡積極引誘 (active inducement)

依據美國判例，如某人積極且故意鼓勵或協助他人為侵害行為時，則該人行為可構成積極引誘。此等行為包括⑴出售一種成分，附有如何製作有專利之組合物或實施有專利之方法之說明書，⑵設計一種專利品，讓他人建造，⑶對專利品提供瑕疵擔保或其他服務，⑷對以前出售之侵害品加以修理或提供服務，⑸對他人製造侵害品，予以商標授權與控制[10]。在我國法之解釋上，視個案情形，依民法第 185 條第 2 項「造意人及幫助人，視為共同行為人」之規定，可能構成專利侵權行為之共同行為人。

㈢共同侵權行為與賠償責任

數人共同不法侵害他人之專利權，致專利權人受損害時，應連帶負損害賠償責任，共同行為人之中，不能知何人孰為加害人時，亦同。造意人與幫助人，視為共同行為人（民 §185II）。

㈣冒充行為

將非專利產品冒充專利產品，或將非專利方法冒充專利方法，其法律效果如何，是否構成專利權之侵害？應否負民刑責任？換言之，如有廠商為了提高產品之身價，增加銷路起見，例如以下列方法：

1. 在非專利產品或產品之包裝說明書上，標明為專利產品，或在依非專利方法直接獲得之產品或該產品之包裝、說明書上，標明該產品係依專利方法所獲得。

2. 在媒體發表廣告，將非專利產品或依非專利方法直接獲得之產品稱為專利產品，或依專利方法直接獲得之產品，加上一個捏造之專利號數，魚目混珠時，如何處理？

在我國冒充行為似可視其情形，分為下列二種：其一為只冒充專利品或專利方法，並未冒用特定專利權人之名義。其二為另冒用專利權人之名義。在第一種情形，我國舊專利法第 83 條第 2 項原規定：「非專利物品或非專利方法所製物品，不得在廣告、刊物、物品或其包裝上附加請准專利

自己從事調查。

[10] Chism, op. cit., pp. 2–227.

字樣，或足以使人誤認為請准專利之標示」，如有違反此規定之行為，原可「處六月以下有期徒刑、拘役或科或併科新臺幣五萬元以下罰金」（舊專§130）。惟依92年專利法之規定，已將原第83條第2項刪除，又原專利法第130條亦因配合專利除罪化之立法政策而一併刪除。但日後如有違反原第83條第2項之行為，按其情節，仍有可能觸犯公平交易法、商品標示法，甚至刑法之有關規定，而受刑罰之制裁，不可不察。至於第二種情形，專利法尚乏明文。雖有認為亦屬一種專利侵害行為者⓫，但在我國，視其情形，有時可能構成違反公平交易法第22條第1項第1、2款之不正競爭行為，被影射冒名之專利權人，似亦可主張人格權（姓名權、名譽權），商標權、商號權、公司名稱權之侵害。在刑事上似亦可能構成刑法第313條之妨礙信用罪，但未必構成侵害專利權，因未必有使用或製造他人專利權保護範圍之行為也。

五、侵害之態樣

何種行為構成專利權之侵害，由於各國專利法規定文義有不少出入，故並不一致，且在解釋或實務上更為紛歧或不明確，常發生爭議問題。

92年專利法規定：「⑴物品專利權人，除本法另有規定者外，專有排除他人未經其同意而製造、為販賣之要約、販賣、使用或為上述目的而進口該物品之權。⑵方法專利權人，除本法另有規定者外，專有排除他人未經其同意而使用該方法及使用、為販賣之要約、販賣或為上述目的而進口該方法直接製成物品之權。」（92年專§56）100年新法改為：「……物之發明之實施，指製造、為販賣之要約、販賣、使用或為上述目的而進口該物之行為。方法發明之實施，指下列各款行為：一、使用該方法。二、使用、為販賣之要約、販賣或為上述目的而進口該方法直接製成之物。」（專§58）實質上可歸納為：使用、製造、販賣、販賣之要約、進口數種。

但因上述規定文義頗為簡略，何謂製造、販賣、使用、進口？是否除該條列舉之態樣外，別無其他侵害之可能？為了了解我國專利法規定，有

⓫ 《中標局專利侵害鑑定基準》，頁187。

先將若干外國立法例說明之必要。

㈠英　國

英國舊專利法規定專利權人有專屬「製造、使用、實施及販賣該發明……」(make, use, exercise and vend the said invention...) 之權。英國 1977 年專利法（2004 年修正過）修改為：「如在專利有效期間，任何人（除專利權人授權外）為下列行為之一者，為侵害英國專利權：

⒜在發明為物品時，製造、處分、提供處分 (offers to dispose of)，使用或進口該物品，或不問為了處分或其他目的而持有 (keep it)。

⒝在方法發明，使用該方法或提供使用要約 (offers it for use)，如知悉，其未經權利人使用，可能侵害專利者或在該情形下，為合理之人所顯然知悉者。

⒞在方法發明，處分或提供處分，使用或進口任何由該方法直接獲得之物品，或持有任何此種物品，而不問係為了處分或其他目的。」

按上述文字通常可涵蓋侵害人所有會害及專利權人獨占利益之典型商業活動。處分 (disposes of) 包含買賣，製造 (make) 包括原始製造。學者亦謂若干文字之涵義並不確定，尤以持有 (keep) 與處分 (dispose of) 等為然，因文字很新，為早期法律所無⓬。(§60⑴)

㈡美　國

美國專利法第 271 條⒜規定：「除本法另有規定外，任何人在美國於專利期間內，擅自製造、使用、提供出賣 (offers to sell)，或出賣任何專利發明，或將任何專利發明輸入美國，乃侵害專利權。」

㈢澳　洲

澳洲專利法規定：發明之利用 (exploit) 包括：

⒜物品專利——使用、租賃 (hire)、出售或以他法處分物品、提供 (offer to) 製造、出售、租賃或以他法處分、使用或輸入，或為了做任何此等事務之目的，加以持有 (keep)。

⒝方法專利——使用該方法，或對於由此種使用所產生之物品，做了

⓬ Reid, *A Practical Guide to Patent Law*, p. 99.

任何(a)項所定之行為。

⑷德　國

2006年7月1日德國專利法第9條（英文譯文為："exploit", in relation to an invention, includes:

(a) where the invention is a product—make, hire, sell or otherwise dispose of the product, offer to make, sell, hire or otherwise dispose of it, use or import it, or keep it for the purpose of doing any of those things; or

(b) where the invention is a method or process—use the method or process or do any act mentioned in paragraph (a) in respect of a product resulting from such use）

專利賦予專利權人獨占使用專利發明權利之效力，任何第三人未經專利權人同意，不得為下列行為：

1.製造、為販賣之提示（提供）、在交易上流通、或使用專利對象之物、或為此等目的輸入或所有者。

2.使用專利對象之方法，或如該第三人知悉，或依其情形，顯然知悉未經專利權人同意，禁止使用該方法，而在本法施行區域內，為了使用而提供者。

3.對於由專利對象之方法所直接製造之物，加以提示（提供）在交易上流通，或使用，或為了此目的而輸入或所有者。

⑸日　本

日本舊特許法第35條關於專利權之效力，使用「製作、使用、販賣、擴布」之用語。為了使內容更為明確計，新法於第2條第3項明定：「本法就發明所謂『實施』，係指下列行為：

1.在物（含program等，以下同）之發明，為生產、使用、讓渡等、輸出、輸入或為讓渡等（含為讓渡等之要約，以下同）之要約行為。

2.在方法發明，為使用其方法之行為。

3.在生產物之方法之發明，除前款所揭者外，對於對其方法所生產之物，加以使用、讓渡、貸渡，或為讓渡或貸渡，加以展示或輸入之行為。」

由上述可知，我國現行專利法對不少國家專利法所規定專利權之內容並未規定，例如提供買賣 (offer to sell)、借貸、租賃、處分、持有；方法專利之提供使用 (offer to use)、提供處分，在交易上流通……等，在立法上不無疏漏。惟 92 年專利法修正，增列「為販賣之要約」一項亦為專利權效力之所及，與本書意見相同。

如上所述，專利權係使專利權人專有排除他人未經其同意而製造、為販賣之要約、販賣、使用及進口其專利方法或專利物品之權。因此，如僅有實施之意念或作好侵權的必要準備，但尚未有製造、販賣之要約、販賣、使用或進口之實施專利權行為，或雖有製造、販賣之要約、販賣、使用或進口之實施專利權之行為，但係出於專利權人之同意或默許時，均不構成專利權之侵害。因此我國法上專利權之侵害行為，似可包括下列各種態樣：

1. 未經專利權人同意而製造專利物品或使用專利方法製成之物品。
2. 未經專利權人同意而使用專利方法。
3. 未經專利權人同意而使用專利物品或使用專利方法直接製成之物品。
4. 未經專利權人同意，對專利物品或以專利方法直接製成之物品為販賣之要約。
5. 未經專利權人同意，販賣專利物品或販賣以專利方法直接製成之物品[13]。
6. 未經專利權人同意，為製造、販賣、使用專利物品，而進口專利物品。
7. 未經專利權人同意，為販賣或使用以專利方法直接製成之物品，而進口該物品。

上述專利侵害行為，專利權人須舉證被告擅自製造、使用、為販賣之要約、販賣或進口其專利方法或專利物品，始能構成有專利侵害之行為事實。

[13] 92 年專利法修正後，又可增加一項即未經專利權人同意，對專利物品或以專利方法直接製成之物品為販賣之要約及為販賣之要約而進口該物品。惟為販賣之要約而進口一節似宜審慎解釋，以免株連過廣。

六、侵害行為與損害之間須有因果關係

如同一般侵權行為，在專利權之侵害，其侵害行為與專利權人之損害之間須有因果關係，即專利權人之損害須由此種侵害行為所造成。

七、生產方法專利侵害推定（舉證責任之轉換）

因專利權侵害，行使禁止請求權及損害賠償請求權時，侵害事實之證明，原則上須由請求人負舉證責任，但在生產物之方法之專利，舉證非常困難，為免除專利權人舉證之煩，一些國家專利法特採舉證責任轉換之制度，例如日本 (§104)、美國 (§295)。我 75 年專利法第 85 條之 1 即規定：「物品與他人製造方法專利所製成之物品相同者，推定為以該專利方法所製造。但物品在申請專利前已為國內外所公知者，不在此限。前項推定之規定，於物品係自國外輸入而能指證確實之製造及供應商者，不適用之。」83 年專利法修正為：「製造方法專利所製成之物品在該製造方法申請專利前為國內外未見者，他人製造相同之物品，推定為以該專利方法所製造。前項推定得提出反證推翻之。如能舉證證明以其他方法亦可製造相同之物品者，視為反證。反證所揭示製造及營業秘密之合法權益，應予充分保障。」（83 年專 §91）惟既經推定以該專利方法所製造，則欲提出反證推翻，事實上異常困難，尤以證明以其他方法所製造相同之物品更為不易，且與貿易有關之智慧財產權協定第 34 條「被告須證明其實際取得該物之製法與專利製法不同」之規定不符，故民國 86 年專利法修正時，將該第 2 項修正為「前項推定得提出反證推翻之。被告證明其製造該相同物品之方法與專利方法不同者，為已提出反證。被告舉證所揭示製造及營業秘密之合法權益，應予充分保障。」現行法亦同（專 §99）。即被告於舉反證推翻推定時，可能須揭示其製造物品之方法。被告所揭示過程與結果似應僅限於待證事實之範圍。

惟在舉反證過程，被告自己製造之營業秘密亦因曝光而有喪失之虞，對被告異常不利，雖該條規定舉證所揭示製造方法及營業秘密應予充分保

障，但保障之具體方法為何？在訴訟程序如何使法院與鑑定機關保密？文書與程序是否不公開？如何確保？等問題頗多，該法與施行細則一概付之闕如。如遇惡意之專利權人濫行告訴，則無辜被告之權益恐欠缺保障。故日本民事訴訟法近年修正，為避免企業先提起侵害營業秘密之訴訟時，營業秘密在訴訟過程曝光，而增列下列規定：(1)限制閱覽訴訟資料。(2)保密義務。(3)對律師等有限制揭露訴訟資料。(4)訴訟審理不公開。此種做法值得吾人參採。所幸我國智慧財產案件審理法均已將此等重點納入規定，加以解決，詳如後述。

第二目　間接侵害

一、間接侵害之意義與要件

在傳統觀念以為構成專利發明之數要件中，如不實施所有要件，則不成立專利權之侵害，即如非從事專利發明構成全體之實施，而僅實施其一部時，不能逕認為專利權之侵害。例如照相機之專利發明以 A、B、C 之零件結合為構成要件之場合，第三人如只生產 A，或只含 B 與 C 之照相機，亦不成立專利侵害。但(1)第三人製造販賣在此照相機以外別無用途之零件（例如特殊體積之交換鏡頭）時，推定用於專利侵害之可能性乃屬合理。又(2)第三人如販賣一套裝配有 A、B、C 三者之照相機所需之一切零件時，因非販賣照相機，故不成立專利侵害⓮。如此一來專利權之侵害只限於直接侵害行為時，無法禁止上述(1)那樣侵害之預備行為，又(2)那樣，第三者可堂堂販賣專利品，無人能追究侵害專利之責任。此種傳統專利法上權利一體不可分之原則，不但無法有效禁止侵害行為之預備行為，且可使只出售零件之製造商規避侵害專利權之責任，從而大大減輕了專利權之效力。

為了解決此種困擾，同時也為了強化專利權之保護，若干國家專利法遂超過專利權本來權利之範圍，將若干與侵害結合蓋然性較高之行為與直接侵害獨立，亦將其視為專利之侵害，此乃所謂間接侵害、侵害幫助或擬

⓮ 仙元隆一郎，前揭書，頁 167 以下。

制侵害⑮。換言之，間接侵害之概念沿革上係為了防止只利用專利發明之一部，來迴避專利權侵害之行為，又為了緩和如不用所有專利請求範圍之要素，則不成立專利權侵害之傳統原則所生之不合理結果起見，所發展出來之觀念。

最早樹立間接侵害制度之國家首推美國。在美國間接侵害(contributory infringement) 之理論早在1870年左右即已存在，但美國國會在1952年才在專利法予以明文化。其規定頗為繁複難解，即「任何人出售有專利之機器、製品、組合物或化合物或原料或器具來實施有專利之製法，構成發明之主要部分，知悉它會特別製造或特別改裝用在此種專利之侵害，而非必要物品或商業用品用於主要非侵害之用途者，應負間接侵害人之責。」(Whoever offers to sell or sells within the United States or imports into the United States a component of a patented machine, manufacture, combination or composition, or a material or apparatus for use in practicing a patented process, constituting a material part of the invention, knowing the same to be especially made or especially adapted for use in an infringement of such patent, and not a staple article or commodity of commerce suitable for substantial noninfringing use, shall be liable as a contributory infringer.) [35 U.S.C. §271 (c)]

簡言之，間接侵害之成立，須具備下列因素：

1. 所出售之物須係「專利之機械、製品、組合物或化合物或用於實施一專利製法之原料或器具」。所售之物本身須未取得專利，因如已有專利，則很少發生間接侵害（與直接侵害不同）問題，而該條亦無何意義。

2. 所出售之物須構成有專利權之發明之一個主要部分。

3. 所出售之物須為了用於侵害專利之用，而特別製造或特別改造。

4. 出賣人須對第三要件知情。

5. 所出售之物必須非「適於主要非侵害用途之主要物品 (staple article) 或商品」。

茲舉 Aro II case⑯以表明該原則如何應用。該案涉及一組合物

⑮ 仙元隆一郎，前揭書，頁168。

(combination) 專利，過去受歡迎之汽車之可轉換之車頂專利，由於專利之組合物之布料部分於使用約三年後會損壞，被告乃生產布料零件用於取代損壞之布料部分。此布料取代部分可由車主自己裝上。專利權人控告布料成分製造商間接侵害。

美國最高法院判認本案具備上開 1.、2.、4.、5. 各因素，可轉換之車頂布料乃有專利之組合物之一部，但這部分本身未取得專利。被告知道所出售之布料特別用於專利之侵害。所出售之布料並非適合於主要非侵害使用之主要物品 (staple article)，而是適合於主要侵害用途之非主要物品 (non-staple article)。不過最高法院認為第三要素並未完全滿足。雖然出售之布料乃特別製造用於直接侵害，法院認為並無間接侵害，因被告間接侵害之人不但不知轉換車頂組合物有專利，且直至專利權人在 1954 年早期控告被告間接侵害之信中，才知悉替換之布料乃直接侵害。故法院將損害賠償限於知情以後之一段期間⓱。

為使讀者對間接侵害能夠明瞭，茲再舉 Chisum 教授有關之說明。在以下所舉之例中，出售該成分之人可能成立間接侵害，如⑴該成分乃發明之主要部分，特別用於或可改作侵害專利權之用，⑵該成分並非適合於不侵害專利權之使用之主要物品，⑶他知悉該專利及買受人打算之用途。例如：①A 發現 X 化合物對稻穀之除草劑有意想不到之有益特性，②該 A 化合物在先前技術 (prior art) 為人所知，但並無人知道有何用處。③ A 對使用 X 化合物作為除草劑之方法獲得專利。④ B 知悉 A 之專利權，但未經 A 授權，將 X 化合物出售與種稻之農人，明知農人會用它作為專利所涵蓋之除草劑。在此例 A 可控告 B 成立其專利權之間接侵害，因化合物 X 並非主要必需品 (staple commodity)，且除了專利之方法外，並無實質之用途⓲。

又美國在 1984 年，基於強化保護智慧財產權之政策，在專利法新增第

⓰ Aro Mfg. Co. v. Convertible Top Co., 377 U.S. 476, 84 Sct. 1526, 12L Ed. 2d 457 (1964) (Aro II).

⓱ Kintner & Lahr, op. cit., p. 89 et. seq.

⓲ 參照 Chisum, op. cit., pp. 2–226 et. seq.

271 條(f)，規定凡在國內製造專利發明之主要構成要素，而為了裝配，將其輸出美國國外時，不能迴避侵害美國專利權之責任。由此擴大了侵害之概念，將間接侵害擴大至不以成立直接侵害為前提之情況⑲。

日本於昭和 34 年修正特許法，採用上述美國間接侵害制度，於第 101 條新設「視為侵害之行為」，亦稱為擬制侵害，而規定：「下列行為視為侵害該專利權或專屬實施權：

1. 專利為物之發明時，專業生產、讓與、貸與或輸入或為讓與或貸與之要約，只使用於生產其物之行為。

2. 專利為方法發明時，專業生產、讓與、貸與或輸入或為讓與或貸與之要約，只用於實施其發明之物之行為。」

例如在物之發明，如發明某特殊引擎之場合，生產、讓與、出租只用於該特殊引擎之生產之活塞之行為，或為了將該活塞讓與、出租而展示、輸入之行為，構成了對該特殊引擎專利之間接侵害。

又如在方法之發明，如使用某化學物質除草之方法發明，而該化學物質只使用於除草方法時，製造販賣該化學物質為業之行為，構成對該除草方法專利之間接侵害。

即專利權之間接侵害，在物之發明乃以生產其物只使用之物為業而實施之行為，在方法之專利發明，乃以只用於實施其發明之物為業而實施之行為，在新型之間接侵害為只使用製造新型物為業而實施之行為。

德國自 20 世紀初，法院判例發展出以直接侵害為前提之間接侵害(mittelbare patentverlezung) 理論，1981 年在其專利法設第 10 條與第 11 條規定，凡無實施素材之行為，構成專利權之間接侵害 (§10)。惟私人及非營業之實施不認為有實施權源之人 (§11)⑳。

英國在 1977 年之專利法亦增列間接侵害之明文，即其第 60 條(2)(3)有如下規定，吾人如與上開美國專利法規定對照，當更易明瞭間接侵害之涵

⑲ 參照仙元隆一郎，前揭書，頁 249；紋谷暢男著，《特許法五十講》，3 版，頁 242。

⑳ 仙元隆一郎，前揭書，頁 249；篠田四郎、岩月史郎著，《特許法の理論と實務》，頁 44。

義與要件。

"(2) Subject to the following provisions of this section, a person (other than the proprietor of the patent) also infringes a patent for an invention if, while the patent is in force and without the consent of the proprietor, he supplies or offers to supply in the United Kingdom a person other than a licensee or other person entitled to work the invention with any of the means, relating to an essential element of the invention, for putting the invention into effect when he knows, or it is obvious to a reasonable person in the circumstances, that those means are suitable for putting, and are intended to put, the invention into effect in the United Kingdom.

(3) Subsection (2) above shall not apply to the supply or offer of a staple commercial product unless the supply or the offer is made for the purpose of inducing the person supplied or, as the case may be, the person to whom the offer is made to do an act which constitutes an infringement of the patent by virtue of subsection (1) above[21]."

我國專利法對間接侵害尚乏明文規定，為了使專利權之侵害能有效嚇阻，在立法政策與司法解釋上似有以明文承認之必要。在現行法下，尚須仰賴民法共同侵權行為制度加以規範，但因民法第185條共同侵權之構成要件較為寬鬆，規範專利間接侵權行為未必符合我國產業發展需求，且間接侵權案例不多，乃有於專利法修正草案中，增訂專利間接侵權規定之提案。經智財局與產業界、司法實務界及學術界廣泛交流意見後，考量智慧財產法院甫成立，我國產業型態正值轉型階段，為免制度導入初期發生權利濫用或濫訴情事，決定此次專利法修正草案不納入間接侵權制度，俟該法院累積更多實際案例後，再評估有無立法之必要，較為適宜[22]。

---

[21] 但該規定之精確範圍尚未完全分明，尤以"...means, relating to an essential element..."一句之解釋為然。參照 Reid, op. cit., p. 101.

[22] 吳欣玲，〈專利間接侵權 (indirect infringement) 規定之初探——兼論我國專利法修正

二、間接侵害與直接侵害之關係

專利權之間接侵害與直接侵害之關係如何？間接侵害是否以直接侵害之成立為前提？按在日本學說上有間接侵害乃於專利權本來效力之外，所附加之其他效力，不問直接侵害之有無，可成立間接侵害之「獨立說」，與間接侵害並非擴張專利權範圍本身，不過乃使權利人享受專利權本來就有之效力，其成立應以直接侵害成立為前提之「從屬說」之對立。在德國專利法，似採獨立說之立場。

在日本間接侵害行為既然構成專利權之侵害，故與直接侵害專利權同樣，被害人對侵害人可請求侵害停止或預防及損害賠償，且有刑事罰之制裁㉓。

第二節　對於專利權侵害之抗辯（防禦方法）

第一目　一般抗辯

一、主張不屬於技術範圍

被告可主張自己之產品或實施方法，不屬於對造專利發明之技術範圍，故不成立權利侵害，以排斥原告（權利人）之攻擊。

此時亦可對法院提出由第三人之專家（包含專利代理人）之鑑定書（惟由於此鑑定書係受當事人委託所作成，並非由法院指定之鑑定人作成，故非民事訴訟法上之鑑定，只能作為書證處理），亦可在對造提起訴訟前，按對方警告內容之程度，主張自己產品不屬於對造發明之技術範圍，而提起確認排除請求權不存在之訴。

草案之內容〉，《智慧財產權月刊》，第130期（民國98年10月），頁69。

㉓ 篠田四郎、岩月史郎，前揭書，頁43以下。

二、主張專利權無效

專利權有無效之理由時，可主張其無效，以否認侵害之成立。但在排除請求訴訟及損害賠償請求訴訟，即使提出此種主張，法院通常不對此點加以判斷。因專利無效之處分，在我國法制只能由行政機關（專利機關）行之，裁判上即使主張專利無效，在專利舉發撤銷專利權處分確定前，法院通常以專利權有效為前提加以審判。故在對方提起侵害訴訟，而其專利權有無效之理由時，被告可向專利機關對原告提出舉發，並將其旨趣向法院陳述，其因有被提起侵害訴訟之虞，事前提起舉發之情形亦同。法院認為必要時，在舉發撤銷專利權無效處分確定前，得中止訴訟程序。

三、主張實施權存在等

如被告對專利權享有實施權，或實施行為為該專利權效力所不及時，可主張此等事實並舉證，以防禦專利權人之攻擊㉔。

又原告提起排除請求與損害賠償之訴時，被告可主張享有先使用權，作為抗辯。在原告有提起排除請求等訴訟之虞時，被告亦可先提起確認排除請求權不存在之訴、確認先使用權存在之訴，或確認損害賠償債務不存在之訴。

四、職務發明之抗辯

專利之發明如不屬於從業人員之職務發明時，在法定條件下，其使用人就其專利權有通常實施權（專 §8），故可提出此抗辯。

五、共同發明之抗辯

共同合作辦理事業之人，如後來變成競爭對手，取得專利權之一方告訴他方侵害權利時，他方似可提出此抗辯。

㉔ 吉藤幸朔著，前揭書，頁 480 以下。

六、權利消滅之抗辯

例如在請求禁止等訴訟，因訴訟拖延甚久，其間專利權存續期間屆滿，致專利權歸於消滅，從而禁止請求權不能不歸於消滅，此時可提出請求權不存在之抗辯。

七、全部公知之抗辯

專利發明之構成要件，如在申請當時為公知或公用時，被告可基於⑴限定解釋說，⑵權利濫用說，⑶萬人共有說，⑷公知技術抗辯說（自由技術抗辯說），抗辯侵害不成立。

八、主張權利之濫用或無效理論

專利權人行使權利，雖係權利人合法之行為，惟如專利權人權利之行使，相當於權利之濫用時，在日本被告可主張權利濫用，以防禦其攻擊。在日本專利權人提起排除請求之訴訟時，被告常主張原告濫用權利，惟准許之判決很少。理論上若專利權無效時，行使禁止請求權可認為權利之濫用㉕，在承認權利濫用理論中，因其根據不同，又可分為：

㈠當然無效說

即行政行為有重大瑕疵（重大違法），且其瑕疵在外觀上甚為明顯時，無待於有正當權限之行政機關之審判，任何人均可主張其無效，行政法上有此原則。故如作為行政處分之專利處分含有此種瑕疵時，應可適用此原則㉖。

㈡公有財產論或自由技術水準之抗辯

其說為公知技術乃屬於萬人共有之財產，任何人均可自由實施，且自私權應遵守公共福祉之大原則觀之，萬人共有之財產之技術，不容任何人假藉權利之名，妨害大眾之實施，即公知之技術人人均可自由利用，此係

㉕ 吉藤幸朔，前揭書，13版，頁481。

㉖ 吉藤幸朔，前揭書，10版，頁512。

與專利權對立之獨立權利[27]。

㈢權利失效之理論

所謂權利失效 (Verwirkung) 之理論，係權利人經長久期間，怠於行使其權利時，不許其再行使權利，否則可認為一種權利濫用，此理論乃依據誠實信用之原則，由德國學說與判例發展出來。

第二目　專利檔案禁反言之原則

由於專利申請程序之非訟性質與一造 (ex parte) 性質，以及由於發明人自己起草 specifications 及 claims，發明人要受在專利申請過程 (prosecution) 中所作決定之拘束，故美國專利法上有所謂專利檔案禁反言 (file wrapper estoppel) 之理論，又稱為專利申請歷史禁反言 (patent prosecution history estoppel) 原則。

所謂 file wrapper（檔案）乃發明人向專利局進行專利申請之整個檔案歷史，包含任何修正 (amendments)、陳述 (statement) 或答辯 (replies)。當發明人在申請專利過程中，同意專利審查委員之建議，而對專利說明書作若干修改時，此理論尤為重要。審查委員可能引用先前技術 (prior art) 之參考文獻，且根據此點建議核駁 (reject) 一個 claim。發明人可能答覆之內容是把 claim 縮小，以避免該文獻可能顯示之先前技術或顯而易見性。於是申請人與專利局審查委員間來往縮小 claim 與避免審查委員核駁之通信變成檔案 (file wrapper) 之一部，日後在侵害專利權訴訟中，發明人不可主張 claim 之原意是要比後來縮小之程序所導致者為廣。我國法雖無類似美國法上述專利檔案禁反言原則之規定，但為衡平起見，在解釋上似可加以承認。

第三目　衡平法上禁反言之原則

所謂衡平法上禁反言 (equitable estoppel) 之原則，乃美國判例法所創之原則（我國法院未必承認此原則），即因專利權人先前之行為與主張此種侵害之權利有所不符，而禁止專利權人主張專利權侵害。該原則乃起源於英

[27] 吉藤幸朔，前揭書，10 版，頁 449。

國衡平法上「來衡平法院申訴之人須帶清潔之手來」(He who comes to equity must come with clean hands) 之原則[28]，其目的在防止因專利權人不一致行為而使被專利權人較早行為所誤導之被告蒙受不公平結果，即使被告確有侵害行為。為了成立衡平法上禁反言，須知悉真正事實之某人對不知此事實之人，作了虛偽陳述 (representation) 或隱匿了重要之事實。

作此陳述 (representation) 須有對方會據以行動之意圖，即對方會依賴 (rely on) 或依據該陳述來行動，致後來如專利權人有否認、矛盾或不一致之主張時，會導致其受損害。例如一家公司受讓處理病人診斷之機器兩個專利後，公開主張若干競爭人侵害其專利。某一競爭人直接向該公司詢問，要求證實並對該指控加以解釋，專利權人回信否認主張該詢問人有任何侵害，且拒絕表示他是否認為該詢問人之器械有侵權。但他保證他會直接告知他認為會受到影響之侵權人。專利權人取得該詢問人之機械並加以測試，幾乎一年後，在別的訴訟之證言，專利權人之專利律師陳述謂，該公司當時並未主張，且就其所知，以前並未主張提出詢問之競爭人所製之任何器械侵害該專利。基於此等事實，該詢問人認為此陳述乃明白確認專利權人並未認為專利被他侵害，故繼續製造並銷售自己的器械。不久專利權人起訴，控告該詢問人的四個顧客侵害專利權。該詢問人遂參加訴訟，並提出專利權人專利無效與衡平法上禁反言之抗辯。法院判決二專利無效，且未被侵害。法院又謂，無論如何，專利權人不能提起侵害之訴，因其自己先前之行為已引導該詢問人合理之信賴，並據以採取行動。專利權人現今不一致之行為，會使該詢問人蒙受不測之經濟損失，法院不能讓專利權人提起侵害之訴此種不公平情事發生[29]。

第四目　權利濫用

在美國被告訴侵害專利權之侵害人對於專利權人所提侵害之訴，可以

[28] 關於相關英美衡平法之起源及演變，可參照楊崇森撰，〈英美法系 v. 大陸法系若干問題初探〉，《軍法專刊》，第 57 卷 4 期（民國 100 年 8 月）。

[29] Kintner & Lahr, op. cit., p. 96 et. seq.

專利權人濫用專利權 (misuse) 作為抗辯。專利濫用乃專利權人已做了以不法擴張專利獨占範圍為目的之行為。此種抗辯可由任何被告提出，而不問其所主張專利權人濫用行為之對象係被告還是第三人。

專利濫用乃英美衡平法上之原則，來自「不潔之手」(unclean hand) 之原則。即某人自己做了違法行為，不可到法院對於也對他做了不法行為之人尋求救濟。

專利濫用之原則起源於 1917 年美國法院在 Motion Picture Patents 一案之判決㉚。在該案對電影放映機享有專利之專利權人，將機械出售，但附有只能與他所供應之影帶一起使用之授權限制。被告出售用在專利機械上之影帶，專利權人遂告他間接侵害 (contributory infringement)。美國最高法院認定並無間接侵害存在，並謂專利不能涵蓋非專利所主張因素之無專利之產品。雖然最高法院當時未使用專利濫用一詞，但該院在較晚一案謂：該原則係在此 1917 年開始發展。後來國會將此原則在 1952 年專利法內加以成文化 (35 U.S.C. 271 (d)(1)–(3))㉛。在日本如明知自己專利權無效，而加以行使，可構成權利濫用㉜。

第三節　專利權侵害之救濟

專利侵權訴訟，尤其在高科技產業間，近年來顯著增加，已變成商業戰爭的一環。專利權侵害訴訟比通常民事訴訟，爭點較多涉及技術問題，侵害客體與侵害對象之確定，頗為困難，且訴訟資料常龐大複雜，訴訟費

㉚ Motion Picture Company v. Universal Film Manufacturing Company et al., 243 U.S. 502 (1917).

㉛ Kintner & Lahr, op. cit., p. 98 et. seq. Merges, Menell & Lemley, *Intellectual Property in the New Technological Age* (Aspen Law & Business,2000), pp. 303–308. 張哲倫，〈專利濫用、幫助侵權與競爭法——專利濫用理論之過去與未來〉，《全國律師》12 卷（97 年 10 月）有較詳盡論述。

㉜ 日本最高裁判所 2000 年 4 月 14 日平 10（オ）第 364 號判例。

及律師費負擔不輕，且訴訟賠償或和解支付金額龐大[33]，訴訟期間又往往拖延甚久[34]。

100 年專利法明定侵害除去與防止請求不以行為人主觀上有故意或過失為必要；又損害賠償之請求，應以行為人主觀上有故意或過失為必要。

此處所謂侵害乃指無權源之第三人實施該專利發明之行為，並不包含事實上妨害專利權實施之行為，從而以暴力阻止實施行為，對金融機關施壓阻止融資，停止原料供應等，僅使事實上實施變成不可能之行為，非此之所謂侵害行為。

民法有關損害賠償之規定，係以回復原狀為原則，金錢賠償為例外，但專利法由於專利權性質特殊，而改以金錢賠償為原則；且被害人除請求賠償財產上損害外，又可請求非財產之損害與懲罰性之損害賠償，此外對損害之計算另有特別規定。損害賠償請求權之消滅時效比一般債權為短，即使專利權已消滅，如損害賠償請求權未因時效而消滅，權利人仍可行使此請求權。損害賠償請求權為債權，可依債權一般原則讓與他人。此等請求權，自請求權人知有損害及賠償義務人時起，二年間不行使而消滅；自行為時起，逾十年者，亦同。

---

[33] 專家指出：在 2005 至 2008 年，臺灣產業因專利侵權、訴訟以及和解，每年約支付新臺幣仟億元權利金；支付的權利金在 2009 及 2010 年迅速增加，且在 2011 年到五十億美元，現在如果不採取任何措施，他預估在五年內將會增加到每年百億美元。臺灣產業在美國以及其他國家被專利權人視為容易下手的目標！有一些積極的取得第三者專利佈局的專利授權公司 (NPEs) 更會持續使臺灣公司處於專利侵權訴訟的威脅中。參照杜東佑，〈跨國專利訴訟的策略與展望〉（為 2012「各國專利法制發展趨勢及專利實務教戰」國際研討會會議手冊所載）。

[34] 例如國內過去報章經常喧騰之免刀膠帶專利案件，自 50 年代至 80 年代，歷經民刑事及行政訴訟數十年才確定。

第一目　請求權人

一、專利權人

在專利權之侵害，專利權人得對侵害人請求賠償損害，並得請求排除其侵害，有侵害之虞者，得請求防止之。至於專利權人為專屬授權後，能否行使損害賠償請求權及侵害排除或防止請求權，各國（美、英、日、德、澳洲）立法例，並不加限制。事實上授權契約可能約定以被授權人銷售之數量或金額作為專利權人計收權利金之標準，且於專屬授權關係消滅後，專利權人仍可自行或授權他人實施發明，故專利權人於專屬授權後，仍有保護其專利權不受侵害之法律上利益，並不當然喪失其損害賠償請求權與侵害排除或防止請求權。

二、專屬被授權人

92 年專利法規定：專屬被授權人亦得為損害賠償及排除侵害與防止侵害之請求，但契約另有約定者，從其約定（92 年專 §84I），且刪除舊法須先通知專利權人而不為請求後始可行使之要件（92 年專 §84II），回歸契約自由原則加以解決。故如授權契約限制專屬被授權人不得以其名義請求時，基於私法自治原則，應從其所定；此時仍應由專利權人行使權利。

如專屬被授權人合於上述法定行使要件，則專屬被授權人係以自己名義獨立行使請求權，且可受領自侵害人所得賠償。惟其請求尤其訴訟之效力（尤其不利之判決），是否亦及於專利權人？不無疑義。如專利權人只請求損害賠償而未提出禁止請求權時，專屬被授權人仍可單獨行使禁止請求權。又專利權人雖提起上開請求，而中途與侵害人和解時，被授權人有何權利主張？能否仍行使上開請求權？值得研酌。又專屬被授權人不合於上開行使請求權條件，而專利權人怠於對侵害人行使上開請求權時，專屬被授權人似可行使民法第 242 條之債權人代位權。

第二目　損害賠償請求權

一、損害賠償額之決定

專利權侵害之損害賠償請求，原則依民法第 184 條侵權行為之規定。

為了請求侵權行為損害賠償，依侵權行為之原則，原告應對侵害人之故意或過失、侵害行為與損害間之因果關係，以及損害額等負舉證責任。但專利權侵害情形，若要求被害人證明所有要件，事實上談何容易。尤以證明專利權侵害之損害額，事實上往往甚為困難，且專利權對象為無體財產，與有體物之侵害不同，其侵害行為並不採取侵害占有之型態，可在任何場所且可同時由多數之人為之，因此比有體物更難於發現侵害。且其侵害行為所生之損害額，認定上更有困難，故關於損害賠償額之算定，如委諸民法上之原則，則事實上因無法證明損害額，致其請求被駁回之可能性甚大，如此可能反而成為鼓勵侵害之誘因。

為了能對侵害人請求適當數額之賠償，須設計一套制度上的擔保。有些國家如日本特許法，還設有推定侵害人過失之規定 (§103)，因自周圍狀況判斷侵害人故意過失之心理狀態，極為困難，如依侵權行為法原則，由原告負舉證故意過失之責任，則往往無法舉證之故[35]，但我國並無推定過失之規定。於是在專利侵害損害賠償請求案件，損害額之決定，有基於民法第 216 條算定之方法及專利法第 97 條之特別認定方法兩種，分述於次：

1. 依民法第 216 條之規定。但不能提供證據方法證明其損害時，得就實施專利權通常所可獲得之利益，減去受害後實施同一專利權所得之利益，以其差額作為所受損害。

2. 依侵害人因侵害行為所得之利益。於侵害人不能就其成本或必要費用舉證時，以銷售該項物品全部收入為所得利益。

依據一般侵權行為法，因侵權行為致銷售量減少時，可請求因此之損

[35] 但在日本法之下專利權之侵害，非出於故意或重大過失時，法院可裁量減輕其數額（中山信弘著，《工業所有權法（上）特許法》，頁 317）。

害。又由於受到侵害行為之影響，販賣價格不能不下降時，亦可請求因此所受之損害。因侵害行為減少使用費收入時，亦可請求因此所受之損害，其他有時亦可請求律師費、侵害調查費用等。其結果亦有可能可請求侵害人所得利益以上之損害賠償。惟專利權侵害行為與典型侵權行為不同，除了侵害人之技術、資本、經驗、經營販賣之能力、努力、經濟狀況、競爭者之有無外，專利權人有無增產之能力，甚至需要者意向等要素亦大有關係，侵害人之利益很少單純因專利權侵害而產生，甚至有時因侵害人侵害或開拓市場之結果，導致專利權人產品多賣之結果。換言之，銷售量並非只由專利權決定，而由許多因素造成[36]。故實際上侵害行為與損害間因果關係往往難於證明，又往往不易證明被侵害人銷售量之減少純出於專利權之侵害，或價格之下跌僅出於侵害人之行為，以及使用費收入之減少，純出於侵害行為。

二、過失相抵

損害之發生或擴大，被害人（權利人）與有過失時，法院得減輕賠償金額，或免除之（民 §217I），又損害非因故意或重大過失所致者，如其賠償致賠償義務人之生計有重大影響時，法院得減輕其賠償金額（民 §218）。

三、損害賠償之範圍

㈠原　則

損害賠償之範圍，係與侵害行為居於相當因果關係之一切損害。決定因果關係之範圍，有⑴凡行為與結果間有因果關係之一切均屬之之條件說。⑵自自然的因果關係中，除去因特別情事所生之損害，限定在通常狀況下可生之損害之相當因果關係說等。我民法雖不似日民法（§416）明定採相當因果關係說，但學說與實務上皆採此說。故侵害專利權之侵權行為亦應依相當因果關係說，以決定其賠償範圍。至損害賠償之範圍，除法律另有規定或契約另有訂定外，應以填補債權人所受損害及所失利益為限（民

[36] 中山信弘，《工業所有權法（上）特許法》（第 2 版增補），頁 340。

§216I）。

㈡損害額之算定方法

1.學　說

專利權侵害訴訟在實務上最困難之問題，厥為損害額之算定。適用民法第 216 條之一般原則雖無異說，但計算消極損害非常困難，關於此種損害之認定方法，有下列各說：

⑴仿冒品總價額說

即以侵害人所販賣仿冒品之價額，作為被害人之消極損害。從而如以侵害專利權之意圖製造仿冒品，一個五百元，共販賣一百個時，專利權人可請求五萬元之損害。

⑵仿冒品販賣之總利益說

即以就各仿冒品侵害人所得利益與在市場販賣總數之積，作為被害人之消極損害。

⑶利得比較說

即主張消極損害係比較侵害行為前專利權所得利益，與侵害行為後所得利益，以其差額作為損害額。即①如侵害後全無獲得利益，反生損失時，應將其差額加上損失，予以計算。②在專利權人每期利益增加率至為明顯之情形，因侵害行為減少其增加率時，將相當於減少增加率之金額，亦作為損害，予以計算。③侵害行為在地域上有限定之情形時，以地域上所得利益之減少，決定損害額。

⑷使用費（權利金）說

以專利授權實施權實施所應得之使用費（實施費）作為專利侵害之賠償額。按消極損害不外依專利權之使用費算定之。蓋專利權可就各個專利品定其使用費，又大抵市場亦係自然形成，故作為算定方法，亦屬方便之故。

以上各說中，⑶（利得比較說）算定損害額之方法似極合理，但將其差額算定為損害額，在與因果關係之關係上有問題。⑵（仿冒品販賣之總

利益說）侵害人所得利益與權利人可得之利益未必一致，故就此點而論，該說仍欠充分。⑷（使用費說）在專利權人不自為實施行為，或不授予實施權之情形，其價額或市價之鑑定極為困難，不免有因各鑑定人而生差異之缺點。⑴（仿冒品總價額說）在計算損害額上違反公平原則，故不能採用，而以⑵和⑶及⑷為標準，基於具體事實與證據予以決定較為妥適。例如如⑷或⑶所可得利益確實能證明時，固可以其為基準決定之，如依⑵、⑶難於證明損害時，似可以⑷認定消極損害之最小限制，准許被害人方面之請求[37]。

2. 專利法之規定

92 年專利法為解決專利侵害損害賠償額計算之爭議，於第 85 條明定二種計算方法，請求權人有選擇權，可選擇其中最有利之一種方式計算。即：

⑴依民法第 216 條之規定。但不能提供證據方法以證明其損害時，發明專利權人得就其實施專利權通常所可獲得之利益，減除受害後實施同一專利權所得之利益，以其差額為所受損害。

⑵依侵害人因侵害行為所得之利益。於侵害人不能就其成本或必要費用舉證時，以銷售該項物品全部收入為所得利益。

除前項規定外，發明專利權人之業務上信譽，因侵害而致減損時，得另請求賠償相當金額。

依前二項規定，侵害行為如屬故意，法院得依侵害情節，酌定損害額以上之賠償。但不得超過損害額之三倍。

100 年修正專利法，改為：「……得就下列各款擇一計算其損害」：

一、「依民法第二百十六條之規定。但不能提供證據方法以證明其損害時，發明專利權人得就其實施專利權通常所可獲得之利益，減除受害後實施同一專利權所得之利益，以其差額為所受損害。」此點維持原規定。

[37] 光石士郎著，《改訂特許法詳說》，頁 315。在臺灣法院判決，據說依侵害人因侵害行為所得利益計算，是訴訟實務最主流的計算方式，有 52% 的專利訴訟採「利益說」；在美國則以「合理權利金說」比例最高。

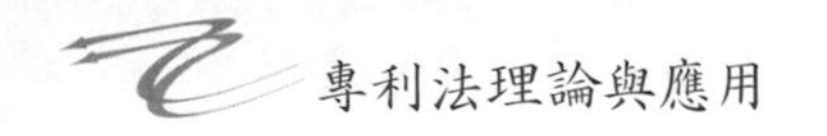

二、依侵害人因侵害行為所得之利益：

即將原第 2 款後段刪除。其理由為：現行規定採總銷售說，以銷售該項物品全部收入為所得利益，顯然將系爭之專利產品視為獨占該產品市場。然專利並非必然是產品市場之獨占，侵權人所得利益，有可能來自第三人之競爭產品與市場利益。又如侵權行為人原有之通路或市場能力相當強大時，因為侵權而將該產品全部收益歸於權利人時，所得之賠償顯有過當之嫌。故改依實際個案情況衡量計算之。

三、以相當於授權實施該發明專利所得收取之權利金數額為所受損害：

即增訂此第 3 款規定（專 §97）。其理由為：「由於專利權之無體性，侵害人未得專利權人同意而實施專利之同時，專利權人仍可授權第三人實施，取得授權金而持續使用該專利。因此，依傳統民法上損害賠償之概念，專利權人於訴訟中須舉證證明，倘無侵權行為人之行為，專利權人得在市場上取得更高額之授權金，或證明專利權人因侵權行為，致無法將其專利授權予第三人。如此專利權人該部分之損失始得依民法損害賠償之法理當作專利權人所失利益之一部。因此，專利權人計算損害賠償額時，常遭遇舉證上之困難。故參照美國專利法第二百八十四條、日本特許法第一百零二條及大陸地區專利法第六十五條之規定，明定以合理權利金作為損害賠償方法，就專利權人之損害，設立法律上合理之補償方式，以適度免除權利人舉證責任之負擔。」云云。惟民國 102 年修正此第 3 款而規定：「三、依授權實施該發明專利所得收取之合理權利金為基礎計算損害。」

其修正理由如下：

1. 現行第 3 款之損害賠償計算方式，係以「相當於授權實施該發明專利所得收取之權利金數額為所受損害」，由於以合理權利金法計算之損害賠償數額，與事前取得授權之權利金數額相同，此種規定恐使侵害行為人缺乏先行取得授權之意願，不免助長侵權之風險。

2. 依德國專利訴訟實務，在損害賠償方面，有採類推式授權 (die Methode der Lizenzanalogie) 之計算方法，法院依此方式計算之賠償數額，通常高於合理權利金之數額。因與一般授權關係之被授權人相較，侵害人

無須負擔授權關係之額外成本（例如查帳義務）。此外專利權人在侵權訴訟尚須負擔額外成本（例如訴訟費用、律師費用）。因此以合理權利金方法計算之損害賠償數額，往往高於授權關係下之權利金數額。

3. 此外德國現行專利法第 139 條第 2 項後段明定：「損害賠償請求權得以授權關係之合理權利金數額為計算基礎 (Grundlage)」。亦肯定損害賠償之合理權利金數額未必等同於實際授權關係下之權利金數額，而僅係假設性之權利金估算。

㈢淺　見

1. 修法之立意甚佳，惟認定專利權之合理權利金實際上頗為困難，尤以專利品甫推出，市場上未見類似產品以及性質特殊之新發明，認定合理權利金更有困難。況我國尚未建立類似歐美之專業智財權鑑價制度與機構，且其評估過程與標準如何，亦有待建立一套有公信力之基準㊳按在舊專利

㊳ 美國法院決定權利金參考之因素：

在決定權利金比例時，須參考許多因素，實務上以美國聯邦第二巡迴上訴法院 1971 年以 Georgia-Pacific 案所闡釋的 15 項判斷因素評估損害：1.專利權人之獨占地位，2.專利權之當事人關係，3.專利權有效期間，4.侵害專利權之商品數量及其市場銷售情形，5.專利技術創新程度，6.專利權人曾就該專利取得權利金之相關資料，7.相類似專利權市場權利金之交易價格，8.爭議二造之自願性協議，9.專利授權類型，包括有無專屬授權、有無銷售區域限制等，10.專利商品對其他相關商品銷售影響程度，11.專利商品之利潤、市場銷售情形等市場價值，12.專利技術商品化程度，13.類似專利商品在市場之銷售價格與利潤，14.專利技術對提升專利商品之售價或利潤所占有之貢獻度比例，15.相關產業之專利證人出具之意見。

日本新近修法放寬權利金的認定標準：

日本此次修法並新增特許法第 102 條第 4 項：權利金之金額認定，可考量在侵權前提下，被告與原告雙方合意之對價。按通常授權交涉，雙方會根據市場競爭情況、業界權利金行情、專利價值等進行協商，專利權人由於不確定因素較多，為了儘早達成協議，可能以較優惠的條件授權。但進入訴訟，且被告被判侵權敗訴的風險提高時，雙方合意的權利金條件可能較非訴訟為高。該條文就是准許以被告侵權為前提，用較高的權利金標準計算損害賠償金額。如何認定權利人因專利權侵害所受之損害及所失利益或侵害人因侵害行為所得利益？此與專利權融資設質相同，因涉及與鑑價之客觀性

法之下，可由法院囑託專利機關代為估計數額，83 年專利法則改為除專利機關外，亦可囑託專家代為估計，惟為 92 年修法刪除㊴。故專利法雖以合理權利金作為損害賠償方法，但恐仍面臨相同難題，實務上頗難減輕專利權人舉證之困擾。此所以著作權法另定有所謂法定賠償制度，即「依前項規定，如被害人不易證明其實際損害額，得請求法院依侵害情節，在新臺幣一萬元以上，一百萬元以下酌定賠償額。如損害行為屬故意且情節重大者，賠償額得增至新臺幣五百萬元」（著 §88III）㊵。

商標法亦同，即：「就查獲侵害商標權商品之零售單價一千五百倍以下之金額。但所查獲商品超過一千五百件時，以其總價定賠償金額。……前項賠償金額顯不相當者，法院得予酌減之。」(§71I ③、II) 此種法定賠償制度乃仿傚美國法上之 statutory damages 制度，可減輕被害人之舉證責任，有利於被害人之求償，為值得採行之立法技術，我國專利法竟未採行此種制度，殊為可惜㊶。又何謂合理權利金？日本多數說認為以侵害開始時合理權利金為準，即締結授權契約會支付之數額，但如此易成為侵害專利之誘因，因此宜認為以裁判時合理權利金為準，再斟酌其間各種情事妥予決定。

與風險等問題，目前尚未成熟。

㊴ 按 92 年專利法修正時，智財局認為專利權之價值，宜由市場機制決定，該條原第 1 項第 3 款規定，須視各種物品類別，衡酌市場銷售狀況加以判斷，非屬專利機關專業範疇，而屬法院囑託鑑定事項，具體案件是否囑託鑑定及由何人鑑定，法院本得依民事訴訟法有關規定辦理，本款規定並無必要，實務上智財機關亦無受囑託估計辦理之案例，國際上尚無由專利機關為之之立法例，TRIPS 亦未要求會員國須有此種規定，故刪除原囑託專利專責機關或專家代為估計之規定。

㊵ 著作權法引進美國法定賠償制度，最早乃出於本書著者之建議。

㊶ 由於專利侵權賠償數額的計算在實務上複雜困難。中共 2009 年新專利法新規定，權利人的損失、侵權人的獲利以及專利許可使用費均難以確定的，法院可以根據專利權的類型、侵權行為的性質和情節等因素，確定一萬元以上一百萬元以下的賠償。還明確將權利人制止侵權行為所支付的合理開支，例如律師費和調查取證費，納入賠償範圍，使專利權人得到更充分的保護，降低其維權成本。參照 http://www.sipo.gov.cn/zcfg/zcjd/201007/t20100726_527502.html

此外權利金可因侵害人實施之數量，致數額發生重大差異。即使同樣形態之侵害，大企業大量侵害與小企業輕微侵害，使賠償數額可能有天壤之別。

下列侵害人或權利人有複數之情形，賠償額問題更形複雜：

⑴專利權共有時。

⑵專屬被授權人請求賠償時（此時以自侵害人所得利益扣除相當權利金之數額為損害額，而專利權人得另請求相當權利金之損害賠償）。

⑶侵害人有複數時。

⑷被侵害之專利權只涉及產品一部時[42]。

2. 認定損害賠償額應考慮專利權對侵權產品整體價格之貢獻度

今日由於科學技術蓬勃發展，產品之結構及功能日益複雜化，產業鏈分工愈趨精細，一項產品上常見不只一件專利，可能有數百乃至數千專利，法院於認定侵害專利權之損害賠償金額時，不應僅以某產品使用多少數量之專利，直接按專利數量之比例分配，尚應納入被侵害之專利權對於侵權產品整體價格之貢獻度。即應綜合考量專利技術對於該產品整體產生之效用增進、消費者之購買意願、市場一般交易情形等因素加以決定。換言之，除技術層面之考量（例如該專利技術對於提昇產品功能之助益為何？係增進產品之主要功能或附隨功能？欠缺該專利技術，產品是否仍能達成主要之功能？）之外，尚應兼顧經濟層面之考量（例如該功能之增進是否足以影響消費者之購買決定？專利與非專利元件物理上可否拆分？可拆分之元件是否可單獨成為交易客體？一般交易習慣等）[43]。斟酌專利貢獻度，在計算侵權損害賠償，具有精緻化與合理化之優點，也是近年國際計算損害賠償的趨勢。我國討論合理權利金或貢獻度時，似可比照美國案例，先將系爭專利本身考慮清楚，除了侵權認定，包括還有多少專利家族、專利有效性和專利品質；進一步考量系爭專利佔所有專利複合的比例是多少，再

---

[42] 中山信弘，《工業所有權法（上）特許法》（第2版增補），頁346以下。

[43] 智慧財產法院103年度民專訴字第48號判決及104年度民專訴字第36號判決參照。

將專利對應到技術結構、技術結構對應到產品結構、產品結構對應到營收結構，做為思考專利貢獻度的路徑。但若以「不當得利」作為請求權基礎，不無可能架空專利法第 96、97 條關於侵權行為損害賠償的規範[44]。

四、懲罰性損害賠償

㈠原先規定

美國法制侵權行為除補償性賠償外，另有所謂懲罰性賠償制度(punitive damages)，含有罰金性質，目的在對惡性重大之侵害人，科以超過實際損害之賠償，以抑制其貪慾與嚇阻侵害行為，其專利法第 284 條規定在侵害專利權情形，賠償額可增至實際損害額之三倍為止。此與大陸法系侵權行為主要在填補被害人實際所受損害為目的不同。因損害賠償以回復原狀為原則，侵害人賠償損害基本上在填補被害人所受損害，即以實際損害額為上限，以免被害人不當得利。惟我民法雖不承認懲罰性賠償制度，但 83 年修正專利法時為了嚇阻專利侵害，兼受中美智財權談判之壓力，遂兼採上述美國懲罰性損害賠償制度而規定：「依前二項規定，侵害行為如屬故意，法院得依侵害情節，酌定損害額以上之賠償。但不得超過損害額之二倍」（83 年專 §89III）[45]。此規定比著作權法第 88 條第 3 項定有最高限額更進一步，類似規定在營業秘密法、公平交易法與消費者保護法亦採之。即對故意侵害專利權之人加重其賠償責任，並授權法院依侵害之情節，在被害人依第 88 條所確定之損害額二倍以下之限度內，酌定侵害人之賠償額。民國 90 年專利法，為了配合 83 年專利法發明專利除罪化，提高專利侵權之民事損害賠償，故將懲罰性之損害賠償額之上限，由損害賠償之「二」倍，提高為「三」倍[46]。惟其適用須限於故意侵害專利權之行為，過失侵害不能適用，以免過苛，且於業務上信譽因侵害而致減損之賠償金，亦有

[44] 吳碧娥，2019/6/24「專利侵權損害賠償研討會」簡報資料。

[45] 日本特許法未設此制度。關於英美懲罰性損害賠償制度之詳情，參照楊崇森，《遨遊美國法》第一冊（華藝數位，2014），頁 162 以下。

[46] 92 年專利法將該第 89 條條次改為第 85 條。

適用。

㈡ 100 年修法

100 年專利法修正，將懲罰性之損害賠償額之規定刪除。其理由為：「懲罰性賠償金係英美普通法之損害賠償制度，其特點在於賠償之數額超過實際損害，與我國一般損害賠償係採損害之填補之精神不同，故刪除以符我國一般民事損害賠償之體制。」惟懲罰性之損害賠償固係英美普通法之損害賠償制度，但有特殊用意，目的在嚇阻專利侵害，尤其專利除罪化後，如何防止專利侵害，更形重要，是否採用乃立法政策問題，與貫徹民法原則似無必然關連。事實上我 92 年專利法制引進英美法制度所在多有，智慧財產法領域尤其顯著，重點似在能否解決社會問題也。

㈢ 102 年修法

智慧財產權乃無體財產權，損害賠償計算本有困難，民國 102 年考量我國其他法規及國外立法例，在第 97 條又新增第 2 項規定，即：「依前項規定，侵害行為如屬故意，法院得因被害人之請求，依侵害情節，酌定損害額以上之賠償。但不得超過已證明損害額之三倍。」其實乃回復修正前之懲罰懲罰性損害賠償規定。其修正理由如下：

1. 傳統損害賠償之作用在於填補損害，然而隨著社會之發展，損害賠償之範圍已逐漸擴充，而不以填補實際損害為限，尤其在智慧財產權領域，著作權法第 88 條第 3 項、營業秘密法第 13 條第 3 項及公平交易法第 32 條第 1 項均有懲罰性損害賠償之規定，可適度彌補專利權人因舉證困難無法得到有效賠償之問題。

2. 此外我國其他法律領域亦不乏懲罰性損害賠償之規定，包括：健康食品管理法第 29 條、證券交易法第 157 條之 1、證券投資信託及顧問法第 9 條及千禧年資訊年序爭議處理法第 4 條。可見填補損害固然為我國損害賠償制度之基本原則，惟徵諸經濟法規，不乏採行懲罰性損害賠償制度，以落實法律規範目的之情形。

3. 懲罰性損害賠償制固仿自美國，但即使大陸法系國家，在立法例上智慧財產權侵害之損害賠償計算，已不再侷限於填補被害人之實際損害而已。歐盟於 2004 年通過之「智慧財產權執行指令」，即明定法院於認定損害賠償時，應考量所有相關因素，包括所造成經濟上之負面效果、被害人所蒙受之利益減損及侵害人獲得之不正利益。亦即侵害人所獲得之不正利益，亦屬於損害賠償之範圍。德國為配合此一指令，於 2009 年生效之新修正專利法，亦明文規定：「於計算損害賠償時，得將侵害人因侵害該權利所得之獲益 (Gewinn) 納入考量」。

4. 我國在其他法律領域雖未見足夠懲罰性損害賠償案例，但在智慧財產權法領域，法院對於故意之認定及侵害情節之審酌，均已透過個案，逐漸建立判斷之標準。實施至今，尚未見有濫用懲罰性賠償而課被告過鉅賠償額之情形，亦未見有負面之批判。

似此立法態度反覆不一，似不多見。

第三目　不當得利返還請求權

無法律上原因而受利益，致他人受損害時，依民法應成立不當得利，受益人應返還其利益（民 §179）。其數額在侵害人善意時，應返還所受利益，如所受之利益已不存在者，免負返還或償還價額之責任，即應返還現存利益；如惡意時，並應附加利息，如有損害，並應賠償（民 §182）。

專利法雖無有關不當得利之規定，但侵害人無權源（法律上原因）實施專利權人之發明，原則上構成不當得利，權利人可請求所受利益之返還，此為日本判例與學者間通說。我國專利法之解釋上亦應相同，即此時發生侵權行為損害賠償請求權與不當得利返還請求權之競合，惟理論上雖可成立不當得利，但專利權人為了請求所受利益之返還，須證明侵害人由於專利權之侵害而受利益，且專利權人由此受到損失，二者間具有因果關係。惟所受利益往往並非純因專利權之侵害才發生，如本書在損害賠償處所述，尚有許多因素介入，故證明因果關係常有困難[47]。

於是現實上往往請求返還相當於使用費之數額，即侵害人免於支付本來應支付之使用費，故應有此部分之得利，又權利人本來可收取此部分使

[47] 中山信弘，《工業財產權法》（上），頁 329。

用費，但現實未受領，故有此部分損失，原則上二者之間可認為有因果關係。在此限度內，與侵權行為之損害賠償請求額，事實上似屬一致，惟侵權行為損害賠償請求權與不當得利返還請求權之消滅時效不同，即專利法第96條第6項「……自請求權人知有損害及賠償義務人時起，二年間不行使而消滅；自行為時起，逾十年者亦同。」及「民法第197條規定：『因侵權行為所生之損害賠償請求權，自請求權人知有損害及賠償義務人時起，二年間不行使而消滅，自有侵權行為時起，逾十年者亦同。損害賠償之義務人，因侵權行為受利益，致被害人受損害者，於前項時效完成後，仍應依關於不當得利之規定，返還其所受之利益於被害人。』」換言之，侵權行為之損害賠償請求權之時效為二年與十年，而不當得利返還請求權之時效與通常債權同為十五年，故被害人在侵權行為損害賠償請求權時效消滅後，仍可行使不當得利返還請求權，使得主張不當得利返還請求權，仍有實質意義。至於侵害排除或防止請求權之消滅時效應適用民法第125條之一般消滅時效期間，固不待言。

又在權利人自己不實施發明，但被侵害人實施之情形，為公平計，侵害人仍有必要支付使用費，即權利人應可受領使用費之點不變，故雖不實施之權利人，亦可請求侵害人不當得利之返還[48]。

第四目　禁止請求權

專利權人對侵害人雖可請求損害賠償，但專利發明往往涉及龐大財產上價值與利益，且專利之侵害行為又比有體物更易進行。如須等到事後再請求賠償，可能被害人早已蒙受無法估計或無法彌補之損害。況事後能否獲得賠償，又難逆料。為期對權利人予以較周密保護起見，事先須謀求迅速制止侵害行為，及對侵害之危險防範於未然之道。

況專利權或專屬實施權乃絕對權與獨占權，如同物權在排他的支配物那樣，排他的支配專利發明。故於其圓滿狀態被侵害時，為了有效遏止侵害行為，有賦予類似物上請求權權利之必要。故美國、德國、英國等國立

[48] 同[47]。

法，多畀權利人以類似救濟，而禁止請求權之威力有時比損害賠償請求權更為強大㊾。此權利在日本稱為差止請求權，對專利權或專屬實施權之現在及將來侵害行為予以排除，例如請求禁止被告生產、製造、販賣或陳列或進口侵害專利權（或含有專利權裝置或零件）之物品、或禁止被告利用被侵害之專利方法生產、製造、販賣或陳列或進口以該方法所製成之物品、或命令被告銷毀從事侵害專利權行為之原料或器具或設備……之類，以收技術獨占之利益為目的。按由所有權所生物上請求權有所有物返還請求權、妨害除去請求權及妨害防止請求權，而在專利權或專屬實施權之場合，性質上雖無所有物返還請求權，但宜有侵害除去請求權與侵害防止請求權。

民國 83 年 1 月修正前專利法第 81 條規定：「專利權受侵害時，專利權人或實施權人或承租人得請求停止侵害之行為、賠償損害或提起訴訟。」即對侵害除去或停止請求權雖有規定，但對侵害防止請求權則付諸闕如。

故 83 年專利法修正時起至 108 年，為加強保護專利權，於第 96 條規定：「發明專利權人對於侵害其專利權者，得請求除去之。有侵害之虞者，得請求防止之。……專屬被授權人在被授權範圍內，得為前三項之請求。但契約另有約定者，從其約定。……」此項排除或預防之請求，法條雖表現為作為請求之形式，但實質上乃不侵害之不作為之請求㊿。

法條所謂「專利權受侵害」，係指對專利權實際有侵害行為之謂。所謂「有侵害之虞」，係指有發生侵害之具體危險，亦即侵害人雖未著手侵害，但客觀上侵害之準備行為已經明顯，侵害之蓋然性甚高之謂。如侵害人只單純有侵害之可能性，並無侵害之具體危險時，則尚與此要件不合，而不得請求防止。禁止請求權乃基於專利權與專用實施權之排他獨占性質之效果所賦予之權利，與損害賠償請求權不同，其行使不以侵害人之故意過失為要件[51]，其行使之時期與方法亦無限制，並非須於裁判上行使不可[52]。

㊾ 光石士郎，前揭書，頁 296。尤其美國法院所發之永久禁制令 (permanent injunction) 對被告事業更具殺傷力。

㊿ 中川、阿部著，《實用法律事典》(10)《改訂著作權》，頁 307。

[51] 仙元隆一郎，前揭書，頁 173。

由權利人發出存證信函之類警告信等書面固勿論，即口頭請求亦屬無妨。惟此請求權須對侵害人行使。故提起專利權侵害之告訴，不能當然認為此請求權之行使。因告訴人乃對官署請求處罰侵害人之意思表示，與此請求權異其性質之故。又專利權人請求排除侵害時，只須證明對方有侵害之事實，無須證明已受有損害。

此請求權於侵害停止或危險性消滅時消滅，因係以現在及將來之侵害為對象，故請求權無考慮因時效消滅之餘地。又此請求權隨同專利權移轉，且隨同其一起消滅。因其乃保持專利權完整之權利，故如影隨形，應與專利權同其命運[53]。

100 年專利法修正，雖仍維持「對於侵害專利權之物品或從事侵害行為之原料或器具，得請求銷毀或為其他必要之處置」之規定 (§96III)，但認為「得以銷毀原料或器具等請求」，應為「排除、防止侵害」請求類型之一，故明定僅於行使妨害除去請求權及妨害防止請求權時，始得為此等請求。觀念上頗為正確，但訴訟實務上則往往一併請求。

第五目　廢棄請求權

「與貿易有關之智慧財產權協定」(TRIPS) 第 46 條規定，為有效遏阻侵害情事，法院有權銷毀或於商業管道外處分仿冒品，對於主要用於製造侵害物品之原料及器具，亦有於商業管道外處分之權[54]。事實上我國著作

[52] 中川、阿部，前揭書，頁 306。

[53] 同[52]。

[54] 按該協定第 46 條規定為："In order to create an effective deterrent to infringement, the judicial authorities shall have the authority to order that goods that they have found to be infringing be, without compensation of any sort, disposed of outside the channels of commerce in such a manner as to avoid any harm caused to the right holder, or, unless this would be contrary to existing constitutional requirements, destroyed. The judicial authorities shall also have the authority to order that materials and implements the predominant use of which has been in the creation of the infringing goods be, without compensation of any sort, disposed of outside the

權法與商標法對類似措施亦有明確規定。

民國 86 年修正專利法時，為期我國能加入 WTO，特參考該協定精神，於專利法第 88 條增訂第 3 項予以配合，而規定：「發明專利權人或專屬被授權人依前二項規定為請求時，對於侵害專利權之物品或從事侵害行為之原料或器具，得請求銷燬，或為其他必要之處置。」（92 年專利法改為 §84）因仿造受保護專利之侵害品如進入商業管道，即使侵權人受到制裁，仍只能眼看侵害品繼續進入市場，如不沒收或銷毀製造仿冒品之設備、工具與材料，侵權人無需追加投資，仍可輕易重新製造侵害品。即為了根絕侵害行為再發生之可能性，必須將製造侵害品之原料與器具排除，不使流入商業管道流通，以便將侵權之危險降至最低限度，為此目的特賦予權利人此種廢棄請求之權利。100 年新法仍維持此規定，已如上述。

按在專利權侵害，依民事訴訟法假處分或假扣押之方法，並非不能在某種程度達到同樣目的，但假扣押乃關於金錢債權或可轉換為金錢債權之請求權，為保全對不動產或動產之強制執行，對可為擔保之債務人之財產，禁止債務人處分財產之定暫時狀態之措施。與本條所定內容性質不同，作為損害賠償請求權之擔保，對違法仿冒品加以假扣押，其結果雖可預防流

---

channels of commerce in such a manner as to minimize the risks of further infringements. In considering such requests, the need for proportionality between the seriousness of the infringement and the remedies ordered as well as the interests of third parties shall be taken into account. In regard to counterfeit trademark goods, the simple removal of the trademark unlawfully affixed shall not be sufficient, other than in exceptional cases, to permit release of the goods into the channels of commerce.” 中文譯文為：「為了對侵權產生有效的嚇阻，司法機關在以避免對權利人造成損害的方法，可命令將所發現之侵害品不予任何補償，排除在商業管道之外，或者除非違反現行憲法的要求，可命令予以銷毀。司法機關尚應有權命令將主要用於製作侵權產品的材料與工具，在盡可能減少進一步侵害危險之方式下，排除商業管道以外，而不予以任何補償。在考慮此等請求時，應斟酌侵權的嚴重性與所採取救濟是否相稱以及第三人的利益。對於假冒商標的商品，除了例外情形，僅僅除去非法附在商品上的商標尚不足以准許商品進入商業管道。」

通行為，但其目的究有不同。

同樣，民事訴訟法之假處分，乃為保全特定標的物之請求權之執行，在紛爭解決或強制執行前，命其標的物保持現狀之暫時措施，然究係以本案訴訟為前提，因此雖亦可與本條禁止違法仿冒品流通之侵害預防，達到類似之目的，但尚須提起本案訴訟，因此本條禁止請求權之規定，其意義仍非常重大[55]。

學者有謂此請求權不能獨立行使，而須附帶於損害賠償之請求與侵害之除去或預防之請求而行使，因並無獨立行使此請求權之實益者[56]，惟余意如因某種原因不行使損害賠償請求權或侵害除去請求權，而單獨行使此項請求權似亦無禁止之理。且此種解釋並不違反該協定規定之原意。按該項所謂侵害專利權之物品與刑法上供犯罪之物類似，例如仿冒專利權人專利品之物品是。所謂從事侵害行為之原料或器具，與刑法上供犯罪所用之物，或供犯罪預備之物相近。惟從事侵害行為之原料或器具，又可分為專供從事侵害行為之用，及本身屬性上非專供從事侵害行為，但可用於從事侵害行為二者。前者固可要求銷毀，但後者則須自過去專供侵害之用之事實，可判斷將來供侵害之用之危險性甚高之情形，始足當之。例如製造饅頭之機器取得專利時，係指只用於生產該饅頭機之材料、零件、饅頭機、模具等，在饅頭製造方法取得專利時，係指只用於實施該方法之製造器具，及自此方法所製造之饅頭及生產該侵害品所使用之機械。故若偶然一次供侵害之用，則尚與要件不相當[57]，而非可請求銷毀。

---

[55] 至本條所定停止請求權，究竟將其請求內容由於提起本案訴訟而實現，還是依民事訴訟法所定申請假處分命令加以實現，可由權利人（請求人）斟酌決定。本條之停止請求權乃對權利侵害最有效之救濟手段，而排除或預防權利侵害，往往需要緊急措施，如提本案訴訟，等到確定判決，極費時日，故在提起本案訴訟前，先申請假處分，來實現其內容，似屬通常之作法。第 1 項侵害停止預防請求權不過單純侵害之停止或預防之抽象請求，要實行請求內容，不容諱言，難期實施，要與第 2 項規定之具體措置請求一併請求，才更有效果（參照加戶守行著，《著作權法逐條講義》（改訂新版），頁 549）。

[56] 中川、阿部，前揭書，頁 307。

又他人所有之物，因租賃或借貸或寄託或信託而交付侵權人，被侵權人用於從事侵害專利權之行為時，該物因上開條文並未明文排除，形式上似可請求銷毀，但如侵害物因買賣或出租已由侵害人交付於第三人時，此時如仍請求收回廢棄，雖可減少損害之發生，但似難認為合理。

侵害品如已交經銷商時，可以有行銷仿冒品之虞為理由，對該經銷商依第 1 項規定提出預防之請求，同時可請求銷毀該違法仿冒品，此時該違法仿冒品對該經銷商言，雖非侵害專利權之物品，但可認為是一種預防侵害之必要措置，而可請求銷毀有侵害專利權之虞之物品。又仿冒品如已交付他人之手，請求收回銷毀之請求，似難認為合理之請求，但在銷毀請求之後，或預想銷毀請求，侵害人將該物品假裝讓與知情之第三人時，似可對侵害人請求收回該物，加以銷毀。

又該條所謂其他必要之處置，乃為侵害之停止或預防所必要之處置之謂。大致可分為下列三種模式：

第一，請求侵害人提供擔保，例如對於連續擅自使用仿冒品之人，除禁止以後擅自使用外，可命其提供一定金額，作為擔保不使用之擔保金，如日後有侵害行為，則將其擔保金充當損害賠償金之類。

第二，禁止使用有供侵害之用之危險之機械器具，惟抽象的禁止使用之請求，似無實質意義，而應對此種機械器具黏上法院查封之封條。

第三，請求交付仿冒品，亦為一種措置，惟嚴格而論，能否稱為侵害停止與預防之必要措置，不無疑義。因不請求銷毀，而請求交付侵害品，可窺知權利人有將此等侵害品作為商品加以販賣之意，故有人以為此時以選擇作為損害賠償擔保而聲請假扣押較為正辦[58]。

法院在作成裁判前，須參酌侵害之態樣、程度、嚴重性、請求處置之目的、方式、內容與程度，甚至與第三人利益間之比例原則等各種情勢，以符合前述協定第 46 條之規定[59]。

---

[57] 加戶守行，前揭書，頁 551。

[58] 加戶守行，前揭書，頁 552。

[59] 參照 86 年行政院對專利法第 88 條修正之立法說明。

但須注意，專利權人與專屬授權人雖可為銷毀請求，但不可請求交付上開之物品或原料或器具，以代替銷毀等請求[60]。

第六目　管制有侵害專利權之虞之物進口

民國103年1月22日專利法修正，為強化對專利權之保護，對有侵害專利權之虞之物，增訂邊境（即進口）管制措施（第97條之1至97條之4)。茲將其規定重點析述如下：

一、立法之先例

立法院修法說明謂增修係配合商標法新近之邊境管制措施規定（第72條至第74條、第76條及第78條，惟商標法管制範圍涵蓋輸入及輸出物品，比專利法限於進口範圍更廣)。其實早在民國93年著作權法第90條之1早有類似輸入或輸出查扣規定。現專利法配合專利權包含進口權之規定（第58條第2項：「物之發明之實施，指製造……或為上述目的而進口該物之行為」）與著作權法、商標法採同一步調。

二、申請海關先予查扣

㈠書面釋明申請查扣

專利權人有正當理由懷疑有侵害其專利權之物進口，為防止發生損害，得申請海關先予查扣該侵權物。前此海關於邊境執行專利權保護措施，限於接獲法院假處分裁定及專利權人提供涉案貨物具體資料或進、出口報單號碼後，始配合辦理暫停相關貨物之進出口。現依修正條文，專利權人對於侵害其專利權之貨物，除可向司法機關申請裁定，再由海關配合辦理外，亦可依據新法及專利法授權訂定之子法，直接向海關申請行政查扣。此項申請須以書面為之，惟須釋明侵害之事實及提供擔保。

[60] 同[56]，本書以為如雙方和解，則非不可為此要求。

㈡海關查扣應即通知雙方當事人

海關如認符合規定而實施查扣時，負有書面通知雙方當事人之義務，即除通知申請人外，亦應通知被查扣人，俾被查扣人得及時提出答辯或反擔保。

㈢申請人應提供保證金或擔保，被查扣人亦得提供反擔保請求廢止查扣

上開專利權人申請海關查扣標的物，僅係單方認為有侵害其專利權之虞，並未經過法院判決確定，海關如僅憑權利人單方提供之書面資料，即查扣進口人之通關貨物，易造成貿易及通關障礙。且此查扣，著重專利權人行使侵害防止請求權之急迫性，並未對其實體關係作判斷，因此應由申請人（即專利權人）提供具體資訊及相當擔保（相當於海關核估該進口物完稅價格之保證金或相當之擔保），擔保被查扣人因查扣或提供反擔保所受之損害，以免造成進口人無端之損失。

又查扣物是否為侵害物，尚不得而知，故參酌民事訴訟法第527條許債務人提供反擔保後撤銷假扣押之規定及同法第536條規定有特別情形，亦得許債務人供擔保後撤銷假處分之精神，規定被查扣人亦得提供反擔保，請求海關廢止查扣，並依有關進口貨物通關規定辦理。惟因被查扣人敗訴時，專利權人得請求賠償之數額，依本法第97條之規定，超過查扣貨物價值甚多，若被查扣人未提供相當之擔保，隨即放行，日後求償將因被查扣人脫產或逃匿而無結果，故明定反擔保保證金為二倍，作為被查扣人敗訴時之擔保，以兼顧申請人與被查扣人雙方權益之平衡。

㈣海關同意檢視查扣物

海關在不損及查扣物機密資料保護之情形下，得依申請人或被查扣人之申請，同意其檢視查扣物，以利申請人與被查扣人雙方瞭解查扣物之狀況，俾便瞭解該查扣物是否侵權，據以決定是否主張權利或擴大主張或棄權或和解。

㈤廢止查扣之事由

1. 申請人於海關通知受理查扣之翌日起十二日內[61]，或海關基於需要

再延長十二日內，未就查扣物為侵害物提起訴訟，並通知海關者，可認為申請人有放棄訴究之意思，為早日確定權利義務關係，海關應廢止查扣。

2. 申請人就查扣物為侵害物所提訴訟，經法院裁判駁回確定者。

3. 查扣物經法院確定判決，不屬侵害專利權之物者。

此時申請人應賠償被查扣人因查扣或提供反擔保（保證金）所受之損害。即除被查扣人因查扣所受之損害外，亦應賠償被查扣人因提供保證金所受之損害（參酌民事訴訟法第 531 條第 1 項）。

4. 申請人申請廢止查扣者。

申請人申請查扣後，如申請廢止查扣，自無續行查扣之必要（第 4 款）。

5. 被查扣人提供反擔保者。

查扣因前四種事由廢止者，申請人應負擔查扣物之貨櫃延滯費、倉租、裝卸費等有關費用（專 §97–2IV）。查扣物經法院確定判決侵害專利權者，被查扣人應負擔查扣物之貨櫃延滯費、倉租、裝卸費等有關費用（專 §97–1IV）。

㈥質　權

申請人就被查扣人提供之保證金及被查扣人就申請人提供之保證金，與質權人有同一之權利（專 §97–3II，此乃參考民事訴訟法第 103 條第 1 項規定意旨）。目的在使各方就此保證金債權取得權利質權，以保護其利益，不因其未佔有質物而異其效力，此項質權係基於法律之規定而發生，故為法定質權，得排斥他債權人而優先受償。在供擔保之原因消滅前，他債權人不得以之為強制執行，如執行法院對之實施強制執行，該質權人得依強制執行法第 15 條規定，提起第三人異議之訴[62]。

㈦優先受償權

貨櫃延滯費、倉租、裝卸費等有關費用，屬於實施查扣及維護查扣物所支出之必要費用，為法定主張權利程序應支出之有益費用，故定為優先

---

[61] 參照商標法第 73 條第 1 項第 1 款及著作權法第 90 條之 1 第 7 項第 2 款之規定修正，以期立法體例一致。

[62] 吳明軒著，《民事訴訟法》（上冊），頁 325。

於申請人或被查扣人之損害受償（專 §97–3II 後段）。

㈧返還保證金⓺

1. 應返還申請人保證金之情形：

有下列情形之一者，海關應依申請人之申請，返還其提供之保證金：

⑴申請人取得勝訴之確定判決，或與被查扣人達成和解，已無繼續提供保證金之必要者。

⑵因廢止查扣，致被查扣人受有損害後，或被查扣人取得勝訴之確定判決後，申請人證明已定二十日以上之期間，催告被查扣人行使權利而未行使者：此時被查扣人既逾期不行使權利，是甘願捨棄擔保物上之質權，故應撤回擔保，返還申請人所提供之保證金。

⑶被查扣人同意返還者。

2. 應返還被查扣人保證金之情形：

基於衡平之理由，有下列情形之一者，海關應依被查扣人之申請，返還其所提供之保證金：

⑴因廢止查扣，或被查扣人與申請人達成和解，已無繼續提供保證金之必要者。

⑵申請人取得勝訴之確定判決後，被查扣人證明已定二十日以上之期間，催告申請人行使權利而未行使者：此時可推知申請人已有捨棄擔保物之意思。

⑶申請人同意返還者（專 §97–3）。

㈨授權命令：

申請查扣、廢止查扣、檢視查扣物、保證金或擔保之繳納、提供、返還之程式、應備文件及其他應遵行事項之具體實施內容，授權由主管機關會同財政部定之（專 §97–4）。

經濟部已會同財政部訂定「海關查扣侵害專利權物實施辦法」共十二條，自民國 103 年 3 月 24 日施行。

---

63 新專第 97 條之 3 乃參考民事訴訟法第 104 條之意旨而設。

第七目　保全處分

在民國92年專利法全面除罪化後，專利權人對侵害人只能訴諸民事訴訟，於是今後保全處分之重要性更加突顯。按保全處分可分為金錢債權等請求，為保全對動產或不動產之強制執行所為之假扣押（民訴§522）與假處分兩種。假處分又分為對系爭物之假處分（民訴§532）與定暫時狀態之假處分（民訴§538）兩種。所謂定暫時狀態之假處分，乃對爭執之法律關係，有定暫時狀態之必要者。其中系爭物之假處分與其他一般爭議無異，在此不擬贅述。以下僅就定暫時狀態之假處分與假扣押加以敘述。

一、假處分

如上所述，專利權受侵害時，專利權人雖有請求排除侵害與防止之請求權，但專利權人在訴訟外，實施此項實體法上之權利，侵害人可能相應不理，沒有效果，而須提起正式訴訟。但專利權人因時間急迫，提起訴訟前，往往即有保全之必要，無法靜候訴訟程序終結，此時即不能不訴諸民事訴訟法上之另一種保全程序，即所謂假處分。易言之，對專利權侵害之救濟，雖於本案訴訟為之，但若待其確定，權利人之損害不斷擴大，即使取得勝訴判決，亦有名無實，無法彌補。為使權利之救濟發生實效計，對現在之危險，須斷然加以防止，而假處分乃專利權人常可利用之有效方法，使侵害人暫時停止各種侵害行為，以免俟提起訴訟，得到勝訴判決，曠日持久，侵害人早已在市場上大肆銷售仿冒品，專利權人束手無策，受到不能彌補或不能回復之損害。

在專利訟爭之假處分，主要以禁止製造販賣之型態表現[64]。被保全之

---

[64] 按專利權人申請假處分之可能內容包括下列各種：

1. 相對人不得製造、販賣、陳列、進口型號為××××之××產品。
2. 相對人不得以自己或他人名義，使用第××號專利權申請專利範圍第××項之方法製造物品或販賣、使用或進口依該方法所製成之物品。
3. 相對人不得在其製造之××產品，使用或包含第××號專利權之申請專利範圍第×

權利除專利權、專用實施權外，由於公告所生之所謂假保護之權利亦同。定暫時狀態之假處分之要件須：(1)就金錢請求以外之法律關係（學者及判例61臺抗506號判例）；(2)須有爭執之法律關係；(3)須有定暫時狀態之必要者，得準用假處分之規定。從而債務人之行為雖顯然侵害債權人之權利，但如非可認為有上開必要性時，則不能准許。例如物之專利發明，由於債務人開始製造販賣專利品，打破債權人之獨占體制，致銷售額減少之情形，可認為有必要性。又因侵害品之出現，專利權人之信用被毀損之情形亦同。但如債務人未製造專利品，只買受使用侵害品一臺時，如無其他特殊事由，可謂欠缺此必要性。因由此行為所受損害之救濟，在日後本案訴訟，可達其目的之故。又申請案被駁回之命運已經明顯；或發生之專利權，因無效事由已臻明顯，被撤銷對任何人皆認為確實時，基於此種權利之假處分申請，在必要性之點，似不應准許[65]。

民國92年修正之民事訴訟法，將其第538條定暫時狀態之假處分規定修正為：「於爭執之法律關係，為防止發生重大之損害或避免急迫之危險或有其他相類之情形而有必要時，得聲請為定暫時狀態之處分。前項裁定，以其本案訴訟能確定該爭執之法律關係者為限。第一項處分，得命先為一定之給付。法院為第一項及前項裁定前，應使兩造當事人有陳述之機會。但法院認為不適當者，不在此限。」並於第538條之1新增緊急處置制度及其處理程序。規定法院於下定暫時狀態假處分之裁定前，於認有必要時，得依聲請以裁定先為一定之緊急處置，期間不得逾七日，延長不得逾三日。且此裁定不得聲明不服。假處分之規定原則於定暫時狀態之處分準用之(民訴§538之4)。上開修正固然提供了相對人陳述意見之程序保障，但實務上對於如何判定「重大損害」、「急迫危險」或「必要性」之標準不一，尤其定暫時狀態處分，聲請人可否以提供擔保代替釋明，在實務上一向為爭議問題，最高法院88年度臺抗字第182號裁定採否定見解[66]，智慧財產案件

×項所述之裝置，或製造、販賣、使用或進口含有該裝置之物品。

[65] 中川善之助、豐崎光衛著，《特許》，頁166、167。

[66] 范曉玲，〈專利權人權利行使與公平競爭之平衡〉，《月旦法學》139期(2006年12月)，

審理法亦同，詳如後述。亦有人認為過去假處分之聲請與保全強制執行為目的之假處分有異，只要債權人主張並釋明有定暫時狀態之利益，即得為此假處分，債權人亦得提供擔保以代替釋明（最高法院 86 臺抗 52 號判決）[67]。

論者以為民事訴訟法暫時性保護制度對於相對人權益影響重大，未必適用於專利侵權案件，且我國法院實務作法往往偏於保護專利權人，而未考慮相對人之合理利益。反觀美國於聯邦巡迴上訴法院 (CAFC) 成立後，對核發暫時性禁制令發展出一套制度，即：原告須對其勝訴可能提出明確證明，且須提出證據使法院相信若不核發此種禁制令，會對其造成無法彌補之損害，此外法院衡量雙方不利益後，尚須審視有無特別不利公共利益之因素後才作頒發與否之決定。為平衡權利人與第三人之間權益衝突，避免造成權利濫用，致妨礙產業公平競爭起見，建議在專利侵權案件宜：1. 嚴格遵守釋明之要求，不許以供擔保代替釋明。2. 將上述美國法院所發展之四項要素列入專利侵權案件中假處分之核發要件[68]。結果此種意見已被司法院於「智慧財產案件審理細則」採納，致今後專利侵權案件，原告聲請假處分門檻與難度提高，核准不易。是否妥適，值得研酌，詳見本書本章下述智慧財產案件審理法部分說明。

二、假扣押

92 年專利法規定：「用作侵害他人發明專利權行為之物，或由其行為所生之物，得以被侵害人之請求施行假扣押，於判決賠償後，作為賠償金之全部或一部」(92 年專 §86)。所謂假扣押乃民事訴訟所規定之保全程序之一種，即債權人就金錢請求或得易為金錢之請求，欲保全將來之強制執行，可申請法院以裁定扣押（查封）債務人之財產而禁止其處分（民訴 §522)。

頁 220 以下。

[67] 參照馮浩庭，〈從美國暫時性禁制令看我國定暫時狀態之假處分──以專利侵權爭議為例〉，《政大智慧財產評論》2 卷 1 期（2004 年 4 月），頁 117 以下。

[68] 同上註。

該條所謂扣押「用作侵害他人發明專利權行為之物」，係指從事仿冒之物，例如製造仿冒品之機器或設備。至扣押「由其行為所生之物」，係指扣押仿冒品。實施假扣押，不但可凍結侵害人之財產，於日後訴訟程序終結，取得賠償之確定勝訴判決之後，可作為賠償金之全部或一部，使專利權人之賠償不致落空，且有助於防止侵害或仿冒行為之繼續。

該項立法意旨似有保全損害賠償之金錢債權之請求，但何謂作為賠償金之全部或一部，法文語意有欠明瞭，似係指以扣押物抵充賠償金，以利權利人之取償，並期手續之便捷而言。但如所扣押之物品質粗劣，對權利人本身無甚價值時，是否亦應強制抵充賠償金，不無疑義。余以為此際似應許權利人另行依強制執行程序，將其他財產申請扣押拍賣，自其賣得價金取償。又該條又規定「當事人起訴請求損害賠償及聲請假扣押時，法院應依民事訴訟法之規定，准予訴訟救助」(92 年專 §86II)，但何以未言及行使侵害排除請求權及防止侵害請求權利，申請假處分時，亦應准予訴訟救助，令人費解。又條文雖云應……准予訴訟救助，但仍應依民事訴訟法之規定，而民事訴訟法所定訴訟救助之要件為：當事人須無資力支出訴訟費用及非顯無勝訴之望(民訴 §107)，且准予訴訟救助之效力係暫免裁判費用及其他訴訟費用及免供訴訟費用之擔保(民訴 §110)，實際上實益不大[69]，致一般申請案件極少，獲准者更少。

100 年專利法修正，將上開第 86 條刪除。其理由為：「假扣押之目的係為確保債權人之金錢債權獲清償，使債權人在民事訴訟未起訴前或起訴後判決確定前，可就債務人之財產，向法院聲請假扣押裁定，進而聲請強制執行程序。假扣押之標的不限於『用作侵害他人發明專利權行為之物，或由其行為所生之物』，相關要件於民事訴訟法中已有明確規定。當事人對於侵害人以訴訟主張權利或請求施行假扣押，原可依民事訴訟法主張訴訟救

[69] 債權人聲請假扣押應供之擔保，法院實務上向來認為係就債務人因假扣押所應受之損害所提供之擔保，而非訴訟費用之擔保，不在免供之列。故被害人依本條規定只能暫免假扣押之聲請費，因為數有限，故實益不大，如能暫免供擔保，較具實質助益。(參考李旦文，《智慧財產權季刊》10 期)

助。為免重複規定造成法律適用上之疑義，本條爰予刪除，回歸民事訴訟法相關規定。」

三、證據保全手續

對於專利侵害之救濟處置，如不以迅速手段進行，難於阻止侵害之擴大，而為完全之回復，故除假處分、假扣押外，必要時尚可利用證據保全手續（民訴 §368～376），保全有利之證據。所謂證據保全手續，乃對於如等待日後本案訴訟，再為證據之調查，則其調查將發生困難（例如證人患病或出遊外國之類）或變成不可能（例如湮滅證據）之證據方法，在訴訟提起前或提起後，未達證據調查程度以前，聲請法院先為證據之調查，而保全其結果之手續，通常多在假處分之前行之。又附帶一提，證據常僅存於當事人一方，且在其嚴密管理下，他造不可能獲得。民事訴訟法已修改證據調查之規定，即法院為發現真實，得命他造提出此種證據。在專利侵權訴訟中至為關鍵之書證例如商業帳簿（據以計算損害賠償數額）等，當事人可聲請法院命對造提出，惟如原告不知被告有何資料時，則其效益便成疑問。因「舉證之所在、敗訴之所在」，在專利訴訟專利權人更常面臨如何發現與取得侵權行為人之資訊之難題，在美國提起侵權訴訟，因有證據開示 (Discovery) 程序[70]，可透過有效的證據蒐集，發現系爭侵權商品之資料，而大大減輕專利權人之舉證責任。然屬於大陸法系之我國並無 Discovery 制度，因此如何發現與取得系爭侵權商品之資訊，至關重要，否則專利權之保護云云，便徒託空言。

按中國大陸專利法修法草案第 4 版第 68 條第 3 項規定，在認定侵犯專利權行為成立後，如權利人已經盡力舉證，而與侵權行為相關的帳簿、資料在侵權人一方者，法院可責令侵權人提供與侵權行為相關的帳簿、資料；侵權人不提供或提供虛假帳簿、資料時，法院可參考權利人的主張和提供的證據判定賠償數額，此種安排似向前邁進了一步。而日本 2020 年特許法

[70] 關於 Discovery 制度之詳情，參照楊崇森著，《遨遊美國法》第三冊（華藝出版社，2015），頁 71 以下。

修法更進一步導入專家查證制度，對於涉及侵害方法專利、或難以確認侵權情事等侵權訴訟案件，可申請法院命中立的技術專家到被控侵權行為人之侵權現場（例如工廠等場所），協助被害人調查相關證據，包括對被告進行詢問、要求提出資料、裝置的確認、作動、計測或實驗……等。查證完成後，製作報告書提交法院。被告若無正當理由拒絕配合查證，法院得審酌情形認為原告的主張（侵權行為）為真實。但設有嚴格條件，包括：需要查證的侵權行為、侵權概率、沒有其他適合的證據收集方式、避免被控侵權人的負擔過重等，如違反保密義務，須負刑事責任[71]。上述二種立法都值得我國引進。

第八目　業務上信用之填補

92 年專利法第 85 條第 2 項規定：「……發明專利權人之業務上信譽，因侵害而致減損時，得另請求賠償相當金額。」類似規定亦可於修正前商標法見到，即：「商標權人之業務上信譽，因侵害而致減損時，並得另請求賠償相當之金額」（舊商標 §63III）。所謂「減損業務上信譽」，須有具體情形，因專利權之侵害與商標權等標章之侵害不同，業務上之信譽立即受到減損之情形，實際上似不多見，似只限於因侵害所製造販賣之商品品質粗劣，且使消費者以為與該專利權有關連之特殊情形[72]。

條文雖未提是否以侵害人之故意過失為要件，但解釋上似應作肯定解釋。因侵害行為如出於善意無過失，似無另行請求賠償之理。專利法上上開賠償，於侵害人有故意時，亦可請求該條第 3 項所定懲罰性之損害賠償。至被害人可否請求非財產上之損害賠償，則有問題。因民法第 195 條第 1 項：「不法侵害他人之身體、健康、名譽、自由……者，被害人雖非財產上之損害，亦得請求賠償相當之金額。其名譽被侵害者，並得請求回復名譽之適當處分。」但能否適用於商譽，尤其公司之商譽，則頗有問題。況專

[71] 林家珍，〈日本新特許法引入查證制度及改變損害賠償計算方式〉，《北美智權報》，https://udn.com/news/story/6871/4412276

[72] 中山信弘，前揭書，頁 332。

利法不似著作權法對於著作人格權之侵害，有被害人可請求非財產上損害之明文（92年著§85I），故應採否定說。

100年專利法修正，將92年專利法第2項刪除。其理由為：「發明專利權人之業務上信譽受損時，依據民法第一百九十五條第一項規定，得請求賠償相當之金額或其他回復名譽之適當處分。由於法人無精神上痛苦可言，司法實務上均認其名譽遭受損害時，登報道歉已足回復其名譽，不得請求慰撫金。因此，對於發明專利權人之業務上信譽因侵害而致減損時，再於專利法中明定得另請求賠償相當金額，於專利權人為法人時，恐有異於我國民法損害賠償體制。爰將本項刪除，回歸民法侵權行為體系規定適用。」

惟此際被害人是否可請求回復信用之適當措置，則因條文規定之文義，限定於「賠償相當金額」，致不無疑義。按在著作權之侵害，我著作權法規定被害人得請求由侵害人負擔費用，將判決書內容全部或一部登載新聞紙、雜誌（92年著§89），在著作人格權之侵害之情形，被害人並得請求為種種回復名譽之適當處分（92年著§85II），商標專用權之侵害在商標法亦規定，被害人得請求由侵害人負擔費用，將判決登載新聞紙（91年商標§68）。92年專利法雖亦有「被侵害人得於勝訴判決確定後，聲請法院裁定將判決書全部或一部登報，其費用由敗訴人負擔」之規定（92年專§89），但對其他回復信用之適當處分，欠缺明文規定，不能不謂為立法上之疏漏。

又按日本特許法明定：「法院因專利權人或專用實施權人之請求，對因故意過失之侵害人，可命業務上信用毀損之回復措施。」（日特§106）例如侵害專利權所製造之物品（仿冒品）非常粗製濫造，致在市場上，消費者以為該專利發明品皆係如此粗劣時，法院可因權利人之請求，代替損害賠償，或與損害賠償同時，命回復專利權人或專屬實施權人業務上信用之必要措置。其回復信用之方法，包括刊登謝罪廣告等[73]。在日本不僅謝罪廣告之文章、內容；即揭載之新聞名稱、揭載之場所（例如下段廣告欄）、活字大小，及其他體裁等，亦應預先指定[74]。

[73] 吉藤幸朔，前揭書，13版，頁477。

[74] 東京地判昭和37年7月25日，昭和36年（ワ）8815號、134號，頁82，又參照

100年新法將原第89條：「被侵害人得於勝訴判決確定後，聲請法院裁定將判決書全部或一部登報，其費用由敗訴人負擔。」之規定刪除。理由為：「被侵害人聲請將判決書全部或一部登報一事，訴訟實務上，原告於起訴時，即得依民法第一百九十五條第一項後段『其名譽被侵害者，並得請求回復名譽之適當處分』之規定，在訴之聲明中一併請求法院判決命行為人登報以填補損害，本條無重複規定之必要，爰予刪除，回歸民法相關規定。」

按其他侵害智慧財產權案件，法律亦有規定被害人得將判決登報，例如著作權法第89條規定被害人得請求由侵害人負擔費用，將判決書內容全部或一部登載新聞紙、雜誌；舊商標法第64條規定，商標權人得請求由侵害商標權者負擔費用，將依本條認定侵害商標專用權情事之判決書內容全部或一部登載新聞紙是。在實務上，商標法與著作權法之被害人於民事請求損害賠償訴訟程序中，一併提出請求登載新聞紙之訴求，由法院於該訴訟判決中一併裁判。

如專利權人在民事損害賠償訴訟，於訴之聲明中一併提出登報要求，可收手續簡便之效。登報之種類及天數，似由被害人自行主張，由法院判斷適當與否。又鑒於今日電子媒體發達，故即使申請登載電子媒體，亦應認為屬於合理之請求。總之，由法院斟酌是否為回復被害人信譽適當之方法，加以裁判。

又新法亦循往例，規定發明專利訴訟案件，法院應以判決書正本一份送專利機關（專§100）。

第九目　文書之提出命令

在專利侵害訴訟，被害人損害究竟數額多寡，因資料多在侵害人手中，被害人極難證明，為了便於計算侵害專利權行為所生之損害計，日本特許法設有一套提出文書命令之制度，為我國專利法所無，值得參考，爰特予以介紹。即該法規定：「法院在有關專利權或專用實施權之侵害訴訟，得依

光石士郎，前揭書，頁324。

當事人之申請，命當事人提出為計算因該侵害行為之損害所必要之文件。但該文件之所有人拒絕提出有正當理由時，不在此限」（日特 §105）。此規定乃對日本民事訴訟法關於文書提出命令之第 311 條以下規定之特別規定，在不滿足日民訴第 312 條要件時，亦可適用文書提出命令。又不但專利權人或專用實施權人，即侵害人亦可申請。當事人「不從文書提出之命」（日民訴 §316）或「以妨害對方使用之目的，毀滅有提出義務之文書或其他致不能使用時」（日民訴 §317），法院可認對方有關文書之主張為真實[75]。其實訴訟時不僅計算損害文書，各種相關證據常僅存於當事人一方，且在其嚴密管理下，他造不可能獲得。我民事訴訟法已修改擴充調查證據之規定，可聲請法院為發現真實，命他造提出此種證據（§342 以下）。在專利侵權訴訟中至為關鍵之書證例如商業帳簿（據以計算損害賠償數額）等，當事人可據以聲請法院命對造提出。又雖被命提出文書，但有正當理由時，可予拒絕。是否「正當理由」，應具體判斷。例如記載營業秘密時，固與此「正當理由」相當，但銷售帳簿之類，對算定損害直接必要之文件，原則上不能認為屬於營業上秘密[76]。

第四節　專利侵害救濟之其他問題

第一目　專利爭議與 ADR

一、仲　裁

解決專利爭議之方法，除訴訟外，尚有仲裁等代替性解決爭議途徑（Alternative Dispute Resolution，簡稱 ADR）。所謂仲裁乃基於爭議雙方當事人之合意，將爭議交由非國家司法機關之仲裁人處理，由仲裁人以仲裁判斷解決爭議，當事人須受其拘束之制度[77]。例如富士通與 IBM 間電腦軟

[75] 光石士郎，前揭書，頁 318。

[76] 同[75]。

體之爭議，由美國仲裁協會仲裁（1988 年最終判斷）。1994 年 10 月世界智能財產組織 (WIPO)，自國際中立機關立場，設立 WIPO 仲裁中心，作為解決多國間智慧財產爭議之機關，爭議處理手續分為(1)仲裁，(2)調停，(3)簡易仲裁（即決仲裁），(4)仲裁前置型仲裁等四種[78]。

仲裁比起訴訟具有經濟、迅速、保密、專業、信賴、彈性及和諧等優點。雇用人與受雇人間就有關非職務發明專利權之歸屬爭議，我國專利法第 10 條規定可由仲裁解決，又專利授權人與被授權人間就授權之爭議，專利權之要件包括新穎性、產業上可利用性、進步性，移轉、撤銷、無效及侵害等問題是否可以仲裁方式解決，法雖無明文，但自法律鼓勵當事人自主解決訟爭與疏減訟源觀點，似應鼓勵以仲裁解決爭議。惟有關專利權之效力（無效及撤銷）及其範圍之爭議，可否以仲裁解決？按專利權之效力在現行法下，係以舉發之方式處理，又專利權之範圍亦事關公益，非私人所得任意處分，如由當事人用仲裁解決似不適當。

美國專利法 (35 u.s.c.) 過去可仲裁涉及侵害與授權契約問題，不可仲裁涉及專利效力問題之專利爭議，但在 1982 年增訂第 294 條，規定凡涉及專利或專利下任何權利的契約，得包含要求以仲裁解決契約所產生有關專利有效性或侵害之爭議之條款。如未訂有該種條款時，涉及現存專利有效性或侵害爭議之當事人，亦可以書面協議以仲裁解決其爭議。除在法律上或衡平法上有撤銷契約之理由外，任何此種條款或契約均屬有效、不可撤回及可執行。此種擴大仲裁範圍之立法趨勢，值得吾人注意。

二、迷你審判 (mini-trial)

所謂迷你審判，乃晚近美國新興的一種解決爭議的制度，與仲裁近似，可由爭議之雙方當事人透過律師與專家，在較短時間，將案件交由公正中立之顧問 (advisor) 處理。其與仲裁之重要差異為：顧問所作任何決定，對

---

[77] 關於仲裁之利弊及詳細運作情形，可參照楊崇森著，《商務仲裁之理論與實務》（中央文物出版社），又可參考楊崇森等著，《仲裁法新論》一書（中華民國仲裁協會出版）。

[78] 青山紘一著，《特許法》（改訂版），頁 61、62。

當事人並無拘束力。但因當事人按其決定從事討論之結果，該程序即使不達成和解，至少亦可提供該案如何能走向審判之資訊，使審理之爭端範圍(triable issue)為之縮小，因此常有助於達成和解。通常當事人以書面協議程序如何進行，這也有助於達成和解。其程序私下進行，不留紀錄，但可包括使用圖表及物證。其優點與仲裁相似，能提供快速、節省之解決爭端之方法。當事人挑選顧問，通常係借重其在該領域之專業知識，他需要準備之技術上爭點比法官為少。在一方當事人要找許多鑑定人時，此制度特別有用。也許最重要者厥為有助於當事人維持和諧關係，因可減少雙方之間通常因漫長訴訟所導致之敵意。

專家以為：單純法律問題之爭議，涉及事實與法律之混合問題，比起單純法律問題之爭議，更適於以迷你審判方式解決，但於證人之可信度(credibility)對案件關係重大時，就不太適合用迷你審判[79]。

總之，仲裁調解與迷你審判可能最適合不涉及非常複雜爭點的爭議。與訴訟比較，除了節省費用與時間外，這些程序似可避免訴訟常引起的當事人間之敵對的升高。

第二目　發警告函

又關於專利權人發警告函一點亦須謹慎從事，以免徒增發生違反公平交易法之困擾，按公平交易法第45條規定：「依照……或專利法行使權利之正當行為，不適用本法之規定」。專利權人，在其專利權受侵害時，發函警告可能侵害專利權之人當屬正當之侵害排除或預防方式，尤其如陳明其專利內容範圍與專利遭受侵害之事實，提供收信人充分訊息，以判斷是否確有專利權侵害之情事時，可視為依專利法所為排除侵害之行為，但如專利權人係為競爭之目的，任意利用發侵害專利權人之警告函方式，發給侵害人之交易相對人或公眾，使交易相對人心生疑懼，致拒絕與對方交易，

[79] Lupo & Tanguay, *What Coporate & General Practioners Should Know about Intellectual Property Litigation* (1991), pp. 163, 164. 又關於迷你審判，可參照楊崇森等著，《仲裁法新論》（中華民國仲裁協會修訂再版），頁4以下。

造成不公平競爭時，可能構成違反公平交易法之顯失公平行為，而非專利權之正當行使行為。若由律師對當事人委稱之事實未探究實情，貿然擬具對外發送警告函時，應受職業倫理規範之非難，公平交易委員會可能將個案送律師公會討論是否交付懲戒。該會甚至訂定通過「行政院公平交易委員會審理事業發侵害著作權 、 商標權或專利權警告函案件處理原則」（86.5.7. 第 288 次會議通過，後歷經修正，最新版本為 104.12.24. 公法字第 1041561063 號令發布），其內容規定甚詳，以下扼要加以介紹。

一、本處理原則所稱事業發警告函行為，係指事業以警告函、敬告函、律師函、公開信、廣告啟事及其他書面對其自身或其他特定事業之交易相對人或潛在交易相對人，散布他事業侵害其所有專利權之行為。

二、事業踐行下列確認權利受侵害程序之一，始發警告函者，為依照專利法行使權利之正當行為：

㈠經法院一審判決確屬著作權、商標權或專利權受侵害者。

㈡將可能侵害專利權之標的物送請專業機構鑑定，取得鑑定報告，且發函前事先或同時通知可能侵害之製造商、進口商或代理商，請求排除侵害者。

事業未踐行排除侵害通知，但已事先採取權利救濟程序，或已盡合理可能之注意義務，或通知已屬客觀不能，或有具體事證足認應受通知人已知悉侵權爭議之情形，視為已踐行排除侵害通知之程序。

三、事業踐行下列確認權利受侵害程序，始發警告函者，為依照專利法行使權利之正當行為：

㈠發函前已事先或同時通知可能侵害之製造商、進口商或代理商請求排除侵害。

㈡於警告函內敘明專利權明確內容、範圍，及受侵害之具體事實（例如系爭權利於何時、何地、如何製造、使用、販賣或進口等），使受信者足以知悉系爭權利可能受有侵害之事實。

事業未踐行上開排除侵害通知，但已事先採取權利救濟程序，或已盡合理可能之注意義務，或此通知已屬客觀不能，或有具體事證足認應受通

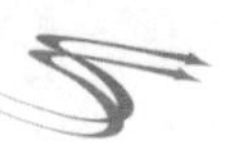

知人已知悉侵權爭議之情形，視為已踐行排除侵害通知之程序。

四、事業未踐行第二點或第三點規定之先行程序，逕發警告函者，且為足以影響交易秩序之欺罔或顯失公平行為者，構成公平交易法第 25 條之違反。

事業雖踐行第三點規定之先行程序，而發警告函，但內容涉有限制競爭或不公平競爭情事者，本會將視具體個案，檢視有無違反公平交易法之規定。

五、事業不當對外發布與其非屬同一產銷階段競爭關係事業侵害其專利權之警告函而造成限制競爭或不公平競爭情事者，亦有該處理原則之適用。

對於公平會之處理原則，司法院釋字 548 號解釋稱：「……主管機關基於職權因執行特定法律之規定，得為必要之釋示，以供本機關或下級機關所屬公務員行使職權時之依據，……行政院公平交易委員會……函發布之『審理事業發侵害著作權、商標權或專利權警告函案件處理原則』，係該會本於公平交易法第四十五條規定所為之解釋性行政規則，……前揭處理原則第三點、第四點規定，事業對他人散發侵害各類智慧財產權警告函時，倘已取得法院一審判決或公正客觀鑑定機構鑑定報告，並事先通知可能侵害該事業權利之製造商等人，請求其排除侵害，形式上即視為權利之正當行使，認定其不違公平交易法之規定；其未附法院判決或前開侵害鑑定報告之警告函者，若已據實敘明各類智慧財產權明確內容、範圍及受侵害之具體事實，且無公平交易法各項禁止規定之違反情事，亦屬權利之正當行使。事業對他人散發侵害專利權警告函之行為，雖係行使專利法第八十八條所賦予之侵害排除與防止請求權，惟權利不得濫用，乃法律之基本原則，權利人應遵守之此項義務，並非前揭處理原則所增。該處理原則第三點、第四點係為審理事業對他人散發……警告函案件，是否符合公平交易法第四十五條行使權利之正當行為所為之例示性函釋，未對人民權利之行使增加法律所無之限制，於法律保留原則無違，亦不生授權是否明確問題，與憲法尚無牴觸。」云云，將上開「審理事業發侵害著作權、商標權或專利權警告函案件處理原則」合憲化，認為提出法院判決或鑑定報告為合法寄發警告信之必要前提[80]。

惟在學理上是否均屬妥適有據，實務上有無窒礙難行，仍不無疑義，但實務上值得有關人員注意，則無疑義。

第三目　鑑定問題

一、侵害鑑定報告

鑑定乃專利權有無侵害之民事訴訟及舉發之行政爭訟中最為關鍵之一環，由於法官或訴願委員會委員欠缺科技背景，故在受理有關民事訴訟及舉發案件時，對於發明是否有專利性或專利範圍與他人有無雷同，為尊重專業知識，例皆委諸專家鑑定。由於鑑定之意見，事實上幾乎皆成為裁判或決定之唯一根據，事後甚難加以挑戰。不似美國可由原被兩造各提鑑定人，出庭接受雙方當事人交互詰問，如雙方對鑑定意見仍有意見，尚可申請法院指定第三鑑定人，故鑑定人之公信力與權威，亟待建立。

在民國 83 年專利法修正前，法院似皆委請中標局鑑定，但能否保持中立公正立場，不能無疑。何況又係以機關名義出具鑑定意見，未明揭實際鑑定人員之姓名，法院又不大可能傳喚鑑定人出庭，由雙方當事人交互詰問。

83 年修改專利法時，對專利權侵害之告訴，加列了兩種新的限制，而規定：「專利權人就第一百二十三條至第一百二十六條提出告訴，應檢附侵害鑑定報告與侵害人經專利權人請求排除侵害之書面通知。未提出前項文件者，其告訴不合法。司法院與行政院應協調指定侵害鑑定專業機構。」(§131II、III、IV) 此項限制或程序要件為行政院修正案所無，而係立法院在審議修正案時，某立委所堅持增列，自 83 年專利法施行後引起極大困擾[81]。

---

[80] 參照陳秉訓，〈談新專利法是否解除釋字第 548 號以及公平交易法對專利權人寄發警告函之限制〉，《萬國法律》第 141 期，頁 88。

[81] 為節省篇幅，詳情在此略去，有興趣讀者可參照本書修訂二版，頁 519 以下。

二、90 年以後專利法之規定

民國 90 年修正專利法，將專利權人提出告訴，應檢附侵害鑑定報告與侵害人經專利權人請求排除侵害之書面通知之規定刪除，而改為：「提出告訴，應檢附主張專利權受侵害之比對分析報告」(90 年專 §131II)。此乃 90 年之一大修正。因「侵害鑑定報告」，實務上易誤解為須由該條第 4 項所定之侵害鑑定專業機構出具，告訴始為合法，實則指定侵害鑑定專業機構，乃為便於關係人物色鑑定機構而設，非謂必須以此等機構為限，惟因如此規定結果，致若干實務見解發生被誤導情形。最高法院 86 年臺非字第 76 號判決即其一例。況專利權人向指定之侵害鑑定專業機關請求鑑定時，常發生不願意鑑定、鑑定費過高或鑑定時間過長逾越告訴期間等情事，影響專利權人之權益。實則專利權是否受侵害，涉及申請專利範圍之解釋以及技術、專業之比對判斷，如專利權人能出具系爭專利與涉嫌仿冒物品侵權情形之比對分析報告，則已收制衡之作用，並不以委託他人鑑定為必要。

其次提起告訴應檢附請求排除侵害之書面通知，亦屬惡法，因實務上常發生專利權人一旦發出書面通知，侵權嫌疑人迅即逃遁或湮滅證據等情事，致使專利權人不易進一步查證。按專利權人發現侵權情事，是否寄發請求排除侵害之書面通知，宜由其視事實需要自行斟酌，故 90 年修正專利法亦將其從提出告訴必須檢送之文件中刪除。

又法院或檢察官辦理民、刑事訴訟，如有選任鑑定人或囑託機關鑑定之必要，原得依訴訟法相關條文辦理，並不以司法院與行政院協調指定之侵害鑑定專業機構為限。故 90 年專利法增訂法院或檢察官受理專利訴訟案件，得囑託此等機構鑑定。92 年專利法專利刑罰均除罪後，雖已無指定囑託刑事鑑定之問題，惟民事爭訟仍有適用之必要，故修正為：「司法院得指定侵害鑑定專業機構。法院受理專利訴訟案件，得囑託前項機構為鑑定。」（92 年專 §92II、III）92 年專利法於第 92 條僅規定：「司法院得指定侵害專利鑑定專業機構」，100 年新法仍之 (§103II)。

惟鑑定問題為專利法上最有爭議之一環，徒法不足以自行，如何培養健全鑑定機關與人才，如何使鑑定更加制度化，仍係有待司法院、專利主管機關及有識之士深思之課題。由於目前智財法院置有技術審查官，提供技術意見或技術協助，因此實務上法院已經較少囑託鑑定[82]。

三、專利侵害鑑定原則

智慧財產局於93年10月4日公告「專利侵害鑑定要點」，取代原85年公告之「專利侵害鑑定基準」，經司法院檢送各法院參考[83]。後經103年修正，改稱為「專利侵害鑑定要點」，內容似較完備，後鑑於近年專利法多次修訂，以及國際間已形成許多重要判決案例，智慧財產局又於105年完成專利侵害鑑定要點之修訂，並檢送司法院辦理後續事宜。該修訂除了將原

[82] 智慧財產局，《專利法逐條釋義》，頁326。

[83] 中標局於85年1月原訂有「專利侵害鑑定基準」，嗣由智財局修訂完成「專利侵害鑑定要點」……，經司法院秘書長於2004年11月檢送各法院供鑑定時參考。按鑑定基準或鑑定要點雖係匯集產官學即專家學者與專利代理人各方意見之產物，惟在法律位階上言，屬於「算不上行政命令」的行政單位公佈文件，實務上雖具高度參考價值，但法律上尚乏強制效果。依民事訴訟法第468條規定，判決不適用法規或適用不當者，為違背法令。所謂法令包含論理法則、經驗法則。法院判決理由如違背「專利侵害鑑定要點」，或「專利侵權判斷要點」，是否可認為違反論理法則及經驗法則，而可作為上訴第三審之理由？最高法院採否定說。例如最高法院97年臺上字第1978號判決稱：「司法院及經濟部智慧財產局印行之『專利侵害鑑定要點』及『專利侵害鑑定基準』，均僅供專利侵害專業鑑定機構為鑑定時之參考，非屬具有法律效力之法規命令。原判決認定事實有無違背該要點或基準，核與適用法規無涉，即無違背法令可言，附此指明」。同旨參見最高法院94年臺上字第679號判決：「又經濟部智慧財產局印製之『專利侵害鑑定基準』，係供專利侵害專業鑑定機構為鑑定時之參考，不具法律效果，自非屬法規命令。是原判決認定事實有無違背該基準，核與適用法規無涉，自無違背法令可言，附此敘明」。參照張哲倫，〈〔智財訴訟〕2009年智慧財產法院審理專利侵權訴訟的新趨勢〉（2010年1月21日）（TIPA智慧財產培訓學院網站，http://www.tipa.org.tw/p3_1-1.asp?nno=74）。關於侵害鑑定，另可參考羅炳榮，〈專利侵害鑑定〉，《智慧財產權月刊》，第59、60期（民國92年11、12月）；洪瑞章著，〈專利侵害鑑定理論〉；張澤平部落格。

專利侵害鑑定要點改稱「專利侵權判斷要點」外，對其內容亦作了大幅度變動。由於規定較前清楚詳細，且引用了許多具體例子說明，基本上諒有助於理解其規範之內容與意涵[84]。

四、專利侵害鑑定流程

專利鑑定過程會運用「全要件」、「均等論」(或「逆均等」)、「禁反言」等原理，將專利與待鑑定物（技術）進行拆解、比對分析，最後才能判斷是否有侵權。注意於進行發明與新型專利鑑定比對時，須依專利案之申請專利範圍獨立項之各元件 (elements) 之相對應功能 (function) 方式，解析被告之物品或方法之各元件 (elements)。換言之，應以專利之申請專利範圍記載的全部技術特徵與被控侵權物或方法的對應技術特徵進行比對，而非以專利權人製造的專利產品或使用的專利方法與被控侵權之物或方法進行比對[85]。

五、新專利侵權判斷要點之主要變革

下圖為修正前之〈專利權侵害鑑定流程圖〉：

[84] 對於該要點之介紹，參照張仁平，專利侵害鑑定要點之修訂——發明新型編《智慧財產權月刊》207 期（民國 105 年 3 月），頁 5 以下。對於新要點之批評，參照顏吉承，〈專利侵權判斷要點與實務之調合〉，《專利師》，第 26 期（2016 年 7 月）。

[85] 參照張仁平，〈我國專利侵害鑑定要點之運用〉，《96 專利侵權實務研討會講義資料暨論文集》。

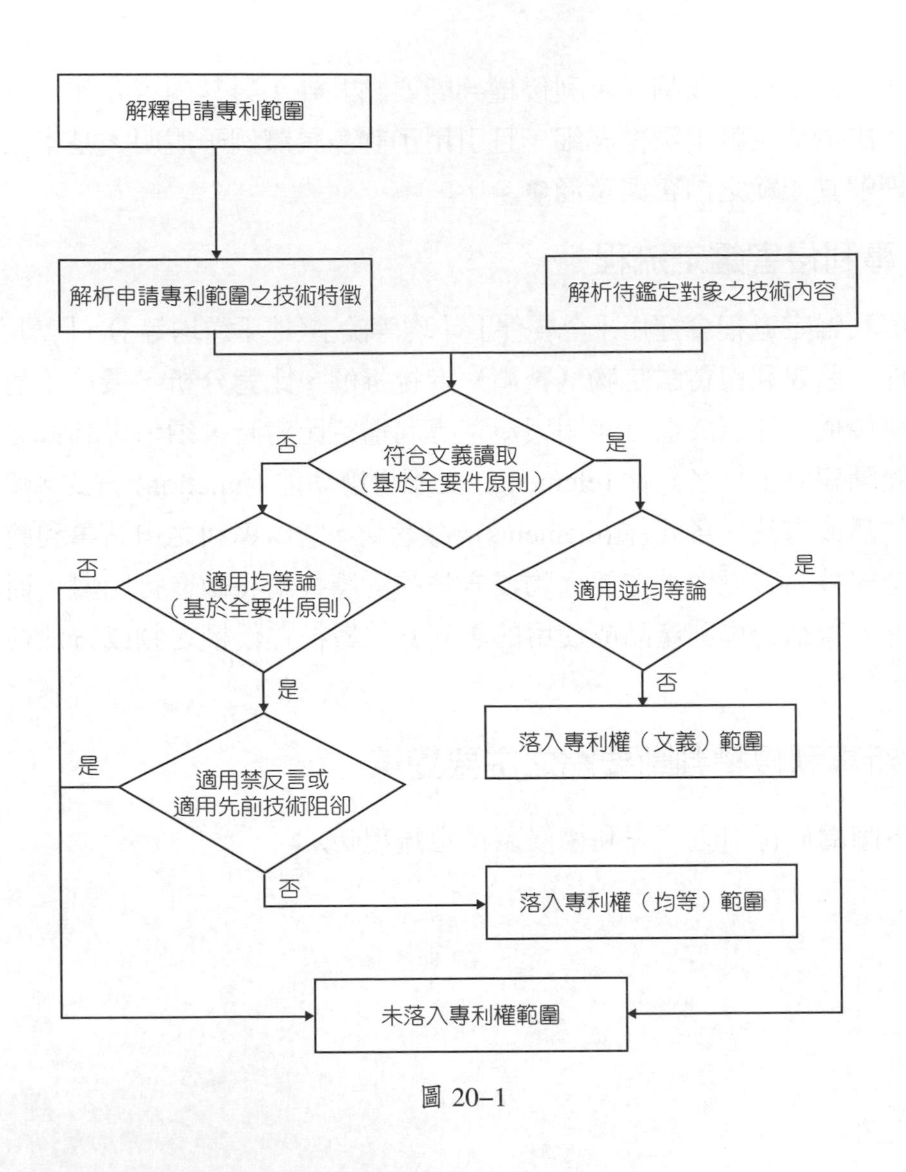

圖 20–1

下圖為新要點之專利權有無侵權判斷流程圖：

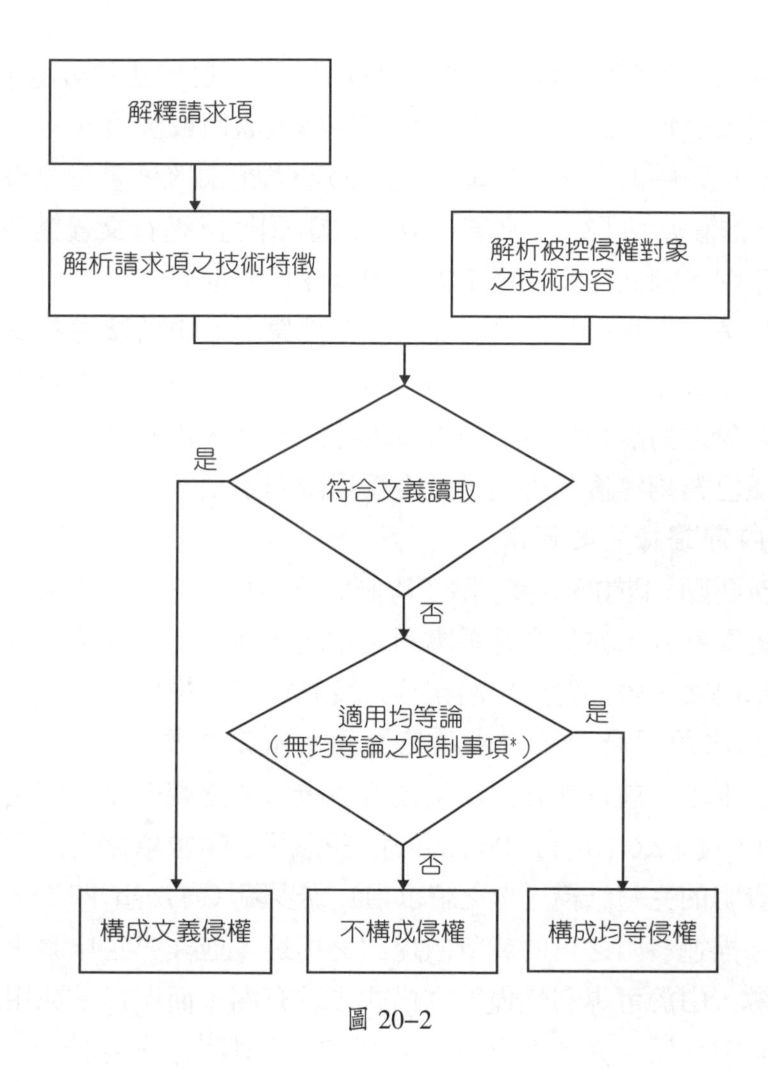

圖 20–2

茲將新專利侵權判斷要點之主要內容扼要分述如下：

㈠刪除「逆均等論」之適用

新要點在判斷流程圖中，將符合文義讀取後適用逆均等論之抗辯刪除，今後若一旦判斷符合文義讀取，即將構成文義侵權。至刪除「逆均等論」之理由如下：

1. 逆均等論於美國僅為學理上的應用，實務上尚無以逆均等論抗辯成功而作成不侵權判決之案例。

2. 若列入逆均等論，實務上難以判斷及操作，對於法院可能造成困擾。

3. 若列入逆均等論，可能導致被控侵權人誤用或濫用。

又在流程圖中的「符合文義讀取」部分，雖已刪除「基於全要件原則」之記載，但依該要點「3.2.1 文義讀取之判斷原則」，進行文義讀取時，應符合全要件原則，因此並非完全不需遵守全要件原則。

新要點第四章指出判斷是否適用全要件原則、申請歷史禁反言、先前技術阻卻或貢獻原則等均等論限制事項時，應於判斷系爭專利之請求項與被控侵權對象之對應技術特徵是否為均等之同時一併考量，無須先判斷對應技術特徵已為均等後，再判斷是否適用限制事項。

㈡擴大「內部證據」之範圍

依該新要點，「內部證據」除了專利案之說明書、申請專利範圍、圖式及申請歷史檔案外，亦包含系爭專利之相關案件（如分割案之母案、主張優先權之基礎案、國外對應申請案等）及其申請歷史檔案。

㈢前言部分之用語是否對請求項範圍產生限定作用

對於請求項之前言部分之用語是否對請求項之範圍產生限定作用，新要點於第 14 頁「2.6.2 前言 (Preamble)」記載「若請求項之主體中已記載申請專利之發明的完整結構（物之請求項）或步驟（方法請求項），而前言中之用語僅係描述發明之目的或所欲達到之用途，並非界定申請專利之發明的技術特徵，由於可專利性僅與結構或步驟有關，而與目的或用途無關，因此該前言中之用語對於請求項界定之範圍不具限定作用」。

㈣製法界定物之請求項的解釋

新要點規定原則上該物的請求項界定之範圍應限於依請求項所載製法所製得之物，不包括依請求項所載製法以外之其他製法所製得之物，但若於專利申請時無法或不易以該物之製法以外的技術特徵予以界定，而有以製法界定該物之發明的必要時（亦即該請求項中記載該製法之目的僅係為了界定該物之發明），則於解釋該物之請求項時，其請求項界定之範圍不限於依請求項所載製法所製得之物，而應涵蓋所有與請求項所載製法所賦予特性之物具有相同結構或特性之物，即使依不同製法製得而具有相同結構

或特性之物，仍屬於該請求項界定之範圍。

㈤包含手段（或步驟）功能用語技術特徵之請求項的解釋

對於包含手段（或步驟）功能用語技術特徵之請求項的解釋，新要點進一步規定有「確定說明書中對應於請求項所述功能之結構、材料或動作時，應限於足以實際執行請求項所述功能之最少元件、成分或步驟的結構、材料或動作」。且更對手段（或步驟）功能用語技術特徵作出定義。

㈥包含功能界定物或方法之技術特徵的請求項之解釋

對於包含功能界定物或方法之技術特徵的請求項之解釋，新要點在第23頁「2.7.4.2 包含功能界定物或方法之技術特徵的請求項之解釋」之章節中，對於請求項中所包含之以功能界定物或功能界定方法之技術特徵，規定解釋時應包含專利申請時該發明所屬技術領域中具有通常知識者所知之所有能執行該功能的實施方式。

㈦包含功能性子句之請求項的解釋

新要點規定若該功能性子句對於申請專利之物的結構或申請專利之方法的步驟有影響或改變時，才要將該功能性子句列入比對內容，反之，若功能性子句僅表示所欲達到之功能或結果時，則對於請求項界定之範圍不具限定作用。

㈧方法請求項之解釋

新要點增加了對於方法請求項之解釋：

1. 針對方法請求項中若記載有複數個步驟時，各個步驟之間是否有順序關係，應依請求項記載之內容，並參照說明書或圖式予以解釋。

2. 對專利法第58條第3項第2款規定之「該方法直接製成之物」加以定義，即係指實施專利方法所獲得的最初產物，亦即完成製法請求項記載之全部步驟後所獲得的產物。若對該最初產物進一步加工或處理所得之後續產物沒有產生實質變化時，則該後續產物仍屬於該製法直接製成之物。

3. 對專利法第99條第1項所定之「為國內外未見」加以定義，係指該物於國內外未見於刊物、未公開實施或未為公眾所知悉。

㈨包含非結構特徵之新型專利請求項之解釋

新要點對新型專利請求項包含非結構特徵之情形時，如何解釋該非結構特徵，新增規定如下：

1. 新型專利請求項之前言及主體中的用途特徵對於請求項界定之範圍是否具有限定作用，應考量該用途特徵對於申請專利之新型是否產生影響或改變，即該用途是否隱含申請專利之新型具有適用於該用途的某種特定結構。若有產生影響或改變，則該用途特徵對於請求項界定之範圍具有限定作用。

2. 新型專利請求項之材料特徵對於請求項界定之範圍具有限定作用。

3. 由於新型專利並非無法或不易以該物品之製法以外的技術特徵予以界定者，因此若新型專利請求項中記載製法特徵時，則請求項界定之範圍應解釋為限於由該製法所製得之物品，不包括利用其他製法所製得之物品，亦即新型專利請求項之製法特徵對於請求項界定之範圍具有限定作用。

(十)申請歷史禁反言之成立要件

新要點修改：若因修正、更正或申復而導致限縮專利權範圍時，會引發申請歷史禁反言。又該要點「1.4 判斷申請歷史禁反言之注意事項」第(2)點，規定判斷是否適用申請歷史禁反言時，除非特殊情況，原則上不宜參酌國外對應申請案之申請歷史檔案[86]。

第四目　案件審理之專業化

一國欲期有健全之專利制度，完善之專利民刑訴訟與行政爭訟制度亦屬不可或缺之要素。專利民刑與行政訴訟由於涉及法律與技術兩個層面，在法律方面，一般法官對專利法規原已生疏，況在技術方面，此類案件又含有高度技術性與專門性，而我國法曹養成教育，又不似美國大學法律系

[86] 對於該新要點之內容介紹，參照李宗勳，專利侵權判斷要點與專利侵害鑑定要點之比較（發明新型）(2016/05)，https://www.taie.com.tw/tc/p4-publications-detail.asp?article_code=03&article_classify_sn=64&sn=961；李文賢，「專利侵權判斷要點」摘要，http://www.widebandip.com/tw/upload/1461569365PatInfringeDetermineGuidelineV01.pdf。

(law school) 係由大學畢業後始行入學，法官中具有理工背景者不少。過去我國專利訴訟，由於分案予不同法官辦理，致裁判品質粗糙，引起民間不少怨懟。故專利法第 96 條規定：「法院為處理發明專利訴訟案件，得設立專業法庭或指定專人辦理。」但直到民國 87 年 7 月臺北地方法院成立專庭，然並未推廣至其他地方法院，高等法院至民國 90 年底止，似尚乏專業法庭之設置，以致專利民刑案件常分由非專業之法官審理，審判結果能否令關係人信服，不問可知。且即使號稱專庭，但法官有無一套長期與經常性培訓制度，使其不斷吸收新知，且久於其任，累積經驗，似亦有問題。何況專利訴訟涉及各類繁複之技術領域，法官往往仰賴鑑定報告，欠缺事實認定與判斷之能力。

後來各地方法院已視其人員與案件之多寡，設有專業法庭（非專辦專利）、專股或專人辦理，但有無慎選專門人選，並嚴格執行，似不無問題。

其實各國鑑於專利之技術性，往往設有專門法院、專庭，或置有技術專家充任法官或協助法官審理，或另有陪審員之設置。例如：

1.德　國

德國對專利訴訟設有專門之專利法院 (patent court)，乃特殊之專業法院，值得注意。按德國專利局隸屬於司法部，在司法部之下設有專利法院，僅審理有關不服專利局之審定，以及專利有效性之案件，不審理侵害訴訟案件。該專利法院之法官大都具有技術及法律之專長，處理專利案件自較我國法院得心應手，詳如後述。

2.美　國

美國於 1982 年成立聯邦巡迴上訴法院 (Court of Appeals for Federal Circuit)，為聯邦第一所以案件類型，而非以管轄區域為審判權劃分標準的聯邦上訴法院。除專屬管轄全國智財權上訴案件外，亦審理聯邦賠償法院 (United States Court of Federal Claims)、國際貿易法院 (Court of International Trade) 的上訴等事件。

3.英　國

英國專利爭議向由高等法院專利庭 (High Court, The Patents Court) 及專利局進行審理。專利局審理權利歸屬、有效性等行政問題，不服專利局的決定得上訴到高等法院專利庭。但因高等法院專利庭長久以來費用高昂、審理時間過長，為了處理規模較小及標的金額較小的訴訟，於 1990 年設立英國專利郡法院（The Patent County Court，簡稱 PCC）（設在倫敦）提供便宜快速與非正式程序，致目前專利民事爭議的管轄採雙軌制度，由高等法院專利庭與 PCC 法院系統管轄，企業可選擇普通法院或 PCC 進行訴訟。PCCY 在 2012 年 10 月更啟動小額訴訟程序 (small claims track) 使程序更為迅速低廉便民（但不適用於專利）[87]。自 2013 年 10 月起 PCC 改組為智慧財產企業法院 (Intellectual Property Enterprise Court, IPEC)，實施一套新的更加彈性的程序規則：包括限制最高損害賠償金額、縮短言詞審理時間至 1 到 2 天、以主動案件控管 (Active Case Management, ACM) 減少不必要之訴訟等。改革後 IPEC 更能幫助專利權人維護權利，尤其對中小企業有正面影響[88]。

4.日　本

日本於昭和 36 年元旦在東京地方裁判所民事部設立通稱為工業所有權部之專門部[89]。東京高等裁判所設有數個庭稱為工業財產權部，辦理專利商標行政訴訟。且其專利法明定：對撤銷決定或審決之訴，及對專利異議申請或對駁回審判或再審請求之決定之訴，專屬於東京高等裁判所管轄（日特 §178I）。自 1998 年 1 月 1 日起施行關於智慧財產權之民事訴訟法修正，專利訴訟案件一審管轄權限定於東京與大阪兩地院。即名古屋以東地區歸東京地方法院管轄，名古屋以西地區則歸大阪地方法院管轄。2004 年施行的改正民事訴訟法規定第二審之控訴審均集中於東京高等裁判所。東

[87] 葉雲卿，〈專利訴訟系列介紹——英國專利郡法院介紹〉，http://www.naipo.com/Portals/1/web_tw/Knowledge_Center/Infringement_Case/publish-41.htm

[88] https://en.wikipedia.org/wiki/Intellectual_Property_Enterprise_Court

[89] 三宅正雄著，《特許本質とその周邊》，頁 75。

京地方裁判所、大阪地方裁判所以及東京高等裁判所的審理係以五名法官（其中一名為審判長）的合議庭為原則，特許廳的審查官、具備技術背景的調查官也配置在東京地方裁判所、大阪地方裁判所內。裁判所會針對系爭的技術委託特許廳鑑定，鑑定通常與審判一樣是由三人的審判官組成的合議體進行（此點與臺灣專利實務不同，臺灣專利實務的侵害鑑定一般係委託智財局以外的學術研究機構）。日本最高法院於該年 4 月 1 日任命由大學與企業科技人員及專利代理人等 140 人組成專業委員參審智財權訴訟案件[90]。又東京高等法院於 2005 年 4 月依知的財產高等裁判所設置法設置智財權高院（原文：知的財產高等裁判所）為其特別支部（分院）。該分院實質管轄之事件，包含專屬管轄技術型事件，以及非專屬管轄非技術型事件[91]。

5. 中國大陸

中國大陸於 1993 年 10 月在北京成立第一個智慧財產權之專門審判庭。1996 年 11 月最高人民法院設置知識產權審判庭，除審理二審知識產權案件外，並負責對全國各級人民法院相關業務的指導、監督工作。根據專利糾紛案件之技術性、專業性的特點，最高人民法院自三百多所中級法院中指定四十二所負責審理第一審專利糾紛案件。

此外，大陸地區鑑於知識產權案件專業技術性頗強，在審理重大疑難的一審知識產權案件，採取了臨時聘請特邀陪審員的制度，邀請某一領域的技術專家擔任陪審員，且為一案一請。陪審員在合議庭中享有與人民法院法官同等的權利與義務。合議庭成員一起共同閱卷、共同開庭、共同合議、共同對案件的事實和法律適用負責。

6. 韓　國

1998 年 3 月 1 日韓國成立專利法院，設於漢城，視同高等法院，由三位法官負責審理對不服專利審判院 (Patent Trial Institute) 裁決的上訴案。專

[90] 依《朝日新聞》93 年 3 月 29 日報導。

[91] 參照《智慧財產權》，第 50 期（93 年 7 月）；劉國讚，〈論職務發明之相當對價請求權——以日本訴訟實務為中心〉，《智慧財產權月刊》，第 117 期，頁 524。

利法院設有技術審查官，此種官員具有技術背景，可協助法官辦案。不服專利法院之判決，可上訴最高法院[92]。

7.泰　國

泰國於 1997 年 12 月，在美國及歐洲等國壓力下，成立中央智慧財產及國際貿易法院 (Central Intellectual Property and International Trade Court)。

8.新加坡

新加坡最高法院已於 2002 年宣布成立智慧財產法院 (Intellectual Property Court)。

9.歐洲共同體

歐洲共同體已於 2003 年經部長級會議同意，計劃將來成立同時審理專利無效及專利侵權訴訟的歐洲專利法院。

英國專利法院及新加坡智慧財產法院，均非有獨立組織的法院，惟引進有技術背景者協助一般法律法官審理案件。而美國的聯邦巡迴上訴法院，並非僅審理智慧財產相關案件的專屬法院，亦審理聯邦賠償法院 (United States Court of Federal Claims)、國際貿易法院 (Court of International Trade) 的上訴等事件。

英、美與新加坡法院由於屬於英美法系，可審理專利無效及專利侵權之訴訟；而日、韓、我國由於屬於大陸法系國家，傳統上專利無效及專利侵權分由行政與司法機構處理。

總之，我國在專利訴訟專業化審理方面，進展過於遲緩，似非過言。

第五目　技術調查官

專利訴訟，涉及技術問題，法官即使具有智慧財產權背景，亦往往過度仰賴鑑定報告，故即使有專業法院或專庭之設（臺北、臺中、臺南、高雄地院設有專業法庭（非專辦專利），其他法院設有專股），法官仍需借重技術專家協助不可。在日本法院原設有所謂調查官制度，旨在借重調查官之專業知識，協助法官調查案情真相，俾作公正判決。在工業財產權方面，

[92] 黃文儀，《專利法逐條解說》，頁 120。

法院亦設有技術調查官，可向法官提供技術意見，東京高院 (1949)、東京地院 (1966)、大阪地院 (1968) 早已實施此種制度。

凡擔任特許廳審查官或審判官二十年以上成績優良者，得由特許廳向最高裁判所推薦轉任法院調查官（裁判所調查官），任期三年。惟堅守行政與司法分立之原則，需辦離職手續，任滿後可仍回特許廳服務。據云東京高院、東京地院與大阪地院均配置專精工業財產權之法院調查官多人[93]。至少在東京高院有關專利案件之準備程序，須由此等調查官列席。

在美國有聯邦巡迴上訴法院（簡稱 CAFC）為專門審理不服專利商標局之審定，以及侵害專利案件上訴審之專業法院，類似日本東京高等法院，院內亦有技術輔佐官 (technical assistant) 之編制，由此等技術專家向法官提供技術意見，對案件處理助益良多。

我國智慧財產法院（現已更名為「智慧財產及商業法院」）於 97 年成立後，置有技術審查官，承法官之命，辦理案件之技術判斷，並參與訴訟程序，其任用資格包含曾擔任專利或商標審查官一定年限之人。在技術層面等專業領域，技術審查官之專業知識，在訊問當事人及保全調查證據方面，可彌補法官技術專業性之不足。

第六目　暫停司法程序

由於我國制度對專利之申請及核發係由行政機關負責，對於專利權侵害之有無，則由司法機關審查，不似外國，行政審查後，當事人如有不服則進入司法程序。因此為期司法機關之認定不致與行政機關之認定發生歧異計，舊專利法第 94 條規定「關於發明專利權之民事或刑事訴訟，在申請案、異議案、舉發案、撤銷案確定前，得停止偵查或審判」[94]。由於規定

---

[93] 參照陳逸南著，〈智慧財產〉，第 16 期（84 年 9 月），頁 61；曾華松等著，〈日本專利商標與稅務行政訴訟實務考察研究報告〉。

[94] 商標法亦有類似規定，即 91 年商標法第 60 條規定：「在評定程序進行中，凡有提出關於商標專用權之民事或刑事訴訟者，應於評定商標專用權之評決確定前，停止其訴訟程序之進行。」（92 年商標法 §49 略有修改）

「得停止偵查或審判」，使得國內各級法院在處理此類案件時，大多採停止偵查或審判作法，以示慎重。惟因每有侵害人濫用該條故意在被控侵害專利民刑訴訟中，向專利機關另提專利舉發案，以延宕訴訟，甚至於舉發案經審查不成立後，為干擾或阻止侵權案件之審理，仍不斷反覆提起舉發，除使專利權人不勝其擾外，更妨礙其權利之行使。美國方面亦認為我國該條規定將會導致我國廠商一旦被控侵權訴訟時，會祭出「舉發」加以反制，拖延訴訟程序，使美商權益受損，在美方上述質疑下，經濟部曾召開部會諮商，作成決議：縮短異議舉發案審查程序之時間，且司法單位可衡酌舉發案的內容，不一定要做出暫停偵查審判的決定，俾蓄意藉「舉發」來拖延司法偵查的業者知所收斂。於是92年專利法再修正，除於該條（現條次改為§90）為配合專利權侵害除罪化及廢除異議程序，修正為「關於發明專利權之民事訴訟，在申請案、舉發案、撤銷案確定前，得停止審判。」外，又新增兩項規定，即：「法院依前項規定裁定停止審判時，應注意舉發案提出之正當性。舉發案涉及侵權訴訟案件之審理者，專利專責機關得優先審查。」亦即第2項之目的係對侵權訴訟，為加強保護專利人，法院於裁定停止案件審理前，應先注意了解舉發案提出之正當性，俾便作出適當之裁定。惟事實上法院遇有停止審判之請求，往往基於對造之反對，斟酌是否停止審判，且舉發提出是否正當，涉及專門技術，有待專利機關判斷，非法院所能輕易斷定，故此項新規定只是一種注意或宣示規定，實際並無太多作用。

第3項係為了保障專利權人合法權益，在侵權訴訟，有必要使正在專利機關審查之舉發案，早日審查確定，使二造糾紛儘早解決，故規定舉發案有此情事，專利機關得優先審查。惟法條只規定得優先審查，而非應優先審查，效用難免打折。

100年專利法修正，將該條條次改為第101條，鑒於智慧財產案件審理法第16條第1項規定，如當事人主張或抗辯專利權有應撤銷之原因時，法院不適用專利法有關停止訴訟之規定，應自為判斷，故專利法第1項及第2項已無適用餘地，加以刪除。留下原第3項：「舉發案涉及侵權訴訟案件

之審理者，專利專責機關得優先審查。」

第七目　未經認許之外國法人團體得提起民事訴訟

92 年專利法第 91 條原規定：「未經認許之外國法人或團體就本法規定事項得提起民事訴訟。但以條約或其本國法令、慣例，中華民國國民或團體得在該國享受同等權利者為限；其由團體或機構互訂保護專利之協議，經主管機關核准者，亦同。」為擴大民事訴訟解決專利權紛爭之功能，100 年修法改為：「未經認許之外國法人或團體，就本法規定事項得提起民事訴訟。」(專 §102) 即原則允許未經認許之外國法人或團體就本法規定事項得提起民事訴訟。例外依互惠原則，限制未提供我國國民訴訟權保障之外國法人或團體，不得享有本文所規定之訴訟權。惟我國加入世界貿易組織後，因會員有義務保護其他會員國民之訴訟權，對於該組織之會員，會員間，已自互惠原則改採國民待遇原則及最惠國待遇原則；對於非世界貿易組織會員之國家，如其未依互惠原則提供我國國民專利權保護者，本法第 4 條已規定在實體上得不受理其專利申請，自無再於程序上訂定互惠限制之必要，爰予刪除。

第八目　智慧財產法院之改革與智慧財產案件審理法

一、智慧財產法院

所幸智慧財產法院於 97 年 7 月 1 日成立並運作，成為全國唯一專業法院。智慧財產案件審理法亦於同日施行。開啟了智慧財產案件審理專業化的新頁。

智慧財產法院管轄專利法、商標法、著作權法等智慧財產權所生之民事訴訟及相關第一審上訴之刑事案件及行政訴訟案件及強制執行案件，打破了過去我國法院的二元架構，其性質是介於一般法院和行政法院之間的特殊法院。目前設在新北市板橋區[95]。惟該院並非專屬管轄，智財案件仍

[95] 智慧財產法院全國僅有一所，所有相關案件集中一處審理，對某些訴訟關係人便利，

可能由其他法院合法審理，又該法院民事二審之管轄案件是否包括不服其他普通法院第一審判決之上訴案件仍有爭議[96]。

該法院法官由推檢改任者，應施以相關智財法及技術領域之在職研習，其由律師與大學教員等人員出任者，應施以相關職前法律之研習。該院置技術審查官，任用資格包含曾擔任專利或商標審查官一定年限之人。承法官之命，辦理案件之技術判斷，並參與訴訟程序。由於智慧財產案件，尤其專利案件，往往涉及技術專業領域，借重技術審查官的專業技術知識，在訊問當事人及調查證據方面，可彌補法官專業性之不足。此法院另一特色是法院為保護營業秘密，得依聲請，對他造當事人、代理人、輔佐人或其他訴訟關係人發秘密保持命令，違反之人可處有期徒刑。且審理時可不公開。法院亦得裁定訴訟資料不准或限制閱覽、抄錄或攝影。民事訴訟程序依智慧財產案件審理法的規定，不論訴訟標的之金額或價額，一律適用通常訴訟程序（智慧財產案件審理 §6 參照）。

新制如設置成功，確係我國智財制度一大突破。我國目下專利權之訴訟往往同時涉及權利有效性（行政爭訟）與侵權賠償（民事訴訟）雙重爭議，民事賠償責任是否成立，又以權利是否有效存在為前提。民事訴訟在行政爭訟確定前往往停止程序，當事人在歷經訴願與行政訴訟之冗長程序後，尚須面對民事訴訟三級三審之煎熬，何況有時行政爭訟又發回原機關另為適法之行政處分，造成時間金錢甚至司法資源的浪費。智慧財產法院能否達到消除上述稽延與裁判矛盾之目的，尚待觀察。惟據學者調查結果發現智財法院成立以來，證據保全核准率偏低，認定專利無效率過高，專

但亦可能對頗多關係人不便。目前智慧財產法院之法官連同院長只有 15 人。德國「聯邦專利法院」，配置 61 名法律法官，及 57 名技術法官，年審案量為 3,000 件；日本「知的財產高等裁判所」配置 15 名法官、11 名調查官，年審案量為 550 件到 600 件，均遠低於臺灣智財法院法官平均審案量。該院於 109 年 1 月 15 日經修法通過，改名為智慧財產及商業法院，並自 110 年 7 月 1 日起生效，斯應注意。

[96] 參照蔡瑞森，〈智慧財產案件審理法於行政訴訟實務運作所可能面臨之爭議〉，《律師雜誌》331 期，頁 36 以下。

利權人勝訴率偏低，損害賠償額過低[97]，智財案件審理法特別規定引發更為複雜問題等，引起立法院關切。又審理同一件專利的民事訴訟與行政訴訟依法不須迴避，技術審查官未依審級分別配置，技術報告須呈送主任簽核，又行政訴訟合議庭由民事一審與二審法官組成，凡此似難維護當事人審級利益[98]。又技術審查官採任期制，調動不足因應技術之更新，似有擴充技術審查官來源之必要。此外法官意見過於集中，可能成為正當權利人行使權利之障礙。為了提升專業審判，有人主張智財民事一審分散集中於特定地方法院，智財法院專責民事二審及行政一審訴訟，而民事刑事行政訴訟最終審歸最高法院一或數專庭審理[99]。惟智財法院與商業法院，已於109 年 1 月 15 日修法，合併成「智慧財產與商業法院」，採高等法院二級二

---

[97] 民事一審的專利侵權訴訟，2008 年 7 月 1 日至 2012 年 6 月 30 日，原告勝訴率只有 11.6%（美國：50% 以上，日本：40% 以上），又民事專利侵權訴訟，有效性抗辯成立之機率，發明專利達 66.95%，新型專利達 61.15%，專利無效之比率過高。暫時狀態之證據保全處分，該法院成立五年來，只准了一件，造成專利權人行使權利之障礙。智慧財產局所核准之發明與新型專利，專利權人之權利被侵害進入智慧財產法院後，僅有一成勝訴的機率。立法院質疑究竟是智慧財產局審查之專業能力還是智慧財產法院之判決有問題。又該法院設有技術審查官，可提供技術報告給法官，影響法官之心證，目前技術審查官 13 人（原含機械類 4 到 5 名、電子電機半導體類 2 到 3 名、化工類 1 名，及生技醫藥 1 名。）中 12 人係向智慧財產局借調，因各項專利原由智慧財產局核發，容易造成技術審查球員（核發專利之審查人員）兼裁判（提供法官技術意見之人員）角色混淆之疑慮。立法院爰建議司法院研議多元進用技術審查官之可行性，增加由民間遴選優秀專利師及專業專利申請人成為技術審查官之機會，並增設技術審查官之迴避制度。

又該法院民事一審判決及行政訴訟之維持率，自該法院成立以來，維持率幾乎皆在 95% 以上，形同幾乎一審就定案。且法官於進入該法院前，多無審理智慧財產案件之實務經驗（參照立法院院會紀錄，立法院公報第 103 卷第 37 期，2016-10-06）。

[98] 張哲倫，〈對智慧財產法院成立 10 年專利審判實務之總體觀察及建議〉，《專利師》第 30 期（2017/7），頁 26 以下。

[99] 熊誦梅，〈分久必合，合久必分——臺灣智慧財產訴訟新制之檢討與展望〉，《月旦民商法雜誌》38 期 (2012/12)，頁 35 以下；又張哲倫，前揭文，頁 24。

審制，適用承審金額新臺幣 1 億元以上、公開發行公司、影響市場秩序之重大事件，由專業法官審理，並採強制委任律師代理。

二、智慧財產案件審理法

智慧財產案件審理法於 97 年施行，規定智慧財產案件之審理優先適用該法之規定。司法院且訂頒智慧財產案件審理細則，茲將該法之重點與特色簡述如下：

1. 管轄權廣泛

智慧財產法院綜管智慧財產權第一、二審民事、第二審刑事及第一審行政訴訟及強制執行事件，目的在縮短智慧財產權訴訟時間，及時保障智慧財產權人 (§31)。

2. 排除通常民事訴訟程序

為提升智慧財產民事訴訟審理之品質，不問訴訟標的價額多少，一律排除民事訴訟法有關簡易訴訟程序、小額訴訟程序規定之適用 (§6)。

3. 重視營業秘密之保護

⑴當事人提出之攻擊或防禦方法，涉及當事人或第三人營業秘密時，得不公開審判。

⑵訴訟資料涉及營業秘密者，法院得不准或限制閱覽、抄錄或攝影 (§9)。

⑶訴訟資料涉及營業秘密者，法院得依聲請不公開審判；亦得依聲請或依職權限制卷宗或證物之檢閱、抄錄或攝影 (§24)。

⑷法院於證據保全有妨害相對人或第三人之營業秘密之虞時，得限制或禁止實施保全時在場之人，並就保全所得之證據資料命另為保管及不准或限制閱覽 (§11)。

4. 引進秘密保持命令制度

鑒於智慧財產訴訟，多涉及重大營業秘密，因此

⑴法院就智慧財產民事案件，得由一方當事人或關係第三人聲請對他造當事人、代理人、輔佐人或其他訴訟關係人發出秘密保持命

令，避免他造因閱覽卷宗或其他方式，致一造當事人或關係第三人之營業秘密外洩。受秘密保持命令之人，就該營業秘密，不得為實施該訴訟以外之目的而使用之，或對未受秘密保持命令之人開示。

⑵違反秘密保持命令者，處有期徒刑、拘役或科或併科罰金（告訴乃論）(§35)。

惟法文「實施該訴訟以外之目的」一詞，其範圍如何，易滋不同解釋。因揆諸實際，自同一專利爭訟案件常導致假扣押、定暫時狀態處分、證據保全、公平會檢舉、甚至反向假處分等相關法律行動。此等案件，是否不屬於所謂「該訴訟」，不無疑義。此外，由於該法規定此種保持命令應以書狀聲請，在此種情形下，證據保全之相對人，在事前不知情之情況下，勢難對於執行證據保全程序之法院，當場提出「秘密保持命令」之聲請，法院亦難當場對該等聲請作出裁定。因此在「書狀聲請」及「書狀裁定」之要求未予緩和之情形下，「秘密保持命令」在證據保全之適用上，恐有不少困難[100]。

5.借重技術審查官之協助

⑴法院於必要時，得命技術審查官：

一、就事實上及法律上之事項，對當事人為說明或發問。

二、對證人或鑑定人為直接發問。

三、就本案向法官為意見之陳述。

四、於證據保全時協助調查證據 (§4)。

⑵技術審查官亦有迴避規定 (§5)。

即借重技術審查官之專業知識，分析及整理案件爭點，並協助法官理

---

[100] 故論者以為在合理規範保密責任的同時，避免對當事人訴訟攻防過度掣肘，尤其在涉及刑責時，以明確的標準來提高法的可預測性，至為重要。此點美國法院在個案，使兩造對於保護令之範圍進行明確攻防，具體規範訴訟關係人「接觸」保密資料的方式、範圍與程度，可資參考。參照范曉玲，〈專利權人權利行使與公平競爭之平衡〉，《月旦法學》139 期（2006 年 12 月），頁 227 以下。

解訴訟中技術爭議問題，尤其在訊問當事人與保全調查證據方面，彌補法官技術知識之不足，提升裁判品質。技術審查官就其執行職務之成果，應製作報告書。惟智慧案件審理細則規定，技術審查官之陳述不得直接採為認定待證事實之證據 (§18)，當事人就訴訟中待證事實仍應依各訴訟法所定之證據程序提出證據，以盡其舉證責任，不得逕行援引技術審查官之陳述而為舉證。然實質上技術審查官之見解轉換成法官已知之特殊專業知識，足以影響待證事實之認定與法官之心證，當事人卻不得作為認定待證事實之證據，亦不得調閱技術審查官所製成之報告書，是否合理，不無疑問[101]。

6. 定暫時狀態處分要件更加嚴格

智財案件審理法對於保全程序有特別規定，其中定暫時狀態處分之要件比民事訴訟法規定更加嚴格。當事人對於智慧財產民事或行政訴訟事件，聲請為定暫時狀態之處分時，就其要件應為釋明，其釋明不足者，法院應駁回之；又法院命為定暫時狀態之處分後，逾三十日未提起本案訴訟者，法院得撤銷其處分 (§22、§34)。值得注意者，智慧財產案件審理細則為闡釋母法規定，對於聲請定暫時狀態處分之要件，訂下較民事訴訟法更為嚴格之規定。即聲請定暫時狀態之處分時，法院應審酌之情形包括：1. 聲請人將來勝訴可能性；2. 聲請之准駁對於聲請人或相對人是否造成無社掘汾孚1害；3. 雙方損害之程度；以及 4. 對公眾利益之影響（細則 §37III）。此四點係引進美國法院斟酌下初步禁制令 (preliminary injunction)[102]的判斷因素。第 1 項對於權利人訴訟結果是否可能勝訴的審查，是在我國固有之民事訴訟保全程序，加上實體審查，致有所謂「定暫時狀態處分之本案化」之現象。(因通常民事訴訟，法院只審酌定暫時狀態處分之聲請是否合於法定原因，不對

[101] 參照洪陸麟，〈第三章　智慧財產案件審理法之特色 (2008)〉，nccur.lib.nccu.edu.tw/bitstream/140.119/39019/6151057106.PDF

[102] 關於美國禁制令乃至整個民事訴訟程序之詳細介紹，可參照楊崇森撰，〈美國民事訴訟制度之特色與對我國之啟示〉，《軍法專刊》56 卷 5 期（民國 100 年 10 月）；馮浩庭，〈從美國暫時性禁制令看我國定暫時狀態之假處分──以專利侵權爭議為例〉，《政大智慧財產評論》，2 卷 1 期（2004 年 4 月），頁 117 以下。

實體是非作判斷，甚至在聲請人未充分釋明原因下，由於提供擔保而核准其聲請。）況斟酌將來勝訴可能性，當亦包括「權利有效性」之考量。如被告主張或抗辯聲請人專利權有無效之高度可能時，法院似應為不利於權利人之裁定。在制度如此設計下，不免增加權利人將來取得「定暫時狀態處分」之門檻，困難重重。未來企業藉定暫時狀態假處分之手段欲打擊商業對手，將更為不易[103]。因此在判斷「將來勝訴可能性」的同時，如何仍能維持保全程序迅速性、附隨性的本質，將考驗智慧法院法官的智慧。

7. 民事及行政訴訟案件，法院應就專利權有無應撤銷或廢止原因自為判斷

按在此以前，民事訴訟一旦提起，若當事人主張或抗辯智慧財產權有應撤銷、廢止之原因時，法院先停止訴訟程序，俟行政程序就智慧財產權是否須撤銷或廢止做出終局判斷後，才續行審理。如此當事人可利用行政程序，拖延民事訴訟程序之進行，致智慧財產權人無法獲得及時保障。智慧財產案件審理法改由原來受理智慧財產訴訟之法院，於訴訟中直接就其專利權有無應撤銷或廢止原因之爭點自行作實質判斷，並排除相關法律中停止訴訟程序規定之適用 (§16、§30)，以免稽延。但智財法院即使認定原告專利無效，因民事侵權案件認定結果只在「同一當事人、同一基礎事實」之間有效，而該專利並未撤銷，原告仍可根據該專利向其他被告提起訴訟。欲使專利無效判決產生對世效力，仍應提起舉發及訴願後的行政訴訟，始能使該專利因撤銷而無效，導致專利有效性認定依然拖延過長，無法達到「加速認定專利有效性」之目的。

---

[103] 參照洪陸麟，前揭文。按在德國申請 einstweilige Verfuegung（類似我國定暫時狀態假處分）時，不須預付法庭費用，聲請人只需提供自己專利證明影本，然後以較可信之程度釋明對方產品侵權的原因即可。只要法院認定被聲請人侵權可能性超過百分之五十，就會按聲請人之聲請給被聲請人假處分。此項裁決一般不經開庭審理，對造往往沒機會答辯，甚至不知已被告。此外，preliminary injunction 還規定應由被聲請人暫時承擔該禁令執行的所有費用，即裁判費和對方律師費。參照德國專利法院院長 Lutz 2009 年 11 月 18 日在交大演講之報導。(nctuitl.pixnet.net/blog/post/29959726)

8. 智財局參加訴訟

智慧財產民事訴訟審理中，法院為判斷智慧財產權有無應撤銷或廢止之原因而認為有必要時，得以裁定命智慧財產專責機關參加訴訟，並明定其效果 (§17)。並容許該機關提出獨立攻擊防禦方法，俾民事程序及行政救濟程序見解趨於一致。

9. 在行政訴訟可提出新證據

為避免當事人就同一專利權有效性爭執，衍生新的行政爭訟，在撤銷、廢止專利權之行政訴訟中，准許當事人於言詞辯論終結前，提出新證據，俾紛爭在同一訴訟程序中解決。智慧財產機關就此項新證據應提出答辯書狀，表明他造關於該證據之主張有無理由 (§33)。

10. 其他程序特別規定

(1)訴訟案件可以遠距視訊方式進行審理 (§3)。

(2)智慧財產民事及行政訴訟審理中，審判長或受命法官應向當事人曉諭爭點，並適時公開心證 (§8II、§34)。

(3)對於智慧財產法院之裁判， 原則得上訴或抗告於終審行政法院 (§32)。

(4)辦理智慧財產民事訴訟或刑事訴訟之法官，得參與就該訴訟事件相牽涉之智慧財產行政訴訟之審判 (§34)。

第二十一章　專利之舉發與撤銷

一、舉發之意義

發明取得專利權後，並不表示專利權一直有效，直到法定存續期間屆滿為止。如後來發現發明違反專利之要件而取得專利時，如仍可任其繼續有效，直至存續期滿，則與國家發給專利之旨趣不符，故各國法律都設有事後挑戰專利有效性之制度，包括宣告專利無效或撤銷專利權等。其程序在日本可依特許廳之審判制度，在西德可由專利法院，溯及的、對世的使已取得之專利權歸於消滅；在美國與法國則歸法院管轄。法院判決之效力原只對當事人發生拘束力，但法國於1978年修改專利法，承認上述判決之對世效力。在英國專利權之撤銷係歸專利局與法院雙方管轄。又在英、美、法等國，專利之撤銷或無效，不必皆由他人主動提出，亦可由被告在專利權人提起侵害訴訟時，以抗辯加以主張，此種情形尤以美國最為常見❶。

在我國專利法對專利審查採專業審查（審查委員審查）與公眾審查（原可由公眾提起異議與舉發，後來已廢異議，故現今只餘舉發）。詳言之，過去在專利權未取得前，第三人對專利機關之審定可提出異議，但在核發專利權後，第三人若對專利權之取得，認為違反專利法之規定不應核發而核發時，可向專利機關檢舉，使專利機關重新審查，撤銷已經核發之專利權，此種程序在專利法上稱為舉發，而與異議係在核發前事先阻止之制度不同，但作用相似，均在匡正專利機關審定之錯誤，而舉發之作用尤與商標法上之評定相似。專利機關亦得依職權撤銷違法核發之專利權，並不以民間舉發為限，惟實際上依職權撤銷之事例恐不多見。92年專利法修正，廢除異議制度後，舉發制度成為大眾對專利權核准唯一表示不服之管道，其重要

❶ 紋谷暢男著，《知的所有権とは何か》，頁31、32。

性更形增加。尤其舉發往往是專利侵權糾紛被告攻擊防禦之利器，舉發結果常是最終解決爭端的關鍵。智財法院審理專利民事訴訟案件，依智慧財產案件審理法第 16 條雖能判斷專利的有效性，但要取得最終撤銷專利權之結果，仍須透過舉發程序，因此如何使舉發程序儘速審結乃當務之急，亦為 108 年修正專利法之一目標。

二、新法廢除職權審查制度，純由公眾舉發

如上所述，過去我國專利舉發採專業審查（審查委員審查）與公眾審查（由公眾提起異議與舉發）並立制度。100 年專利法修正，廢除依職權審查之制度（專 §71）。因認為專利權之撤銷，應以提起舉發，由兩造當事人進行攻擊防禦為原則，不宜由專利機關發動，德、日、韓及大陸地區等國際立法例均如是。且本次修正納入同一專利權有多件舉發案者，得合併審查，及增訂職權探知制度，明定專利機關在舉發範圍內，得依職權審查舉發人未提出之理由及證據等規定，不受當事人主張之拘束，以彌補當事人主張之不足，故仍保留若干職權進行主義之色彩。

三、舉發之事由

㈠專利不應核准

1. 專利權不合專利成立要件，即不具專利三性、申請專利之發明與申請在先之發明或新型申請案所附說明書、申請專利範圍或圖式載明之內容相同，或其發明為不予專利之情形（專 §21–§24）。

2. 發明未充分揭露（專 §26）。

3. 相同發明有二以上申請案，未協議或擇一（專 §31）。

4. 違反同人同日就同一技術分別申請發明及新型，而不依期擇一，或其新型專利於發明專利審定前已不存在（專 §32I、III）。

5. 分割後之申請案超出原申請案申請時所揭露之範圍（專 §34IV）。

6. 修正超出原申請案申請時所揭露之範圍（專 §43II）。

7. 補正之中文本超出申請時外文本所揭露之範圍。

8. 誤譯之訂正超出申請時外文本所揭露之範圍（專 §44II、III）。

9. 更正超出申請時所揭露之範圍。

10. 更正時誤譯之訂正超出申請時外文本所揭露之範圍。

11. 更正實質擴大或變更公告時之申請專利範圍（專 §67II、III、IV）。

12. 改請後之發明申請案超出原申請案申請時所揭露之範圍（專 §108III、71I ①）。

13. 專利權人所屬國家對中華民國國民申請專利不予受理者（專 §71I ②）。

14. 數人共有之發明未由全體共有人提出專利之申請或專利權人為非專利申請權人（專 §12I）。

15. 申請或專利權人為非專利申請權人（專 §71I ③）。

㈡修正違反規定者

108 年修正，分割違反應自原申請案說明書或圖式所揭露之發明，且與核准審定之請求項非屬相同發明者申請分割（專 §34VI、§46）。

㈢核准延長專利權期間不當者

如上所述，醫藥品、農藥品或其製造方法發明專利，如符合一定要件，可申請延長專利權期間（專 §53）。任何人對於經核准延長發明專利權期間，認有違法情事亦得附具證據，向專利專責機關舉發之，其舉發事由如次：

1. 發明專利之實施無取得許可證之必要者。
2. 專利權人或被授權人並未取得許可證。
3. 核准延長之期間超過無法實施之期間。
4. 延長專利權期間之申請人並非專利權人。
5. 申請延長之許可證非屬第一次許可證或該許可證曾辦理延長者。
6. 核准延長專利權之醫藥品為動物用藥品。

如具有上述事由之一時，任何人可依第 57 條規定，向專利機關舉發，其處理程序準用有關發明專利權舉發之規定。

四、舉發人與舉發期間

㈠舉發人

1. 公眾舉發

廢除依職權撤銷之制度。

2. 舉發人資格應否限定利害關係人？

關於舉發人資格應否限定利害關係人❷一點，亦有正反二種見解。持肯定說者以為：如本身無利害關係者，當不至提起舉發，但實務上假借不相干之第三人提起舉發，干擾專利侵權民刑訴訟進行之情形時有所聞，故有人認為應限制舉發人資格，以利害關係人為限；惟亦有人認為若將舉發人限於利害關係人，在形式上固可限制不相干之人提起舉發，但實際上如何認定所謂利害關係人並非易事，如加以限制，難免造成更多行政救濟案件，對問題助益不大，況又增加程序上之爭議，商標法上利害關係人認定之爭議不斷可為殷鑑，且與專利應接受公眾檢驗之本旨不合。

3. 以共有專利申請權，未由全體共有人提出申請，或發明專利權人為非發明專利申請權人（即非專利申請權人冒名申請）為理由，提起舉發者，限於利害關係人始得為之。換言之，限於有專利申請權人及共有人（專 §71II）始得舉發。

4. 此外任何人認為專利權或延長期間有違反專利法情事，不問對撤銷專利權有無利害關係均可舉發（專 §71I 本文），並無資格限制。

5. 但專利權當然消滅（含期滿）後，限於利害關係人，且須對於專利權之撤銷有可回復之法律上利益，始可提起舉發（專 §72）。

㈡舉發案之提出期間

舉發案之提出期間，專利法亦無限制，不但可於專利權存續期間內提出，而且即使專利權已經期滿或因其他原因而當然消滅後，利害關係人只要對專利權之撤銷或對撤銷專利權期間之延長有「可回復之法律上利益」

❷ 美國、德國、中共並無限制，日本與韓國專利法雖無明文限制，但實務上參照民事訴訟法之原理，限於利害關係人始能提起。

者，仍可提出，此乃舉發與異議最大之差異，因舉發乃專利制度上公眾審查之一環，為救濟審查之失誤，不當核准專利或延長期間，妨害他人自由實施或妨害產業發展之缺失而設。

五、有無舉發理由之準據法

舉發係違反核准專利當時之專利法，其情事之有無，應依其核准審定時之規定，但106年專利法另定數個撤銷事由，應依舉發時之規定，即例外溯及既往，追究到存在已久且核准當時合法之專利權，修正理由是因超出申請時所揭露範圍，對公眾不公平，過去漏未規定，因此應依據舉發時之規定，斯應注意。其事由為：

1. 分割後之申請案超出原申請案所揭露之範圍。
2. 修正超出原申請案申請時所揭露之範圍。
3. 更正超出申請時所揭露之範圍。
4. 更正實質擴大或變更公告時之申請專利範圍。
5. 改請後之發明申請案超出原申請案申請時所揭露之範圍（專§71III）。

六、新法下之舉發程序

1. 舉發應備具申請書，載明舉發聲明、理由，並檢附證據。其中舉發聲明應表明舉發人請求撤銷專利權之請求項次，以確定其舉發範圍。

2. 專利權有二以上之請求項者，得就部分請求項提起舉發。專利機關進行舉發審查時，將就該部分請求項逐項進行審查。

3. 提起舉發後，不得為舉發聲明之變更或追加，以確定舉發範圍，俾雙方攻擊防禦爭點集中，利於審查程序之進行。至於減縮舉發聲明者，因不違背前述不得變更或追加之意旨，明定准許。

4. 舉發人補提理由或證據，應於舉發後三個月內為之。逾期提出者，不予審酌（專§73）。此期間為不變期間。

七、舉發案之處理

㈠舉發案之審查人員

舉發案審查時，現行法原定專利機關應指定未曾審查原案之審查人員審查，並作成審定書，送達舉發人及被舉發人（92 年專 §70）。

但 100 年修法，認為申請案審查階段審查原申請案之人員，係就申請案之技術內容與（所檢索之引證資料所載之）先前技術進行比對，即針對是否具備專利要件審查；而舉發案則係針對舉發人所提之舉發理由及證據，審查系爭專利是否違反法定事由而應撤銷其專利權，申請案與舉發案之審查內容及適用程序並不相同，原申請案審查人員於舉發審查並無迴避之必要，而刪除迴避之規定。

惟按撤銷專利或宣告專利無效，由於工作複雜，且由於權利人可能已在商業上實施多年，一旦撤銷，影響當事人權益甚鉅，其主管機關與其由賦予專利權之機關，不如由獨立之司法機構審理，程序上更為嚴謹，立場亦更為超然，對利害關係人亦較有保障。如仍由原專利機關審理，亦宜由專門單位，至少由合議庭審理，始足以昭鄭重。例如中共即由專利覆審委員會，組成專門審查小組加以審定。在我國新制下，仍由獨任審查委員審查，甚至不排除原審查委員，兩相比較，似尚值斟酌。

㈡舉發案審查程序

1. 認定是否符合舉發事由之時點

發明專利權得提起舉發之情事，依其核准審定時之規定。但以違反第 34 條第 4 項、第 43 條第 2 項、第 67 條第 2 項、第 4 項或第 108 條第 3 項規定之情事，提起舉發者，依舉發時之規定。

2. 舉發人所提之理由或證據應交付專利權人答辯

專利機關接到舉發書後，應將申請書副本送達被舉發人（專利權人），專利權人應於副本送達後一個月內答辯。專利權人除先行申明理由准予展期者外，逾期不答辯者，逕予審查（專 §74I、II）。

3. 為避免舉發案件審查時程，因舉發人濫行補提理由或證據，導致程

序拖延，將舉發人補提理由或證據限於提起舉發後三個月內為之，逾期提出者，不予審酌（改為法定期間）。

4.專利機關對舉發案進行審查時，應就各請求項分別審查

舉發可針對部分請求項為之，依逐項舉發理由進行審查之結果，可能產生部分成立、部分不成立之舉發審定，因此明定舉發之審定亦係就各請求項分別為之（專§79II）。

5.專利機關認有必要，通知舉發人陳述意見、專利權人補充答辯或申復時，舉發人或專利權人應於通知送達後一個月內為之。除准予展期者外，逾期提出者，不予審酌。又所提陳述意見或補充答辯有遲滯審查之虞，或其事證已臻明確者，專利機關得逕予審查。

6.專利機關得通知專利權人限期為一定行為

專利機關於舉發審查時，得依申請或依職權通知專利權人限期為下列之行為：

一、至專利機關面詢。

二、為必要之實驗、補送模型或樣品。

上述實驗、補送模型或樣品，專利機關認有必要時，得至現場或指定地點勘驗（專§76）。但專利權人能否補充或修正說明書或圖式，則有問題。

惟專利機關僅通知專利權人為所規定之行為，而不似過去法律規定亦得通知舉發人為上述行為（尤其面詢），此能否發現真實，維持舉發程序之公平，似不無疑問。

7.專利權人是否更正，改為自行決定

本次修正，舉發係針對各請求項為之，因此，是否更正，應由當事人自行為之，專利機關不宜依職權通知專利權人更正。因此將原第3項「更正專利說明書或圖式者，專利機關應通知舉發人」之規定刪除。

8.專利機關在舉發聲明範圍內得審酌舉發人未提出之理由及證據

專利機關在審查時，在舉發聲明範圍內發現有舉發人未提出之理由，或有因職權明顯知悉之事證，或於合併審查時，不同舉發案之證據間，可互為補強時，得依職權審酌之，不受當事人主張之拘束，以彌補舉發案當

事人主張之不足，但應通知專利權人限期答辯，使專利權人有答辯之機會。屆期未答辯者，逕予審查（專 §75）。

9.舉發案涉及侵權訴訟案件之審理者，專利機關得優先審查（專 §101）。

10.延長發明專利權期間舉發之處理

延長發明專利權期間舉發之處理，與發明專利權舉發之處理程序相同，故準用舉發處理程序之規定（專 §83）。

㈢舉發案審查期間有更正案之處理

1.舉發案件審查期間，專利權人申請更正，僅得於專利機關通知答辯、對舉發人補提證據理由之補充答辯或通知專利權人不准更正之申復期間為之。實務上，若非因技術報告審理過程中有評比不佳，或遭遇舉發及專利侵權訴訟，新型專利甚少申請更正，因此本次限縮新型專利提起更正時間，似不致造成專利申請人太多困擾。但發明專利於民事或行政訴訟案件繫屬中，有更正之必要時，亦得於舉發案件審理期間申請更正，不受前述三種期間之限制（專 §74II）。

2.將更正案與舉發案合併審查及合併審定

於舉發案件審查期間，專利權人提出更正案者，無論係於舉發前或舉發後提出；亦不論係單獨提出或併於舉發答辯時提出，為平衡舉發人與專利權人攻擊防禦，應由舉發案之審查人員將更正案與舉發案合併審查及合併審定（專 §77I），以利紛爭一次解決。

3.專利機關應准予更正時，應將更正說明書、申請專利範圍或圖式之副本送達舉發人，陳述意見

如經審查認為將准予更正者，則舉發審查之標的已有變動，故應將此等文件送達舉發人，使其有陳述意見之機會。

4.為使舉發案審理集中，不應同時在同一件舉發案中有多數更正案，故明定專利權人如提出多次更正申請者，以最後提出之更正案進行審查，申請在先之更正案，均視為撤回（專 §77II、III）。

5.為縮短審查時程，舉發人收受專利機關通知就專利權人所提更正本

內容表示意見，或專利機關為證據調查或行使闡明權而通知舉發人表示意見時，舉發人得補提理由或證據，但應於受通知後一個月內為之；反之，如專利機關通知專利權人補充答辯，不准更正之申復，專利權人亦應於接獲通知後一個月內為之。逾期提出之理由事證，除舉發人或專利權人檢附理由申請展期，並經准許者外，專利機關不予審酌。

6. 為避免兩造不斷補提理由、證據或藉多次更正申請或更正撤回等方式導致程序拖延，專利機關經審酌兩造所提之理由，有遲滯審查之虞，或事證已明確者，得逕予審查。

7. 專利權人所提更正如僅刪除請求項時，因未損及舉發人之利益，且有利於舉發案件之審查，專利機關可逕行審查，無須再交付舉發人表示意見。

㈣多件舉發案之處理

1. 同一專利權有多件舉發案者，專利機關認有必要時，得合併審查，以利紛爭一次解決（專 §78I）。

2. 專利機關對合併審查之案件，得合併審定（專 §78II，參考訴願法 §78 規定）。

㈤舉發人撤回舉發之處理

舉發人得於審定前撤回舉發申請。但專利權人已提答辯後，舉發人始主張撤回者，應經專利權人同意。

依現行實務，舉發人本得於審定前撤回舉發申請，但舉發案若經專利權人答辯後，舉發人始主張撤回者，為保障專利權人之程序利益，應經專利權人同意（專 §80I）。但專利權人自通知送達（專利機關應將撤回舉發之事實通知專利權人）後十日內，未為反對之表示時，視為同意撤回（參考民事訴訟法 §262IV 及行政訴訟法 §113IV 規定）（專 §80II）。

八、舉發案審查之處理結果

在我國舉發案審查結果，大致以下列各種方式處理：

1. 舉發不成立。

2. 舉發成立，撤銷專利權。

3. 就各請求項分別撤銷。

我國專利法過去未就一部無效加以規定，理論上無效原因，除就 claim 全部存在外，亦可能就若干 claim 或一 claim 之若干部分存在，此即所謂一部無效。在外國如非所有 claim 無效，而僅一部無效時，法院可命將無效 claim 部分刪除。100 年修法，於第 82 條除明定舉發審查成立者，撤銷其專利權外，為配合得就各請求項分別提起舉發，增訂得就各請求項分別撤銷。

4. 舉發成立，撤銷原核准延長之專利權期間。原核准延長之期間視為自始不存在。

5. 舉發成立，原核准延長之期間就其超過之期間撤銷。即違反上述第 57 條第 1 項第 3 款之情形，其超過之期間視為未延長（專 §57II）。

九、不服審查結果之救濟

審查結果應作成舉發成立與否之審定書，審定書應說明理由，送達專利權人及舉發人（專 §79I）。對舉發審定書不服之當事人，得依訴願法之規定，於三十日內向經濟部之訴願委員會提起訴願❸。

十、舉發審查不成立與撤銷確定之效果

㈠舉發不成立之效果

再舉發受到如下限制：

1. 同一舉發人得否再提舉發？

撤回舉發後，同一舉發人得否再提舉發？由於任何人均可提起舉發，即使條文限制原舉發人不得再提起，仍可由第三人再行提起，亦即限制原撤回舉發之人不得再提出舉發，並無實益。

2. 不得就同一事實以同一證據再為舉發

第 81 條規定：「有下列情事之一，任何人對同一專利權，不得就同一事實以同一證據再為舉發：一、他舉發案曾就同一事實以同一證據提起舉

❸ 其詳細流程可參照第十三章所附相關行政救濟流程圖。

發，經審查不成立者。二、依智慧財產案件審理法第三十三條規定向智慧財產法院提出之新證據，經審理認無理由者。」此乃指舉發人不服專利機關之審定，而在行政訴訟中（依智慧財產案件審理法 §33 規定）提出新證據，並經智慧財產法院審理認該新證據不足以撤銷系爭專利權時，因專利機關就該證據有無理由已提出答辯，且經智慧財產法院審酌判斷，故亦不准任何人就同一事實以同一證據再為舉發（§81）。

專利法規定審查不成立，原則上任何人（包含原舉發人或他人）不得再就同一事實以同一證據再為舉發（專 §81 本文）之目的，係在使專利權人之權利早日確定，從而基於同一事實及不同證據，或本於不同事實及同一證據，提出舉發時，並不在禁止之列。又所謂同一證據係指具有同一性之證據而言❹。按過去法條先限制須於審查不成立「確定」後，他人始不得以同一事實及同一證據再為舉發，而審定可能須經訴願，甚至行政訴訟之冗長程序，在此之前實務上舉發人不乏透過他人重複舉發之情形，專利機關無從駁回他人以完全相同之事實及證據再提起舉發，為限制反覆以完全相同之事實及證據再提舉發案之弊，已於 90 年專利法修正時，刪除「確定」二字❺，惟即使如此修正，恐仍無法防止有人以不完全相同之事實及證據不斷提起舉發之現象。100 年修法未加更動。

1. 專利權經撤銷後，如被舉發人未依法提起行政救濟，或提起行政救濟經駁回確定，即為撤銷確定。此時專利權之效力，視為自始不存在（專 §82II）。或原核准延長之專利權期間視為自始不存在❻，或就其超過之期間視為未延長（專 §57II）。此時發生對世效力與一事不再理之效力，即不僅於當事人間，且對於一般第三人亦有效力。即發生所謂溯及效力，此時其法律關係如何？按此時以專利權之存在為前提之一切法律關係應自始歸於消滅，因此以專利權侵害為前提之民事或刑事訴訟亦失其目標，故民事訴

❹ 金進平著，《工業所有權法新論》，頁 232。

❺ 其詳可參照本書有關異議部分之說明。

❻ 但專利如因後發之理由而成為無效時，日本專利法規定專利權自相當該理由時視為不存在（§125 但書），此點可供參考。

訟應為請求駁回之判決，刑事訴訟應為無罪之判決。如此項民事或刑事判決已確定時，可以專利權因撤銷已不存在為理由，請求再審。

2. 又以為自己侵害他人之專利權，對他人已支付和解金或損害賠償金，即對專利之有效與否，當事人間有爭議後，因各種情事互相讓步，成立和解時，為支付之人因專利權撤銷之確定，可否向對方請求不當得利之返還？日本法院以為基於和解所支付之金錢不得主張不當得利（大阪地判昭52.1.25. 連報 21 號 448）。但如以專利權之存在為前提，預想其侵害，訂有損害賠償之契約而支出時，因與使用費之情形不同，乃使他人受損失，亦當然歸於無效❼。

3. 至於以專利權存在為前提所為之專利品讓與契約，其效力如何？按如以專利權之存在為要素，則因撤銷確定，契約當然歸於無效；在非要素之情形，讓與人如有惡意時，可能發生因詐欺撤銷之問題。就專利權設定之實施權或質權，亦成為自始不存在。因實施權之設定，專利權人取得對價或使用費時，對專利權人可否主張不當得利，請求返還？萼優美氏以為可主張不當得利請求返還❽，惟按通常在授權契約規定專利雖為無效，已支付之使用費不得請求返還者，此時應依其約定，不發生問題。但如無此約定時，則如何？因一般被授權人自授權人受領保護或利益，故解為專利權人並非使他人（被授權人）受損害（民 §179）而無返還之必要。但如專利權實質上有名無實，被授權人無法受領期待之利益時，則係不當得利而有返還之必要❾。但因該專利無效，實施權人所受之損害，專利權人就其無效並無過失時，可解為不負賠償責任。專利權讓與後，如該專利權被認定無效時，讓與人（原專利權人）應負擔民法上瑕疵擔保責任，即專利權

❼ 萼優美著，《工業所有權法解說——四法篇》，頁 350。

❽ 對此見解亦有反對之學說，即採一種準占有之觀念，而認為在專利無效，專利權人不當得利返還義務，亦應承認此觀念。亦即實施權人在專利認為無效前，就其權利既已受有利益，則專利權人已收取之使用費應不構成不當得利（參照萼優美，前揭書，頁 352 註）。

❾ 吉藤幸朔，前揭書，頁 513。

之受讓人可解除契約，請求返還已支付之價金，就其所受之損害亦可請求賠償。在專利權或實施權設定質權時，質權人可解除契約，同時對質權設定人有求償權❿。

4. 又專利權人行使禁止請求權，對他人產品之製造販賣予以假處分，使他人受損害，如有故意過失，依民法第 184 條，專利權人對該人應負損害賠償責任。即專利權人行使專利權，只要專利權有效，一般乃適法之權利行使，似不生故意或過失之問題，但並非一定不生問題。例如自己專利成為無效之蓋然性極高，而仍行使禁止請求權時，於專利權被撤銷確定後，該他人似可請求損害賠償⓫。

5. 又專利權視為自始不存在之結果，理論上已付之專利年費，國家應將其返還於原專利權人⓬。關於此點，我國專利法並無明文，但日本特許法規定專利無效之審決確定之年之翌年以後各年分之專利年費應予返還。但自審決確定之日起經過六個月後不得請求（日特 §111）。

6. 至於原核准延長之專利權期間視為自始不存在，或就其超過之期間視為未延長之情形，其法律關係如何，為值得研究之問題，基本上似可參照上述專利權效力自始不存在之情形處理，惟可能更為複雜。

7. 原專利證書之處理

過去規定專利機關應限期追繳專利證書，無法追回者，應公告證書作廢（舊專 §71），92 年改為公告註銷 (§67)。100 年修法認為撤銷發明專利權後，其專利證書應由專利機關依職權公告註銷周知，不待規定，故將該規定刪除。

8. 公　告

舉發審定及其他應公告事項，應於專利公報公告之（專 §84）。因依現行實務，舉發審定結果不問是否撤銷專利權，均於審定書發文後公告。

---

❿ 蕚優美，前揭書，頁 351。

⓫ 吉藤幸朔，前揭書，頁 513 以下。

⓬ 同⓫。

第二十二章　專利之行政救濟（行政爭訟）

專利之行政救濟方面似我國目前專利保護較弱之一環，而有待大力研究整頓。以下先扼要說明外國專利行政救濟制度，然後再檢討我國現行制度之缺失。

一、日　本

日本對專利審查確定前不服特許廳長官之處分，設有拒絕查定不服審判等制度。至於專利審查確定後之行政救濟，於特許與實用新案有訂正審判、無效之審判、訂正無效之審判及上訴制度；在意匠則有意匠註冊無效之審判及上訴制度。

至無效審判則採雙方當事人對立形態，但含有濃厚職權主義色彩，當事人未提出之理由或證據亦可為審理對象。

在程序方面，特許廳合議庭由三至五名審判官組成，多係資深審查人員。技術專業性質濃厚。採行幾乎接近民事訴訟之程序審理，原則用公開言詞辯論方式。受不利審決之當事人可直接向東京高等法院提起撤銷審決訴訟，該院有專屬管轄權，仍採雙方當事人對立形態。特許廳並非當事人。不服判決之當事人可向最高法院上訴。

二、美　國

美國專利制度於專利審查確定前之行政救濟制度，有請求 (petition)、起訴及上訴，前者係向專利商標局 (PTO) 局長提出；後者則可向 PTO 內之專利上訴暨衝突委員會 (The Board of Patent Appeals and Interferences) 上訴

（申請人可要求開言詞辯論）、向聯邦巡迴上訴法院（The United States Court of Appeals for the Federal Circuit，簡稱 CAFC）上訴、向哥倫比亞特區聯邦地方法院 (The United States District Court for the District of Columbia) 起訴及向聯邦最高法院上訴。

至專利審查確定後之行政救濟，美國主要有再審查制度。不服再審查之審定者，可向專利上訴暨衝突委員會請求審判，不服其裁決者，可向聯邦巡迴上訴法院 (CAFC) 上訴，或向哥倫比亞特區聯邦地方法院提起民事訴訟❶。

任何人得對有效之專利權之新穎性問題請求美國專利商標局，再審查 (reexamination) 該專利權之有效性。（1999 年修法，於保留原有一方當事人再審查程序外，引進雙方當事人再審查制度）如該局作出不利於專利權人之決定時，專利權人（於雙方當事人再審查，則專利權人與請求人）可向專利局之專利上訴暨衝突委員會 (Board of Patent Appeals and Interferences) 提起上訴。委員會對上訴案件由三名行政專利法官 (administrative patent judge)（多由資深審查人員出身）組成合議庭審理，審理有頗高獨立性，近於一般法院訴訟。如委員會再作出不利於專利權人決定時，則可上訴至聯邦巡迴上訴法院 (CAFC)。CAFC 對不服專利上訴暨衝突委員會之決定有專屬管轄權，除一般法官外，亦有熟諳技術之專業法官，專利上訴案件多由二種法官組成合議庭審判。不服 CAFC 之裁判之人可上訴至聯邦最高法院。

三、德　國

德國於專利審查確定前之行政救濟制度，有異議制度（向德國專利與商標局（Deutsches Patent-und Markenamt，簡稱 DPMA）提出）❷、向專利

❶ 關於外國專利行政救濟制度之詳情，又可參閱智財局委託研究「專利商標行政救濟制度之研究」報告（92 年）。

❷ 申請人向 DPMA 提出專利申請後，DPMA 要從實質和形式兩方面進行審查，如果出現瑕疵，申請人可以在規定期限內進行補充。瑕疵被彌補的，則確定授權，反之則被駁

法院之抗告及向聯邦最高法院之上訴等制度。德國對專利審查審定之行政救濟，主要歸專利法院救濟，乃普通訴訟性質。與美國制度相近，而與司法二元體系之我國相距較遠。

至於專利審查確定後之行政救濟，德國有宣告專利無效之訴，有似我國舉發撤銷制度。凡對專利權效力有疑義之人，直接向聯邦專利法院 (Bundespatentgericht) 提起無效訴訟。該院法官有法律專業法官與技術專業法官兩種。審理多由二名法律專業法官（其中一人擔任庭長）與三名技術專業法官組成合議庭。與一般民事訴訟相同，但加入若干職權主義之色彩。若對其判決不服，可向聯邦最高法院 (Bundesgerichtshof) 提起上訴。聯邦最高法院與一般民刑案件不同，並非單純居於法律審之地位，而係居於事實審之地位續行前審案件之審理。

按美、德、日三國制度之共通特色是：

1. 與一般行政爭訟程式有別。
2. 皆採雙方當事人對立形態，專利機關非當事人。
3. 行政專利法官或審判官相當獨立，準司法程序。
4. 越過第一審法院向高等法院提起❸。

四、我　國

我國專利行政救濟制度相形之下，瑕疵頗多，多年來歷經修改，進步不少。民國 87 年大幅修改訴願法與行政訴訟法，自 89 年 7 月 1 日施行。新修正之訴願法，所作變革，包括強化訴願組織——訴願會外聘之專家學者委員之比例由 1/3 提高為 1/2；擴大訴願人參與訴願之權利——明定訴願人得申請閱卷、陳述意見、言詞辯論、申請鑑定及實施勘驗等，並設有參

回。DPMA 在該程式中以「命令」(Beschluss) 的方式對相關事宜做出決定。對駁回決定不服的，可以在該決定發出後的 1 個月內向 DPMA 提出申訴，如果申訴無法達到救濟效果，則可以向德國聯邦專利法院提出上訴。

❸ 黃銘傑，〈專利法修正後專利爭訟制度應有之改革〉，《政大智慧財產評論》2 卷 1 期（2004 年 4 月）。

加訴願制度；強化行政機關自我省察之功能——訴願須經由原行政處分機關提出訴願書，由原行政處分機關自我先行審查原處分是否違法或不當。自民國 89 年 7 月起廢除再訴願制度，行政法院配合改為二級二審制，增設高等行政法院為事實及法律上審理，不服訴願決定應逕向高等行政法院提起行政訴訟，在行政訴訟改採言詞辯論與證據調查制度，程序頗為細密，對專利案件之行政救濟亦予以重大衝擊。復於民國 97 年實施智慧財產案件審理法與智慧財產法院組織法，作了不少變革，已如第二十章所述。

立法院於 100 年 11 月又通過行政訴訟法、行政訴訟法施行法、智慧財產案件審理法、智慧財產法院組織法、法院組織法、行政法院組織法等 7 項法律修正案，相繼施行。依新制，行政訴訟改採三級二審。即在現有的高等行政法院及最高行政法院外，於地方法院亦設行政訴訟庭，辦理行政訴訟之地方法院行政訴訟庭，亦為行政訴訟法所稱之行政法院。此外，考量智慧財產行政訴訟涉及智慧財產專業，其第一審不宜由地方法院行政訴訟庭管轄，於智慧財產案件審理法增訂行政訴訟法有關簡易訴訟程序之規定，於智慧財產之行政訴訟不適用之。凡此改革努力，可謂耳目一新，但現行制度有欠理想之處，似依然不少，包括：

1. 層級與外國比較，有過多之嫌，專利案經審查、再審查、訴願及行政訴訟，乍觀之下，制度似極周到，有極多救濟或平反機會，實則未必如此。

2. 再審查並未如一些國家在專利局內另設覆審（複審、復審）或上訴委員會之合議組織，又不經言詞審理程序，失諸草率。

3. 專利之舉發關係專利權人權益重大，在外國多由法院或專門法院辦理，需經正式證據調查與言詞辯論程序，但在我國法之下，僅由專利機關審查委員以書面審理，既無合議審理，亦無言詞辯論保障，制度設計過於簡陋，不足以昭慎重。且舉發案，係兩造之間爭執，利害對立，不服主管機關審定之一方，提起訴願，理論上，宜以對方為被告，展開攻擊防禦，但現行制度之設計，卻以原處分機關為被告，不無滑稽之感❹。

❹ 李茂堂著，《專利法實務》，頁 231 以下。

4.訴願機關受理之業務龐雜，不以專利為限，不易專業化，且委員多屬兼職，報酬微薄，所能分出時間精力有限，且卷證係由幕僚審閱，決定書初稿亦由幕僚撰寫，委員往往無機會閱讀案卷，欲期深入研究，正確決定，發揮救濟效果，客觀上不甚容易。

5.至訴願、行政訴訟雖採合議制，但因原則採書面審理，並非一定舉行言詞辯論程序，訴願委員非如有些國家由資深專利審查官出身，能否深入了解案情，至辦理行政訴訟之行政法院法官（最高行政法院目前尚無專庭辦理有關專利案件）熟諳專利理論與實務之專家不多，又乏有技術背景之幕僚協助。且法官縱係專家，由於以多數決定，能否祛除內行受制於外行之現象，不得而知。

6.智慧財產法院與智慧財產案件審理法實施以來，效果及得失如何，尚待朝野深入調查評估。

總之，我國智慧財產權之保護，法制面持續跟隨國際立法潮流，並設立智慧財產法院，以提升司法機關處理智慧財產案件之專業性及效率；但在行政救濟方面，我國為四級四審，比美國、日本等國家之三級三審多一個審級，影響行政救濟之效益。有鑒於此，目前有關當局規劃：

1.簡併行政救濟層級，取消訴願一級，將專利複審及爭議案件由現行四級簡併為三級，並擬參考日本、美國、南韓及中國大陸等之作法，在智財局設置「複審及爭議審議會」進行審決，強化審議之嚴謹性。

2.若有任何一方不服審議會之決定，可免經訴願逕提訴訟。訴訟將由現行以機關為被告，改以人民為被告，兩造對審，以利實質兩造當事人進行攻防，促進訴訟效能，並縮短專利審議行政救濟時間。

❖深度探討～德國聯邦專利法院❖

一、性質與管轄

專利爭訟由於富於技術性、專門性，故審理法官宜有科技背景，至少應置部份技術法官，方能勝任愉快。在此方面德國之聯邦專利法院之組織頗具特色，著者與不少主張專利制度改革之國人，多主張仿效其制度，成立專門法院，審理不服專利局審定之案件，爰將其制度略加介紹。

德國於1961年，將原隸屬於專利局之抗告庭與無效庭自該局分出，成立聯邦專利法院 (Bundespatentgericht)（依1961年基本法§96a設立）。因早期彼邦對該專利局核准或拒絕專利之決定有所不服，雖可向行政法院提起行政訴訟，但使專利案件之訴訟發生稽延，且專利局內所置之抗告庭，因在行政機關內，難謂為獨立之司法保護，故有此變革。即西德原已設有完善之行政法院系統，但因鑑於專利之複雜性與特殊性，故特別設立此專業法院。

值得注意的是，該院並非行政法院，而是正規的司法機關。主要任務在處理對德國專利與商標局及聯邦植物品種局所作決定不服而提起的上訴案件，即宣告專利無效或撤銷及強制授權、在德國境內有效的歐洲專利等案件。詳言之，管轄的案件包括：

1. 對德國專利與商標局決定提起的有關專利、商標外觀設計、實用新型和積體電路布圖設計的上訴案件；

2. 對聯邦植物品種局 (Bundessortenamt) 的決定提起的有關植物新品種的上訴案件；

3. 對德國專利及德國境內的歐洲專利權的無效宣告案件；

4. 對專利或新型的強制授權之授予或撤銷提起的訴訟，以及要求調整法院以判決確定的強制授權使用費的案件❺。

該法院總人數約三百人，每年受理約四千五百件新案，加上約二千件申請審查檔案及其他非訟事件。

需要注意的是，專利法院祇能管轄原由專利局各庭處理之案件，即有關工業產權之授與和有效性問題，但無權受理侵權案件。專利權侵害之訴

❺ 聯邦專利法院原處理專利案件（包含強制授權）、商標和新型專利案件，之後再延伸至半導體佈局、植物新品種保護和工業設計領域。近年來其審判權更延伸至醫藥與植物保護產品之補充保護證明，及歐洲專利在德國無效之案件。

訟案件等，仍由有一般管轄權之普通法院管轄。由於受理專利權侵害訴訟之普通法院，無權挑戰專利局所授與專利權之有效性，故被告在普通法院不可提出原告專利無效，作為侵害訴訟之抗辯。為了達到此結果，須向聯邦專利法院提起特別訴訟，請求專利法院宣告該專利無效，此點乃專利法院功能上美中不足之處。

二、組　織

㈠特置技術法官

專利法院由院長、庭長 (Vorsitzender Richter) 及其他法官組成。其特色除一般法律家出身之法律法官之外，尚置有擅長技術之技術法官（又稱為技術委員，Technische Mitglieder），他們均為具有法定資格的法官（又稱法律法官）或具有技術專長的技術法官。技術法官是比較特殊的一群法官。按在德國法院組織，未受法律教育之法官係在掌理刑事（陪審員）、商事、勞工、行政、財政與社會保險事務之法院，擔任榮譽行外法官 (lay judges)，但在專利法院，技術法官與別的法院的 “lay judges” 工作僅限於言詞審理與事後審判不同。其法律地位在法官法第 120 條和專利法第 65 條都得到確認。技術法官與法律法官一樣也是終身職，與法律法官有相同權利義務❻。但他們又是特定技術領域的專家。根據專利法第 56 條和第 26 條第 2 款的規定，被任用為技術法官的人必須是在德國或歐盟境內的大學或相關科研機構畢業並通過技術或自然科學相關方面的國家級或學院級考試，且至少在自然科學或技術領域有五年以上的工作經歷。此外，技術法官還須具備法定的法官資格。換言之，必須經歷其他法官必須經歷的專業學習（尤其在專利法方面）與專業考核歷程。由於對技術領域和法律領域都有較高要求，技術法官一般從德國專利與商標局的資深技術審查員中選任。至法律法官除須完成職業法官所定學習與訓練課程外，尚須具有多年實際職業經驗，亦即可能在不同法院或行政機構，諸如專利局工作後，才調至該專利

❻ 參照 1993 年筆者訪問德國專利局局長 Heüsser 時所得 1993 年 8 月出版有關介紹該法院之書面資料。

法院。法官依法由聯邦總統任命，但實際上移歸聯邦司法部長任命。

聯邦專利法院現共有一百一十六名法官，其中有六十二名法律法官與五十四名技術法官，其他行政人員有一百四十四名。院長監督院內的法官與其他職員。該法院每年受理約四千五百件新案，加上約二千件申請審查檔案及其他非訟事件。

㈡專業化之審判庭

聯邦專利法院現有二十九個審判庭，分為上訴庭 (Beschwerdesenate) 與無效庭 (Nichtigkeitssenate)。其中共有四個無效庭，二十五個上訴庭。二十五個上訴庭中有一個實用新型上訴審判庭、十三個技術上訴審判庭、九個商標上訴審判庭、一個品種保護上訴審判庭和一個法律上訴審判庭❼。

其中新型審判庭負責新型與集體電路布圖設計方面的案件；十三個技術審判庭之間有明確的分工。例如：第六技術審判庭主要負責水利、建築、基礎設施建設等方面的糾紛；第七技術審判庭主要負責機械製造領域的案件，如航太及航海機械工業、製冷製熱機械、發動機等；第九技術審判庭主要負責交通工具行業，如汽車、火車、航空器製造業等。

由於不涉及技術問題，商標上訴審判庭、法律上訴審判庭和特定程式中的新型上訴審判庭由三名法律法官組成。其他上訴庭在審理不同類型的案件時，須由法律法官與技術法官混合組成。

各庭組成之詳情如下：

1. 技術審判庭由法官四人組成，包括一名法律法官和三名技術法官，由技術法官擔任審判長。

2. 無效庭在審理專利無效、授予或撤銷強制授權、調整強制授權使用費及強制授權程序中的臨時處分 (einstweilige Verfuegung) 案件時，共有五名法官。由一名法律法官擔任審判長，另一名法律法官和三名技術法官擔任審判員（專利法 §67）。

3. 其他無效庭由三名法官組成，其中至少一人是法律法官（一般情況

❼ 一說目前有三十六個庭，目前共有一百二十名法官，其中五十八名技術法官，六十二名法律法官。

下由兩名法律法官和一名技術法官組成）。

4. 植物品種保護審判庭由二名技術法官和二名法律法官組成，審判長由法律法官擔任（品種保護法 §34V），但如案件只涉及名稱變更時，則只需由三名法律法官組成❽。

無論在上訴庭還是無效庭，只有參與審判的法律法官與技術法官才能對審理結果評議和表決。表決採多數決，票數相同時，取決於審判長。這種針對不同性質案件，由不同領域的專業人員組成的審判庭的制度設計，可謂煞費苦心，目的在保障判決的正確與效率的提升。

三、專利法院之處理

㈠聯邦專利法院審理所適用的程序法仍是民事訴訟法，而非行政訴訟法

㈡專利法院在程序上所採的原則

1. 申請原則：即不告不理。

2. 審查原則：法院有權不受申請人訴訟請求的拘束，對案件事實進行調查，不受當事人舉證或調查證據申請的影響。審查範圍包括事實問題與法律問題。

3. 無強制代理：當事人可以自行出庭，也可授權代理人出庭。適格的代理人，包括律師、專利代理人、專利公職人員以及獲得許可的人員，如專利工程師。但在德國境內無住所或分支機構的當事人，應委任一名專利代理人或律師進行訴訟。

4. 聽取當事人陳述原則：專利法院原則上以書面審理為主。僅當訴訟參與人提出申請、或需要舉證，或認為有必要聽取當事人陳述時才聽取陳述。惟實際上，大部分案件都進行言詞審理程式。

5. 專利與商標局局長參與訴訟：上訴審判庭在審理案件必要時，亦可依據公共利益原則處理。此時，為了確定公共利益原則的適用，專利與商

❽ 參照武卓敏，〈德國知識產權法專題研究：德國工業產權訴訟〉(2006) fjthk.now.cn:7751/article.chinalawinfo.com/article_print.asp?articleid=35514 北大法律資訊網。

標局局長可以提出書面意見，或出庭。此外，專利法院在遇到重要法律問題時，亦可讓局長出庭。其目的在保障判決的一致性[9]。

㈢程　序

1. 聯邦專利法院在受理無效宣告申請後，向被申請人發出通知。被申請人須在一個月內提出答辯。未及時答辯者，專利法院可以不聽取當事人陳述，依訴訟請求做出判決。而申請人訴訟請求中所提事實視為已被證實並接受。如被申請人及時抗辯，法院才開始對具體事實問題進行審查。除雙方當事人同意外，審理時應聽取當事人陳述。如判決專利權全部或部分無效時，無效宣告將刊登於專利公報上。

2. 大部分無效宣告案件都是因專利侵權糾紛而起。由於受理專利侵權案件的民事法院不能受理無效宣告，所以在聯邦專利法院對無效宣告申請（受理後）做出判決之前，民事法院須中止審理。

3. 針對專利與商標局決定提出的上訴，聯邦專利法院可以駁回上訴維持該局的決定、撤銷該局決定，並發回該局重新處理，或由專利法院自行判決。具體來說，上訴審判庭以命令 (Beschluss) 形式，對上訴案件做出決定，而無效庭則是以判決的形式做出決定[10]。

對專利法院所下裁判如有不服，原則上可向聯邦最高法院 (Bundesgerichtshof, BGH) 上訴[11]。按德國聯邦最高法院、專利與商標局專利法院皆在聯邦司法部管轄之下。

---

[9] 參照武卓敏，前揭文。又依該文，專利法院 2005 年技術審判庭審結或調解案件的結案時間平均為 25 個月，商標審判庭為 21 個月。

[10] 依照聯邦專利法院之運作規則，專利申請人被核駁之上訴如成功，聯邦專利法院可以直接授予該專利，而非要求專利商標局核發；專利異議之訴的最後判決，聯邦專利法院可以決定專利最後修正部分 (amendment) 與形式 (form)。此種處理程式與行政法院作出判決後，責令公家機關做出一定法律行為 (legal act) 不同。參照江冠賢、陳佳麟，〈德國聯邦專利法院〉，www.itl.nctu.edu.tw/DB/BOARD_FILES/279_3.pdf。

[11] 聯邦最高法院為專利法院之最高上訴法院，對於不服專利法院或普通法院有關專利權侵害之判決，可上訴於最高法院第十民事庭亦即專利庭。參照蔡明誠，前揭書，頁 170。

深度探討～德國聯邦最高法院對專利案件之處理

鑒於德國聯邦最高法院對專利案件之處理頗有特色，以下加以略述：

1. 如不服聯邦專利法院上訴審判庭所下命令，可在一個月內向聯邦最高法院 (Bundesgerichtshof) 提出申訴 (Beschwerde)。但須滿足專利法第 100 條或商標法第 83 條規定的申訴理由，或獲得聯邦專利法院的允許才受理。聯邦最高法院對這類案件僅作法律上的審查。

2. 如不服無效審判庭所下的判決，則可在判決公佈後一個月內向聯邦最高法院提出上訴 (Berufung)。與上述情況不同，此類上訴無需專利法院批准。聯邦最高法院受理上訴後，對案件的法律與事實問題一併審查。如果需要，還有權進行證據調查。由於最高法院審判庭中沒有技術法官，所以涉及技術問題時，往往需借重鑑定來協助審判。

3. 在聯邦最高法院，無論是有關智慧財產之民事訴訟事件或行政訴訟事件，都劃歸第一庭或第十庭審理。第一庭係審理商標及新式樣 (Geschmacksmuster) 爭訟事件，第十庭係審理發明、新型專利 (Gebrauchsmuster)、半導體晶片 (Topographien)、品種保護 (Sortenschutz) 爭訟事件。因此，在下級審雖然有審判權之分屬，由聯邦專利法院審理專利無效訴訟或其他智慧財產行政爭訟事件，而由聯邦地方法院及高等法院審理智慧財產之民事侵權事件，但最後可在聯邦最高普通法院由同一庭作終審裁判，而可以統一法律見解，避免裁判歧異[12]。

[12] 參照洪陸麟，第四章非專屬管轄與優先管轄原則，http://nccur.lib.nccu.edu.tw/bitstream/140.119/39019/7/51057107.pdf

第二十三章　專利法上之程序期間與送達

第一節　期　間

一、總　說

所謂期間係指專利申請人、專利權人或關係人為專利程序行為之時期，在期間屆滿前，任何時期內均可為該程序行為，但如不按時為其應為之程序行為，則法律上發生遲誤，而導致失權或其他不利之效果。專利法上之期間可分法定期間與指定期間兩種，而專利法施行細則則更有行政命令規定之期間。

惟茲有應注意者，92 年專利法再修正，鑒於現行條文中，有關期間之計算，影響當事人權益至鉅，而甚多條文中有「之日起」或「之次日起」規定者，用語並不一致，屢生期間計算之疑義，為正本清源，遂參照行政程序法第 48 條第 2 項規定，新增第 20 條規定，即：「本法有關期間之計算，其始日不計算在內。第五十一條第三項、第一百零一條第三項及第一百十三條第三項規定之專利權期限，自申請日當日起算。」100 年修正，第 2 項所引條次配合本次修法之變更，而改為「第五十二條第三項、第一百十四條及第一百三十五條規定之專利權期限，自申請日當日起算。」

即本法有關期間之計算，其始日不計算在內，例外為專利權期限，須自申請日當日起算，在實務上，不可不知，以免權益受損。

專利法所定或專利機關指定之各項期間之遵守，亦即專利之申請及其他程序，以書面提出者，應以書件到達專利專責機關之日為準；如係郵寄者，以郵寄地郵戳所載日期為準。郵戳所載日期不清晰者，除由當事人舉證外，以到達專利專責機關之日為準（專施 §5）。

二、法定期間

法定期間為專利法所明定之期間。專利法上之法定期間有下列各種：

1. 雇用人對受雇人完成非職務上之發明、新型或設計，於受雇人書面通知到達後，向受雇人表示反對之六個月期間（專 §8III）。

2. 發明或新型因實驗、於刊物發表、展覽會參展等而發表或使用，為免喪失新穎性，於事實發生後十二個月期間（專 §22III）。

3. 申請人於向外國第一次申請專利之日後，向我國提出申請發明與新型專利之優先權之十二個月期間與設計之六個月期間（專 §28I、§142）。

4. 申請生物材料或利用生物材料之發明專利，自申請日起檢送寄存證明文件之四個月期間；如主張優先權者，為最早之優先權日後十六個月內（專 §27）。

5. 主張優先權人於申請之日起，檢送經該外國政府證明受理之申請文件之十六個月期間（專 §29II、§142）。

6. 發明專利分割申請應於原申請案再審查審定前或核准審定書、再審查核准審定書送達後三個月內（專 §34）。

7. 發明、新型或設計為非專利申請權人請准專利，經舉發撤銷時，專利申請人欲保持非專利申請權人之申請日為其自己之申請日，自舉發撤銷確定後二個月及專利案公告之日起二年內之期間（專 §35I、§120、§142）。

8. 專利機關於發明專利申請日起，為了將申請案公開應等待之十八個月期間（專 §37I）。

9. 發明專利申請日起任何人向專利機關申請實體審查之三年期間（專 §38）。

10. 又逾申請分割或逾將新型改請為發明專利之法定期間者，得於申請分割或改請後三十日內申請實體審查（專 §38）。

11.專利申請權人對於不予專利之審定不服，於審定書送達後請求再審查之二個月期間（專 §48、§142）。

12.涉及國防機密或國家安全之發明保密之一年期間。期滿前一個月諮詢國防部或國家安全機關（專 §51、§120）。

13.申請專利之發明核准審定書送達後，為取得專利權繳納證書費及第一年年費之三個月期間（專 §52I）。

14.申請人非因故意遲誤繳費期限，得於屆滿後之六個月加倍補繳第一年年費（專 §52IV）。

15.醫藥品、農藥品或其製造方法發明專利權之專利權人申請延長專利之三個月申請期間（專 §53IV）。

16.申請人非因故意遲誤繳納第二年專利年費期限，得於期限屆滿後一年內，繳納三倍專利年費，申請回復專利權（專 §70II）。

17.舉發人補提理由及證據自舉發日起三個月內之期間（專 §73IV、§83、§142）。

18.專利權人於舉發書副本送達後一個月答辯（專 §74）。

19.專利第二年以後之專利年費未按期繳費，於期滿後六個月內補繳之期間（專 §94、§120、§142）。

20.專利受侵害，請求賠償損害等二年與十年之時效期間（專 §96、§120、§142）。

21.申請發明或設計專利後改請新型專利，或申請新型專利後改請發明專利，應於原申請案准予專利之審定書、處分書送達前；如原申請案為發明或設計，於不予專利之審定書送達後二個月內；如原申請案為新型，於不予專利之處分書送達後三十日內始得申請改請（專 §108）。

22.新型專利申請人為取得專利權，於准予專利處分書送達後繳納證書費及第一年年費之三個月期間（專 §120 準用 §52I、II）。

23.設計專利申請前於刊物發表或陳列於展覽會或非出於其本意而洩漏者，自事實發生後申請之六個月期間（專 §122III）。

24.申請發明或新型專利權，為改請設計專利，於原申請案准予專利之審定書、處分書送達後，又於原發明與新型申請案不予專利之審定書、處分書送達後二個月與三十日之期間（專 §132）。

25. 設計專利申請人為取得專利權，於核准審定書送達後繳納證書費及第一年年費之三個月期間（專 §142 準用 §52I、II）。

三、指定期間

(一)指定期間為主管機關（專利機關）依職權所指定之期間，包括下列：

1. 專利機關對於以外文本提出說明書、申請專利範圍及必要圖式之人所指定補正中文本之期間（專 §25）。

2. 二人以上有同一之發明、新型或設計，同日各別申請，專利機關通知申請人申報協議結果所指定之期間（專 §31、§120、§128）。

3. 專利機關審查專利時，得依申請或依職權，限期通知申請人到局面詢，為必要之實驗、補送模型或樣品，補充或修正說明書或圖式（專 §42、§142）。

4. 專利機關於審查專利時，得依申請或依職權通知申請人限期修正說明書、申請專利範圍或圖式（專 §43、§142）。

5. 專利機關於不予專利（含再審查）之審定前應通知申請人限期申復（專 §46）。

(二)依本法及本細則指定之期間，申請人得於指定期間屆滿前，敘明理由，向專利專責機關申請延展（專施 §6）。

四、期間之遲誤與回復原狀

(一)期間之遲誤

在舊專利法原規定：「申請人凡為有關專利之申請及其他程序者，延誤法定或指定之期間，或不依限納費者，其行為均為無效，但聲明故障經專利機關認為有正當理由者不在此限。」但因行政法院實務見解認為延誤指定期間，在處分不受理前補正者，仍應予以受理，故 83 年專利法修正時，採納該見解，將「均為無效」改為「應不受理」，另加但書，即「但延誤指

定期間或不依限納費在處分前補正者，仍應受理。」100 年修法，改為：「申請人為有關專利之申請及其他程序，遲誤法定或指定之期間者，除本法另有規定外，仍應受理」(專 §17I)。所謂本法另有規定，係指遲誤法定期間，有其他條文另定其法律效果者。例如第 27 條第 2 項視為未寄存、第 29 條第 3 項視為未主張優先權、第 38 條第 4 項視為撤回及第 70 條第 1 項第 3 款專利權當然消滅等規定；遲誤指定期間如違反新法第 43 條第 3 項及第 4 項規定時，依該條第 5 項可逕為審定。

㈡回復原狀

又申請人因不可歸責於己之事由延誤法定期間者，原不得補行期間內應為之行為，但如此對申請人殊嫌過苛，故專利法特仿民刑事訴訟法回復原狀之制度，而規定：「申請人因天災或不可歸責於己之事由延誤法定期間者，於其原因消滅後三十日內得以書面敘明理由向專利專責機關申請回復原狀。但延誤法定期間已逾一年者，不在此限。申請回復原狀應同時補行期間內應為之行為。前二項規定，於異議不適用之」(92 年專 §17)，所謂天災係指風災、水災、火災、地震、瘟疫、交通中斷及其他不可抗力之天災地變而言。是否構成該條之天災，應視具體個案而定。所謂不可歸責於己之事由，非以天災或其他不可抗力之事由為限，凡以通常人之注意所不能預見或不可避免之事由，均應包括在內；但須其事由之發生，與行為逾期有因果關係者，始足當之。如鐵公路工人罷工，身染重病或失去自由，而有不能委人代理之情形是。

惟須注意：按申請人或專利權人遲誤主張優先權、繳納證書費及第一年專利年費與補繳第二年以後專利年費之法定期間，本已生未主張優先權或失權之法律效果，100 年修法既已增訂申請人或專利權人如非因故意遲誤者，得繳納一定費用，於一定期間內例外給予救濟之機會，此等期間之遲誤不宜再有回復原狀規定之適用，新法特參照專利法條約施行細則 (Regulations Under the Patent Law Treaty) 第 12 條及歐洲專利公約 (EPC) 第 122 條等規定，於專利法第 17 條增訂第 4 項予以除外。

當事人或代理人之同居人、受雇人或代收送達人於收領專利機關通知後，未為轉交，致遲誤不變期間者，雖有認為均非不應歸責於當事人或代理人之事由，不得以此為申請回復原狀之原因❶者，惟愚見以為似嫌過苛。

遲誤不變期間之原因，由於當事人或代理人之過失者，不許其回復原狀之申請，此項過失之有無，應就當事人或代理人本人決之。但代理人遲誤不變期間，如當事人本人與有過失者，仍在不許申請回復原狀之列❷。

因申請回復原狀係在追復遲誤不變期間內所應為之行為。故於客觀上認為申請人有正當理由時，專利機關應准予回復原狀。目的在避免案件久懸未決，影響關係人之權益。惟須注意申請回復原狀，應同時補行期間內應為之行為，而非於專利機關通知核准回復原狀後方得補行，目的在爭取時效，以免無謂之延宕。

所謂同時補行期間內應為之行為（例如申請再審查），並不限於以同一書狀申請回復原狀，並補行應為之行為；其先補行該行為，（例如申請再審查）再申請回復原狀，衹須在書狀上表明已於何時提起再審查之申請之旨即可。其一面申請回復原狀，一面提起再審查申請，衹須其再審查之申請，在上開三十日內為之者，可謂已同時補行其應為之行為❸。若當事人未於原因消滅之日起三十日內補辦程序，雖未超過一年亦不得再補行應辦之行為❹。

駁回回復原狀申請之處分，申請人如有不服，得依一般行政救濟程序提起訴願。

深度探討～行政程序法施行後，人民申請處理期間

按依行政程序法規定，行政機關對於人民依法規之申請，除法規另有規定外，應按各事項類別，訂定處理期間並公告之；未依規定訂定處理期間者，其處理期間為二個月。行政機關未能於前述期間內處理終結者，得

❶ 吳明軒著，《中國民事訴訟法》（上），頁 390 以下。

❷ 同❶。

❸ 同旨趣參照陳計男，《民事訴訟法》，三民書局，頁 284、285。

❹ 金進平，《工業所有權法新論》，頁 117。

於原處理期間之限度內延長，但以一次為限，且應於原處理期間屆滿前，將延長之事由通知申請人。行政機關因天災或其他不可歸責之事由，致事務之處理遭受阻礙時，於該項事由終止前，停止處理期間之進行 (§51)。

第二節　公示送達

所謂公示送達，係指在民刑訴訟，法院應送達之文書依一定之程式公示後，經過一定期間，法律上擬制為與實際交付應受送達人本人有同一效力之送達方法。專利法亦有公示送達制度，規定「審定書或其他文件無從送達者，應於專利公報公告之，自刊登公報之日起滿三十日，視為已送達」(92 年專 §18)。100 年修正，將「自刊登公報之日起」改為「於刊登公報後」(專 §18)。依該條規定，只有專利機關依職權為公示送達，且要件與民刑訴訟法之規定有所出入。所謂無從送達，殆指因受送達人遷居、出國旅行、住院或在逃等行蹤不明等原因，致無從送達之意。

此時以刊登專利公報方式，取代實際送達，而法定期間則自視為送達之翌日即第三十一日起算，如受送達人未閱讀公報而應送達之審定書或其他文件對其不利，經過法定期間而不自知，則喪失行政救濟之機會。

在我國無住居所或營業所之內外國人，依專利法申請專利及辦理有關專利事項，應委任代理人辦理之 (專 §11)，原則上不生公示送達之問題，但如代理人因送達處所變更，而未及時向專利機關申請變更，致該局無法送達時，仍有公示送達之可能❺。

❺ 金進平，前揭書，頁 204 以下。

第二十四章　專利之註冊與行政管理

第一節　專利權簿

專利機關應備具專利權簿，其作用在於扼要記錄專利權之一切情形，使查閱之人不必查閱該案原卷。專利權簿應記載核准專利，專利權異動及法令所定之一切事項，供民眾閱覽、抄錄、攝影或影印。92 年專利法為因應電子資訊及網路之快速發展，認為未來專利權簿有以電子方式為之之需要，故增訂專利權簿得以電子方式為之（92 年專 §75）。100 年專利法除沿用（專 §85）外，為配合行政院推廣政府資訊處理標準，健全電子化政府環境，增訂：「專利專責機關依本法應公開、公告之事項，得以電子方式為之」，以提升效率，其實施日期授權由智財局另定之（專 §86）。

專利權簿應載明下列事項：

一、發明、新型或設計名稱。

二、專利權期限。

三、專利權人姓名或名稱、國籍、住居所或營業所。

四、委任專利代理人者，其姓名及事務所。

五、申請日及申請案號。

六、主張本法第 28 條第 1 項優先權之各第一次申請專利之國家或世界貿易組織會員、申請案號及申請日。

七、主張本法第 30 條第 1 項優先權之各申請案號及申請日。

八、公告日及專利證書號數。

九、受讓人、繼承人之姓名或名稱及專利權讓與或繼承登記之年、月、日。

十、委託人、受託人之姓名或名稱及信託、塗銷或歸屬登記之年、月、日。

十一、被授權人之姓名或名稱及授權登記之年、月、日。

十二、質權人之姓名或名稱及質權設定、變更或塗銷登記之年、月、日。

十三、強制授權之被授權人姓名或名稱、國籍、住居所或營業所及核准或廢止之年、月、日。

十四、補發證書之事由及年、月、日。

十五、延長或延展專利權期限及核准之年、月、日。

十六、專利權消滅或撤銷之事由及其年、月、日。如發明或新型專利權之部分請求項經刪除或撤銷者，並應載明該部分請求項項號。

十七、寄存機構名稱、寄存日期及號碼。

十八、其他有關專利之權利及法令所定之一切事項（專施 §82）。

又依施行細則，涉及專利權簿之規定尚有：專利機關為專利權之質權設定、變更、塗銷登記者，應將有關事項加註於專利權簿（專施 §67）。

第二節　專利證書

專利證書之作用，在證明證書上所載之專利權人，享有該專利權保護期間等。專利法與施行細則有關專利證書之主要規定如下：

1. 經核准審定之發明，自公告之日起給予專利權並發證書（專 §52II、§120、§142I）。

2. 專利權讓與登記，應附具證明文件，向專利機關申請（專施 §63）。

3. 專利權繼承登記，應附具證明文件，向專利機關申請（專施 §69）。

4. 核准專利者，專利權人應繳納證書費（專 §92）。

5. 專利權人應在專利物或標籤包裝上標示專利證書號數，其未附加標示者，請求損害賠償時應舉證侵害人明知或可得而知為專利物（專 §98）。

6. 申請專利權質權之設定、變更或塗銷登記者，專利證書為應檢附之

文書之一，並應將有關事由加註於專利證書（專施 §67）。

7. 專利證書號數標示之附加，在專利權消滅或撤銷確定後，不得為之。但於專利權消滅或撤銷確定前已標示並流通進入市場者，不在此限（專施 §79）。

8. 專利證書滅失、遺失或毀損時，專利權人應以書面敘明理由，申請補發或換發（專施 §80）。

第三節　專利公報

專利公報係各國及地域性專利局出版專門報導專利申請或審批有關事項之定期出版物，例如美國之 Official Gazette，日本之特許公開公報，特許公告公報，實用新案登錄公報，意匠公報等，以週刊、旬刊、半月刊及月刊方式定期出版，主要介紹專利申請與批准情況，專利之簡要內容，如核准之專利說明書，權利保護範圍 (claim)，及公告與法令變動情況、有關各種專利之情況等。可用以掌握當前公布與批准專利之最新情報，亦可利用專利公報中有關專利事務方面之公告，掌握各國專利工作動態與法律變動情況。我國在民國 63 年以前並無專利公報發行，有關專利之公告事項係刊登於「標準公報」上，後來因專利申請案日多，乃刊行獨立之專利公報。專利公報上除專利法規定應刊登之事項外，尚可看到各種行政命令包含函、通知等與專利業務有關之信息。凡與專利有關，無論涉及特定人或公眾權益之事項均應公告，使大眾周知，此時即通過專利公報加以公告。

我國專利法明定須刊登專利公報之情形頗多，包括：

1. 申請專利之發明經審查認為無不予專利之理由時應予專利，並應將申請專利範圍及圖式公告之（專 §47I）。

2. 專利權人向專利機關申請更正請准專利之專利說明書、申請專利範圍及圖式，經核准更正後，應將其事由公告之（專 §68、§142）。

3. 發明專利權之核准、變更、延長、延展、讓與、信託、授權、強制授權、撤銷、消滅、設定質權、舉發審定及其他應公告事項，應於專利公報公告之（專 §84）。

4. 專利申請案公告時應將一定事項刊載專利公報❶（專施 §83）。

第四節　專利檔案之保存（電子化作業）

隨著工商之快速發展，專利申請案逐年增加，而辦公室自動化、無紙化亦成為潮流所趨。故日本自 1990 年 12 月 1 日開始接受磁碟片等電子化資料或以電腦連線方式提出專利申請案❷，節省申請人人力物力，紓減紙本儲存問題。美日各國與歐洲專利局亦已可以電子形式提送專利申請文件。經濟部亦於 97 年 5 月訂頒「專利電子申請實施辦法」，開放電子申請。該辦法後來改稱「專利電子申請及電子送達實施辦法」，增訂專利機關得為電子送達之規定，自 102 年 12 月施行。專利法為解決實務上紙本專利檔案之儲存問題，並賦予智財局電子化作業之法規依據，於民國 83 年修正時增列規定：「專利檔案應永久保存，惟得以微縮底片、磁碟、磁帶、光碟等方式儲存，如經專利機關確認，視同原檔案，原紙本專利檔案得予銷毀。儲存紀錄經專利機關確認者，推定其為真正。第一項儲存替代物之確認，管理及使用規則，由經濟部定之（86 年專 §132）。」90 年專利法將該條改為：「專利檔案中之申請書件、說明書及圖式，應由專利專責機關永久保存；其他文件之檔案，至少應保存三十年。」❸因專利申請書件、說明書及圖

❶ 專利法施行細則規定：專利機關公告專利時，應將下列事項刊載專利公報：……
十一、發明專利或新型專利之申請專利範圍及圖式；設計專利之圖式。
十二、圖式簡單說明或設計說明。
十三、主張本法第二十八條第一項優先權之各第一次申請專利之國家或世界貿易組織會員、申請案號及申請日。
十四、主張本法第三十條第一項優先權之各申請案號及申請日。
十五、生物材料或利用生物材料之發明，其寄存機構名稱、寄存日期及寄存號碼。
十六、同一人就相同創作，於同日另申請發明專利之聲明。（§83）

❷ 黃文儀著，《專利法逐條解說》，頁 149。

❸ 92 年修正時將條文中之「圖式」一詞改為「圖說」，其他不變。

式等，係前案技術之原始資料，必須永久保存；其他專利檔案，因顧及儲存空間不足，且專利權期間最長為二十五年，乃規定應保存三十年。100 年修法，將申請專利範圍及摘要獨立於說明書之外，故增列該二項文件亦應永久保存（專 §143）。

由於專利檔案到民國 107 年累計 210 多萬件，須不斷擴增儲存空間，民國 108 年爰參考國際規範修正，除 1. 強制授權申請之發明專利案。2. 獲得諾貝爾獎之我國國民所申請之專利案。3. 獲得國家發明創作獎之專利案。4. 經提起行政救濟之舉發案。5. 經提起行政救濟之異議案。6. 其他經專利機關認定具重要歷史意義之技術發展、經濟價值或重大訴訟之專利案外，依發明、新型及設計專利等種類限縮為十到三十年，無保存價值者可定期銷燬，以解決檔案儲存空間不足之困境（專施 §89 之 1）。

第二十五章　專利刑事法

第一節　從處罰專利犯罪至除罪化

我國專利法於民國 92 年修正時，全面廢除罰則規定，使專利刑事罰進入歷史。但因外國尚有不少處罰專利犯罪，為了了解其來龍去脈、得失與因應之道，並為了對專利制度有通盤了解起見，本書仍有保留相關內容之必要。

一、侵害專利應否以刑罰加以處罰

按侵害他人專利權除民事責任外，是否亦構成犯罪，受刑罰之制裁，各國立法例並不一致，在美國、英國、新加坡等國侵害專利權不構成犯罪，而德國 (§142)、日本、韓國則構成犯罪，且為告訴乃論之罪，法國 1968 年法雖規定構成犯罪 (§52)，但於 1978 年修正後，改為不成立犯罪❶。

按主張另科以刑事制裁之理由有三：

1. 專利侵權行為不但損害專利權人之經濟利益，且影響公益，包括降低發明人研發活動之意願，影響技術移轉及專利法其他宗旨之達成。

2. 在智能財產權中，侵害著作權與商標之行為皆有刑罰予以科處，專利權之價值絕對不亞於著作權與商標，並無單獨排除刑罰之理。

3. 民事賠償不足以嚇阻專利侵權行為，如侵害人無力支付賠償，則無虞損失，對侵權行為了無顧忌，反之如有刑罰，則不肖之徒不致貿然以身試法。

我國過去專利法仿德、日之立法例，訂有第五章罰則，對各種侵害行

❶ 紋谷暢男著，《特許法五十講》，頁 259。

為科以刑罰之制裁，即原分為侵害物品發明專利權罪（舊專 §123），侵害方法發明專利權罪（舊專 §124），侵害新型專利權罪（舊專 §125），侵害新式樣專利權罪（舊專 §126），販賣、陳列或進口仿冒發明專利權物品罪（舊專 §127），販賣、陳列或進口仿冒新型專利權罪（舊專 §128），販賣、陳列或進口仿冒新式樣專利權物品罪（舊專 §129），及發明專利權人或被授權人或實施權人違法廣告或違法標示罪（舊專 §130，又參見舊專 §83、§105、§122）。我專利法所規定各罪，除第 130 條（虛偽標示廣告罪）外，均為所謂親告罪，即告訴乃論之罪（83 年專 §131I）。此乃仿德日之立法例。但不似著作權法，並無有兩罰規定，即法律除了處罰現實之行為人外，不一併處罰法人或自然人（事業主等）。

二、自由刑存廢問題與發明專利罰金刑之廢除

侵害專利應否科以刑罰，尤其自由刑，為值得討論之問題。事實上如上所述，各國對於侵害專利並非一律科以刑罰，英、美、法、新加坡等國對於專利侵害，僅有民事責任而無刑事責任，TRIPS 只規定各國對於侵害商標或著作權者須科以刑罰，對於侵害專利並未強制各國明定刑罰。惟德國、日本、韓國則對專利侵害科以刑罰，並定為告訴乃論之罪。

我國專利法自民國 38 年 1 月 1 日施行時起，對於侵害專利行為即科以刑罰，歷年修正之趨勢，均提高罰金刑之刑度，但對於自由刑則予維持。83 年專利法修正時，在立法院審議期間，臺灣區製藥工業同業公會及一些企業界人士，建議廢除專利法發明專利侵害罪之自由刑，以免產業之發展籠罩在監獄的陰影下而無前景可期，其理由如次：

1. 發明之侵害具有高度之科技性、複雜性與爭議性，行為之認知與侵害之判斷非常不明確，從而其刑事犯之倫理非難性亦不顯著。至於新型技術層次則介於發明與新式樣之間，因國人取得新型專利者至多，為保障其權益，爰保留新型之刑事處罰規定，但因若干高科技產品之創新，有時屬新型專利之範圍，故其刑度以罰金刑為限，以免過度影響高科技產業之發展，至於新式樣之技術層次較低，研發之風險不高，不願自行創作，而仍

事抄襲，其惡性非輕，故或可以刑罰處罰之❷。

2. 發明之技術層次較高，是否涉及侵害本法，非易辨之事，若技術能力未達一定水準，資本之投入未達相當之規模，以從事研究發展與生產製造，恐達「涉嫌仿冒」均有困難，而當產業界以相當之魄力投入技術人才與大量資金從事與發明有關之工作，豈可與仿冒商標與盜印出版物同視。我國專利審查品質不佳，在外審委員充斥，前案資料不全之主客觀不良因素下，浮濫給予專利之情形已屬平常，根據統計數字顯示，外國人取得發明專利之比例占九成以上，若干關鍵性零組件，其相關之發明專利經抽樣統計，其審查時間平均只有七個月，而絕大多數為外國人所取得，在此情形下，以刑罰保護發明專利，不僅是保護可能隨時會因舉發而成為無效之專利，更是以本國資源保護外國人之利益，至屬不智，亦為立法政策上所不應採取。

3. 世界各國之專利法多數不以刑罰處罰發明專利侵害，少數有此規定之國家亦甚少使用，一旦使用又甚為嚴謹，我國之實務情形恰與世界多數國家之作法相反。此外，國際間保護智慧財產權之標準，並不要求以刑罰制裁專利侵害，我國於立法時，自不必自訂較高之標準，而增加未來外國貿易報復我國之籌碼❸。

此種廢止自由刑之主張，為立法院於一讀時加以採納，當時此種決定當然也遭到若干人士，包括發明人團體之反對，要求恢復行政院原草案條文，其理由為：

⑴竊取他人財物有刑罰制裁，剽竊他人專利進而大肆販賣，其惡性及侵害均較竊盜為重，何以不以刑罰加以處罰？

⑵德、日、韓等大陸法系國家，對侵害專利均科以刑罰，雖有謂備而不用，然仍具有嚇阻之作用，我國國情，人民畏坐牢而不懼罰金，此亦侵害發明專利應維持自由刑之原因。

後來立法院仍刪除了侵害發明專利之自由刑（原為三年或二年以下有

❷ 同❶。

❸ 見該公會 82 年 5 月編印專利法修正草案建議資料。

期徒刑、拘役，現只保留罰金刑，但金額相對提高一倍），同時提高民事損害賠償額度，對於故意之侵害行為，法院得依侵害情節，酌定損害額以上，但不超過損害額二倍之賠償。而對侵害新型專利與新式樣專利則仍保持原有自由刑，且刑度不變（並加重罰金刑），因此形成侵害新型與新式樣之處罰反較侵害發明為重之畸輕畸重情形。

三、發明專利罰金刑之一併廢除（發明專利刑罰之廢除）

如上所述，發明專利權之侵害與新型、新式樣相同，其法定刑原有有期徒刑之設，民國 83 年專利法修正，僅發明專利權廢除自由刑，保留罰金刑並提高其金額。至民國 90 年修正專利法時，行政院修正草案原無廢除整個發明專利權刑罰之擬議，但在立法院審議期間，朝野協商時，委員提案刪除第 123 條、第 124 條與第 127 條，並完成立法。至侵害新型與新式樣專利之刑罰，仍維持原條文不變，惟為配合發明專利之除罪化，特將專利侵權行為之民事損害賠償責任提高，即參酌美國專利法第 284 條，將專利法第 89 條故意侵權人之懲罰性損害賠償之上限，由原損害賠償之「二倍」提高為「三倍」。按立法委員刪除發明專利權刑罰之理由如次：

1. 發明為利用自然法則之高度創作，物品是否侵害他人之發明專利權，涉及複雜專業技術之判斷，須委由專家認定，且不同專家見解亦未必相同，在認定上時有疑義。

2. 現行條文所定刑罰，雖只有罰金刑，惟實務運作上常見權利人透過檢察官發動偵查權，對嫌疑人或被告進行搜索、扣押，最後縱經不起訴處分或判決無罪確定，惟對嫌疑人或被告名譽及財產權之損害已然造成，對於產業發展反而不利。

由於發明專利權除罪化之結果，如在 90 年專利法修正前，侵害他人發明專利權者，依刑法從新從輕原則，如在訴追中，則檢察官應為不起訴之處分，在審判中法院應為免訴之判決，如判決有罪執行中，則停止執行。惟由於除罪化結果，對侵害發明專利權（含物品專利與方法專利）之人，只能向法院民事庭提起獨立民事訴訟，請求侵權行為之損害賠償，而無法

如修法前，可在刑事訴訟中提起附帶民事訴訟，亦即須預繳裁判費用。對被害人言，可能增加一筆不輕負擔，當然對專利權人尋求法律保障，可能形成一種新的阻礙。

四、專利罰則之全面刪除（專利犯罪之全面除罪化）

民國92年專利法大幅修正，全面刪除罰則規定，將專利權之侵害悉數回歸民事解決，在草案總說明謂：「現行本法業將侵害發明專利權除罪化，卻仍維持侵害新型、新式樣專利之刑事責任，屢遭批評，咸認侵害技術層次較高之發明專利無刑事責任，侵害技術層次較低之新型、新式樣專利，反科以刑事責任，顯有輕重失衡之不合理情況。再以本次修正，新型專利已改採形式審查，對於僅經形式審查之新型專利權，是否合於取得專利權之實質條件，並不確定，如仍採取刑事罰，以國人習慣以刑逼民之作法，易對被告造成無法彌補之傷害，爰將侵害新型、新式樣專利權，均予廢除刑罰，完全回歸民事解決，以解決現行本法輕重失衡體例不一之狀況，並避免將來專利權人動輒發動刑事程序影響企業之發展，爰刪除現行條文第一百二十五條、第一百二十六條、第一百二十八條及第一百二十九條。」

此外又在第125條刪除之說明欄，指出廢除刑罰之理由如下：

1. 按世界智慧財產權組織／與貿易有關之智慧財產權協定第61條(WTO/TRIPS　Article 61)規定「會員至少應對具有商業規模而故意仿冒商標或侵害著作權之案件，訂定刑事程序及罰則。救濟措施應包括足可產生嚇阻作用之徒刑及（或）罰金……。會員亦得對其他侵害智慧財產權之案件，特別是故意違法並具商業規模者，訂定刑事程序及罰則。」至於專利侵害是否予以刑事制裁，由各國自行決定。查英美法系國家，對於侵害專利只有民事責任；德國、日本雖有刑事責任，卻是備而不用或案例很少；法國則於1975年廢除專利刑罰。

2. 現行法於90年10月24日修正公布，業將侵害發明專利權除罪化，卻仍維持侵害新型、新式樣專利之刑事責任，學者間迭有批評，咸認侵害技術層次較低之新型、新式樣專利，反科以刑事責任，顯有輕重失衡之不合理情況，造成立法價值判斷上之矛盾，此為世所未見之立法例，自修法以來屢遭質疑。

3. 惟本次專利法修正將新型專利改採形式審查，對於僅經形式審查之新型專利權，是否確實符合新型專利實體要件，並不確定。尤其如有刑罰，我國司法實務上，權利人常利用刑罰之規定，藉檢察官之犯罪偵查權，打擊競爭對手，對其財產施以搜索、扣押，其結果往往造成競爭對手營業上及名譽上無法彌補之傷害。

4. 為能兼顧立法價值之一致性，本次修法爰將侵害新型、新式樣專利權，均予廢除刑罰，完全回歸民事解決。

惟筆者以為上述修正理由雖號稱避免將來專利權人動輒發動刑事程序，影響企業之發展，但不知有無慮及今後狡黠之徒侵害專利權人時，專利權人只有訴諸民事訴訟，法律救濟困難重重❹，且緩不濟急，此時是否亦影響發明人之發明與投資意願以及企業之健全發展？

❹ 按智慧財產侵害案件，被害人多循刑事告訴或自訴救濟，甚少循民事訴訟法上之獨立民事訴訟尋求救濟，其原因為：

1. 刑事訴訟無償免費，民事訴訟須付訴訟費，且請求之損害賠償額愈高，則訴訟費用亦愈高。被害人往往無力或不願負擔。
2. 在刑事訴訟檢察官有舉證責任，法院亦可依職權調查證據，反之民事訴訟舉證責任在原告，況專利權侵害舉證甚為困難。
3. 檢察官除有舉證責任外，又有強制處分權，能迅速搜索、扣押侵害人之侵害物，羈押侵害人，而在民事訴訟，被害人並無此等權力，且民事訴訟曠日持久，何時判決確定，何時可得到賠償，皆難預料。
4. 刑事訴訟附帶民事訴訟採無償主義，被害人可在刑事訴訟就民事賠償問題一併解決，民事判決即使判決確定，但難保侵害人脫產。
5. 勝訴多只是一紙債權憑證，被害人賠了夫人又折兵，並無實益，提起刑事訴訟則可以刑逼民，使侵害人以金錢解決。
6. 即使被害人在刑事訴訟提起自訴，不提告訴，此時雖不如檢察官起訴有利，但仍可以刑逼民，求償較有希望，且可免繳訴訟費用。

以上可參照〈剖析現行智慧財產權之民、刑事司法救濟程序〉，載《發明家雜誌》，1988年5月號附冊〈智慧財產權彙報〉，頁72。

第二節　其他相關犯罪

專利法罰則雖已刪除，但並不表示所有與專利相關之違法行為，均不觸犯刑章，若干行為仍有構成犯罪可能。例如：

一、洩露秘密罪

我國舊專利法第 94 條原有「專利局職員洩漏職務上關於專利之發明，或申請人事業上之秘密者，處三年以下有期徒刑、拘役或科或併科四萬元以下之罰金」，該條刑度較刑法第 318 條一般公務員之洩密罪為重。但後來行政院將該條加以刪除。

二、偽證、虛偽鑑定罪

偽證、虛偽鑑定等行為，日本特許法 (§199) 有處罰規定，我國無之，惟如有此等行為時，在偽證只能適用刑法有關規定，但虛偽鑑定行為本身似無適當條文可以規範，鑑於鑑定對當事人取得專利權與否，關係至為重大，為提升鑑定之公信力，加強鑑定人之責任心，有明文對虛偽鑑定加以科罰之必要。

三、專利詐欺罪

在我國專利法對以詐欺手段取得專利權並無處罰，但因專利權具有廣泛社會與經濟影響，專利獨占權之取得，如來自詐欺或其他不正手法，殊與公益不符，故在若干外國對此等行為設有處罰專條，例如日本與美國，此點在立法論上可供我國參考。

詳言之，日本特許法對於以詐欺行為取得專利權之人，處三年以下有期徒刑或二十萬日圓以下罰金 (§197)。例如雖明細書之記載不能奏效，卻記載虛偽事實（比較例等），或提出虛偽資料（實驗成績證明書等），而取得專利之類（大審判明 37 年 11 月 8 日綜統事件）。又明知為公知之機械，

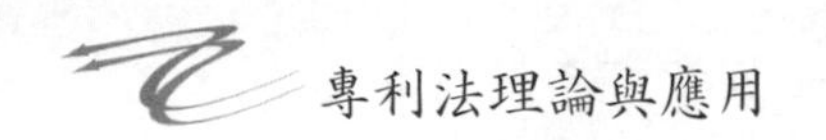

卻假裝無此事實，「被告詐稱是自己發明，欺騙有關官吏」而取得專利之場合，日本法院表示與該罪相當。

在美國依聯邦制定法之解釋，凡專利申請人、律師或代理人對專利局為虛偽或詐欺陳述，致申請人詐欺取得專利者，可構成犯罪，科一萬美金以下罰金或五年以下徒刑或兩者併科❺。

分析言之，其犯罪構成要件須⑴專利權人知悉之事實有misrepresentation（虛妄陳述或故意不透露相關資訊），⑵專利權人有意欺騙專利局發給專利，⑶此 misrepresentation 對發給專利之重要法律或事實爭點，具有決定性之作用，⑷經由審查官，使專利局相信該 misrepresentation，⑸由於該 misrepresentation，發給本來不應發之專利❻。

最常見之詐欺行為，包含不透露制定法上取得專利之障礙（statutory bar），諸如攸關專利可能性之一年公開使用或銷售，或不透露已知相關之先前技術等。

四、虛偽廣告或標示（舊專 §83、§130）

登載廣告逾越專利權之範圍，或在非專利物品或非專利方法所製物品，或其包裝上附加請准專利字樣，或足以使人誤認為請准專利之標示，是否構成犯罪？在舊專利法曾一度處罰。且處六個月以下有期徒刑、拘役或科或併科新臺幣五萬元以下罰金（舊專 §83、§130）。因認為此等行為乃濫用專利品或專利方法在交易上之有利地位，有使公眾誤認之虞，如置之不理，為公益所不許，故加以處罰。後來被刪除。

五、盜用他人申請中之發明是否構成犯罪？

盜用（在申請公告或公開前，竊取他人發明加以實施，或利用其發明加以改造，申請專利新型等）申請中之發明時，在日本過去特許法與洩漏申請中發明之秘密同，其第 200 條有處罰明文。我國則不成立。

---

❺ Kintner & Lahr, *An Intellectual Property Law Primer*, p. 126.

❻ Id. at p. 125.

第二十六章　有關專利之國際公約與國際組織

各國頒行之專利法，僅在該國領域內發生效力。在 19 世紀，工業財產領域內出現任何國際公約前，發明人要想在不同國家取得專利權的保護甚為困難。因各國法律不同，專利權之申請幾乎須向所有國家提出，而且為避免在一個國家之公表 (publication)，使同一發明在其他國家之新穎性為之摧毀，更需要同時向這些國家提出申請，如此不但手續繁雜，費用高昂，而且對外國人權利之保護亦嫌不足與欠缺確定性。在此種情形下，要想在多國發生保護專利權之效力，必須仰賴締結雙邊條約或多邊公約不可，尤以多邊公約最有效果，因此隨著科技與經濟之發展與國際交流之增加，要求擴大保護專利權之呼聲亦日益高漲，於是自 19 世紀下半葉以來，各先進國開始醞釀簽訂保護專利權之國際公約，不久陸續出現許多全球性與區域性國際公約，尋求克服這些難題的方案，以致專利法成為締結國際公約最頻繁之法律領域之一。

在另一方面，自 19 世紀後期以來，愈來愈多國家發展出發明保護制度，以致在國際甚至整個世界基礎上尋求工業財產法律和諧化之呼聲甚為普遍；加以技術交流更加國際化，驅使專利法謀求和諧化 (harmonization) 比起其他法律領域來得更為殷切。

第一節　巴黎公約

一、主要內容

關於專利，世界上最重要之條約首推「有關工業財產權保護之巴黎公約」(The Paris Convention for the Protection of Industrial Property)，簡稱巴黎公約。原來早在 1873 年在奧國維也納國際博覽會開幕期間，參展國家呼籲採取保護產品發明與商標之措施，在美國提議下，由各國代表舉行第一次國際專利會議，討論如何統一各國專利法問題。

嗣於 1878 年、1880 年先後在巴黎召開國際會議，成立公約起草委員會。終於在 1883 年 3 月 20 日有英、法、義、西班牙等十四國在巴黎外交會議簽署了該公約，設置國際保護工業財產權聯盟(簡稱巴黎聯盟，the Paris Union)。

該公約最初之構想是在手續與實質方面，實現世界統一的普遍工業財產權制度，但未被接受，而改為尊重各國國內法與謀求國際協調之原則。

該公約其後歷經多次修正，包括 1900 年在布魯塞爾，1911 年在華盛頓，1925 年在海牙，1934 年在倫敦，1958 年在里斯本，1967 年於斯德哥爾摩修正，又於 1979 年修正。巴黎公約為任何國家均可加入組織同盟之多邊公約，新加入國則加入最新之公約，從而國際上並無單一巴黎公約之存在。巴黎公約至 2019 年 1 月止，締約國共有 177 個國家❶。

巴黎公約之管理機構設於日內瓦，除了與有關著作權之伯恩同盟之秘書處，合稱為「國際智能財產組織」(World Intellectual Property Organization，簡稱 WIPO) 之國際秘書處外，尚有所有加盟國構成之大會及大會所自加入國四分之一選出所構成之執行委員會，又設有檢討修正公約實體規定，原則須全員一致之修正會議。

由於巴黎公約規定：「工業財產權之保護，乃關於專利、新型、新式樣、

❶ http://www.wipo.int/treaties/en/ip/paris/trtdocs_wo020html

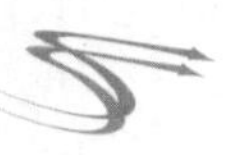

商標、服務標章、商號、原產地標示或原產地名稱及防止不正競爭」(§1)，為了確保工業財產權最廣範圍之保護，「適用此公約之國家形成保護工業財產權之同盟」(§1)，即以國際公約保護尚嫌不足，更進而結合成立單一之同盟，以強化加盟國間之關係，此乃巴黎公約之特色，而與一般條約不同，故加入國稱為同盟國。

巴黎公約並非統一法，只是調整各國不同之專利法，公約之規定，可大別為有關同盟國權利義務之公法性質之規定，有關同盟管理機構之行政性質規定，及有關私人間權利義務之實體性規定三種。實體性規定可分為國民待遇、優先權、各國專利獨立原則等三大原則以及共通規則。

㈠國民待遇之原則（內外國人平等）

巴黎公約第 2 條⑴規定各同盟國國民（含法人）關於工業財產權之保護，不妨害本條約特別規定之權利，在其他所有同盟國，享受該其他同盟國法令對內國國民現在所賦予，或將來可能賦予之利益，從而同盟國之國民依課予內國國民之條件及手續，與內國國民享受同一保護，且對自己權利之侵害，被賦予與內國國民相同之法律上救濟。所謂國民待遇之原則，即使非同盟國之國民，在任何同盟國之領域內有住所或有現實且真正營業所時，亦可享受此國民待遇（稱為準同盟國民）(§3)。此規定乃以工業財產權之保護，各國彼此獨立，在屬地主義之下行之為前提。各同盟國國民在其他同盟國，有與其國民同等之權利能力，從而各國實質法律內容有出入時，有更優實體法之國家之國民，在他國不能享受該國民在本國所受之保護。故公約自現今相互主義之保護，希望將來各國立法統一，而採無條件之平等主義。又雖云可受內國國民待遇，但基於此種公約之性質，為了在外國獲得權利之保護，仍須向各國逐一申請。與有關著作權之伯恩公約，因一國著作權之發生，權利人自動在同盟國國內被賦予權利不同，巴黎公約在各國尚須辦理專利申請或登記之手續。於是取得權利，請求保護，仍須向各該國申請。為了克服此種時間上之困難，遂有下述優先權制度之產生。

㈡優先權制度

巴黎公約第 4 條規定，在任何同盟國，正規申請專利或申請登記新型、新式樣或商標之登記之人或其繼承人，在其他同盟國申請專利時，在以下所定期間有優先權。即向巴黎公約加入國中之一國申請，其後再向其他加入國申請時，第二國申請視為以第一國申請之日為申請日，即承認申請日之溯及效果。優先權期間自最初申請之翌日起算，專利新型為十二個月，新式樣與商標為六個月 (§4C ③)。在此期間內，如與後來之專利申請同時提出優先權之申請時，則在其間可防止他人提出申請，及由於發明之公表、實施、新式樣之物品之販賣，致權利被侵害 (§4B)。關於此優先權，社會主義各國之發明人證書（對發明人賦予報償金、實施權歸國家所有），在第4條第1項設有規定，從而在同盟國內所為發明人證書之申請與專利申請係以同一條件享有優先權。

㈢各國專利獨立之原則

由於各國專利採用屬地主義之結果，如有人欲在數國取得專利之保護時，須向各國分別申請辦理，稱為「一國一專利主義」。巴黎公約第4條之2⑴規定同盟國國民在各同盟國所申請之專利，與在他國（不問是否同盟國）就同一發明所取得之專利，彼此獨立。即一國專利權之變更、消滅不影響他國專利權之存在。此項各國專利獨立之原則，係因在國際社會，各國皆有獨立主權之故。惟有人主張在審查專利能力尚未充分之發展中國家，於同一申請向先進國與本國提出時，應利用先進國之審查結果。

由於各國專利獨立之結果，在各同盟國取得之權利與他國取得之權利相互間並無關係。易言之，只享有被賦予權利國家數目之「一束權利」。因此如在甲國賦予別人專利權之產品，乙國適法權利人未經甲國專利權人之授權，向甲國輸入時，則可能構成甲國專利權之侵害，而與產品所有權之歸屬，並無直接關係。

又巴黎公約第5條設有對不實施專利之制裁規定，此規定係為了防止因專利權人不實施發明所生不利益而所採之對策。換言之，發展中國家在內國雖保護外國人之專利權，但如外國專利權人現實不實施專利時，因無助於本國產業之發展，為了消除此種流弊，原則上承認專利權人負依該國法律實施其專利之義務，即課以所謂強制授權之制裁。

此外巴黎公約其他有關專利之規定尚有：

1. 發明人揭載權（§4 之 3）。
2. 受法律限制販賣之物發明之專利性（§4 之 4）。
3. 專利費等繳納之延緩，專利之回復（§5 之 2）。
4. 不構成專利權侵害之情形（§5 之 3）。
5. 物品製造方法專利之效力（§5 之 4）。
6. 博覽會展出品之假保護 (§11)。

二、組織機構

巴黎聯盟為世界智慧財產組織所屬最大機構，其組織分為：

1. 大　會

大會每三年召開一次，由接受公約第 13 條至第 17 條約束之成員國所組成，審批聯盟報告與活動，選舉執行委員會，批准計畫與預、決算，接受成員國等。不屬大會成員國之聯盟成員國可派觀察員出席。WIPO 2002 年大會首度接納四個國家非政府組織為觀察員。

2. 執行委員會

每年召開一次，由大會成員國選出之國家所組成，擬定大會議事日程草案，提出計畫與預算等，其他成員國可派觀察員出席。

3. 國際局

為聯盟之常設機構，負責匯總、公布與向成員國提供有關工業財產權保護之資訊、出版刊物、提供服務等。

三、巴黎公約之特別協定

巴黎公約在第 19 條規定，同盟國在不牴觸巴黎公約規定範圍內，保留締結相互特別協定之權利。如上所述，巴黎公約之修改須全員一致，故為了因應國家間更有力保護工業財產權之要求，乃有此規定。事實上，至今所締結之特別協定，例如有「有關防止發生虛偽或誤認之原產地表示之 1891 年 4 月 14 日之馬德里協定」、「關於新式樣或雛形之國際寄託之海牙協定」、「原產地名稱之保護與其國際登記之里斯本協定」、「有關專利國際分類之斯特拉斯堡協定」、「商標登記公約」、「專利合作公約」等。

四、巴黎公約之修正

自60年代以後，許多發展中國家相繼加入巴黎公約，為該公約帶來新的衝擊，也打破過去由已開發國家形成一言堂的局面，從1961年開始，發展中國家有組織地進行要求修改現行國際專利制度，使其從事於有利於發展中國家之努力。例如對於巴黎公約所規定國民待遇原則方面，要求賦予發展中國家非對等的優惠待遇，即已開發國家的專利權人在發展中國家不能享受與該國國民相同的待遇，而發展中國家的專利權人在已開發國家應享受優於該國國民的待遇。在優先權期限方面，要求對發展中國家的專利申請人多給半年，專利權費減半等。在強制授權方面，發展中國家認為由於許多專利發明依該公約，專利可以取得強制授權時已經陳舊過時，實際效益有限，故主張將強制授權前之期限加以縮短，並要求將強制授權改為專屬性的授權等。但已開發國家反對降低巴黎公約之保護水準，反對對巴黎公約進行實質性修改，雙方爭執異常激烈❷。由於美國之強力反對，以致巴黎公約之談判為之中斷，如今由於GATT/TRIPS之簽訂與WTO之成立，今後巴黎公約之重要性與修正之可能性似較以往減少❸。

❷ 在巴黎公約有南北國家之爭，南方發展中國家(LDC)主張全世界專利權總計三五〇萬件之中，LDC之專利僅有二十萬件，占全部百分之六，其中已實施的有二萬件，大部分被先進國企業以進口貨物之方法加以獨占，在LDC並未實施本來之專利，專利制度反而阻礙技術移轉，從而主張：對於專利權人不實施專利，國家即使違反專利權人之意思亦可強制在該國實施，亦即認許排他的強制實施權（實施權人以外之人均不得實施之權利）。惟由於承認此種權利，則專利權人本身產品亦不能出口，對專利大國影響甚大，故受到美國之強力反對，以致巴黎公約之談判中斷。此問題在GATT之烏拉圭回合亦加討論，經決定不能設定排他的強制實施權。今後在巴黎公約之修正談判上再討論該問題之可能性似乎甚少（參照竹田和彥著，《最近特許の知識——その理論と實際》，4版，頁43、44）。

❸ 文希凱、陳仲華著，《專利法》，頁269。

五、專利法條約

WIPO 為了草擬專利制度之國際規則，作為巴黎公約第 19 條之「特別協定」，自 1985 年起，開始從事專利法條約之檢討，後來每年一至二次召開專利委員會討論之結果，在 1990 年年底作成所謂條約草案，交外交會議決定。該草案正式名稱為「關於專利部分補充關於工業財產權保護之巴黎公約之條約（專利法條約）」(Treaty Supplementing the Paris Convention for the Protection of Industrial Property as far as Patents are Concerned) (Patent Law Treaty)。現該草案已通過，成為繼專利合作條約之後，重要的專利法多邊條約，其詳請參閱本章第十四節所述。

第二節　WIPO 設立公約

一、成立經過

設立世界智能財產組織 (World Intellectual Property Organization) 之公約，係於 1967 年 7 月 14 日在斯德哥爾摩，與巴黎公約及伯恩公約之修正同時締結。原來根據巴黎公約成立之巴黎聯盟與依據伯恩公約（1886 年簽訂以保障文學與藝術作品之著作權為目的之公約）成立之伯恩聯盟，兩者都規定設國際局處理日常行政，由於都是保障人類智能財產之國際聯合事務局，稱為國際聯合局 (BIRPI)，負責管理兩個聯盟及其所屬各國協定的行政事務。1962 年此兩個聯盟建議成立世界智能財產組織，將活動範圍擴大至會員國，並擴大保護智能財產之範圍。同年 7 月 14 日由五十一個國家在斯德哥爾摩簽署了世界智能財產組織公約，決定成立 WIPO，將上述國際聯合局移交與 WIPO，作為其國際局，兩個聯盟成為 WIPO 之所屬機構。至 1998 年 7 月止，成員國已有一百七十一國。1970 年 4 月 26 日根據該公約成立了世界智能財產組織，為政府間組織，1974 年 12 月 17 日成為聯合國一個專門機構（十五個專門機構中的第十四個），總部設在日內瓦，凡巴黎公約或伯恩公約參加國，只需同時批准或加入該公約 1976 年之斯德哥爾摩議定書，或至少批准或加入其行政條款，即成為 WIPO 之成員國。

二、WIPO 之任務與職權

WIPO 之任務與職權包括：

1. 在促進全世界對智慧財產權的保護方面，WIPO 鼓勵締結新的國際條約，協調各國立法，對發展中國家提供法律技術協助，蒐集並傳播資訊。

2. 執行巴黎聯盟及其有關專門聯盟與伯恩聯盟的行政事務，目前成為智能財產方面各國際組織的行政執行機構。

3. 在對發展中國家援助方面，在技術移轉、起草有關智慧財產的立法、設立專利文獻機構與專利機構、培訓工作人員各方面都提供援助，包括起草了「發展中國家發明模範法」及其實施細則，提供發展中國家參考。

三、組　織

1. 大　會

大會為最高權力機構，由成員國中參加巴黎聯盟或伯恩聯盟的國家所組成。任命總幹事，審批有關報告、預算等，每三年召開一次。

2. 成員國會議

由全體成員國組成，討論有關智慧財產方面共同感興趣的問題，制訂法律一技術計劃等，每三年召開一次。

3. 協調委員會

為保證各聯盟之間的合作而設，每年召開一次，就一切行政、財政問題提出意見，議定大會的議程草案等。

4. 國際局

為 WIPO 之常設辦事機構，其負責人為總幹事，另有兩個或兩個以上副總幹事。WIPO 自成立以來一直為先進國所控制，近三十年來發展中國家之影響逐漸增加，在 1973 年爭取到一名副總幹事職位，打破了過去由已開發國家完全控制的局面。

5. 仲裁及調解中心

WIPO 自 1994 年起在日內瓦設有仲裁及調解中心 (WIPO Arbitration and Mediation Center)，解決私人間國際商務爭議。該中心提供之仲裁、調解及專家決定程序 (expert determination procedures) 被廣泛認為特別適合技術、娛樂及其他智慧財產爭議，該中心自 2010 年起在新加坡設有分所。依 WIPO 仲裁、加速仲裁、調解及專家決定規則 (Arbitration, Expedited Arbitration, Mediation and Expert Determination Rules) 請求解決之爭議案件愈來愈多，包括契約爭議（如專利與軟體授權、商標並存契約、醫藥品經銷契約及研發契約）與契約外爭議（如專利侵害）[4]。

深度探討～專利與發展中國家

BIRPI（巴黎公約同盟的秘書處）與該機關及聯合國邀請下開會之專家，早就認識到專利制度對發展中國家發展之重要性。1964 年，聯合國出版了一份一百頁的研究報告，稱為「專利在技術移轉對發展中國家之重要性」(*The Role of Patents in the Transfer of Technology to Developing Countries*)。1965 年在全美製造業協會 (National Association of Manufacturing) 主辦下，於紐約召開的世界專利制度會議中，談到：「發展中國家發展之一要件，就是迅速工業化。因此他們需要吸收並使用外國投資、外國發明及外國技術的 know-how 至最大限度。此等因素之充分保護，自然會鼓勵人們將外國發明與 know-how 之授權 (licensing) 用於當地生產，且將吸引外國投資。如同高度開發國家之經驗所示，它將同時激勵當地發明人之發明天分。」

BIRPI 在與非洲、亞洲及拉丁美洲國家及巴黎聯盟其他會員國代表及聯合國，與不同協會來的觀察員諮商之後，以好幾種文字出版了「發展中國家發明模範法」(Model Law for Developing Countries on Inventions)。數個新獨立非洲國家考慮用該模範法來起草專利立法。該模範法之內容並非必須準確採用，而是可以調整。該法規定專利要件包括發明須有新穎性，來

[4] http://www.wipo.int/amc/en/center/background.html

自發明活動，及可在工業上應用。但植物與動物之品種、它們生產所需之生物方法 (process) 及違反公序良俗之發明，則自專利性除外。又首先申請之人享有優先權，專利期間為二十年，但須繳年費等。

該模範法對於專利審查提供三種選擇：一為不審查之註冊制度，一為如同美國之審查制度，及如荷蘭與德國之延緩審查 (deferred examination) 制度。鑒於發展中國家可能欠缺訓練有素之技術人員，且組織審查團隊有困難，該模範法還規定：可利用自海牙國際專利協會 (the International Patent Institute) 或自內國專利機構 (national patent offices) 所得之檢索結果，因為在發展中國家，大多數專利權人可能係外國人之故。該模範法還包含規範授權使用之規定，以及在此等案件，專利如過了四年仍未利用，或所有人拒絕在合理條件下同意授權時，可予以強制授權之規定。

該模範法亦訂有保護營業秘密之條文。在其附錄還列有在蘇聯及其他東歐社會主義國家所賦予的所謂「進口專利」(patents of introduction) 及「發明人證書」(inventors' certificate)。進口專利被定義為在較短期間（如十年），賦予此權利，期待專利權人（也是外國專利所有人），要在發展中國家利用其發明，禁止將發明品進口，且如在二年內未開始利用時，可歸於無效。

第三節　專利合作條約

專利合作條約（Patent Cooperation Treaty，簡稱 PCT）與歐洲專利公約及共同體專利公約為區域性超國家安排不同，PCT 乃全球公約，係美國在 1966 年 6 月巴黎聯盟公約執行委員會作為專利工作的提案所提出，目的在透過國際間合作，建立一個從申請而檢索、審查，直到公布出版的各國統一的標準與程序。該公約於 1970 年 6 月 19 日在華盛頓召開的外交會議上簽訂，1978 年 1 月 24 日正式生效。同年 6 月 1 日開始受理國際專利申請案，由此產生了國際專利文獻。PCT 各項工作由日內瓦之國際局，即世界智能財產組織（WIPO 之秘書處）負責。

專利合作條約之目的係在：統一締約國專利申請與調查等工作。因為

當一個專利申請案要在許多國家提出時，依傳統作法，須由許多國家之專利局對同一發明重複進行許多先前技術之調查，且可能使巴黎公約所准許之十二個月優先權時間遲誤，而 PCT 之目的在簡化專利申請之手續，減少申請人之費用，避免專利申請人與各國專利局重複之勞費與工作，可加速科技資訊之交流，進一步推動專利制度之國際化，故 PCT 的作用比起巴黎公約前進了一大步。

簡單言之，依照 PCT 之規定，申請人把單一所謂「國際專利申請」(international patent application)（國際申請語言現已有英、法、德、日、俄、瑞典、挪威、丹麥、芬蘭、荷蘭共十種，再加西班牙與中文）向一個專利局（稱為「受理局」(receiving office)）提出時，即發生向第一個國家與所有申請人欲申請之所有其他國家提出之效力，即一份國際申請相當於若干件國家申請。

該國際專利申請然後轉送到國際調查單位 (international searching authority)，由其亦作先前技術調查後，將結果（稱為國際調查報告，international search report）送給各個被指定國家之專利局。在各國進一步進行之程序，係交由當地專利局手中，依照通常程序進行，如手續順利，則按正常方法核准適當之內國專利。

上述單一處理又進一步，即國際調查報告轉送至一個國際初審機構 (International Preliminary Authority)，由該單位對該發明之可專利性，參酌所發現先前技術，提供意見。該意見被送給個別國家之專利局，由後者處理申請之後續手續，該意見不當然有拘束力，惟在實務上受到相當之斟酌。無論如何，專利申請案在手續 (formalities) 上受到單一之審核，且由國際局統一刊布[5]。

根據 PCT 聯盟大會，目前指定歐洲專利局、美國專利商標局、日本特許廳、蘇聯國家發明與發現委員會、澳洲專利局、奧地利專利局、瑞典專利局為國際檢索單位 (ISA)。中共亦加入該公約，且其專利局亦被指定為國際檢索單位與國際初步審查單位，對於臺灣發明人國際專利申請提供了較

---

[5] Reid, op. cit., p. 181.

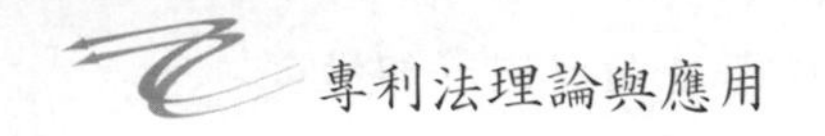

為便捷之管道。

專利合作公約之特色如下：

1.提出與各國專利審批程序不同之特殊程序

該公約把國際申請的審批程序，分為國際與國家兩個不同階段，把專利審批程序中易於統一的形式問題（專利申請之提出、對專利申請文件之形式審查與公布等）統一在國際階段進行，把不易統一之實質問題（授與專利之實質條件審查）留給各國，在各自國家階段處理。由於免除了各國專利局對專利申請的受理與形式審查等事務之處理工作，有利於提高各國專利局審批專利的效率。

2.統一國際階段之程序

申請人可通過一個專利局（PCT 受理局），提出一份國際申請，代替分別向各外國提出國家申請，該國際申請在 PCT 受理局（通常是本國專利局）按公約規定進行形式審查，並在國際局統一進行國際公布。

3.各國單位為國際申請提供國際檢索與國際初步審查報告

條約規定國際檢索與國際初步審查程序，在國際階段，由特定國際單位按公約所定標準，對國際申請進行現有技術檢索，並對是否具有發明之性質，提出意見，對於申請人判斷該申請獲得專利權的前景與專利局審查該申請是否具備，具有重要參考作用。

4.對各國專利局提供有益協助

由於條約統一了專利申請之提出、格式要求與國際公布等程序，使各國專利局免除了對專利申請的受理與形式審查等事務處理工作。且由於申請人在國際單位審查人員協助下，在國際階段對國際申請進行多次必要的修改，使得國際申請更符合授與專利權的條件，該申請進入各國專利局後，有利於提高內國專利局審批專利之效率。

又對申請人而言，該公約提供之利益包括：第一、申請透過 PCT 程序僅需用一種文字撰寫申請文件，向一專利局提出一份國際申請。第二、延遲專利申請進入內國專利局的時間，使申請人可根據此期間內之商業前景變化，決定是否有必要繼續程序，而此期間後來自優先權日起二十五個月

延長至三十個月，予申請人更多考慮時間。第三、提出的國際檢索報告與國際初步審查報告有助於申請人判斷該申請獲得專利權之前景，避免無謂浪費❻。

故基本上由於 PCT 之安排，使得向許多國家專利申請之審批手續，在某程度可集中處理，但最後仍頒給一群內國之專利。專利權保護期限取決於被指定國家或地區專利局所規定的專利保護期限❼。PCT 對巴黎公約所有會員國開放，包括美、日、中國等歐洲以外之主要工業國，至 2019 年共有 153 國加入❽。

第四節　歐洲專利公約

1973 年 10 月歐洲十六個國家在德國慕尼黑簽訂了歐洲專利公約（European Patent Convention，簡稱 EPC），1977 年 10 月該公約正式生效，據此設立了常設的負責專利事務的機構——歐洲專利局（European Patent Office，簡稱 EPO）❾。該公約基本上為區域性之公約，締約國依該公約 166 條之規定，雖不以 EPC 國家為限，但限於歐洲國家。至 2010 年 10 月止，在三十八個國家生效。會員包括奧地利、比利時、塞浦路斯、丹麥、芬蘭、法國、德國、希臘、愛爾蘭、義大利、列支敦斯登、盧森堡、摩納哥、荷蘭、葡萄牙、西班牙、瑞典、瑞士與英國……等。2000 年在慕尼黑舉行外交會議，修改公約，將國際法新發展加入公約內，且增加對上訴部裁判之一級司法審查❿。

歐洲專利局採用「早期公開與延緩審查制」，1978 年 6 月 1 日起歐洲專利局接受了第一件專利申請，1981 年 1 月批准了第一件歐洲專利。歐洲專

❻ 吳偉成著，〈專利合作條約及其在中國的實施〉，《專利法研究》，頁 152 以下，1994 年。

❼ 高盧麟主編，《專利事務手冊》，頁 254。

❽ 依據 WIPO 資料。

❾ EPO 目前尚非歐盟之機構。

❿ http://en.wikipedia.org/wiki/European_Patent_Convention

利局法定的專利權期間是自申請日起二十年，且該專利權只在申請時指定的簽約國內有效，歐洲專利文獻可用英、法、德三種文字中任選一種撰寫刊布⓫。

EPC 比 PCT 進步，因檢索與審查工作係集中在德國慕尼黑新設立 (1978) 之歐洲專利局辦理，申請人須再指定他對發明欲申請保護之特定歐洲國家。所謂 Euro-PCT 申請亦屬可能。

如進行成功，雖然申請人取得一個所謂「歐洲專利」⓬，但專利之嗣後執行 (enforcement) 與一般管理，係在有關個別歐洲國家之法院與專利局處理，故在效果上又是在所指定國家取得一束個別內國專利。換言之，EPC 主要在處理歐洲專利之核發及效力方面，而不過問其執行 (enforcement)。但與 PCT 不同，各別專利之效力係依 EPC 所定理由加以判斷，而非依通常內國原因（如有出入時）加以判斷 (EPC §138)。會員與會員國之國民都可利用 EPC，故例如美國一個申請歐洲專利之人，可指定英、法、德三個與盧森堡作為欲保護之國家⓭。簽署歐洲專利公約之國家已修正各自之專利法，儘量與 EPC 一致⓮。

歐洲專利之優點：1. 一次申請多國指定，可節省申請人一一向不同國家再按不同專利法規定申請之不便，但申請專利費用含翻譯費過高，對財力較弱之中小企業乃不少負擔。且不一定比一一向產品市場國家申請專利之費用總和為低，與當初設立歐洲專利在節省不同國家專利申請程序與費用之初衷未必盡符。2. 專利效力發生爭議之不確定性。因 EPC 目前有 38 個會員國，當專利效力發生爭議時，可能有三十多種不同法律程序適用且可能產生不同數種審判結果。法律適用之不確定性對交易相對人實為困擾⓯。

⓫ 高盧麟主編，《專利事務手冊》，頁 257。

⓬ 此處所謂歐洲專利只以發明專利為限，不包括新型與新式樣，而與我國法不同（參照蔡明誠，前揭書，頁 260）。

⓭ Reid, op. cit., p. 181.

⓮ Leith, *Perspectives on Intellentual Property*, vol. 3 (Harmonization of Intellectual Property in Europe: A Case Study of Patent Procedure), p. 1.

❖深度探討～歐洲專利局❖

歐洲專利局 (European Patent Office) 乃依 1973 年在慕尼黑簽訂，1977 年生效之歐洲專利公約 (EPC) 所設立之國際性專利賦予機構，於 1977 年設立，所下專利稱為歐洲專利 (European patent)。該局為歐洲專利組織 (European Patent Organization) 之執行部門（故非法人，歐洲專利組織才是），而與行政議會 (the Administrative Council) 為監督與立法部門相對待。歐洲專利組織不屬於歐盟，且有數個會員國非歐盟國家。歐洲專利局總部設在德國之慕尼黑，同時在 Rijswik（海牙近郊）有一支部 (branch)，在柏林與維也納亦有分支機構，在布魯塞爾有連絡處。

歐洲專利局亦非歐盟 (EU) 之機構。該局職員至 2010 年底有 6,818 人，涵蓋所有締約國國民。其行政與財務自主，其收入來自所收規費與所賦予歐洲專利之年費，自給自足。申請案件快速增加，最初以為申請件數升至 310 件後會下降，但截至 1990 年，即第十三年，已接近六萬件，在 1998 年該局受理 113,400 件申請案。在 2009 年，因經濟衰退，二十年來首次下滑，有大約 13,500 件申請案，有 51,969 件專利核准。該年每件自提出申請至核准平均約需 43.1 個月。

該局為歐洲專利公約締約國核准歐洲專利，提供單一專利核准程序，但自執行面觀之，並非單一專利。因為是一束（堆）內國專利，並非歐盟專利，亦非全歐洲專利，當然亦非國際專利，因至今尚無此種專利存在。除賦予歐洲專利外，該局也為法國、希臘、義大利、荷蘭、土耳其等國之國內專利申請案作成檢索報告。

歐洲專利亦有以依專利合作條約 (PCT) 提出之國際申請為基礎予以頒發。由於與世界專利組織 (WIPO) 訂有契約關係，歐洲專利局就專利合作公約 (PCT) 之國際程序而言，該局係受理局 (receiving office)，國際檢索及國際初步審查單位 (International Searching and Preliminary Examining

⑮ 參照德國專利法院院長 Lutz 在 2009 年 11 月 18 日在交大演講之報導。(nctuitl.pixnet.net/blog/post/29959726)

Authority)。且自 2012 年 7 月 1 日起，成為一個所謂補助國際檢索機構 (supplementary international searching authority)。PCT 處理國際申請國際程序，稱為國際申請，在首先呈遞在 PCT 任何會員國後三十個月後（或某些國為二十個月後）國際申請案應轉化為內國或區域申請案，然後適用內國或區域核准程序。

歐洲專利組織至 2012 年 6 月止，共有三十八個會員國，即除所有歐盟國家外，還包含塞浦路斯、列支敦斯登、摩納哥、瑞士與土耳其。此外尚有所謂「擴大國家」(extension states)。即非歐洲專利公約締約國，但與該局簽訂有擴大協定 (extension agreement)，將歐洲專利申請與專利所賦予之保護擴充到這些國家，包括羅馬尼亞、立陶宛、拉脫維亞以及前南斯拉夫分裂而成之各國。對開發中國家，該局為了協助當地專利制度之現代化，提供訓練、專家協助及文件處理等技術合作。歐洲專利局以單一與集中之程序賦予歐洲專利，由於以英文、法文或德文三種官方文字之一提出單一專利申請，申請人可在他所想要之那麼多會員國取得專利保護。一旦頒予專利，則申請人於申請案所指定之國家法律上有義務對其賦予相同保護之國內專利。歐洲專利之有效期間為二十年。該局對專利侵害不作裁判，內國法院才有管轄權，但關於歐洲專利之有效性，該局在異議程序及內國法院在無效程序，均可決定取消一個歐洲專利。

該局與美國專利商標局、日本特許廳合稱所謂專利三局 (trilateral patent office)。也與南韓中共合作，稱為專利五局（five IP offices 或 IP5）[16]。

第五節　歐盟專利公約

歐盟專利公約（EU patent 或 European patent Convention）以前稱為共同體專利公約 (Community Patent Convention)，已於 1975 年在盧森堡，由當時構成歐洲經濟共同體 (European Economic Community, EEC) 之九個國

[16] http://en.wikipedia.org/wiki/European_Patent_Organization; http://en.wikipedia.org/wiki/European_Patent_Office

家，即比利時、丹麥、法國、西德、愛爾蘭、義大利、盧森堡、荷蘭、英國所簽署(在 1985 年與 1989 年二度修正)，但因批准國家不足，尚未生效。

該公約可認為歐洲專利公約之延伸，目的在歐洲專利局 (EPO) 之基礎上建立更統一與異質的專利和諧化，與歐洲專利公約不同之處是代替該公約在歐洲國家賦予一堆（一束）各個內國專利，它是在歐洲經濟共同體 (EEC) 會員國，也是全歐洲國家獲得單一統一的專利。公約之原始設計是由歐洲專利局決定專利之有效與否，而侵害（如在該局撤銷程序仍在繫屬中，可被禁止）則由內國法院予以決定。內國法院之選擇，係以被告之住所為準，因在歐洲專利公約之下，自本國法院上訴，並無超越內國法院之上訴法院，故此公約希望設置一個所謂共同體專利法院與共同上訴法院（Community Patent Court & Common Appeal Court，簡稱 COPAC）。尤其值得重視的是，對專利之侵害在公約 32 條正式規定「權利耗盡」(exhaustion of right) 之原則[17]。

1989 年 12 月有十二個國家在盧森堡簽訂有關共同體專利協定 (Agreement Relating to Community Patent)，想再進行上述計劃，並修改原公約之版本，又因批准國家不足而未果。鑒於不易達到共同體專利協定，有人提議在歐盟法律框架外，另行訂立其他法律協定，減少核准專利之翻譯與訴訟之花費。其一為倫敦協定 (London Agreement)（在 2008 年 5 月 1 日締結），減少了 EPC 下需翻譯經核准之歐洲專利之國家數目。另一個建議是歐洲專利訴訟協定 (European Patent Litigation Agreement)，以降低取得一個歐洲專利之花費，惟至 2010 年，尚止於提議階段。該共同體專利公約自 2005 年起停頓，且又有了新的辯論[18]。值得注意的是：歐洲專利訴訟協定之提議基本上在 2007 年被駁回，因歐洲議會法律服務處認為，該協定原則上構成 EC 條約第 292 條之違反，因此歐盟與其會員國不能參與。不過其中許多條文為下一節所述現正在批准之聯合專利法院協定 (the Agreement on the Unified Patent Court) 所採納[19]。

[17] Reid, op. cit., p. 183.

[18] http://www.enotes.com/topic/EU_Patent

第六節　歐洲單一專利與聯合專利法院

目前由歐洲專利局中央性核發之專利，係出現一束 (a bundle of) 內國專利，而須在歐盟各會員國個別執行。換言之，至今並無單一 (unitary) 歐洲專利，發明人須在各個國家取得個別專利，而這些專利須在每個國家內國法院訴訟。目前歐洲專利公約締約國之內國法院雖可審理歐洲專利之侵害與有效性問題，但在實務上，當專利權人想要執行一個歐洲專利，或第三人想在數個國家撤銷一個歐洲專利時，遭遇到許多困難，包括費用高，程序稽延，判決有歧異之風險及缺乏可預測性。於是不免驅使當事人利用內國法院解釋歐洲專利法與程序法之歧異、下判決速度之快慢、以及下損害賠償數額之不同，來尋求有利之審判地（所謂 forum shopping）[20]。

歐盟 25 個會員國為了解決上述問題，於 2013 年 2 月 19 日簽署聯合專利法院協定 (the Agreement on the Unified Patent Court)，要成立一個特別專利法院，稱為聯合專利法院（Unified Patent Court，簡稱 UPC），對有關歐洲專利與有單一效力 (unitary patents) 之歐洲專利之訴訟案件有專屬管轄權，這是參加國共通之新專門專利法院。這法院由第一審法院與上訴法院 (Court of Appeal) 及一個註冊處 (Registry) 所構成。第一審法院除在巴黎設有中央分部 (central division) 外，在倫敦與慕尼黑也有兩個特別組 (specialist sections)。倫敦審理有關化學（包含醫藥）與生命科學案件，慕尼黑審理有關機械案件。此外在協定締約國尚有數個地方與區域分部 (local and regional divisions)。挑戰專利有效性訴訟由中央部審理，而侵害訴訟可在侵害發生地或被告所在地之參加國之地方或區域分部提起。在中央部法官由兩名不同國之法律人法官與一名技術法官合議。地方與區域分部案件通常由三個法律人法官合議審理，國籍視法院地點與該部案件數目而定；基於當事人一方之申請，亦可指定一名有相關技術之技術法官加入；

---

[19] http://en.m.wikipedia.org/wiki/European_Patent_Litigation_Agreement

[20] http://www.epo.org/law-practice/unitary/patent-court.html

如雙方當事人有合意，案件亦可由一個獨任法律人法官審理[21]。上訴法院將設在盧森堡。上訴法院法官由五名多國法官構成，包括三名法律人法官與兩名技術法官合議。

在新制之下，將來發明人可在25個歐盟國家以單一單獨專利保護其發明。這樣可簡化制度，並且節省翻譯費用。他可透過聯合專利法院，以單一法院訴訟挑戰且防衛單一專利 (unitary patents)。一旦歐洲專利局批准一個單一專利時，發明人即可在所有參加國取得統一保護與同等效力。不過在過渡期間，申請人仍可自各參加國專利局繼續取得內國專利。

新制度之優點是：取得與維持一束權利簡捷低廉，與原歐洲權利乃一束權利不同，單一專利不需在各會員國生效。翻譯規定也大為簡化與便宜。單一專利只要繳一套更新費即可。而且節省行政費用及執行費。專利權人只需在一個法院，而不必在多個內國法院執行其專利，而避免重複訴訟之煩累。而且只適用單獨一套法規，而非由多國立法規律。歐洲單一專利的生效，需經26個歐盟成員國中的13國批准，且需包括法國、德國及英國3個歐洲專利大國，2017年批准的國家個數雖已符合條件，但法國於2014年批准後，只有德國和英國遲未批准。現英國亦於2018年4月批准，致批准的國家達到16個，使單一專利 (Unitary Patent) 的生效邁進了關鍵一步[22]。日後，這將是歐洲專利制度的重大變革。

第七節　國際專利分類協定

全世界採行專利制度國家平均每年共公布約一百萬份專利文件，但在浩如煙海文獻中，如何查尋，有賴專利分類法，因專利分類為查尋「先前技術」(prior art) 與調出 (retrieval) 專利文獻所必需。核發專利之機關、發明人、研發機構及其他關心技術之應用與開發之人，均需要調出文獻，各國原多有

[21] Guidance，The Unitary Patent and Unified Patent Court，https://www.gov.uk/the-unitary-patent-and-unified-patent-court

[22] 資料來源：經濟部智慧財產局。

其獨特之專利分類方法，但隨著時代進展，需調查之專利文獻限於本國文獻，尚嫌不足，而有必要廣泛擴及許多外國文獻，於是痛感有將各國專利分類統一化之必要，在此種情形下有關國際專利分類 (IPC) 之歐洲協定 (International Patent Classification Agreement)（1955 年生效）遂應運而生。

但因該協定係以歐洲為中心，對歐洲理事會加盟國與別的國家有不同待遇，於是在 WIPO 前身的 BIRPI（智能財產權保護國際事務局）與歐洲評議會推動下，將該協定推廣，使其更加國際化，使儘量多的國家採用起見，將該協定加以修正的是有關國際專利分類的斯特拉斯堡協定[23]。

該協定係 1971 年在 Strasbourg 通過，於 1979 年修正。協定所規定之國際專利分類法 (IPC) 係將所有技術分為八大類 (main section)，約六萬一千三百九十七小分類 (subgroups)。每一個小分類有一個由阿拉伯數字與拉丁文字母構成之記號。在每個專利文件（印行專利申請書與核准之專利）上，須由印行專利文獻之內國專利局附上適當之字號。

巴黎公約加盟國可加入該協定，批准或加入之文件應寄存 WIPO 秘書長。至 2014 年底止，共有六十三國及 EPO 加入此協定，包括澳洲、奧地利、比利時、巴西、捷克、丹麥、埃及、芬蘭、法國、德國、愛爾蘭、以色列、義大利、日本、盧森堡、摩納哥、荷蘭、挪威、葡萄牙、俄羅斯、西班牙、蘇利南 (Suriname)、瑞典、英國、美國……等[24]。會員國之主要權利是參加國際分類法修訂委員會，義務為保證本國專利之管理使用國際分類法[25]。現國際專利分類法已由一百個以上國家專利局加以使用，國際分類法每年元旦有新版問世。

---

[23] 吉藤幸朔，前揭書，頁 648。

[24] http://www.wipo.int/wipolex/en/wipo_treaties/details.jsp?treaty_id=11

[25] 鄭成思著，《工業產權國際公約概論》，頁 58。

第八節　微生物寄存之布達佩斯條約

如上所述，從來專利申請手續上微生物之寄託係由各國各自為之，故微生物或其使用之發明人要向數個國家申請時，因須向各國一一辦理微生物存放之程序，不但手續複雜，且費用昂貴。為了消除或緩和此種存放之重複，故國際上有布達佩斯條約 (Budapest Treaty on the International Recognition of the Deposit of Microorganisms for the Purposes of Patent Procedure) 之締結。該條約於 1977 年在匈牙利布達佩斯外交會議通過，1980 年修正。規定任何締約國為了專利程序，准許或要求存放微生物者，須承認申請人只要向任何「國際存放機構」(international depositary authority)（不問此機構是否在該國領域之內）存放即可。易言之，只要一次存放在一個國際存放機構，在所有締約國國內專利局或任何區域性專利局（如此種區域性專利局宣布它承認此條約之效力），已符合專利手續之要求。現歐洲專利局已作此宣布。

該條約係由 WIPO 管理，開放予巴黎同盟國會員國，批准或加入之文件，須向 WIPO 秘書長交付。至 2019 年 7 月，締約國有匈牙利、保加利亞、美國、日本、英國、德國、西班牙、蘇聯、瑞士、列支敦斯登、瑞典、菲律賓、奧地利、比利時、芬蘭、丹麥、挪威、義大利、澳洲、荷蘭、韓國、捷克……等 82 國[26]。

第九節　羅卡諾工業設計國際分類協定

申請工業設計專利時，一般須註明該設計應用在那一類工業品，受理機關也要按不同領域將它歸類，各國工業設計因分類法不一，不利於各國

[26] 有關布達佩斯公約的相關資料，請參見 WIPO 布達佩斯條約之網站，http://www.wipo.int/treaties/en/registration/budapest/index.html 。又 http://www.wipo.int/treaties/en/StatsResults.jsp?treaty_id=7&lang=en。

經濟發展與交流。1968 年 10 月 8 日在瑞士羅卡諾簽訂之工業設計國際分類協定 (Locarno Agreement Establishing an International Classification for Industrial Designs) 建立了工業設計之寄存或註冊之國際分類制度，即一種商品分類法，各締約國國內之專利局應在反映工業設計之寄存或註冊之官方文獻上，指定所適用之國際分類號。該分類法由三十二大類 (class) 及二二三小類 (subclass)，及一個按字母順序排列之大類與小類商品表，標出物品所屬之分類名單，對不同種類物品列有大約六二五〇種分類標誌 (indication)[27]。

該協定可由巴黎公約會員國加入。批准或加入之文件應寄存於 WIPO 之秘書長。該協定於 1971 年生效，於 1979 年修正。羅卡諾協定參加國成立了羅卡諾聯盟，聯盟除大會外，另設一個專家委員會，負責定期研修國際分類法。至 2014 年 6 月止，共有 53 個會員國，包括捷克、丹麥、芬蘭、法國、東德、匈牙利、愛爾蘭、義大利、荷蘭、挪威、蘇聯、西班牙、瑞典、瑞士、南斯拉夫等。該聯盟之執行機構為 WIPO 之國際局[28]。

第十節　工業設計國際註冊之海牙協定

工業設計專利之申請人，在傳統上為取得不同國家外觀設計之專利權，須分別向此等國家重複踐履註冊手續。為減少此種勞費，於是於 1925 年 11 月 6 日在海牙締結工業設計國際註冊之海牙協定 (The Hague Agreement Concerning the International Deposit of Industrial Designs)，創立了國際註冊或備案 (deposit) 之制度[29]，該制度之要點如下：

一個工業設計之國際備案，可依照締約國國內法規定，直接向 WIPO

---

[27] WIPO 小冊子參照。

[28] 劉淑敏等編，《實用專利教程》，頁 55。又 http://www.wipo.int/classifications/locarno/en/faq.html。

[29] 鄭成思著，《工業產權國際公約概論》，頁 98。本書係依據該協定 1960 年及 1967 年之版本 (Act)，該協定所稱 deposit 似不宜譯為寄存，以譯為註冊或備案為宜。

之國際局辦理，亦可透過原始國 (country of origin) 之締約國專利局，向該國際局為之。該締約國國內法甚至亦可規定國際備案須透過該專利局辦理，在申請人指定之各個締約國，國際備案具有與申請人已經踐履國內法要求之手續，且該國專利局已實行所有行政行為之同一效力。國際備案之效力，擴及於原始國之締約國，但該國立法得另為不同之規定。

WIPO 國際局在一定期刊物上，對每個國際備案案件印出該設計黑白之複本，或由於申請人之請求，刊登被備案設計之彩色照片或其他 graphic representation 之複本。申請人亦可請求自國際備案之日起一年內延緩刊登。

依本協定，註冊之保護期間不得少於五年，如在五年期間最後一年更新時，不得再少於十年，但國內法如有較長保護期間者，不在此限。申請人指定之各締約國，自收到國際備案出版物之日起六個月內可拒絕保護，但拒絕保護只能基於拒絕保護之締約國機構，國內法應踐履之手續與行政行為以外之要件。該協定之實施異常複雜，上述制度在下列締約國尚未生效，它們受 1934 年版本 (Act) 之拘束：埃及、東德、梵諦岡、印尼、列支敦斯登、摩洛哥、西班牙、蘇利南 (Suriname)、突尼西亞、越南。依照 1934 年之 Act，申請人不可選擇欲取得保護之締約國。

國際備案之出版物不複製該工業設計，國際備案可以封緘之方式為之，其效果是，只能自備案之日起五年後才可刊登[30]。

該協定於 1934 年在倫敦修正，1960 年在海牙修正。一個在 1961 年在摩納哥簽署之附加議定書 (Additional Act) 及 1967 年在斯德哥爾摩簽署之補充議定書 (complementary Act) 將其補充完成，又在 1979 年修正。巴黎公約之加盟國可加入該協定，批准或加入之文件須向 WIPO 秘書長備案。

1999 年 6 月 16 日至 7 月 6 日，WIPO 在日內瓦舉行了通過該協定之新版本外交會議，經該外交會議於 1999 年 7 月 2 日通過該協定之日內瓦版本，美國、日本、俄羅斯、法國、英國等 23 國已於最後版本上簽字[31]。至 2019 年止，該協定已有 74 國加入，包括比利時、埃及、法國、德國、梵諦

[30] WIPO 小冊子。

[31] 參照期刊《專利法研究》，頁 285，1999 年。

岡、匈牙利、印尼、列支敦斯登、盧森堡、摩納哥、荷蘭、塞內加爾、西班牙、蘇利南 (Suriname)、瑞士、突尼西亞等[32]。

第十一節　非洲區域性專利組織

一、非洲馬達加斯加專利協定與非洲工業財產權機構

此為中非共和國、馬達加斯加、剛果等舊法國屬地之非洲 15 國所締結之協定，正確名稱為「非洲、馬達加斯加工業財產權局創立協定」。該協定約定各加盟國不必單獨制定自己專利法與建立專利機構，可具有同一內容之專利法，並由該共同之專利局處理申請案（1964 年 1 月 1 日）。由於各加盟國不必擁有不同之專利法與專利局，不但各國可節省不少人員與經費，且申請人只要進行一次申請，即可取得會員國全部個國家之專利。但因以法國舊專利法為母法，採用無審查主義，故比起各審查國統一之利益較少，惟在乃世界上第一個採用統一專利制度之點，在專利制度史上值得注目。後因馬達加斯加退出此協定，故在協定名稱中，將該國國名刪除，且將其機構名稱改為非洲工業財產權組織 （African Intellectual Property Organization，簡稱 OAPI）。此機構總部設於喀麥隆之 Yaounde。現加盟國有加彭、喀麥隆、剛果、象牙海岸、圭亞那、伊瓜多基亞那、圭亞那畢紹、

[32] 注意：荷比盧森堡三國地區稱為 Benelux，另有所謂 Benelux 智慧財產組織 （the Benelux Organisation for Intellectual Property，簡稱 BOIP）, 係由 2005 年簽署，2006 年生效之 Benelux 智慧財產協定（Benelux Convention on Intellectual Property，此協定取代 1962 年之 Benelux Convention on Trademarks 與 1966 年之 Benelux Convention on Designs）所設置之國際組織。該組織之任務在於促進荷蘭、比利時及盧森堡三國商標與工業設計之保護，由三國代表所組成之執行委員會 (Executive Board) 監督，其下設有 Benelux 智慧財產局（Benelux Office for Intellectual Property，簡稱 BOIP，其前身乃 Benelux Trademark Office 與 Benelux Designs Office），設於荷蘭海牙，負責 Benelux 區域三國商標與工業設計之註冊事務。參照 http://en.m.wikipedia.org/wiki/Benelux_Office_for_Intellectual_Property

塞內加爾、貝林、查德、中非、多哥、列日、馬利、茅利塔尼亞、布吉納法索、科摩羅 (Commros) 等 17 國[33]。

二、非洲區域智慧財產組織

非洲區域性專利組織，除上述非洲工業財產權組織外，尚有非洲區域智慧財產組織（African Regional Intellectual Property Organization，簡稱 ARIPO），以前稱為非洲區域工業財產組織 (African Regional Industrial Property Organization)，乃大多說英語之非洲國家在專利與其他智慧財產事務合作之政府間組織，由 1976 年在 Zambia 的 Lasaka 簽署的 Lusaka Agreement 所設置，審查並核發會員國之專利與註冊商標申請案，以節省會員國財務與人力負擔，促進會員國技術進步與產業發展。目前有 19 個會員國[34]。

第十二節　波斯灣六國專利聯盟

波斯灣地區六個阿拉伯國家，即沙烏地阿拉伯、阿拉伯聯合大公國、科威特、阿曼、卡達及巴林，鑒於近年來此地區盛產石油與天然氣，戰略與經濟地位日益突出，為提升影響力，遂於 1981 年聯合起來結盟，成立波斯灣合作委員會 (Gulf Cooperation Council，簡稱 GCC，中文也有簡稱海合會)。嗣於 1992 年 10 月在沙烏地阿拉伯首都利雅德成立了 GCC 專利局（The Patent Office of The Cooperation Council for The Arab States of The Gulf，簡稱 GCCPO)，通過 GCC 專利法，該法除了發明不得與伊斯蘭教義 (Shariah) 牴觸外，大致與一般國家相似。GCC 專利局並無分支機構，所有專利申請案須向在沙烏地阿拉伯利雅德 GCC 秘書處之該局辦理。GCC 專利局對專利申請，作形式上與實質上的審查後，所頒發的專利權在六個會

[33] http://www.lawyersforafrica.com/okapi.htm 。 又 http://en.m.wikipedia.org/wiki/Organisation_Africaine_de_la_Propriété_Intellectuelle。

[34] http://en.m.wikipedia.org/wiki/African_Regional_Intellectual_Property_Organization

員國都有效，而不需再經各會員國內國審查的程序，節省勞費。且 GCC 專利法保護期間自向該局申請專利之日起算，為期二十年，而與其他內國專利法只有十五年不同。該局申請案大多數來自 GCC 以外國家，申請案在 2012 年增到 3,001 件。大部分審查工作依賴歐洲專利局、澳洲、奧地利、中共等外國專利局之支援。到了 2013 年該局僱用了約三十名專利審查人員㉟。

第十三節　「與貿易有關之智慧財產權協定」及世界貿易組織

GATT 為關稅與貿易總協定（簡稱關貿總協定，The General Agreement on Tariffs and Trade）之簡稱，係指該國際協定本身及營運該協定之國際機構兩者。GATT 之目的為相互且互惠地⑴減輕關稅及其他貿易障礙、⑵禁止貿易方面之差別待遇，即在推動世界貿易自由化，並協調成員國之貿易爭議。在烏拉圭回合前，關貿總協定從未提及智慧財產權問題，其中僅有的幾條規定只是為了保證專利與商標保護不致成為阻礙貿易的變相壁壘而已。GATT 在 1948 年生效直到 1994 年。在 1995 年為世界貿易組織所取代。

該協定所以成為國際上攸關智財權保護之重要協定，係因美國對現存保護智慧財產權之條約，包括巴黎公約不滿，認為無法對智財權有效保護，維護締約國之經濟利益，亦未訂立執行保護智慧財產權之必要條文，無法對智慧財產權爭議，提供有效解決之方法，尤其並未強制要求會員國履行其條約上義務，因此美國於 GATT 的烏拉圭回合 (Uruguay Round) 談判中提議，將智慧財產權亦一併加入，獲得歐市、日本等工業國家之支持。

按美國與其支持者在關貿總協定中，一方要求取消農產品補貼，他方

㉟ 關於該聯盟之詳情，可參照楊崇森，〈波斯灣六國專利聯盟初探〉，《智慧財產月刊》186 期（2014 年 6 月），頁 95 以下。不過並非每一個波斯灣沿岸的國家都是 GCC 的成員國。伊朗被排除在外，因不是阿拉伯國家。伊拉克自攻打科威特後，副會員資格被中止，致也未加入。葉門雖不在波斯灣地區，但可望在 2016 年加入；約旦、摩洛哥將來是否加入該組織，也已有不少討論。

又通過智慧財產權談判，要求全世界消費者對他們的跨國公司給予補貼。1988 年美國修改了其 1977 年綜合貿易法，引進了特殊三〇一條款，對未對美國企業提供他們在美國國內享受的同等智慧財產權水準的國家，均視為「不公平貿易」，美國可片面採取貿易報復行動。

然而由於種種原因，並在美國揮舞上述特殊三〇一條款武器影響下，發展中國家未能繼續堅持反對在關貿總協定中簽訂全面智慧財產權協議的立場，在 1989 年 4 月的蒙特婁貿易談判委員會會議上，終於同意在關貿總協定內部討論有關智慧財產權之實質問題，通過把智能財產權問題提到 GATT 內部解決。已開發國家實際收回了自己約在二十年前關於要幫助促進發展中國家發展技術的諾言，也不再顧忌一個多世紀以來國際社會在尋求智慧財產權在獎勵發明創造活動、保護公眾利益的兩個目標間尋求平衡點的不懈努力[36]。

1991 年 12 月 18 日在發展中國家妥協下，以美國為首的已開發國家與發展中國家經過曲折的談判，終於初步達成了「與貿易有關的包括仿冒商品貿易在內的智慧財產權協議」(TRIPS)，並列入「烏拉圭回合多邊貿易談判結果最後文件草案」。GATT 烏拉圭回合談判於 1993 年 12 月 15 日完成，由各國簽署最後協議。由於 GATT 智慧財產權協定 (GATT Agreement on Intellectual Property) 所涵蓋範圍包括與貿易有關之智慧財產權與防止仿冒品之貿易，因此又稱為「與貿易相關之智慧財產權協定」(Trade Related Aspects of Intellectual Property Rights，簡稱 TRIPS)。此項協議隨後在 1994 年 4 月於摩洛哥馬拉克修舉行之部長級會議簽署，於 1995 年 1 月 1 日生效。烏拉圭回合之成果，不但將國際間爭議甚多之非關稅問題，例如智慧財產權、爭端解決、服務業等加以解決，更催生了國際性貿易組織，即「世界貿易組織」(World Trade Organization, WTO)，使該組織於 1995 年 1 月 1 日正式成立，並於 1996 年 1 月 1 日取代 GATT[37]。與以往國際公約相比，

---

[36] 文希凱，〈關貿總協定知識產權協議的簽訂及其對中國專利制度的影響〉，《專利法研究》，中國專利局專利法研究所編，頁 10，1994 年。

[37] 馮震宇著，〈論國際專利公約與國際專利整合趨勢〉，《工業財產權與標準》，35 期，頁

或從基本內容觀之，TRIPS 都是高標準的智慧財產權保護協議，規定會員國對於智慧財產權的保護須遵守 TRIPS 協定中最低限度的標準規範，即導入了有利於先進國家的「高標準的最低保護」，且須具體落實於國內法中。包括：

1. TRIPS 的最後條文除規定動物品種可以不予專利外，把包括營業秘密在內的幾乎所有智慧財產權之型態都納入保護範圍，在保護期限、權利範圍與有關實施專利的規定方面，都大大超過任何現有國際公約。

2. 規定詳細的智慧財產權法律實施程序，包括行政、民事、刑事以及邊境及臨時程序，與過去有關國際公約將實施程序委諸各國國內法訂定，大異其趣。

3. 在智慧財產權爭端方面，規定適用關貿總協定的爭端解決程序，從而交叉報復將成為迫使締約國遵守協議義務的有力手段，此種解決爭端之機制為過去國際公約所無。

4. TRIPS 明確規定專利強制授權之條件，且將其原因加以限制。即第 31 條規定，進口就算在當地已有實施，當進口能滿足當地需要時，不能強制實施，且只有在潛在的使用人以合理條件向專利權人請求授權許可，而專利權人在合理期限內與合理條件下沒有答應，或在國家緊急狀態下，才能允許強制授權。

從 1986 年起世界智能財產組織已著手組織召開外交會議，簽訂保護工業財產權巴黎公約補充條約（專利法部分）。美國等把智慧財產權問題納入關貿總協定的作法實質上架空了世界智能財產組織在協調各國智慧財產權法，鼓勵締結促進保護智慧財產權的國際協定方面的宗旨與功能，而 TRIPS 的簽訂，意味著發展中國家已經放棄了通過聯合國貿發會制訂技術移轉準則，與通過修改巴黎公約改進工業財產權保護制度的努力，並使關貿總協定協議的範圍擴張到其保護方式尚未達成國際共識的新技術領域[38]。雖然 TRIPS 協定顯然對先進國家有利，但開發中國家為了取得進入國際市場及關稅減讓的利益，不得不簽署 TRIPS。

值得注意的是，雖然 WTO 賦予開發中國家五年，落後國家十一年的

---

36 以下，85 年 2 月。

[38] 文希凱，前揭文，頁 14；鄭成思著，《知識產權與國際貿易》，頁 541 以下。

緩衝期，但要求高標準的保護，並未考慮到發展中國家執行上的困難，加上全球化造成貧富差距日益擴大，加深了開發中國家與已開發國家之間的矛盾，於是開發中國家近年開始在 WTO 的架構下就 TRIPS 協定提出不少攸關本身利益的議題，包括生物多樣性保護、公共健康與醫藥品專利等。上述 2001 年在卡達杜哈舉行的 WTO 部長會議所通過的「杜哈部長宣言」及 WTO 總理事會執行之決議，便是一個具體的表現[39]。世界貿易組織總部設在瑞士日內瓦，至 2019 年 10 月止，會員國有 164 個。

我國為了進入世界貿易組織，專利法已相繼於民國 83 年及 86 年及 90 年大幅配合 GATT/TRIPS 加以修改，涉及條文極多，主要包括專利權保護期間、強制授權、進口權、方法專利舉證責任逆轉……等。現專利法規定的保護水準已與國際標準一致。100 年修法，無論內容與文字繼續受其影響，尤以在強制授權事由方面，新增特定傳染病專利醫藥品最為顯著。

第十四節　專利法條約

專利法條約（Patent Law Treaty，簡稱 PLT）係由世界智能財產組織 (WIPO) 自 1985 年開始倡導，在 1991 年第一回合會商結束，在 1995 年重開會商，終於在 2000 年 6 月在日內瓦 WIPO 外交會議締結專利法條約，於 2005 年 4 月 28 日生效。至今已有英、美、俄、法等 59 國及一個政府間組織（即歐洲專利局）簽署該條約。

推動專利法條約之目的在對各國與區域專利局之行政作業（專利申請案與維持專利之手續）予以和諧化與簡化 (harmonize and streamline)，減少申請人喪失專利權之潛在原因，使程序對申請人及專利局更為簡便。惟應注意該條約之努力對象係限於專利之程序方面，而非實體專利法（即各國訂定核發專利須滿足之條件）之和諧化[40]。除了申請日規定之重大例外外，

[39] 參照李國光、張睿哲，〈遺傳資源及傳統知識與智慧財產權保護之研究〉，《智慧財產權月刊》，第 75 期（94 年 3 月）。

[40] http://definitions.uslegal.com/p/patent-law-treaty/。目前 WIPO 也正在試圖將實體專

該條約規定了各締約國專利局可適用之最大限度之要件。亦即除了該條約所允許各專利局可要求申請人或所有人最高限度之強制要求外，締約國可自由訂定對申請人與所有人比此條約寬鬆之要件。其要點如下：

1. 對締約國可規定之專利申請形式要件加以限制。簡化與大量合併有關專利申請與專利之內國與國際形式要件，定下所有締約國專利局須接受之標準化之模範國際格式 (form)。

2. 簡化專利局程序，減少專利申請要件，使取得申請日較為容易，申請人與專利局費用減輕。例如，定下強制代理之例外、簡化手續方面之代理規定。

3. 在程序上避免申請人由於未遵守形式要求或時限，致意外喪失實體權利。包括專利局應通知申請人或關係人，延展期限、繼續審查或回復權利，限制因形式瑕疵在申請初期未被專利局注意，致專利撤銷或無效。

4. 規定優先請求之更正或增加及回復優先權[41]。

5. 推動電子化專利申請制度，同時承認書面與電子兩種方式並存。

該條約條文提到專利合作條約 (Patent Cooperation Treaty，PCT)，目的在盡量使條約之內容簡化，避免在內國與國際申請專利手續，產生不同之國際標準。至內國法程序之和諧化，目的在使申請人較易取得全世界之專利保護，減少申請人之支出，減輕工業化與發展中國家專利局之行政支出。

該專利法條約開放予 WIPO 會員國與／或 1883 年之巴黎公約會員國，也開放予若干政府間組織[42]。我國 100 年專利法修正，亦曾參考該條約之規定。

利法和諧化，但那是另一個公約，即後述之實體專利法條約 (Substantive Patent Law Treaty) 之任務。

[41] 同上註。

[42] Summary of the Patent Law Treaty(PLT)(2000)http://www.wipo.int/treaties/en/ip/plt/summary_plt.html

第十五節　生物多樣性公約 (Convention on Biological Diversity, CBD)

現代藥品許多源自先民對植物的經驗。18 世紀時期，歐洲的醫生幾乎等於植物學家。歐洲第一批植物園都附屬於醫療機構或學校。第一個源於植物的藥物是由罌粟提煉的嗎啡。事實上，目前西方廣泛使用的 119 種純醫學指示藥中，有 74% 是靠傳統醫藥提示而發現 (Farnsworth, 1990)。尤其一些暢銷且重要的藥物如阿斯匹靈、奎寧 (quinine)、嗎啡 (codeine)、來自毛地黃 (Digitalis ppeurpurea) 的洋地黃素 (digitalin) 等的發現，都是來自先民對植物的經驗。在 16 世紀初期，安地斯山脈及亞馬遜高原土著即使用金雞鈉樹皮 (Cinchona officinalis) 治療高燒。近來西方人民對東方銀杏產生高度興趣。近年來許多先進國家挾其雄厚的科技與經濟實力，組團到第三世界大規模尋找新用途植物，並經常盜取當地先民之智慧而將其發現申請取得專利（如薑黃 (turmeric)、死藤水 (Ayahuasca) 是亞馬遜流域 Quichua 族的土語名稱），致國家與種族間貧富差距與摩擦紛爭日益擴大[43]。

為解決相關問題，「生物多樣性公約」(Convention on Biological Diversity, CBD) 之全文先於 1992 年 5 月在奈羅比通過，同年 6 月在巴西里約熱內盧地球高峰會（從而有了聯合國環境永續發展宣言）開放簽署，而於 1993 年 12 月生效。至 2016 年共有 195 個國家及歐盟批准，聯合國所有會員國，除了美國，都已批准該公約，秘書處設在加拿大的蒙特婁。該公約首次在國際法上承認維護生物多樣性乃人類共同關心之問題，且為發展過程不可缺少之一部，提醒為政者自然資源有限，應定下永續利用（發展）之哲學。按過去人類保育努力之目標只在保護特定物種與棲息地，而該公約則提倡環境系統，物種與基因須用在促進人類的利益，且其方法與速度不可導致生物多樣性來日的衰頹。該公約也基於預警原則 (precautionary

[43] 涂源泰、曾文聖，〈生物多樣性、生物技術與生物產業〉，《專利法制與實務論文集(二)》，頁 137 以下，本文原刊於《智慧財產權月刊》，第 75 期（94 年 3 月）。

principle) 指出不可以缺少科學上確實性，作為延緩採取措施避免或減少生物多樣性減少或喪失危機之理由。該公約強調生態環境的永續利用，遺傳資源與傳統知識的保護及尊重來源國管轄權與利益分享。換言之，該公約之主要目的在於：(1)生物多樣性的保育，(2)生物多樣性組成成分的永續利用，(3)公平分享使用傳統知識與遺傳資源所衍生的利益，當然亦在防止所謂生物剽竊之發生。原來遺傳資源與傳統知識原屬於公共所有，其潛在經濟價值，不應由特定人取得專利權，占為己有。但若干醫療技術發達的先進國之人民未經原屬開發中國家的傳統知識與遺傳資源國的同意，亦未對資源或知識的創造者或原始使用的保存使用者予以任何補償，即進行在地生物資源探勘，取得專利權。例如印度傳統藥用植物薑黃被外國人取得美國專利後，被提出異議而撤銷，即其一例[44]。

該公約主要由開發中國家，尤其擁有此種保育資源豐富的國家所提倡，雖然規定簽字國協助發展中國家或保育單位維護及利用生物多樣性，且若有商品因而產出，物種原始提供國可獲得一定比例之權利金；在國內法規範遺傳資源與傳統知識的保存、持續利用、合理而公平的利益分享，但公約並未規定具體保護機制。至今只有印度、丹麥、紐西蘭等少數國家在專利法上加以具體規範，即要求申請人在專利申請時，應披露生物材料的來源。美國尚未正式加入該公約[45]。

按發展中國家希望將生物多樣性公約所倡導之遺傳資源與傳統知識應事先徵求同意與利益分享等原則納入 TRIPS，但與先進國立場對立。美國

[44] 關於草藥專利保護與生物多樣性公約之探討，又可參考汪渡村，〈論中草藥植物之專利保護與生物多樣性理念之調和〉，《銘傳大學法學論叢》，第 4 期（2005 年 6 月），頁 1–50。

[45] 該公約強調「基因遺傳資源利用的利益分享以及先進國家必須以合理、公平的狀態轉移給落後國家」的條文，使得美國高度疑慮，成為參加這次地球高峰會議中唯一拒絕簽署生物多樣性公約的國家。隔年美國雖然簽署了生物多樣性公約，但在簽署的同時亦附加解釋條款，至今美國仍未正式加入生物多樣性公約。參照李國光、張睿哲，〈遺傳資源及傳統知識與智慧財產權保護之研究〉，頁 146 以下。本文原載於《智慧財產權月刊》，第 75 期（民國 94 年 3 月）。

是所有參加 TRIPS 協定國家中最積極推動將動植物納入 TRIPS 的國家，因生物技術公司與種子公司發達，是美國最新興、最熱門的產業，而此類產業高度依賴智慧財產權的保障，反之印度則極力反對將動植物納入，因印度以農立國，且有豐富動植物遺傳資源[46]。由於遺傳資源與保護傳統知識所包含的範圍以及表現的形式過於複雜，以現有的智慧財產權保護機制，仍無法全部適用於所有傳統知識。因此有些國家開始訂定特別法來保護遺傳資源與傳統知識[47]。臺灣有 1,067 種特有或原生種植物，亦屬於生物多樣性豐富的國家，雖非 WIPO 與 CBD 的會員國，仍應對傳統知識與遺傳資源的保護，定出完善更符合生物多樣性公約的制度。

該公約有二個補充公約，即卡塔黑納議定書與名古屋議定書。該公約之締約國在 1995 年第二次締約國大會決議訂定卡塔黑納生物安全議定書 (Cartagena Protocol on Biosafety)，保護生物多樣性免於現代生物技術產生之改造活生物體 (living modified organisms, LMOs) 對保育與永續利用造成之潛在影響。明揭新科技之產物應基於預警原則 (precautionary principle)，並准許發展中國家平衡公共衛生與經濟利益，例如國家覺得基因改造生物產品之安全並無充分科學證據時，可禁止其進口。該議定書於 2003 年 9 月 11 日生效，雖已有 107 個締約國，但美國、加拿大等生產與輸出動物專利產品之主要國家尚未批准[48]。

---

[46] 李國光、張睿哲，前揭文。

[47] 中共為了保護國內豐富的遺傳資源，防止非法獲得和利用國內遺傳資源進行研發並在國內就其研發成果獲得專利權，根據《生物多樣性公約》所定原則，新專利法要求在專利申請中披露相關遺傳資源的來源，（所稱遺傳資源是指取自人體、動物、植物或微生物等的含有遺傳功能單位，並具有實際或潛在價值的材料。儘管生物多樣性公約不涉及人類遺傳資源，但考慮到現實生活中曾經發生非法盜取中國人類遺傳資源，進行藥品研發的情況，專利法實施細則將人體遺傳資源納入保護範圍內），並規定對違法獲得或者利用中國遺傳資源完成的發明創造不授予專利權 。 參照 http://www.sipo.gov.cn/zcfg/zcjd/201007/t20100726_527502.html。

[48] http://en.m.wikipedia.org/wiki/Cartagena_Protocol_on_Biosafety; https://www.un.org/en/observances/biological-diversity-day/convention

2010 年 12 月在日本名古屋第十次大會通過了《生物多樣性關於獲取遺傳資源和公平公正的效益分享的名古屋議定書》（又稱名古屋議定書(Nagoya protocol)），於 2014 年 10 月 12 日生效。名古屋議定書旨在為公平公正分享利用遺傳資源與傳統知識之效益，提供具有明確性與透明度的法律架構。此議定書有助於生物多樣性之維護及永續利用。該公約在法律上有拘束力，會員國須制訂國家生物多樣性策略或行動計畫。會員國大會在 1994 年以後三年，每年舉行一次，然後在雙年每二年召開一次。至今已開過十四屆，第十五屆預定在 2021 年在中國昆明召開[49]。

第十六節　專利法之和諧化

一、北歐四國專利法之一致化

丹麥、挪威、芬蘭、瑞典四國過去為調和各國專利法，向各國國會提出幾乎同一之專利法修正案，法案於 1967 年末成立，預定於 1968 年 1 月 1 日一齊施行。此數國又簽訂向四國中之一國申請，如經該國審查結果准予專利，則可在四國全部或一部註冊受到保護之協定（北歐專利申請協定）。後來由於歐洲專利公約之成立，該協定失去必要性，致協定本身未能生效，其結果為了配合該協定生效施行之專利法各種修正規定，亦尚未施行[50]。

二、專利法和諧化與實體專利法條約

多年來以 WIPO 為中心，在各國協力下，除草擬上述專利法條約外，為了統一各國專利法之基本規定，開始起草專利法和諧條約 (Treaty on the Harmonization of Patent Laws)，經慎重且努力檢討之結果，作成最後草案，於 1991 年 6 月召開外交會議，期待條約之成立[51]。專利法要和諧化，所面

[49] https://en.wikipedia.org/wiki/Convention_on_Biological_Diversity

[50] 吉藤幸朔，前揭書，13 版，頁 38。

[51] 吉藤幸朔，前揭書，13 版，頁 41。

臨的傳統問題之一是美國與許多他國專利制度之根本差異，即先發明與先申請 (first-to-invent vs. first-to-file) 主義之爭。雖然 America Invents Act 使美國制度接近於先申請主義，不過在法律與實務上仍有不少出入。

又近年來 WIPO 致力推動「實體專利法條約」(The Substantive Patent Law Treaty，簡稱 SPLT)，謀求全球性專利實質方面之協調。它與在 2000 年簽署尚未生效之專利法條約 (Patent Law Treaty, PLT) 只涉及專利法之程序或形式層面不同。它旨在超越程序，謀求各國專利法實體要件（諸如新穎性、進步性、產業利用性及充分揭露、發明之單一性，或專利申請範圍 claim 之起草與解釋等）之和諧化，任務當然比專利法條約更為艱巨，如能通過，乃專利制度誕生以來人類夢想之實現。該條約排除許多專利制度為各國所留下國內法上之彈性，為 WIPO 直接賦予將來世界專利鋪路。對跨國公司與視專利為控制全球經濟主要方法之美國與歐盟之超強來說，絕對是好音，但對發展中國家與其國民而言，是壞消息。因它們會失去 WTOTRIP 協定所留下有限調整專利制度來配合國家發展目標之自由與空間。

實體專利法條約必然會導致專利制度之權力進一步集中在 WIPO 與數個大專利局手中，進而將較小較窮的國家維持審查專利能力之大多誘因取走。贏家主要是三局。部分因和諧化主要依大國所提之條款，而富國將專利視為它們控制環球經濟之主要工具，反映它們的政治優先。這項改變主要對發展中國家有影響（許多至今仍排除動植物專利）。發展中國家瞭解它們自專利法進一步地和諧化，失去的會比得到的要多許多[52]。

在進度方面，2000 年 11 月 WIPO 的專利法常務委員會 (SCP) 即決定開始從事實體專利法和諧化工作，目的在締結一個實體專利法條約 (SPLT)。在 2001 年 5 月第五次會議，SCP 考慮第一個草案，包括規章與作法基準。在當年 11 月第六次會議，SCP 修改該草案條文，同意建立 SPLT，專利法條約 (PLT) 及專利合作條約 (PCT) 之間的無縫介面，且同意成立一

[52] One global patent system? WIPO's Substantive Patent Law Treaty, http://www.grain.org/article/entries/109-one-global-patent-system-wipo-s-substantive-patent-law-treaty

個工作小組。

在以後 SCP 會議中，SPLT 的草案內容擴大了很多。雖然 SCP 原則上對不少問題有同意，但關切到宜對現行國際條約所承認之各國政策保持彈性。在這些發展後，於 2004 年 SCP 第十次會議，美國、日本、歐洲專利局向它提出先集中處理一批優先專案之共同建議，然後向大會提出。由於 2005 年在摩洛哥卡薩布蘭卡所開大會未達成共識，於是 WIPO 秘書長向 SCP 提出建議案。雖然代表們承認該委員會工作之重要，並強調專利法和諧工作之進行應考慮各會員國之利益，但各代表對該委員會未來工作之形式與範圍未能達成協議，以致在 2006 年 SPLT 之磋商工作陷於停頓[53]。

三、其他努力

(一)審查之機械化

用機械來檢索專利文獻，進行審查，乃最後最有效之審查處理策略。採用審查主義諸國之專利局為了達到此目的，設置了 ICIREPAT (Paris Union Committee for International Cooperation in Information Retrieval among Patent Offices)（為「專利局間資訊檢索之巴黎公約國際合作委員會」之略稱）。

(二)推動更廣泛資訊合作

其後由 WIPO 再檢討結果，將上述 ICIREPAT 取消，新設技術調整委員會 (TCC)，來推動更廣泛專利資訊之國際合作。該機構後來改組，稱為工業財產權資訊常設委員會 (PCIPI)（為 Permanent Committee on Industrial Property Information 之略稱）。

(三)國際專利文獻中心 (INPADOC) 之設立

WIPO 為推動資訊活動之國際化，在 1992 年與奧地利締結協定，設立 INPADOC（為 Patent Documentation Center 之略稱）。INPADOC 與各國締結合作協定，自各國受領記錄專利文獻之書目性事項之磁帶，將其彙整為 patent family 之名單，供各國專利局與民間利用，大力推動專利制度有效率

[53] 參照 https://www.wipo.int/patent-law/en/draft_splt.htm

之運用。

按利用 patent family 之優點如下：

1. 可區別專利文獻是否最先發行。

2. 在 patent family 之專利文獻中，可選擇閱讀以對利用人最熟悉之語文書寫之專利文獻。

3. 可了解某發明人在各國取得專利之狀況、各國專利權保護範圍之廣狹及審查狀況等，且可對比各國專利審查之實態。

4. 可作為判斷向多數國家申請之發明是否屬於重要發明。

四、以三局為中心之國際合作

全世界專利申請案約八成由美國、歐盟 (EC) 與日本處理。它們是所謂三極專利局 (即 USPTO, EPO 與 JPO)，由於深感有必要採用電腦自動化計畫，即自申請至審查、審判、登錄、發行公報所有專利事務與民間資訊服務須用電腦處理 (無紙化 Paperless 計畫)，且為期研究開發有效迅速進行，須三極緊密合作，因此關於專利資訊過去有廣泛之國際合作。此合作依據 1983 年 10 月 19 日簽署之備忘錄約定⑴繼續舉行每年會商，⑵接受與交換專家與審查官，⑶自動化之開發採用等之合作。目下合作對象乃特許性之判斷之統一[54]。

EPO 現有 7,000 萬件專利文件，及 120 個專門資料庫。2011 年 EPO 持續與 WIPO 及世界主要專利局密切合作，特別是中國大陸、日本、韓國及美國。該局與美國專利商標局推動「合作專利分類」(Cooperative Patent Classification，簡稱 CPC)。2011 年 11 月，EPO 與日本特許廳及美國專利商標局共同推出「共通引用文獻」(Common Citation Document, CCD) 努力推動調和化，方便使用不同專利局對相同申請案的檢索結果[55]。

[54] 吉藤幸朔著，前揭書，頁 43、44。
按此美、歐、日三局於 2002 年 11 月 7 日在維也納舉行國際研討會慶祝彼此合作二十週年。

[55] 參照《智慧財產權月刊》，第 161 期，頁 98。

另有所謂 club 15，即美國、日本及歐洲 13 國（英、法、德、義等）之政府代表會面頻繁，討論廢止早期公開制度，自登記聲明異議制度改為登記後聲明異議制度，申請日之認定與採用先申請主義，關於喪失新穎性之優惠期間，多項性、發明單一性之標準，保護期間之統一，強制實施權等問題[56]。

五、發展中國家問題

原來發展中國家認為專利制度對他們不利，因主要被先進國之利益所利用，而對以先進國為中心之專利制度表示不滿。其正式表明為 1961 年巴西在聯合國大會之提案，開其端緒，將國際專利問題凸現出來，成為先進國必須認真處理之課題。其結果在 1974 年，聯合國經濟社會理事會、聯合國貿易開發會議 (UNCTAD) 秘書處及 WIPO 秘書處發表了共同報告書「專利制度對發展中國家技術移轉之角色」(The Role of Patent System in the Transfer of Technology to Developing Countries)。

該報告內容主要為：全世界現存專利約 350 萬件，其中發給發展中國家不過約 20 萬件，且其中約六分之五為外國人所有，真正為他們國民所有之專利不過占全世界百分之一。此外賦予外國人之專利，約百分之九十至百分之九十五，在發展中國家完全不用於生產，壓倒多數不過係輸入產品而已。且發展中國家專利實務乃按國際基準，以致產生開發中國家之市場，反予外國人專利權人優惠之奇特結果。報告書結論指出：發展中國家之專利法與行政作業須加修改，以有效彌補國內發展之其他政策手段，且具體指出巴黎公約有若干事項，在修改時應予檢討。

自該報告公佈後，WIPO 與 UNCTAD 等相繼以此問題作為國際會議議題進行檢討。因發展中國家與先進國之主張出入頗大，為修改巴黎公約而召開之 1980 年 2 月之外交會議上，只就議決方法加以決定。其後召開之 1981 年 9 月至 10 月第二期外交會議，始終只審議對專利發明不實施之制裁措施，因美國等國家之反對，無法進入表決，原寄望於 1984 年 2 月召開

[56] 篠田四郎、岩月史郎，前揭書，頁 126。

之外交會議，但又再一次歸於失敗。1995 年 WIPO 總會決定凍結巴黎公約修改會議。在另一方面，自 TRIPS 協定成立後，乍觀之，開發中國家不少問題已獲解決[57]，但實質上是否如此，只有留待將來歷史之發展。

其他發展中國家與已開發國家有關專利權利害與立場之對立詳情，參照本書有關強制授權、生物多樣性公約、WTO 等相關之說明。

[57] 吉藤幸朔，前揭書，頁 45 以下；又篠田四郎、岩月史郎，前揭書，頁 11 以下。

第二十七章　專利管理

一、專利管理之必要

現代企業活動與專利管理密不可分，因新技術開發時，須維持強化既有技術，排除他人侵害權利行為，同時在企業營運上亦須避免侵害他人權利，促進健全企業活動，致專利管理在今日已成為企業營運上重要之一環，甚至不可或缺。專利管理不但關係專利權之得喪，更左右企業之盛衰。過去國內外專利爭訟並不多見，但近二十年來，專利訴訟顯著增加，變成熱門的題目。至於國際上高科技產業之間的專利爭訟，則幾乎無日無之，專利爭訟幾乎成為高科技產業的競爭遊戲 (game)。近二十年來美國甚至加拿大、日、韓許多廠商挾其專利權，不斷來臺向國內廠商索取高額權利金，以及向美國聯邦地方法院控告我國廠商專利侵權，或向其國際貿易委員會（International Trade Commission，簡稱 ITC）提出 337 行政擋關救濟❶，甚至控訴違反美國反托拉斯法，不勝枚舉。在此情形下，專利權人如不大力建立自己的專利組合 (Patent Portfolios)，不但不易在高科技產業立足，且隨時都可能被迫出局❷。從而在今日所謂專利戰爭 (patent war) 時代❸，專

---

❶ 陳家駿，《從實務觀點——談我國科技廠商面對美國專利訴訟之戰術須知》，「智慧財產的機會與挑戰」劉江彬教授榮退論文集，頁 537 以下。又論者鑒於國內企業遭海外專利侵權指控，每年至少超過三十件，無力負擔外，競爭力亦受到嚴重打擊，且在海外行銷時，經常成為競爭對手的打擊對象，因而倡議辦理專利訴訟費用保險者。參照林恆毅，〈專利訴訟費用保險〉，《專利法制與實務論文集㈡》。

❷ 郭雨嵐著，《專利侵害處理策略——贏的策略與實務》，頁 5、14。

❸ Warshofsky, *The Patent Wars—The Battle to Own the World's Technology* (John Wiley & Sons, 1994) 一書有深入論述。事實上美國在 19 世紀發明汽船的福爾敦與 Livingstone 就哈德遜河航行權，與他人之長久訟爭，就是一個有名例子。

利管理與企業能否取得競爭上之優勢關係更為重大。歐美日各國一向極重視專利管理，此自企業內普遍設有專利部門，與營業等部門並列，直通正副總經理即可窺其一端。

二、專利管理之方法

企業可視規模大小，酌設專利部門，平日鼓勵從業人員提案（在日本之提案制度甚為流行，甚具績效）❹與發表發明，並對發明加以適當之獎勵。

㈠專利申請前

1. 發明完成前

在確定發明研究方針前，須調查市場情報，對技術水準與專利情形之資訊正確掌握，甚至可利用專利地圖等方法❺，自經營觀點配合社會需要，

---

❹ 日本之提案制度乃接受公司職員有關業務上發明與改善之建設性提案，以提高業務效率、改善品質、降低費用、開發新產品新技術，促進經營之合理化，同時具有養成職員參與經營意欲與一體感，獎勵自發創意工夫等多方面目標。提案制度在日本正式採用，始於昭和30年以降。

提案之報償，以優秀賞二級、採用賞三級為適當，報償金額自日幣三百萬至三萬元。不採用者，設有努力賞之名目，亦有予以報償金與紀念品之公司。提案之評價要素有⑴預期效果，⑵獨創性，⑶繼續性，⑷實用性，⑸市場性，⑹努力程度等。

提案目的之一既在提升公司職員之士氣，故如經採納，宜立即通知提案人，且採納與否，其結果宜儘量明確使提案人知悉。提案制度中最重要者厥為提案之實用化，即如何實施，乃該制度成功之關鍵。但為了實施構想，預算要求、事前調查，以實驗來確認效果，對不充分之處加以研究改良等，皆係須克服之項目（參照吉藤幸朔、紋谷暢男編，《特許・意匠・商標の法律相談》，頁72以下）。

❺ 專利地圖 (patent map)：

在日本將專利資訊更進一步利用，常利用作成專利地圖之方法。所謂專利地圖乃有似地圖把握全體確定方位之原理，並非注目於個別專利，而自專利之相互關係上理解技術之趨向與技術 group 之全體，以免見樹不見林。

將眾多之專利公報按技術別，或申請之企業別，甚至按申請時點別，以簡明易懂方式加以整理或加上繪圖，使人對技術之流向與申請中企業之關係能一目了然。專利地圖第一步為作成要旨 list，因無論製作何等複雜之地圖，首先要製作要旨 list，即書寫號

釐定研發方針與策略。從瞭解他人專利權，修正或放棄原有研發計畫。

2. 自發明完成至申請專利

在新發明完成後申請專利前，須對發明保持機密，以免影響發明之新穎性。此時應先決定究竟以營業秘密予以保密，抑申請專利對社會公開。專利管理部門、研究部門、營業部門須合作蒐集專利技術與經營之資訊。且資訊之蒐集交換應不限於國內，而宜擴及於國際。欲期在激烈技術戰爭中獲勝，須基於綿密資訊，講求專利戰略，在爭一日之長之先申請主義之下，利用技術資訊，迅速開發，調查公知文獻，獲得強固廣泛之權利。如決定申請專利，在一國一專利之屬地主義下，究以何種內容申請，向那些國家申請，將其權利化？此問題通常係考慮技術創新程度、市場開發潛力技術移轉可行性等因素，來決定在那些國家申請專利❻。包括通過 PCT 途徑，在美國、歐洲、日本、中國、印度申請專利。當然亦宜慎選專利代理人，慎重起草專利說明書、申請專利範圍與圖式，避免申請專利範圍過狹或過廣。

又因貿易自由化，商品在國際間移動，故亦須考慮向此方面之權利化。各國法制對發明之保護處理出入甚大，那些發明可以專利，其規定不盡相同。又在先申請主義與先發明主義下，不同國家申請時點，在法律上意義亦大不相同。故須正確體認有關申請國之法令規定，且有關 claim 之寫法，申請物品專利抑方法專利，中心限定或周邊限定等，在申請方式上亦須妥加斟酌。

碼、發明之名稱、申請人、權利屆滿日、分類等事項，其次以簡單數行整理發明之要旨。且往往用圓形圖解、星形圖解之分析表示法等。

❻ 一般可考慮：

⑴專利產品主要製造國家或地區。

⑵專利產品主要從事銷售行為之國家或地區。

⑶專利產品主要出口之國家或地區。

⑷未來主要「仿製」專利產品之國家或地區。（參照陳炯榮著，《專利申請策略及國際實務》，頁 31）

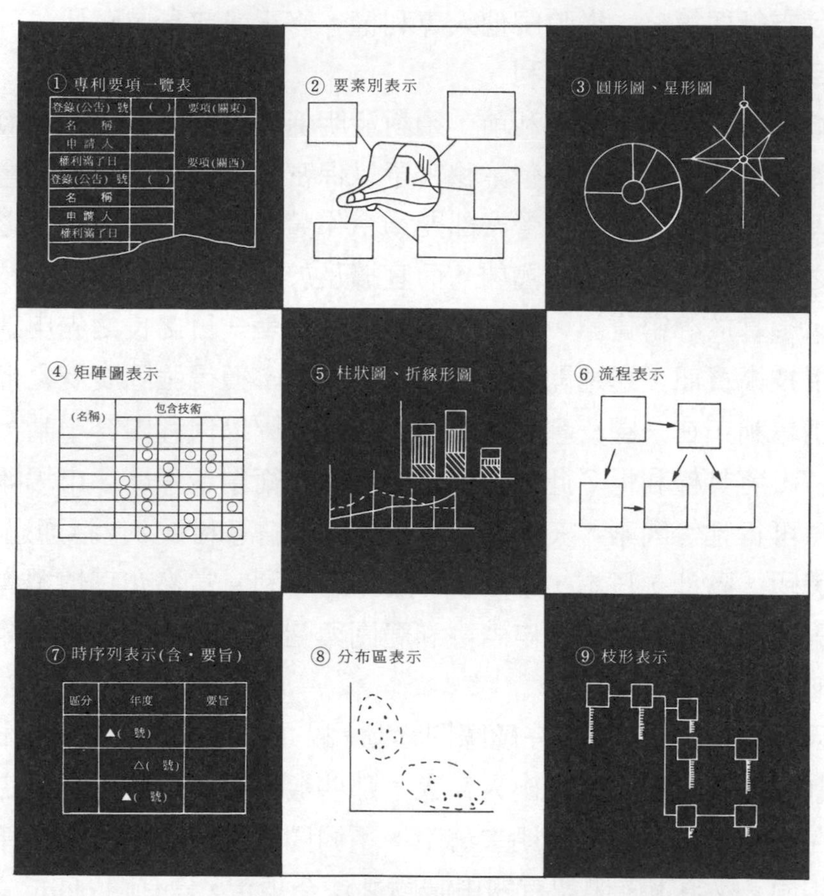

圖 27-1　專利地圖例示❼

㈡專利申請後

申請人申請專利時，注意有無國外優先權，如有，應及時申明，以免不能主張，致申請日失去優勢。申請專利後，申請人取得先申請人地位，申請發明之內容依說明書、申請專利範圍及圖式之記載而特定。如發覺此等文件有修正補充之必要時，宜及時申請補充或更正。如接到專利局通知限期修正時，慎勿遲誤。

申請後，除非申請案變成已無價值，否則須及時申請實體審查並繳費。

---

❼ 此圖引自中標局出版《企業之專利管理》，1992，頁 58。

㈢專利權取得後

專利權發生後，對發明保密之努力雖可解除，但對侵害行為須充分監視，對權利之維持與利用須大加努力。且技術公開後，權利有因他人舉發而成為無效或權利範圍變狹之危險。

1.權利之維持

繳納專利年費，履行權利人之義務。因不納年費乃專利權消滅事由，故繳費乃維持權利不可欠缺之條件。如因故遲誤繳費，須於補繳期限內補繳，或申請回復原狀，以免專利權逾法定不變期間而歸消滅。又須注意專利品之標示，以免被有心之人仿冒，而無法請求損害賠償。此外是否履行實施之義務，可能關係專利權之效力範圍，因如繼續一定期限，在國內不適當實施，可能成為他人申請強制授權之理由，影響專利權在市場上之獨占排他地位。

2.防止及取締假冒

專利權受侵害時，專利權人雖有排除侵害、損害賠償、不當得利返還等請求權，惟此等權利須誠實行使，如默認侵害行為，放置權利、怠於行使，可能使請求權罹於時效，或因對方主張權利失效理論，遭受失權之不利結果。

3.權利之利用

⑴權利之實施

設法將專利權人專利之權利，充分實施利用，發揮權利最高財產效益。

⑵權利之授權實施與讓與

⑶以專利權與他人交換交互授權

專利權人固可將權利之全部或一部讓與他人，回收財產之利益，更可將專利授權他人實施，或與他人交換交互授權。試觀今日許多高科技產業看重 IP 授權，尤其專利授權的豐厚收入，即可了然。於授權或讓與時，應避免與有關公平交易之法令牴觸，更須妥慎訂定相關合約❽。

❽ 關於相關問題與契約內容之研擬，可參照楊崇森撰，〈技術合作法律問題之研究〉，《中興法學》20 期（民國 73 年 3 月）。

每個產業在專利數量成長前，宜強化在專利布局組合之策略性品質授權，並對低度使用或無需要之智慧財產權做處理（販售及裁汰）。為應付近年流行的專利流氓的威脅，可考慮加入防禦性的專利互聯網、建立競爭分析，包括專利流氓及代表的律師事務所資料庫等❾。

三、職務發明之處理

企業之從業員在職務上所完成之發明，稱為職務發明，通常由企業取得專利權，但依專利法規定雇用人應支付適當之報酬。又利用企業之資源或經驗之非職務上所完成之發明，專利權屬於從業員，但由雇用人取得實施權，此時亦應支付合理報酬（專 §8）。惟因有關規定不甚明瞭，產生不少問題，故似可仿日本實務作法，在企業內部訂定「發明處理規則」，設處理發明委員會，對有關報酬等問題採取合理公平措施❿。

四、將專利與其他智財權結合

企業在展開其專利管理戰略時，不宜僅就一個基本發明申請專利，最好連同該技術在商品化過程中，包括改良發明在內的周邊發明申請專利，甚至向相關多個國家申請，以布設國際專利網。此外，尚可將專利品之外觀設計與圖形、包裝、商標一併申請註冊或保存證據，取得新式樣專利權、著作權與商標專用權，從而自技術、外觀設計到商標與著作權，都確立了完全的獨占使用權。因此，即使該發明技術本身已趨陳舊，或基本專利權因期間屆滿而消滅，但由於周邊專利網及著作權、商標權仍繼續存在，使得該產品的生命週期遠比該技術本身的生命週期為長，贏得最大的保護與權益⓫。

❾ 杜東佑，《跨國專利訴訟的策略與展望》。（為 2012「各國專利法制發展趨勢及專利實務教戰」國際研討會會議手冊所載）

❿ 光石士郎，《改訂特許法詳說》，頁 85 以下。

⓫ 溫俊富，〈技術競爭時代之技術管理策略〉，《工業財產權與標準》（85 年 8 月），頁 62。在美國不問美國人或外國人，凡在美國所為發明或產生之技術情報，移轉外國時，或

以美國為例，專利權在保護期間屆滿後，變為公共所有，競爭者可以任意利用，故許多廠商對某種新產品在提起首次專利申請後，往往對該專利之各種新成分或組合或對一連串新增 (add-ons) 與改良 (refinement) 該專利，另提出方法專利與互相有關連之獨立專利申請，使原來製造商在產品、成分、製法與原料周邊築起一連串 (cluster) 專利或交錯之專利網 (patent-infested 或 interlocking network of patents)，以延展原來產品專利實際有用之生存週期，使競爭者不易侵越。例如 Xerox 公司即用此種方法避免競爭者之挑戰達二十餘年之久。不過在另一方面，若干廠商由於過分倚賴智慧財產權之法律保護，致未真正準備在失去法律上獨占保護後要面臨的激烈競爭。例如 Xerox 公司在權利上睡覺，不再努力繼續研發，以致於其專利保障結束，兇猛之競爭者侵入市場後，Xerox 之市場占有率自 1980 年之 90% 掉至 1984 年之 14%。所以過分倚賴專利之法律保護可能是一個致命的缺點 (Achilles' heel)。

當然也有若干公司有準備在原來專利權保護期間屆滿時，在商業上與法律上繼續奮鬥。例如靠不同成分專利與方法專利之網，保護立即照相技術的 Polaroid 公司在原來十七年專利保護滿期後為時甚久，Kodak 公司雖亦設法進入立即照相機領域，投入龐大資源，希望最後能奪取 Polaroid 市場，但被 Polaroid 公司控告侵害各種附屬專利與方法專利，且為法院所接受，最後 Kodak 公司被迫銷毀價值好幾百萬美元之立即照相機⑫。

在美國所為發明向外國申請專利時，須注意受到輸出管制（參照 Export Administration Act 與 Export Regulations），即凡來自美國之發明或技術資訊（不限是否有形、書面或口頭）欲移轉外國時，須自美國政府取得所謂 validated export license，若有違反，可科以刑罰（篠田四郎、岩月史郎著，《特許法の理論と實務——ハイテク時代の特許戰略》，頁 260 以下）。

⑫ Simensky, Bryer, *The New Role of Intellectual Property in Commercial Transactions*, 1996 Supplement.

五、注重專利佈局

注重專利佈局，就是運用策略建構高價值的專利組合。所謂專利組合(patent portfolio)是新名詞，係指單一專利權人所擁有專利的集合，這些專利可能是由專利權人自己研發，也可能從別的專利權人買來。專利組合是一種有價值的資產，特定專利組合的價值要看所包含的專利而定，由於各專利權都有有限的保護期間，所以一個專利組合內特定專利的價值，因其存續期間而不斷改變。在一些情況，公司可以用其專利組合來決定其整體的價值，尤其當組合是其最大資產之一時為然。很多專利權人將其專利組合內的技術授權給第三人，這些授權對專利權人來說是分開的收入來源。專利權人尋找被授權人的方式很重要，且須小心提供授權。

根據調查顯示，公司發展一段時間之後，會發現所擁有的專利資產與目前生產的產品關聯度不高，如要繼續維護這些專利資產，需花費相當成本。在經費預算有限情況之下，如何將錢花在刀口上，是值得關切的問題。現今專家強調專利權人應妥善安排專利佈局，即透過有系統的分析，檢視目前公司擁有的專利，是否符合未來公司經營發展策略之需要，將對公司未來營運沒有價值的專利，用適當的方法移轉，以減少無謂的支出，以免在日後專利競爭中喪失捍衛的能力。同時，對於未來事業發展會用到的技術或專利，則應透過外購的方式儘早取得，以搶占競爭之先機。他們以為透過適當的操作，將公司既有之專利組合重新整合，將能產生一加一大於二的效果。

又近年來全球產業處於高成長、高競爭的情勢，專利訴訟案數量快速增長，公司逐漸開始改變競爭上的策略，改採訴訟手段，抵制競爭對手，使對手損失慘重，故如何利用專利組合之佈局與訴訟策略，提升市場佔有率或如何做好防禦訴訟策略，以減少企業之損失，已成為目前企業重視的一大課題⓭。

⓭ http://synergytek.com.tw/blog/service/ipr_outsourcing/patent_portfolio_management/，有人說今日專利比工廠更有價值，而評估公司之力量，也愈來愈按專利組合之價值，

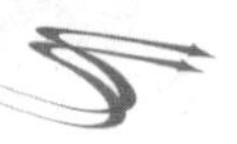

六、其他措施

1. 利用技術合作或合資，取得他人專利權之使用。

2. 取得他人專利權之授權，而進一步改良研發。

3. 監視他人專利權，如有違法取得事由，必要時提出舉發以排除其權利[14]。

而非依其生產力。

[14] 資訊工業策進會，《智慧財產權管理手冊》(1993)，頁 151。

第二十八章　國家對發明之獎掖

第一節　外國對發明之獎掖

先進國家對發明多大力加以獎掖，例如美國早在立國之初，即在聯邦憲法明白揭示「國會應有權對作者與發明人賦與在一定期間對其作品與發明之專屬權利，以促進科學與有用藝術之進步」（第 1 條第 8 節第 8 項），首任專利局局長且由國務卿傑佛遜兼任，可見其開國元勳眼光遠大，後來該國科技人才輩出，成為工業超強，誠非偶然❶。

❶ 美國教育自小重視培養孩子的想像力與創造力，中小學每年至少會舉辦一次科學節。對科研感興趣的學生，可報名參加科學節的比賽。現行美國政府對發明之有系統獎掖措施資料甚難獲得，惟整理零星資料結果，可知該國獎掖發明活動亦屬不少。以 1991 年為例，依據專利商標局之說明，該局與創造性美國基金會 (Foundation for a Creative America)、著作權局等似乎每年為高初中學生合辦年輕發明家與創作人大賽 (Young Inventiors and Creators Competition)。又與一些學校及全國創造性思考協會 (National Inventive Thinking Association) 合辦全國創造與發明思考技術大會 (National Creative and Inventive Thinking Skills Conference)。該局又對教育家提供實現一個發明性思考計劃 (Inventive Thinking Program) 之工具。

為增進社會了解應用思考技術對新科技之重要，該局參加許多由全國科學教師協會 (National Science Teachers Association)、全國教師教育學院學會 (American Association of College for Teacher Education)、全國小學校長協會 (National Association of Elementary School Principals) 所舉辦之大會。又與其他協會、大學合辦工作坊與展示會等（參考 Annual Report Fiscal Year' 91, Commissioner of Partent and Trademarks）。民間方面除業界注重研發與專利管理外，已知有 the U.S. Patent Model Foundation（非營利機構）在 1986 年發動 the Invent American Program，激勵發明精神，大約一萬所小學與初中參加 program，鼓勵發明與教導創造研發之過程。

外國對發明風氣之推動與獎掖最為注重者，首推日本，無論政府與企業、企業團體皆積極推動，不遺餘力，致自明治維新以來，為時雖短，但發明風氣普及，申請專利案件，常高居世界第一位。故本節特以日本為例，說明其朝野獎掖發明之種種措施，以證明事在人為，期能作為我國今後努力之借鏡。

參照 *Foundation for a Creative America, Bicentennial Celebration United States Patent & Copyright Laws Proceedings, Events, Addresses* (1991) 一書。官方大力取締仿冒，自雷根總統以來努力在海外保障智財權，不惜以超級三〇一條款施以壓力，在專利商標局設有「全國著名發明家展示廳」(National Inventor Hall of Fame)，將該國立國以來影響人類生活之重要發明家（附肖像）及其代表性發明（附模型）加以鮮活之展示與介紹，對後人發揮見賢思齊之激勵作用。又 1999 年美國通過美國發明人保護法 (American Inventor Protection Act)。1980 年之「拜杜法」(Bayh-Dole Act) 將智慧財產下放予大學與研究機構，於是各大學紛紛設立技術移轉室，1993 年各公私立大學專利核准案件有一千三百餘件，權利金收入高達二億四千萬美元。此外又有史蒂文生懷特法 (Stevenson-Wydler Technology Innovation Act of 1980)、聯邦技術移轉法 (Federal Technology Transfer Act of 1986)、國家競爭技術移轉法 (1989)。國會又於 1996 年通過「國家技術移轉與昇級法」(National Technology Transfer and Advancement Act of 1995)，提高對研究人員與發明人之獎勵，准許聯邦人員從事自己發明之商業化，且發明人可於聯邦政府放棄發明時取得發明權（參照黃俊英、劉江彬著，《智慧財產的法律與管理》，頁 87）。又於 2000 年通過技術移轉商業化法 (Technology Transfer Commercialization Act)。

近年日本國會通過知的財產基本法（2003 年 3 月 1 日施行）。該法要求政府、學術機構以及產業界：①開發從事創新活動與 IP 服務的人力資源；②促進高科技 IP 的創造；③特許廳須提供迅速充分的審查程序；④司法制度須加速法院訴訟以確保迅速妥適的 IP 保護。參照郭雨嵐著，《專利侵害處理策略——贏的策略與實務》，頁 8。又關於日本獎掖發明之詳情，參照科學技術廳振興局監修，《發明獎勵便覽》（發明協會昭和 56 年）一書。

一、政府建立長遠之制度與政策

㈠有公認技術士與技術顧問 (adviser) 制度

在各都道府縣設立知的所有權中心，及在許多地方自治團體設有工業技術中心，辦理技術諮詢、試驗設備之貸與，提供試作品之做成與試運轉之場所。

㈡資金方面之協助

對重要課題之研發，國家講求稅捐上之優惠、出資、融資及助成金之交付等許多措施，有些場合還予以特別融資與減稅。最近對小規模但有優秀技術之所謂 venture 企業，亦採重點助成措施❷。

㈢引進外國技術

㈣促進專利商品化與企業化

特許廳自 1997 年度開始，開辦專利流通展覽會，設置專利流通 adviser 制度。又對國立試驗研究機關提供專利管理與支援。

㈤表　揚

表揚發明人與對發明有功之人，在科學技術廳將幼苗優秀發明選拔為「注目發明」。舉辦科學技術功勞者表揚，研究功績者表揚，科學技術振興功績者表揚制度。

㈥發明創造環境之啟蒙活動

將 1885 年專利制度創設之日定為「發明日」，每年辦有慶典活動。同時開辦演講會、討論會、展示會、擴充博物館、舉辦科學營……等。

二、企業等機構對發明之獎勵

大部分企業在內部另訂「有關從業員發明等之處理規定」，訂定從業員

---

❷ 美國與日本投入研究發展比例約佔 GDP 的 3%，歐洲各國中高者如瑞典之 4.27%，低者如英國之 1.8%。我國研發經費所佔 GDP 比例在 2003 年據云為 2.45%，政府擬在 2006 年將其提高至 3%。（參照智財局「2004 年我國與美日歐專利申請暨核准概況分析」）

讓與專利申請權之補償，發明對公司有利時之實績補償，以及對優秀發明之表揚……等，對提高發明意願，助益甚大。分述如次：

1. 提案制度

此為戰後日本企業提高生產性運動之一環，目的在培養於日常事物中誘導員工創意工夫之工場風氣，喚起從業員對發明之關心。1970 年代有一公司改善提案超過一百萬件，也有某從業員提案超過三千件者。

2. 表揚優秀發明

在企業內部有表揚專利發明制度，設審查委員會，選拔優秀專利發明與戰略性專利，發給發明人獎狀獎金。公益團體與報社亦常舉辦各種表揚發明業務。

3. 企業內部智慧財產部門參與開發與提供支援（含資訊），參與職務發明之評價，舉辦公司內部宣導活動，發掘發明，舉辦發明與專利展示會與比賽等。

4. 提高從業人員發明之報酬與補償金

又若干大學研究機關提高員工發明之補償金與實績補償金 ， 同時從過去員工之職務發明歸屬於國家之作法，改為歸雇主與發明人共有專利權。

三、發明協會之貢獻

除國家、地方自治團體及企業外，各公益團體之獎勵發明活動亦頗盛行，尤以社團法人日本發明協會，對日本發明風氣之推廣貢獻尤大❸。按該協會會員人數約 12,000 人，其中法人約 6,500 個，個人約 5,500 人，在全國 47 個都道府縣設有支部。協會之總裁多由天皇之弟擔任，會長向由著名企業家擔任，職員人數約 480 人，該協會舉辦下列活動❹：

---

❸ 日本其他專利相關團體甚多，包括：
1.弁理士會。 2.日本特許協會。 3. AIPAI 日本部會。 4.日本特許情報センター。 5.日本テザイン保護機關連合會 。 6.日本食品特許センター 。 7.日本工業所有權法學會……等。

❹ 該協會往往與 NHK 電視臺或報社合辦活動，後援有科學技術廳、特許廳、日本商工會議所、辨理事會……等。

1. 表揚以全國為對象之發明

特別獎有恩賜獎、總理大臣獎、文部大臣獎、通商產業大臣獎、科學技術廳長官獎、特許廳長官獎、發明協會會長獎……等，舉辦頒獎典禮及展覽會。

2. 地方發明表揚

在各地表揚優秀發明與有功之人。

3. 辦理全國發明比賽

有特別獎、獎勵獎、人選作等。

4. 辦理全國學生兒童發明工夫展（使兒童樂於發明工夫，體會創作之喜悅，培養豐富觀察力與創造力）

此項活動並得到 WIPO 之協助。

5. 辦理全國教職員發明展（使其理解創造力培養之重要，實踐思考之教育）、「未來科學之夢」繪畫展（目的在培養小孩夢想與希望，提高創造力與探究心）、世界青少年發明展等。又各都道府縣還辦理各地區發明展與比賽。

6. 青少年之發明獎助

在全國各縣市開辦少年少女發明俱樂部，會員人數約六千人。

7. 協助特許廳辦理下列業務

(1)蒐集外國工業財產權制度與運用之資訊，在本部與各支部接受國內企業諮詢。

(2)以各地中小企業與個人為對象，舉辦專利申請者之指導與諮詢業務，普及專利資訊。

(3)主要以民間企業人士為對象，舉辦工業財產權之研修訓練課程與講座。

(4)辦理有關工業財產權之委託調查。

(5)出版專門與一般書刊，另發行期刊，刊登企業未申請專利但有公開之意之發明，以防止重複投資與重複申請。

❖深度探討～美國民間專利研究機構❖

美國法曹協會 (ABA) 之專利商標及著作權委員會 (Patent, TM & Copyright Law Section) 及全美專利法協會 (the American Patent Law Association)（另一專利律師組織）……等在美國專利立法方面，扮演重要之角色。

此外，美國有許多關心專利及其他知能財產之民間組織。其一是華盛頓特區之喬治華盛頓大學之專利商標著作權研究所 (PTC Research Institute of George Washington Univ.)。如其名稱所示，該研究所從事美國與外國專利、商標及著作權之研究，並散佈有關資訊，在華盛頓召開會議及在不同城市召開區域會議。對於該領域傑出著作每年授予獎賞 (Charles F. Kettering Award)，並每年推選一個當年度發明家 (inventor of the year)。其出版品包括 papers，教育性 booklets，及有名的期刊：IDEA。

另一機構是「專利局協會」(The Patent Office Society)，該組織是在 1917 年成立。目的在「獻身促進專利與商標制度及促進對其真正體認」。會員限於現任及曾任專利局工作之專業人員、私人執業或在聯邦機構登記有案之專利律師及代理人及聯邦法官。在 1970 年，約有會員 1,500 人。該機構舉辦會議，討論立法與政策問題。該組織最有名的出版品是月刊 *Journal of the Patent Office Society*，提供有用研究資料，該雜誌訂戶極多，包括世界各國圖書館與技術團體。

第二節　我國對於發明之獎掖

第一目　一般法令

一國天然資源無論如何豐饒，終有枯竭之一日，而發明則開發人腦，無中生有，不但可彌補天然資源之不足，且更可創造無窮之財富，可取之不盡，用之不竭。我國天然資源有限，又係工業後進國，科技發展遠不如

外國，每年發明專利幾為外國工業先進國之天下，為了急起直追，更應大力獎掖發明。在現行法令中除憲法第 166 條明定：「國家應獎勵科學之發明與創造，……」，第 167 條規定：「國家對於左列事業或個人，予以獎勵或補助……三、於學術或技術有發明者」。又憲法增修條文第 10 條第 1 項規定：「國家應獎勵科學技術發展及投資，促進產業升級……」外，獎勵發明之規定散見於有關法令，例如：

㈠褒揚條例

有利於國計民生之重要發明，可明令褒揚（限已逝世），或頒贈匾額，事蹟得宣付國史館並列入省（市）縣（市）志 (§6)。

㈡獎章條例

對學術或業務有重大價值之研究發明著作可頒發功績獎章 (§3)。

㈢勳章條例

有有利國計民生之專門發明，可授予卿雲勳章或景星勳章。

㈣遺產及贈與稅法規定被繼承人之發明專利權不計入遺產總額中 (§16)

㈤中小企業發展條例

主管機關應輔導中小企業研究發展及新產品之開發；設置中小企業發展基金，透過金融機構辦理中小企業之融資及保證（尤其包含研究發展與創新產品）等。

㈥科學技術基本法

政府補助、委託、出資或公立研究機關（構）預算進行之科學技術研究發展，所獲得之智慧財產權及成果，得將全部或一部歸屬於執行研究發展之單位所有或授權使用，不受國有財產法之限制。

政府應採取措施，改善科學技術人員之工作條件，並健全科學技術研究之環境：包括鼓勵科學技術人員創業，獎勵、資助及推廣科學技術之研究。為延攬境外優秀科學技術人才，應採取必要措施，於相當期間內保障其生活與工作條件及便利其子女就學等。

㈦標準法

主管機關為獎勵標準之制定及推行，得訂定獎勵辦法。

㈧陸海空軍獎勵條例

對發明或改良新兵器或軍用器材物品者，頒給獎章、褒獎、獎金。

㈨森林法、廣播電視法、獎勵醫藥技術條例、私立學校法

對林業經營者發明或改良林木品種或竹木材之用途，工藝物品；廣播電視技術發明及關於醫藥品、醫藥器材發明，發給褒章、匾額、獎狀、獎金；對教師發明除勳章外，並得頒給獎匾、獎章、獎狀、獎詞、獎金或嘉獎。

㈩輔導青年利用幼獅工業區創辦生產事業辦法

具備特殊發明，為申請在幼獅工業區購買土地、廠房、設廠條件之一（工業局主管）。

⑾教育部設置學術獎金辦法

我國國民在國內從事學術研究，有高深造詣且有重要發明，可依本辦法申請獎勵。

第二目　過去專利法與專利機關對發明之獎掖

上開各法規對發明雖有種種獎勵，但績效似屬有限。直接獎掖發明則要推經濟部所頒行國家發明獎與全國發明展等辦法，對得獎之發明人頒發獎金、獎牌等獎勵，又對參加國際發明展得獎之發明人亦予以獎金等獎勵。著者於主持中標局期間，更曾推動訂定「在外國取得專利補助辦法」，以鼓勵國人向國際進軍，獎掖發明風氣。

83年修正專利法時，鑒於上述法令對獎掖發明，提升發明風氣效用尚屬不足，應直接在專利法訂定獎助辦法，取得法源地位，以利加強推動，爰增列第138條，規定「經濟部為獎勵發明、創作，應訂定獎助辦法」，此乃重大變革，為過去所無。

經濟部旋於85年7月依該條訂頒「發明創作獎助辦法」，列有不少種類之發明創作獎助，包括發明創作成就類、優良創作作品類、學生創意比賽類及推廣發明創作功績類四種，尤其學生獎勵部分，意在往下紮根，值

得注意❺。

第三目 92年以後專利法之變動

92年1月修正之專利法又對獎勵發明、創作作了政策性之改變，將專利法第138條改為第131條，規定：「主管機關為獎勵發明、創作，得訂定獎助辦法」。即新法之改變有二：除將經濟部文字改為主管機關外，值得注意者，將「應訂定獎助辦法」改為「得訂定獎助辦法」。其立法理由為：「現行規定要求主管機關應訂定獎助辦法，較為僵硬，宜使主管機關於施政上較有裁量之餘地」。又謂「是否應訂定獎助辦法辦理獎助發明，須衡酌我國整體經濟發展狀況及政府財政作考量，而作彈性調整」等語。雖云近年國家財政不如過去，但不數年政策轉變之快，似屬罕見。其實立法者為發展科技，宜有前瞻一貫政策，不宜朝令夕改，如為節省國庫支出，不妨修正相關獎勵辦法，甚至可酌將獎助內容加以調整，但將應訂定獎助辦法改為得訂定，是否顯示國家對發明、創作已不加重視？所幸多年來經濟部對「發明創作獎助辦法」雖修正多次，但基本上維持至今。茲以104年7月修正之版本為中心，述其要點如次：

1. 專利機關為鼓勵從事研究發明或創作者，得設國家發明創作獎。獎助對象限於我國之自然人。

2. 國家發明創作獎分為發明獎與創作獎，刪除貢獻獎。各獎項均含金牌、銀牌，每件頒發獎狀、獎座及獎金。國家發明創作獎由現行每年舉辦一次調整為每二年得辦理評選一次。

3. 參選發明獎者，須其發明在報名截止日前六年內，取得我國之發明專利權。參選創作獎者，須其創作在報名截止日前六年內，取得我國之新型專利權或設計專利權。兩者均須在報名截止日權利仍有效。

4. 以新型專利參選，須檢附新型專利技術報告。

5. 增加評選委員人數，以提升評選審議會組成之多元性。

6. 參選人如為專利權人，複選階段可酌予加分。

❺ 詳情可參閱本書修訂二版，頁642以下。

7. 程序分初選、複選及決選三階段。未獲獎者可再參選一次。對評選結果有疑義，可申請複查。

8. 發明或創作在我國取得專利權後之四年內，參加著名國際發明展獲得金牌、銀牌或銅牌獎之獎項者，得向專利機關申請該參展品之運費、來回機票費用及其他相關經費之補助。

9. 獎項數與獎金額度由專利專責機關定之。

附　錄

一、我國智慧財產權保護機構組織體系圖

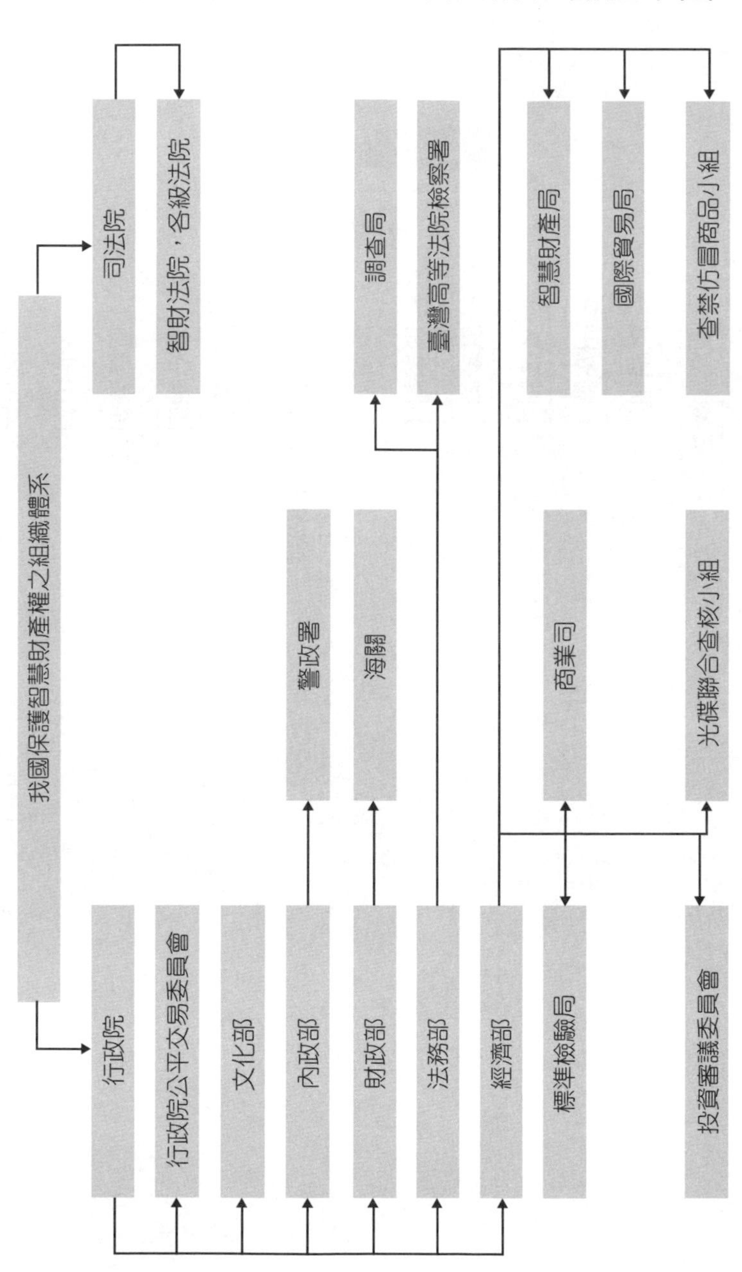

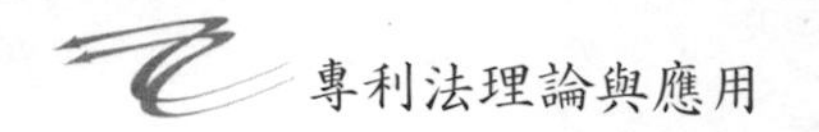

二、我國智慧財產局組織圖

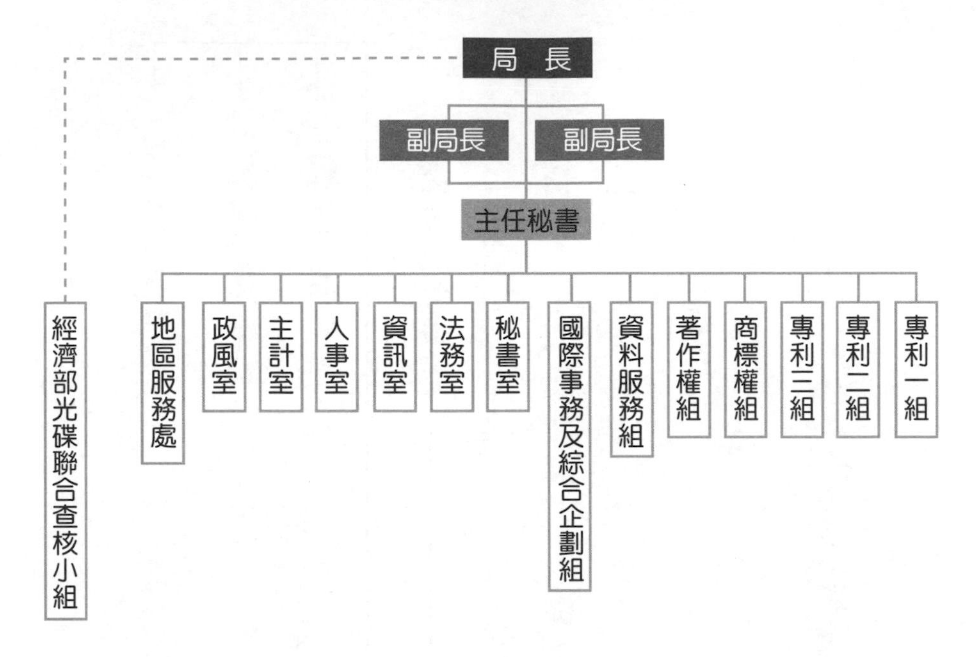

三、中國大陸國家知識產權局組織圖

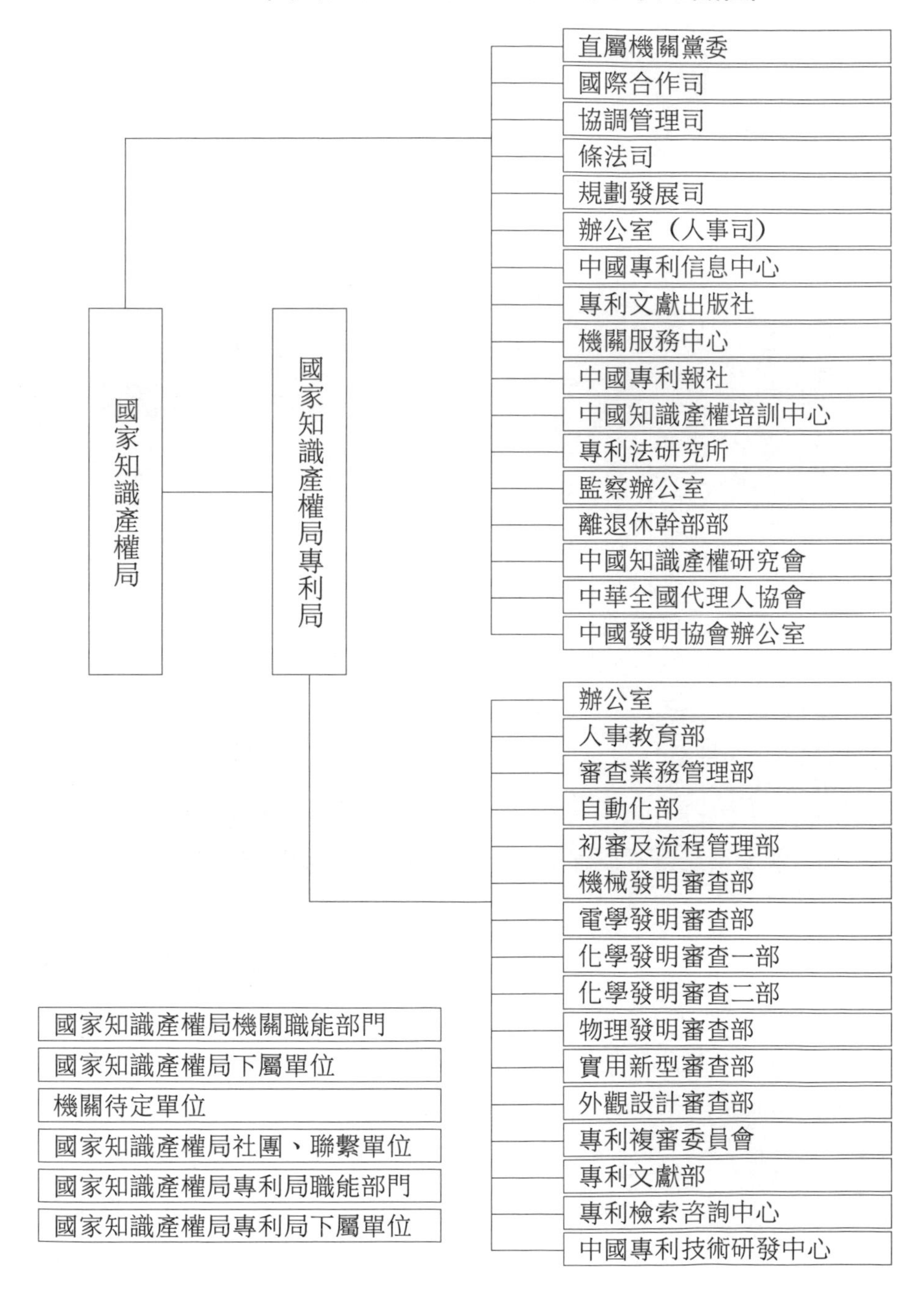

四、日本特許廳組織圖

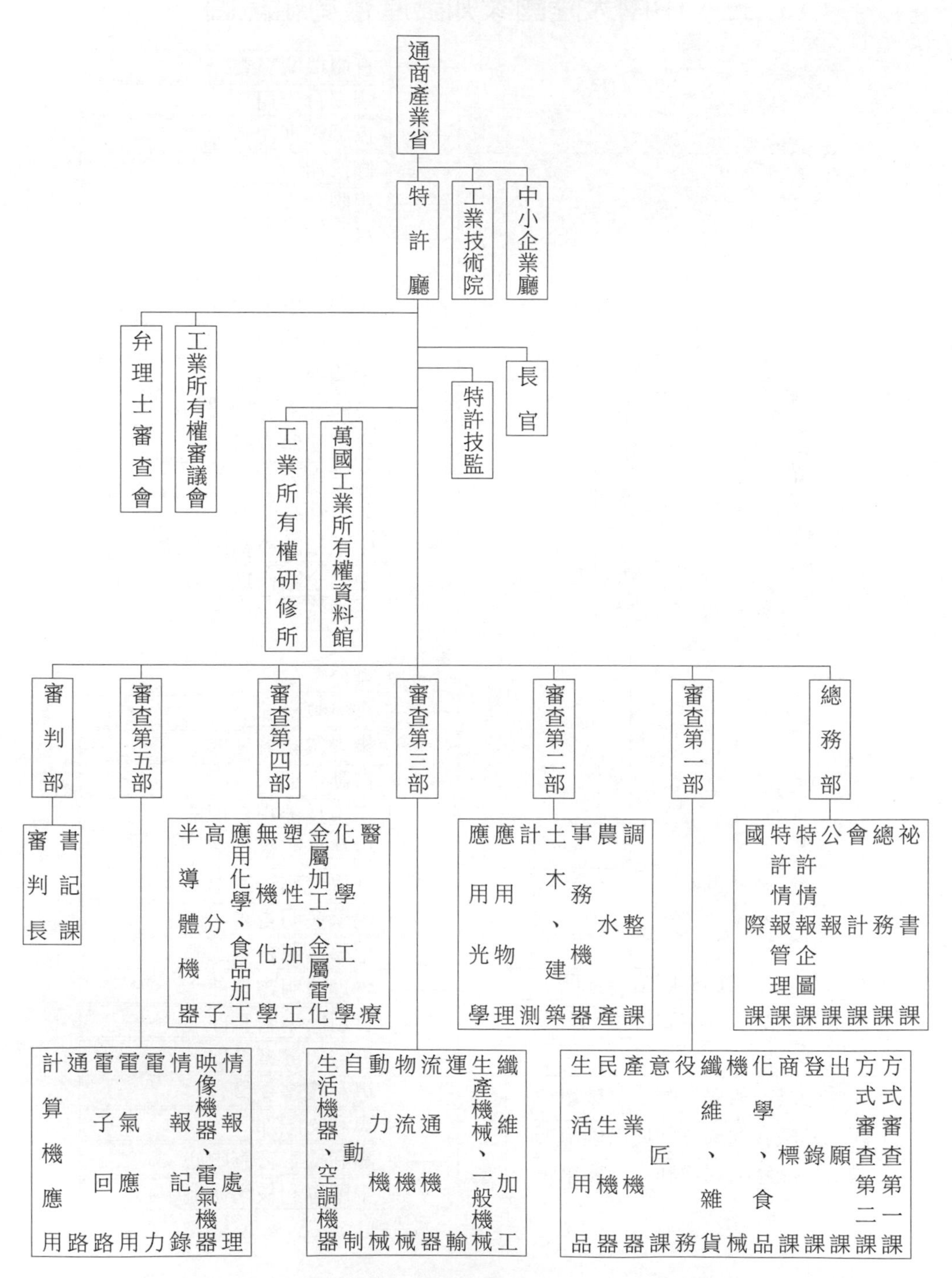
通商產業省
特許廳
工業技術院
中小企業廳
弁理士審查會
工業所有權審議會
長官
特許技監
工業所有權研修所
萬國工業所有權資料館
審判部
審查第五部
審查第四部
審查第三部
審查第二部
審查第一部
總務部
書記課
審判長
醫療
化學工學
金屬加工、金屬電化學
塑性加工
無機化學
應用化學、食品加工
高分子
半導體機器
調整課
農水產
事務機器
土木、建築
計測
應用物理
應用光學
祕書課
總務課
會計課
公報課
特許情報企圖課
特許情報管理課
國際課
情報處理
映像機器、電氣機器
情報記錄
電力
電氣應用
電子回路
通路
計算機應用
纖維加工
生產機械、一般機械
運輸
流通機器
物流機械
動力機械
自動制
生活機器、空調機器
方式審查第一課
方式審查第二課
出願課
登錄課
商標課
化學、食品
機械
纖維、雜貨
役務
意匠課
產業機器
民生機器
生活用品

六、美國專利商標局組織圖

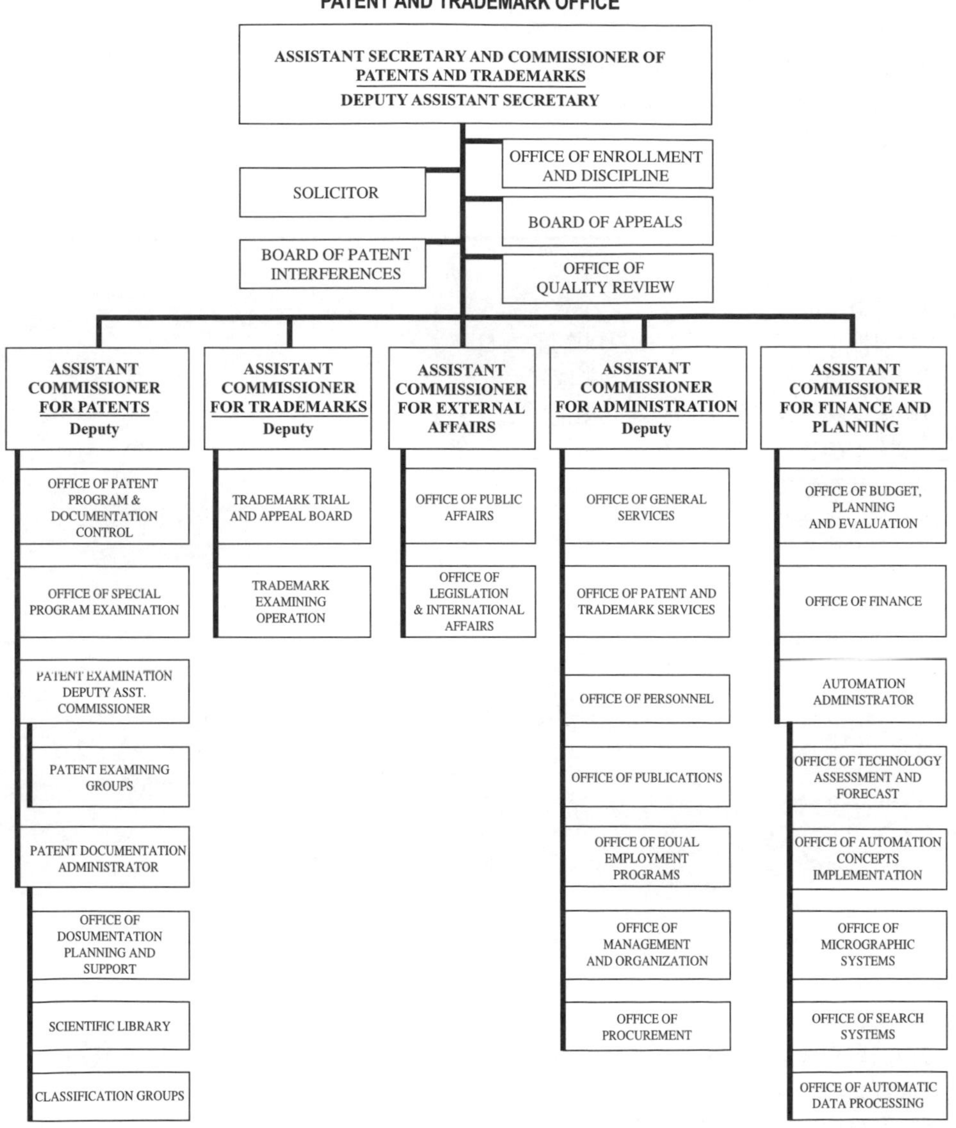

七、我國發明、新型、設計（新式樣）申請範圍實例

～例一～

(一)發　明

[11] 公告編號：403652
[44] 中華民國　89 年 (2000)09 月 01 日
[51] Int. Cl^{06}: A61K31/40
C07D487/04
C07D207/00

---

[54] 名稱：新穎吡咯咔唑
[21] 申請案號：084107708
[22] 申請日期：中華民國 84 年 (1995)07 月 25 日
[72] 發明人：克里斯・亞倫・布卡（美國）
[71] 申請人：赫孚孟拉羅股份公司（瑞士）
[74] 代理人：陳長文　先生
[57] 申請專利範圍：

1. 一種如下式化合物：

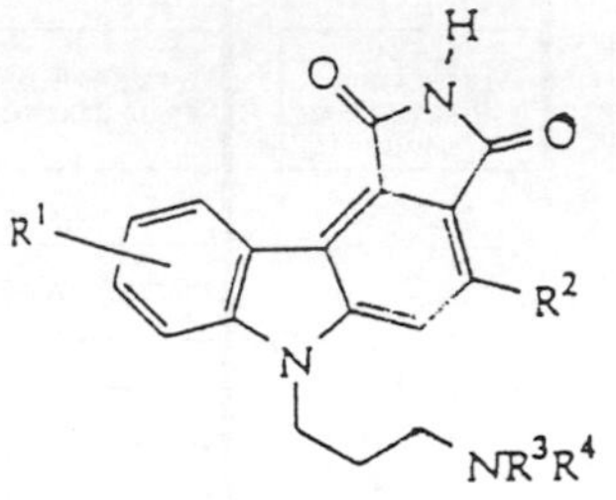

式中：
R^1 為氫；
R^2 為硫代苯；且
R^3 和 R^4 獨立為氫或 C_1–C_6 烷基；或其醫藥上可接受之鹽。

2. 根據申請專利範圍第 1 項之化合物，式中 R^2 為 3– 硫代苯基。
3. 根據申請專利範圍第 2 項之化合物，式中 R^3 為氫且 R^4 為 C_1–C_6 烷基。
4. 根據申請專利範圍第 1 第 3 項之化合物，式中 R^3 為氫且 R^4 為甲基，即 1, 3– 二氧 –6–（3– 甲基胺丙基）–1, 2, 3, 6– 四氫 –4–（硫代苯 –3– 基）– 吡咯并 [3, 4–c] 咔唑。
5. 一種作為蛋白質激酶 C 抑制劑之醫藥組合物，其包含根據申請專利範圍第 1 項之化合物或鹽及醫藥上可接受之賦形劑。
6. 一種製備根據申請專利範圍第 1 項之式 I 化合物及其醫藥上可接受之鹽的方法，該方法包括由式 5 或 5a 化合物：式中，R^1–R^4 如申請專利範圍第 1 項中之定義，Y 為胺基保護基，與順丁烯

二醯亞胺反應；如有需要，可移去保護基 Y；且，如有需要，可將式 I 化合物轉換成醫藥上可接受的鹽。

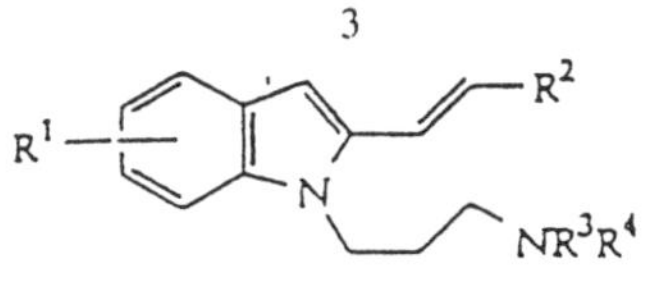

式 5 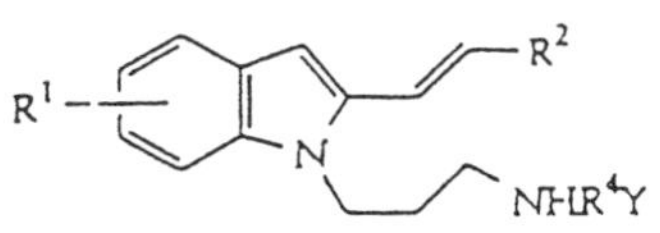　　　　式 5a

7. 根據申請專利範圍第 1 至 4 項中任一項之化合物，其係由根據申請專利範圍第 6 項之方法製備。

~例二~

[11] 公告編號：403668
[44] 中華民國　89 年 (2000)09 月 01 日
[51] Int. Cl[06]: A63B21/00
　　　　　　　A63B22/00

---

[54] 名稱：有氧運動器具之負荷自動調整裝置(一)
[21] 申請案號：087120979
[22] 申請日期：中華民國 87 年 (1998)12 月 16 日
[30] 優先權：[31] 119728　[32] 1998/04/28　[33] 日本
　　　　　[31] 337676　[32] 1998/11/27　[33] 日本
[72] 發明人：山崎貴三代（日本）、山崎岩男（日本）
[71] 申請人：雅門股份有限公司（日本）
[74] 代理人：惲軼群　先生、陳文郎　先生
[57] 申請專利範圍：

1. 一種有氧運動器具之負荷自動調整裝置，係設置於可變更負荷之訓練用有氧運動器具上者，其特徵在於包含有：
——人體阻抗測量裝置，係藉接觸於身體之電極以測量人體阻抗者；
——資料輸入裝置，係用以輸入性別、年齡、身高及體重的個人資料者；
——體脂肪率算出裝置，係根據前述人體阻抗與個人資料而算出體脂肪率者；
——目標體脂肪率設定裝置，係用以設定目標之體脂肪率者；
——運動次數設定裝置，係用以設定運動次數者；
——必要運動量算出裝置，係用以比較目標體型與現在體型，而算出消除前述兩者之差的所需運動量者；
——運動程式決定裝置，係用以根據所算出之所需運動量及前述設定運動次數，而決定一規定有有氧運動器具之負荷以及使用時間之運動程式者；及，
——負荷變更裝置，係用以將有氧運動器具之負荷可變更成與前述所決定之運動程式所規定之

值相同者；

而可將有氧運動器具調整成達成目標體型所需之運動程式的負荷。

2. 一種有氧運動器具之負荷自動調整裝置，係設置於可變更負荷之訓練用有氧運動器具上者，其特徵在於包含有：

——人體阻抗測量裝置，係藉接觸於身體之電極以測量人體阻抗者；

——資料輸入裝置，係用以輸入性別、年齡、身高及體重的個人資料者；

——體脂肪率算出裝置，係根據前述人體阻抗與個人資料而算出體脂肪率者；

——目標體脂肪率設定裝置，係用以設定目標之體脂肪率者；

——運動次數設定裝置，係用以設定運動次數者；

——必要運動量算出裝置，係用以比較目標體脂肪率與前述所算出之體脂肪率，而算出消除前述兩者之差的所需運動量者；

——運動程式決定裝置，係用以根據所算出之所需運動量及前述設定運動次數，而決定一規定有有氧運動器具之負荷以及使用時間之運動程式者；

——心跳數測量裝置，係用以測量運動中之心跳數者；及，

——負荷變更裝置，係用以將有氧運動器具之負荷可變更成與前述所決定之運動程式所規定之值相同者；

而可將有氧運動器具調整成達成目標體型所需之運動程式的負荷。

圖式簡單說明：

第一圖係實施本發明的電動跑步機之概略圖。

第二圖係實施本發明的腳踏車測力計之概略圖。

第三圖係實施本發明的腳踏步器之概略圖。

第四圖係於第一圖之電動跑步機上，顯示體脂肪率測量情形的使用狀態圖。

第五圖係實施本發明之負荷自動調整裝置的功能流程圖。

第六圖係實施本發明之方向握把的重要部位擴大圖。

第七圖係實施本發明之人體阻抗測量回路的流程圖。

第八圖係運動量設定裝置所顯示之體脂肪率目標與實際成績的變遷圖表。

第九圖係運動量設定裝置所顯示之首重目標與實際成績的變遷圖表。

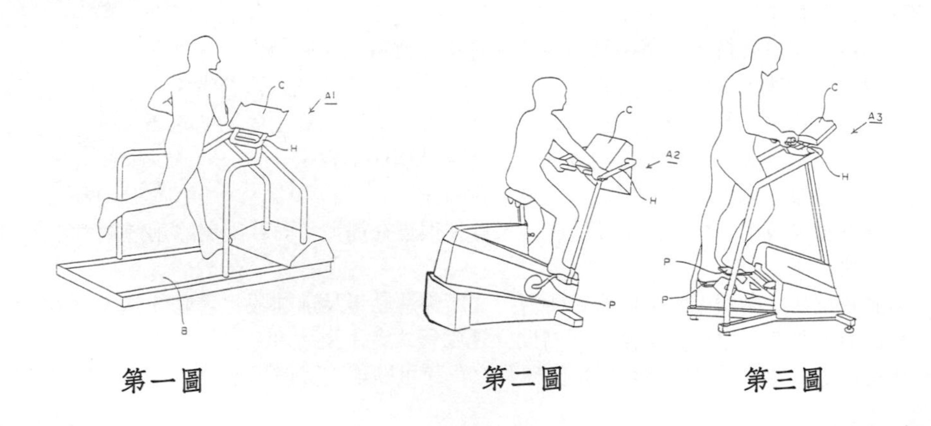

第一圖　第二圖　第三圖

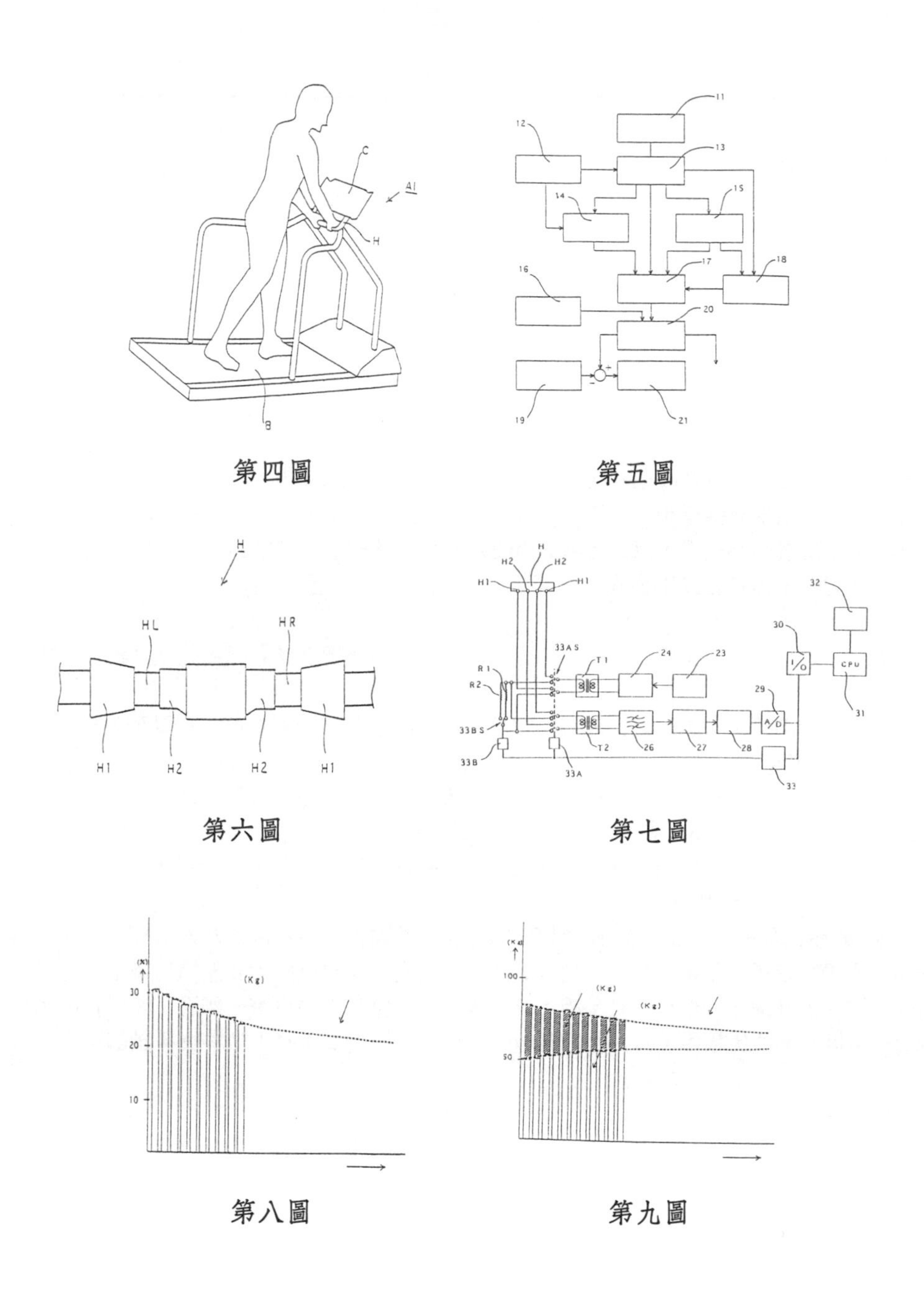

第四圖　第五圖

第六圖　第七圖

第八圖　第九圖

㈡新　型

[11] 公告編號：404620

[44] 中華民國　89 年 (2000)09 月 01 日

[51] Int. Cl^{06}: H02K1/12

[54] 名稱：無刷馬達定子
[21] 申請案號：085218157
[22] 申請日期：中華民國 85 年 (1996)11 月 25 日
[72] 創作人：廖清波　雲林縣二崙鄉楊賢村楊賢路八十五號
趙志謀　臺北縣泰山鄉民國街二十七之二號三樓
王世杰　新竹縣竹東鎮五豐一路三十二巷四十二號四樓
黃得瑞　新竹市光明新村六十二號三樓
應台發　新竹市芎林鄉上山村三民路一一一號之六
[71] 申請人：財團法人工業技術研究院（新竹縣竹東鎮中興路四段一九五號）
[57] 申請專利範圍：

1. 一種無刷馬達定子，可裝設在一軸向繞線徑向氣隙型無刷馬達中，該無刷馬達定子包括一平板結構，該平板結構包括至少一片平板，該平板之形狀包括：中央有一圓孔；該圓孔周圍有複數個突極；以及該些突極中，每二相鄰突極間分別有一開槽口；其中該些突極外緣之外型係為一圓弧，該圓弧半徑符合以下公式：
$\pi / P \times R_M < R_S < 0.95 R_M$
其中 R_M 表示該無刷馬達定子外緣之半徑，R_S 表示該些突極之該圓弧半徑，P 表示馬達磁極數目。
2. 如申請專利範圍第 1 項所述之無刷馬達定子，其中該些突極頸部寬度符合以下公式：
$\pi / 2P \times R_M < W_S < 2\pi / P \times R_M - g$
其中 R_M 表示該無刷馬達定子外緣之半徑，W_S 表示該些突極頸部寬度，P 表示馬達磁極數目，g 表示該些突極與磁石間氣隙寬度。
3. 如申請專利範圍第 1 項所述之無刷馬達定子，其中該開槽口之深度符合以下公式：
$\pi / P \times R_M < D_S < 2.5\pi / P \times R_M$
其中 R_M 表示該無刷馬達定子外緣之半徑，D_S 表示該開槽口之深度，P 表示馬達磁極數目。
4. 一種無刷馬達定子，可裝設在一軸向繞線徑向氣隙型無刷馬達中，該無刷馬達定子包括一平板結構，該平板結構包括至少一片平板，該平板之形狀包括：中央有一圓孔；該圓孔周圍有複數個突極；以及該些突極中，每二相鄰突極間分別有一開槽口；其中該些突極頸部寬度符合以下公式：
$\pi / 2P \times R_M < W_S < 2\pi / P \times R_M - g$
其中 R_M 表示該無刷馬達定子外緣之半徑，W_S 表示該些突極頸部寬度，P 表示馬達磁極數目，g 表示該些突極與磁石間氣隙寬度。
5. 如申請專利範圍第 4 項所述之無刷馬達定子，其中該開槽口之深度符合以下公式：
$\pi / P \times R_M < D_S < 2.5\pi / P \times R_M$
其中 R_M 表示該無刷馬達定子外緣之半徑，D_S 表示該開槽口之深度，P 表示馬達磁極數目。
6. 一種無刷馬達定子，可裝設在一軸向繞線徑向氣隙型無刷馬達中，該無刷馬達定子包括一平板結構，該平板結構包括至少一片平板，該平板之形狀包括：中央有一圓孔；該圓孔周圍有複數個突極；以及該些突極中，每二相鄰突極間分別有一開槽口；其中該開槽口之深度符合以下公式：

$\pi/P \times R_M < D_S < 2.5\pi/P \times R_M$

其中 R_M 表示該無刷馬達定子外緣之半徑，D_S 表示該開槽口之深度，P 表示馬達磁極數目。

7. 如申請專利範圍第 4 項所述之無刷馬達定子，其中該些突極外緣之外型係為一圓弧，該圓弧半徑符合以下公式：

$\pi/P \times R_M < R_S < 0.95R_M$

且該些突極頸部寬度符合以下公式：

$\pi/2P \times R_M < W_S < 2\pi/P \times R_M - g$

其中 R_M 表示該無刷馬達定子外緣之半徑，W_S 表示該些突極頭部寬度，P 表示馬達磁極數目，g 表示該些突極與磁石間氣隙寬度，R_S 表示該些突極之該圓弧半徑。

8. 如申請專利範圍第 1 項所述之無刷馬達定子，其中該平板之材質係為矽鋼片。
9. 如申請專利範圍第 4 項所述之無刷馬達定子，其中該平板之材質係為矽鋼片。
10. 如申請專利範圍第 6 項所述之無刷馬達定子，其中該平板之材質係為矽鋼片。

圖式簡單說明：

第一圖所繪示的是習知無刷馬達定子外型的俯視圖。

第二圖所繪示的是應用本創作一較佳實施例，一種無刷馬達的零件爆炸圖。

第三圖所繪示的是無刷馬達中上、下極板 180° 電氣角交錯配置的示意圖。

第四圖所繪示的是依照本創作一較佳實施例一種新型無刷馬達定子之俯視圖。

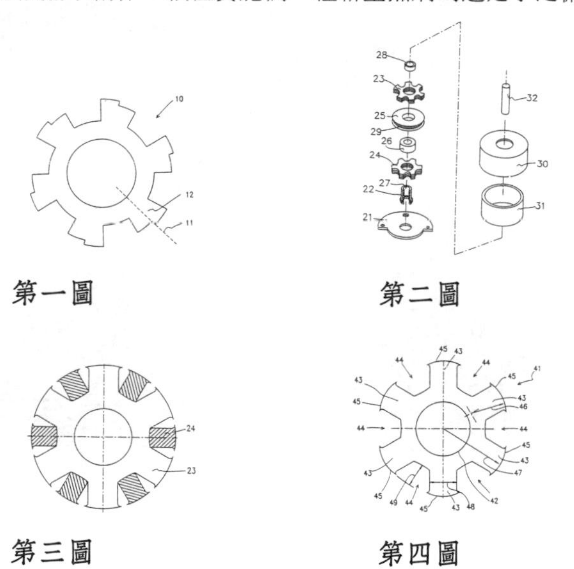

第一圖　　第二圖

第三圖　　第四圖

㈢設計（新式樣）

[11] 公告編號：440348
[44] 中華民國　90 年 (2001)06 月 07 日
[52] 物品類別：第 28 類/341

---

[54] 名稱：跑、踏步機
[21] 申請案號：089300789
[22] 申請日期：中華民國 89 年 (2000)02 月 03 日
[72] 創作人：余治安（桃園縣楊梅鎮楊新路二段五五二號）
[71] 申請人：余治安（桃園縣楊梅鎮楊新路二段五五二號）
[74] 代理人：賴志泓　先生
[57] 申請專利範圍：

　　如圖所示之一種「跑、踏步機」之形狀者。

圖式簡單說明：

第一圖係本創作立體圖。　第二圖係右側視圖。　第三圖係俯視圖。　第四圖係前視圖。
第五圖係仰視圖。　第六圖係左側視圖。　第七圖係後視圖。

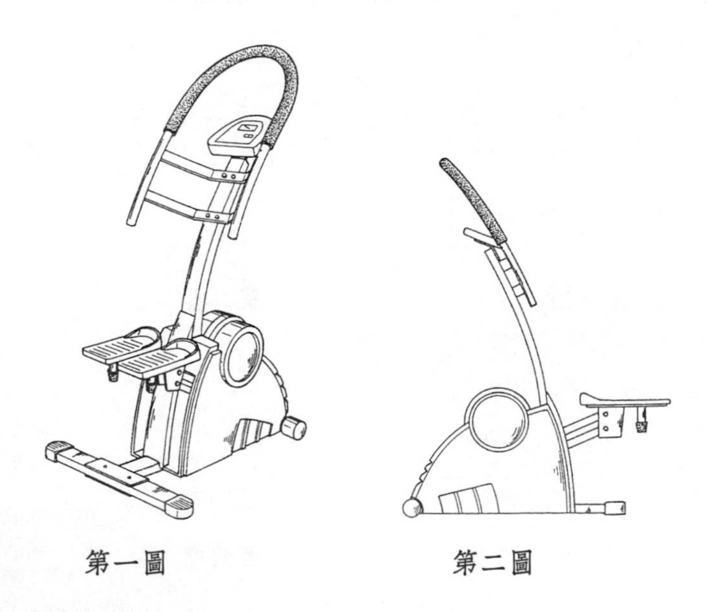

第一圖　　　　第二圖

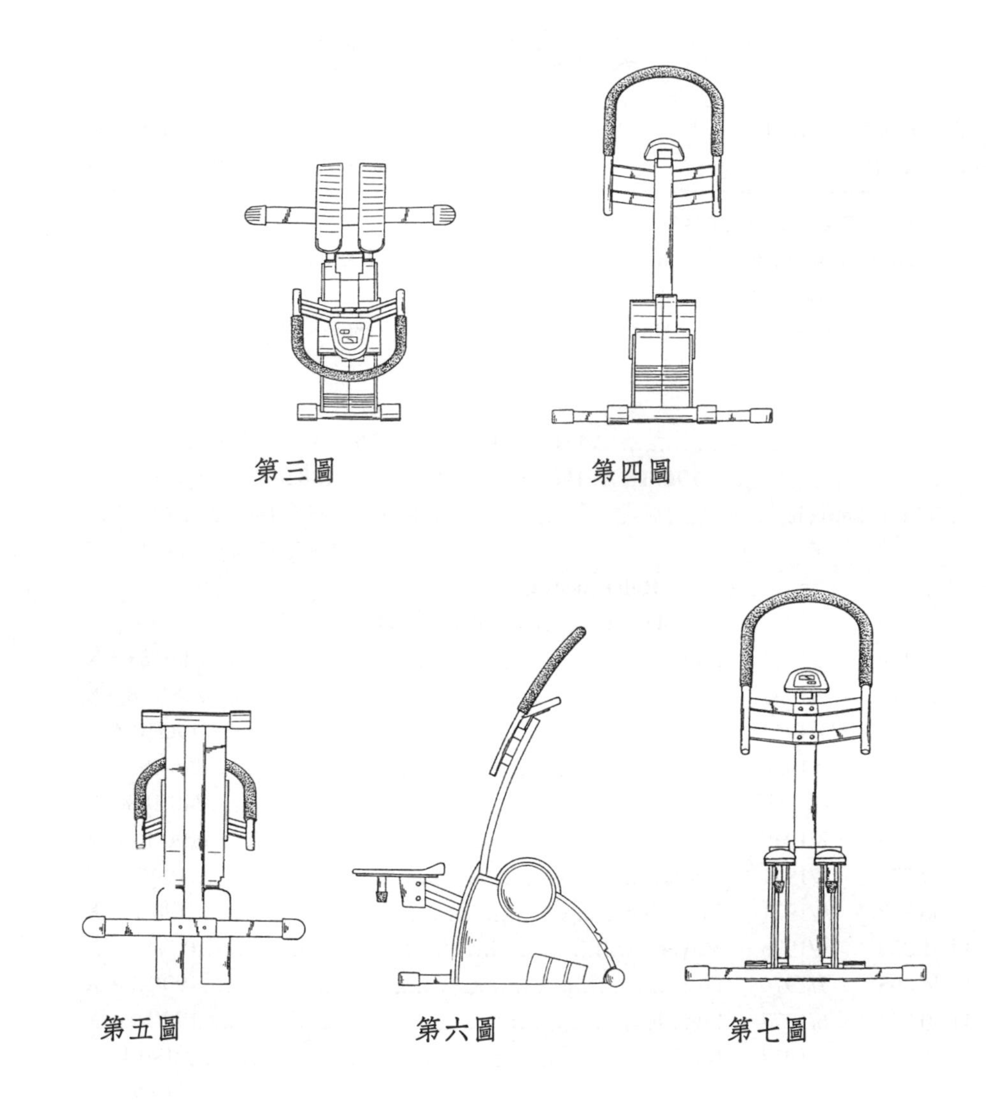

（資料來源：《中華民國專利公報》[19] [12]）

八、美國專利 claim 實例

United States Patent[19] [11]**Patent Number: 4,538,709**
Williams et al. [45]**Date of Patent: Sep. 3, 1985**

---

[54] **WHEELED GARMENT BAG**

[75] Inventors: **Marvin E. Williams**, Worthington;**David B. Chaney**, Columbus; **Donald**J. **Rebele,** Worthington, all of Ohio

[73] Assignee: **The Huntington National Bank,** Columbus, Ohio

[21] Appl. No.: **512,734**

[22] Filed: **Jul. 11, 1983**

[51] **Int. Cl.**^{3} **A45C 5/14**; A45C 13/26; A45C 13/30; A45C 13/38

[52] **U.S. Cl.** .... **190/18 A**; 190/115; 206/287.1; 248/188.5; 280/37; 280/47.17

[58] **Field of Search** .... 190/18 R, 18 A, 115, 190/39; 206/287.1; 280/34, 47, 17, 47.26, DIG. 3; 248/188.5

[56] **References Cited**

U.S. PATENT DOCUMENTS

1,215,369	2/1917	Hart	248/188.5 X
2,427,841	9/1947	Dichter	248/188.5 X
2,581,417	1/1952	Jones	190/18 A X
2,689,631	9/1954	Marks	206/287.1 X
2,957,187	10/1960	Raia	248/188.5 X
3,522,955	8/1970	Warner, Jr.	190/18 A X
3,559,777	2/1971	Gardner	190/111 X
3,606,372	9/1971	Browning	190/115 X
3,891,230	6/1975	Mayer	190/18 A X
3,934,895	1/1976	Fox	190/18 A X
4,030,768	6/1977	Lugash	190/18 A X
4,036,336	7/1977	Burtley	190/18 A
4,062,429	12/1977	Tabor et al.	190/18 A
4,256,320	3/1981	Hager	280/37
4,262,780	4/1981	Samuelian	190/18 A

FOREIGN PATENT DOCUMENTS

0021918	1/1981	European Pat. Off.	190/18 A
2056657	5/1972	Fed. Rep. of Germany	190/18 A
2359229	6/1975	Fed. Rep. of Germany	190/18 A
1301349	4/1969	France	280/47.17

Primary Examiner—William Price

Assistant Examiner—Sue A. Weaver

Attorney, Agent, or Firm—Frank H. Foster

[57] **ABSTRACT**

A multipurpose piece of luggage with wheels and a collapsible handle having a garment enclosure in which large articles of clothing may be hung and lesser enclosures for storage of small articles. The invention also serves as a cart for other luggage. Its handle may be collapsed, support feet retracted and garment enclosure folded to give it the appearance and utility of a normal suitcase.

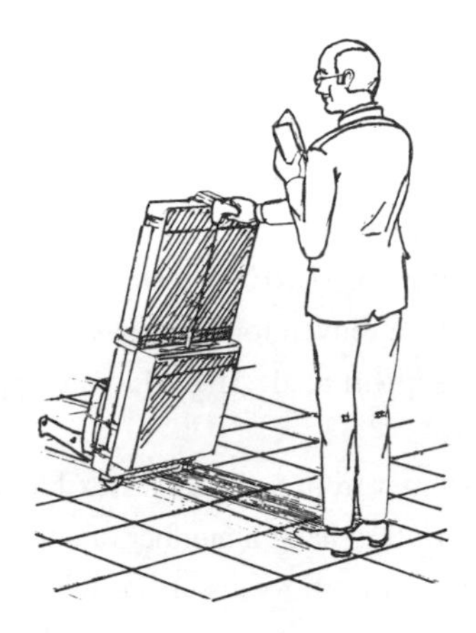

4 Claim, 12 Drawing Figures

WHEELED GARMENT BAG

TECHNICAL FIELD

The present invention relates to wheeled, hand-held luggage suitable for airline carry on use. In particular, the present invention relates to multipurpose, collapsible luggage capable of performing as a cart for additional bags and as a self-supporting garment bag.

BACKGROUND ART

Traditionally the traveller has had a choice of hand-held luggage consisting of suitcases, lightweight "carry on" bags, and garment bags. Suitcases can carry an ample amount of articles, but clothing such as dresses, coats, or suits must be folded and thereby wrinkled when placed inside. The resultant package is generally heavy and cumbersome. Wheels and handles have been added to suitcases in prior inventions, but the luggage, though more mobile, does not leave a traveller's clothing looking fresh. The suitcase is not generally fit for the "business" traveller, who only needs to carry one or two days worth of clothing and would prefer to transport all his needs in a single piece of carry on luggage in order to save time otherwise spent waiting for his luggage to be unloaded from aircraft. The business traveller gains the added benefit of not risking the loss of his luggage when he is able to store all his needs in a single carry on piece of luggage.

Lightweight carry on bags do not allow a traveller to store longer articles of clothing without their being folded and, thus, wrinkled. Secondly, when lightweight carry on bags are used in conjunction with other luggage they must be carried separately adding to the traveller's burdens and causing him to have to pick up, position, and put down all his luggage between each time he is required to use his hands.

Garment bags are usually bulky and cumbersome. When carried over one's arms the articles of clothing are still subject to folding and wrinkling. Any smaller items carried in a garment bag, such as folded shirts or toiletry articles, usually fall to the bottom of the bag in a disorderly manner. Attempts to make the garment bags more like a big suitcase have resulted in a large rigid piece of luggage, which, when in conjunction with a number of other bags, only adds to the difficulties of a traveller attempting to carry all his luggage and intermittently stop and use his hands. For example, the wheeled garment bag disclosed in Lugash U.S. Pat. No. 4,030,768 provides a rigid, mobile bag capable of carrying long pieces of clothing without folding. It even provides for a hook to temporarily hold a lightweight bag, such as a brief case, but the invention disclosed still only compounds a traveller's problems when he attempts to transport the garment bag in conjunction with two or more suitcases.

BRIEF DISCLOSURE OF THE INVENTION

The preferred embodiment of the present invention has a base support unit. Assembled to this unit are wheels and spring loaded, retractable support feed. Affixed to the upper portion of the base support unit is a telescoping pole attached to a handle.

The garment enclosure is manufactured from a durable, flexible material. Within the enclosure is a hanger bar. The enclosure is large enough to hang a number of suits or dresses. The garment enclosure, when in an operable position is held rigid from its lower portion to its center by the base support unit. The upper portion of the enclosure may be folded over or held in an upright position against the extended telescoping pole. In either position the invention may be pushed or pulled along by using the handle attached to the extended telescoping pole. When the garment enclosure is folded over and the telescoping pole collapsed, both the pole and its handle are concealed within a zippered lining. An auxiliary handle affixed to the center of the garment enclosure may be used to carry the invention when it is in the folded position.

Retractable, spring loaded support feet may be extended to have additional luggage rested upon them. Regardless of the position of the garment enclosure, the invention serves as a free standing luggage cart.

Fashioned to the outer wall of the garment enclosure are smaller, additional enclosures suitable for carrying articles of lesser size.

An object of this invention is to provide a traveller with a piece of multipurpose luggage capable of hanging large articles of clothing without folding them while providing separate storage for smaller articles.

An object of this invention is to provide a traveller with a multipurpose piece of luggage that also doubles as a cart for smaller pieces of luggage.

Another object of this invention is to provide a soft-sided carry on garment enclosure that may be hung for storage and with the handle and telescoping tube support collapsed into the bag it can be folded to be stored in tight places.

An additional object of this invention is to provide a piece of luggage with wheels and a handle that may act as a garment bag and is free standing.

BRIEF DESCRIPTION OF THE DRAWINGS

FIG. 1 is a perspective view showing the inward side of the garment enclosure and the retractable support feet extended and with two handle designs.

FIG. 2 is a perspective view of a preferred embodiment of the outward side of the garment enclosure with an arrangement of smaller enclosures.

FIG. 3 is a side elevation with the telescoping pole collapsed and the garment enclosure folded.

FIG. 4 is a side elevation with the garment enclosure in an upright position.

FIG. 5 is a top perspective view of the garment enclosure in a folded position with the handle collapsed.

FIG. 6 is a perspective view of the garment enclosure's bracket assembly and corresponding handle clip device.

FIGS. 7 and 7a are a front perspective view of the base support unit with the garment enclosure removed illustrating the wheel and retractable foot support assemblies and including a blow up of one spring assembly.

FIG. 8 is a perspective view of the invention in its operable position while being pushed and carrying a brief case.

FIGS. 9 and 9a are a side elevation of the preferred embodiment of the telescoping pole in an extended position with portions broken away to illustrate the interrelationship of the interior parts and including a blow up of alternative spring clip designs.

FIG. 10 is a side elevation of the preferred embodiment of the telescoping pole illustrating the interrelationship of the interior parts when the first section is partially collapsed.

In describing the preferred embodiment of the invention, which is illustrated in the drawings, specific terminology will be resorted to for the sake of clarity. However, it is not intended that the invention be limited to the specific terms so selected and it is to be understood that each specific term includes all technical equivalents which operate in a similar manner to accomplish a similar purpose.

DETAILED DESCRIPTION

Referring to **FIG. 1** a base support unit 17 having wheels 18a and 18b holds the invention upright by means of support feet 16a and 16b. The inward side of the garment enclosure 10 is illustrated. Access to the inner portion of the garment enclosure 10 is achieved by opening flap 12 with the use of the flap zippers 14a and 14b. An optional strap 30 may be used to assist in holding flap 12 closed. Large articles of clothing on hangers may be suspended within the garment enclosure 10 by use of an inner hanger bar 24 (**FIG. 6**). In the preferred embodiment this bar is designed to slant downward such that the first articles of clothing hung inside the garment enclosure 10 slide downward and into the enclosure away from the flap 12. When upright the entire invention may itself be hung in a closet or onto some other device by the use of hanger hook 26. A hook pocket 28 is provided to store the hanger hook 26 when it is not in use.

In **FIG. 2** the outward side of the garment enclosure 10 is illustrated in the upright position and shows a alternative handle design. This preferred embodiment illustrates an arrangement for two small enclosures 36a and 36b and one medium enclosure 40. The small enclosures 36a and 36b are designed in the preferred embodiment to accomodate a number of folded shirts or similar garments. In an alternative, less expensive embodiment of the invention, the two small enclosures are absent and storage is provided by a pocket in the lining of the garment enclosure. Access to the small enclosures 36a and 36b is through access zipper 37a and 37b respectively. Access to the medium enclosure is through access zipper 42. An additional feature of the preferred embodiment is a storage pocket for papers provided in the linings of small enclosures 36a and 36b with access through zipper 38a and 38b respectively. The pockets provide quick storage and retrieval for items such as newspapers or airplane tickets. The fashioning of the small and medium enclosures to the exterior of the garment enclosure overcomes drawbacks found in prior art. By providing compartmentalized storage space outside of the garment enclosure smaller items may be packed or removed without first having to remove the large articles of clothing stored within the garment enclosure. Additionally, small bulky items such as shoes are not pressed directly against suits or dresses, thereby not causing those items to be wrinkled, torn or soiled.

As indicated in **FIGS. 3** and 5 the garment enclosure 10 may be folded over to form a piece of luggage approximately the same size as a normal carry on bag. The preferred embodiment when folded is designed to fit neatly into tight spaces. Even when the invention is in a folded position it will function as a cart for additional luggage which may be rested upon the support feet 16a and 16b. A telescoping pole 50 with an attached handle 20 locks into an extended position and provides a means for the traveller to push or pull the bag without having to stoop or bend over to pick up the handle.

As indicated in **FIGS. 1, 3** and 4 male clasps 66a and 66b and female clasps 64a and 64b are provided to retain the garment enclosure 10 in a folded position. **FIG. 1** and **FIG. 4** demonstrate the provisions in the preferred embodiment for rings 65a and 65b to be used for strapping additional luggage to the invention. Also provided in the preferred embodiment are stretch cords 60a and 60b with terminal hooks 61a and 61b for use in securing additional luggage to the invention. These cords may be used in three positions to secure additional luggage to the invention. For large pieces of luggage the cords may simply be extended around the luggage and attached to one another by their respective hooks 61a and 61b. Secondly, for smaller parcels, the cords may be extended downward through the rings 65a and 65b and then joined together by their respective hooks. Lastly, the hooks may be attached to holes 21a and 21b in the support legs 16a and 16b to brace very large items. These stretch cords 60a and 60b with their respective hooks 61a and 61b may be stored out of sight within tubular pockets 63a and 63b. A non-opening zipper 62a or 62b keeps the tubular pockets 63a or 63b closed when the zipper glides 59a and 59b, that are attached to an end of stretch cords 60a or 60b, are used to pull or extend the stretch cords 60a or 60b into or out of the tubular pockets 63a or 63b.

In **FIG. 5**. the top of the invention is illustrated with the support feet 16a and16b retracted out of sight and the garment enclosure 10 in a folded position. Telescoping pole 50 has been collapsed and concealed along with handle 20 in a compartment beneath the zipper 44. When the invention is in this position it assumes the size and appearance of a normal suitcase. Auxiliary handle 34 is used to carry the invention. Auxiliary handle 34 in the preferred embodiment is affixed to a support shoulder 32 that, when the invention is in the folded position, acts it's spine and provides lateral dimension to the invention.

In **FIG. 6** the handle 20 is illustrated in two embodiments with a button snap 72 and the telescoping pole 50 almost fully extended. The garment enclosure 10 is in the upright position. A bracket assembly 22 has a notched receptacle 70. As the telescoping pole 50 is being fully extended the notched receptacle 70 receives the button snap 72. Once the telescoping pole 50 is fully extended it locks itself automatically in the extended position. The notched receptacle 70 of the bracket assembly 22 thereby is held rigidly in an upright position. The bracket assembly 22 supports the end of the garment enclosure 10 in a lateral dimension by use of an inner shoulder support 74. When the garment enclosure 10 is to be folded on the telescoping pole 50 and its handle 20 stored, a release button 52 on the handle 20 is depressed and the locking mechanism of the telescoping pole 50 releases. The button snap 72 will then slide down and out of the notched receptacle 70 allowing the garment enclosure 10 to be folded. Regardless of the design of the handle, the function of button snap and the release button remain the same and either version allows the invention to be comfortable pushed along.

Referring to **FIG. 7** the base support unit 17 is illustrated in detail. Support feet16a and 16b are movably attached to be base support unit 17 by hinges 15a and 15b respectively. The support feet 16a and 16b automatically rotate outward from a folded position because of the tension supplied by springs 9a and 9b. A plastic tab hook 19 attached to the base support unit 17 in the preferred embodiment snaps on top of the support feet and retains them in their folded position. The preferred embodiment of the invention, when the garment enclosure 10 is folded, will sit in an upright position with the support feet 16a and 16b extended or folded. When the traveller desires to extend the support feet 16a and 16b he may do so by using his foot to unsnap the tab hook 19 from the support feet 16a and 16b. The support feet 16a and 16b will then spring to an extended position.

FIG. 7 also illustrates another feature of the preferred embodiment of the base support unit 17. A durable sleeve 7 provides a protective shell around the telescoping tube 50. When the telescoping tube is collapsed and stored inside of the concealment zipper 44 this sleeve will protect the telescoping pole 50 from being bent by objects either contained or outside of the invention.

FIG. 8 illustrates an alternative embodiment of the invention with a medium size enclosure 40, but no small enclosures 36a or 36b. This version of the invention may be made less expensively than the preferred embodiment, but does not lack any of the significant features of the invention. A pocket may be fashioned in the lining of the invention in place of the small enclosures in order to allow for storage of some additional articles such as folded shirts or trousers. In this view alternative handle design 20 is shown.

FIG. 9 represents the telescoping pole 50 in the extended, locked position. The pole consists of three tubular sections 50a, 50b and 50c. These three sections telescope one at a time with section 50a sliding into section 50b, then these two into section 50c, and finally all three into the protective cover 7 of the base support unit 17. Regardless of the version of the handle used when the telescoping pole is fully collapsed the handle will rest upon the upper portion of the protective cover inside the concealment zipper 44 completely out of sight.

Within the preferred embodiment the first tubular section 50a is an inner tube 51. Atop tube 51 rests the release button 52 which protrudes from the handle. Tube 51 rests upon a spring clip 53a. The spring clip is fashioned to provide tension against tube 51 which in turn pushes against the release button 52. The spring clip 53a is affixed to the tubular section 50a by a rivet 54a or another suitable means of fastening. A portion of the spring clip 53a protrudes through a hole in tubular section 50a and locks this section into the extended position on top of tubular section 50b. A bulbous ring 56a fashioned into the lower portion of tubular section 50a prevents this section from being pulled past the upper lip 55a of the second tubular section 50b. Tubular sections 50b and 50c have like spring clips 53b and 53c with rivets 54b and 54c respectively. These two sections also have bulbous rings 56b and 56c to prevent tubular section 50b from being pulled past lip 55b of tubular section 50c and to prevent tubular section 50c from being pulled past lip 55c of the protective cover 7 of the base support unit 17. Other styles of spring clips may be suitable for use in this invention. Suitable embodiments include clips fashioned in a "u" shape and also clips having attached bullets to protrude from the tubular sections of the telescoping pole.

FIG. 10 illustrates the telescoping pole with its first tubular section 50a collapsed. When release button 52 is depressed the inner tube 51 is pushed against the tension of spring clip 53a causing its portion protruding through the hole in tubular section 50a and resting upon lip 55a to be retracted. When retracted the tension of the spring clip 53a still urges the inner tube 51 against release button 52 to keep that button protruding out of the handle. A secondary embodiment of the invention which is less expensive to manufacture does not have an inner tube or release button. Instead an alternative actuation of the collapsing feaure of the telescoping pole is utilized. In this version the operator directly depresses the portion of the clip protruding through the tubular section or may depress a button positioned above the protruding portion of the clip which causes that portion to retract.

When the spring clip 53a is retracted tubular section 50a may be slid into tubular section 50b. When the lower portion of tubular section 50a engages the second spring clip 53b that clip will be retracted and tubular section 50b may then be slid into tubular section 50c. As can be seen each tubular section as it is collapsed engages a corresponding spring clip thus allowing the next tubular section to be collapsed until the telescoping pole is fully collapsed and within the protective cover 7 of the base support unit 17.

One embodiment of the invention includes an article of luggage, as described, sold with additional, but separate bags that are designed to fit on the support feet 16a and 16b and compliment the design of the invention.

While certain preferred embodiments of the present invention have been disclosed in detail, it is to be understood that various modifications in its structure may be adopted without departing from the spirit of the invention or the scope of the following claims.

We claim:

1. A luggage device comprising:

(a) a base support unit having wheels extending downward upon which it may roll;

(b) a garment enclosure which, when in an operable position, has its lower portion attached to said base support unit and its upper portion either folded downwardly or raised upwardly;

(c) a linearly extensible, telescoping pole including means for releasably locking it in an extended position, means for attaching said pole at one end to said base support unit, said pole extending upwardly through only said lower portion of said garment enclosure and having a handle near its other end, means for releasably attaching said handle to the top of said upper portion for supporting said garment enclosure when said pole is extended; and

(d) one or more retractable support feet assembled to said base support unit to hold said luggage device upright and to carry additional luggage rested upon them when they are extended outward from said base support unit.

2. A luggage device in accordance with claim 1 wherein a rigid protective sleeve is fixed to said base support unit and extends upward around said telescoping pole.

3. A luggage device in accordance with claim 1 further comprising at least one stretch cord mounted in a tubular pocket formed in said garment enclosure and attached to a slide which slides longitudinally along said pocket between a retracted storage position and an extended position for securing other objects to the luggage device.

4. A luggage device as recited in claim 1 wherein said means for releasably locking said telescoping pole includes a plurality of tubular sections which are locked into said extended position by a plurality of spring clips, a portion of which protrude through holes which are aligned in registration in the tubular section and are retracted by engagement of a relatively interior tubular section, wherein an inner tube is slideably mounted at the upper end of said pole and resiliently biased away from the uppermost spring clip, said tube being connected to a button formed on said handle which may be depressed to move the interior tube against the uppermost spring clip and retract it.

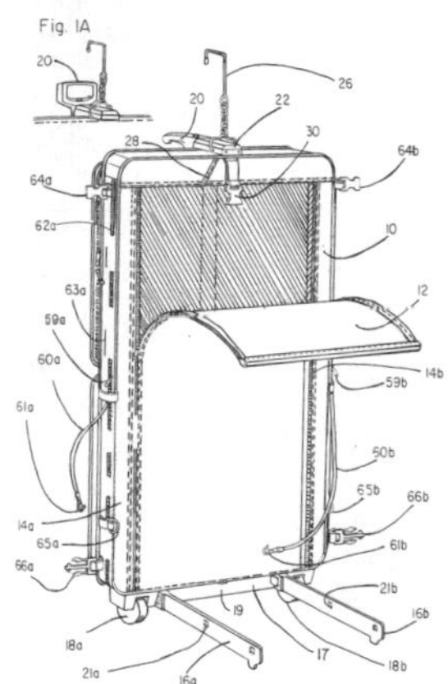

Fig. 1

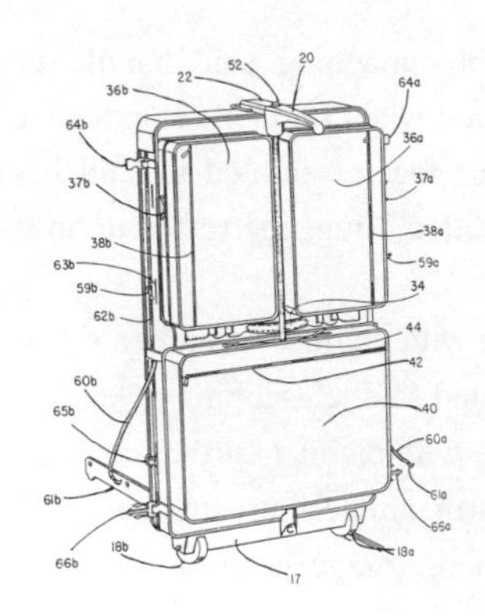

Fig. 2

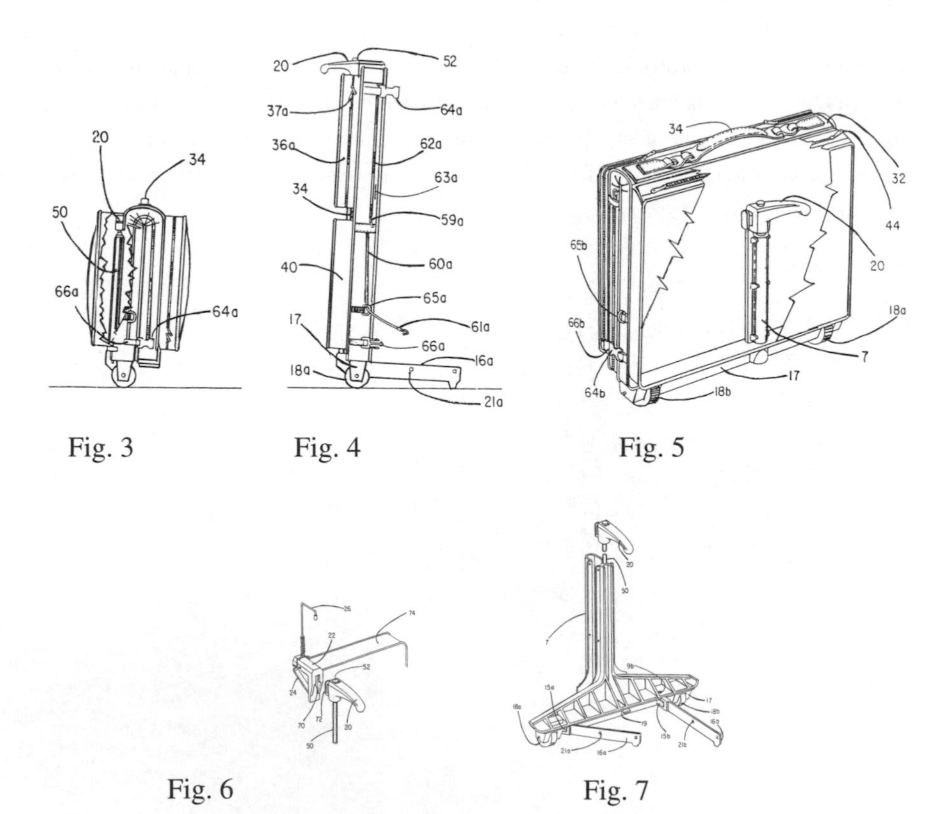

Fig. 3

Fig. 4

Fig. 5

Fig. 6

Fig. 7

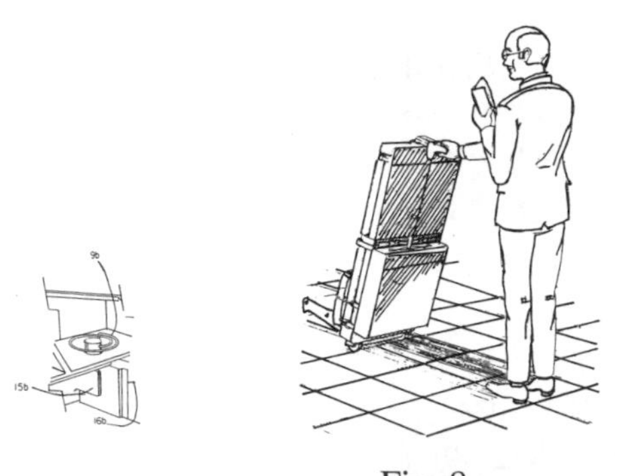

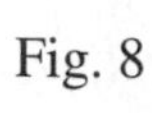

Fig. 7a　　　　　　　　　　Fig. 8

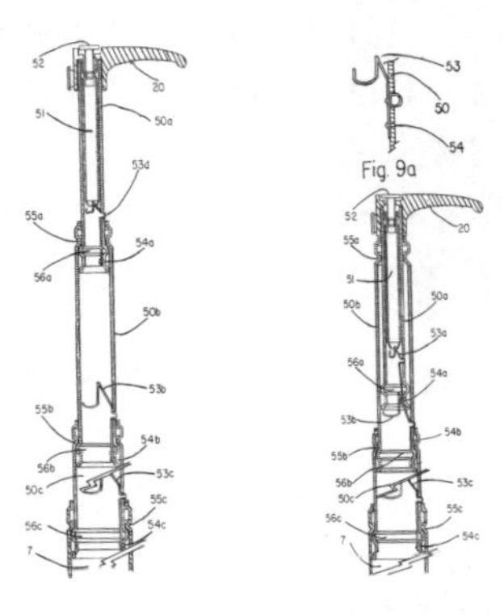

Fig. 9　　　　　　　　　　Fig. 10

（資料來源：*United States Patent* [19]）

九、專利法

1. 中華民國三十三年五月二十九日國民政府制定公布全文133條
2. 中華民國四十八年一月二十二日總統令修正公布全文133條
3. 中華民國四十九年五月十二日總統修正公布部分條文
4. 中華民國六十八年四月十六日總統修正公布部分條文
5. 中華民國七十五年十二月二十四日總統修正公布部分條文
6. 中華民國八十三年一月二十一日總統(83)華總一義字第0405號令修正公布全文139條
7. 中華民國八十六年五月七日總統(86)華總一義字第8600106950號令修正公布第21、51、56、57、78～80、82、88、91、105、109、117、122、139條條文
8. 中華民國九十年十月二十四日總統(90)華總一義字第9000206490號令修正公布第13、16、17、20、23～27、36～38、43～45、52、59、62、63、70、72、73、76、83、89、98、106、107、112～116、118～121、131、132、134、135、139條條文；並增訂第18–1、20–1、25–1、36–1～36–6、44–1、98–1、102–1、105–1、107–1、117–1、118–1、122–1、131–1、136–1條條文，並刪除第28、33、53、75、123、124、127、136、137條條文
9. 中華民國九十二年二月六日總統華總一義字第09200017760號令修正公布全文138條；本法除第11條自公布日施行外，其餘條文之施行日期，由行政院定之
10. 中華民國九十九年八月二十五日總統華總一義字第09900219171號令修正公布第27、28條條文；施行日期，由行政院定之
11. 中華民國一百年十二月二十一日總統華總一義字第10000283791號令修正公布全文159條；施行日期，由行政院定之
12. 中華民國一百零二年六月十一日總統華總一義字第10200112901號令修正公布第32、41、97、116、159條條文；並自公布日施行
13. 中華民國一百零三年一月二十二日總統華總一義字第10300008991號令修正公布第143條條文；增訂第97–1～97–4條條文；施行日期，由行政院定之
14. 中華民國一百零六年一月十八日總統華總一義字第10600005861號令修正公布第22、59、122、142條條文；並增訂第157–1條條文；施行日期，由行政院定之
15. 中華民國一百零八年五月一日總統華總一經字第10800043871號令修正公布第29、34、46、57、71、73、74、77、107、118～120、135、143條條文；增訂第157–2～157–4條條文；施行日期，由行政院定之

第一章　總　則

第一條

為鼓勵、保護、利用發明、新型及設計之創作，以促進產業發展，特制定本法。

第二條

本法所稱專利，分為下列三種：

一、發明專利。

二、新型專利。
三、設計專利。
第三條
本法主管機關為經濟部。
專利業務，由經濟部指定專責機關辦理。
第四條
外國人所屬之國家與中華民國如未共同參加保護專利之國際條約或無相互保護專利之條約、協定或由團體、機構互訂經主管機關核准保護專利之協議，或對中華民國國民申請專利，不予受理者，其專利申請，得不予受理。
第五條
專利申請權，指得依本法申請專利之權利。
專利申請權人，除本法另有規定或契約另有約定外，指發明人、新型創作人、設計人或其受讓人或繼承人。
第六條
專利申請權及專利權，均得讓與或繼承。
專利申請權，不得為質權之標的。
以專利權為標的設定質權者，除契約另有約定外，質權人不得實施該專利權。
第七條
受雇人於職務上所完成之發明、新型或設計，其專利申請權及專利權屬於雇用人，雇用人應支付受雇人適當之報酬。但契約另有約定者，從其約定。
前項所稱職務上之發明、新型或設計，指受雇人於僱傭關係中之工作所完成之發明、新型或設計。
一方出資聘請他人從事研究開發者，其專利申請權及專利權之歸屬依雙方契約約定；契約未約定者，屬於發明人、新型創作人或設計人。但出資人得實施其發明、新型或設計。
依第一項、前項之規定，專利申請權及專利權歸屬於雇用人或出資人者，發明人、新型創作人或設計人享有姓名表示權。
第八條
受雇人於非職務上所完成之發明、新型或設計，其專利申請權及專利權屬於受雇人。但其發明、新型或設計係利用雇用人資源或經驗者，雇用人得於支付合理報酬後，於該事業實施其發明、新型或設計。
受雇人完成非職務上之發明、新型或設計，應即以書面通知雇用人，如有必要並應告知創作之過程。
雇用人於前項書面通知到達後六個月內，未向受雇人為反對之表示者，不得主張該發明、新型或設計為職務上發明、新型或設計。
第九條
前條雇用人與受雇人間所訂契約，使受雇人不得享受其發明、新型或設計之權益者，無效。
第十條
雇用人或受雇人對第七條及第八條所定權利之歸屬有爭執而達成協議者，得附具證明文件，向專利專責機關申請變更權利人名義。專利專責機關認有必要時，得通知當事人附具依其他法令取得之調解、仲裁或判決文件。

第十一條

申請人申請專利及辦理有關專利事項，得委任代理人辦理之。

在中華民國境內，無住所或營業所者，申請專利及辦理專利有關事項，應委任代理人辦理之。

代理人，除法令另有規定外，以專利師為限。

專利師之資格及管理，另以法律定之。

第十二條

專利申請權為共有者，應由全體共有人提出申請。

二人以上共同為專利申請以外之專利相關程序時，除撤回或拋棄申請案、申請分割、改請或本法另有規定者，應共同連署外，其餘程序各人皆可單獨為之。但約定有代表者，從其約定。

前二項應共同連署之情形，應指定其中一人為應受送達人。未指定應受送達人者，專利專責機關應以第一順序申請人為應受送達人，並應將送達事項通知其他人。

第十三條

專利申請權為共有時，非經共有人全體之同意，不得讓與或拋棄。

專利申請權共有人非經其他共有人之同意，不得以其應有部分讓與他人。

專利申請權共有人拋棄其應有部分時，該部分歸屬其他共有人。

第十四條

繼受專利申請權者，如在申請時非以繼受人名義申請專利，或未在申請後向專利專責機關申請變更名義者，不得以之對抗第三人。

為前項之變更申請者，不論受讓或繼承，均應附具證明文件。

第十五條

專利專責機關職員及專利審查人員於任職期內，除繼承外，不得申請專利及直接、間接受有關專利之任何權益。

專利專責機關職員及專利審查人員對職務上知悉或持有關於專利之發明、新型或設計，或申請人事業上之秘密，有保密之義務，如有違反者，應負相關法律責任。

專利審查人員之資格，以法律定之。

第十六條

專利審查人員有下列情事之一，應自行迴避：

一、本人或其配偶，為該專利案申請人、專利權人、舉發人、代理人、代理人之合夥人或與代理人有僱傭關係者。

二、現為該專利案申請人、專利權人、舉發人或代理人之四親等內血親，或三親等內姻親。

三、本人或其配偶，就該專利案與申請人、專利權人、舉發人有共同權利人、共同義務人或償還義務人之關係者。

四、現為或曾為該專利案申請人、專利權人、舉發人之法定代理人或家長家屬者。

五、現為或曾為該專利案申請人、專利權人、舉發人之訴訟代理人或輔佐人者。

六、現為或曾為該專利案之證人、鑑定人、異議人或舉發人者。

專利審查人員有應迴避而不迴避之情事者，專利專責機關得依職權或依申請撤銷其所為之處分後，另為適當之處分。

第十七條

申請人為有關專利之申請及其他程序，遲誤法定或指定之期間者，除本法另有規定外，應不受理。但遲誤指定期間在處分前補正者，仍應受理。

申請人因天災或不可歸責於己之事由，遲誤法定期間者，於其原因消滅後三十日內，得以書面敘明理由，向專利專責機關申請回復原狀。但遲誤法定期間已逾一年者，不得申請回復原狀。

申請回復原狀，應同時補行期間內應為之行為。

前二項規定，於遲誤第二十九條第四項、第五十二條第四項、第七十條第二項、第一百二十條準用第二十九條第四項、第一百二十條準用第五十二條第四項、第一百二十條準用第七十條第二項、第一百四十二條第一項準用第二十九條第四項、第一百四十二條第一項準用第五十二條第四項、第一百四十二條第一項準用第七十條第二項規定之期間者，不適用之。

第十八條

審定書或其他文件無從送達者，應於專利公報公告之，並於刊登公報後滿三十日，視為已送達。

第十九條

有關專利之申請及其他程序，得以電子方式為之；其實施辦法，由主管機關定之。

第二十條

本法有關期間之計算，其始日不計算在內。

第五十二條第三項、第一百十四條及第一百三十五條規定之專利權期限，自申請日當日起算。

第二章　發明專利

第一節　專利要件

第二十一條

發明，指利用自然法則之技術思想之創作。

第二十二條

可供產業上利用之發明，無下列情事之一，得依本法申請取得發明專利：

一、申請前已見於刊物者。

二、申請前已公開實施者。

三、申請前已為公眾所知悉者。

發明雖無前項各款所列情事，但為其所屬技術領域中具有通常知識者依申請前之先前技術所能輕易完成時，仍不得取得發明專利。

申請人出於本意或非出於本意所致公開之事實發生後十二個月內申請者，該事實非屬第一項各款或前項不得取得發明專利之情事。

因申請專利而在我國或外國依法於公報上所為之公開係出於申請人本意者，不適用前項規定。

第二十三條

申請專利之發明，與申請在先而在其申請後始公開或公告之發明或新型專利申請案所附說明書、申請專利範圍或圖式載明之內容相同者，不得取得發明專利。但其申請人與申請在先之發明或新型專利申請案之申請人相同者，不在此限。

第二十四條

下列各款，不予發明專利：

一、動、植物及生產動、植物之主要生物學方法。但微生物學之生產方法，不在此限。

二、人類或動物之診斷、治療或外科手術方法。

三、妨害公共秩序或善良風俗者。

第二節　申　請

第二十五條

申請發明專利，由專利申請權人備具申請書、說明書、申請專利範圍、摘要及必要之圖式，向專利專責機關申請之。

申請發明專利，以申請書、說明書、申請專利範圍及必要之圖式齊備之日為申請日。

說明書、申請專利範圍及必要之圖式未於申請時提出中文本，而以外文本提出，且於專利專責機關指定期間內補正中文本者，以外文本提出之日為申請日。

未於前項指定期間內補正中文本者，其申請案不予受理。但在處分前補正者，以補正之日為申請日，外文本視為未提出。

第二十六條

說明書應明確且充分揭露，使該發明所屬技術領域中具有通常知識者，能瞭解其內容，並可據以實現。

申請專利範圍應界定申請專利之發明；其得包括一項以上之請求項，各請求項應以明確、簡潔之方式記載，且必須為說明書所支持。

摘要應敘明所揭露發明內容之概要；其不得用於決定揭露是否充分，及申請專利之發明是否符合專利要件。

說明書、申請專利範圍、摘要及圖式之揭露方式，於本法施行細則定之。

第二十七條

申請生物材料或利用生物材料之發明專利，申請人最遲應於申請日將該生物材料寄存於專利專責機關指定之國內寄存機構 。 但該生物材料為所屬技術領域中具有通常知識者易於獲得時，不須寄存。

申請人應於申請日後四個月內檢送寄存證明文件，並載明寄存機構、寄存日期及寄存號碼；屆期未檢送者，視為未寄存。

前項期間，如依第二十八條規定主張優先權者，為最早之優先權日後十六個月內。

申請前如已於專利專責機關認可之國外寄存機構寄存，並於第二項或前項規定之期間內，檢送寄存於專利專責機關指定之國內寄存機構之證明文件及國外寄存機構出具之證明文件者，不受第一項最遲應於申請日在國內寄存之限制。

申請人在與中華民國有相互承認寄存效力之外國所指定其國內之寄存機構寄存，並於第二項或第三項規定之期間內，檢送該寄存機構出具之證明文件者，不受應在國內寄存之限制。

第一項生物材料寄存之受理要件、種類、型式、數量、收費費率及其他寄存執行之辦法，由主管機關定之。

第二十八條

申請人就相同發明在與中華民國相互承認優先權之國家或世界貿易組織會員第一次依法申請專利，並於第一次申請專利之日後十二個月內，向中華民國申請專利者，得主張優先權。

申請人於一申請案中主張二項以上優先權時，前項期間之計算以最早之優先權日為準。

外國申請人為非世界貿易組織會員之國民且其所屬國家與中華民國無相互承認優先權者，如於世界貿易組織會員或互惠國領域內，設有住所或營業所，亦得依第一項規定主張優先權。

主張優先權者，其專利要件之審查，以優先權日為準。

第二十九條

依前條規定主張優先權者，應於申請專利同時聲明下列事項：

一、第一次申請之申請日。

二、受理該申請之國家或世界貿易組織會員。

三、第一次申請之申請案號數。

申請人應於最早之優先權日後十六個月內，檢送經前項國家或世界貿易組織會員證明受理之申請文件。

違反第一項第一款、第二款或前項之規定者，視為未主張優先權。

申請人非因故意，未於申請專利同時主張優先權，或違反第一項第一款、第二款規定視為未主張者，得於最早之優先權日後十六個月內，申請回復優先權主張，並繳納申請費與補行第一項規定之行為。

第三十條

申請人基於其在中華民國先申請之發明或新型專利案再提出專利之申請者，得就先申請案申請時說明書、申請專利範圍或圖式所載之發明或新型，主張優先權。但有下列情事之一，不得主張之：

一、自先申請案申請日後已逾十二個月者。

二、先申請案中所記載之發明或新型已經依第二十八條或本條規定主張優先權者。

三、先申請案係第三十四條第一項或第一百零七條第一項規定之分割案，或第一百零八條第一項規定之改請案。

四、先申請案為發明，已經公告或不予專利審定確定者。

五、先申請案為新型，已經公告或不予專利處分確定者。

六、先申請案已經撤回或不受理者。

前項先申請案自其申請日後滿十五個月，視為撤回。

先申請案申請日後逾十五個月者，不得撤回優先權主張。

依第一項主張優先權之後申請案，於先申請案申請日後十五個月內撤回者，視為同時撤回優先權之主張。

申請人於一申請案中主張二項以上優先權時，其優先權期間之計算以最早之優先權日為準。

主張優先權者，其專利要件之審查，以優先權日為準。

依第一項主張優先權者，應於申請專利同時聲明先申請案之申請日及申請案號數；未聲明者，視為未主張優先權。

第三十一條

相同發明有二以上之專利申請案時，僅得就其最先申請者准予發明專利。但後申請者所主張之優先權日早於先申請者之申請日者，不在此限。

前項申請日、優先權日為同日者，應通知申請人協議定之；協議不成時，均不予發明專利。其申請人為同一人時，應通知申請人限期擇一申請；屆期未擇一申請者，均不予發明專利。

各申請人為協議時，專利專責機關應指定相當期間通知申請人申報協議結果；屆期未申報者，視為協議不成。

相同創作分別申請發明專利及新型專利者，除有第三十二條規定之情事外，準用前三項規定。

第三十二條

同一人就相同創作，於同日分別申請發明專利及新型專利者，應於申請時分別聲明；其發明專利核准審定前，已取得新型專利權，專利專責機關應通知申請人限期擇一；申請人未分別聲明或屆期未擇一者，不予發明專利。

申請人依前項規定選擇發明專利者，其新型專利權，自發明專利公告之日消滅。

發明專利審定前，新型專利權已當然消滅或撤銷確定者，不予專利。

第三十三條

申請發明專利，應就每一發明提出申請。

二個以上發明，屬於一個廣義發明概念者，得於一申請案中提出申請。

第三十四條

申請專利之發明，實質上為二個以上之發明時，經專利專責機關通知，或據申請人申請，得為分割之申請。

分割申請應於下列各款之期間內為之：

一、原申請案再審查審定前。

二、原申請案核准審定書、再審查核准審定書送達後三個月內。

分割後之申請案，仍以原申請案之申請日為申請日；如有優先權者，仍得主張優先權。

分割後之申請案，不得超出原申請案申請時說明書、申請專利範圍或圖式所揭露之範圍。

依第二項第一款規定分割後之申請案，應就原申請案已完成之程序續行審查。

依第二項第二款規定所為分割，應自原申請案說明書或圖式所揭露之發明且與核准審定之請求項非屬相同發明者，申請分割；分割後之申請案，續行原申請案核准審定前之審查程序。

原申請案經核准審定之說明書、申請專利範圍或圖式不得變動，以核准審定時之申請專利範圍及圖式公告之。

第三十五條

發明專利權經專利申請權人或專利申請權共有人，於該專利案公告後二年內，依第七十一條第一項第三款規定提起舉發，並於舉發撤銷確定後二個月內就相同發明申請專利者，以該經撤銷確定之發明專利權之申請日為其申請日。

依前項規定申請之案件，不再公告。

第三節　審查及再審查

第三十六條

專利專責機關對於發明專利申請案之實體審查，應指定專利審查人員審查之。

第三十七條

專利專責機關接到發明專利申請文件後，經審查認為無不合規定程式，且無應不予公開之情事者，自申請日後經過十八個月，應將該申請案公開之。

專利專責機關得因申請人之申請，提早公開其申請案。

發明專利申請案有下列情事之一，不予公開：

一、自申請日後十五個月內撤回者。

二、涉及國防機密或其他國家安全之機密者。

三、妨害公共秩序或善良風俗者。

第一項、前項期間之計算，如主張優先權者，以優先權日為準；主張二項以上優先權時，以最早之優先權日為準。

第三十八條

發明專利申請日後三年內，任何人均得向專利專責機關申請實體審查。

依第三十四條第一項規定申請分割，或依第一百零八條第一項規定改請為發明專利，逾前項期間者，得於申請分割或改請後三十日內，向專利專責機關申請實體審查。

依前二項規定所為審查之申請，不得撤回。

未於第一項或第二項規定之期間內申請實體審查者，該發明專利申請案，視為撤回。

第三十九條

申請前條之審查者，應檢附申請書。

專利專責機關應將申請審查之事實，刊載於專利公報。

申請審查由發明專利申請人以外之人提起者，專利專責機關應將該項事實通知發明專利申請人。

第四十條

發明專利申請案公開後，如有非專利申請人為商業上之實施者，專利專責機關得依申請優先審查之。

為前項申請者，應檢附有關證明文件。

第四十一條

發明專利申請人對於申請案公開後，曾經以書面通知發明專利申請內容，而於通知後公告前就該發明仍繼續為商業上實施之人，得於發明專利申請案公告後，請求適當之補償金。

對於明知發明專利申請案已經公開，於公告前就該發明仍繼續為商業上實施之人，亦得為前項之請求。

前二項規定之請求權，不影響其他權利之行使。但依本法第三十二條分別申請發明專利及新型專利，並已取得新型專利權者，僅得在請求補償金或行使新型專利權間擇一主張之。

第一項、第二項之補償金請求權，自公告之日起，二年間不行使而消滅。

第四十二條

專利專責機關於審查發明專利時，得依申請或依職權通知申請人限期為下列各款之行為：

一、至專利專責機關面詢。

二、為必要之實驗、補送模型或樣品。

前項第二款之實驗、補送模型或樣品，專利專責機關認有必要時，得至現場或指定地點勘驗。

第四十三條

專利專責機關於審查發明專利時，除本法另有規定外，得依申請或依職權通知申請人限期修正說明書、申請專利範圍或圖式。

修正，除誤譯之訂正外，不得超出申請時說明書、申請專利範圍或圖式所揭露之範圍。

專利專責機關依第四十六條第二項規定通知後，申請人僅得於通知之期間內修正。

專利專責機關經依前項規定通知後，認有必要時，得為最後通知；其經最後通知者，申請專利範圍之修正，申請人僅得於通知之期間內，就下列事項為之：

一、請求項之刪除。

二、申請專利範圍之減縮。

三、誤記之訂正。

四、不明瞭記載之釋明。

違反前二項規定者，專利專責機關得於審定書敘明其事由，逕為審定。

原申請案或分割後之申請案，有下列情事之一，專利專責機關得逕為最後通知：

一、對原申請案所為之通知，與分割後之申請案已通知之內容相同者。

二、對分割後之申請案所為之通知，與原申請案已通知之內容相同者。

三、對分割後之申請案所為之通知，與其他分割後之申請案已通知之內容相同者。

第四十四條

說明書、申請專利範圍及圖式，依第二十五條第三項規定，以外文本提出者，其外文本不得修正。

依第二十五條第三項規定補正之中文本，不得超出申請時外文本所揭露之範圍。

前項之中文本，其誤譯之訂正，不得超出申請時外文本所揭露之範圍。

第四十五條

發明專利申請案經審查後，應作成審定書送達申請人。

經審查不予專利者，審定書應備具理由。

審定書應由專利審查人員具名。再審查、更正、舉發、專利權期間延長及專利權期間延長舉發之審定書，亦同。

第四十六條

發明專利申請案違反第二十一條至第二十四條、第二十六條、第三十一條、第三十二條第一項、第三項、第三十三條、第三十四條第四項、第六項前段、第四十三條第二項、第四十四條第二項、第三項或第一百零八條第三項規定者，應為不予專利之審定。

專利專責機關為前項審定前，應通知申請人限期申復；屆期未申復者，逕為不予專利之審定。

第四十七條

申請專利之發明經審查認無不予專利之情事者，應予專利，並應將申請專利範圍及圖式公告之。

經公告之專利案，任何人均得申請閱覽、抄錄、攝影或影印其審定書、說明書、申請專利範圍、摘要、圖式及全部檔案資料。但專利專責機關依法應予保密者，不在此限。

第四十八條

發明專利申請人對於不予專利之審定有不服者，得於審定書送達後二個月內備具理由書，申請再審查。但因申請程序不合法或申請人不適格而不受理或駁回者，得逕依法提起行政救濟。

第四十九條

申請案經依第四十六條第二項規定，為不予專利之審定者，其於再審查時，仍得修正說明書、申請專利範圍或圖式。

申請案經審查發給最後通知，而為不予專利之審定者，其於再審查時所為之修正，仍受第四十三條第四項各款規定之限制。但經專利專責機關再審查認原審查程序發給最後通知為不當者，不在此限。

有下列情事之一，專利專責機關得逕為最後通知：

一、再審查理由仍有不予專利之情事者。

二、再審查時所為之修正，仍有不予專利之情事者。

三、依前項規定所為之修正，違反第四十三條第四項各款規定者。

第五十條

再審查時，專利專責機關應指定未曾審查原案之專利審查人員審查，並作成審定書送達申請人。

第五十一條

發明經審查涉及國防機密或其他國家安全之機密者，應諮詢國防部或國家安全相關機關意見，認有保密之必要者，申請書件予以封存；其經申請實體審查者，應作成審定書送達申請人及發明人。

申請人、代理人及發明人對於前項之發明應予保密，違反者該專利申請權視為拋棄。

保密期間，自審定書送達申請人後為期一年，並得續行延展保密期間，每次一年；期間屆滿前一個月，專利專責機關應諮詢國防部或國家安全相關機關，於無保密之必要時，應即公開。

第一項之發明經核准審定者，於無保密之必要時，專利專責機關應通知申請人於三個月內繳納證書費及第一年專利年費後，始予公告；屆期未繳費者，不予公告。

就保密期間申請人所受之損失，政府應給與相當之補償。

第四節　專利權

第五十二條

申請專利之發明，經核准審定者，申請人應於審定書送達後三個月內，繳納證書費及第一年專利年費後，始予公告；屆期未繳費者，不予公告。

申請專利之發明，自公告之日起給予發明專利權，並發證書。

發明專利權期限，自申請日起算二十年屆滿。

申請人非因故意，未於第一項或前條第四項所定期限繳費者，得於繳費期限屆滿後六個月內，繳納證書費及二倍之第一年專利年費後，由專利專責機關公告之。

第五十三條

醫藥品、農藥品或其製造方法發明專利權之實施，依其他法律規定，應取得許可證者，其於專利案公告後取得時，專利權人得以第一次許可證申請延長專利權期間，並以一次為限，且該許可證僅得據以申請延長專利權期間一次。

前項核准延長之期間，不得超過為向中央目的事業主管機關取得許可證而無法實施發明之期間；取得許可證期間超過五年者，其延長期間仍以五年為限。

第一項所稱醫藥品，不及於動物用藥品。

第一項申請應備具申請書，附具證明文件，於取得第一次許可證後三個月內，向專利專責機關提出。但在專利權期間屆滿前六個月內，不得為之。

主管機關就延長期間之核定，應考慮對國民健康之影響，並會同中央目的事業主管機關訂定核定辦法。

第五十四條

依前條規定申請延長專利權期間者，如專利專責機關於原專利權期間屆滿時尚未審定者，其專利權期間視為已延長。但經審定不予延長者，至原專利權期間屆滿日止。

第五十五條

專利專責機關對於發明專利權期間延長申請案，應指定專利審查人員審查，作成審定書送達專利權人。

第五十六條

經專利專責機關核准延長發明專利權期間之範圍，僅及於許可證所載之有效成分及用途所限定之範圍。

第五十七條

任何人對於經核准延長發明專利權期間，認有下列情事之一，得附具證據，向專利專責機關舉發之：

一、發明專利之實施無取得許可證之必要者。

二、專利權人或被授權人並未取得許可證。

三、核准延長之期間超過無法實施之期間。

四、延長專利權期間之申請人並非專利權人。

五、申請延長之許可證非屬第一次許可證或該許可證曾辦理延長者。

六、核准延長專利權之醫藥品為動物用藥品。

專利權延長經舉發成立確定者，原核准延長之期間，視為自始不存在。但因違反前項第三款規定，經舉發成立確定者，就其超過之期間，視為未延長。

第五十八條

發明專利權人，除本法另有規定外，專有排除他人未經其同意而實施該發明之權。

物之發明之實施，指製造、為販賣之要約、販賣、使用或為上述目的而進口該物之行為。

方法發明之實施，指下列各款行為：

一、使用該方法。

二、使用、為販賣之要約、販賣或為上述目的而進口該方法直接製成之物。

發明專利權範圍，以申請專利範圍為準，於解釋申請專利範圍時，並得審酌說明書及圖式。

摘要不得用於解釋申請專利範圍。

第五十九條

發明專利權之效力，不及於下列各款情事：

一、非出於商業目的之未公開行為。

二、以研究或實驗為目的實施發明之必要行為。

三、申請前已在國內實施，或已完成必須之準備者。但於專利申請人處得知其發明後未滿十二個月，並經專利申請人聲明保留其專利權者，不在此限。

四、僅由國境經過之交通工具或其裝置。

五、非專利申請權人所得專利權，因專利權人舉發而撤銷時，其被授權人在舉發前，以善意在國內實施或已完成必須之準備者。

六、專利權人所製造或經其同意製造之專利物販賣後，使用或再販賣該物者。上述製造、販賣，不以國內為限。

七、專利權依第七十條第一項第三款規定消滅後，至專利權人依第七十條第二項回復專利權效力並經公告前，以善意實施或已完成必須之準備者。

前項第三款、第五款及第七款之實施人，限於在其原有事業目的範圍內繼續利用。

第一項第五款之被授權人，因該專利權經舉發而撤銷之後，仍實施時，於收到專利權人書面通知之日起，應支付專利權人合理之權利金。

第六十條

發明專利權之效力 ， 不及於以取得藥事法所定藥物查驗登記許可或國外藥物上市許可為目的，而從事之研究、試驗及其必要行為。

第六十一條

混合二種以上醫藥品而製造之醫藥品或方法，其發明專利權效力不及於依醫師處方箋調劑之行為及所調劑之醫藥品。

第六十二條

發明專利權人以其發明專利權讓與、信託、授權他人實施或設定質權，非經向專利專責機關登記，不得對抗第三人。

前項授權，得為專屬授權或非專屬授權。

專屬被授權人在被授權範圍內，排除發明專利權人及第三人實施該發明。

發明專利權人為擔保數債權，就同一專利權設定數質權者，其次序依登記之先後定之。

第六十三條

專屬被授權人得將其被授予之權利再授權第三人實施。但契約另有約定者，從其約定。

非專屬被授權人非經發明專利權人或專屬被授權人同意，不得將其被授予之權利再授權第三人實施。

再授權，非經向專利專責機關登記，不得對抗第三人。

第六十四條

發明專利權為共有時，除共有人自己實施外，非經共有人全體之同意，不得讓與、信託、授權他人實施、設定質權或拋棄。

第六十五條

發明專利權共有人非經其他共有人之同意，不得以其應有部分讓與、信託他人或設定質權。

發明專利權共有人拋棄其應有部分時，該部分歸屬其他共有人。

第六十六條

發明專利權人因中華民國與外國發生戰事受損失者，得申請延展專利權五年至十年，以一次為限。但屬於交戰國人之專利權，不得申請延展。

第六十七條

發明專利權人申請更正專利說明書、申請專利範圍或圖式，僅得就下列事項為之：

一、請求項之刪除。

二、申請專利範圍之減縮。

三、誤記或誤譯之訂正。

四、不明瞭記載之釋明。

更正，除誤譯之訂正外，不得超出申請時說明書、申請專利範圍或圖式所揭露之範圍。

依第二十五條第三項規定，說明書、申請專利範圍及圖式以外文本提出者，其誤譯之訂正，不得超出申請時外文本所揭露之範圍。

更正，不得實質擴大或變更公告時之申請專利範圍。

第六十八條

專利專責機關對於更正案之審查，除依第七十七條規定外，應指定專利審查人員審查之，並作成審定書送達申請人。

專利專責機關於核准更正後，應公告其事由。

說明書、申請專利範圍及圖式經更正公告者，溯自申請日生效。

第六十九條

發明專利權人非經被授權人或質權人之同意，不得拋棄專利權，或就第六十七條第一項第一款或第二款事項為更正之申請。

發明專利權為共有時，非經共有人全體之同意，不得就第六十七條第一項第一款或第二款事項為更正之申請。

第七十條

有下列情事之一者，發明專利權當然消滅：

一、專利權期滿時，自期滿後消滅。

二、專利權人死亡而無繼承人。

三、第二年以後之專利年費未於補繳期限屆滿前繳納者，自原繳費期限屆滿後消滅。

四、專利權人拋棄時，自其書面表示之日消滅。

專利權人非因故意，未於第九十四條第一項所定期限補繳者，得於期限屆滿後一年內，申請回復專利權，並繳納三倍之專利年費後，由專利專責機關公告之。

第七十一條

發明專利權有下列情事之一，任何人得向專利專責機關提起舉發：

一、違反第二十一條至第二十四條、第二十六條、第三十一條、第三十二條第一項、第三項、第三十四條第四項、第六項前段、第四十三條第二項、第四十四條第二項、第三項、第六十七條第二項至第四項或第一百零八條第三項規定者。

二、專利權人所屬國家對中華民國國民申請專利不予受理者。

三、違反第十二條第一項規定或發明專利權人為非發明專利申請權人。

以前項第三款情事提起舉發者，限於利害關係人始得為之。

發明專利權得提起舉發之情事，依其核准審定時之規定。但以違反第三十四條第四項、第六項前段、第四十三條第二項、第六十七條第二項、第四項或第一百零八條第三項規定之情事，提起舉發者，依舉發時之規定。

第七十二條

利害關係人對於專利權之撤銷，有可回復之法律上利益者，得於專利權當然消滅後，提起舉發。

第七十三條

舉發，應備具申請書，載明舉發聲明、理由，並檢附證據。

專利權有二以上之請求項者，得就部分請求項提起舉發。

舉發聲明，提起後不得變更或追加，但得減縮。

舉發人補提理由或證據，應於舉發後三個月內為之，逾期提出者，不予審酌。

第七十四條

專利專責機關接到前條申請書後，應將其副本送達專利權人。

專利權人應於副本送達後一個月內答辯；除先行申明理由，准予展期者外，屆期未答辯者，逕予審查。

舉發案件審查期間，專利權人僅得於通知答辯、補充答辯或申復期間申請更正。但發明專利權有訴訟案件繫屬中，不在此限。

專利專責機關認有必要，通知舉發人陳述意見、專利權人補充答辯或申復時，舉發人或專利權人應於通知送達後一個月內為之。除准予展期者外，逾期提出者，不予審酌。

依前項規定所提陳述意見或補充答辯有遲滯審查之虞，或其事證已臻明確者，專利專責機關得逕予審查。

第七十五條

專利專責機關於舉發審查時，在舉發聲明範圍內，得依職權審酌舉發人未提出之理由及證據，並應通知專利權人限期答辯；屆期未答辯者，逕予審查。

第七十六條

專利專責機關於舉發審查時，得依申請或依職權通知專利權人限期為下列各款之行為：

一、至專利專責機關面詢。

二、為必要之實驗、補送模型或樣品。

前項第二款之實驗、補送模型或樣品，專利專責機關認有必要時，得至現場或指定地點勘驗。

第七十七條

舉發案件審查期間，有更正案者，應合併審查及合併審定。

前項更正案經專利專責機關審查認應准予更正時，應將更正說明書、申請專利範圍或圖式之副本送達舉發人。但更正僅刪除請求項者，不在此限。

同一舉發案審查期間，有二以上之更正案者，申請在先之更正案，視為撤回。

第七十八條

同一專利權有多件舉發案者，專利專責機關認有必要時，得合併審查。

依前項規定合併審查之舉發案，得合併審定。

第七十九條

專利專責機關於舉發審查時，應指定專利審查人員審查，並作成審定書，送達專利權人及舉發人。

舉發之審定，應就各請求項分別為之。

第八十條

舉發人得於審定前撤回舉發申請。但專利權人已提出答辯者，應經專利權人同意。

專利專責機關應將撤回舉發之事實通知專利權人；自通知送達後十日內，專利權人未為反對之表示者，視為同意撤回。

第八十一條

有下列情事之一，任何人對同一專利權，不得就同一事實以同一證據再為舉發：

一、他舉發案曾就同一事實以同一證據提起舉發，經審查不成立者。

二、依智慧財產案件審理法第三十三條規定向智慧財產法院提出之新證據，經審理認無理由者。

第八十二條

發明專利權經舉發審查成立者，應撤銷其專利權；其撤銷得就各請求項分別為之。

發明專利權經撤銷後，有下列情事之一，即為撤銷確定：

一、未依法提起行政救濟者。

二、提起行政救濟經駁回確定者。

發明專利權經撤銷確定者，專利權之效力，視為自始不存在。

第八十三條

第五十七條第一項延長發明專利權期間舉發之處理，準用本法有關發明專利權舉發之規定。

第八十四條

發明專利權之核准、變更、延長、延展、讓與、信託、授權、強制授權、撤銷、消滅、設定質權、舉發審定及其他應公告事項，應於專利公報公告之。

第八十五條

專利專責機關應備置專利權簿，記載核准專利、專利權異動及法令所定之一切事項。

前項專利權簿，得以電子方式為之，並供人民閱覽、抄錄、攝影或影印。

第八十六條

專利專責機關依本法應公開、公告之事項，得以電子方式為之；其實施日期，由專利專責機關定之。

第五節　強制授權

第八十七條

為因應國家緊急危難或其他重大緊急情況，專利專責機關應依緊急命令或中央目的事業主管機關之通知，強制授權所需專利權，並儘速通知專利權人。

有下列情事之一，而有強制授權之必要者，專利專責機關得依申請強制授權：

一、增進公益之非營利實施。

二、發明或新型專利權之實施，將不可避免侵害在前之發明或新型專利權，且較該在前之發明或新型專利權具相當經濟意義之重要技術改良。

三、專利權人有限制競爭或不公平競爭之情事，經法院判決或行政院公平交易委員會處分。

就半導體技術專利申請強制授權者，以有前項第一款或第三款之情事者為限。

專利權經依第二項第一款或第二款規定申請強制授權者，以申請人曾以合理之商業條件在相當期間內仍不能協議授權者為限。

專利權經依第二項第二款規定申請強制授權者，其專利權人得提出合理條件，請求就申請人之專利權強制授權。

第八十八條

專利專責機關於接到前條第二項及第九十條之強制授權申請後，應通知專利權人，並限期答辯；屆期未答辯者，得逕予審查。

強制授權之實施應以供應國內市場需要為主。但依前條第二項第三款規定強制授權者，不在此限。

強制授權之審定應以書面為之，並載明其授權之理由、範圍、期間及應支付之補償金。

強制授權不妨礙原專利權人實施其專利權。

強制授權不得讓與、信託、繼承、授權或設定質權。但有下列情事之一者，不在此限：

一、依前條第二項第一款或第三款規定之強制授權與實施該專利有關之營業，一併讓與、信託、繼承、授權或設定質權。

二、依前條第二項第二款或第五項規定之強制授權與被授權人之專利權，一併讓與、信託、繼承、授權或設定質權。

第八十九條

依第八十七條第一項規定強制授權者，經中央目的事業主管機關認無強制授權之必要時，專利專責機關應依其通知廢止強制授權。

有下列各款情事之一者，專利專責機關得依申請廢止強制授權：

一、作成強制授權之事實變更，致無強制授權之必要。

二、被授權人未依授權之內容適當實施。

三、被授權人未依專利專責機關之審定支付補償金。

第九十條

為協助無製藥能力或製藥能力不足之國家，取得治療愛滋病、肺結核、瘧疾或其他傳染病所需醫藥品，專利專責機關得依申請，強制授權申請人實施專利權，以供應該國家進口所需醫藥品。

依前項規定申請強制授權者，以申請人曾以合理之商業條件在相當期間內仍不能協議授權者為限。但所需醫藥品在進口國已核准強制授權者，不在此限。

進口國如為世界貿易組織會員，申請人於依第一項申請時，應檢附進口國已履行下列事項之證明文件：

一、已通知與貿易有關之智慧財產權理事會該國所需醫藥品之名稱及數量。

二、已通知與貿易有關之智慧財產權理事會該國無製藥能力或製藥能力不足，而有作為進口國之意願。但為低度開發國家者，申請人毋庸檢附證明文件。

三、所需醫藥品在該國無專利權，或有專利權但已核准強制授權或即將核准強制授權。

前項所稱低度開發國家，為聯合國所發布之低度開發國家。

進口國如非世界貿易組織會員，而為低度開發國家或無製藥能力或製藥能力不足之國家，申請人於依第一項申請時，應檢附進口國已履行下列事項之證明文件：

一、以書面向中華民國外交機關提出所需醫藥品之名稱及數量。

二、同意防止所需醫藥品轉出口。

第九十一條

依前條規定強制授權製造之醫藥品應全部輸往進口國，且授權製造之數量不得超過進口國通知與貿易有關之智慧財產權理事會或中華民國外交機關所需醫藥品之數量。

依前條規定強制授權製造之醫藥品，應於其外包裝依專利專責機關指定之內容標示其授權依據；其包裝及顏色或形狀，應與專利權人或其被授權人所製造之醫藥品足以區別。

強制授權之被授權人應支付專利權人適當之補償金；補償金之數額，由專利專責機關就與所需醫藥品相關之醫藥品專利權於進口國之經濟價值，並參考聯合國所發布之人力發展指標核定之。

強制授權被授權人於出口該醫藥品前，應於網站公開該醫藥品之數量、名稱、目的地及可資區別之特徵。

依前條規定強制授權製造出口之醫藥品，其查驗登記，不受藥事法第四十條之二第二項規定之限制。

第六節　納　費

第九十二條

關於發明專利之各項申請，申請人於申請時，應繳納申請費。

核准專利者，發明專利權人應繳納證書費及專利年費；請准延長、延展專利權期間者，在延長、延展期間內，仍應繳納專利年費。

第九十三條

發明專利年費自公告之日起算，第一年年費，應依第五十二條第一項規定繳納；第二年以後年費，應於屆期前繳納之。

前項專利年費，得一次繳納數年；遇有年費調整時，毋庸補繳其差額。

第九十四條

發明專利第二年以後之專利年費，未於應繳納專利年費之期間內繳費者，得於期滿後六個月內補繳之。但其專利年費之繳納，除原應繳納之專利年費外，應以比率方式加繳專利年費。

前項以比率方式加繳專利年費，指依逾越應繳納專利年費之期間，按月加繳，每逾一個月加繳百分之二十，最高加繳至依規定之專利年費加倍之數額；其逾繳期間在一日以上一個月以內者，以一個月論。

第九十五條

發明專利權人為自然人、學校或中小企業者，得向專利專責機關申請減免專利年費。

第七節　損害賠償及訴訟

第九十六條

發明專利權人對於侵害其專利權者，得請求除去之。有侵害之虞者，得請求防止之。

發明專利權人對於因故意或過失侵害其專利權者，得請求損害賠償。

發明專利權人為第一項之請求時，對於侵害專利權之物或從事侵害行為之原料或器具，得請求銷毀或為其他必要之處置。

專屬被授權人在被授權範圍內，得為前三項之請求。但契約另有約定者，從其約定。

發明人之姓名表示權受侵害時，得請求表示發明人之姓名或為其他回復名譽之必要處分。

第二項及前項所定之請求權，自請求權人知有損害及賠償義務人時起，二年間不行使而消滅；自行為時起，逾十年者，亦同。

第九十七條

依前條請求損害賠償時，得就下列各款擇一計算其損害：

一、依民法第二百十六條之規定。但不能提供證據方法以證明其損害時，發明專利權人得就其實施專利權通常所可獲得之利益，減除受害後實施同一專利權所得之利益，以其差額為所受損害。

二、依侵害人因侵害行為所得之利益。

三、依授權實施該發明專利所得收取之合理權利金為基礎計算損害。

依前項規定，侵害行為如屬故意，法院得因被害人之請求，依侵害情節，酌定損害額以上之賠償。但不得超過已證明損害額之三倍。

第九十七條之一

專利權人對進口之物有侵害其專利權之虞者，得申請海關先予查扣。

前項申請，應以書面為之，並釋明侵害之事實，及提供相當於海關核估該進口物完稅價格之保證金或相當之擔保。

海關受理查扣之申請，應即通知申請人；如認符合前項規定而實施查扣時，應以書面通知申請人及被查扣人。

被查扣人得提供第二項保證金二倍之保證金或相當之擔保，請求海關廢止查扣，並依有關進口貨物通關規定辦理。

海關在不損及查扣物機密資料保護之情形下，得依申請人或被查扣人之申請，同意其檢視查扣物。

查扣物經申請人取得法院確定判決，屬侵害專利權者，被查扣人應負擔查扣物之貨櫃延滯費、倉租、裝卸費等有關費用。

第九十七條之二

有下列情形之一，海關應廢止查扣：

一、申請人於海關通知受理查扣之翌日起十二日內，未依第九十六條規定就查扣物為侵害物提起訴訟，並通知海關者。

二、申請人就查扣物為侵害物所提訴訟經法院裁判駁回確定者。

三、查扣物經法院確定判決，不屬侵害專利權之物者。

四、申請人申請廢止查扣者。

五、符合前條第四項規定者。

前項第一款規定之期限，海關得視需要延長十二日。

海關依第一項規定廢止查扣者，應依有關進口貨物通關規定辦理。

查扣因第一項第一款至第四款之事由廢止者，申請人應負擔查扣物之貨櫃延滯費、倉租、裝卸費等有關費用。

第九十七條之三

查扣物經法院確定判決不屬侵害專利權之物者，申請人應賠償被查扣人因查扣或提供第九十七條之一第四項規定保證金所受之損害。

申請人就第九十七條之一第四項規定之保證金，被查扣人就第九十七條之一第二項規定之保證金，與質權人有同一權利。但前條第四項及第九十七條之一第六項規定之貨櫃延滯費、倉租、裝卸費等有關費用，優先於申請人或被查扣人之損害受償。

有下列情形之一者，海關應依申請人之申請，返還第九十七條之一第二項規定之保證金：

一、申請人取得勝訴之確定判決，或與被查扣人達成和解，已無繼續提供保證金之必要者。
二、因前條第一項第一款至第四款規定之事由廢止查扣，致被查扣人受有損害後，或被查扣人取得勝訴之確定判決後，申請人證明已定二十日以上之期間，催告被查扣人行使權利而未行使者。
三、被查扣人同意返還者。

有下列情形之一者，海關應依被查扣人之申請，返還第九十七條之一第四項規定之保證金：
一、因前條第一項第一款至第四款規定之事由廢止查扣，或被查扣人與申請人達成和解，已無繼續提供保證金之必要者。
二、申請人取得勝訴之確定判決後，被查扣人證明已定二十日以上之期間，催告申請人行使權利而未行使者。
三、申請人同意返還者。

第九十七條之四

前三條規定之申請查扣、廢止查扣、檢視查扣物、保證金或擔保之繳納、提供、返還之程序、應備文件及其他應遵行事項之辦法，由主管機關會同財政部定之。

第九十八條

專利物上應標示專利證書號數；不能於專利物上標示者，得於標籤、包裝或以其他足以引起他人認識之顯著方式標示之；其未附加標示者，於請求損害賠償時，應舉證證明侵害人明知或可得而知為專利物。

第九十九條

製造方法專利所製成之物在該製造方法申請專利前，為國內外未見者，他人製造相同之物，推定為以該專利方法所製造。

前項推定得提出反證推翻之。被告證明其製造該相同物之方法與專利方法不同者，為已提出反證。被告舉證所揭示製造及營業秘密之合法權益，應予充分保障。

第一百條

發明專利訴訟案件，法院應以判決書正本一份送專利專責機關。

第一百零一條

舉發案涉及侵權訴訟案件之審理者，專利專責機關得優先審查。

第一百零二條

未經認許之外國法人或團體，就本法規定事項得提起民事訴訟。

第一百零三條

法院為處理發明專利訴訟案件，得設立專業法庭或指定專人辦理。

司法院得指定侵害專利鑑定專業機構。

法院受理發明專利訴訟案件，得囑託前項機構為鑑定。

第三章　新型專利

第一百零四條

新型，指利用自然法則之技術思想，對物品之形狀、構造或組合之創作。

第一百零五條

新型有妨害公共秩序或善良風俗者，不予新型專利。

第一百零六條

申請新型專利，由專利申請權人備具申請書、說明書、申請專利範圍、摘要及圖式，向專利專責機關申請之。

申請新型專利，以申請書、說明書、申請專利範圍及圖式齊備之日為申請日。

說明書、申請專利範圍及圖式未於申請時提出中文本，而以外文本提出，且於專利專責機關指定期間內補正中文本者，以外文本提出之日為申請日。

未於前項指定期間內補正中文本者，其申請案不予受理。但在處分前補正者，以補正之日為申請日，外文本視為未提出。

第一百零七條

申請專利之新型，實質上為二個以上之新型時，經專利專責機關通知，或據申請人申請，得為分割之申請。

分割申請應於下列各款之期間內為之：

一、原申請案處分前。

二、原申請案核准處分書送達後三個月內。

第一百零八條

申請發明或設計專利後改請新型專利者，或申請新型專利後改請發明專利者，以原申請案之申請日為改請案之申請日。

改請之申請，有下列情事之一者，不得為之：

一、原申請案准予專利之審定書、處分書送達後。

二、原申請案為發明或設計，於不予專利之審定書送達後逾二個月。

三、原申請案為新型，於不予專利之處分書送達後逾三十日。

改請後之申請案，不得超出原申請案申請時說明書、申請專利範圍或圖式所揭露之範圍。

第一百零九條

專利專責機關於形式審查新型專利時，得依申請或依職權通知申請人限期修正說明書、申請專利範圍或圖式。

第一百一十條

說明書、申請專利範圍及圖式，依第一百零六條第三項規定，以外文本提出者，其外文本不得修正。

依第一百零六條第三項規定補正之中文本，不得超出申請時外文本所揭露之範圍。

第一百一十一條

新型專利申請案經形式審查後，應作成處分書送達申請人。

經形式審查不予專利者，處分書應備具理由。

第一百一十二條

新型專利申請案，經形式審查認有下列各款情事之一，應為不予專利之處分：

一、新型非屬物品形狀、構造或組合者。

二、違反第一百零五條規定者。

三、違反第一百二十條準用第二十六條第四項規定之揭露方式者。

四、違反第一百二十條準用第三十三條規定者。

五、說明書、申請專利範圍或圖式未揭露必要事項，或其揭露明顯不清楚者。

六、修正，明顯超出申請時說明書、申請專利範圍或圖式所揭露之範圍者。

第一百一十三條

申請專利之新型，經形式審查認無不予專利之情事者，應予專利，並應將申請專利範圍及圖式公告之。

第一百一十四條

新型專利權期限，自申請日起算十年屆滿。

第一百一十五條

申請專利之新型經公告後，任何人得向專利專責機關申請新型專利技術報告。

專利專責機關應將申請新型專利技術報告之事實，刊載於專利公報。

專利專責機關應指定專利審查人員作成新型專利技術報告，並由專利審查人員具名。

專利專責機關對於第一項之申請，應就第一百二十條準用第二十二條第一項第一款、第二項、第一百二十條準用第二十三條、第一百二十條準用第三十一條規定之情事，作成新型專利技術報告。

依第一項規定申請新型專利技術報告，如敘明有非專利權人為商業上之實施，並檢附有關證明文件者，專利專責機關應於六個月內完成新型專利技術報告。

新型專利技術報告之申請，於新型專利權當然消滅後，仍得為之。

依第一項所為之申請，不得撤回。

第一百一十六條

新型專利權人行使新型專利權時，如未提示新型專利技術報告，不得進行警告。

第一百一十七條

新型專利權人之專利權遭撤銷時，就其於撤銷前，因行使專利權所致他人之損害，應負賠償責任。但其係基於新型專利技術報告之內容，且已盡相當之注意者，不在此限。

第一百一十八條

新型專利權人除有依第一百二十條準用第七十四條第三項規定之情形外，僅得於下列期間申請更正：

一、新型專利權有新型專利技術報告申請案件受理中。

二、新型專利權有訴訟案件繫屬中。

第一百一十九條

新型專利權有下列情事之一，任何人得向專利專責機關提起舉發：

一、違反第一百零四條、第一百零五條、第一百零八條第三項、第一百十條第二項、第一百二十條準用第二十二條、第一百二十條準用第二十三條、第一百二十條準用第二十六條、第一百二十條準用第三十一條、第一百二十條準用第三十四條第四項、第六項前段、第一百二十條準用第四十三條第二項、第一百二十條準用第四十四條第三項、第一百二十條準用第六十七條第二項至第四項規定者。

二、專利權人所屬國家對中華民國國民申請專利不予受理者。

三、違反第十二條第一項規定或新型專利權人為非新型專利申請權人者。

以前項第三款情事提起舉發者，限於利害關係人始得為之。

新型專利權得提起舉發之情事，依其核准處分時之規定。但以違反第一百零八條第三項、第一百二十條準用第三十四條第四項、第六項前段、第一百二十條準用第四十三條第二項或第一百二十條準用第六十七條第二項、第四項規定之情事，提起舉發者，依舉發時之規定。

舉發審定書，應由專利審查人員具名。

第一百二十條

第二十二條、第二十三條、第二十六條、第二十八條至第三十一條、第三十三條、第三十四條第三項至第七項、第三十五條、第四十三條第二項、第三項、第四十四條第三項、第四十六條第二項、第四十七條第二項、第五十一條、第五十二條第一項、第二項、第四項、第五十八條第一項、第二項、第四項、第五項、第五十九條、第六十二條至第六十五條、第六十七條、第六十八條、第六十九條、第七十條、第七十二條至第八十二條、第八十四條至第九十八條、第一百條至第一百零三條，於新型專利準用之。

第四章　設計專利

第一百二十一條

設計，指對物品之全部或部分之形狀、花紋、色彩或其結合，透過視覺訴求之創作。

應用於物品之電腦圖像及圖形化使用者介面，亦得依本法申請設計專利。

第一百二十二條

可供產業上利用之設計，無下列情事之一，得依本法申請取得設計專利：

一、申請前有相同或近似之設計，已見於刊物者。

二、申請前有相同或近似之設計，已公開實施者。

三、申請前已為公眾所知悉者。

設計雖無前項各款所列情事，但為其所屬技藝領域中具有通常知識者依申請前之先前技藝易於思及時，仍不得取得設計專利。

申請人出於本意或非出於本意所致公開之事實發生後六個月內申請者，該事實非屬第一項各款或前項不得取得設計專利之情事。

因申請專利而在我國或外國依法於公報上所為之公開係出於申請人本意者 ，不適用前項規定。

第一百二十三條

申請專利之設計，與申請在先而在其申請後始公告之設計專利申請案所附說明書或圖式之內容相同或近似者，不得取得設計專利。但其申請人與申請在先之設計專利申請案之申請人相同者，不在此限。

第一百二十四條

下列各款，不予設計專利：

一、純功能性之物品造形。

二、純藝術創作。

三、積體電路電路布局及電子電路布局。

四、物品妨害公共秩序或善良風俗者。

第一百二十五條

申請設計專利，由專利申請權人備具申請書、說明書及圖式，向專利專責機關申請之。

申請設計專利，以申請書、說明書及圖式齊備之日為申請日。

說明書及圖式未於申請時提出中文本，而以外文本提出，且於專利專責機關指定期間內補正中文本者，以外文本提出之日為申請日。

未於前項指定期間內補正中文本者，其申請案不予受理。但在處分前補正者，以補正之日為申請日，外文本視為未提出。

第一百二十六條

說明書及圖式應明確且充分揭露，使該設計所屬技藝領域中具有通常知識者，能瞭解其內容，並可據以實現。

說明書及圖式之揭露方式，於本法施行細則定之。

第一百二十七條

同一人有二個以上近似之設計，得申請設計專利及其衍生設計專利。

衍生設計之申請日，不得早於原設計之申請日。

申請衍生設計專利，於原設計專利公告後，不得為之。

同一人不得就與原設計不近似，僅與衍生設計近似之設計申請為衍生設計專利。

第一百二十八條

相同或近似之設計有二以上之專利申請案時，僅得就其最先申請者，准予設計專利。但後申請者所主張之優先權日早於先申請者之申請日者，不在此限。

前項申請日、優先權日為同日者，應通知申請人協議定之；協議不成時，均不予設計專利。其申請人為同一人時，應通知申請人限期擇一申請；屆期未擇一申請者，均不予設計專利。

各申請人為協議時，專利專責機關應指定相當期間通知申請人申報協議結果；屆期未申報者，視為協議不成。

前三項規定，於下列各款不適用之：

一、原設計專利申請案與衍生設計專利申請案間。

二、同一設計專利申請案有二以上衍生設計專利申請案者，該二以上衍生設計專利申請案間。

第一百二十九條

申請設計專利，應就每一設計提出申請。

二個以上之物品，屬於同一類別，且習慣上以成組物品販賣或使用者，得以一設計提出申請。

申請設計專利，應指定所施予之物品。

第一百三十條

申請專利之設計，實質上為二個以上之設計時，經專利專責機關通知，或據申請人申請，得為分割之申請。

分割申請，應於原申請案再審查審定前為之。

分割後之申請案，應就原申請案已完成之程序續行審查。

第一百三十一條

申請設計專利後改請衍生設計專利者，或申請衍生設計專利後改請設計專利者，以原申請案之申請日為改請案之申請日。

改請之申請，有下列情事之一者，不得為之：

一、原申請案准予專利之審定書送達後。

二、原申請案不予專利之審定書送達後逾二個月。

改請後之設計或衍生設計，不得超出原申請案申請時說明書或圖式所揭露之範圍。

第一百三十二條

申請發明或新型專利後改請設計專利者，以原申請案之申請日為改請案之申請日。

改請之申請，有下列情事之一者，不得為之：

一、原申請案准予專利之審定書、處分書送達後。

二、原申請案為發明，於不予專利之審定書送達後逾二個月。

三、原申請案為新型，於不予專利之處分書送達後逾三十日。

改請後之申請案，不得超出原申請案申請時說明書、申請專利範圍或圖式所揭露之範圍。

第一百三十三條

說明書及圖式，依第一百二十五條第三項規定，以外文本提出者，其外文本不得修正。

第一百二十五條第三項規定補正之中文本，不得超出申請時外文本所揭露之範圍。

第一百三十四條

設計專利申請案違反第一百二十一條至第一百二十四條、第一百二十六條、第一百二十七條、第一百二十八條第一項至第三項、第一百二十九條第一項、第二項、第一百三十一條第三項、第一百三十二條第三項、第一百三十三條第二項、第一百四十二條第一項準用第三十四條第四項、第一百四十二條第一項準用第四十三條第二項、第一百四十二條第一項準用第四十四條第三項規定者，應為不予專利之審定。

第一百三十五條

設計專利權期限，自申請日起算十五年屆滿；衍生設計專利權期限與原設計專利權期限同時屆滿。

第一百三十六條

設計專利權人，除本法另有規定外，專有排除他人未經其同意而實施該設計或近似該設計之權。

設計專利權範圍，以圖式為準，並得審酌說明書。

第一百三十七條

衍生設計專利權得單獨主張，且及於近似之範圍。

第一百三十八條

衍生設計專利權，應與其原設計專利權一併讓與、信託、繼承、授權或設定質權。

原設計專利權依第一百四十二條第一項準用第七十條第一項第三款或第四款規定已當然消滅或撤銷確定，其衍生設計專利權有二以上仍存續者，不得單獨讓與、信託、繼承、授權或設定質權。

第一百三十九條

設計專利權人申請更正專利說明書或圖式，僅得就下列事項為之：

一、誤記或誤譯之訂正。

二、不明瞭記載之釋明。

更正，除誤譯之訂正外，不得超出申請時說明書或圖式所揭露之範圍。

依第一百二十五條第三項規定，說明書及圖式以外文本提出者，其誤譯之訂正，不得超出申請時外文本所揭露之範圍。

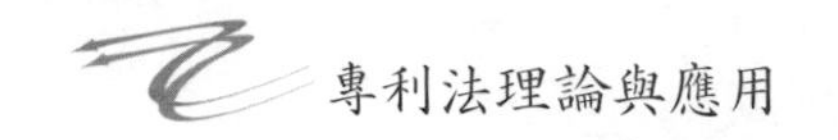

更正，不得實質擴大或變更公告時之圖式。

第一百四十條

設計專利權人非經被授權人或質權人之同意，不得拋棄專利權。

第一百四十一條

設計專利權有下列情事之一，任何人得向專利專責機關提起舉發：

一、違反第一百二十一條至第一百二十四條、第一百二十六條、第一百二十七條、第一百二十八條第一項至第三項、第一百三十一條第三項、第一百三十二條第三項、第一百三十三條第二項、第一百三十九條第二項至第四項、第一百四十二條第一項準用第三十四條第四項、第一百四十二條第一項準用第四十三條第二項、第一百四十二條第一項準用第四十四條第三項規定者。

二、專利權人所屬國家對中華民國國民申請專利不予受理者。

三、違反第十二條第一項規定或設計專利權人為非設計專利申請權人者。

以前項第三款情事提起舉發者，限於利害關係人始得為之。

設計專利權得提起舉發之情事，依其核准審定時之規定。但以違反第一百三十一條第三項、第一百三十二條第三項、第一百三十九條第二項、第四項、第一百四十二條第一項準用第三十四條第四項或第一百四十二條第一項準用第四十三條第二項規定之情事，提起舉發者，依舉發時之規定。

第一百四十二條

第二十八條、第二十九條、第三十四條第三項、第四項、第三十五條、第三十六條、第四十二條、第四十三條第一項至第三項、第四十四條第三項、第四十五條、第四十六條第二項、第四十七條、第四十八條、第五十條、第五十二條第一項、第二項、第四項、第五十八條第二項、第五十九條、第六十二條至第六十五條、第六十八條、第七十條、第七十二條、第七十三條第一項、第三項、第四項、第七十四條至第七十八條、第七十九條第一項、第八十條至第八十二條、第八十四條至第八十六條、第九十二條至第九十八條、第一百條至第一百零三條規定，於設計專利準用之。

第二十八條第一項所定期間，於設計專利申請案為六個月。

第二十九條第二項及第四項所定期間，於設計專利申請案為十個月。

第五十九條第一項第三款但書所定期間，於設計專利申請案為六個月。

第五章　附　則

第一百四十三條

專利檔案中之申請書件、說明書、申請專利範圍、摘要、圖式及圖說，經專利專責機關認定具保存價值者，應永久保存。

前項以外之專利檔案應依下列規定定期保存：

一、發明專利案除經審定准予專利者保存三十年外，應保存二十年。

二、新型專利案除經處分准予專利者保存十五年外，應保存十年。

三、設計專利案除經審定准予專利者保存二十年外，應保存十五年。

前項專利檔案保存年限，自審定、處分、撤回或視為撤回之日所屬年度之次年首日開始計算。

本法中華民國一百零八年四月十六日修正之條文施行前之專利檔案，其保存年限適用修正施行後之規定。

第一百四十四條

主管機關為獎勵發明、新型或設計之創作，得訂定獎助辦法。

第一百四十五條

依第二十五條第三項、第一百零六條第三項及第一百二十五條第三項規定提出之外文本，其外文種類之限定及其他應載明事項之辦法，由主管機關定之。

第一百四十六條

第九十二條、第一百二十條準用第九十二條、第一百四十二條第一項準用第九十二條規定之申請費、證書費及專利年費，其收費辦法由主管機關定之。

第九十五條、第一百二十條準用第九十五條、第一百四十二條第一項準用第九十五條規定之專利年費減免，其減免條件、年限、金額及其他應遵行事項之辦法，由主管機關定之。

第一百四十七條

中華民國八十三年一月二十三日前所提出之申請案，不得依第五十三條規定，申請延長專利權期間。

第一百四十八條

本法中華民國八十三年一月二十一日修正施行前，已審定公告之專利案，其專利權期限，適用修正前之規定。但發明專利案，於世界貿易組織協定在中華民國管轄區域內生效之日，專利權仍存續者，其專利權期限，適用修正施行後之規定。

本法中華民國九十二年一月三日修正之條文施行前，已審定公告之新型專利申請案，其專利權期限，適用修正前之規定。

新式樣專利案，於世界貿易組織協定在中華民國管轄區域內生效之日，專利權仍存續者，其專利權期限，適用本法中華民國八十六年五月七日修正之條文施行後之規定。

第一百四十九條

本法中華民國一百年十一月二十九日修正之條文施行前，尚未審定之專利申請案，除本法另有規定外，適用修正施行後之規定。

本法中華民國一百年十一月二十九日修正之條文施行前，尚未審定之更正案及舉發案，適用修正施行後之規定。

第一百五十條

本法中華民國一百年十一月二十九日修正之條文施行前提出，且依修正前第二十九條規定主張優先權之發明或新型專利申請案，其先申請案尚未公告或不予專利之審定或處分尚未確定者，適用第三十條第一項規定。

本法中華民國一百年十一月二十九日修正之條文施行前已審定之發明專利申請案，未逾第三十四條第二項第二款規定之期間者，適用第三十四條第二項第二款及第六項規定。

第一百五十一條

第二十二條第三項第二款、第一百二十條準用第二十二條第三項第二款、第一百二十一條第一項有關物品之部分設計、第一百二十一條第二項、第一百二十二條第三項第一款、第一百二十七條、第一百二十九條第二項規定，於本法中華民國一百年十一月二十九日修正之條文施行後，提出之專利申請案，始適用之。

第一百五十二條

本法中華民國一百年十一月二十九日修正之條文施行前，違反修正前第三十條第二項規定，視為未寄存之發明專利申請案，於修正施行後尚未審定者，適用第二十七條第二項之規定；其有主張優先權，自最早之優先權日起仍在十六個月內者，適用第二十七條第三項之規定。

第一百五十三條

本法中華民國一百年十一月二十九日修正之條文施行前，依修正前第二十八條第三項、第一百零八條準用第二十八條第三項、第一百二十九條第一項準用第二十八條第三項規定，以違反修正前第二十八條第一項、第一百零八條準用第二十八條第一項、第一百二十九條第一項準用第二十八條第一項規定喪失優先權之專利申請案，於修正施行後尚未審定或處分，且自最早之優先權日起，發明、新型專利申請案仍在十六個月內，設計專利申請案仍在十個月內者，適用第二十九條第四項、第一百二十條準用第二十九條第四項、第一百四十二條第一項準用第二十九條第四項之規定。

本法中華民國一百年十一月二十九日修正之條文施行前，依修正前第二十八條第三項、第一百零八條準用第二十八條第三項、第一百二十九條第一項準用第二十八條第三項規定，以違反修正前第二十八條第二項、第一百零八條準用第二十八條第二項、第一百二十九條第一項準用第二十八條第二項規定喪失優先權之專利申請案，於修正施行後尚未審定或處分，且自最早之優先權日起，發明、新型專利申請案仍在十六個月內，設計專利申請案仍在十個月內者，適用第二十九條第二項、第一百二十條準用第二十九條第二項、第一百四十二條第一項準用第二十九條第二項之規定。

第一百五十四條

本法中華民國一百年十一月二十九日修正之條文施行前，已提出之延長發明專利權期間申請案，於修正施行後尚未審定，且其發明專利權仍存續者，適用修正施行後之規定。

第一百五十五條

本法中華民國一百年十一月二十九日修正之條文施行前，有下列情事之一，不適用第五十二條第四項、第七十條第二項、第一百二十條準用第五十二條第四項、第一百二十條準用第七十條第二項、第一百四十二條第一項準用第五十二條第四項、第一百四十二條第一項準用第七十條第二項之規定：

一、依修正前第五十一條第一項、第一百零一條第一項或第一百十三條第一項規定已逾繳費期限，專利權自始不存在者。

二、依修正前第六十六條第三款、第一百零八條準用第六十六條第三款或第一百二十九條第一項準用第六十六條第三款規定，於本法修正施行前，專利權已當然消滅者。

第一百五十六條

本法中華民國一百年十一月二十九日修正之條文施行前，尚未審定之新式樣專利申請案，申請人得於修正施行後三個月內，申請改為物品之部分設計專利申請案。

第一百五十七條

本法中華民國一百年十一月二十九日修正之條文施行前，尚未審定之聯合新式樣專利申請案，適用修正前有關聯合新式樣專利之規定。

本法中華民國一百年十一月二十九日修正之條文施行前，尚未審定之聯合新式樣專利申請案，且於原新式樣專利公告前申請者，申請人得於修正施行後三個月內申請改為衍生設計專利申請案。

第一百五十七條之一

中華民國一百零五年十二月三十日修正之第二十二條、第五十九條、第一百二十二條及第一百四十二條，於施行後提出之專利申請案，始適用之。

第一百五十七條之二

本法中華民國一百零八年四月十六日修正之條文施行前，尚未審定之專利申請案，除本法另有規定外，適用修正施行後之規定。

本法中華民國一百零八年四月十六日修正之條文施行前，尚未審定之更正案及舉發案，適用修正施行後之規定。

第一百五十七條之三

本法中華民國一百零八年四月十六日修正之條文施行前，已審定或處分之專利申請案，尚未逾第三十四條第二項第二款、第一百零七條第二項第二款規定之期間者，適用修正施行後之規定。

第一百五十七條之四

本法中華民國一百零八年四月十六日修正之條文施行之日，設計專利權仍存續者，其專利權期限，適用修正施行後之規定。

本法中華民國一百零八年四月十六日修正之條文施行前，設計專利權因第一百四十二條第一項準用第七十條第一項第三款規定之事由當然消滅，而於修正施行後準用同條第二項規定申請回復專利權者，其專利權期限，適用修正施行後之規定。

第一百五十八條

本法施行細則，由主管機關定之。

第一百五十九條

本法之施行日期，由行政院定之。

本法中華民國一百零二年五月三十一日修正之條文，自公布日施行。

十、專利法施行細則

1. 中華民國三十六年九月二十六日行政院 (36) 六字第 38493 號令訂定發布；並自三十八年一月一日施行
2. 中華民國四十七年八月十六日行政院修正發布
3. 中華民國六十二年八月二十二日經濟部修正發布
4. 中華民國七十年十月二日經濟部 (70) 經法字第 41608 號令修正發布全文 57 條
5. 中華民國七十五年四月十八日經濟部 (75) 經技字第 16201 號令修正發布第 32、33 條條文
6. 中華民國七十六年七月十日經濟部令修正發布第 4～6、9、10、12～14、16、19、21、23、24、27～30、32、33、47、52、54～56 條；增訂第 10–1、37–1、56–1 條；並刪除第 20、45、46 條條文
7. 中華民國八十三年十月三日經濟部 (83) 經中標字第 033374 號令修正發布全文 52 條條文
8. 中華民國九十一年十一月六日經濟部經智字第 09104625840 號令修正發布全文 55 條；並自發布日施行
9. 中華民國九十三年四月七日經濟部經智字第 09304602930 號令修正發布全文 57 條；並自專利法施行之日施行
10. 中華民國九十七年八月十九日經濟部經智字第 09704604340 號令修正發布第 15、31、57 條條文；並自發布日施行
11. 中華民國九十九年十一月十六日經濟部經智字第 09904607620 號令修正發布第 11、22、53～55 條條文
12. 中華民國一百零一年十一月九日經濟部經智字第 10104607220 號令修正發布全文 90 條；並自一百零二年一月一日施行
13. 中華民國一百零三年十一月六日經濟部經智字第 10304605160 號令修正發布第 13、16、46、83、90 條條文；增訂第 26–1、26–2 條條文；並自發布日施行
14. 中華民國一百零五年三月七日經濟部經智字第 10504600840 號令修正發布第 86 條條文
15. 中華民國一百零五年六月二十九日經濟部經智字第 10504602860 號令修正發布第 26、51、53 條條文
16. 中華民國一百零六年四月十九日經濟部經智字第 10604601600 號令修正發布第 13、15、16、28、46、48、49、58、90 條條文；並自一百零六年五月一日施行
17. 中華民國一百零八年九月二十七日經濟部經智字第 10804604260 號令修正發布第 90 條條文；增訂第 89–1 條條文；刪除第 29 條條文；並自一百零八年十一月一日施行
18. 中華民國一百零九年六月二十四日經濟部經智字第 10904602910 號令修正發布第 17、39 條條文

第一章　總　則

第一條

本細則依專利法（以下簡稱本法）第一百五十八條規定訂定之。

第二條

依本法及本細則所為之申請，除依本法第十九條規定以電子方式為之者外，應以書面提出，並由申請人簽名或蓋章；委任有代理人者，得僅由代理人簽名或蓋章。專利專責機關認有必要時，得通知申請人檢附身分證明或法人證明文件。

依本法及本細則所為之申請，以書面提出者，應使用專利專責機關指定之書表；其格式及份數，由專利專責機關定之。

第三條

技術用語之譯名經國家教育研究院編譯者，應以該譯名為原則；未經該院編譯或專利專責機關認有必要時，得通知申請人附註外文原名。

申請專利及辦理有關專利事項之文件，應用中文；證明文件為外文者，專利專責機關認有必要時，得通知申請人檢附中文譯本或節譯本。

第四條

依本法及本細則所定應檢附之證明文件，以原本或正本為之。

原本或正本，除優先權證明文件外，經當事人釋明與原本或正本相同者，得以影本代之。但舉發證據為書證影本者，應證明與原本或正本相同。

原本或正本，經專利專責機關驗證無訛後，得予發還。

第五條

專利之申請及其他程序，以書面提出者，應以書件到達專利專責機關之日為準；如係郵寄者，以郵寄地郵戳所載日期為準。

郵戳所載日期不清晰者，除由當事人舉證外，以到達專利專責機關之日為準。

第六條

依本法及本細則指定之期間，申請人得於指定期間屆滿前，敘明理由向專利專責機關申請延展。

第七條

申請人之姓名或名稱、印章、住居所或營業所變更時，應檢附證明文件向專利專責機關申請變更。但其變更無須以文件證明者，免予檢附。

第八條

因繼受專利申請權申請變更名義者，應備具申請書，並檢附下列文件：

一、因受讓而變更名義者，其受讓專利申請權之契約或讓與證明文件。但公司因併購而承受者，為併購之證明文件。

二、因繼承而變更名義者，其死亡及繼承證明文件。

第九條

申請人委任代理人者，應檢附委任書，載明代理之權限及送達處所。

有關專利之申請及其他程序委任代理人辦理者，其代理人不得逾三人。

代理人有二人以上者，均得單獨代理申請人。

違反前項規定而為委任者，其代理人仍得單獨代理。

申請人變更代理人之權限或更換代理人時，非以書面通知專利專責機關，對專利專責機關不生效力。

代理人之送達處所變更時，應向專利專責機關申請變更。

第十條

代理人就受委任之權限內有為一切行為之權。但選任或解任代理人、撤回專利申請案、撤回分割案、撤回改請案、撤回再審查申請、撤回更正申請、撤回舉發案或拋棄專利權，非受特別委任，不得為之。

第十一條

申請文件不符合法定程式而得補正者，專利專責機關應通知申請人限期補正；屆期未補正或補正仍不齊備者，依本法第十七條第一項規定辦理。

第十二條

依本法第十七條第二項規定，申請回復原狀者，應敘明遲誤期間之原因及其消滅日期，並檢附證明文件向專利專責機關為之。

第二章　發明專利之申請及審查

第十三條

本法第二十二條所稱申請前及第二十三條所稱申請在先，如依本法第二十八條第一項或第三十條第一項規定主張優先權者，指該優先權日前。

本法第二十二條所稱刊物，指向公眾公開之文書或載有資訊之其他儲存媒體。

本法第二十二條第三項所定之十二個月，自同條項所定事實發生之次日起算至本法第二十五條第二項規定之申請日止。有多次本法第二十二條第三項所定事實者，前述期間之計算，應自第一次事實發生之次日起算。

第十四條

本法第二十二條、第二十六條及第二十七所稱所屬技術領域中具有通常知識者，指具有申請時該發明所屬技術領域之一般知識及普通技能之人。

前項所稱申請時，如依本法第二十八條第一項或第三十條第一項規定主張優先權者，指該優先權日。

第十五條

因繼承、受讓、僱傭或出資關係取得專利申請權之人，就其被繼承人、讓與人、受雇人或受聘人在申請前之公開行為，適用本法第二十二條第三項及第四項規定。

第十六條

申請發明專利者，其申請書應載明下列事項：

一、發明名稱。

二、發明人姓名、國籍。

三、申請人姓名或名稱、國籍、住居所或營業所；有代表人者，並應載明代表人姓名。

四、委任代理人者，其姓名、事務所。

有下列情事之一，並應於申請時敘明之：

一、主張本法第二十八條第一項規定之優先權者。

二、主張本法第三十條第一項規定之優先權者。

三、聲明本法第三十二條第一項規定之同一人於同日分別申請發明專利及新型專利者。

第十七條

申請發明專利者，其說明書應載明下列事項：

一、發明名稱。

二、技術領域。

三、先前技術：申請人所知之先前技術，並得檢送該先前技術之相關資料。

四、發明內容：發明所欲解決之問題、解決問題之技術手段及對照先前技術之功效。

五、圖式簡單說明：有圖式者，應以簡明之文字依圖式之圖號順序說明圖式。

六、實施方式：記載一個以上之實施方式，必要時得以實施例說明；有圖式者，應參照圖式加以說明。

七、符號說明：有圖式者，應依圖號或符號順序列出圖式之主要符號並加以說明。

說明書應依前項各款所定順序及方式撰寫，並附加標題。但發明之性質以其他方式表達較為清楚者，不在此限。

說明書得於各段落前，以置於中括號內之連續四位數之阿拉伯數字編號依序排列，以明確識別每一段落。

發明名稱，應簡明表示所申請發明之內容，不得冠以無關之文字。

申請生物材料或利用生物材料之發明專利，其生物材料已寄存者，應於說明書載明寄存機構、寄存日期及寄存號碼。申請前已於國外寄存機構寄存者，並應載明國外寄存機構、寄存日期及寄存號碼。

發明專利包含一個或多個核苷酸或胺基酸序列者，說明書應包含依專利專責機關訂定之格式單獨記載之序列表。其序列表得以專利專責機關規定之電子檔為之。

第十八條

發明之申請專利範圍，得以一項以上之獨立項表示；其項數應配合發明之內容；必要時，得有一項以上之附屬項。獨立項、附屬項，應以其依附關係，依序以阿拉伯數字編號排列。

獨立項應敘明申請專利之標的名稱及申請人所認定之發明之必要技術特徵。

附屬項應敘明所依附之項號，並敘明標的名稱及所依附請求項外之技術特徵，其依附之項號並應以阿拉伯數字為之；於解釋附屬項時，應包含所依附請求項之所有技術特徵。

依附於二項以上之附屬項為多項附屬項，應以選擇式為之。

附屬項僅得依附在前之獨立項或附屬項。但多項附屬項間不得直接或間接依附。

獨立項或附屬項之文字敘述，應以單句為之。

第十九條

請求項之技術特徵，除絕對必要外，不得以說明書之頁數、行數或圖式、圖式中之符號予以界定。

請求項之技術特徵得引用圖式中對應之符號，該符號應附加於對應之技術特徵後，並置於括號內；該符號不得作為解釋請求項之限制。

請求項得記載化學式或數學式，不得附有插圖。

複數技術特徵組合之發明，其請求項之技術特徵，得以手段功能用語或步驟功能用語表示。於解釋請求項時，應包含說明書中所敘述對應於該功能之結構、材料或動作及其均等範圍。

第二十條

獨立項之撰寫，以二段式為之者，前言部分應包含申請專利之標的名稱及與先前技術共有之必要技術特徵；特徵部分應以「其特徵在於」、「其改良在於」或其他類似用語，敘明有別於先前技術之必要技術特徵。

解釋獨立項時，特徵部分應與前言部分所述之技術特徵結合。

第二十一條

摘要，應簡要敘明發明所揭露之內容，並以所欲解決之問題、解決問題之技術手段及主要用途為限；其字數，以不超過二百五十字為原則；有化學式者，應揭示最能顯示發明特徵之化學式。

摘要，不得記載商業性宣傳用語。

摘要不符合前二項規定者，專利專責機關得通知申請人限期修正，或依職權修正後通知申請人。

申請人應指定最能代表該發明技術特徵之圖為代表圖，並列出其主要符號，簡要加以說明。

未依前項規定指定或指定之代表圖不適當者，專利專責機關得通知申請人限期補正，或依職權指定或刪除後通知申請人。

第二十二條

說明書、申請專利範圍及摘要中之技術用語及符號應一致。

前項之說明書、申請專利範圍及摘要，應以打字或印刷為之。

說明書、申請專利範圍及摘要以外文本提出者，其補正之中文本，應提供正確完整之翻譯。

第二十三條

發明之圖式，應參照工程製圖方法以墨線繪製清晰，於各圖縮小至三分之二時，仍得清晰分辨圖式中各項細節。

圖式應註明圖號及符號，並依圖號順序排列，除必要註記外，不得記載其他說明文字。

第二十四條

發明專利申請案之說明書有部分缺漏或圖式有缺漏之情事，而經申請人補正者，以補正之日為申請日。但有下列情事之一者，仍以原提出申請之日為申請日：

一、補正之說明書或圖式已見於主張優先權之先申請案。

二、補正之說明書或圖式，申請人於專利專責機關確認申請日之處分書送達後三十日內撤回。

前項之說明書或圖式以外文本提出者，亦同。

第二十五條

本法第二十八條第一項所定之十二個月，自在與中華民國相互承認優先權之國家或世界貿易組織會員第一次申請日之次日起算至本法第二十五條第二項規定之申請日止。

本法第三十條第一項第一款所定之十二個月，自先申請案申請日之次日起算至本法第二十五條第二項規定之申請日止。

第二十六條

依本法第二十九條第二項規定檢送之優先權證明文件應為正本。

申請人於本法第二十九條第二項規定期間內檢送之優先權證明文件為影本者，專利專責機關應通知申請人限期補正與該影本為同一文件之正本；屆期未補正或補正仍不齊備者，依本法第二十九條第三項規定，視為未主張優先權。但其正本已向專利專責機關提出者，得以載明正本所依附案號之影本代之。

第一項優先權證明文件，經專利專責機關與該國家或世界貿易組織會員之專利受理機關已為電子交換者，視為申請人已提出。

第一項規定之正本，得以專利專責機關規定之電子檔代之，並應釋明其與正本相符。

第二十六條之一

依本法第三十條第一項規定主張優先權者，如同時或先後亦就其先申請案依本法規定繳納證書費及第一年專利年費，專利專責機關應通知申請人限期撤回其後申請案之優先權主張或先申請案之領證申請；屆期未擇一撤回者，其先申請案不予公告，並通知申請人得申請退還證書費及第一年專利年費。

第二十六條之二

本法第三十二條第一項所稱同日，指發明專利及新型專利分別依本法第二十五條第二項及第一百零六條第二項規定之申請日相同；若主張優先權，其優先權日亦須相同。

本法第三十二條第一項所定申請人未分別聲明，包括於發明專利申請案及新型專利申請案中皆未聲明，或其中一申請案未聲明之情形。

本法第三十二條之新型專利權，如於發明專利核准審定後公告前，發生已當然消滅或撤銷確定之情形者，發明專利不予公告。

第二十七條

本法第三十三條第二項所稱屬於一個廣義發明概念者，指二個以上之發明，於技術上相互關聯。

前項技術上相互關聯之發明，應包含一個或多個相同或對應之特別技術特徵。

前項所稱特別技術特徵，指申請專利之發明整體對於先前技術有所貢獻之技術特徵。

二個以上之發明於技術上有無相互關聯之判斷，不因其於不同之請求項記載或於單一請求項中以擇一形式記載而有差異。

第二十八條

發明專利申請案申請分割者，應就每一分割案，備具申請書，並檢附下列文件：

一、說明書、申請專利範圍、摘要及圖式。

二、申請生物材料或利用生物材料之發明專利者，其寄存證明文件。

有下列情事之一，並應於每一分割申請案申請時敘明之：

一、主張本法第二十八條第一項規定之優先權者。

二、主張本法第三十條第一項規定之優先權者。

分割申請，不得變更原申請案之專利種類。

第二十九條

（刪除）

第三十條

依本法第三十五條規定申請專利者，應備具申請書，並檢附舉發撤銷確定證明文件。

第三十一條

專利專責機關公開發明專利申請案時，應將下列事項公開之：

一、申請案號。

二、公開編號。

三、公開日。

四、國際專利分類。

五、申請日。

六、發明名稱。

七、發明人姓名。

八、申請人姓名或名稱、住居所或營業所。

九、委任代理人者，其姓名。

十、摘要。

十一、最能代表該發明技術特徵之圖式及其符號說明。

十二、主張本法第二十八條第一項優先權之各第一次申請專利之國家或世界貿易組織會員、申請案號及申請日。

十三、主張本法第三十條第一項優先權之各申請案號及申請日。

十四、有無申請實體審查。

第三十二條

發明專利申請案申請實體審查者，應備具申請書，載明下列事項：

一、申請案號。

二、發明名稱。

三、申請實體審查者之姓名或名稱、國籍、住居所或營業所；有代表人者，並應載明代表人姓名。

四、委任代理人者，其姓名、事務所。

五、是否為專利申請人。

第三十三條

發明專利申請案申請優先審查者，應備具申請書，載明下列事項：

一、申請案號及公開編號。

二、發明名稱。

三、申請優先審查者之姓名或名稱、國籍、住居所或營業所；有代表人者，並應載明代表人姓名。

四、委任代理人者，其姓名、事務所。

五、是否為專利申請人。

六、發明專利申請案之商業上實施狀況；有協議者，其協議經過。

申請優先審查之發明專利申請案尚未申請實體審查者，並應依前條規定申請實體審查。

依本法第四十條第二項規定應檢附之有關證明文件，為廣告目錄、其他商業上實施事實之書面資料或本法第四十一條第一項規定之書面通知。

第三十四條

專利專責機關通知面詢、實驗、補送模型或樣品、修正說明書、申請專利範圍或圖式，屆期未辦理或未依通知內容辦理者，專利專責機關得依現有資料續行審查。

第三十五條

說明書、申請專利範圍或圖式之文字或符號有明顯錯誤者，專利專責機關得依職權訂正，並通知申請人。

第三十六條

發明專利申請案申請修正說明書、申請專利範圍或圖式者，應備具申請書，並檢附下列文件：

一、修正部分劃線之說明書或申請專利範圍修正頁；其為刪除原內容者，應劃線於刪除之文字上；其為新增內容者，應劃線於新增之文字下方。但刪除請求項者，得以文字加註為之。

二、修正後無劃線之說明書、申請專利範圍或圖式替換頁；如修正後致說明書、申請專利範圍或圖式之頁數、項號或圖號不連續者，應檢附修正後之全份說明書、申請專利範圍或圖式。

前項申請書，應載明下列事項：

一、修正說明書者，其修正之頁數、段落編號與行數及修正理由。

二、修正申請專利範圍者，其修正之請求項及修正理由。

三、修正圖式者，其修正之圖號及修正理由。

修正申請專利範圍者，如刪除部分請求項，其他請求項之項號，應依序以阿拉伯數字編號重行排列；修正圖式者，如刪除部分圖式，其他圖之圖號，應依圖號順序重行排列。

發明專利申請案經專利專責機關為最後通知者，第二項第二款之修正理由應敘明本法第四十三條第四項各款規定之事項。

第三十七條

因誤譯申請訂正說明書、申請專利範圍或圖式者，應備具申請書，並檢附下列文件：

一、訂正部分劃線之說明書或申請專利範圍訂正頁；其為刪除原內容者，應劃線於刪除之文字上；其為新增內容者，應劃線於新增加之文字下方。

二、訂正後無劃線之說明書、申請專利範圍或圖式替換頁。

前項申請書，應載明下列事項：

一、訂正說明書者，其訂正之頁數、段落編號與行數、訂正理由及對應外文本之頁數、段落編號與行數。

二、訂正申請專利範圍者，其訂正之請求項、訂正理由及對應外文本之請求項之項號。

三、訂正圖式者，其訂正之圖號、訂正理由及對應外文本之圖號。

第三十八條

發明專利申請案同時申請誤譯訂正及修正說明書、申請專利範圍或圖式者，得分別提出訂正及修正申請，或以訂正申請書分別載明其訂正及修正事項為之。

發明專利同時申請誤譯訂正及更正說明書、申請專利範圍或圖式者，亦同。

第三十九條

發明專利申請案審定前，任何人認該發明應不予專利時，得向專利專責機關陳述意見，並得附具理由及相關證明文件。

第三章　新型專利之申請及審查

第四十條

新型專利申請案之說明書有部分缺漏或圖式有缺漏之情事，而經申請人補正者，以補正之日為申請日。但有下列情事之一者，仍以原提出申請之日為申請日：

一、補正之說明書或圖式已見於主張優先權之先申請案。

二、補正之說明書或部分圖式，申請人於專利專責機關確認申請日之處分書送達後三十日內撤回。

前項之說明書或圖式以外文本提出者，亦同。

第四十一條

本法第一百二十條準用第二十八條第一項所定之十二個月，自在與中華民國相互承認優先權之國家或世界貿易組織會員第一次申請日之次日起算至本法第一百零六條第二項規定之申請日止。

本法第一百二十條準用第三十條第一項第一款所定之十二個月，自先申請案申請日之次日起算至本法第一百零六條第二項規定之申請日止。

第四十二條

依本法第一百十五條第一項規定申請新型專利技術報告者，應備具申請書，載明下列事項：

一、申請案號。

二、新型名稱。

三、申請新型專利技術報告者之姓名或名稱、國籍、住居所或營業所；有代表人者，並應載明代表人姓名。

四、委任代理人者，其姓名、事務所。

五、是否為專利權人。

第四十三條

依本法第一百十五條第五項規定檢附之有關證明文件，為專利權人對為商業上實施之非專利權人之書面通知、廣告目錄或其他商業上實施事實之書面資料。

第四十四條

新型專利技術報告應載明下列事項：

一、新型專利證書號數。

二、申請案號。

三、申請日。

四、優先權日。

五、技術報告申請日。

六、新型名稱

七、專利權人姓名或名稱、住居所或營業所。

八、申請新型專利技術報告者之姓名或名稱。

九、委任代理人者，其姓名。

十、專利審查人員姓名。

十一、國際專利分類。

十二、先前技術資料範圍。

十三、比對結果。

第四十五條

第十三條至第二十三條、第二十六條至第二十八條、第三十條、第三十四條至第三十八條規定，於新型專利準用之。

第四章　設計專利之申請及審查

第四十六條

本法第一百二十二條所稱申請前及第一百二十三條所稱申請在先，如依本法第一百四十二條第一項準用第二十八條第一項規定主張優先權者，指該優先權日前。

本法第一百二十二條所稱刊物，指向公眾公開之文書或載有資訊之其他儲存媒體。

本法第一百二十二條第三項所定之六個月，自同條項所定事實發生之次日起算至本法第一百二十五條第二項規定之申請日止。有多次本法第一百二十二條第三項所定事實者，前述期間之計算，應自第一次事實發生之次日起算。

第四十七條

本法第一百二十二條及第一百二十六條所稱所屬技藝領域中具有通常知識者，指具有申請時該設計所屬技藝領域之一般知識及普通技能之人。

前項所稱申請時，如依本法第一百四十二條第一項準用第二十八條第一項規定主張優先權者，指該優先權日。

第四十八條

因繼承、受讓、僱傭或出資關係取得專利申請權之人，就其被繼承人、讓與人、受雇人或受聘人在申請前之公開行為，適用本法第一百二十二條第三項及第四項規定。

第四十九條

申請設計專利者，其申請書應載明下列事項：

一、設計名稱。

二、設計人姓名、國籍。

三、申請人姓名或名稱、國籍、住居所或營業所；有代表人者，並應載明代表人姓名。

四、委任代理人者，其姓名、事務所。

有主張本法第一百四十二條第一項準用第二十八條第一項規定之優先權者，應於申請時敘明之。

申請衍生設計專利者，除前二項規定事項外，並應於申請書載明原設計申請案號。

第五十條

申請設計專利者，其說明書應載明下列事項：

一、設計名稱。

二、物品用途。

三、設計說明。

說明書應依前項各款所定順序及方式撰寫，並附加標題。但前項第二款或第三款已於設計名稱或圖式表達清楚者，得不記載。

第五十一條

設計名稱，應明確指定所施予之物品，不得冠以無關之文字。

物品用途，指用以輔助說明設計所施予物品之使用、功能等敘述。

設計說明，指用以輔助說明設計之形狀、花紋、色彩或其結合等敘述。其有下列情事之一，應敘明之：

一、圖式揭露內容包含不主張設計之部分。

二、應用於物品之電腦圖像及圖形化使用者介面設計具變化外觀者，應敘明變化順序。

三、各圖間因相同、對稱或其他事由而省略者。

有下列情事之一，必要時得於設計說明簡要敘明之：

一、有因材料特性、機能調整或使用狀態之變化，而使設計之外觀產生變化者。

二、有輔助圖或參考圖者。

三、以成組物品設計申請專利者，其各構成物品之名稱。

第五十二條

說明書所載之設計名稱、物品用途、設計說明之用語應一致。

前項之說明書，應以打字或印刷為之。

依本法第一百二十五條第三項規定提出之外文本，其說明書應提供正確完整之翻譯。

第五十三條

設計之圖式，應備具足夠之視圖，以充分揭露所主張設計之外觀；設計為立體者，應包含立體圖；設計為連續平面者，應包含單元圖。

前項所稱之視圖，得為立體圖、前視圖、後視圖、左側視圖、右側視圖、俯視圖、仰視圖、平面圖、單元圖或其他輔助圖。

圖式應參照工程製圖方法，以墨線圖、電腦繪圖或以照片呈現，於各圖縮小至三分之二時，仍得清晰分辨圖式中各項細節。

主張色彩者，前項圖式應呈現其色彩。

圖式中主張設計之部分與不主張設計之部分，應以可明確區隔之表示方式呈現。

標示為參考圖者，不得作為設計專利權範圍，但得用於說明應用之物品或使用環境。

第五十四條

設計之圖式，應標示各圖名稱，並指定立體圖或最能代表該設計之圖為代表圖。

未依前項規定指定或指定之代表圖不適當者，專利專責機關得通知申請人限期補正，或依職權指定後通知申請人。

第五十五條

設計專利申請案之說明書或圖式有部分缺漏之情事，而經申請人補正者，以補正之日為申請日。但有下列情事之一者，仍以原提出申請之日為申請日：

一、補正之說明書或圖式已見於主張優先權之先申請案。

二、補正之說明書或圖式，申請人於專利專責機關確認申請日之處分書送達後三十日內撤回。

前項之說明書或圖式以外文本提出者，亦同。

第五十六條

本法第一百四十二條第二項所定之六個月，自在與中華民國相互承認優先權之國家或世界貿易組織會員第一次申請日之次日起算至本法第一百二十五條第二項規定之申請日止。

第五十七條

本法第一百二十九條第二項所稱同一類別，指國際工業設計分類表同一大類之物品。

第五十八條

設計專利申請案申請分割者，應就每一分割案，備具申請書，並檢附說明書及圖式。

有主張本法第一百四十二條第一項準用第二十八條第一項規定之優先權者，應於每一分割申請案申請時敘明之。

分割申請，不得變更原申請案之專利種類。

第五十九條

設計專利申請案申請修正說明書或圖式者，應備具申請書，並檢附下列文件：

一、修正部分劃線之說明書修正頁；其為刪除原內容者，應劃線於刪除之文字上；其為新增內容者，應劃線於新增之文字下方。

二、修正後無劃線之全份說明書或圖式。

前項申請書，應載明下列事項：

一、修正說明書者，其修正之頁數與行數及修正理由。

二、修正圖式者，其修正之圖式名稱及修正理由。

第六十條

因誤譯申請訂正說明書或圖式者，應備具申請書，並檢附下列文件：

一、訂正部分劃線之說明書訂正頁；其為刪除原內容者，應劃線於刪除之文字上；其為新增內容者，應劃線於新增加之文字下方。

二、訂正後無劃線之全份說明書或圖式。

前項申請書，應載明下列事項：

一、訂正說明書者，其訂正之頁數與行數、訂正理由及對應外文本之頁數與行數。

二、訂正圖式者，其訂正之圖式名稱、訂正理由及對應外文本之圖式名稱。

第六十一條

第二十六條、第三十條、第三十四條、第三十五條及第三十八條規定，於設計專利準用之。

本章之規定，適用於衍生設計專利。

第五章　專利權

第六十二條

本法第五十九條第一項第三款、第九十九條第一項所定申請前，於依本法第二十八條第一項或第三十條第一項規定主張優先權者，指該優先權日前。

第六十三條

申請專利權讓與登記者，應由原專利權人或受讓人備具申請書，並檢附讓與契約或讓與證明文件。

公司因併購申請承受專利權登記者，前項應檢附文件，為併購之證明文件。

第六十四條

申請專利權信託登記者，應由原專利權人或受託人備具申請書，並檢附下列文件：

一、申請信託登記者，其信託契約或證明文件。

二、信託關係消滅，專利權由委託人取得時，申請信託塗銷登記者，其信託契約或信託關係消滅證明文件。

三、信託關係消滅，專利權歸屬於第三人時，申請信託歸屬登記者，其信託契約或信託歸屬證明文件。

四、申請信託登記其他變更事項者，其變更證明文件。

第六十五條

申請專利權授權登記者，應由專利權人或被授權人備具申請書，並檢附下列文件：

一、申請授權登記者，其授權契約或證明文件。

二、申請授權變更登記者，其變更證明文件。

三、申請授權塗銷登記者，被授權人出具之塗銷登記同意書、法院判決書及判決確定證明書或依法與法院確定判決有同一效力之證明文件。但因授權期間屆滿而消滅者，免予檢附。

前項第一款之授權契約或證明文件，應載明下列事項：

一、發明、新型或設計名稱或其專利證書號數。

二、授權種類、內容、地域及期間。

專利權人就部分請求項授權他人實施者，前項第二款之授權內容應載明其請求項次。

第二項第二款之授權期間，以專利權期間為限。

第六十六條

申請專利權再授權登記者，應由原被授權人或再被授權人備具申請書，並檢附下列文件：

一、申請再授權登記者，其再授權契約或證明文件。

二、申請再授權變更登記者，其變更證明文件。

三、申請再授權塗銷登記者，再被授權人出具之塗銷登記同意書、法院判決書及判決確定證明書或依法與法院確定判決有同一效力之證明文件。但因原授權或再授權期間屆滿而消滅者，免予檢附。

前項第一款之再授權契約或證明文件應載明事項，準用前條第二項之規定。

再授權範圍，以原授權之範圍為限。

第六十七條

申請專利權質權登記者，應由專利權人或質權人備具申請書及專利證書，並檢附下列文件：

一、申請質權設定登記者，其質權設定契約或證明文件。

二、申請質權變更登記者，其變更證明文件。

三、申請質權塗銷登記者，其債權清償證明文件、質權人出具之塗銷登記同意書、法院判決書及判決確定證明書或依法與法院確定判決有同一效力之證明文件。

前項第一款之質權設定契約或證明文件，應載明下列事項：

一、發明、新型或設計名稱或其專利證書號數。

二、債權金額及質權設定期間。

前項第二款之質權設定期間，以專利權期間為限。

專利專責機關為第一項登記，應將有關事項加註於專利證書及專利權簿。

第六十八條

申請前五條之登記，依法須經第三人同意者，並應檢附第三人同意之證明文件。

第六十九條

申請專利權繼承登記者，應備具申請書，並檢附死亡與繼承證明文件。

第七十條

依本法第六十七條規定申請更正說明書、申請專利範圍或圖式者，應備具申請書，並檢附下列文件：

一、更正後無劃線之說明書、圖式替換頁。
二、更正申請專利範圍者，其全份申請專利範圍。
三、依本法第六十九條規定應經被授權人、質權人或全體共有人同意者，其同意之證明文件。

前項申請書，應載明下列事項：
一、更正說明書者，其更正之頁數、段落編號與行數、更正內容及理由。
二、更正申請專利範圍者，其更正之請求項、更正內容及理由。
三、更正圖式者，其更正之圖號及更正理由。

更正內容，應載明更正前及更正後之內容；其為刪除原內容者，應劃線於刪除之文字上；其為新增內容者，應劃線於新增之文字下方。

第二項之更正理由並應載明適用本法第六十七條第一項之款次。

更正申請專利範圍者，如刪除部分請求項，不得變更其他請求項之項號；更正圖式者，如刪除部分圖式，不得變更其他圖之圖號。

專利權人於舉發案審查期間申請更正者，並應於更正申請書載明舉發案號。

第七十一條

依本法第七十二條規定，於專利權當然消滅後提起舉發者，應檢附對該專利權之撤銷具有可回復之法律上利益之證明文件。

第七十二條

本法第七十三條第一項規定之舉發聲明，於發明、新型應敘明請求撤銷全部或部分請求項之意旨；其就部分請求項提起舉發者，並應具體指明請求撤銷之請求項；於設計應敘明請求撤銷設計專利權。

本法第七十三條第一項規定之舉發理由，應敘明舉發所主張之法條及具體事實，並敘明各具體事實與證據間之關係。

第七十三條

舉發案之審查及審定，應於舉發聲明範圍內為之。

舉發審定書主文，應載明審定結果；於發明、新型應就各請求項分別載明。

第七十四條

依本法第七十七條第一項規定合併審查之更正案與舉發案，應先就更正案進行審查，經審查認應不准更正者，應通知專利權人限期申復；屆期未申復或申復結果仍應不准更正者，專利專責機關得逕予審查。

依本法第七十七條第一項規定合併審定之更正案與舉發案，舉發審定書主文應分別載明更正案及舉發案之審定結果。但經審查認應不准更正者，僅於審定理由中敘明之。

第七十五條

專利專責機關依本法第七十八條第一項規定合併審查多件舉發案時，應將各舉發案提出之理由及證據通知各舉發人及專利權人。

各舉發人及專利權人得於專利專責機關指定之期間內就各舉發案提出之理由及證據陳述意見或答辯。

第七十六條

舉發案審查期間，專利專責機關認有必要時，得協商舉發人與專利權人，訂定審查計畫。

第七十七條

申請專利權之強制授權者，應備具申請書，載明申請理由，並檢附詳細之實施計畫書及相關證明文件。

申請廢止專利權之強制授權者，應備具申請書，載明申請廢止之事由，並檢附證明文件。

第七十八條

依本法第八十八條第二項規定，強制授權之實施應以供應國內市場需要為主者，專利專責機關應於核准強制授權之審定書內載明被授權人應以適當方式揭露下列事項：

一、強制授權之實施情況。

二、製造產品數量及產品流向。

第七十九條

本法第九十八條所定專利證書號數標示之附加，在專利權消滅或撤銷確定後，不得為之。但於專利權消滅或撤銷確定前已標示並流通進入市場者，不在此限。

第八十條

專利證書滅失、遺失或毀損致不堪使用者，專利權人應以書面敘明理由，申請補發或換發。

第八十一條

依本法第一百三十九條規定申請更正說明書或圖式者，應備具申請書，並檢附更正後無劃線之全份說明書或圖式。

前項申請書，應載明下列事項：

一、更正說明書者，其更正之頁數與行數、更正內容及理由。

二、更正圖式者，其更正之圖式名稱及更正理由。

更正內容，應載明更正前及更正後之內容；其為刪除原內容者，應劃線於刪除之文字上；其為新增內容者，應劃線於新增之文字下方。

第二項之更正理由並應載明適用本法第一百三十九條第一項之款次。

專利權人於舉發案審查期間申請更正者，並應於更正申請書載明舉發案號。

第八十二條

專利權簿應載明下列事項：

一、發明、新型或設計名稱。

二、專利權期限。

三、專利權人姓名或名稱、國籍、住居所或營業所。

四、委任代理人者，其姓名及事務所。

五、申請日及申請案號。

六、主張本法第二十八條第一項優先權之各第一次申請專利之國家或世界貿易組織會員、申請案號及申請日。

七、主張本法第三十條第一項優先權之各申請案號及申請日。

八、公告日及專利證書號數。

九、受讓人、繼承人之姓名或名稱及專利權讓與或繼承登記之年、月、日。

十、委託人、受託人之姓名或名稱及信託、塗銷或歸屬登記之年、月、日。

十一、被授權人之姓名或名稱及授權登記之年、月、日。

十二、質權人姓名或名稱及質權設定、變更或塗銷登記之年、月、日。

十三、強制授權之被授權人姓名或名稱、國籍、住居所或營業所及核准或廢止之年、月、日。
十四、補發證書之事由及年、月、日。
十五、延長或延展專利權期限及核准之年、月、日。
十六、專利權消滅或撤銷之事由及其年、月、日；如發明或新型專利權之部分請求項經刪除或撤銷者，並應載明該部分請求項項號。
十七、寄存機構名稱、寄存日期及號碼。
十八、其他有關專利之權利及法令所定之一切事項。

第八十三條

專利專責機關公告專利時，應將下列事項刊載專利公報：
一、專利證書號數。
二、公告日。
三、發明專利之公開編號及公開日。
四、國際專利分類或國際工業設計分類。
五、申請日。
六、申請案號。
七、發明、新型或設計名稱。
八、發明人、新型創作人或設計人姓名。
九、申請人姓名或名稱、住居所或營業所。
十、委任代理人者，其姓名。
十一、發明專利或新型專利之申請專利範圍及圖式；設計專利之圖式。
十二、圖式簡單說明或設計說明。
十三、主張本法第二十八條第一項優先權之各第一次申請專利之國家或世界貿易組織會員、申請案號及申請日。
十四、主張本法第三十條第一項優先權之各申請案號及申請日。
十五、生物材料或利用生物材料之發明，其寄存機構名稱、寄存日期及寄存號碼。
十六、同一人就相同創作，於同日另申請發明專利之聲明。

第八十四條

專利專責機關於核准更正後，應將下列事項刊載專利公報：
一、專利證書號數。
二、原專利公告日。
三、申請案號。
四、發明、新型或設計名稱。
五、專利權人姓名或名稱。
六、更正事項。

第八十五條

專利專責機關於舉發審定後，應將下列事項刊載專利公報：
一、被舉發案號數。
二、發明、新型或設計名稱。

三、專利權人姓名或名稱、住居所或營業所。

四、舉發人姓名或名稱。

五、委任代理人者，其姓名。

六、舉發日期。

七、審定主文。

八、審定理由。

第八十六條

專利申請人有延緩公告專利之必要者，應於繳納證書費及第一年專利年費時，向專利專責機關申請延緩公告。所請延緩之期限，不得逾六個月。

第六章　附　則

第八十七條

依本法規定檢送之模型、樣品或書證，經專利專責機關通知限期領回者，申請人屆期未領回時，專利專責機關得逕行處理。

第八十八條

依本法及本細則所為之申請，其申請書、說明書、申請專利範圍、摘要及圖式，應使用本法修正施行後之書表格式。

有下列情事之一者，除申請書外，其說明書、圖式或圖說，得使用本法修正施行前之書表格式：

一、本法修正施行後三個月內提出之發明或新型專利申請案。

二、本法修正施行前以外文本提出之申請案，於修正施行後六個月內補正說明書、申請專利範圍、圖式或圖說。

三、本法修正施行前或依第一款規定提出之申請案，於本法修正施行後申請修正或更正，其修正或更正之說明書、申請專利範圍、圖式或圖說。

第八十九條

依本法第一百二十一條第二項、第一百二十九條第二項規定提出之設計專利申請案，其主張之優先權日早於本法修正施行日者，以本法修正施行日為其優先權日。

第八十九條之一

本法第一百四十三條第一項所定專利檔案中之申請書件、說明書、申請專利範圍、摘要、圖式及圖說，經專利專責機關認定具保存價值者，指下列之專利案：

一、強制授權申請之發明專利案。

二、獲得諾貝爾獎之我國國民所申請之專利案。

三、獲得國家發明創作獎之專利案。

四、經提起行政救濟之舉發案。

五、經提起行政救濟之異議案。

六、其他經專利專責機關認定具重要歷史意義之技術發展 、 經濟價值或重大訴訟之專利案。

第九十條

本細則自中華民國一百零二年一月一日施行。
本細則修正條文，除中華民國一百零六年四月十九日修正條文自一百零六年五月一日施行；一百零八年九月二十七日修正條文自一百零八年十一月一日施行者外，自發布日施行。

十一、專利年費減免辦法

中華民國九十五年七月四日經智字第 09504603690 號修正發布，九十五年七月六日生效
中華民國一百零五年六月二十九日經濟部經智字第 10504602870 號令修正發布第 2、9 條條文；並自發布日施行
中華民國一百零一年十一月二十九日經濟部經智字第 10104607810 號令修正發布第 1、5、9 條條文；刪除第 8 條條文；並自一百零二年一月一日施行

第一條

本辦法依專利法（以下簡稱本法）第一百四十六條第二項規定訂定之。

第二條

本辦法所稱自然人，指我國及外國自然人。

本辦法所稱我國學校，指公立或立案之私立學校。

本辦法所稱外國學校，指經教育部承認之國外學校。本辦法所稱中小企業，指符合中小企業認定標準所定之事業；其為外國企業者，亦同。

第三條

專利權人為外國學校或我國、外國中小企業者，得以書面申請減收專利年費。

專利權人為自然人或我國學校者，專利專責機關得逕予減收其專利年費。

專利專責機關認有必要時，得通知專利權人檢附相關證明文件。

第四條

依本辦法規定減收之專利年費，每件每年金額如下：

一　第一年至第三年：每年減收新臺幣八百元。

二　第四年至第六年：每年減收新臺幣一千二百元。

第五條

符合本辦法規定得減收專利年費者，得一次減收三年或六年，或於第一年至第六年逐年為之。

符合本辦法規定得減收專利年費者，依本法第九十四條規定以比率方式加繳專利年費時，應繳納之金額為依其減收後之年費金額以比率方式加繳。

第六條

專利權人為自然人且無資力繳納專利年費者，得逐年以書面向專利專責機關申請免收專利年費。

申請免收專利年費者，應檢附戶籍所在地之鄉（鎮、市、區）公所或政府相關主管機關出具之低收入戶證明文件，並應於下列各款規定之期間內為之：

一　第一年之專利年費，應於核准審定書或處分書送達後三個月內。

二　第二年以後之專利年費，應於繳納專利年費之期間內或期滿六個月內。

第七條

專利權人於預繳專利年費後，符合本辦法規定得減免專利年費者，得自次年起，就尚未到期之專利年費申請減免。

專利權人經專利專責機關准予減收專利年費並已預繳專利年費後，不符合本辦法規定得減收專利年費者，應自次年起補繳其差額。

第八條（刪除）

第九條

本辦法自本法施行之日施行。

本辦法修正條文，除中華民國一百零一年十一月二十九日修正條文，自一百零二年一月一日施行外，自發布日施行。

十二、大陸地區人民申請專利及商標註冊作業要點

中華民國八十三年五月十八日經濟部 (83) 經中標字第 085145 號公告訂頒
中華民國一百年三月三日經濟部經授智字第 10020030260 號令修正發布名稱及全文 6 點 （原名稱：大陸地區人民在臺申請專利及商標註冊作業要點）
中華民國一百零二年三月二十二日經濟部經授智字第 10220030560 號令修正發布第 4 點，並溯自一百零二年一月一日生效

一、為處理大陸地區人民申請專利、註冊商標作業，特訂定本要點。

二、大陸地區人民在臺灣地區依專利法、商標法規定申請專利、註冊商標並取得專利權、商標權者，其權利始受保護。

三、大陸地區申請人在臺灣地區無住所或營業所者，申請專利、註冊商標及辦理有關事項，應委任在臺灣地區有住所之代理人辦理。

前項申請專利及辦理有關專利事項之代理人，以專利師、律師及專利代理人為限。

四、大陸地區申請人應具備之申請文件使用簡體字者，應於智慧財產專責機關指定期間內補正正體中文本；屆期未補正者，依專利法第十七條第一項或商標法第八條第一項規定辦理。

申請專利之說明書、申請專利範圍或圖式以簡體字本提出，且於智慧財產專責機關指定期間內補正正體中文本者，以簡體字本提出之日為申請日；未於指定期間內補正者，申請案不予受理。但在處分前補正者，以補正之日為申請日，簡體字本視為未提出。

五、智慧財產專責機關認有必要時，得通知大陸地區申請人檢附身分證明或法人證明文件。

大陸地區申請人檢附之相關證明文件使用簡體字者，智慧財產專責機關認有必要時，得通知檢附正體中文本。

大陸地區申請人檢附之相關證明文件，智慧財產專責機關認有必要時，得通知應經行政院指定之機構或委託之民間團體驗證。

六、大陸地區人民依積體電路電路布局保護法規定申請電路布局登記者，準用本要點之規定。

十三、專利審查官資格條例

中華民國八十九年二月二日總統華總一義字第8900028410號令制定公布全文8條

第一條

本條例依專利法第三十六條第二項規定制定之。

本條例未規定事項，適用公務人員任用法及其他有關法律之規定。

第二條

專利之審查官分為專利高級審查官、專利審查官及專利助理審查官。

第三條

專利高級審查官應具備下列資格：

一　符合公務人員任用法第九條、技術人員任用條例第五條或專門職業及技術人員轉任公務人員條例規定，並具薦任第九職等任用資格者。

二　擔任專利審查官三年以上或於本條例施行前在專利審查機關擔任薦任第八職等專利審查工作三年以上，成績優良並具證明者。

三　經專利高級審查官專業訓練合格者。

第四條

專利審查官應具備下列資格：

一　符合公務人員任用法第九條、技術人員任用條例第五條或專門職業及技術人員轉任公務人員條例規定，並具薦任第八職等任用資格者。

二　經公立或立案之私立大學研究所或經教育部承認之國外大學研究所畢業，具相關系所碩士以上學位擔任專利助理審查官三年以上，成績優良並具證明者；或公立或立案之私立專科以上學校或經教育部承認之國外專科以上學校相關系科畢業擔任專利助理審查官五年以上，成績優良並具證明者。

三　經專利審查官專業訓練合格者。

本條例施行前在專利審查機關擔任專利審查工作五年以上，成績優良並具證明者，於取得薦任第七職等任用資格時，得權理專利審查官職務。

第五條

專利助理審查官應符合公務人員任用法第九條、技術人員任用條例第五條或專門職業及技術人員轉任公務人員條例規定，並具薦任第六職等任用資格。

第六條

符合第四條或前條規定資格之審查官，於本條例施行前曾在專利審查機關擔任專利審查工作之年資，得依下列規定採計之：

一　經公立或立案之私立大學研究所或經教育部承認之國外大學研究所畢業，具相關系所碩士以上學位者，年資未滿三年之部分，得採計為擔任專利助理審查官之年資；年資超過三年之部分，得採計為擔任專利審查官之年資。

二　經公立或立案之私立專科以上學校或經教育部承認之國外專科以上學校相關系科畢

業者，年資未滿五年之部分，得採計為擔任專利助理審查官之年資；年資超過五年之部分，得採計為擔任專利審查官之年資。

第七條

本條例所稱之專業訓練合格，指研習專利專責機關舉辦之專利高級審查官或專利審查官專業訓練課程，成績合格並取得證明者。

前項訓練，於晉升官等時，不得取代考試院辦理之晉升官等訓練。

第八條

本條例自公布日施行。

十四、植物品種及種苗法

中華民國九十四年六月三十日行政院院臺農字第 0940027336 號令發布定自九十四年六月三十日施行

中華民國九十九年八月二十五日總統華總一義字第 09900219181 號令修正公布第 17 條條文；施行日期，由行政院定之

中華民國九十九年九月十日行政院院臺農字第 0990052256 號令發布定自九十九年九月十二日施行

中華民國一百零七年五月二十三日總統華總一義字第 10700055481 號令修正公布第 4 條條文；施行日期，由行政院定之

第一章　總　則

第一條

為保護植物品種之權利，促進品種改良，並實施種苗管理，以增進農民利益及促進農業發展，特制定本法。本法未規定者，適用其他法律之規定。

第二條

本法所稱主管機關：在中央為行政院農業委員會；在直轄市為直轄市政府；在縣（市）為縣（市）政府。

第三條

本法用辭定義如下：

一　品種：指最低植物分類群內之植物群體，其性狀由單一基因型或若干基因型組合所表現，能以至少一個性狀與任何其他植物群體區別，經指定繁殖方法下其主要性狀維持不變者。

二　基因轉殖：使用遺傳工程或分子生物等技術，將外源基因轉入植物細胞中，產生基因重組之現象，使表現具外源基因特性。但不包括傳統雜交、誘變、體外受精、植物分類學之科以下之細胞與原生質體融合、體細胞變異及染色體加倍等技術。

三　基因轉殖植物：指應用基因轉殖技術獲得之植株、種子及其衍生之後代。

四　育種者：指育成品種或發現並開發品種之工作者。

五　種苗：指植物體之全部或部分可供繁殖或栽培之用者。

六　種苗業者：指從事育種、繁殖、輸出入或銷售種苗之事業者。

七　銷售：指以一定價格出售或實物交換之行為。

八　推廣：指將種苗介紹、供應他人採用之行為。

第四條

適用本法之植物種類，指為生產農產品而栽培之種子植物、蕨類、苔蘚類、多細胞藻類及其他栽培植物。

第五條

品種申請權，指得依本法申請品種權之權利。

品種申請權人，除本法另有規定或契約另有約定外，指育種者或其受讓人、繼承人。

第六條

品種申請權及品種權得讓與或繼承。

品種權由受讓人或繼承人申請者，應敘明育種者姓名，並附具受讓或繼承之證件。

品種申請權及品種權之讓與或繼承，非經登記，不得對抗善意第三人。

第七條

品種申請權不得為質權之標的。

以品種權為標的設定質權者，除契約另有約定外，質權人不得實施該品種權。

第八條

受雇人於職務上所育成之品種或發現並開發之品種，除契約另有約定外，其品種申請權及品種權屬於雇用人所有。但雇用人應給予受雇人適當之獎勵或報酬。

前項所稱職務上所育成之品種或發現並開發之品種，指受雇人於僱傭關係中之工作所完成之品種。

一方出資聘請他人從事育種者，其品種申請權及品種權之歸屬，依雙方契約約定；契約未約定者，品種申請權及品種權屬於品種育種者。但出資人得利用其品種。

依第一項、第三項之規定，品種申請權及品種權歸屬於雇用人或出資人者，品種育種者享有姓名表示權。

第九條

受雇人於非職務上育成品種，或發現並開發品種者，取得其品種之申請權及品種權。但品種係利用雇用人之資源或經驗者，雇用人得於支付合理報酬後，於該事業利用其品種。

受雇人完成非職務上之品種，應以書面通知雇用人；必要時，受雇人並應告知育成或發現並開發之過程。

雇用人於前項書面通知到達後六個月內，未向受雇人為反對之表示者，不得主張該品種為職務上所完成之品種。

第十條

前條雇用人與受雇人間以契約預先約定受雇人不得享有品種申請權及品種權者，其約定無效。

第十一條

外國人所屬之國家與中華民國未共同參加品種權保護之國際條約、組織，或無相互品種權保護之條約、協定，或無由團體、機構互訂經中央主管機關核准品種權保護之協議，或對中華民國國民申請品種權保護不予受理者，其品種權之申請，得不予受理。

第二章　品種權之申請

第十二條

具備新穎性、可區別性、一致性、穩定性及一適當品種名稱之品種，得依本法申請品種權。

前項所稱新穎性，指一品種在申請日之前，經品種申請權人自行或同意銷售或推廣其種苗或收穫材料，在國內未超過一年；在國外，木本或多年生藤本植物未超過六年，其他物種未超過四年者。

第一項所稱可區別性，指一品種可用一個以上之性狀，和申請日之前已於國內或國外流通或已取得品種權之品種加以區別，且該性狀可加以辨認和敘述者。

第一項所稱一致性，指一品種特性除可預期之自然變異外，個體間表現一致者。

第一項所稱穩定性，指一品種在指定之繁殖方法下，經重覆繁殖或一特定繁殖週期後，其主要性狀能維持不變者。

第十三條

前條品種名稱，不得有下列情事之一：

一　單獨以數字表示。

二　與同一或近緣物種下之品種名稱相同或近似。

三　對品種之性狀或育種者之身分有混淆誤認之虞。

四　違反公共秩序或善良風俗。

第十四條

申請品種權，應填具申請書，並檢具品種說明書及有關證明文件，向中央主管機關提出。

品種說明書應載明下列事項：

一　申請人之姓名、住、居所，如係法人或團體者，其名稱、事務所或營業所及代表人或管理人之姓名、住、居所。

二　品種種類。

三　品種名稱。

四　品種來源。

五　品種特性。

六　育成或發現經過。

七　栽培試驗報告。

八　栽培應注意事項。

九　其他有關事項。

品種名稱應書以中文，並附上羅馬字母譯名。於國外育成之品種，應書以其羅馬字母品種名稱及中文名稱。

第十五條

品種申請權為共有者，應由全體共有人提出申請。

第十六條

品種權申請案，以齊備申請書、品種說明書及有關證明文件之日為申請日。

品種權申請案，其應備書件不全、記載不完備者，中央主管機關應敘明理由通知申請人限期補正；屆期未補正者，應不予受理。在限期內補正者，以補正之日為申請日。

第十七條

申請人就同一品種，在與中華民國相互承認優先權之國家或世界貿易組織會員第一次依法申請品種權，並於第一次申請日之次日起十二個月內，向中華民國提出申請品種權者，得主張優先權。

依前項規定主張優先權者，應於申請時提出聲明，並於申請日之次日起四個月內，檢附經前項國家或世界貿易組織會員證明受理之申請文件。違反者，喪失優先權。

主張優先權者，其品種權要件之審查，以優先權日為準。

第十八條

同一品種有二人以上各別提出品種權申請時，以最先提出申請者為準。但後申請者所主張之優先權日早於先申請者之申請日時，不在此限。

前項申請日、優先權日為同日者，應通知申請人協議定之；協議不成時，均不予品種權。

第十九條

中央主管機關受理品種權申請時，應自申請日之次日起一個月內，將下列事項公開之：

一　申請案之編號及日期。

二　申請人之姓名或名稱及地址。

三　申請品種權之品種所屬植物之種類及品種名稱。

四　其他必要事項。

申請人對於品種權申請案公開後，曾經以書面通知，而於通知後核准公告前，就該品種仍繼續為商業上利用之人，得於取得品種權後，請求適當之補償金。

對於明知品種權申請案已經公開，於核准公告前，就該品種仍繼續為商業上利用之人，亦得為前項之請求。

前二項之補償金請求權，自公告之日起，二年內不行使而消滅。

第二十條

中央主管機關審查品種權之申請，必要時得通知申請人限期提供品種性狀檢定所需之材料或其他相關資料。

品種權申請案經審查後，中央主管機關應將審查結果，作成審定書，敘明審定理由，通知申請人；審查核准之品種，應為核准公告。

第二十一條

中央主管機關應設品種審議委員會，審查品種權申請、撤銷及廢止案。

前項審議委員會應置委員五人至七人，由中央主管機關聘請對品種審議法規或栽培技術等富有研究及經驗之專家任之；其組織及審查辦法，由中央主管機關定之。

第三章　品種權

第二十二條

品種權申請案自核准公告之日起，發生品種權之效力。

第二十三條

木本或多年生藤本植物之品種權期間為二十五年，其他植物物種之品種權期間為二十年，自核准公告之日起算。

第二十四條

品種權人專有排除他人未經其同意，而對取得品種權之種苗為下列行為：

一　生產或繁殖。

二　以繁殖為目的而調製。

三　為銷售之要約。

四　銷售或其他方式行銷。

五　輸出、入。

六　為前五款之目的而持有。

品種權人專有排除他人未經其同意，而利用該品種之種苗所得之收穫物，為前項各款之行為。

品種權人專有排除他人未經其同意，而利用前項收穫物所得之直接加工物，為第一項各款之行為。但以主管機關公告之植物物種為限。

前二項權利之行使，以品種權人對第一項各款之行為，無合理行使權利之機會時為限。

第二十五條

前條品種權範圍，及於下列從屬品種：

一　實質衍生自具品種權之品種，且該品種應非屬其他品種之實質衍生品種。

二　與具品種權之品種相較，不具明顯可區別性之品種。

三　須重複使用具品種權之品種始可生產之品種。

本法修正施行前，從屬品種之存在已成眾所周知者，不受品種權效力所及。

第一項第一款所稱之實質衍生品種，應具備下列要件：

一　自起始品種或該起始品種之實質衍生品種所育成者。

二　與起始品種相較，具明顯可區別性。

三　除因育成行為所生之差異外，保留起始品種基因型或基因型組合所表現之特性。

第二十六條

品種權之效力，不及於下列各款行為：

一　以個人非營利目的之行為。

二　以實驗、研究目的之行為。

三　以育成其他品種為目的之行為。但不包括育成前條第一項之從屬品種為目的之行為。

四　農民對種植該具品種權之品種或前條第一項第一款、第二款從屬品種之種苗取得之收穫物，留種自用之行為。

五　受農民委託，以提供農民繁殖材料為目的，對該具品種權之品種或其從屬品種之繁殖材料取得之收穫物，從事調製育苗之行為。

六　針對已由品種權人自行或經其同意在國內銷售或以其他方式流通之該具品種權之品種或其從屬品種之任何材料所為之行為。但不包括將該品種作進一步繁殖之行為。

七　針對衍生自前款所列材料之任何材料所為之行為。但不包括將該品種作進一步繁殖之行為。

為維護糧食安全，前項第四款、第五款之適用，以中央主管機關公告之植物物種為限。

第一項所稱之材料，指植物品種之任何繁殖材料、收穫物及收穫物之任何直接加工物，其中該收穫物包括植物之全部或部分。

第一項第六款及第七款所列行為，不包括將該品種之可繁殖材料輸出至未對該品種所屬之植物屬或種之品種予以保護之國家之行為。但以最終消費為目的者，不在此限。

第二十七條

品種權得授權他人實施。

品種權授權他人實施或設定質權，應向中央主管機關登記。非經登記，不得對抗善意第三人。

第二十八條

品種權共有人未經擁有持分三分之二以上共有人之同意，不得以其應有部分讓與或授權他人實施或設定質權。但另有約定者，從其約定。

第二十九條

品種權人未經被授權人或質權人之同意，不得拋棄其權利。

第三十條

為因應國家重大情勢或增進公益之非營利使用或申請人曾以合理之商業條件在相當期間內仍不能協議授權時，中央主管機關得依申請，特許實施品種權；其實施，應以供應國內市場需要為主。

特許實施，以非專屬及不可轉讓者為限，且須明訂實施期間，期限不得超過四年。

品種權人有限制競爭或不公平競爭之情事，經法院判決或行政院公平交易委員會處分確定者，雖無第一項所定之情形，中央主管機關亦得依申請，特許該申請人實施品種權。

中央主管機關接到特許實施申請書後，應將申請書副本送達品種權人，限期三個月內答辯；屆期不答辯者，得逕行處理。

特許實施，不妨礙他人就同一品種權再取得實施權。

特許實施權人應給與品種權人適當之補償金，有爭執時，由中央主管機關核定之。

特許實施，應與特許實施有關之營業一併轉讓、繼承、授權或設定質權。

特許實施之原因消滅時，中央主管機關得依申請，廢止其特許實施。

第三十一條

依前條規定取得特許實施權人，違反特許實施之目的時，中央主管機關得依品種權人之申請或依職權，廢止其特許實施。

第三十二條

任何人對具品種權之品種為銷售或其他方式行銷行為時，不論該品種之品種權期間是否屆滿，應使用該品種取得品種權之名稱。

該名稱與其他商業名稱或商標同時標示時，需能明確辨識該名稱為品種名。

第四章　權利維護

第三十三條

中央主管機關為追蹤檢定具品種權之品種是否仍維持其原有性狀，得要求品種權人提供該品種之足量種苗或其他必要資訊。

第三十四條

中央主管機關辦理第二十條及前條所定之品種性狀檢定及追蹤檢定，得委任所屬機關或委託其他機關（構）為之；其委任或委託辦法，由中央主管機關定之。

第三十五條

品種名稱不符合第十三條規定者，中央主管機關得定相當期間，要求品種權人另提適當名稱。

第三十六條

有下列情事之一者，品種權當然消滅：

一　品種權期滿時，自期滿之次日起消滅。

二　品種權人拋棄時，自其書面表示送達中央主管機關之日起；書面表示記載特定之日者，自該特定日起消滅。

三　品種權人逾補繳年費期限仍不繳費時，品種權自原繳費期限屆滿之次日起消滅。

品種權人死亡而無人主張其為繼承人時，其品種權依民法第一千一百八十五條規定歸屬國庫。

第三十七條

有下列情事之一者，中央主管機關應依申請或依職權撤銷品種權：

一　具品種權之品種，不符第十二條規定。

二　品種權由無申請權之人取得。

有下列情事之一者，中央主管機關應依申請或依職權廢止品種權：

一　經取得權利後，該具品種權之品種，不再符合第十二條所定一致性或穩定性。

二　品種權人未履行第三十三條規定之義務，而無正當理由。

三　品種權人未依第三十五條提出適當名稱，而無正當理由。

品種權經撤銷或廢止者，應限期追繳證書；無法追回者，應公告註銷。

第三十八條

任何人對品種權認有前條第一項或第二項規定之情事者，得附具理由及證據，向中央主管機關申請撤銷或廢止。但前條第一項第二款撤銷之申請人，以對該品種有申請權者為限。

依前條第一項撤銷品種權者，該品種權視為自始不存在。

第三十九條

品種權之變更、特許實施、授權、設定質權、消滅、撤銷、廢止及其他應公告事項，中央主管機關應予公告之。

第四十條

品種權人或專屬被授權人於品種權受侵害時，得請求排除其侵害，有侵害之虞者，得請求防止之。對因故意或過失侵害品種權者，並得請求損害賠償。

品種權人或專屬被授權人依前項規定為請求時，對於侵害品種權之物或從事侵害行為之原料或器具，得請求銷毀或為其他必要之處置。

育種者之姓名表示權受侵害時，得請求表示育種者之姓名或為其他回復名譽之必要處分。

本條所定之請求權，自請求權人知有行為及賠償義務人時起，二年內不行使而消滅；自行為時起，逾十年者亦同。

第四十一條

依前條規定請求損害賠償時，得就下列各款擇一計算其損害：

一　依民法第二百十六條規定，不能提供證據方法以證明其損害時，品種權人或專屬被授權人得就其利用該品種或其從屬品種通常所可獲得之利益，減除受害後利用前述品種所得之利益，以其差額為所受損害。

二　依侵害人因侵害行為所得之利益。侵害人不能就其成本或必要費用舉證時，以其因銷售所得之全部收入為所得利益。

除前項規定外，品種權人或專屬被授權人之業務上信譽，因侵害而致減損時，得另請求賠償相當金額。

第四十二條

關於品種權之民事訴訟，在品種權撤銷或廢止案確定前，得停止審判。

第四十三條

未經認許之外國法人或團體，依條約、協定或其本國法令、慣例，中華民國國民或團體得在該國享受同等權利者，就本法規定事項得提起民事訴訟；其由團體或機構互訂保護之協議，經中央主管機關核准者，亦同。

第五章　種苗管理

第四十四條

經營種苗業者，非經直轄市或縣（市）主管機關核准，發給種苗業登記證，不得營業。

種苗業者應具備條件及其設備標準，由中央主管機關定之。

第四十五條

種苗業登記證應記載下列事項：

一　登記證字號、登記年、月、日。

二　種苗業者名稱、地址及負責人姓名。

三　經營種苗種類範圍。

四　資本額。

五　從事種苗繁殖者，其附設繁殖場所之地址。

六　登記證有效期限。

七　其他有關事項。

前項第二款或第三款登記事項發生變更時，應自變更之日起三十日內，向原核發登記證機關申請變更登記；未依限辦理變更登記者，主管機關得限期命其辦理。

第四十六條

種苗業者銷售之種苗，應於其包裝、容器或標籤上，以中文為主，並附上羅馬字母品種名稱，標示下列事項：

一　種苗業者名稱及地址。

二　種類及中文品種名稱或品種權登記證號。

三　生產地。

四　重量或數量。

五　其他經中央主管機關所規定之事項。

前項第二款為種子者，應標示發芽率及測定日期；為嫁接之苗木者，應標示接穗及砧木之種類及品種名稱。

第四十七條

種苗業者於核准登記後滿一年尚未開始營業或開始營業後自行停止營業滿一年而無正當理由者，直轄市或縣（市）主管機關得廢止其登記。

第四十八條

登記證有效期間為十年，期滿後需繼續營業者，應於期滿前三個月內，檢附原登記證申請換發。屆期未辦理或不符本法規定者，其原領之登記證由主管機關公告註銷。

第四十九條

種苗業者廢止營業時，應於三十日內向直轄市或縣（市）主管機關申請歇業登記，並繳銷登記證；其未申請或繳銷者，由主管機關依職權廢止之。

第五十條

主管機關得派員檢查種苗業者應具備之條件及設備標準，銷售種苗之標示事項，種苗業者不得拒絕、規避、妨礙；檢查結果不符依第四十四條第二項所定條件及標準者，由主管機關通知限期改善。

檢查人員執行職務時，應出示身分證明。

第五十一條

種苗、種苗之收穫物或其直接加工物應准許自由輸出入。但因國際條約、貿易協定或基於保護植物品種之權利、治安、衛生、環境與生態保護或政策需要，得予限制。

前項限制輸出入種苗、種苗之收穫物或其直接加工物之種類、數量、地區、期間及輸出入有關規定，由中央主管機關會商有關機關後公告之。

第五十二條

基因轉殖植物非經中央主管機關許可，不得輸入或輸出；其許可辦法，由中央主管機關定之。

由國外引進或於國內培育之基因轉殖植物，非經中央主管機關許可為田間試驗經審查通過，並檢附依其申請用途經中央目的事業主管機關核准之同意文件，不得在國內推廣或銷售。

前項田間試驗包括遺傳特性調查及生物安全評估；其試驗方式、申請、審查程序與相關管理辦法及試驗收費基準，由中央主管機關定之。

基因轉殖植物基於食品及環境安全之考量，其輸入，輸出、運送、推廣或銷售，皆應加以適當之標示及包裝；標示及包裝之準則，由中央主管機關另定之。

第五十三條

輸入之種苗，不得移作非輸入原因之用途。

中央主管機關為避免輸入之種苗移作非輸入原因之用途 ，得令進口人先為藥劑等必要之處理。

第六章　罰　則

第五十四條

有下列情事之一者，處新臺幣一百萬元以上五百萬元以下罰鍰：

一　違反依第五十二條第一項所定許可辦法之強制規定，而輸入或輸出。

二　違反第五十二條第二項規定逕行推廣或銷售者。

三　違反依第五十二條第三項所定管理辦法之強制規定，而進行田間試驗。

前項非法輸入、輸出、推廣、銷售或田間試驗之植物，得沒入銷毀之。

第五十五條

輸出入種苗、種苗之收穫物或其直接加工物違反依第五十一條第二項之公告者，處新臺幣三十萬元以上一百五十萬元以下罰鍰；其種苗、種苗之收穫物或其直接加工物得沒入之。

第五十六條

有下列情形之一者，處新臺幣六萬元以上三十萬元以下罰鍰：

一　違反第三十二條第一項規定，未使用該品種取得品種權之名稱。

二　違反第四十四條第一項規定，未經登記即行營業。

主管機關依前項第二款處分時，並得命令行為人停業，拒不停業者，得按月處罰。

第五十七條

不符依第四十四條第二項所定種苗業應具備條件或設備標準，經主管機關依第五十條第一項規定限期改善而屆期不改善者，處新臺幣三萬元以上十五萬元以下罰鍰；其情節重大者，得令其停止六個月以下之營業，復業後三個月內仍未改善者，並得報請上級主管機關核准廢止其登記。

第五十八條

有下列情事之一者，處新臺幣二萬元以上十萬元以下罰鍰：

一　違反第四十六條規定，標示不明、標示不全、標示不實或未標示。

二　拒絕、規避、妨礙檢查人員依第五十條第一項所為之檢查。

三　違反第五十三條第一項規定。

第五十九條

違反第四十五條第二項規定，經主管機關通知限期辦理變更登記，屆期未辦理者，處新臺幣一萬元以上五萬元以下罰鍰。

第六十條

本法所定之罰鍰，由直轄市、縣（市）主管機關處罰之。但第五十四條、第五十五條所定之罰鍰，由中央主管機關處罰之。

依本法所處之罰鍰，經限期繳納，屆期不繳納者，依法移送強制執行。

第七章　附　則

第六十一條

品種權之申請人於申請時，應繳納申請費，經核准品種權者，其權利人應繳證書費及年費。

經繳納證書費及第一年年費後，始予公告品種權，並發給證書。

第二年以後之年費，應於屆期前繳納；未於應繳納年費之期間內繳費者，得自期滿之日起六個月內補繳之。但其年費，應按規定之年費加倍繳納。

第二十條第一項性狀檢定所需檢定費，由申請人繳納。第三十三條性狀追蹤檢定所需檢定費，由權利人繳納。

第二十七條第二項、第四十四條第一項之登記及第三十八條之申請，申請人於申請時，應繳納登記費或申請費。

關於品種權之各項申請費、證書費、年費，檢定費，登記費之收費基準，由中央主管機關定之。

第六十二條

本法修正施行前未審定之品種權申請案，依修正施行後之規定辦理。

本法修正施行之日，品種權仍存續者，其品種權依修正施行後之規定辦理。

第六十三條

本法修正施行前已領有種苗業登記證者，應自中央主管機關公告之日起二年內，重新辦理種苗業登記證之申請；屆期不辦理者，其種苗業登記證失效，並由主管機關予以註銷；未申請換發而繼續營業者，依第五十六條第一項第二款規定處罰。

第六十四條

本法施行細則，由中央主管機關定之。

第六十五條

本法施行日期，由行政院定之。

十五、有關專利申請之生物材料寄存辦法

中華民國九十二年十二月十日經濟部經智字第〇九二〇四六一四四二〇號令修正發布，九十三年七月一日施行
中華民國一百零一年十二月四日經濟部經智字第一〇一〇四六〇七五八〇號令修正發布，一百零二年一月一日施行
中華民國一百零四年六月四日經濟部經智字第10404602540號令修正發布第11、25條條文；並自一百零四年六月十八日施行

第一條

本辦法依專利法（以下簡稱本法）第二十七條第六項規定訂定之。

第二條

申請寄存生物材料，應備具下列事項，向專利專責機關指定之寄存機構（以下簡稱寄存機構）申請之：

一、申請書（附表二），載明申請寄存者姓名、住、居所；如係法人或設有代表人之機構，其名稱、代表人姓名、營業所。

二、生物材料之基本資料（附表三）。

三、必要數量之生物材料。

四、規費。

前項生物材料為進口者，應附具其輸入許可證明。

第一項之申請，委任代理人者，應於申請時提出委任書。

第三條

受理寄存之生物材料種類包括細菌、放線菌、酵母菌、黴菌、蕈類、質體、噬菌體、病毒、動物細胞株、植物細胞株、融合瘤及其他應寄存之生物材料。

第四條

生物材料寄存之保存型式應以冷凍乾燥或冷凍方式為之，寄存生物材料所用之容器規格如附表一。但無法以冷凍乾燥或冷凍方式為之者，得以寄存機構認定之其他適當保存方式為之。

前項生物材料應以適當之溫度及方式傳送，以維持其存活與特性，並避免於傳送過程中釋放至環境中。

第五條

第二條第一項第三款所稱必要數量之生物材料規定如下：

一、細菌、放線菌、酵母菌、黴菌、蕈類、噬菌體及以轉殖於宿主方式寄存之質體，應寄存六管，且各管應有存活試驗必要量。

二、病毒、動物細胞株、植物細胞株、融合瘤及培養條件特殊之生物材料，應寄存二十五管，且各管應有存活試驗必要量。

三、以核酸方式寄存之質體至少十微克，並平均分裝於二十五管，且各管應有存活試驗必要量。

四、其他應寄存之生物材料，應寄存之數量由寄存機構認定。

前項第三款以核酸方式寄存之質體，寄存機構認為必要時，得通知申請寄存者提供適當保存

形式之宿主六管，且各管應有存活試驗必要量。

第六條

申請寄存有下列情形之一，寄存機構應拒絕受理：

一、未依第二條之規定提出申請寄存者。

二、未依第四條至前條之規定提出適當型式及必要數量之生物材料者。

三、依法令管制之生物材料。但經核准者不在此限。

四、生物材料已有明顯的污染，或依科學理由，無法接受此生物材料之寄存者。

寄存機構拒絕受理前，應先將拒絕理由通知申請寄存者，限期陳述意見。

第七條

寄存機構應自第二條所定之申請寄存應備具事項齊備之日起一個月內進行存活試驗，並於證明該生物材料存活時，開具寄存證明書予申請寄存者。

前項寄存證明書應記載下列事項：

一、寄存機構之名稱及住址。

二、申請寄存者之姓名或名稱及住、居所或營業所。

三、寄存機構受理寄存之日期。

四、寄存機構之受理號數。

五、申請寄存者賦予生物材料之辨識號碼或符號。

六、寄存申請書中關於該生物材料之學名。

七、存活試驗之日期。

依第一項規定進行存活試驗，而未能證明該生物材料存活時，申請寄存者應於寄存機構指定期限內補正該生物材料之相關資料或其培養材料。

第八條

寄存機構依前條規定完成存活試驗後，因保管該生物材料之必要或依申請寄存者之申請，得對受理寄存之生物材料再次進行存活試驗。

寄存機構為進行前條或前項存活試驗，需特殊成分之培養材料者，必要時得通知申請寄存者提供之。

第九條

寄存機構於下列情形時，應開具存活試驗報告：

一、依第七條第一項規定進行存活試驗結果為不存活時。

二、依申請寄存者之申請。

三、依非申請寄存者而為第十三條之受分讓者申請。

前項存活試驗報告應記載下列事項：

一、寄存機構之名稱及住址。

二、申請寄存者之姓名或名稱及住、居所或營業所。

三、寄存機構受理該寄存之日期。

四、寄存機構受理該寄存之號數。

五、存活試驗之日期。

六、存活試驗結果生物材料是否存活。

存活試驗之結果為不存活時，存活試驗報告並應記載試驗之條件及相關資料。

第十條

生物材料寄存於寄存機構之期間為三十年。

前項期間屆滿前，寄存機構受理該生物材料之分讓申請者，自該分讓申請之日起，至少應再保存五年。

前二項規定之寄存期間屆滿後，寄存機構得銷燬寄存之生物材料。

第十一條

申請寄存者於前條所定期間內，不得撤回寄存。但於寄存機構依第七條第一項開具寄存證明書前，不在此限。

依前項但書規定撤回寄存（附表五）者，得申請退還已繳納之寄存費用，但應扣除已進行存活試驗之費用。

依第一項但書規定撤回寄存者，寄存機構應將該生物材料交還或銷燬，並通知申請寄存者。

第十三條

寄存機構對下列申請者，應提供分讓寄存之生物材料：

一、專利專責機關。

二、申請寄存者或經申請寄存者之承諾者。

三、依第十四條規定得申請者。

寄存機構依前項分讓予申請寄存者以外之人後，應將該分讓情事以書面通知申請寄存者。

寄存機構依第一項規定提供分讓時，應同時提供申請寄存者所賦予生物材料之學名。

申請者申請寄存機構提供其培養或保存生物材料之條件者，寄存機構應予提供。

第十四條

為研究或實驗之目的，欲實施寄存之生物材料有關之發明，有下列情形之一者，得向寄存機構申請提供分讓該生物材料：

一、有關生物材料之發明專利申請案經公告者。

二、依本法第四十一條第一項規定受發明專利申請人書面通知者。

三、專利申請案被核駁後，依本法第四十八條規定申請再審查者。

依前項規定取得之生物材料，不得提供他人利用。

依第一項規定申請提供分讓，應備具下列文件：

一、申請書（附表四）。

二、公告、發明專利申請人書面通知或專利專責機關核駁審定書影本。

三、僅為研究或實驗目的使用之切結。

四、不將該生物材料提供予他人之切結。

第十五條

寄存機構對依第十三條之申請，因申請者未具備專業知識或處理該生物材料之環境，而對環境、植物或人畜健康有危害或威脅時，得拒絕提供分讓該生物材料。

第十六條

依第十三條規定申請取得具病原性或危害環境之生物材料者，使用後應立即銷燬，並通知寄存機構。

第十七條

寄存之生物材料原已確認存活而後發現不再存活或有其他情形，致寄存機構無法繼續提供分讓者，申請寄存者如於接獲寄存機構通知之日起三個月內重新提供該生物材料者，得以原寄存之日為寄存日。

申請寄存者因生物材料之性質或其他正當事由致未能於前項期間內重新提供，經寄存機構准予延展者，前項期間得延展之。

申請寄存者依前二項規定重新提供生物材料者，應就其所重新提供之生物材料與原寄存之生物材料確屬相同，提出切結書。

重新提供之生物材料未於期限內送達寄存機構者，以重新送達寄存機構之日為寄存日。

申請寄存者未依第一項至第三項規定重新提供生物材料者，寄存機構應通知專利專責機關。

第十八條

寄存機構依申請寄存者所提供或同意之方法進行存活試驗或保存，如生物材料發生無法保存或提供分讓之情事者，寄存機構不負賠償之責。

第十九條

申請寄存應繳納之寄存費用如下：

一、細菌、放線菌、酵母菌、黴菌、蕈類、質體及噬菌體，每件新臺幣三萬八千四百元。

二、動物細胞株、植物細胞株、融合瘤、病毒及其他生物材料，每件新臺幣五萬二千八百元。

三、前二款生物材料之保存條件特殊者，得由寄存機構依其性質、保存材料及設備所需費用與申請寄存者另行約定之。

前項之生物材料確認不存活時 ，得申請退還扣除如第二十條規定存活試驗費用後之寄存費用。

第二十條

依第九條第一項規定申請寄存機構開具存活試驗報告者，應繳納費用如下：

一、細菌、放線菌、酵母菌、黴菌、蕈類及以轉殖於宿主方式寄存之質體，每件新臺幣二千四百元。

二、以核酸方式寄存之質體，動物細胞株、植物細胞株、融合瘤、病毒、噬菌體及其他生物材料，每件新臺幣四千八百元。

三、前二款生物材料之培養條件特殊者，由寄存機構依其性質、培養材料及設備所需費用收取之。但以新臺幣十二萬元為上限。

第二十一條

依第十三條第一項規定申請寄存機構提供分讓生物材料者，應繳納費用如下：

一、細菌、放線菌、酵母菌、黴菌、蕈類、質體及噬菌體，每件新臺幣二千四百元。

二、動物細胞株、植物細胞株、融合瘤、病毒及其他生物材料，每件新臺幣四千八百元。

三、前二款生物材料之培養條件特殊者，由寄存機構依其性質、培養材料及設備所需費用收取之。但以新臺幣十二萬元為上限。

第二十二條

依第十三條第四項規定申請寄存機構提供有關培養或保存生物材料之條件者，應繳納新臺幣三百六十元。

申請換發或補發寄存證明書，每件新臺幣三百六十元。

第二十三條

本辦法之附表，專利專責機關必要時得以公告修正之。

第二十四條

本法修正施行前申請寄存生物材料，而於本法修正施行後申請生物材料或利用生物材料之發明專利者，發明專利申請人於本法第二十七條第二項或第三項規定期間內檢送之寄存證明書未包括存活證明時，應於專利專責機關指定期間內補送存活證明，屆期未補送者，視為未寄存。

第二十五條

本辦法自中華民國一百零二年一月一日施行。

本辦法修正條文，自一百零四年六月十八日施行。

十六、專利權期間延長核定辦法

中華民國九十三年三月三日經濟部經智字第 09204614580 號令、行政院農業委員會農科字第 0920022086 號令、行政院衛生署衛署藥字第 0930302271 號令會銜修正發布第 1、3、8 條條文
中華民國一百零一年十二月二十八日經濟部經智字第 10104608520 號令、行政院衛生署署授食字第 1011411302 號令、行政院農業委員會農科字第 1010021690 號令會銜修正發布全文 10 條；並自一百零二年一月一日施行
中華民國一百零七年四月十一日經濟部經智字第 10704601450 號令、衛生福利部衛授食字第 1071402972 號令、行政院農業委員會農科字第 1070709474 號令會銜修正全文 10 條；並自一百零七年四月一日施行

第一條

本辦法依專利法（以下簡稱本法）第五十三條第五項規定訂定之。

第二條

本辦法所稱中央目的事業主管機關，於醫藥品為衛生福利部；於農藥品為行政院農業委員會。

第三條

依本法第五十三條規定申請延長專利權期間者，應備具申請書載明下列事項，由專利權人或其代理人簽名或蓋章：

一、專利證書號數。

二、發明名稱。

三、專利權人姓名或名稱、國籍、住居所或營業所；有代表人者，並應載明代表人姓名。

四、申請延長之理由及期間。

五、取得第一次許可證之日期。

前項申請應檢附依法取得之許可證影本及申請許可之國內外證明文件一式二份。

專利專責機關受理第一項之申請時，應將申請書之內容公告之。

經核准延長專利權者，專利專責機關應通知專利權人檢附專利證書俾憑填入核准延長專利權之期間。

第四條

醫藥品或其製造方法得申請延長專利權之期間包含：

一、為取得中央目的事業主管機關核發藥品許可證所進行之國內外臨床試驗期間。

二、國內申請藥品查驗登記審查期間。

前項第一款之國內外臨床試驗，以經專利專責機關送請中央目的事業主管機關確認其為核發藥品許可證所需者為限。

依第一項申請准予延長之期間，應扣除可歸責於申請人之不作為期間、國內外臨床試驗重疊期間及臨床試驗與查驗登記審查重疊期間。

第五條

申請延長醫藥品或其製造方法專利權期間者，應備具下列文件：

一、國內外臨床試驗期間與起、訖日期之證明文件及清單。

二、國內申請藥品查驗登記審查期間及其起、訖日期之證明文件。

三、藥品許可證影本。

第六條

農藥品或其製造方法得申請延長專利權之期間包含：

一、為取得中央目的事業主管機關核發農藥許可證所進行之國內外田間試驗期間。

二、國內申請農藥登記審查期間。

前項第一款之國內外田間試驗，以經專利專責機關送請中央目的事業主管機關確認其為核發農藥許可證所需者為限。

依第一項申請准予延長之期間，應扣除可歸責於申請人之不作為期間、國內外田間試驗重疊期間及田間試驗與登記審查重疊期間。

第七條

申請延長農藥品或其製造方法專利權期間者，應備具下列文件：

一、國內外田間試驗期間與起、訖日期之證明文件及清單。

二、國內申請農藥登記審查期間及其起、訖日期之證明文件。

三、農藥許可證影本。

第八條

為取得許可證而無法實施發明之期間，其國內外試驗開始日在專利案公告日之前者，自公告日起算；國內外試驗開始日在專利案公告日之後者，自該試驗開始日起算。

為取得許可證而無法實施發明期間之訖日，為取得許可證之前一日。

第九條

延長專利權期間申請案，經審查為取得許可證而無法實施發明之期間超過申請延長專利權期間者，以所申請延長專利權期間為限。

第十條

本辦法自中華民國一百零七年四月一日施行。

十七、海關查扣侵害專利權物實施辦法

中華民國一百零三年三月二十四日經濟部經智字第 10304601440 號令、財政部台財關字第 1031006024 號令會銜訂定發布全文 12 條；並自一百零三年三月二十四日施行

第一條

本辦法依專利法（以下簡稱本法）第九十七條之四規定訂定之。

第二條

專利權人對進口之物有侵害其專利權之虞，向貨物進口地海關申請查扣，應以書面為之，並檢附下列資料：

一、專利權證明文件；其為新型專利權者，並應檢附新型專利技術報告。

二、申請人之身分證明、法人證明或其他資格證明文件影本。

三、侵權分析報告及足以辨認疑似侵權物之說明，並提供疑似侵權物貨樣或照片、型錄、圖片等資料及其電子檔。

四、足供海關辨認查扣標的物之說明，例如：進口人、統一編號、報單號碼、貨名、型號、規格、可能進口日期、進口口岸或運輸工具等。

五、申請如由代理人提出者，須附委任書。

專屬被授權人在被授權範圍內得為前項之申請。

第一項申請資料須補正者，海關應即通知申請人補正，於補正前，通關程序不受影響。

第三條

查扣之申請符合前條之規定者，海關應即通知申請人提供相當於海關核估該進口物完稅價格之保證金或相當之下列擔保：

一、政府發行之公債。

二、銀行定期存單。

三、信用合作社定期存單。

四、信託投資公司一年以上普通信託憑證。

五、授信機構之保證。

前項第一款至第四款之擔保，應設定質權於海關。

申請人未提供第一項保證金或相當之擔保前 ，海關對於疑似侵權物依進口貨物通關規定辦理。

第四條

海關於實施查扣前，得通知申請人予以協助，如申請人無正當理由不予協助致海關無法執行時，海關對於疑似侵權物依進口貨物通關規定辦理。

第五條

海關就查扣之申請，經審核符合前三條規定者，應即實施查扣，並以書面通知申請人及被查扣人。

第六條

申請人或被查扣人依本法第九十七條之一第五項規定申請檢視被查扣物者，應以書面向貨物進口地海關為之。

前項檢視，應依海關指定之時間、處所及方法為之。

海關為前項指定時，應注意不損及被查扣物機密資料之保護。

第七條

申請人於海關依第五條規定書面通知查扣之翌日起十二日內，應依本法第九十六條規定就查扣之疑似侵權物提起訴訟並通知海關。如於實施查扣前已提起訴訟者，亦應通知海關。

前項期限，海關依本法第九十七條之二第二項規定，得視需要延長十二日。

第八條

被查扣人依本法第九十七條之一第四項請求廢止查扣時，應以書面向貨物進口地海關申請，並提供第三條第一項核估價格二倍之保證金或相當之擔保。

前項之擔保，依第三條第一項及第二項規定辦理。

第九條

有下列情形之一，申請人或被查扣人應以書面並檢附相關證明文件向貨物進口地海關申請廢止查扣：

一、本法第九十七條之二第一項第二款，申請人就查扣物為侵害專利權物所提訴訟經法院裁判駁回確定者。

二、本法第九十七條之二第一項第三款，查扣物經法院確定判決，不屬侵害專利權之物者。

第十條

依本法第九十七條之二第一項規定廢止查扣者，海關應依進口貨物通關規定辦理。

前項依本法第九十七條之二第一項第五款廢止查扣者，海關得取具代表性貨樣。

第十一條

申請人或被查扣人依本法第九十七條之三第三項或第四項規定，向海關申請返還保證金或擔保，應敘明其事由，有下列文件者，並應檢附之：

一、法院判決書及判決確定證明書或與法院確定判決有同一效力之證明文件影本。

二、達成和解之和解書影本。

三、已定二十日以上之期間，催告他造行使權利而未行使之證明文件影本。

四、他造同意返還之證明文件影本。

第十二條

本辦法自中華民國一百零三年三月二十四日施行。

十八、發明專利申請案第三方意見作業要點

自民國一百零九年九月一日生效

一、經濟部智慧財產局（以下簡稱本局）為落實專利法施行細則第三十九條規定，於發明專利申請案審定前，發明專利申請人以外之任何人（以下簡稱第三方），認發明應不予專利時，向本局陳述意見（以下簡稱第三方意見）有所準據，特訂定本要點。

二、第三方提交意見，應於發明專利申請案審定前為之。

三、第三方得以發明專利申請案有違反專利法第四十六條規定不予專利之情形，向本局提交第三方意見。

四、第三方提交意見，應填具發明專利申請案第三方意見書（參考格式如附件），載明該發明專利申請案號，並附具引證文件書目表、理由書及相關事證文件。

五、第三方應以書面或透過本局電子申請系統提交意見。

六、針對一案兩請之發明專利申請案提交意見者，第四點規定應載明之發明專利申請案號，得為已公告之對應新型專利申請案號。

七、第三方意見經審酌未具體明確，其內容、理由或證明文件明顯無法辨識，或與申請案無關者，本局得不予處理。第三方意見未依規定提交，或發明專利申請案經撤回、不受理或審定者，亦同。

八、第三方提交意見後，本局應通知發明專利申請案申請人有第三方意見送達之事實。

九、第三方提交意見後 ， 本局不須就該意見之處理情形及發明專利申請案之審查結果通知第三方。

十、第三方意見提交之引證文件書目表（如附件之附表一），於發明專利申請案早期公開或審定公告後，公開於本局專利公開資訊查詢系統。

參考文獻

一、中　文

1. 陳哲宏、陳逸南、謝銘洋、徐宏昇，《專利法解讀》，月旦出版社，1994年

2. 黃文儀，《專利法逐條解說》，三民書局，2000年

3. 曾永珠，《專利與技術貿易》，中國人民大學出版社，1998年

4. 湯宗舜

　《專利法教程》，法律出版社，1996年

　《中華人民共和國專利法條文釋義》，法律出版社，1986年

　《專利法解說》，專利文獻出版社，1994年

5. 蔡明誠

　《發明專利法研究》，1997年

　《專利法》智財局，2006年

6. 李茂堂，《專利法實務》，健行文化出版事業有限公司，1997年

7. 宋光梁，《專利概論》，臺灣商務印書館，1972年

8. 蔡竹根，《新式樣專利》，國家出版社，1982年

9. 何孝元，《工業所有權之研究》，三民書局，1971年

10. 謝銘洋

　《智慧財產權之制度與實務》，1995年

　《智慧財產權基本問題研究》，翰蘆圖書出版有限公司，1999年

11. 金進平，《工業所有權法新論》，1985年

12. 陳逸南，《專利制度與產業技術革新》，1988年

13. 黃學忠，《多餘的話》，台灣發明人協會，1985年

14. 秦宏濟，《專利制度概論》，重慶商務，1945年

15. 陳文吟

　《專利法》，中國文化大學出版部，1993年

　《專利法專論》，五南圖書出版有限公司，1996年

　《我國專利制度之研究》，五南圖書出版有限公司，2010年

16. 羅森堡，鄭成思譯，《專利法基礎》，對外貿易出版社，1982年

17.鄭成思

《知識產權法教程》，法律出版社，1993 年

《知識產權與國際貿易》，人民出版社，1995 年

18.尹新天，《專利權的保護》，專利文獻出版社，2008 年

19.程永順、羅李華，《專利侵權判定》，專利文獻出版社，1998 年

20.王家福、夏叔華

《中國專利法》，群眾出版社，1987 年

《專利法簡論》，法律出版社，1984 年

《專利法基礎》，中國社會科學出版社，1983 年

21.李永明，《知識產權法學》，杭州大學出版社，1996 年

22.楊金路、趙丞津，《知識產權法律全書》，中國檢察出版社，1992 年

23.曾陳明汝

《工業財產權專論》，1981 年

《專利商標法選論》，1977 年

《兩岸暨歐美專利法》，2002 年

24.陳美章主編，《知識產權教程》，專利文獻出版社，1993 年

25.段瑞林，《專利法商標法概論》，吉林人民出版社，1984 年

26.文希凱、陳仲華，《專利法》，中國科學技術出版社，1993 年

27.王福新、王正，《專利基礎教程》，上海科學技術出版社，1985 年

28.中國專利局專利法研究所編，《外國外觀設計法選編》，專利文獻出版社，1992 年

29.劉淑敏等，《實用專利教程》，北京工業學院出版社，1988 年

30.張春生、宋大涵，《中華人民共和國專利法（專利法）釋義及實用研究》，中國社會科學出版社，1989 年

31.高言、王秀榮，《專利法理解適用與案件評析》，人民法院出版社，1996 年

32.白有忠主編，《知識產權法手冊》，人民出版社，1992 年

33.張玉瑞，《專利法及專利實踐》，專利文獻出版社，1993 年

34.徐宏昇，《高科技專利法》，翰蘆圖書出版，2003 年 3 月

35.林洲富，《專利法》，五南圖書出版有限公司，2008 年

36.陳省三、蔡若鵬、魯明德、劉宗熚、王乾又，《專利基礎與實例解說》，元照出版，

2011年1月

37.馮震宇，《鳥瞰21世紀智慧財產：從創新研發到保護運用》，元照出版，2011年1月

38.馮震宇，《智慧財產權發展趨勢與重要問題研究》，元照出版，2011年5月

39.楊代華，《生物科技與醫療發明專利》，元照出版，2008年10月

40.楊長賢，《生物科技與法律》，五南出版，2002年

41.劉孔中，《智慧財產權的關鍵革新》，元照出版，2007年6月

42.劉國讚，《專利實務論》，元照出版，2009年4月

43.賴榮哲，《專利爭議之比較分析》，新學林出版，2007年3月

44.謝銘洋，《智慧財產權之基礎理論》，翰蘆圖書出版，2004年10月

45.顏吉承、陳重任，《設計專利理論與實務》，揚智文化出版，2007年7月

46.顏吉承、陳重任，《設計專利權侵害與應用》，揚智文化出版，2008年9月

47.智財局出版，臺大科際整合法律研究所編印「智慧財產培訓學院教材」叢書

48.智財局出版，101年度新修正專利法規說明會（101年1月）

49.中國專利局專利法研究所編，《專利法研究》，專利文獻出版社，1992年起逐年資料

50.智慧財產局編，《專利法逐條釋義》，2008年

51.李崇僖等著，謝銘洋主編，《基因醫學研發創新與智慧財產權》，元照出版，2010年11月

52.《專利制度的作用》，中國對外翻譯出版公司，1985年

53.《資訊法務透析》（期刊）

54.《標準與工業財產權》（期刊）

55.《智慧財產權月刊》（期刊）

56.《政大智慧財產評論》（期刊）

二、西　文

1. Adelman, Rader, Thomas & Wegner, *Cases and Materials on Patent Law*, West Group, 1998

2. Brian C. Reid, *A Practical Guide to Patent Law* (Third Edition), Sweet & Maxwell, 1999

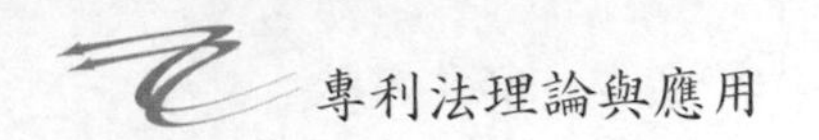

3. Burton A. Amernick, *Patent Law for the Nonlawyer: A Guide for the Engineer, Technologist and Manager* (Van Nostrand Reinhold Co., 1986)
4. Chandler & Leith, *Perspectives on Intellectual Property*, vol. III, Sweet & Maxwell, 1998
5. Dan Johnston, *Design Protection*, Gower, 1995
6. Donald S. Chisum & Michael A. Jacobs, *Understanding Intellectual Property Law*, Matthew Bender, 1996
7. David I Bainbridge, *Intellectual Property* (Third Edition), Pitman Publishing, 1996
8. David Pressman, *Patent it Yourself*, Nolo Press, 1998
9. Earl W. Kintner & Jack Lahr, *An Intellectual Property Law Primer* (Second Edition), Clark Boardman, 1982
10. Economic Council of Canada, *Report on Intellectual Property*, 1971
11. Francis & Collins, *Cases and Materials on Patent Law, Including Trade Secrets—Copyrights—Trademark* (Fourth Edition), West Publishing Co., 1995
12. Hans-Rolf Reichel, *Gebrauchsmuster-und Patentrecht-Praxisnah*, Expert Verlag, 1992
13. Hoyt L. Barber, *Copyrights, Patents & Trademarks, Protect Your Rights Worldwide*, Liberty Hall Press, 1990
14. Holyoak & Torremans, *Intellectual Property Law*, Butterworths, 1995
15. Immanuel Goldsmith, *Patents of Invention*, Carswell, 1981
16. John W. Klooster, *The Granting of Inventive Rights*, IntelLex, 1965
17. John Richards, *Legal Aspects of Introducing Products to The United States Market*, Kluwer Law and Taxation Publishers Deventer, 1988
18. Lawrence Lessig, *The Future of Ideas* (Vintage Books, 2002)
19. Leon H. Amdur, *Patent Fundamentals*, Clark Boardman, 1959
20. Miller & Davis, *Intellectual Property, Patents, Trademarks, and Copyright*, West, 1983
21. Mckeough & Stewart, *Intellectual Property in Australia* (Second Edition), Butterworths, 1997
22. Margreth Barrett, *Patents, Trademark, Copyright*, 1991

23. Paul Goldstein, *Copyright, Patent, Trademark and Related State Doctrines*, Foundation Press, 1997
24. Peter J Groves, *Sourcebook on Intellectual Property Law*, Cavendish Publishing Limited, 1997
25. Pearson & Miller, *Commercial Exploitation of Intellectual Property*, Blackstone Press, 1990
26. Philips, *Introduction to Intellectual Property Law,* 1986
27. Robert P. Merges, *Patent Law and Policy Selected Statutes, Rules and Treaties*, Michie Law Publishers, 1997
28. Robert A. Buckles, *Ideas, Invention & Patents, How to Develop & Protect Them*, 1957
29. Stephen P. Ladas, *Patents, Trademarks, and Related Rights, National and International Protection*, vol. I, II&III, Harvard University Press, 1975
30. Stephen Elias, *Patent, Copyright & Trademark*, Nolo Press, 1996
31. Seidel, Lavorgna & Monaco, *What the General Practitioner Should Know about Patent Law and Practice* (Fifth Edition), ALI-ABA, 1993
32. Vossius & Hallmann, *Industrial Property Laws of the Federal Republic of Germany*, WILA, 1985
33. W. R. Cornish, *Intellectual Property: Patents, Copyright, Trade Marks and Allied Rights* (Third Edition), Sweet & Maxwell, 1996
34. D'amato & Long, *International Intellectual Property Law*, Kluwer Law International, 1997

三、日　文

1. 紋谷暢男

《特許法五十講》，有斐閣，1988 年

《無體財產權法概論》（第 7 版），有斐閣，1997 年

《意匠法二十五講》，有斐閣，昭和 56 年

《意匠法三十講》，有斐閣

《知的財產權とは何か》，有斐閣，1989 年

2. 吉藤幸朔、紋谷暢男編，《特許・意匠・商標の法律相談》（第 3 版），有斐閣，1982

年
3. 吉藤幸朔著，熊谷健一補訂，《特許法概說》(第 13 版)，有斐閣，1998 年
4. 播磨良承
《工業所有權法 I、II、III》，法學書院，昭和 48 年
《デザイソの保護》，六法出版社，昭和 60 年
5. 中山信弘
《注解特許法》(第 2 版增補)，青林書院，平成 6 年
《工業所有權法（上）特許法》，弘文堂，平成 8 年
《工業所有權法（上）特許法》(第 2 版增補)，弘文堂，2000 年
6. 土井輝生、播磨良承，《工業所有權法講義》，青林書院新社，1973 年
7. 杉林信義
《體系工業所有權法》，富山房，昭和 52 年
《工業所有權法》，學陽書房，1985 年
8. 豊崎光衛，《工業所有權法》(新版)，有斐閣，昭和 52 年
9. 特許廳，《工業所有權法逐條解說》，發明協會，平成 3 年
10. 萼優美
《工業所有權法解說——パリ條約條解編》，昭和 51 年
《工業所有權法解說——四法編》，ぎょうせい，昭和 52 年
11. 橋本良郎，《特許法》，有斐閣，昭和 63 年
12. 清瀨一郎，《特許法原理》，中央書店，大正 11 年
13. 三宅正雄
《特許法雜感》，富山房，平成 4 年
《特許：本質とその週邊》，發明協會，平成 5 年
14. 光石士郎，《改訂特許法詳說》，帝國地方行政學會，昭和 45 年
15. 井上一男，《特許管理》，有斐閣，昭和 45 年
16. 小池晃，《特許・商標の理論と實務》，東榮堂，昭和 47 年
17. 川口博也，《特許法の構造と課題》，三嶺書房，1983 年
18. 特許廳編，《進展する工業所有權制度》，實業之日本社，昭和 50 年
19. 牛木理一，《意匠法の研究》，發明協會，昭和 49 年

20.中川淳監修，《Q & A 意匠法入門》，世界思想社，1994 年
21.仙元隆一郎，《特許法講義》，悠悠社，1996 年
22.竹田和彥，《最新特許の知識——その理論と實際》，ダイヤモンド社，昭和 57 年
23.中川善之助、豊崎光衛，《特許》，第一法規，昭和 47 年
24.中川善之助、兼子一監修，《特許・商標・著作權（實務法律大系 10)》，青林書院新社，昭和 50 年
25.篠田四郎、岩月史郎，《特許法の理論と實務——ハイテク時代の特許戰略》，中央經濟社，1992 年
26.石川義雄（監修）、森則雄（著），《意匠の實務（工業所有權實務大系 4)》，發明協會，1990 年
27.吉原隆次，《工業所有權保護同盟條約說義》，昭和 48 年
28.高田忠，《意匠》，有斐閣，1966 年
29.岩出昌利，《特許法讀本》
30.青山紘一，《特許法（改訂版)》，法學書院，1995 年
31.特許廳総務部總務課工業所有權制度改正審議室編著，《改正特許法・實用新案法解說》，有斐閣，1993 年

海商法

劉宗榮／著

本書特色：

一、從國際貿易與海上貨物運送的關係開始，到海上保險為止，依照事理的發展，由淺入深，進入海商法。

二、海上貨物運送的基礎，以海員、資金、船舶為中心，深入介紹相關制度。

三、海上貨物運送區分件貨運送與航程傭船，分別從定型化契約與個別商議契約的理論，依托運、運送、交貨、損害賠償的過程，說明當事人的權利義務。關於運送人責任，從主張全部免責、到主張單位責任限制、進一步到船舶所有人責任總限制，最後再透過海上保險化解風險，論述過程井然有序。

四、各章備有習題，自修考試兩相宜。

保險法：保險契約法暨保險業法

劉宗榮／著

本書特色：

一、包括保險契約法及保險業法。

二、以保險法為基礎，參酌德國保險契約法及英美重要裁判，結構嚴謹，體用兼備。

三、配有多幅法律關係圖，幫助理解，便於記憶。

四、章節分明，標示重點，提高學習效率。

五、附有習題，進修、考試兩相宜。

信託業務與應用

楊崇森／著

本書除探討分析我國各種信託業務外，並深入介紹美國日本目前各種流行信託之實際運作情形，富於啟發性與可讀性。閱讀此書可對世界各國信託之來龍去脈與現狀以及信託制度運用之妙，有透徹完整與正確的認識。對金融、保險、會計、地政、稅務、投資、法律各界人士乃了解信託實務之好書。本書乃作者《信託法原理與實務》之姐妹書，如能一併閱讀，則收獲必定更多。